Die Grundlehren der mathematischen Wissenschaften

in Einzeldarstellungen
mit besonderer Berücksichtigung
der Anwendungsgebiete

Band 74

Herausgegeben von

J. L. Doob · E. Heinz · F. Hirzebruch · E. Hopf · H. Hopf
W. Maak · S. MacLane · W. Magnus · D. Mumford
M. M. Postnikov · F. K. Schmidt · D. S. Scott · K. Stein

Geschäftsführende Herausgeber

B. Eckmann und B. L. van der Waerden

Hermann Boerner

Darstellungen von Gruppen

Mit Berücksichtigung
der Bedürfnisse der modernen Physik

Zweite, überarbeitete Auflage

Mit 14 Abbildungen

Springer-Verlag Berlin Heidelberg New York 1967

Prof. Dr. H. Boerner
Mathematisches Institut der Justus-Liebig-Universität Gießen

Geschäftsführende Herausgeber:

Prof. Dr. B. Eckmann
Eidgenössiche Technische Hochschule Zürich

Prof. Dr. B. L. van der Waerden
Mathematisches Institut der Universität Zürich

ISBN 978-3-642-86033-1 ISBN 978-3-642-86032-4 (eBook)
DOI 10.1007/978-3-642-86032-4

Library of Congress Catalog Card Number 67-28562

Softcover reprint of the hardcover 2nd edition 1967

Titel-Nr. 5057

Vorwort zur zweiten Auflage

Für die 2. Auflage ist am Charakter des Buches nichts geändert worden. Es scheint, daß der Stil der Darstellung, der fast keine Vorkenntnisse aus der Algebra voraussetzt, bei den Benutzern, zu denen ja die Interessenten aus der Physik gehören, freundliche Aufnahme gefunden hat. Dem Zweck des Buches entsprechend, ist von neuen Erkenntnissen der letzten 12 Jahre nur das unten zu erwähnende Resultat von FREUDENTHAL aufgenommen worden. Was die endlichen Gruppen betrifft, so ist die stürmische Entwicklung der Theorie der modularen Darstellungen und der ganzzahligen Darstellungen (Matrixelemente aus einem Ring) bisher nicht von Bedeutung für die Physiker. In der Theorie der kontinuierlichen Gruppen dagegen hat sich das Augenmerk stark auf Darstellungen, die keine endliche Dimension haben, konzentriert, und diese Dinge aufzunehmen, hätte den Rahmen des vorliegenden Buches weit gesprengt. Überdies kann hierfür auf die im Literaturverzeichnis neu aufgenommenen Bücher von GELFAND und NEUMARK (1957) und NEUMARK (1963) verwiesen werden.

Abgesehen von einer Anzahl ganz kleiner Änderungen und Berichtigungen, ist in der 2. Auflage folgendes hinzugekommen:

Der Satz, daß die Darstellungsgrade Teiler der Gruppenordnung sind; er war in der 1. Auflage vergessen worden (III § 8c).

Ein kurzer Abschnitt (III § 12) über projektive oder Strahldarstellungen. Dies wird für die unten zu nennende Cliffordsche Theorie gebraucht, kommt aber auch sonst bei den physikalischen Anwendungen hin und wieder vor.

III § 13 enthält einen ausführlichen Abschnitt über den Zusammenhang der Darstellungen von Gruppen und Untergruppen, also im wesentlichen über die sog. induzierten Darstellungen und daran anschließend § 13 in einiger Vollständigkeit die Cliffordsche Theorie des Zusammenhangs der Darstellungen von Gruppe und Normalteiler. Diese Theorien finden in der modernen Physik immer mehr Anwendung in der Kristall-Theorie. (Hierfür ist § 8c und der alte § 12 weggefallen.)

Anstelle von IV § 5 über die sog. natürliche Darstellung der symmetrischen Gruppe ist die Herleitung der sog. seminormalen und der orthogonalen Darstellung getreten. Hierdurch ist zwar der Umfang ein wenig vermehrt worden, aber diese Darstellungen haben den Vorteil, daß man die Matrizen, die zu Transpositionen gehören, nicht nur (wie bei der natürlichen Darstellung) leicht berechnen, sondern unmittelbar hinschreiben kann. Und die orthogonale Darstellung ist es ja, die bei den Anwendungen fast immer gebraucht wird (IV § 5 und 6).

In VIII § 5 ist die Freudenthalsche explizite Spindarstellung der Drehgruppe hinzugekommen, die ebenso wie der oben genannte Satz über die Darstellungsgrade bereits in die 1963 erschienene englische Ausgabe des Buches aufgenommen worden war.

Mein Dank gilt wiederum dem Verlag und der Druckerei für das bereitwillige Eingehen auf alle meine Wünsche und ebenso den Herren Dr. A. KERBER und H. PAHLINGS, die mich bei der Redaktion dieser Auflage mit Rat und Tat unterstützt haben.

Gießen, im August 1967 H. BOERNER

Vorwort zur ersten Auflage

Die Darstellungstheorie der Gruppen ist eines der reizvollsten Beispiele für die Wechselwirkung zwischen Physik und reiner Mathematik. Wenige Jahre vor der Jahrhundertwende führte der Algebraiker G. FROBENIUS die Gruppencharaktere und den Begriff der Darstellungen ein; ein Jahrzehnt lang enthielt nun fast jeder Band der Berliner Sitzungsberichte eine oder mehrere der schönen Arbeiten von FROBENIUS und I. SCHUR über diesen Gegenstand. Unterdessen hatte mit dem neuen Jahrhundert in demselben Berlin die Quantentheorie das Licht der Welt erblickt – aber niemand ahnte, daß ein Vierteljahrhundert später beide Theorien in so innige Wechselwirkung treten würden. Das geschah in Göttingen, nachdem dort in enger räumlicher und geistiger Nachbarschaft zu dem Algebraikerkreis um EMMY NOETHER die Born-Heisenbergsche Quantenmechanik entstanden war. Der besondere, ich möchte sagen ästhetische Reiz dieses Zusammenwirkens besteht darin, daß es die den Gegenständen der Atommechanik innewohnenden Symmetrien sind, die es ermöglichen, mit Hilfe der Frobeniusschen Begriffe vielen Geheimnissen der Atome so überraschend einfach, sozusagen ohne Rechnung, auf die Spur zu kommen.

Spezielle Bücher über Darstellungstheorie sind bisher nur in englischer Sprache erschienen*). In Deutschland gibt es außer einigen Kapiteln in Lehrbüchern der Algebra oder Gruppentheorie**) nur die schönen, um 1930 von Großen unserer Wissenschaft geschriebenen Bücher über die Darstellungstheorie und die physikalischen Zusammenhänge zugleich***). Das vorliegende Buch ist rein mathematischen Inhalts; die Stoffauswahl und die Art der Darstellung ist aber gleichwohl von dem Wunsch bestimmt, den Physikern zu dienen. Da das Buch von VAN DER WAERDEN in dieser Sammlung erschienen ist, konnte auf die Besprechung der Anwendungen ganz verzichtet werden und dafür der mathematische Inhalt umfassender gewählt und breiter dargestellt werden, um ihn auch Fernerstehenden zugänglich zu machen. In dem

*) LITTLEWOOD [1], MURNAGHAN [5]; auch H. WEYL [6], das freilich weit über das Darstellungsproblem hinausführt. (Ziffern in eckigen Klammern verweisen auf das Literaturverzeichnis am Schluß des Buches.)

**) Vor allem SPEISER [1] und VAN DER WAERDEN [1]; in englischer Sprache BURNSIDE [1]; über MAAK [1] siehe weiter unten.

***) H. WEYL [3], VAN DER WAERDEN [3]; vgl. auch WIGNER [1].

gleichen Bestreben wurde versucht, den Stoff so übersichtlich zu gliedern, daß ein Leser, der sich für irgendeine Einzelheit interessiert, nicht mehr zu lesen braucht, als hierfür notwendig ist. Insbesondere dienen die Zeilen, die in jedem Kapitel dem §1 vorangehen, der Erleichterung des Gebrauchs. Was an Vorkenntnissen vorausgesetzt wird, geht über den üblichen Stoff der elementaren Vorlesungen nicht hinaus. Es ist sogar in den beiden ersten Kapiteln das gesamte Rüstzeug über Matrizen und über Gruppen übersichtlich zusammengestellt, und wo hierbei nicht alles bewiesen ist, wird auf geeignete Lehrbücher verwiesen.

Das Hauptanliegen des Buches ist die Angabe der Darstellungen und Charaktere für eine Anzahl der wichtigsten Gruppen. Von der allgemeinen Theorie wird genau das entwickelt, was hierfür notwendig ist. Es wird stets der Körper der komplexen Zahlen oder doch ein algebraisch abgeschlossener Körper zugrunde gelegt. Das ist für die Anwendungen das Naturgemäße und wird auch dadurch gerechtfertigt, daß der Kreis der Aussagen, die man so erhält, eine wunderschöne einfache und abgerundete Theorie darstellt.

Ganz außer Betracht geblieben ist daher die Theorie der modularen Darstellungen – Grundkörper von Primzahlcharakteristik – und die Frage nach dem Verhalten der Darstellungen bei Erweiterung des Grundkörpers, auch der Zusammenhang mit der Invariantentheorie und die Anwendungen auf die reine Gruppentheorie.

Methodisch weichen die einzelnen Kapitel zum Teil stark voneinander ab; doch dürfte es dem Leser erwünscht sein, mehrere Methoden zur Gewinnung der Darstellungen kennenzulernen*). Bei den endlichen Gruppen wird die Theorie des *Gruppenrings* vollständig durchgeführt und hieraus das System der Darstellungen gewonnen, also der Weg benutzt, den E. NOETHER zuerst gewiesen hat. Wenn man die volle Reduzibilität vorher beweist, ist dieser Weg so einfach, daß dem physikalischen Leser nichts Ungebührliches zugemutet wird. Außer dem Begriff der *Algebra*, der sich in der Physik bereits ein Hausrecht erobert hat, wird nur noch der des *Ideals* benutzt; beide werden nicht als bekannt vorausgesetzt.

Als konkretes Beispiel für die Theorie des Gruppenrings wird die Darstellungstheorie der *symmetrischen Gruppe* vorgeführt.

Die Theorie der *Charaktere* wird nach SCHUR entwickelt – ein Weg, der sich ohne weiteres auf kompakte kontinuierliche Gruppen übertragen läßt. Hier wird die Integralrechnung auf der Gruppe benutzt. Auch die Differentialrechnung, d. h. die Theorie der Infinitesimalringe

*) Weitere Methoden findet man in den obengenannten Büchern in englischer Sprache.

kommt zur Sprache. Unter einschränkenden Differenzierbarkeitsvoraussetzungen, die in allen nachher zu betrachtenden Fällen erfüllt sind, kann beides sehr bequem und kurz gemacht werden. Der Verzicht auf größere Allgemeinheit wie überhaupt auf die Behandlung allgemeiner kontinuierlicher Gruppen erscheint um so eher gerechtfertigt, als in dieser Sammlung vor wenigen Jahren das Buch über fastperiodische Funktionen von MAAK [1] erschienen ist, in dem man vieles darüber findet.

Die Theorie der *ganzrationalen* Darstellungen der *vollen linearen Gruppe* und ihr Zusammenhang mit den Darstellungen der symmetrischen Gruppe, den SCHUR entdeckt und H. WEYL immer weiter verfolgt hat, ist als „gruppentheoretisches Fundament der Tensorrechnung" (WEYL) mehr von grundsätzlicher als von praktischer Bedeutung für die Physik. Auch hier ist bei unserer Beschränkung auf die komplexen Zahlen alles einfach und übersichtlich; vom Tensorbegriff wird konsequent Gebrauch gemacht. Im Besitz der ganzrationalen Darstellungen macht es nur noch wenig Mühe, bis zur Angabe sämtlicher stetigen Darstellungen nicht nur der vollen linearen, sondern auch der *reellen*, *unimodularen* und *unitären* Gruppen vorzudringen. Die Beziehung der vollen linearen zur symmetrischen Gruppe gewinnt aber auch praktische Bedeutung dadurch, daß die Formeln, die den Zusammenhang zwischen den Charakteren beider Gruppen herstellen, das beste Werkzeug für die numerische Berechnung der Charaktere der symmetrischen Gruppe abgeben. Hier ergibt sich auch die Übersicht über die Darstellungen der *alternierenden* Gruppe, und ihre Charaktere werden berechnet.

Wie bei den schon genannten kontinuierlichen Gruppen werden auch bei der *Drehungsgruppe* die Darstellungen für beliebige Dimension hergeleitet. Denn wenn auch die gewöhnliche Drehgruppe $\mathfrak{d}_3$ für die Physik am wichtigsten ist (ihre Darstellungen können ohne Studium der allgemeinen Theorie aus VIII § 6*) entnommen werden), so ist doch z. B. die Lorentz-Gruppe eine modifizierte Drehgruppe $\mathfrak{d}_4$, und auch $\mathfrak{d}_5$ und $\mathfrak{d}_6$ sind schon in physikalischen Arbeiten zur Theorie der Elementarteilchen wichtig geworden. Bei den Drehgruppen wird die Übersicht über die Charaktere (und damit über die Darstellungen) auf dem Wege von E. CARTAN gewonnen, aber mit der „globalen" Wendung, die ihm STIEFEL gegeben hat, also ohne Verwendung des Infinitesimalen. Bei allgemeiner Behandlung erfordert das tiefliegende topologische Hilfs-

*) Stellen, Sätze und Formeln werden so zitiert: § 3 oder Satz 3.2 oder (3.6) verweist auf Stelle oder Satz oder Formel im gleichen Kapitel; V § 3 oder V Satz 3.2 oder V (3.6) auf das Entsprechende im V. Kapitel.

sätze, aber da wir nur ein konkretes Beispiel behandeln, geht alles elementar, und die Charaktere ergeben sich gewissermaßen aus einer genauen Betrachtung der Gruppe selbst. Auch der allgemeine Satz von PETER und WEYL braucht nicht benutzt zu werden. Um zu zeigen, daß zu den berechneten Charakteren auch wirklich Darstellungen gehören, müssen nur die „Fundamentaldarstellungen" angegeben werden, mit deren Hilfe man zu allen anderen gelangen kann. Die eindeutigen davon sind aus dem früheren bekannte Tensordarstellungen. Die zweideutigen, die sog. *Spin-Darstellungen*, werden auf zwei Arten gewonnen. Einmal infinitesimal, denn es erschien mir angebracht, den Infinitesimalring der Drehgruppe und die damit eng zusammenhängende Cliffordsche Algebra oder, wie man auch sagen könnte, die allgemeine Theorie der Pauli-Matrizen wegen ihrer großen Bedeutung für die Physik eingehend zu behandeln. Als zweites wird der direkte globale Weg von BRAUER und WEYL beschritten, bei dem ebenfalls die Cliffordsche Algebra benutzt wird.

Bei den *Lorentz-Gruppen* zeichnet sich die „gewöhnliche" Lorentz-Gruppe der speziellen Relativitätstheorie dadurch aus, daß man ihre sämtlichen Darstellungen fast ebenso leicht erhält wie die der gewöhnlichen Drehgruppe. Bei allgemeiner Dimension wird nur soviel gebracht, wie man von den korrespondierenden Drehgruppen her unmittelbar übertragen kann.

Zum Schluß möchte ich Herrn H. WIELANDT herzlich danken, der sich der Mühe unterzogen hat, alle Fahnen mitzulesen, und der dabei manche kritische Bemerkung gemacht hat. Ferner danke ich den Herren TH. BIEGLER, G. KRAFFT, R. KRIEGER und W. VELTE für Mithilfe bei der Herstellung des Manuskripts und der Abbildungen und für zahlreiche kleine Verbesserungsvorschläge bei den Korrekturen. Nicht zuletzt gilt mein Dank dem Verlag und der Druckerei, die meinen vielen Verbesserungswünschen den Formelsatz betreffend mit großer Bereitwilligkeit entgegengekommen sind.

Gießen, Ende Februar 1955 H. BOERNER

Inhaltsverzeichnis

IV. Kapitel

Die Darstellungen der symmetrischen Gruppe

V. Kapitel

Die Darstellungen der vollen linearen, unimodularen und unitären Gruppen

VI. Kapitel

Charaktere der linearen und der Permutationsgruppen. Die alternierende Gruppe

VII. Kapitel

Charaktere und eindeutige Darstellungen der Drehgruppe

VIII. Kapitel

Spindarstellungen, Infinitesimalring, gewöhnliche Drehgruppe

IX. Kapitel

Die Lorentz-Gruppe

Erstes Kapitel

Matrizen

In diesem Kapitel werden die Tatsachen aus der Lehre von den Vektoren und linearen Abbildungen und aus der Matrizenrechnung zusammengestellt, die nachher gebraucht werden. Soweit es sich um Dinge handelt, die in elementaren Vorlesungen und Lehrbüchern vorzukommen pflegen, sind die Beweise weggelassen oder nur angedeutet*).

Die §§ 1—3 über lineare Abbildung von Vektorräumen, über Matrizen und Algebren sind für das ganze Buch grundlegend, während die in §§ 4—5 behandelten Dinge (besondere Arten von Matrizen, Eigenwerte, Diagonalgestalt) hauptsächlich im VII. und VIII. Kapitel gebraucht werden. Vom Inhalt von § 6 kommt die eine Verknüpfung ($\dot{+}$) im ganzen Buch vor, das Kronecker-Produkt von Kapitel III ab. § 7 bringt die für die Darstellungstheorie grundlegenden Begriffe „äquivalent" und „reduzibel" und als grundlegenden Satz das Lemma von SCHUR. § 8 wird fast nur im V. Kapitel gebraucht, der Satz von § 9 in VIII § 6.

§ 1. Vektoren

Es wird ein Zahlbereich zugrunde gelegt, der mit $\mathfrak{K}$ bezeichnet sei. $\mathfrak{K}$ soll ein Körper sein, d. h. die vier Grundrechnungsarten sollen in $\mathfrak{K}$ in der üblichen Weise ausführbar sein. $\mathfrak{K}$ soll den Körper der rationalen Zahlen enthalten („von der Charakteristik 0 sein"). Schließlich wird noch verlangt, daß $\mathfrak{K}$ von allen algebraischen Gleichungen, deren Koeffizienten in $\mathfrak{K}$ liegen, auch die Wurzeln enthält („algebraisch abgeschlossen ist"). Diese recht einschneidende Forderung ist für die in diesem Buch behandelten Teile der Darstellungstheorie zulässig und sehr bequem. Der Körper aller komplexen Zahlen erfüllt sie, und man mag, besonders im Hinblick auf die physikalischen Anwendungen, immer an diesen Körper denken.

Ein System von mathematischen Gegenständen $a, b, \ldots$ heißt *n-dimensionaler Vektorraum* $\mathfrak{R}_n$ *über* $\mathfrak{K}$, die Gegenstände selbst *Vektoren*, wenn man mit ihnen zwei Operationen vornehmen kann: Multiplikation mit einer Zahl aus $\mathfrak{K}$ und Addition (mit a und b gehört also auch $\lambda a + \mu b$**)

*) Vgl. SPERNER [1], bes. Band 2; für die quadratischen und hermiteschen Formen auch PERRON [1] Band 1.

**) Zahlen werden meist mit griechischen Buchstaben bezeichnet, algebraische Größen wie Vektoren, Gruppenelemente, Matrizen mit lateinischen, Gesamtheiten von Zahlen oder Größen mit deutschen. (Ausnahmen: Indexnummern oder Anzahlen heißen oft i, k, n usw.)

zur Gesamtheit), und wenn diese Operationen die folgenden Regeln erfüllen. Die Addition soll alle Eigenschaften der Zahlenaddition haben: kommutatives und assoziatives Gesetz, Existenz des Nullvektors ($a+0=a$ für alle Vektoren a), Existenz des entgegengesetzten Vektors $-a$ und Rechenregeln für die Subtraktion. Für die Multiplikation mit einer Zahl, bei der λa und $a\lambda$ dasselbe bedeuten soll, gilt ein assoziatives Gesetz: $(\lambda\mu)a=\lambda(\mu a)$, und zwei distributive Gesetze: $(\lambda+\mu)a=\lambda a+\mu a$ und $\lambda(a+b)=\lambda a+\lambda b$, ferner $1\cdot a=a$ für alle Vektoren a; man folgert, daß dann und nur dann $\lambda a=0$ ist, wenn λ die Zahl 0 oder a der Vektor 0 ist. Schließlich ein *Dimensionsaxiom:* Es gibt n linear unabhängige Vektoren, aber je $n+1$ Vektoren sind linear abhängig. Hierbei heißen in gewohnter Weise m Vektoren $a_1, \ldots, a_m$ linear abhängig, wenn es m Zahlen $\lambda_1, \ldots, \lambda_m$ gibt, die nicht alle 0 sind, so daß $\lambda_1 a_1 + \cdots + \lambda_m a_m = 0$ ist.

Die Vektoren erscheinen hier als abstrakte Gegenstände der Algebra. Ihre Bedeutung für die Geometrie und die Physik beruht darauf, daß man sie auf die verschiedensten Arten durch konkrete mathematische Gegenstände *realisieren* kann. So fällt der anschauliche Begriff „gerichtete Strecke" nach elementaren geometrischen Sätzen mit dem oben definierten Begriff (für $n=2$ oder 3) zusammen, wenn die Addition der gerichteten Strecken und deren Multiplikation mit einer Zahl in der üblichen Weise erklärt wird. (Man denke sich stets alle Vektoren im Ursprung angeheftet; dann gehört zu jedem Punkt P der Ebene oder des Raumes genau ein Vektor — nämlich der, dessen Endpunkt auf P fällt — und umgekehrt.) Diese Realisierung kann auch für beliebiges n erfolgen, insofern n-dimensionale Geometrie (an sich eine durchaus abstrakte Angelegenheit) uns anschaulich geläufig geworden ist. Da sie aber nur eine von vielen möglichen Realisierungen ist, sprechen strenge Algebraiker statt von einem Vektorraum lieber von einem „$\mathfrak{K}$-Modul". Wenn trotzdem der Name „Vektorraum" (für den abstrakten Gegenstand) eine so weite Verbreitung besitzt und ich ihn hier ebenfalls gebrauche, so deshalb, weil er abstrakten Überlegungen eine von vielen als angenehm empfundene geometrische Anschaulichkeit verleiht. — Eine andere Realisierung bilden die Lösungen von homogenen linearen Differentialgleichungen oder Differentialgleichungssystemen. Auf ihr beruht die gesamte Bedeutung der in diesem Buche zu schildernden Entwicklungen für die Physik.

Jedes System $e_1, \ldots, e_n$ von n linear unabhängigen Vektoren bildet eine *Basis* oder ein *Koordinatensystem* für $\mathfrak{R}_n$: Ist a ein beliebiger Vektor, so folgt aus der linearen Abhängigkeit von $a, e_1, \ldots, e_n$ zusammen mit der linearen Unabhängigkeit der e_j, daß man $a=\alpha_1 e_1+\cdots+\alpha_n e_n$

schreiben kann und daß diese Darstellung eindeutig ist. Die Zahlen α_j heißen die *Komponenten* von a bezüglich der Basis e_j. λa hat die Komponenten $\lambda\alpha_1, \ldots, \lambda\alpha_n$, $a+b$ die Komponenten $\alpha_1+\beta_1, \ldots, \alpha_n+\beta_n$, wenn $\beta_1, \ldots, \beta_n$ die von b sind. Es folgt hieraus, daß jeder n-dimensionale Vektorraum über $\mathfrak{K}$ zu demjenigen Vektorraum isomorph ist (d. h. umkehrbar eindeutig auf ihn abbildbar, so daß die Summe von Vektoren immer in die Summe der Bildvektoren, das Zahlprodukt eines Vektors in das Produkt des Bildvektors mit derselben Zahl übergeht), dessen Elemente als die Zahlen-n-tupel $(\alpha_1, \ldots, \alpha_n)$ definiert sind, für welche Produkt mit einer Zahl und Summe durch die obigen Formeln erklärt sind. Vom algebraisch-abstrakten Standpunkt gibt es also nur einen n-dimensionalen Vektorraum über $\mathfrak{K}$.

Lineare Teilräume sind Vektorgesamtheiten, die mit a und b stets auch alle Linearkombinationen $\lambda a + \mu b$ enthalten, mit beliebigen Zahlen λ, μ. Die Gesamtheit aller Linearkombinationen von m festen Vektoren ist ein linearer Teilraum (man sagt: „die Vektoren spannen den linearen Teilraum auf"); umgekehrt kann man in jedem linearen Teilraum endlich viele Vektoren finden, die ihn aufspannen. Sind die m Vektoren linear unabhängig, so hat der von ihnen aufgespannte Teilraum $\mathfrak{r}$ die Dimension m, d. h. es gibt m linear unabhängige Vektoren in $\mathfrak{r}$ und je $m+1$ Vektoren von $\mathfrak{r}$ sind linear abhängig. Sind die Vektoren linear abhängig, so ist $\mathfrak{r}$ von kleinerer Dimension als m.

k lineare Teilräume $\mathfrak{r}_1, \ldots, \mathfrak{r}_k$ spannen einen linearen Teilraum $\mathfrak{r}$ auf, bestehend aus allen Summen

$$a = a_1 + \cdots + a_k \qquad (a_j \in \mathfrak{r}_j)^{*}) . \tag{1.1}$$

Die Summe heißt *direkt* (und man schreibt dann $\mathfrak{r} = \mathfrak{r}_1 + \cdots + \mathfrak{r}_k$), wenn die Zerlegung (1.1) der Vektoren $a \in \mathfrak{r}$ eindeutig ist. Hierfür ist notwendig und hinreichend, daß „die Zerlegung der 0 eindeutig ist", d. h. aus $a = 0$ immer $a_j = 0$ $(i = 1, \ldots, k)$ folgt; oder auch, daß die Dimension m von $\mathfrak{r}$ die Summe $m_1 + \cdots + m_k$ der Dimensionen von $\mathfrak{r}_1, \ldots, \mathfrak{r}_k$ ist; andernfalls ist sie kleiner. Bei $k = 2$ ist die Summe dann und nur dann direkt, wenn $\mathfrak{r}_1$ und $\mathfrak{r}_2$ außer 0 keinen gemeinsamen Vektor besitzen. Teilräume, deren Summe direkt ist, heißen auch *linear unabhängig*.

Eine *an einen linearen Teilraum* $\mathfrak{r}$ *angepaßte Basis* $e_1, \ldots, e_n$ in $\mathfrak{R}_n$ ist eine solche, bei welcher die ersten m oder die letzten m Basisvektoren (wenn m die Dimension von $\mathfrak{r}$ ist) den Teilraum aufspannen. Solche angepaßten Koordinatensysteme gibt es stets; man kann sogar jede beliebige Basis von $\mathfrak{r}$ zu einem solchen ergänzen.

*) Das Zeichen $a \in \mathfrak{r}$ wird gelesen „a ist Element von $\mathfrak{r}$" oder „a gehört zu $\mathfrak{r}$".

§ 2. Lineare Abbildungen. Matrizen

Eine *lineare Transformation* des n-dimensionalen Vektorraumes ist eine Abbildung von $\mathfrak{R}_n$ in sich, die jedem Vektor x einen andern x' so zuordnet, daß $\lambda x+\mu y$ immer in $\lambda x'+\mu y'$ übergeht. Es sei eine Basis $e_1, \ldots, e_n$ gegeben, und man bezeichne mit α_{ik} $(i=1,\ldots,n)$ die Komponenten des Bildvektors e'_k von e_k, so daß $e'_k=\sum_{i=1}^{n} e_i\alpha_{ik}$ ist. $x=\xi_1 e_1+\cdots+\xi_n e_n$ muß offenbar in $x'=\xi_1 e'_1+\cdots+\xi_n e'_n$ übergehen. Andererseits ist $x'=\xi'_1 e_1+\cdots+\xi'_n e_n$, wenn ξ'_j die Komponenten von x' sind. Also ist

$$\sum_{i=1}^{n}\xi'_i e_i=\sum_{k=1}^{n}\xi_k e'_k=\sum_{k=1}^{n}\sum_{i=1}^{n}\xi_k e_i\alpha_{ik},$$

woraus wegen der linearen Unabhängigkeit der e_j

$$\xi'_i=\sum_{k=1}^{n}\alpha_{ik}\xi_k \tag{2.1}$$

folgt. So ist bei bestimmter Basis jeder linearen Transformation eine *Matrix*

$$A=\begin{pmatrix}\alpha_{11} & \cdot & \cdot & \cdot & \alpha_{1n}\\ \cdot & \cdot & \cdot & \cdot & \cdot\\ \alpha_{n1} & \cdot & \cdot & \cdot & \alpha_{nn}\end{pmatrix}=\{\alpha_{ik}\}$$

zugeordnet. Man schreibt für (2.1) auch kurz

$$x'=Ax\,{}^{*)}\,. \tag{2.2}$$

Als nützlichen Satz, der aus dem obigen folgt, halten wir noch fest:

Satz 2.1. *In den Spalten der Matrix A, welche die lineare Abbildung vermittelt, stehen die Komponenten der Bilder der Basisvektoren.*

Dem Hintereinanderausführen zweier linearer Transformationen $\{\alpha_{ik}\}=A$ und $\{\beta_{ik}\}=B$ — zuerst B, dann A — entspricht das *Matrixprodukt*: $x'=A(Bx)=(AB)x$ ergibt für die Elemente γ_{ik} von $C=AB$

$$\gamma_{ik}=\sum_{j=1}^{n}\alpha_{ij}\beta_{jk}\,. \tag{2.3}$$

Die *Einheitsmatrix* E**), die der identischen Transformation $x'=x$ entspricht, hat in der Hauptdiagonale 1, sonst 0; ihre Elemente werden oft mit dem „Kronecker-Symbol" δ_{ik} bezeichnet $\left(\text{also } \delta_{ik}=\begin{cases}1\,(i=k)\\0\,(i\neq k)\end{cases}\right)$.

*) Hier und in der Folge oft — vgl. z. B. unten (2.7) — steht das Zeichen x nicht sowohl für den (unabhängig von einer Basis erklärten) Vektor als zur Abkürzung für das n-tupel seiner Komponenten bei der verwendeten Basis.

**) Bei E wird oft die Dimension als Index angefügt: E_r ist die r-dimensionale Einheitsmatrix.

Eine lineare Transformation ist *umkehrbar*, wenn die Gleichungen (2.1) stets eindeutig nach den ξ_i auflösbar sind. Dies ist bekanntlich dann und nur dann der Fall, wenn die Determinante $\det A$ nicht verschwindet; die Matrix heißt dann *nichtsingulär*. Die Umkehrung wird mit A^{-1} bezeichnet, es ist $AA^{-1} = A^{-1}A = E$, und man kann nach dieser Festsetzung mit den positiven und negativen ganzzahligen Potenzen der nichtsingulären Matrizen wie bei Zahlen rechnen.

Eine lineare Abbildung von einem Vektorraum $\mathfrak{R}_n$ in einen anderen $\mathfrak{S}_m$ (es kann $m \neq n$ sein) wird bei gegebenen Basen durch eine rechteckige Matrix A von m Zeilen und n Spalten vermittelt. Die Gesamtheit der Vektoren $y \in \mathfrak{S}_m$, die als Bilder auftreten, ist ein linearer Teilraum $\mathfrak{s}$ von $\mathfrak{S}_m$, und die Gesamtheit der $x \in \mathfrak{R}_n$, die auf 0 abgebildet wird, ist ein linearer Teilraum $\mathfrak{r}$ von $\mathfrak{R}_n$. Bezeichnet man die Dimension von $\mathfrak{r}$ mit r, die von $\mathfrak{s}$ mit s, so gilt die Relation $r + s = n$, die für die Lehre von den linearen Gleichungssystemen grundlegend ist. s ist der *Rang* von A. Das *Matrixprodukt* AB kann auch bei rechteckigen Matrizen gebildet werden, wenn dafür gesorgt ist, daß die Zeilenlänge von A mit der Spaltenlänge von B übereinstimmt; es handelt sich dann um das Hintereinanderausführen zweier Abbildungen, etwa von $\mathfrak{R}_n$ auf $\mathfrak{S}_m$ (durch B) und von $\mathfrak{S}_m$ auf $\mathfrak{T}_l$ (durch A).

Kästchenregel. Durch eine Zerlegung $n = n_1 + \cdots + n_r$ der Zahl n in ganze positive Summanden ist eine Einteilung der Folge $1, \ldots, n$ in r Abschnitte gegeben: $1, \ldots, n_1$; $n_1 + 1, \ldots, n_1 + n_2$; usw. Den ϱ-ten Abschnitt bezeichnen wir mit (ϱ). Indem man die Zeilen und Spalten einer Matrix A so einteilt, kann man A als „Kästchenmatrix" schreiben:

$$A = \begin{pmatrix} A_{11} & . & . & . & A_{1r} \\ . & . & . & . & . \\ A_{r1} & . & . & . & A_{rr} \end{pmatrix}; \quad A_{\varrho\sigma} = \{\alpha_{ik}\} \quad (i \in (\varrho),\ k \in (\sigma)).$$

Die Kästchen längs der Hauptdiagonale sind Quadrate, die anderen im allgemeinen Rechtecke. Für die Multiplikation solcher Matrizen gilt folgende nützliche „Kästchenregel":

Ist $C = AB$, so ist

$$C_{\varrho\sigma} = \sum_{\tau=1}^{r} A_{\varrho\tau} B_{\tau\sigma}, \tag{2.4}$$

d. h. man multipliziert Kästchenmatrizen, wie wenn die Kästchen Zahlen wären. Man überzeugt sich leicht, daß die rechts vorkommenden Produkte von rechteckigen Matrizen stets ausführbar sind. Dann ist

$$A_{\varrho\tau} B_{\tau\sigma} = \left\{ \sum_{j \in (\tau)} \alpha_{ij} \beta_{jk} \right\} \quad (i \in (\varrho),\ k \in (\sigma))$$

und

$$\sum_{\tau=1}^{r} A_{\varrho\tau} B_{\tau\sigma} = \left\{ \sum_{j=1}^{n} \alpha_{ij} \beta_{jk} \right\} = C_{\varrho\sigma} \quad (i \in (\varrho),\, k \in (\sigma)).$$

Basisänderung im Vektorraum. Wenn man von einer Basis $e_1, \ldots, e_n$ des Vektorraumes zu einer anderen übergeht, die aus n linear unabhängigen Vektoren $f_1, \ldots, f_n$ gebildet wird, so hat man für einen beliebigen Vektor

$$x = \xi_1 e_1 + \cdots + \xi_n e_n = \eta_1 f_1 + \cdots + \eta_n f_n, \tag{2.5}$$

und η_i sind die neuen Komponenten des Vektors. ϱ_{ik} $(i = 1, \ldots, n)$ seien die Komponenten von f_k in der alten Basis der e_i: $f_k = \sum_{i=1}^{n} e_i \varrho_{ik}$. Dann folgt aus (2.5)

$$\sum_i \xi_i e_i = \sum_{i,k} e_i \varrho_{ik} \eta_k,$$

also

$$\xi_i = \sum_{k=1}^{n} \varrho_{ik} \eta_k \tag{2.6}$$

oder, wie man auch hier zur Abkürzung schreiben wird,

$$x = R y^{*)}. \tag{2.7}$$

Analog zu Satz 2.1 gilt:

Satz 2.2. *In den Spalten der Matrix einer Koordinatentransformation stehen die Komponenten der neuen Basisvektoren (im alten System).*

Eine Koordinatentransformation muß umkehrbar, also die Matrix R nichtsingulär sein; die Umkehrung ist $y = R^{-1} x$.

Wie lautet die Matrix der linearen Transformation, die durch die Formeln (2.1) oder (2.2) gegeben war, in den neuen Koordinaten? Auch für den Bildvektor gilt $x' = Ry'$, also hat man $Ry' = ARy$ oder $y' = R^{-1} ARy$. Man hat also die Matrix A durch $R^{-1} AR$ zu ersetzen oder, wie man auch sagt, *mit R zu transformieren.*

Ist $\mathfrak{r}$ ein linearer Teilraum von $\mathfrak{R}_n$, so gibt es stets lineare Abbildungen von $\mathfrak{R}_n$ in sich — man nennt sie *Projektionen* des Vektorraumes auf den Teilraum — mit folgender Eigenschaft: Jeder Vektor von $\mathfrak{R}_n$ geht in einen Vektor von $\mathfrak{r}$ über, die Vektoren von $\mathfrak{r}$ aber bleiben einzeln fest:

$$\begin{aligned} &1.\ Ax \text{ liegt in } \mathfrak{r} \ (x \text{ beliebig}) \\ &2.\ Ax = x \ (x \in \mathfrak{r}). \end{aligned} \tag{2.8}$$

*) Man beachte die verschiedene Bedeutung der Formeln (2.2) und (2.7). Dort standen links und rechts verschiedene Vektoren: x und sein Bildvektor x'; hier steht links und rechts derselbe Vektor, in verschiedenen Koordinatensystemen. Die Formeln (2.2) und (2.7) sind lediglich als Abkürzungen für (2.1) bzw. (2.6) aufzufassen.

Hat man nämlich die Basis so an $\mathfrak{r}$ angepaßt, daß die ersten r Basisvektoren $\mathfrak{r}$ aufspannen, so ist offenbar

$$\xi_i' = \xi_i \quad (i = 1, \ldots, r), \qquad \xi_i' = 0 \quad (i = r+1, \ldots, n)$$

mit der Matrix

$$A = \begin{pmatrix} \overbrace{1 \; \cdot \; \cdot \; \cdot \; 1}^{r} & & 0 \\ & 0 \; \cdot & \\ 0 & & \cdot \; \cdot \; 0 \end{pmatrix}$$

eine Projektion von $\mathfrak{R}_n$ auf $\mathfrak{r}$. Bezeichnet man mit $\mathfrak{r}'$ den Teilraum, den die restlichen Basisvektoren mit den Nummern $r+1, \ldots, n$ aufspannen, so geht $\mathfrak{r}'$ in Null über; man spricht auch von „Projektion längs $\mathfrak{r}'$ auf $\mathfrak{r}$“. Aus (2.8) folgt: Wenn man auf einen beliebigen Vektor die Abbildung A zweimal hintereinander anwendet, so ändert sich beim zweiten Mal nichts mehr. Also ist $A^2 = A$. Eine Größe mit dieser Eigenschaft heißt *idempotent*; alle weiteren Potenzen sind dann auch gleich A. Die oben angegebene spezielle Matrix ist natürlich idempotent.

Umgekehrt gilt: *Jede idempotente Matrix A vermittelt eine Projektion.* Der Rang von A sei r. Ist zunächst $r = n$, so ist $A = E$, wie man sofort erkennt, wenn man $A^2 = A$ von links oder rechts mit A^{-1} multipliziert. Ist $r < n$, so wird $\mathfrak{R}_n$ auf einen Teilraum $\mathfrak{r}$ von r Dimensionen abgebildet, dessen Vektoren wegen $A^2 = A$ bei der Abbildung fest bleiben. Die Vektoren, die auf Null abgebildet werden, bilden einen Teilraum $\mathfrak{r}'$ von $n - r$ Dimensionen. Wir zeigen noch $\mathfrak{R}_n = \mathfrak{r} + \mathfrak{r}'$. Bei beliebigem x setzen wir $Ax = x_1$ und $x - x_1 = x_2$. Dann ist $x_1 \in \mathfrak{r}$ und $x_2 \in \mathfrak{r}'$: $Ax_2 = Ax - Ax_1 = x_1 - x_1 = 0$. Daß die Zerlegung $x = x_1 + x_2$ eindeutig ist, braucht nicht gezeigt zu werden, weil wir schon wissen, daß die Dimensionen von $\mathfrak{r}$ und $\mathfrak{r}'$ sich zu n ergänzen.

§ 3. Algebren

Zu den in § 2 angegebenen Rechenregeln für quadratische n-reihige Matrizen kommt noch hinzu, daß die Matrix λA die Elemente $\lambda\alpha_{ik}$, die Matrix $A + B$ die Elemente $\alpha_{ik} + \beta_{ik}$ hat. Es gelten dann einerseits für die Matrixaddition und -multiplikation die üblichen Gesetze der Addition und Multiplikation mit Ausnahme des kommutativen Gesetzes der Multiplikation; das assoziative Gesetz der Multiplikation $(AB)C = A(BC)$ folgt z. B. einfach daraus, daß beide Seiten als lineare Abbildungen aufgefaßt nicht anderes bedeuten als „zuerst C, dann B, dann A“. Man sagt: Die Matrizen bilden einen *Ring*. Andererseits bilden die Matrizen im Hinblick auf ihre Addition und ihre Multiplikation mit einer Zahl, wie man sich überzeugt, einen Vektorraum von der Dimension n^2. Als Basis kann man die Matrizen e_{ik} nehmen, die nur an der Kreuzung der i-ten Zeile mit der k-ten Spalte eine 1 und sonst Nullen haben. Für eine beliebige Matrix $A=\{\alpha_{ik}\}$ ist ja

$$A=\sum_{i,k}\alpha_{ik}e_{ik}. \tag{3.1}$$

Zu den Vektorgesetzen kommt nun die Multiplikation hinzu. Die Multiplikationsregel für die e_{ik} lautet

$$e_{ij}e_{jk}=e_{ik}, \quad e_{ij}e_{lk}=0 \quad (j\neq l). \tag{3.2}$$

Aus ihr allein folgt übrigens schon die lineare Unabhängigkeit der n^2 Matrizen e_{ik}: Eine lineare Relation zwischen ihnen $\sum_{i,k}\lambda_{ik}e_{ik}=0$ braucht man nur von links mit e_{jj}, von rechts mit e_{ll} zu multiplizieren und findet $\lambda_{jl}e_{jl}=0$, also $\lambda_{jl}=0$ für alle j und l. Von den Basiselementen überträgt sich die Multiplikation nach den Rechenregeln auf beliebige Matrizen (3.1); natürlich findet man die schon angegebene bekannte Regel (2.3). Zwischen einer Matrix A und ihren Elementen α_{ik} besteht folgende Beziehung, die aus (3.1) und (3.2) folgt: Es ist

$$e_{ii}Ae_{kk}=\alpha_{ik}e_{ik}. \tag{3.3}$$

Allgemein heißt ein System von Größen wie das eben beschriebene der n-reihigen Matrizen — also ein Vektorraum, der durch eine zusätzlich erklärte Multiplikation zugleich ein Ring ist — ein *hyperkomplexes System* oder eine *Algebra*. Das bekannteste und einfachste Beispiel bilden die Quaternionen. Wir werden im III. Kapitel eine wichtige Klasse von Algebren, die Gruppenringe, ausführlich zu untersuchen haben.

Am einfachsten wird eine Algebra immer durch eine Basis $e_1, \ldots, e_n$ gegeben, der (wie oben bei den Matrizen) eine Multiplikationsregel für die Basiselemente beigegeben werden muß. Das Produkt zweier Basiselemente muß ja wieder durch die Basis ausdrückbar sein:

$$e_ie_j=\sum_k\gamma_{ijk}e_k. \tag{3.4}$$

Die γ_{ijk}, die nur noch einer Bedingung genügen müssen, damit das Assoziativgesetz gilt — alles Weitere ergibt sich durch die gewohnten Rechenregeln —, bestimmen die Struktur der Algebra.

Die folgenden zwei Sätze sind fast selbstverständlich:

Satz 3.1. *Ein System von n-reihigen quadratischen Matrizen ist dann und nur dann eine Algebra („Matrix-Algebra"), wenn es bezüglich der Addition, der Multiplikation mit einer Zahl und der Matrixmultiplikation abgeschlossen ist, d. h. diese Operationen nicht aus ihm herausführen.*

Dies ist nämlich offenbar notwendig; es ist auch hinreichend, denn ein solches System ist linearer Teilraum des Systems aller Matrizen, also Vektorraum mit Multiplikation.

Satz 3.2. *Wenn man in irgendeiner Algebra n^2 Elemente finden kann, die die Algebra aufspannen und sich untereinander wie die e_{ik} nach den Regeln* (3.2) *multiplizieren, dann ist die Algebra zum vollständigen n-reihigen Matrixring isomorph, d. h. umkehrbar eindeutig linear und unter Wahrung aller Additions- und Multiplikationsbeziehungen auf ihn abbildbar.* (Man pflegt sogar zu sagen: Die Algebra „ist" ein vollständiger Matrixring.) *Die zu einem vorgegebenen Element der Algebra gehörigen Matrixelemente können nach der Regel* (3.3) *berechnet werden.*

Die lineare Unabhängigkeit der Basiselemente folgt nämlich, wie wir sahen, aus (3.2); weiter ist nichts zu beweisen.

§ 4. Quadratische und hermitesche Formen, orthogonale und unitäre Matrizen*)

Ich bezeichne, wenn $A = \{\alpha_{ik}\}$, mit A^* die Matrix, die aus A durch „Stürzen", d. h. Spiegeln an der Hauptdiagonale oder Vertauschen der beiden Indizes hervorgeht, auch die *transponierte* Matrix gennant; mit $A^\#$ die *adjungierte* $\bar{A}^*$, wo der Querstrich wie im folgenden immer das Konjugiertkomplexe bedeutet:

$$A^* = \{\alpha_{ki}\}, \qquad A^\# = \{\bar{\alpha}_{ki}\}. \tag{4.1}$$

Man bestätigt leicht die Rechenregeln

$$\begin{gathered}(AB)^{-1} = B^{-1}A^{-1}; \quad (AB)^* = B^*A^*; \quad (AB)^\# = B^\# A^\#; \\ (A^{-1})^{-1} = A^{**} = A^{\#\#} = A; \\ (A^*)^{-1} = (A^{-1})^*; \quad (A^\#)^{-1} = (A^{-1})^\#.\end{gathered} \tag{4.2}$$

A heißt *symmetrisch*, wenn $A^* = A$, also $\alpha_{ki} = \alpha_{ik}$. Die Matrix einer *quadratischen Form* $Q(x) = \sum_{i,k=1}^{n} \alpha_{ik}\xi_i\xi_k$ kann immer symmetrisch angenommen werden. Man kann die Formel für eine quadratische Form auch als Matrixprodukt schreiben, wenn man die Vektoren als Matrizen aus einer einzigen Zeile oder Spalte auffaßt. Ebenso kann man die Bildungen A^* und $A^\#$ auch für rechteckige Matrizen erklären. Man kommt überein, unter x auch eine Matrix aus einer einzigen Spalte zu verstehen, in der die Komponenten von x stehen; dann ist die Bildung Ax ein Matrixprodukt und ist in der Tat wieder eine Matrix aus einer einzigen Spalte. x^* ist die Zeile der Komponenten von x, und offenbar ist $Q(x) = x^*Ax$; das ist eine Matrix aus einer einzigen Zeile und Spalte —

*) In diesem und dem folgenden Paragraphen ist der Körper, dem die Zahlen entnommen werden, der der komplexen Zahlen.

eben der Wert der quadratischen Form. Die *Einheitsform* $\sum_{i=1}^{n} \xi_i^2 = x^* x$ ist das Quadrat der Länge von x („cartesische Maßbestimmung").

Statt der hierdurch bestimmten Metrik, die sich hauptsächlich für Untersuchungen im Reellen eignet, führe ich, da in der Darstellungstheorie stets auch komplexe Zahlen zugelassen werden, lieber die sog. *unitäre Maßbestimmung* ein, die unter

$$E(x) = x^{\#} x = \sum_{i=1}^{n} \bar{\xi}_i \xi_i = \sum_{i=1}^{n} |\xi_i|^2 \tag{4.3}$$

das Längenquadrat versteht. Es ist $E(x) \geqq 0$, das Gleichheitszeichen gilt nur für $x = 0$. Zwei Vektoren heißen *unitär-orthogonal*, wir sagen aber auch einfach „orthogonal" oder „senkrecht", wenn $x^{\#} y = y^{\#} x = 0$ ist.

A heißt *hermitesch* oder *selbstadjungiert*, wenn $A^{\#} = A$, also $\bar{\alpha}_{ki} = \alpha_{ik}$. Anstelle der quadratischen Formen betrachtet man Formen der Gestalt $H(x) = \sum_{i,k=1}^{n} \alpha_{ik} \bar{\xi}_i \xi_k$, deren Matrix man hermitesch voraussetzt, *hermitesche Formen*. Es ist $H(x) = x^{\#} A x$. Der Wert einer hermiteschen Form ist stets reell: $(x^{\#} A x)^{\#} = x^{\#} A^{\#} x = x^{\#} A x$. (Bei Matrizen aus einer Zeile und Spalte ist die adjungierte die konjugiert-komplexe.)

Wenn man durch $x = Ry$ eine neue Basis einführt, so wird $x^{\#} = y^{\#} R^{\#}$, also $x^{\#} A x = y^{\#} R^{\#} A R y$: $R^{\#} A R$ ist die Matrix der Form in den neuen Koordinaten. Sie ist wieder hermitesch: $(R^{\#} A R)^{\#} = R^{\#} A^{\#} R = R^{\#} A R$. Insbesondere wird die Einheitsform $E(x)$ in die hermitesche Form mit der Matrix $R^{\#} R$ übergeführt. Ist $H(x)$ *positiv definit*: $H(x) > 0$ für alle $x \neq 0$, so ist natürlich auch die transformierte Form positiv definit, da die Wertevorräte wegen der Umkehrbarkeit der Koordinatentransformation übereinstimmen. Insbesondere gilt also:

Satz 4.1. *Bei beliebigem nichtsingulärem R ist $R^{\#} R$ stets die Matrix einer positiv definiten hermiteschen Form.*

Auf eine hermitesche Form eine lineare Abbildung P ausüben heißt sie in diejenige Form überführen, die jeweils für den Bildvektor x' den Wert hat, den $H(x)$ für x besitzt. Das ist die Form

$$H_P(x) = H(P^{-1} x). \tag{4.4}$$

Es ist $H_{PQ}(x) = H(Q^{-1} P^{-1} x) = (H_Q)_P(x)$. (Also wie immer: erst Q, dann P!) $H(x)$ heißt *bei P invariant*, wenn $H_P(x) = H(x)$ ist.

Eine Matrix U, bei der $E(x)$ invariant ist, heißt *unitär*; für sie ist

$$U^{\#} U = U U^{\#} = E. \tag{4.5}$$

Man überzeugt sich, daß dies gleichbedeutend ist mit den „Orthogonalitätsrelationen" $u_i^{\#} u_k = \delta_{ik}$ für die Spalten und den entsprechenden

Relationen für die Zeilen von U. Die Determinante einer unitären Matrix ist vom Betrag 1.

r orthogonale Vektoren $x_1, \ldots, x_r$ sind immer linear unabhängig: Aus $\lambda_1 x_1 + \cdots + \lambda_r x_r = 0$ folgt $0 = x_\varrho^\#(\lambda_1 x_1 + \cdots + \lambda_r x_r) = \lambda_\varrho x_\varrho^\# x_\varrho$, also $\lambda_\varrho = 0$ wegen $x_\varrho^\# x_\varrho > 0$, für $\varrho = 1, \ldots, r$. In jedem linearen Teilraum $\mathfrak{r}$ gibt es eine „orthonormierte" Basis, also aus Vektoren $x_1, \ldots, x_r$ mit $x_i^\# x_k = \delta_{ik}$. Man nehme irgendeinen Vektor z aus $\mathfrak{r}$, dann ist $\frac{z}{\sqrt{z^\# z}} = x_1$ ein normierter Vektor: $x_1^\# x_1 = 1$. Hat man schon $s(<r)$ normierte und paarweise senkrechte Vektoren $x_1, \ldots, x_s$ in $\mathfrak{r}$ gefunden, so findet man einen nächsten, indem man von irgendeinem von $x_1, \ldots, x_s$ linear unabhängigen Vektor $u \in \mathfrak{r}$ ausgeht und

$$v = u - \sum_{\sigma=1}^{s} (x_\sigma^\# u) x_\sigma \qquad \text{und} \qquad x_{s+1} = \frac{v}{\sqrt{v^\# v}}$$

setzt.

Zu jedem linearen Teilraum $\mathfrak{r}$ gibt es den *total senkrechten* $\mathfrak{r}^*$, bestehend aus allen Vektoren, die auf allen Vektoren von $\mathfrak{r}$ senkrecht stehen. $\mathfrak{R}_n$ ist direkte Summe von $\mathfrak{r}$ und $\mathfrak{r}^*$. Bilden nämlich die Vektoren $x_1, \ldots, x_r$ eine orthonormierte Basis von $\mathfrak{r}$, so ist $x_\varrho^\# y = 0$ ($\varrho = 1, \ldots, r$) ein lineares Gleichungssystem für y vom Rang r. Die Lösungen bilden einen linearen Teilraum von der Dimension $n-r$, und wenn $x_{r+1}, \ldots, x_n$ eine orthonormierte Basis von $\mathfrak{r}^*$ bilden, dann offenbar $x_1, \ldots, x_n$ eine solche von ganz $\mathfrak{R}_n$.

Satz 4.2. *Ist $\mathfrak{r}$ bei einer linearen Abbildung A invariant (aus $x \in \mathfrak{r}$ folgt immer $Ax \in \mathfrak{r}$) und ist A unitär, dann ist auch der total senkrechte Teilraum $\mathfrak{r}^*$ bei A invariant.*

Denn aus $x^\# y = 0$ folgt $x'^\# y' = x^\# A^\# A y = x^\# y = 0$; x' durchläuft aber, weil A nichtsingulär, mit x ganz $\mathfrak{r}$.

Wenn man statt der komplexen Zahlen nur reelle zuläßt, so gehen alle in diesem Abschnitt genannten Tatsachen in entsprechende Tatsachen für reelle Vektorräume über; man erhält sie, indem man überall die Querstriche wegläßt und die Bildung „Kreuz" durch „Stern" ersetzt. Ich führe ausdrücklich das reelle Analogon der unitären Matrizen an: Eine reelle Matrix O heißt *orthogonal*, wenn

$$O^* O = O O^* = E \tag{4.6}$$

ist. Das ist wiederum gleichbedeutend mit den „Orthogonalitätsrelationen" $o_i^* o_k = \delta_{ik}$ für die Spalten sowie den entsprechenden Relationen für die Zeilen von O. Die Determinante einer orthogonalen Matrix ist ± 1. Die orthogonalen Matrizen der Determinante $+1$ heißen *eigent-*

lich orthogonale Matrizen oder *Drehungen*. Komplexe orthogonale Matrizen, ebenfalls durch (4.6) definiert, sind von geringerer Bedeutung.

Ich erwähne noch zwei Sorten von Matrizen, die ebenfalls vorkommen werden: A heißt *schiefsymmetrisch*, wenn $A^* = -A$, und *schiefhermitesch*, wenn $A^{\#} = -A$.

§ 5. Eigenwerte und Transformation auf Diagonalgestalt

Die Nullstellen $\lambda_1, \ldots, \lambda_n$ des *charakteristischen Polynoms* von A: $\varphi(u) = \det(uE - A)$ heißen die *Eigenwerte* von A. Für jeden Eigenwert λ besitzt das lineare Gleichungssystem $(\lambda E - A)x = 0$ nichttriviale Lösungen, d. h. es gibt einen Vektor $x \neq 0$ mit $Ax = \lambda x$, der also bei der Abbildung A lediglich mit einem Zahlenfaktor multipliziert wird; x heißt *Eigenvektor* zum Eigenwert λ. A und $R^{-1}AR$ besitzen das gleiche charakteristische Polynom: $\det(\lambda E - R^{-1}AR) = \det[R^{-1}(\lambda E - A)R]$ $= \det(\lambda E - A)$, also die gleichen Eigenwerte. Ist x Eigenvektor von A, so ist $y = R^{-1}x$ Eigenvektor von $R^{-1}AR$ zum gleichen Eigenwert λ: $R^{-1}ARy = R^{-1}Ax = \lambda R^{-1}x = \lambda y$.

Die Eigenwerte von A^k sind $\lambda_1^k, \ldots, \lambda_n^k$. Ist x Eigenvektor von A zum Eigenwert λ, so ist x zugleich Eigenvektor von A^k zum Eigenwert λ^k: Aus $Ax = \lambda x$ folgt $A^2x = \lambda Ax = \lambda^2 x$, usw.

Satz 5.1. *Sind $\lambda_1, \ldots, \lambda_m$ verschiedene Eigenwerte einer Matrix A und $x_1, \ldots, x_m$ $(\neq 0)$ zugehörige Eigenvektoren, so sind $x_1, \ldots, x_m$ linear unabhängig.*

Beweis durch Induktion. $x_1 \neq 0$ ist linear unabhängig. Sind $x_1, \ldots, x_r$ linear unabhängig, dann auch $x_1, \ldots, x_{r+1}$. Denn sonst wäre x_{r+1} $= \alpha_1 x_1 + \cdots + \alpha_r x_r$ und daher zugleich $Ax_{r+1} = \lambda_{r+1} x_{r+1}$ und Ax_{r+1} $= \alpha_1 \lambda_1 x_1 + \cdots + \alpha_r \lambda_r x_r$, und hieraus würde (da $x_1, \ldots, x_r$ linear unabhängig) $\lambda_{r+1}\alpha_i = \lambda_i \alpha_i$ folgen. Für mindestens ein i wäre aber $\alpha_i \neq 0$, also $\lambda_{r+1} = \lambda_i$ entgegen der Voraussetzung.

Kann man A durch Einführung einer neuen Basis im Vektorraum, also durch die Transformation $A \to R^{-1}AR$, auf die Diagonalgestalt bringen, so also, daß außerhalb der Hauptdiagonale nur Nullen stehen? Die Eigenwerte einer Diagonalmatrix sind die Diagonalelemente; wenn also die Transformation möglich ist, dann stehen in der gesuchten Diagonalmatrix die Eigenwerte von A (in irgendeiner Reihenfolge; denn jede Änderung der Reihenfolge der Diagonalelemente ist durch Basisänderung, nämlich durch Permutation der Basisvektoren erreichbar).

Bekanntlich ist es nicht bei jeder Matrix möglich, die Diagonalgestalt zu erreichen. Aber ich erwähne die folgenden Sätze, die für ausgedehnte Klassen von Matrizen die Möglichkeit gewährleisten.

Satz 5.2a. *Jede Matrix mit lauter verschiedenen Eigenwerten kann auf die Diagonalgestalt gebracht werden.*

Satz 5.2b. *Alle reellen symmetrischen Matrizen können auf Diagonalgestalt gebracht werden, und zwar durch Transformation mit orthogonalem reellem R.*

Satz 5.2c. *Alle hermiteschen und alle unitären Matrizen können auf die Diagonalgestalt gebracht werden, und zwar durch Transformation mit unitärem R.*

Satz 5.2d. Aus Satz 5.2c folgt, daß *auch schief-hermitesche Matrizen unitär auf Diagonalform transformiert werden können*; denn wenn A hermitesch, ist iA schief-hermitesch, und umgekehrt. Und dies gilt speziell auch für reelle schief-hermitesche, d. h. *reelle schief-symmetrische Matrizen.* Reelle orthogonale Matrizen können ebensogut als reelle unitäre erklärt und daher nach Satz 5.2c auf Diagonalgestalt gebracht werden. Nützlicher noch ist

Satz 5.2 e. *Jede reelle eigentlich orthogonale Matrix kann durch reelle eigentlich orthogonale Transformation auf eine Normalform gebracht werden, bestehend aus längs der Hauptdiagonalen sich reihenden zweidimensionalen Kästchen der Form* $\begin{pmatrix}\cos\varphi & -\sin\varphi\\ \sin\varphi & \cos\varphi\end{pmatrix}$, *die also ebene Drehungen darstellen. Im Falle des ungeraden n kommt noch eine* 1 *in der Diagonale dazu.*

Satz 5.2e rechtfertigt den Sprachgebrauch „Drehungen“ für die reellen eigentlich orthogonalen Abbildungen. Bei uneigentlich orthogonalen Matrizen ist ein Kästchen durch $\begin{pmatrix}\cos\varphi & \sin\varphi\\ \sin\varphi & -\cos\varphi\end{pmatrix}$ (Spiegelung) oder 1 durch -1 zu ersetzen.

Matrizen, die sich nicht auf Diagonalgestalt bringen lassen, können immer auf gewisse andere *Normalformen* gebracht werden, unter denen die sog. Jordansche besonders bequem ist, bei der sich längs der Hauptdiagonale Kästchen der Gestalt

$$\begin{pmatrix}\lambda & 1 & 0 & . & . & . & 0 & 0\\ 0 & \lambda & 1 & . & . & . & 0 & 0\\ 0 & 0 & \lambda & . & . & . & 0 & 0\\ & & & . & & & & \\ & & & & . & & & \\ & & & & & . & & \\ 0 & 0 & 0 & . & . & . & \lambda & 1\\ 0 & 0 & 0 & . & . & . & 0 & \lambda\end{pmatrix}$$

reihen, wo λ jeweils einen Eigenwert bedeutet. Alle Eigenwerte kommen vor, es kann aber in verschiedenen Kästchen der gleiche Eigenwert stehen*).

Aus diesen Sätzen können leicht die Realitätseigenschaften der Eigenwerte der verschiedenen Matrixgattungen abgelesen werden. Da hermitesche und unitäre Matrizen bei unitärer Transformation wieder in hermitesche bzw. unitäre übergehen, gilt

Satz 5.3. *Die Eigenwerte einer hermiteschen Matrix — also auch insbesondere die einer reellen symmetrischen Matrix — sind reell. Die Eigenwerte einer unitären Matrix haben den Betrag* 1. *Weiter sind die Eigenwerte einer schief-hermiteschen Matrix — also auch insbesondere die einer reellen schiefsymmetrischen Matrix — rein imaginär. Reelle orthogonale Matrizen haben (wie die unitären) Eigenwerte vom Betrag* 1; *die komplexen darunter sind paarweise konjugiert-komplex. Jedes Kästchen der oben angegebenen Normalform hat die Eigenwerte* $e^{i\varphi}$ *und* $e^{-i\varphi}$.

Ein etwas anderes Problem stellt die Transformation der quadratischen und hermiteschen Formen auf eine Diagonalform, d. h. auf eine Summe von Quadraten dar; denn hier handelt es sich um eine Transformation $A \to R^* A R$ oder $A \to R^{\#} A R$. Bei orthogonalem oder unitärem R stimmt aber R^* bzw. $R^{\#}$ mit R^{-1} überein, und daher folgt aus Satz 5.2b und 5.2c, daß reelle quadratische Formen reell-orthogonal auf eine Quadratsumme transformiert werden können („Hauptachsentransformation") und daß hermitesche Formen unitär auf eine Diagonalform gebracht werden können. Wenn man sich nicht auf orthogonale oder unitäre Transformationen beschränkt, so brauchen in der Diagonale nicht mehr die Eigenwerte zu stehen und man kann mehr erreichen. Ich erwähne nur die folgenden beiden Sätze:

Satz 5.4a. *Jede reelle quadratische Form kann durch reelle Basisänderung auf die Gestalt* $\eta_1^2 + \eta_2^2 + \cdots + \eta_s^2 - \eta_{s+1}^2 - \cdots - \eta_r^2$ *gebracht werden. r ist der Rang der Koeffizientenmatrix; die Zahl s, also die Anzahl der positiven Vorzeichen, ist durch die Form bestimmt („Trägheitsgesetz").*

Jede (reelle oder komplexe) quadratische Form kann durch komplexe Basisänderung in die Form $\eta_1^2 + \cdots + \eta_r^2$ *transformiert werden, wo r der*

*) Aus der Jordanschen Normalform entnimmt man leicht, was oben nicht bewiesen wurde: Ist λ Eigenwert von A, so ist λ^k Eigenwert von A^k mit der gleichen Vielfachheit. Wegen $R^{-1} A^k R = (R^{-1} A R)^k$ stimmen nämlich die Eigenwerte von A^k mit denen der k-ten Potenz der Jordanschen Normalform überein, bei der sich längs der Hauptdiagonale die k-ten Potenzen der oben angegebenen Kästchen reihen; das sind Matrizen, deren Elemente, wie die Rechnung zeigt, unter der Hauptdiagonale 0 und in der Hauptdiagonale λ^k sind. Also enthält das charakteristische Polynom von A^k den Faktor $u - \lambda^k$ ebenso oft wie das von A den Faktor $u - \lambda$.

Rang der Koeffizientenmatrix ist; also können zwei beliebige quadratische Formen vom gleichen Rang ineinander transformiert werden.

Satz 5.4b. *Jede positive definite hermitesche Form kann in die Einheitsform* $\bar{\eta}_1\eta_1 + \cdots + \bar{\eta}_n\eta_n$ *transformiert werden.*

Schließlich noch ein Satz über die „simultane" Transformierbarkeit mehrerer Matrizen auf die Diagonalgestalt:

Satz 5.5. *Es seien mehrere hermitesche oder unitäre Matrizen A, B usw. gegeben (es dürfen endlich oder unendlich viele sein). Dann und nur dann kann eine Basis gefunden werden, die ihnen allen zugleich Diagonalgestalt verleiht, wenn je zwei unter ihnen* v e r t a u s c h b a r *sind ($AB = BA$).*

Beweis. Die Vertauschbarkeit ist n o t w e n d i g, denn Diagonalmatrizen sind immer vertauschbar, und mit $R^{-1}AR$ und $R^{-1}BR$ sind auch A und B vertauschbar. Nun sei umgekehrt die Vertauschbarkeit vorausgesetzt. $\lambda_1, \ldots, \lambda_n$ seien die Eigenwerte von A. Wenn sie alle den gleichen Wert λ_1 besitzen, so hat A, da es auf Diagonalgestalt transformierbar vorausgesetzt ist, bereits die Gestalt $\lambda_1 E$; denn $\lambda_1 E$ ändert sich bei Basisänderung nicht. Andernfalls bringe man A durch unitäre Basisänderung auf die Diagonalgestalt A' und transformiere die übrigen Matrizen mit, wobei sie in B' usw. übergehen mögen. $A'B' = B'A'$ besagt dann $\lambda_i\beta'_{ik} = \beta'_{ik}\lambda_k$, also $\beta'_{ik} = 0$ für $\lambda_i \neq \lambda_k$. Ist nun etwa $\lambda_1 = \cdots = \lambda_{n_1}$, $\lambda_{n_1+1} = \cdots = \lambda_{n_1+n_2}$ usw., so definiert das eine Kästcheneinteilung (§ 2) der Matrizen, und man erhält $B'_{\varrho\sigma} = 0$ für $\varrho \neq \sigma$ und ebenso für alle anderen Matrizen. B' ist wieder hermitesch oder unitär*), also auch die Kästchen $B'_{\varrho\varrho}$. Hat B'_{11} lauter gleiche Eigenwerte, so hat es schon Diagonalgestalt. Andernfalls bringe man es auf Diagonalgestalt [Transformation von B'_{11} mit unitärem R_{11}, d.h. von B' mit dem ebenfalls unitären $R_{11} \dot{+} E_{n-n_1}$**)] und transformiere wieder alle anderen Matrizen mit. Dabei bleibt A' ungeändert, man erreicht eine Verfeinerung der Kästcheneinteilung, und wiederum sind überall nur noch die Kästchen längs der Diagonale $\neq 0$. Dieses Verfahren setzt man fort, solange man noch eine Matrix finden kann, die in einem Kästchen nicht lauter gleiche Eigenwerte hat (andernfalls haben sie schon alle Diagonalgestalt). Nach höchstens $n-1$ Schritten ist man bei der Einteilung $n = 1 + 1 + \cdots + 1$ angelangt und hat gewiß lauter Diagonalmatrizen***).

*) Aus $B^{\#} = B$ und $RR^{\#} = E$ folgt $(B')^{\#} = (R^{-1}BR)^{\#} = R^{\#}B^{\#}(R^{-1})^{\#} = R^{-1}BR = B'$, und noch leichter beweist man das Analoge für unitäres B.

**) Erklärung des Zeichens $\dot{+}$ s. unten.

***) Satz 5.5 gilt auch für *Projektionen* (§ 2), die nicht hermitesch oder unitär zu sein brauchen: Mit B' ist von selbst auch $B'_{\varrho\varrho}$ wieder idempotent.

Wir werden manchmal die *Summe der Diagonalelemente* einer Matrix zu betrachten haben, die man die *Spur* der Matrix nennt: $\operatorname{Sp} A = \sum_{i=1}^{n} \alpha_{ii}$. Für sie gilt der wichtige Satz

$$\operatorname{Sp}(R^{-1}AR) = \operatorname{Sp} A, \tag{5.1}$$

der unmittelbar aus der vorhin festgestellten Invarianz des charakteristischen Polynoms folgt; der Koeffizient von λ^{n-1} in $\varphi(\lambda)$ ist nämlich $-\operatorname{Sp} A$. Sind $\lambda_1, \ldots, \lambda_n$ die Eigenwerte von A, so ist andererseits $\varphi(\lambda) = (\lambda - \lambda_1) \cdot \cdots \cdot (\lambda - \lambda_n)$ und man erkennt

$$\operatorname{Sp} A = \lambda_1 + \cdots + \lambda_n . \tag{5.2}$$

§ 6. Zwei weitere Verknüpfungen für Matrizen; das Kronecker-Produkt

Außer Matrixsumme und -produkt spielen in der Darstellungstheorie noch zwei weitere Operationen eine wichtige Rolle, durch die ebenfalls zwei oder mehreren Matrizen eine neue Matrix zugeordnet wird und die eine gewisse Ähnlichkeit mit einer Summe und einem Produkt haben. Zur Unterscheidung bezeichnen wir sie mit $\dotplus$ und $\times$.

Man hat nämlich oft, wenn $A_1, A_2, \ldots, A_r$ quadratische Matrizen von $n_1, n_2, \ldots, n_r$ Zeilen sind, eine Matrix von $n = n_1 + \cdots + n_r$ Zeilen und Spalten zu betrachten, die dadurch entsteht, daß man längs der Hauptdiagonale sich ein n_1-reihiges, ein n_2-reihiges Kästchen usw. reihen läßt, die die Matrizen $A_1, A_2, \ldots$ enthalten, und außerhalb dieser Kästchen lauter Nullen setzt:

$$A = \begin{pmatrix} \boxed{A_1} & & & 0 \\ & \boxed{A_2} & & \\ & & \ddots & \\ 0 & & & \boxed{A_r} \end{pmatrix}. \tag{6.1}$$

Hierfür schreiben wir kurz

$$A = A_1 \dotplus A_2 \dotplus \cdots \dotplus A_r . \tag{6.2}$$

Diese Bildung ist insbesondere dann wichtig, wenn man nicht eine einzelne Matrix, sondern ein System $A(s)$ von solchen betrachtet, abhängig von einem Parameter s, der irgendeinen (endlichen oder abzählbaren oder kontinuierlichen) Variabilitätsbereich haben kann. Ein solches System von Matrizen oder linearen Transformationen wird häufig auch mit einem großen deutschen Buchstaben $\mathfrak{A}$ bezeichnet, besonders dann, wenn man sich die Wahl einer Basis im Vektorraum noch vorbehält.

Wenn man dann eine solche Basis finden kann, daß die Matrizen $A(s)$ die Form (6.1) erhalten (es wird sicher nicht bei jeder Basis der Fall sein), dann schreiben wir auch

$$\mathfrak{A} = \mathfrak{A}_1 \dot{+} \mathfrak{A}_2 \dot{+} \cdots \dot{+} \mathfrak{A}_r \tag{6.3}$$

und sagen: $\mathfrak{A}$ *zerfällt* in die Systeme $\mathfrak{A}_1, \mathfrak{A}_2, \ldots, \mathfrak{A}_r$. Die geometrische Bedeutung wird im nächsten Abschnitt erörtert werden.

Von besonderer Bedeutung ist der Fall, daß das System $\mathfrak{A}$ aus allen Matrizen besteht, die nur in den Kästchen der Längen n_1, n_2 usw. längs der Hauptdiagonale von Null verschiedene Zahlen enthalten, so daß $A_1, A_2, \ldots$ in (6.2) unabhängig voneinander sämtliche $n_1, n_2, \ldots$-reihigen Matrizen durchlaufen. Es kommen dann in $\mathfrak{A}$ für jedes $k = 1, \ldots, r$ auch solche Matrizen A'_k vor, die nur im k-ten Kästchen eine Matrix $A_k \neq 0$ und sonst lauter Nullen enthalten; und offenbar ist jede Matrix A des Systems auf genau eine Weise in der Form $A = A'_1 + \cdots + A'_r$ darstellbar. Da sich nun die Matrizen A'_k — bei festem k — genau wie die Matrizen A_k addieren und multiplizieren, ihre Gesamtheit also zum vollen Ring der n_k-reihigen Matrizen isomorph ist, so sagt man in diesem Falle: $\mathfrak{A}$ *ist direkte Summe des vollen $n_1, n_2, \ldots, n_k$-reihigen Matrixringes.*

Soeben wurden schon die auf der Hand liegenden Rechenregeln benutzt:

$$\begin{aligned} (A_1 \dot{+} \cdots \dot{+} A_r) + (B_1 \dot{+} \cdots \dot{+} B_r) &= (A_1 + B_1) \dot{+} \cdots \dot{+} (A_r + B_r), \\ \lambda(A_1 \dot{+} \cdots \dot{+} A_r) &= \lambda A_1 \dot{+} \cdots \dot{+} \lambda A_r, \\ (A_1 \dot{+} \cdots \dot{+} A_r)(B_1 \dot{+} \cdots \dot{+} B_r) &= A_1 B_1 \dot{+} \cdots \dot{+} A_r B_r. \end{aligned} \tag{6.4}$$

Was die Kommutativität betrifft, so ist die Reihenfolge der Kästchen in (6.1) bei den meisten Betrachtungen gleichgültig, muß aber im Verlauf einer Untersuchung festgehalten werden; sonst haben ja z. B. die eben betrachteten Rechenregeln keinen Sinn.

Die zweite, produktähnliche, Verknüpfung ist das *„Kronecker-Produkt"*. Um dazu zu gelangen, definieren wir zuerst zu zwei Vektorräumen $\mathfrak{R}_n$ und $\mathfrak{R}_m$ mit Basen $e_1, \ldots, e_n$ und $f_1, \ldots, f_m$ einen neuen Vektorraum $\mathfrak{R}_{nm}$ der Dimension nm, der in der neueren Algebra *Tensorprodukt* von $\mathfrak{R}_n$ und $\mathfrak{R}_m$ heißt, mit Basisvektoren g_{ij} (die also ausnahmsweise nicht durchnumeriert, sondern durch zwei Indizes $i = 1, \ldots, n$ und $j = 1, \ldots, m$ bezeichnet werden), wobei wir für jedes $x = \sum_i \xi_i e_i$ aus $\mathfrak{R}_n$ und $y = \sum_j \eta_j f_j$ aus $\mathfrak{R}_m$

$$xy = \sum_{i,j} \xi_i \eta_j g_{ij}$$

schreiben. Wenn wir nun je eine lineare Abbildung im $\mathfrak{R}_n$, $x \to x'$, und im $\mathfrak{R}_m$, $y \to y'$, durch

$$\xi_i' = \sum_k \alpha_{ik} \xi_k \quad \text{und} \quad \eta_j' = \sum_l \beta_{jl} \eta_l$$

geben, so erhalten wir im $\mathfrak{R}_{nm}$, wenn wir $(xy)' = x'y'$ setzen,

$$(\xi_i \eta_j)' = \sum_{k,l} \alpha_{ik} \beta_{jl} \xi_k \eta_l ,$$

und die neue Transformationsmatrix, die man mit $A \times B$ bezeichnet und das Kronecker-Produkt von A und B nennt, hat die Elemente $\alpha_{ik}\beta_{jl}$, wobei als Zeilennummer das Indexpaar (ij), als Spaltennummer das Indexpaar (kl) fungiert. Die Matrix hat also nm Zeilen und Spalten. Man kann sie nicht explizit hinschreiben, ohne eine Festsetzung über die Reihenfolge der Basisvektoren g_{ik} zu treffen. *In unserer Definition des Kronecker-Produktes ist eine solche Festsetzung nicht enthalten.*

Man kann etwa so numerieren: 11, 12, ..., $1m$, 21, 22, ..., $2m$, ... Dann ist

$$A \times B = \begin{pmatrix} \alpha_{11}B & \alpha_{12}B & \ldots & \alpha_{1n}B \\ \alpha_{21}B & \alpha_{22}B & \ldots & \alpha_{2n}B \\ \ldots & \ldots & \ldots & \ldots \\ \alpha_{n1}B & \alpha_{n2}B & \ldots & \alpha_{nn}B \end{pmatrix} \tag{6.5}$$

in leicht verständlicher Kästchenschreibweise. Oder so: 11, 21, ..., $n1$, 12, 22, ..., $n2$, ... Dann wird

$$A \times B = \begin{pmatrix} \beta_{11}A & \beta_{12}A & \ldots & \beta_{1m}A \\ \beta_{21}A & \beta_{22}A & \ldots & \beta_{2m}A \\ \ldots & \ldots & \ldots & \ldots \\ \beta_{m1}A & \beta_{m2}A & \ldots & \beta_{mm}A \end{pmatrix} . \tag{6.6}$$

Beide Matrizen sind nicht gleich, sondern gehen eben durch geeignete Umordnung der Zeilen und Spalten auseinander hervor.

Die Verallgemeinerung auf mehr als zwei Faktoren liegt auf der Hand: z. B. $A \times B \times C = \{\alpha_{ik}\beta_{jl}\gamma_{hm}\}$. Dies läßt sich aber nicht mehr wie oben explizit hinschreiben.

Man verifiziert sofort, daß diese Produktbildung gegenüber der gewöhnlichen Matrixsumme *distributiv* ist:

$$A \times (B + C) = A \times B + A \times C . \tag{6.7}$$

Besonders wichtig ist die Formel, die Kronecker-Produkt und gewöhnliches Produkt miteinander verknüpft:

$$\begin{aligned}(A_1 \times A_2 \times \cdots \times A_r)\,(B_1 \times B_2 \times \cdots \times B_r) \\ = A_1 B_1 \times A_2 B_2 \times \cdots \times A_r B_r .\end{aligned} \tag{6.8}$$

In dieser Formel müssen in den Klammern der linken Seite „gleichartige“ Kronecker-Produkte stehen, d. h. A_j und B_j von gleicher Dimension sein. Man bestätigt sie aus der Definition oder auch — im Falle zweier Kronecker-Faktoren — aus einer der Formeln (6.5) oder (6.6) mit Hilfe der Kästchenregel von § 2.

Bei beiden Verknüpfungen gelten sehr einfache Regeln zur Berechnung der Spur, die man leicht verifiziert:

$$\textit{Aus } A = A_1 \dotplus A_2 \dotplus \cdots \dotplus A_r \textit{ folgt}$$
$$\operatorname{Sp} A = \operatorname{Sp} A_1 + \operatorname{Sp} A_2 + \cdots + \operatorname{Sp} A_r. \tag{6.9}$$
$$\textit{Aus } A = A_1 \times A_2 \times \cdots \times A_r \textit{ folgt}$$
$$\operatorname{Sp} A = \operatorname{Sp} A_1 \cdot \operatorname{Sp} A_2 \cdot \cdots \cdot \operatorname{Sp} A_r. \tag{6.10}$$

§ 7. Äquivalenz und Reduzibilität von Matrixsystemen Das Lemma von SCHUR

Die Begriffe und Sätze dieses Abschnitts sind für die gesamte Darstellungstheorie von grundlegender Bedeutung.

$A(s)$ bezeichne ein System von Matrizen oder linearen Transformationen im $\mathfrak{R}_n$, das wir auch mit dem deutschen Buchstaben $\mathfrak{A}$ kennzeichnen; der Parameter s mag irgendeinen endlichen oder unendlichen, abzählbaren oder kontinuierlichen Wertebereich haben*). Ist $B(s)$ ein zweites derartiges System, das vom selben Parameter abhängt, aber aus linearen Transformationen in einem anderen Vektorraum $\mathfrak{S}_m$ besteht, so heißen die Systeme $A(s)$ und $B(s)$ *äquivalent* oder *ähnlich*, wenn man $\mathfrak{R}_n$ linear und umkehrbar eindeutig auf $\mathfrak{S}_m$ so abbilden kann (Äquivalenzabbildung oder „Ähnlichkeit“), daß zwei vermöge einer Transformation $A(s)$ zusammengehörige Vektoren x und $x' = A(s)x$ immer in zusammengehörige Vektoren y und $y' = B(s)y$ übergehen (mit demselben Wert s). Es ist dann $m = n$ — denn sonst gibt es überhaupt keine lineare umkehrbar eindeutige Abbildung von $\mathfrak{R}_n$ auf $\mathfrak{S}_m$ —, und die Äquivalenzabbildung wird durch eine nichtsinguläre Matrix P bewerkstelligt:

$$x = Py. \tag{7.1}$$

Aus (7.1) muß daher $x' = Py'$ folgen oder $A(s)Py = PB(s)y$ für alle y; das liefert

$$B(s) = P^{-1}A(s)P, \tag{7.2}$$

eine Beziehung, durch die man auch die Äquivalenz definieren könnte.

*) Die im Buch vorkommenden Fälle, die damit alle zugleich erfaßt werden, sind: eine abbrechende Folge von Matrizen; eine unendliche Folge; eine Matrix, die von einem oder von mehreren reellen Parametern abhängt.

Man gelangt zu derselben Formel, wenn man fragt, wie sich die Matrix der linearen Transformationen bei Koordinatentransformation, also Einführung einer neuen Basis im $\mathfrak{R}_n$, ändert. Die Komponenten $\eta_1, \ldots, \eta_n$ von y werden dann als neue Koordinaten desselben Vektors x und (7.1) als Koordinatentransformation gedeutet. Ein zu $A(s)$ ähnliches System von Matrizen ist also nichts anderes als d a s s e l b e System von linearen Transformationen, ausgedrückt in einem andern Koordinatensystem.

Das System $A(s)$ heißt *reduzibel*, wenn es im $\mathfrak{R}_n$ einen *invarianten Teilraum* $\mathfrak{r}_1$ gibt, d. h. einen solchen, daß jeder Vektor aus $\mathfrak{r}_1$ bei jeder der linearen Transformationen wieder in einen Vektor aus $\mathfrak{r}_1$ übergeht (also: aus $x \in \mathfrak{r}_1$ folgt $A(s)x \in \mathfrak{r}_1$); andernfalls heißt es *irreduzibel*. Wird das Koordinatensystem so an den Teilraum angepaßt, daß die ersten, sagen wir m, Koordinatenvektoren $\mathfrak{r}_1$ aufspannen, so muß in den Formeln (2.1) immer $\xi'_{m+1} = \cdots = \xi'_n = 0$ herauskommen, wenn $\xi_{m+1} = \cdots = \xi_n = 0$ ist. Das ist dann und nur dann der Fall, wenn $A(s)$ bei dieser Basis die Gestalt

$$A(s) = \left(\begin{array}{c|c} A_1(s) & K(s) \\ \hline 0 & A_2(s) \end{array}\right) \tag{7.3}$$

hat; das m-reihige quadratische Kästchen $A_1(s)$ beschreibt die Transformation in $\mathfrak{r}_1$, das Rechteck darunter besteht aus Nullen. Wenn es noch einen zweiten invarianten Teilraum $\mathfrak{r}_2$ gibt, so daß $\mathfrak{R}_n$ direkte Summe von $\mathfrak{r}_1$ und $\mathfrak{r}_2$ ist, und wenn man es so einrichtet, daß die m ersten Koordinatenvektoren $\mathfrak{r}_1$, die letzten $n-m$ Vektoren $\mathfrak{r}_2$ aufspannen, so wird

$$A(s) = \left(\begin{array}{c|c} A_1(s) & 0 \\ \hline 0 & A_2(s) \end{array}\right) = A_1(s) \dotplus A_2(s) \tag{7.4}$$

und A_1 und A_2 beschreiben die Transformation in den Teilräumen. Man sagt dann: Das System $\mathfrak{A}$ *zerfällt* in die beiden Systeme $\mathfrak{A}_1$ und $\mathfrak{A}_2$ und schreibt $\mathfrak{A} = \mathfrak{A}_1 \dotplus \mathfrak{A}_2$, wie in (6.3). Gelegentlich nennt man nicht nur das System von Matrizen oder linearen Transformationen, sondern auch den Vektorraum, in dem sie operieren, reduzibel oder irreduzibel.

Es ist klar, daß diese Begriffe und die im Zusammenhang mit ihnen herzuleitenden Sätze ohne weiteres auch auf invariante Teilräume ihrerseits Anwendung finden können. Denn $\mathfrak{r}_1$ ist ein m-dimensionaler Vektorraum und $A_1(s)$ ein in ihm operierendes System linearer Transformationen, genau wie $A(s)$ in $\mathfrak{R}_n$.

Der invariante Teilraum $\mathfrak{r}_1$ heißt also z. B. irreduzibel, wenn es keinen invarianten Teilraum $\mathfrak{r}'_1$ gibt, der echter Teil von $\mathfrak{r}_1$ ist. Und man wird im Falle des Zerfalls, Formel (7.4), auch die beiden Teilräume äquivalent oder ähnlich nennen, wenn die Systeme $A_1(s)$ und $A_2(s)$ es sind. Man kann in diesem Fall der Definition der Äquivalenz eine besonders einfache Wendung geben. Ich bezeichne dazu für den Augenblick mit $A(s)$ die *Transformationen* (nicht die Matrizen) unseres Systems, unabhängig von der Basis; ebenso mit Π die Äquivalenzabbildung von $\mathfrak{r}_2$ auf $\mathfrak{r}_1$. Die Äquivalenz verlangt, daß für alle $y \in \mathfrak{r}_2$ aus $x = \Pi y$ immer $A(s)x = \Pi A(s)y$ folgt; das ergibt

$$A(s)\Pi = \Pi A(s), \tag{7.5}$$

d. h. *die Äquivalenzabbildung ist eine umkehrbar eindeutige lineare Abbildung von* $\mathfrak{r}_2$ *auf* $\mathfrak{r}_1$, *die mit den Transformationen des Systems* $\mathfrak{A}$ *vertauschbar ist.* Geht man wieder zu Koordinaten über, so hat man statt (7.5) $A_1(s)P = PA_2(s)$, wo P wie A_1 und A_2 eine m-reihige Matrix ist; das ist im wesentlichen (7.2).

Das System $A(s)$ heißt *vollständig reduzibel*, wenn es irreduzibel ist oder in mehrere irreduzible Systeme zerfällt. Der zugehörige Vektorraum ist dann direkte Summe von irreduziblen Teilräumen*).

In engem Zusammenhang mit diesen Begriffsbildungen steht das *Lemma von* SCHUR**):

Satz 7.1a. *$A(s)$ und $B(s)$ seien zwei vom selben Parameter s abhängige irreduzible Systeme von linearen Transformationen in zwei Vektorräumen $\mathfrak{R}_n$ und $\mathfrak{S}_m$. Wenn es eine (rechteckige) Matrix P der Zeilenlänge n und der Spaltenlänge m gibt, so daß die lineare Abbildung $y = Px$ von $\mathfrak{R}_n$ auf $\mathfrak{S}_m$ immer auch $A(s)x$ in $B(s)y$ überführt, daß also für jedes s*

$$PA(s) = B(s)P \tag{7.6}$$

gilt, so ist entweder $P = 0$ oder P nichtsingulär; im zweiten Fall ist also $n = m$ und $A(s)$ und $B(s)$ sind äquivalent.

Beweis. Der Rang von P sei r. 1. Alle Bilder Px bilden (§ 2) einen linearen Teilraum $\mathfrak{s}$ von $\mathfrak{S}_m$ von der Dimension r, der wegen (7.6) bei $B(s)$ invariant ist. Da $B(s)$ irreduzibel, ist $\mathfrak{s}$ entweder $=0$ (dann ist $r=0$, also $P=0$) oder $=\mathfrak{S}_m$ (dann ist $r=m$ und $n \geqq m$). 2. Die Vektoren x mit $Px=0$ bilden einen linearen Teilraum $\mathfrak{r}$ von $\mathfrak{R}_n$ von der Dimension $n-r$, der wegen (7.6) bei $A(s)$ invariant ist. Da $A(s)$ irreduzibel, ist $\mathfrak{r}$ entweder $=\mathfrak{R}_n$ (dann ist $r=0$ und $P=0$) oder $=0$ (dann ist $r=n$ und $m \geqq n$). Also ist entweder $P=0$ oder $r=n=m$ und P nichtsingulär.

*) Wenn man „invarianter Teilraum" statt „invarianter linearer Teilraum" sagt oder „irreduzibler Teilraum" statt „irreduzibler invarianter Teilraum" usw., so kann das zu keinen Mißverständnissen führen, weil die Invarianz nur für lineare, die Irreduzibilität nur für invariante Teilräume definiert ist.

**) I. SCHUR [3].

Der zweite Teil des Schurschen Lemmas beschäftigt sich näher mit der zweiten Alternative. Um zu untersuchen, wie die Gesamtheit der Äquivalenzabbildungen P aussieht, wählt man zweckmäßig die Koordinatensysteme so, daß $A(s)=B(s)$ ist. Dann gilt:

Satz 7.1b. *Ist eine Matrix P mit allen Matrizen eines irreduziblen Systems $A(s)$ vertauschbar, so ist P Zahlenvielfaches λE der Einheitsmatrix. Oder: Die einzigen Äquivalenzabbildungen eines irreduziblen Systems auf sich selber sind die „Multiplikationen" $x \to \lambda x$.*

Beweis. Die Einheitsmatrix E ist mit allen $A(s)$ vertauschbar, also auch ihre Vielfachen μE, also auch alle Matrizen $P-\mu E$. Nach a) ist daher für jedes μ entweder $P-\mu E=0$ oder die Determinante $\det(P-\mu E) \neq 0$. Dies ist nur für $P=\lambda E$ kein Widerspruch; denn im Zahlenkörper $\mathfrak{K}$ gibt es, da wir ihn als algebraisch abgeschlossen vorausgesetzt haben, Wurzeln der algebraischen Gleichung $\det(P-\mu E)=0$, und für ein solches μ ist sonst weder das eine noch das andere der Fall.

§ 8. Vertauschbarkeit von Matrixsystemen

$\mathfrak{S}$ sei eine Gesamtheit von Matrizen, endlich oder unendlich, etwa wie im vorigen Abschnitt von einem Parameter abhängend, $S=S(\alpha)$, alle von der gleichen Dimension n.

Satz 8.1. *Die Gesamtheit der mit allen Matrizen $S(\alpha)$ vertauschbaren Matrizen bildet eine Matrixalgebra $\mathfrak{S}^*$.*

Denn aus $AS=SA$ und $BS=SB$ folgt

$$\lambda AS=\lambda SA=S(\lambda A)$$

und

$$(A+B)S=AS+BS=SA+SB=S(A+B)$$

und

$$(AB)S=A(BS)=A(SB)=(AS)B=S(AB).$$

Satz 8.2. *Ist $\mathfrak{S}$ vollständig reduzibel, so ist $\mathfrak{S}^*$ einer direkten Summe von vollen Matrixringen isomorph.*

Beweis. Man kann im Raume, auf den die Transformationen von $\mathfrak{S}$ wirken, eine Basis so wählen, daß $\mathfrak{S}$ zerfällt und daß speziell die äquivalenten Bestandteile beisammenstehen und durch dieselben Matrizen dargestellt werden. Dabei möge r_1-mal das n_1-reihige Kästchen $S_1(\alpha)$, r_2-mal das n_2-reihige Kästchen $S_2(\alpha)$ kommen usw., $r_1 n_1 + r_2 n_2 + \cdots = n$. Das Teilquadrat, in dem die Kästchen $S_i(\alpha)$ stehen, mag der i-te „Kasten" heißen. In ihm steht [Schreibweise (6.5) des Kronecker-Produktes] $E_{r_i} \times S_i(\alpha)$; die ganze Zerlegung lautet also einfach

$$S(\alpha)=E_{r_1} \times S_1(\alpha) \dotplus E_{r_2} \times S_2(\alpha) \dotplus \cdots. \tag{8.1}$$

$S_1(\alpha)$, $S_2(\alpha)$ usw. sind inäquivalente irreduzible Systeme. Daher ist nach Satz 7.1b*) eine für jedes α mit $S_i(\alpha)$ vertauschbare Matrix Multiplum der Einsmatrix E_{n_i}; eine (rechteckige) Matrix C aber, die $CS_i(\alpha)=S_j(\alpha)C$ erfüllt ($i \neq j$), ist nach Satz 7.1a Null. Ist nun $AS(\alpha)=S(\alpha)A$, so schreibe man A der Kästcheneinteilung von S entsprechend:

$$A=\begin{pmatrix} A^{(11)} & A^{(12)} & \dots \\ A^{(21)} & A^{(22)} & \dots \\ \dots & \dots & \dots \end{pmatrix}, \quad A^{(ij)}=\begin{pmatrix} A^{(ij)}_{11} & \dots & A^{(ij)}_{1r_j} \\ \dots & \dots & \dots \\ A^{(ij)}_{r_i 1} & \dots & A^{(ij)}_{r_i r_j} \end{pmatrix}.$$

Links steht die Einteilung von A in „Kästen", rechts die Kästcheneinteilung eines Kastens. Die Kästen sind Quadrate für $i=j$, sonst im allgemeinen Rechtecke, und sie bestehen für $i=j$ aus quadratischen, sonst im allgemeinen aus rechteckigen Kästchen. Aus $AS(\alpha)=S(\alpha)A$ folgt dann, wenn man die Multiplikation nach der Kästchenregel (2.4) ausführt,

$$A^{(ij)}_{pq}S_j(\alpha)=S_i(\alpha)A^{(ij)}_{pq}.$$

Die linke Seite entsteht, indem man die Zeile (i,p) der Kästchenmatrix mit der Spalte (j,q) von S, die nur an der Stelle (j,q) das Kästchen S_j enthält, skalar multipliziert; die rechte Seite entsprechend. Nach Satz 7.1 folgt $A^{(ij)}_{pq}=0$ für $i \neq j$ und $A^{(ii)}_{pq}=\alpha^{(i)}_{pq}E_{n_i}$, mit irgendeinem Zahlenfaktor $\alpha^{(i)}_{pq}$. Wenn man die Matrix der $\alpha^{(i)}_{pq}$ mit $A^{(i)}$ bezeichnet und die Kronecker-Produkte in gleicher Weise wie vorhin schreibt, ist also

$$A=A^{(1)}\times E_{n_1}\dot{+}A^{(2)}\times E_{n_2}\dot{+}\cdots, \tag{8.2}$$

und jede solche Matrix, mit beliebigen r_i-reihigen Matrizen $A^{(i)}$, ist nach den Rechenregeln (6.4_3) und (6.8) offenbar wirklich mit $S(\alpha)$ vertauschbar. Eine einfache Vertauschung der Zeilen und Spalten [ähnlich wie der Übergang von (6.5) zu (6.6)] bringt dann A auf die Form

$$A=E_{n_1}\times A^{(1)}\dot{+}E_{n_2}\times A^{(2)}\dot{+}\cdots, \tag{8.3}$$

wo sich [nach (6.5) gelesen] in der Diagonale n_1-mal die Matrix $A^{(1)}$, n_2-mal die Matrix $A^{(2)}$ reiht usw. A sieht also ähnlich aus wie S, nur ist $A^{(i)}$ r_i-reihig und steht n_i-mal da; bei S_i war es umgekehrt.

Matrizen der Form (8.3) addieren und multiplizieren sich genau so wie die kürzeren Matrizen $A^{(1)}\dot{+}A^{(2)}\dot{+}\cdots$, bei denen längs der Diagonalen jede Matrix $A^{(i)}$ nur einmal vorkommt. Und da $A^{(1)}, A^{(2)}, \dots$ unabhängig voneinander beliebige Matrizen sind, ist in der Tat das System $\mathfrak{S}^*$ aller mit $\mathfrak{S}$ vertauschbaren Matrizen A isomorph zur direkten

*) An dieser Stelle wird wesentlich benutzt, daß wir einen algebraisch abgeschlossenen Zahlkörper zugrunde gelegt haben! Ohne diese Voraussetzung gelten etwas kompliziertere Sätze (vgl. H. Weyl [6] S. 95).

Summe je eines vollen Matrixringes der r_1, r_2, ...-reihigen Matrizen. Damit ist das System vollständig reduziert; denn jeder volle Matrixring ist irreduzibel, da man darin eine Matrix finden kann, die einen beliebigen Vektor in einen beliebigen anderen transformiert.

§ 9. Beispiele irreduzibler Systeme Eine Anwendung der Schurschen Lemmas

Außer dem System aller (n-reihigen quadratischen) komplexen Matrizen ist z. B. irreduzibel: das System aller hermiteschen Matrizen; das System aller hermiteschen Matrizen mit der Spur 0; das System aller unitären Matrizen; das System aller unitären Matrizen der Determinante 1. Man beweist in allen diesen Fällen die Irreduzibilität, indem man zeigt: Sind x und y beliebige Vektoren, so gibt es im System eine Matrix, die x in ein Vielfaches von y überführt. Dann kann es nämlich offenbar keinen invarianten Teilraum geben. Um nun dies zu zeigen, führt man durch unitäre Koordinatentransformation eine Basis ein, deren erster Vektor die Richtung von x hat. Das leistet nach Satz 2.2 jede unitäre Matrix, deren erste Spalte Vielfaches von x (im alten Koordinatensystem) ist. Jedes der obigen Systeme geht bei dieser Basisänderung in sich über. Für die hermiteschen Matrizen vgl. die Fußnote auf S. 15; Spur und Determinante sind bei *jeder* Basisänderung invariant.

Es ist also nur noch zu zeigen, daß es jeweils im System eine Matrix gibt, die den ersten Koordinatenvektor in ein Vielfaches von y überführt — also eine Matrix (Satz 2.1), in deren erster Spalte ein Vielfaches von y steht. Daß es eine hermitesche Matrix — auch von der Spur 0 — von dieser Eigenschaft gibt, ist klar: man hat nur das Vielfache so zu wählen, daß die erste Komponente (weil sie in die Diagonale zu stehen kommt) reell ist. Ebenso klar ist, daß es eine unitäre Matrix der geforderten Art gibt; und durch Multiplikation mit einem Faktor vom Betrag 1 kann man auch noch Determinante $=1$ erreichen.

Als Beispiel für die Anwendung des Schurschen Lemmas 7.1b beweisen wir

Satz 9.1. *Die einzigen Matrizen, die jede hermitesche Matrix der Spur* 0 *wieder in eine solche transformieren, sind die Multipla der unitären Matrizen.*

Daß eine unitäre Transformation U — und damit auch λU — aus einer hemiteschen Matrix H wieder eine solche macht, sahen wir schon. Ist umgekehrt $(AHA^{-1})^* = AHA^{-1}$ für jedes H mit $H^* = H$ und $\operatorname{Sp} H = 0$, so folgt $(A^*)^{-1} HA^* = AHA^{-1}$ oder $HA^*A = A^*AH$ für alle diese H.

Weil nun die hermiteschen Matrizen der Spur 0 ein irreduzibles System bilden, ist wegen Satz 7.1b $A^{*}A = \lambda E$. Aus Satz 4.1 folgt $\lambda > 0$, und daher ist, wenn man $U = \frac{A}{\sqrt{\lambda}}$ setzt, U unitär.

Zweites Kapitel

Gruppen

In § 1 sind die wichtigsten Begriffe und Sätze der elementaren Gruppentheorie ganz kurz zusammengestellt; man findet sie ausführlicher in den Büchern über Gruppentheorie und in allen neueren Lehrbüchern der Algebra*). In § 2 werden die Permutationsgruppen eingeführt, deren Darstellungstheorie das IV. Kapitel gewidmet ist, in § 3 die kontinuierlichen Gruppen, von denen Kapitel V—IX handeln. Die Infinitesimalringe (§ 4 und 5) werden nur gegen Schluß von Kapitel V und in Kapitel VIII und IX gebraucht, die Integration (§ 6) nur in Kapitel VII.

§ 1. Elementare Gruppentheorie

Ein System von Dingen $s, t, \ldots$, für die eine Verknüpfung, i. a. *Multiplikation* genannt, erklärt ist (je zwei Elementen s, t ist ein drittes st und ein viertes ts zugeordnet), heißt eine *Gruppe*, wenn folgendes gilt: 1. das *assoziative Gesetz* $(st)u = s(tu)$; 2. es gibt genau ein *Einselement* 1, so daß $s1 = 1s = s$ für alle s gilt; 3. zu jedem s gibt es genau ein *inverses Element* s^{-1} mit $ss^{-1} = s^{-1}s = 1$. Man braucht an sich nur einen Teil dieser Gesetze zu postulieren, der Rest folgt dann schon von selbst; aber das erwähne ich nur nebenbei. Die Multiplikation braucht nicht kommutativ zu sein; ist doch $st = ts$ für alle s und t, so heißt die Gruppe *abelsch*. Ist die Gruppe $\mathfrak{G}$ endlich, so heißt die Anzahl g ihrer Elemente die *Ordnung* von $\mathfrak{G}$. Für jede Gruppe gilt

Satz 1.1. *Ist r ein festes Gruppenelement, so durchläuft mit s auch rs und sr die ganze Gruppe; in symbolischer Schreibweise:*

$$r\mathfrak{G} = \mathfrak{G}r = \mathfrak{G}\,. \tag{1.1}$$

Denn aus den Gruppeneigenschaften folgt die eindeutige Lösbarkeit der Gleichungen $rx = q$ und $xr = q$.

Das Gruppenelement s heißt zum Gruppenelement t *konjugiert*, wenn es ein drittes Gruppenelement r gibt, so daß $t = rsr^{-1}$. Man nennt die Operation, die s in t überführt, *Transformation mit r*. Die Beziehung des Konjugiertseins ist 1. reflexiv: man transformiere mit 1; 2. symmetrisch:

*) In dieser Sammlung z. B. bei A. Speiser [1] und B. L. van der Waerden [1], Band I.

Transformation mit r^{-1} führt t in s über; 3. transitiv: aus $t=rsr^{-1}$ und $u=qtq^{-1}$ folgt $u=(qr)s(qr)^{-1}$. Sie definiert daher die wichtige Einteilung der Gruppe in *Klassen konjugierter Gruppenelemente.*

Ist $\mathfrak{H}$ eine *Untergruppe*, also eine Teilmenge von $\mathfrak{G}$, die selber eine Gruppe ist, so heißt die Menge der as ($a \in \mathfrak{G}$ fest, $s \in \mathfrak{H}$), die man mit $a\mathfrak{H}$ bezeichnet, eine *Linksnebenklasse* von $\mathfrak{H}$. Zwei Linksnebenklassen haben entweder gar kein Element gemeinsam oder sie fallen zusammen. Wegen $a \in a\mathfrak{H}$ ist $a\mathfrak{H}=\mathfrak{H}$ dann und nur dann, wenn $a \in \mathfrak{H}$. a und b liegen dann und nur dann in derselben Linksnebenklasse, wenn $a^{-1}b$ (und dann auch das dazu inverse $b^{-1}a$) in $\mathfrak{H}$ liegt: aus $a\mathfrak{H}=b\mathfrak{H}$ folgt $a^{-1}b\mathfrak{H}=\mathfrak{H}$. Ist $\mathfrak{H}$ endlich und h seine Ordnung, so besteht jede Linksnebenklasse aus h Elementen. Ist auch $\mathfrak{G}$ endlich, so folgt aus der Einteilung der Elemente von $\mathfrak{G}$ in lauter Klassen der gleichen Anzahl, die wir erhalten haben, daß h Teiler von g ist; $\frac{g}{h}$, die Anzahl der Linksnebenklassen, heißt *Index* von $\mathfrak{H}$ in $\mathfrak{G}$.

Analoge Sätze gelten über die Rechtsnebenklassen. Eine Untergruppe $\mathfrak{N}$, bei der Rechts- und Linksnebenklassen zusammenfallen, heißt *Normalteiler.* Aus $a\mathfrak{N}=\mathfrak{N}a$ folgt $a\mathfrak{N}a^{-1}=\mathfrak{N}$, oder: Mit s liegt jedes asa^{-1} in $\mathfrak{N}$.

Bei einem Normalteiler kann man eine Multiplikation der Nebenklassen definieren: Sind $\mathfrak{A}$ und $\mathfrak{B}$ Nebenklassen, so liegen alle Produkte ab ($a \in \mathfrak{A}$, $b \in \mathfrak{B}$) in der gleichen Nebenklasse $\mathfrak{C}$, und man setzt $\mathfrak{A}\mathfrak{B}=\mathfrak{C}$. Die Nebenklassen bilden dann selber eine Gruppe, die *Faktorgruppe* $\mathfrak{G}/\mathfrak{N}$. Ihre Ordnung ist der Index von $\mathfrak{N}$ in $\mathfrak{G}$.

Ein *Homomorphismus* ist eine Abbildung von $\mathfrak{G}$ auf ein anderes multiplikatives System $\mathfrak{G}'$, bei der immer Produkt in Produkt übergeht: Aus $a \to a'$ und $b \to b'$ folgt $ab \to a'b'$. Es folgt dann von selbst, daß auch $\mathfrak{G}'$ eine Gruppe ist und daß auch Einselement in Einselement und Inverses in Inverses übergeht. Dabei braucht die Abbildung keineswegs umkehrbar eindeutig („eineindeutig") zu sein. In dem speziellen Fall, wo sie es doch ist, spricht man von einem *Isomorphismus.* Im allgemeinen Fall gilt der *Homomorphiesatz:* Die Elemente von $\mathfrak{G}$, die in die Eins von $\mathfrak{G}'$ übergehen, bilden einen Normalteiler $\mathfrak{N}$, man nennt ihn den *Kern* des Homomorphismus; die Elemente, die auf ein und dasselbe feste Element von $\mathfrak{G}'$ abgebildet werden, bilden eine Nebenklasse von $\mathfrak{N}$, und die Faktorgruppe $\mathfrak{G}/\mathfrak{N}$ ist *isomorph* auf $\mathfrak{G}'$ abgebildet. Jeder Normalteiler $\mathfrak{N}$ ist Kern eines Homomorphismus: Die Abbildung von $\mathfrak{G}$ auf $\mathfrak{G}/\mathfrak{N}$, die jedem Element die Nebenklasse zuordnet, in dem es liegt, ist ein Homomorphismus mit dem Kern $\mathfrak{N}$.

Eine isomorphe Abbildung der Gruppe auf sich selbst heißt *Automorphismus*. Bei festem a ist die Abbildung $s \to a^{-1}sa$ ein Automorphismus, sie heißt *innerer* Automorphismus.

Auch die Ordnung einer Klasse konjugierter Elemente ist Teiler der Gruppenordnung. Bezeichnet nämlich $\mathfrak{H}$ die Untergruppe der Elemente x mit $xax^{-1} = a$, so ist $yay^{-1} = zaz^{-1}$ genau dann, wenn y und z in derselben Linksnebenklasse nach $\mathfrak{H}$ liegen. Der Index von $\mathfrak{H}$ ist daher zugleich die Anzahl der zu a konjugierten Elemente.

§ 2. Die symmetrische und die alternierende Gruppe

Eine *Permutation* s von n Dingen, die wir mit den Nummern $1, \ldots, n$ versehen und durch sie repräsentieren können, ist eine umkehrbar eindeutige Abbildung dieser Gesamtheit auf sich. Wir schreiben wie üblich

$$s = \begin{pmatrix} 1 & 2 & \ldots & n \\ i_1 & i_2 & \ldots & i_n \end{pmatrix}, \tag{2.1}$$

indem wir unter jede Nummer die ihres Bildes schreiben. Man sagt: 1 geht über in i_1, 2 in i_2 usw. Auf die Reihenfolge der Spalten kommt es nicht an. Die Umkehrung oder *inverse* Permutation s^{-1} erhält man, indem man von unten nach oben liest. Da sie eindeutig existieren soll, dürfen keine zwei der i einander gleich sein; daher sind $i_1, \ldots, i_n$ wieder die Zahlen $1, \ldots, n$ in anderer Reihenfolge. Ist t eine zweite Permutation, die wir einmal so schreiben:

$$t = \begin{pmatrix} k_1 & k_2 & \ldots & k_n \\ 1 & 2 & \ldots & n \end{pmatrix},$$

so ist

$$st = \begin{pmatrix} k_1 & k_2 & \ldots & k_n \\ i_1 & i_2 & \ldots & i_n \end{pmatrix},$$

denn *wir lesen das Produkt von rechts nach links:* erst t, dann s. Wie immer für Abbildungen gilt das assoziative Gesetz; $(st)u$ bedeutet genau wie $s(tu)$: erst u, dann t, dann s. Die Eins ist die *identische* Permutation $1 = \begin{pmatrix} 1 & 2 & \ldots & n \\ 1 & 2 & \ldots & n \end{pmatrix}$, und somit bilden alle Permutationen eine Gruppe, die *symmetrische Gruppe* $\mathfrak{S}_n$. Ihre Ordnung ist $n!$

Statt (2.1) bedienen wir uns auch der bequemeren *Zyklenschreibweise*. In

$$\begin{pmatrix} 1 & 2 & 3 & 4 & 5 & 6 & 7 \\ 4 & 1 & 7 & 5 & 2 & 6 & 3 \end{pmatrix} \tag{2.2}$$

geht 1 in 4, 4 in 5, 5 in 2, 2 in 1 über. Dafür schreibt man (1 4 5 2), wobei es nicht darauf ankommt, mit welcher Ziffer angefangen wird: (1 4 5 2) = (4 5 2 1) usw. (2.2) lautet dann (1 4 5 2) (3 7) (6), wobei die Reihenfolge der drei Klammern willkürlich ist. Man kann noch das Symbol (6) weglassen, indem man verabredet: Ziffern, die in der Zyklendarstellung nicht vorkommen, bleiben fest. Dann ist offensichtlich (1 4 5 2) (3 7) zugleich das Produkt der beiden Permutationen (1 4 5 2) und (3 7). Solche Produkte von Zyklen sind immer kommutativ, wenn keine Ziffer in beiden Faktoren zugleich vorkommt.

Die Zyklenschreibweise gestattet es, einer Permutation manche Eigenschaft unmittelbar anzusehen. Die *Ordnung* eines Zyklus s z. B. d. h. der kleinste Exponent h mit $s^h = 1$, ist augenscheinlich einfach die Länge des Zyklus und daher die Ordnung eines Zyklenprodukts aus ziffernfremden Zyklen gleich dem kleinsten gemeinschaftlichen Vielfachen seiner Zyklenlängen.

Wegen $(i_1 i_2 \ldots i_r) = (i_1 i_2)\ (i_2 i_3) \ldots (i_{r-1} i_r)$ (von rechts nach links multiplizieren!) kann man jeden Zyklus und damit jede Permutation als Produkt von Zweierzyklen oder *Transpositionen* schreiben. Dies ist stets auf viele Arten möglich, doch ist bekanntlich die Anzahl der Faktoren dabei entweder immer gerade oder immer ungerade, und man nennt eine Permutation *gerade* oder *ungerade*, je nachdem das eine oder das andere der Fall ist. Da das Produkt von zwei geraden Permutationen gerade ist, bilden die geraden Permutationen eine Untergruppe von $\mathfrak{S}_n$, die *alternierende Gruppe* $\mathfrak{A}_n$. Ihre Ordnung ist $\frac{n!}{2}$ *).

Die *Transformation* (§ 1) mit t, die s in tst^{-1} überführt, kann als Umnumerierung der permutierten Objekte gedeutet werden. Ist $t = \begin{pmatrix} 1 & 2 & \ldots & n \\ j_1 & j_2 & \ldots & j_n \end{pmatrix}$, so gibt man dem Objekt 1 die neue Nummer j_1 usw. Dieselbe Permutation der Objekte, die mit den alten Nummern s hieß, ist mit den neuen Nummern eine andere Permutation der Ziffern. Um sie durch s und t auszudrücken, ersetzt man zuerst die neuen Nummern durch die alten: t^{-1}, führt dann die Permutation s aus und bringt schließlich wieder die neuen Nummern an: t; im ganzen hat man tst^{-1} aus-

*) Die Namen „alternierende Gruppe" und „symmetrische Gruppe" erklären sich aus dem alten Brauch, einem Polynom in n Unbestimmten die Gruppe aller Permutationen der Unbestimmten zuzuordnen, die das Polynom ungeändert lassen. Polynome, die bei jeder Permutation ungeändert bleiben, heißen symmetrische Funktionen, zu ihnen gehört die symmetrische Gruppe. Die Gruppe aller geraden Permutationen aber gehört zu den „alternierenden Funktionen", die bei allen geraden Permutationen ungeändert bleiben, bei allen ungeraden das Vorzeichen wechseln.

geübt. Daraus ergibt sich sofort die einfache Vorschrift, wie die Transformation auf eine Permutation in Zyklenschreibweise auszuüben ist: Man läßt die Zyklen stehen und numeriert die Ziffern darin um, d. h. übt auf sie t aus. $s=(1\,4\,5\,2)\,(3\,7)$ wird durch das obige t $(n=7)$ in tst^{-1} $=(j_1 j_4 j_5 j_2)\,(j_3 j_7)$ transformiert.

Man kann die ganze Gruppe $\mathfrak{S}_n$ *aus den beiden Elementen* $a=(1\,2)$ *und* $b=(1\,2\,\ldots\,n)$ *erzeugen*, d. h. alle Permutationen als Produkte aus lauter Faktoren a und b schreiben. Indem man nämlich zuerst a mit b und seinen Potenzen transformiert (b^{-1}, das man dazu braucht, ist $=b^{n-1}$), erhält man alle Transpositionen $(i\;i+1)$. Aus diesen wiederum kann man alle Transpositionen zusammensetzen, denn aus (ik) entsteht $(i\;k+1)$ durch Transformation mit $(k\;k+1)$. Daß man aber alle Permutationen aus Transpositionen aufbauen kann, sahen wir schon.

Vielleicht ist es nicht leicht, sich zu merken, ob tst^{-1} oder $t^{-1}st$ die transformierte Permutation ist (zumal es in den Lehrbüchern, die das Produkt von links nach rechts lesen, natürlich umgekehrt ist). Hierfür eine Eselsbrücke: Man bezeichne eine Permutation, die s_1 in s_2 transformiert, mit t_{21} (auch Indizes von rechts nach links lesen!) und die inverse entsprechend mit t_{12}. Dann ist $s_2=t_{21}s_1t_{12}$ oder $t_{12}s_2=s_1t_{12}$ oder $s_2t_{21}=t_{21}s_1$; gleichlautende Indizes stehen beieinander.

Nach § 1 bilden die Elemente, die aus s durch Transformation entstehen, eine *Klasse konjugierter Gruppenelemente.* Läßt man zur Transformation ganz beliebige Permutationen zu, so erhält man aus s gerade alle diejenigen Permutationen, die aus Zyklen gleicher Länge bestehen wie s. In der Gruppe $\mathfrak{S}_n$ sind also die Klassen durch Angabe der Zyklenlängen charakterisiert. Jeder Zerlegung der Zahl n in natürliche Summanden, die wir, da es auf die Reihenfolge nicht ankommt, nach der Größe ordnen können,

$$n=n_1+n_2+\cdots+n_p,\quad n_1\geqq n_2\geqq\cdots\geqq n_p>0\,, \tag{2.3}$$

entspricht gerade eine Klasse, oder auch jeder Zerlegung in der Art

$$n=\alpha_1+2\alpha_2+\cdots+n\alpha_n\qquad(\alpha_j\geqq 0) \tag{2.4}$$

(nämlich α_1 Einer-, α_2 Zweierzyklen usw.). Bei diesen Abzählungen müssen natürlich die Einerzyklen mitgezählt werden. Die *Anzahl* der Klassen konjugierter Permutationen in $\mathfrak{S}_n$ ist also gleich der Anzahl der möglichen Zerlegungen (2.3) oder (2.4).

Berechnen wir noch die Anzahl h_α der Elemente der durch $(\alpha)=(\alpha_1,\ldots,\alpha_n)$ gegebenen Klasse $\mathfrak{K}_\alpha$! Nach dem Ende von § 1 ist $\frac{n!}{h_\alpha}$ die Anzahl der Elemente x mit $xsx^{-1}=s$, $s\in\mathfrak{K}_\alpha$; diese gilt es zu bestimmen. Jeder Zyklus der Länge j bleibt ungeändert bei den j zyklischen Vertauschungen seiner Ziffern; diese kann man bei den α_j Zyklen dieser Länge unabhängig voneinander vornehmen, und außerdem kann man die Zyklen permutieren. Das gibt $\alpha_j! j^{\alpha_j}$ Möglichkeiten. Mit den Zyklen anderer Länge kann man unabhängig davon ebenso verfahren. Also ist

$$\frac{n!}{h_\alpha} = \alpha_1!\, 1^{\alpha_1} \ldots \alpha_n!\, n^{\alpha_n}$$

und

$$h_\alpha = \frac{n!}{\alpha_1!\, 1^{\alpha_1} \ldots \alpha_n!\, n^{\alpha_n}}. \tag{2.5}$$

Wir bestimmen noch die Klassen konjugierter Gruppenelemente in der alternierenden Gruppe $\mathfrak{A}_n$. Zwei Permutationen mit der gleichen Zyklenzerlegung (α) sind entweder beide gerade oder beide ungerade; also gehört jede Klasse von $\mathfrak{S}_n$ entweder ganz zu $\mathfrak{A}_n$ oder ganz zur Nebenklasse $\mathfrak{S}_n - \mathfrak{A}_n$. Die Klasse (α) gehört zu $\mathfrak{A}_n$, wenn $\alpha_2 + \alpha_4 + \cdots$ eine gerade Zahl ist; denn die Zyklen von ungerader Länge sind gerade, die von gerader Länge ungerade Permutationen. Es kann nun vorkommen, daß eine solche Klasse in $\mathfrak{A}_n$ eine Verfeinerung erfährt: falls nämlich sich nicht alle ihre Elemente durch gerade Permutation ineinander transformieren lassen. In dieser Hinsicht gilt

Satz 2.1. *Eine Klasse konjugierter gerader Gruppenelemente der symmetrischen Gruppe $\mathfrak{S}_n$, für die $\alpha_2 = \alpha_4 = \cdots = 0$ und $\alpha_1, \alpha_3, \ldots \leqq 1$, deren Permutationen also aus lauter Zyklen von verschiedener ungerader Länge bestehen, zerfällt in zwei Klassen konjugierter Elemente der alternierenden Gruppe $\mathfrak{A}_n$ von der halben Elementezahl. Alle anderen Klassen von $\mathfrak{S}_n$, die aus geraden Permutationen bestehen, sind auch Klassen in $\mathfrak{A}_n$.*

Beweis. s sei eine gerade Permutation. Wenn es eine ungerade Permutation u gibt, die mit s vertauschbar ist: $su = us$ oder $usu^{-1} = s$, dann wird die Klasse von s nicht verfeinert. Denn aus $tst^{-1} = s'$ folgt dann $tus(tu)^{-1} = tusu^{-1}t^{-1} = s'$ — eine von den beiden, t oder tu, ist aber sicher gerade; also ist jede zu s in $\mathfrak{S}_n$ konjugierte Permutation s' auch in $\mathfrak{A}_n$ zu s konjugiert. Wenn nun in s ein Zykel $(j_1 \ldots j_p)$ von gerader Länge vorkommt, dann ist s mit der ungeraden Permutation $u = (j_1 \ldots j_p)$ vertauschbar. Wenn in s zwei Zyklen $(j_1 \ldots j_q)(j_{q+1} \cdots j_{2q})$ von der gleichen ungeraden Länge q vorkommen, dann ist s mit der ungeraden Permutation $u = (j_1 j_{q+1})(j_2 j_{q+2}) \ldots (j_q j_{2q})$ vertauschbar; denn die Transformation mit u vertauscht ja nur die beiden Zyklen in s.

Verfeinert werden also **höchstens** die in Satz 2.1 genannten Klassen. Gehört nun s zu einer von diesen, besteht also aus Zyklen der ungeraden Längen $q_1 > q_2 > \cdots > q_k$ ($\alpha_{q_1} = \cdots = \alpha_{q_k} = 1$, alle anderen $\alpha_j = 0$), dann gehören zur Untergruppe $\mathfrak{H}$ der mit s vertauschbaren Elemente die k Zyklen von s und ihre verschiedenen Potenzprodukte, das sind $q_1 q_2 \ldots q_k$ gerade Permutationen. Die Ordnung von $\mathfrak{H}$ ist aber (§ 1) $\frac{n!}{h_\alpha}$, und das ist nach (2.5) $q_1 q_2 \ldots q_k$. s ist also mit keiner ungeraden Permutation vertauschbar. Die Elemente, die s in ein bestimmtes s' überführen, bilden eine Nebenklasse von $\mathfrak{H}$. Weil $\mathfrak{H}$ aus lauter geraden Permutationen besteht, besteht jede Nebenklasse entweder aus lauter geraden oder aus lauter ungeraden Permutationen. Die s', die zu den ersteren gehören, liegen in derselben Klasse wie s (bezüglich $\mathfrak{A}_n$), die letzteren — ebensovielen — nicht. Diese liegen aber alle in einer Klasse, denn aus $s' = t' s t'^{-1}$ und $s'' = t'' s t''^{-1}$ (mit ungeraden t', t'') folgt $t'' t'^{-1} s' (t'' t'^{-1})^{-1} = s''$, und $t'' t'^{-1}$ ist gerade.

Wir halten aus diesem Beweis noch fest:

Satz 2.2. *Von den Elementen von $\mathfrak{A}_n$ sind die aus den verfeinerten Klassen und nur diese ausschließlich mit geraden Permutationen vertauschbar.*

Es sei noch das klassische Resultat über die Normalteiler der symmetrischen und alternierenden Gruppe erwähnt, das man in allen Lehrbüchern findet und das auch für die Darstellungstheorie von Bedeutung ist (vgl. die Vorbemerkungen zum IV. Kapitel): Für $n \neq 4$ ist die alternierende Gruppe $\mathfrak{A}_n$ *einfach*, d. h. sie besitzt keinen echten Normalteiler, und $\mathfrak{S}_n$ besitzt als einzigen echten Normalteiler die alternierende Gruppe $\mathfrak{A}_n$. Für $n = 4$ ist Normalteiler in $\mathfrak{A}_4$ und in $\mathfrak{S}_4$ die Gruppe $\mathfrak{B}_4$, die aus den 4 Elementen 1, $(1\,2)\,(3\,4)$, $(1\,3)\,(2\,4)$ und $(1\,4)\,(2\,3)$ besteht. $\mathfrak{B}_4$ ist die *Kleinsche Vierergruppe* und isomorph zu der abstrakten Gruppe aus 4 Elementen $1, a, b, c$, für die $a^2 = b^2 = c^2 = 1$, $ab = ba = c$, $bc = cb = a$, $ca = ac = b$ ist; sie wird uns in anderem Zusammenhang im IX. Kapitel begegnen. Die Faktorgruppe $\mathfrak{S}_4/\mathfrak{B}_4$ ist zu $\mathfrak{S}_3$ isomorph: Betrachtet man alle Permutationen, die eine Ziffer, etwa 4, festlassen, so liegt von dieser zu $\mathfrak{S}_3$ isomorphen Untergruppe gerade in jeder Nebenklasse von $\mathfrak{B}_4$ ein Element.

§ 3. Kontinuierliche Gruppen

Außer den endlichen Gruppen werden in diesem Buch eine Anzahl „kontinuierliche" Gruppen betrachtet, und zwar ausschließlich *lineare* oder *Matrixgruppen*, also Gruppen von linearen Abbildungen, oder: Gesamtheiten von Matrizen, die bei der Matrixmultiplikation eine

Gruppe bilden. Ich stelle sie in diesem Abschnitt vollständig zusammen. Die Matrizen, von denen die Rede ist, haben n Zeilen und n Spalten und bestehen, wo nichts anderes angegeben ist, aus komplexen Zahlen. Bei jeder Gruppe gebe ich ihre *Dimension* an, d. h. die Anzahl der reellen Parameter, durch die sie als Mannigfaltigkeit im $2n^2$-dimensionalen Raum aller komplexen Matrizen dargestellt werden kann. Eine übersichtliche Zusammenstellung bringt die Tabelle S. 306.

1. Die *volle lineare Gruppe* $\mathfrak{G}_n$ (auch „allgemeine lineare Gruppe" genannt) besteht aus allen nichtsingulären Matrizen. Ihre Dimension ist $r = 2n^2$.

2. Die *reelle lineare Gruppe* $\mathfrak{G}'_n$ besteht aus allen reellen nichtsingulären Matrizen. Es ist $r = n^2$.

3. Die *unimodulare Gruppe* $\mathfrak{g}_n$ (auch „spezielle lineare Gruppe" genannt) besteht aus allen Matrizen der Determinante 1. Real- und Imaginärteil dieser einen Bedingungsgleichung bewirken, daß die Dimension gegen $\mathfrak{G}_n$ um 2 verringert ist: $r = 2(n^2 - 1)$.

4. Die *reelle unimodulare Gruppe* $\mathfrak{g}'_n$ besteht aus allen reellen Matrizen der Determinante 1. Es ist $r = n^2 - 1$.

5. Die *unitäre Gruppe* $\mathfrak{U}_n$ besteht aus allen unitären Matrizen. Die Orthogonalitätsrelationen (es genügt, die der Zeilen oder die der Spalten zu nehmen) sind $\frac{n(n-1)}{2}$ komplexe Gleichungen, also $n(n-1)$ reelle, für das Senkrechtstehen verschiedener Zeilen, dazu n komplexe $= n$ reelle für die Längenquadrate (die von selbst reell ausfallen). Also ist $r = 2n^2 - n^2 = n^2$*).

6. Die *unimodulare unitäre Gruppe* $\mathfrak{u}_n$ besteht aus den unitären Matrizen der Determinante 1. Da diese Determinante sowieso den Betrag 1 hat, kommt nur eine Bedingung hinzu: $r = n^2 - 1$.

7. Die *reelle orthogonale Gruppe* $\mathfrak{D}_n$ besteht aus allen reellen orthogonalen Matrizen. (Sie ist zugleich die „reelle unitäre Gruppe".) Hier haben wir von n^2 die Anzahl $\frac{n(n+1)}{2}$ der Orthogonalitätsrelationen abzuziehen, erhalten also $r = \frac{n(n-1)}{2}$.

8. Die *Drehgruppe* $\mathfrak{d}_n$ besteht aus den reellen eigentlich orthogonalen Matrizen (der Determinante 1). (Sie ist zugleich die „reelle unimodulare unitäre Gruppe".) Wie bei $\mathfrak{D}_n$ ist $r = \frac{n(n-1)}{2}$, denn auch bei $\mathfrak{D}_n$ liegen

* Es erübrigt sich, die Unabhängigkeit der Bedingungen zu beweisen, da die Dimension auch am Infinitesimalring (§ 5) abgelesen werden kann.

in der Nachbarschaft eines Elementes mit der Determinante +1 nur Elemente, die ebenfalls diese Eigenschaft haben.

Man wird hier auf eine wichtige Eigenschaft der Gruppe $\mathfrak{D}_n$ aufmerksam: sie „zerfällt in zwei Stücke“, weil man eine Matrix der Determinante 1 nicht stetig in eine Matrix der Determinante −1 überführen kann.

Bei der einen oder anderen der genannten Gruppen werde ich gelegentlich davon Gebrauch machen, daß bei ihr dieses Vorkommnis nicht eintritt, daß sie also eine zusammenhängende Mannigfaltigkeit ist, ohne auf den Beweis dieser Tatsache eingehen zu können. Bei E. CARTAN [4] I findet man einen Beweis für den Zusammenhang der Drehgruppe $\mathfrak{d}_n$ (das ist eines der beiden Stücke von $\mathfrak{D}_n$), der auch den Fall der „*eigentlichen Lorentz-Gruppe*“ mit umfaßt, also eines der vier Stücke, in die, wie wir sehen werden, die volle Lorentz-Gruppe zerfällt. Diese Gruppe wird erst im IX. Kapitel eingeführt.

Die *komplexen orthogonalen Gruppen* fehlen ebenfalls in der Aufstellung. Ich werde auf sie nur insoweit (in Kapitel VII—IX) kurz eingehen, als sie in einem gewissen Sinne die Verbindung zwischen Drehgruppen und Lorentz-Gruppen herstellen*). Eine andere wichtige Eigenschaft der Drehgruppen, die die Art ihres Zusammenhangs betrifft, wird in VII § 1 besprochen.

§ 4. Die Matrix-Exponentialfunktion

Für eine n-reihige Matrix S aus komplexen Zahlen setzt man

$$e^S = E_n + S + \frac{S^2}{2!} + \frac{S^3}{3!} + \cdots . \tag{4.1}$$

Satz 4.1. *Die Funktion e^S hat folgende Eigenschaften:*

a) Die Reihe (4.1) *ist stets konvergent***).

b) Für vertauschbare S und T gilt

$$e^{S+T} = e^S e^T . \tag{4.2}$$

---

*) Um der vollständigen Systematik willen müßte man noch die sog. *symplektischen Gruppen* hinzunehmen; sie bestehen aus linearen Transformationen, die eine schiefsymmetrische Bilinearform invariant lassen. Auf diese Systematik der sog. *einfachen Lieschen Gruppen*, die besonders von E. CARTAN entwickelt worden ist, kann ich aber ohnehin nicht näher eingehen. Sie umfaßt, von 5 einzelnen Ausnahmegruppen abgesehen, vier Folgen von *komplexen* Gruppen, die mit A, B, C, D bezeichnet werden. A enthält die $\mathfrak{g}_n$, B die komplexen orthogonalen Gruppen für ungerades n, C die symplektischen, D die komplexen orthogonalen Gruppen für gerades n. Zu jedem Typ gibt es „*reelle Formen*“, dazu gehört bei A $\mathfrak{g}'_n$ und $\mathfrak{u}_n$, bei B und D die reellen orthogonalen Gruppen, aber auch die Lorentz-Gruppen. $\mathfrak{G}_n$, $\mathfrak{G}'_n$ und $\mathfrak{U}_n$ sind Erweiterungen von A, die in gewissem Sinne aus dem Rahmen fallen.

**) $\lim_{n\to\infty} A^{(n)} =$ bedeutet $\lim_{n\to\infty} \alpha_{ik}^{(n)} = \alpha_{ik}$ für jedes Paar i, k.

c) Es ist

$$e^{PSP^{-1}} = P e^S P^{-1}. \tag{4.3}$$

d) Sind $\lambda_1, \ldots, \lambda_n$ die Eigenwerte von S, so sind $e^{\lambda_1}, \ldots, e^{\lambda_n}$ diejenigen von e^S.

e) Die Determinante von e^S ist $e^{\mathrm{Sp}\,S}$.

f) Die Zuordnung $S \to e^S$ bildet eine hinreichend kleine Umgebung der Nullmatrix auf eine Umgebung der Einheitsmatrix umkehrbar eindeutig und stetig ab.

g) Es gilt

$$e^{\bar{S}} = \overline{e^S}, \; e^{S^*} = (e^S)^* \; e^{S^\#} = (e^S)^\#, \; e^{-S} = (e^S)^{-1}. \tag{4.4}$$

Beweis: Es sei $S = \{\sigma_{ik}\}$ und $|\sigma_{ik}| \leqq m$. Setzt man $S^p = \{\sigma_{ik}^{(p)}\}$, so ist

$$|\sigma_{ik}^{(p)}| \leqq (mn)^p. \tag{4.5}$$

Dies ist nämlich für $p = 0$ richtig; gilt es für p, so gilt es auch für $p+1$:

$$|\sigma_{ik}^{(p+1)}| = \left| \sum_{j=1}^{n} \sigma_{ij}^{(p)} \sigma_{jk} \right| \leqq n(nm)^p m.$$

Für jedes i, k ist daher $\sum_p \frac{\sigma_{ik}^{(p)}}{p!}$ immer konvergent, also (a) richtig.

(b) wird durch Ausmultiplizieren hergeleitet. Der p-te Term von $\sum_{p=0}^{\infty} \frac{(S+T)^p}{p!}$ besteht aus allen Gliedern $\frac{S^h T^k}{h!\,k!}$, $h+k=p$. Genau alle derartigen Glieder kommen vor, wenn man die beiden Reihen der rechten Seite von (4.2) ausmultipliziert; die Legitimität dieser Operation an den Reihen folgert man aus der Abschätzung (4.5) *).

(c) folgt unmittelbar:

$$e^{PSP^{-1}} = \sum_{r=0}^{\infty} \frac{(PSP^{-1})^r}{r!} = \sum_{r=0}^{\infty} \frac{PS^rP^{-1}}{r!} = P \sum_{r=0}^{\infty} \frac{S^r}{r!} P^{-1}.$$

Zum Beweis von (d) wendet man vollständige Induktion nach n an. (d) ist für $n=1$ richtig; es sei für $n-1$ schon bewiesen. v sei ein Eigenvektor von S zum Eigenwert $\lambda_1 : Sv = \lambda_1 v$. Durch Koordinatentransformation mache man v zum ersten Koordinatenvektor; ist C die Matrix der Transformation, so ist

$$CSC^{-1} = \begin{pmatrix} \lambda_1 & * \cdots * \\ 0 & \\ \vdots & S_1 \\ 0 & \end{pmatrix}.$$

* Sind T und S nicht vertauschbar, so stimmen zwar die Glieder nullter und erster Ordnung links und rechts überein, d. h. (4.2) gilt „in erster Näherung". Aber die gemischten Glieder zweiter Ordnung sind links $\frac{1}{2}(ST+TS)$, rechts ST.

Nach der Rechenregel I (2.4) findet man der Reihe nach für alle Potenzen

$$(CSC^{-1})^r = \begin{pmatrix} \lambda_1^r & * \cdots * \\ 0 & \\ \vdots & S_1^r \\ 0 & \end{pmatrix},$$

also

$$e^{CSC^{-1}} = \begin{pmatrix} e^{\lambda_1} & * \cdots * \\ 0 & \\ \vdots & e^{S_1} \\ 0 & \end{pmatrix}.$$

Nach Induktionsvoraussetzung hat e^{S_1} die Eigenwerte $e^{\lambda_2}, \ldots, e^{\lambda_n}$, also $e^{CSC^{-1}}$ — und nach (c) auch e^S — die Eigenwerte $e^{\lambda_1}, \ldots, e^{\lambda_n}$. Das ist die Behauptung (d).

Die Determinante der Matrix e^S ist das Produkt ihrer Eigenwerte $e^{\lambda_1} \ldots e^{\lambda_n} = e^{\lambda_1 + \cdots + \lambda_n}$. $\lambda_1 + \cdots + \lambda_n$ ist aber die Spur von S. Also gilt (e).

Um (f) zu beweisen, genügt es zu zeigen, daß die Funktionaldeterminante der Elemente von e^S nach den Elementen σ_{ik} von S an der Stelle $\sigma_{ik} = 0$ von Null verschieden ist. Die Ableitung von

$$(e^S)_{ik} = \delta_{ik} + \sigma_{ik} + \frac{\sigma_{ik}^{(2)}}{2} + \cdots$$

nach σ_{jh} an der Stelle Null ist aber $\delta_{ij}\delta_{kh}$; es handelt sich also um die Determinante der Einheitsmatrix E_{n^2}.

Endlich folgen (4.4_1) bis (4.4_3), weil $\overline{S}^2 = \overline{S^2}$ und $(S^*)^2 = (S^2)^*$ ist usw., und (4.4_4) mit Hilfe von (b).

§ 5. Der Infinitesimalring einer linearen Gruppe

Wenn man sich beim Studium kontinuierlicher Gruppen die Vorteile verschaffen will, welche in der Analysis die Differentialrechnung bietet, so bedient man sich des „Infinitesimalrings" der Gruppe; das ist gewissermaßen der Tangentialraum an die Gruppenmannigfaltigkeit an der Stelle *1*, der Gruppeneins.

Wir betrachten eine Gruppe $\mathfrak{G}$ von n-reihigen Matrizen S aus komplexen Zahlen, die eine r-dimensionale Mannigfaltigkeit bilden. Wir können also, wenigstens in der Umgebung der Eins (denn i. a. ist es unmöglich, mit e i n e m Paramctersystem die ganze Gruppe zu beschreiben), $S(\alpha_1, \ldots, \alpha_r) = \{\sigma_{ik}(\alpha_1, \ldots, \alpha_r)\}$ schreiben, mit reellen Parametern α_ϱ. Die Funktionen $\sigma_{ik}(\alpha_1, \ldots, \alpha_r)$ seien stetig differenzierbar, es sei $S(0, \ldots, 0) = E_n$, und damit die Gruppe an der Stelle Eins wirklich r-dimensional, d. h. eineindeutiges und stetiges Bild einer Umgebung des Nullpunkts des

r-dimensionalen euklidischen Raumes ist, soll die Funktionalmatrix $\frac{\partial \sigma_{ik}}{\partial \alpha_\varrho}$ (r Zeilen, n^2 Spalten) an der Stelle Null den Rang r besitzen*).

Der *Infinitesimalring* $\mathfrak{G}^\circ$ von $\mathfrak{G}$ wird folgendermaßen definiert. Durch Funktionen $\alpha_\varrho(\vartheta)$ sei eine einparametrige Schar $S(\vartheta)$ von Matrizen aus $\mathfrak{G}$ gegeben, die vom reellen Parameter ϑ in einer Umgebung von $\vartheta = 0$ differenzierbar abhängt und für die $S(0) = E_n$ ist. Dann gehört die Matrix $U = S'(0)$ zu $\mathfrak{G}^\circ$, und $\mathfrak{G}^\circ$ besteht aus allen Matrizen, die man so erhalten kann**).

Wir wollen die Struktur von $\mathfrak{G}^\circ$ untersuchen.

1. Entsteht U durch die Schar $S(\vartheta)$, so αU (α reell) durch die Schar $S(\alpha\vartheta)$ (die sich von $S(\vartheta)$ nur durch andere Parameterwahl unterscheidet), gehört also auch zu $\mathfrak{G}^\circ$.

2. Entsteht U durch $S(\vartheta)$, V durch $T(\vartheta)$, so $U + V$ durch $S(\vartheta)T(\vartheta)$, das ebenfalls eine Schar aus $\mathfrak{G}$ ist, und gehört also zu $\mathfrak{G}^\circ$.

$\mathfrak{G}^\circ$ ist also eine l i n e a r e Mannigfaltigkeit, und zwar ein *r-dimensionaler Vektorraum*. Es gehören nämlich offenbar die r Matrizen $U_\varrho = \frac{\partial S}{\partial \alpha_\varrho}(0, \ldots, 0)$ zu $\mathfrak{G}^\circ$, sie sind wegen unserer Voraussetzung über die Funktionalmatrix linear unabhängig, und sie spannen $\mathfrak{G}^\circ$ auf. Denn wegen $S(\vartheta) = S(\alpha_1(\vartheta), \ldots, \alpha_r(\vartheta))$ und $\alpha_\varrho(0) = 0$ ist

$$U = S'(0) = \sum_{\varrho=1}^{r} \frac{\partial S}{\partial \alpha_\varrho}(0, \ldots, 0)\, \alpha'_\varrho(0) = \sum_{\varrho=1}^{r} \beta_\varrho U_\varrho ,$$

wenn wir noch $\alpha'_\varrho(0) = \beta_\varrho$ setzen. Umgekehrt lassen sich bei vorgegebenen β_ϱ immer Funktionen $\alpha_\varrho(\vartheta)$ mit $\alpha'_\varrho(0) = \beta_\varrho$ angeben.

Entsteht weiter V durch $T(\vartheta)$, so SVS^{-1} ($S \in \mathfrak{G}$ fest) durch $ST(\vartheta)S^{-1}$. Aus $V \in \mathfrak{G}^\circ$, $S \in \mathfrak{G}$ folgt also $SVS^{-1} \in \mathfrak{G}^\circ$. Läßt man hier S eine Schar $S(\vartheta)$ durchlaufen, so gehört mit $S(\vartheta)VS^{-1}(\vartheta)$ auch $\frac{1}{\vartheta}(S(\vartheta)VS^{-1}(\vartheta) - V)$ für alle ϑ zu $\mathfrak{G}^\circ$, also auch der Grenzwert hiervon für $\vartheta \to 0$***), also die Ableitung von $S(\vartheta)VS^{-1}(\vartheta)$ an der Stelle Null, das ist, wenn wieder $S'(0) = U$ gesetzt wird, die Matrix $UV - VU$. Damit haben wir

*) D. h. es gibt r Spalten, zwischen denen keine lineare Abhängigkeit mit reellen Koeffizienten besteht.

**) Diese einfache Definition, bei der alles als differenzierbar vorausgesetzt wird und mit der sich am bequemsten rechnet, genügt für unsere Zwecke. Bei allgemeineren Definitionen (vgl. z. B. Maak [1]) erhält man für die Gruppen von § 3 nichts anderes, nämlich in jedem Fall einen Vektorraum, dessen Dimension die der Gruppe ist.

***) Denn $\mathfrak{G}^\circ$ ist linearer Teilraum des $2n^2$-dimensionalen Vektorraumes aller n-reihigen komplexen Matrizen; eine Schar von Matrizen aus $\mathfrak{G}^\circ$ kann nicht gegen eine Matrix außerhalb $\mathfrak{G}^\circ$ konvergieren.

Satz 5.1. *Der Infinitesimalring* $\mathfrak{G}^\circ$ *einer r-parametrigen Gruppe aus n-reihigen Matrizen ist ein r-dimensionaler reeller Vektorraum aus n-reihigen Matrizen, dem mit U und V stets auch das „schiefe Produkt“*

$$[U, V] = UV - VU \tag{5.1}$$

*angehört**).

Satz 5.1 erklärt die Bezeichnung „Ring“. In diesem System ist die Addition die gewöhnliche Matrixaddition, als Multiplikation dient das schiefe Produkt (5.1). Dieses ist, wie man sich überzeugt, antikommutativ:

$$[V, U] = -[U, V] \tag{5.2}$$

und erfüllt die „Jacobische Identität“

$$[[U, V], W] + [[V, W], U] + [[W, U], V] = 0, \tag{5.3}$$

welche die Rolle des assoziativen Gesetzes übernimmt.

Von besonderem Interesse ist der Fall, daß $S(\vartheta)$ eine einparametrige Untergruppe $\mathfrak{H}$ und ϑ ein *kanonischer Parameter* für $\mathfrak{H}$, d. h. die Gruppenmultiplikation in ϑ die Addition ist:

$$S(\vartheta_1 + \vartheta_2) = S(\vartheta_1) S(\vartheta_2). \tag{5.4}$$

Differenziert man (5.4) nach ϑ_1, setzt $\vartheta_1 = 0$ und schreibt ϑ für ϑ_2, so kommt

$$S'(\vartheta) = U S(\vartheta), \tag{5.5}$$

wo $U = S'(0)$ die infinitesimale Transformation von $\mathfrak{H}$ ist. Vertauscht man die Rolle von ϑ_1 und ϑ_2, so kommt

$$S'(\vartheta) = S(\vartheta) U. \tag{5.6}$$

(5.5) ist ein lineares Differentialgleichungssystem mit konstanten Koeffizienten für jede Spalte, (5.6) eines für jede Zeile von $S(\vartheta)$. $S(\vartheta)$ ist also durch (5.5) oder (5.6) zusammen mit der Anfangsbedingung $S(0) = E_n$ eindeutig bestimmt. Man kann die Lösung sofort hinschreiben:

$$S(\vartheta) = e^{\vartheta U}. \tag{5.7}$$

In der Tat ist $e^0 = E_n$ und, wie man sich anhand der Potenzreihe (4.1) leicht überzeugt, $\frac{d}{d\vartheta} e^{\vartheta U} = U e^{\vartheta U} = e^{\vartheta U} U$.

Die Frage, ob (5.7) zu jedem willkürlich gewählten $U \in \mathfrak{G}^\circ$ eine Untergruppe $\mathfrak{H}$ von $\mathfrak{G}$ liefert, verschieben wir noch. Bestimmen wir erst einmal die Infinitesimalringe der in § 3 und in der Tabelle S. 306 aufgezählten linearen Gruppen!

---

*) Man bemerke, daß dieser reelle Vektorraum im allgemeinen aus komplexen Matrizen besteht. „Reell“ bezieht sich auf die Struktur des Vektorraumes (mit U gehört auch αU mit reellem α dazu, mit komplexem im allgemeinen nicht) und hat mit der zufälligen Natur seiner Elemente nichts zu tun.

Der Infinitesimalring $\mathfrak{G}_n^\circ$ der vollen linearen Gruppe $\mathfrak{G}_n$ aller Matrizen der Determinante $\neq 0$ aus komplexen Zahlen besteht offenbar aus allen Matrizen U aus komplexen Zahlen (man setze $S(\vartheta)=E_n+\vartheta U$).

Beschränkt man sich auf reelle Matrizen, so werden auch die infinitesimalen Matrizen reell. Der Infinitesimalring $\mathfrak{G}_n'^\circ$ der reellen linearen Gruppe $\mathfrak{G}_n'$ besteht aus allen reellen Matrizen.

Die unimodulare Gruppe $\mathfrak{g}_n$ entsteht aus $\mathfrak{G}_n$ durch Beschränkung auf die Matrizen der Determinante 1. Für eine Schar $S(\vartheta)$ aus $\mathfrak{g}_n$ differenziere man die Gleichung $\det S(\vartheta)=1$ an der Stelle $\vartheta=0$. Man erhält

$$0=\sum_{i,k}\frac{\partial \det S}{\partial \sigma_{ik}}\sigma_{ik}'(0)=\sum_{i,k}S_{ik}\sigma_{ik}'(0)=\sum_i \sigma_{ii}'(0)=\operatorname{Sp} U\,,$$

denn für $\vartheta=0$ ist $S=E_n$ und das algebraische Komplement $S_{ik}=\delta_{ik}$. Jede Matrix U mit $\operatorname{Sp} U=0$ gehört zu $\mathfrak{g}_n^\circ$. Gibt man sich nämlich U mit $\operatorname{Sp} U=0$ beliebig, so hat $e^{\vartheta U}$ nach Satz 4.1e die Determinante 1, ist also eine Schar $S(\vartheta)$ aus $\mathfrak{g}_n$ mit $S'(0)=U$. $\mathfrak{g}_n^\circ$ besteht also aus allen Matrizen der Spur Null, und ebenso der Infinitesimalring $\mathfrak{g}_n'^\circ$ der reellen unimodularen Gruppe $\mathfrak{g}_n'$ aus allen reellen Matrizen der Spur Null.

In der unitären Gruppe $\mathfrak{U}_n$ ist $S(\vartheta)S^\sharp(\vartheta)=E_n$, und wenn man bei $\vartheta=0$ differenziert, erhält man wegen $S(0)=E_n$

$$U+U^\sharp=0\,. \tag{5.8}$$

U ist also *schief-hermitesch*; und wiederum ist für jede schief-hermitesche Matrix U, wie aus (4.2) und (4.4_3) folgt,

$$e^{\vartheta U}(e^{\vartheta U})^\sharp=e^{\vartheta U}e^{\vartheta U^\sharp}=e^{\vartheta(U+U^\sharp)}=E_n\,,$$

d. h. $e^{\vartheta U}\in\mathfrak{U}_n$. Also besteht $\mathfrak{U}_n^\circ$ aus allen schief-hermiteschen Matrizen. Bei der unimodularen unitären Gruppe $\mathfrak{u}_n$ kommt wieder die zusätzliche Bedingung $\operatorname{Sp} U=0$ dazu.

Die reelle orthogonale Gruppe $\mathfrak{D}_n$ ist Untergruppe von $\mathfrak{U}_n$, durch die Realitätsbedingung gekennzeichnet. Die Matrizen von $\mathfrak{D}_n^\circ$ sind daher schief-hermitesch und reell oder, was dasselbe ist, schief-symmetrisch und reell. Und wiederum gehören alle schiefsymmetrischen und reellen Matrizen zu $\mathfrak{D}_n^\circ$, wie man mit Hilfe von (4.2) und (4.4_2) wie oben beweist. Auch für die komplexe orthogonale Gruppe ($SS^*=E_n$ wie bei $\mathfrak{D}_n$) würde man $U+U^*=0$ finden.

Endlich für die Drehgruppe $\mathfrak{d}_n$ der reellen eigentlich-orthogonalen Matrizen ($\det S=1$) liefert die Spurbedingung $\operatorname{Sp} U=0$ nichts Neues, da die Diagonalelemente einer schiefsymmetrischen Matrix ohnehin Null sind. $\mathfrak{d}_n^\circ$ stimmt also mit $\mathfrak{D}_n^\circ$ überein, und das nimmt nicht wunder, denn die Elemente in der Umgebung von E_n in $\mathfrak{D}_n$ haben die Determinante 1 (nicht -1), gehören also zu $\mathfrak{d}_n$.

Eigenschaft (f) von Satz 4.1 besagt, daß eine Umgebung der Null in $\mathfrak{G}_n^\circ$ durch $U \to e^U$ auf eine volle Umgebung der Eins in $\mathfrak{G}_n$ umkehrbar eindeutig und stetig abgebildet wird. Das gleiche gilt für alle Gruppen, die wir soeben betrachtet haben:

Satz 5.2. *Bei jeder der in der Tabelle S. 206 verzeichneten Gruppen bildet die Abbildung $U \to e^U$ jeweils eine volle Umgebung der Null im Infinitesimalring auf eine volle Umgebung der Eins in der Gruppe umkehrbar eindeutig und stetig ab.*

Beweisen wir das z. B. für $\mathfrak{u}_n$; es geht in allen Fällen ähnlich. Es muß gezeigt werden: Zu jedem $S \in \mathfrak{u}_n$, das genügend nahe bei E_n liegt, gibt es in der Nachbarschaft der 0 in $\mathfrak{u}_n^\circ$ genau ein U mit $e^U = S$. Wir wählen S so nahe bei E_n, daß S und S^{-1} der in (f) genannten Umgebung von E_n angehören. Dann gibt es in der dort genannten Umgebung der Nullmatrix genau ein U mit $e^U = S$; $-U$ gehört ihr ebenfalls an und es ist $e^{-U} = S^{-1}$. Wir müssen $U \in \mathfrak{u}_n$ zeigen. Wegen $e^U = S \in \mathfrak{u}_n$ ist $(e^U)^\# = (e^U)^{-1}$ und $\det e^U = 1$. Daraus folgt $\operatorname{Sp} U = 0$ wegen Satz 4.1e und $e^{U^\#} = (e^U)^\# = (e^U)^{-1} = e^{-U}$ wegen (4.4_3) und (4.4_4), also $U^\# = -U$, also in der Tat $U \in \mathfrak{u}_n^\circ$.

Aus Satz 5.2 folgt sofort für die Gruppen der Tabelle S. 306 eine weitere wichtige Tatsache. Wenn man mit $U_1, \ldots, U_r$ die Matrizen einer Basis des Infinitesimalrings $\mathfrak{G}$ bezeichnet (die etwa wie oben angegeben mit Hilfe der ursprünglich gegebenen Gruppenparameter $\alpha_1, \ldots, \alpha_r$ gewonnen sein mag), so ist eine beliebige Matrix von $\mathfrak{G}^\circ$ durch $U = \beta_1 U_1 + \cdots + \beta_r U_r$ gegeben; die β_ϱ können als Koordinaten der „Punkte" oder „Vektoren" von $\mathfrak{G}^\circ$ dienen. Nach Satz 5.2 ist jedes Element von $\mathfrak{G}$ in einer geeigneten Umgebung der Eins eindeutig in der Form $e^U = e^{\beta_1 U_1 + \cdots + \beta_r U_r}$ darstellbar. In der Nähe der Eins kann man also die β_ϱ (die dann klein sind) auch als Koordinaten in $\mathfrak{G}$ verwenden. Solche Koordinaten heißen *kanonische Koordinaten**). Sie haben folgende Eigenschaften.

a) Kennzeichnende Eigenschaft: Jede Gerade $\beta_\varrho = \vartheta \beta_\varrho^\circ$ im Raum der kanonischen Koordinaten ist eine einparametrige Untergruppe $\mathfrak{H}$ mit kanonischem Parameter ϑ (ihre Matrizen sind $e^{\vartheta \Sigma \beta_\varrho^\circ U_\varrho}$). Oder: Zu jedem Vektor $\mathfrak{b}^\circ = (\beta_1^\circ, \ldots, \beta_r^\circ)$ von $\mathfrak{G}^\circ$ gehört eine einparametrige Untergruppe $\mathfrak{H}$ von $\mathfrak{G}$ mit dieser Anfangsrichtung (denn wenn man $\mathfrak{H}$ wieder in den Koordinaten α_ϱ als $\alpha_\varrho(\vartheta)$ schreibt, so ist $\alpha_\varrho'(0) = \beta_\varrho^\circ$). Oder: Durch jedes Element $S = e^U$ von $\mathfrak{G}$ in der Nähe der Eins geht eine einparametrige Untergruppe (nämlich $e^{\vartheta U}$). Es gilt aber noch mehr:

b) Jede differenzierbare kontinuierliche Untergruppe $\mathfrak{H}$ von $\mathfrak{G}$ wird in den kanonischen Koordinaten durch lineare Gleichungen beschrieben.

*) Eigentlich „kanonische Koordinaten erster Art"; da ich von anderen keinen Gebrauch machen werde, lasse ich den Zusatz fort.

Denn der Infinitesimalring $\mathfrak{H}^\circ$ ist Teilmenge von $\mathfrak{G}^\circ$ und Vektorraum, also linearer Teilraum von $\mathfrak{G}^\circ$. Bei der Abbildung der Umgebung der Null in $\mathfrak{G}^\circ$ auf die Umgebung der Eins in $\mathfrak{G}$ entsprechen sich die Elemente von $\mathfrak{H}^\circ$ und $\mathfrak{H}$ und werden durch dieselben linearen Gleichungen in den β_ϱ gekennzeichnet.

c) In kanonischen Koordinaten ist die Gruppenmultiplikation in erster Näherung, bei vertauschbaren Elementen sogar exakt, die Vektoraddition (Satz 4.1b und Fußnote auf S. 34).

d) Lineare Transformation führt kanonische Koordinaten in kanonische Koordinaten über. Denn eine lineare Transformation der β_ϱ ist weiter nichts als eine Basisänderung in $\mathfrak{G}^\circ$.

Die hier besprochenen Begriffsbildungen und Sätze sind nicht auf Matrixgruppen beschränkt. Allgemeiner versteht man unter einer *Lieschen Gruppe* eine Gruppe, die eine r-dimensionale Mannigfaltigkeit bildet und wie oben auf Parameter bezogen werden kann*). Das Kompositionsgesetz wird durch ein System von Funktionen gegeben: Ist $a=(\alpha^1, \ldots, \alpha^r)$ und $b=(\beta^1, \ldots, \beta^r)$, so ist das Produkt $ab=c=(\gamma^1, \ldots, \gamma^r)$ durch

$$\gamma^\varrho = \varphi^\varrho(\alpha^1, \ldots, \alpha^r; \beta^1, \ldots, \beta^r)\,^{**}) \tag{5.9}$$

gegeben, wo die Funktionen φ^ϱ, die man zweckmäßig differenzierbar annimmt, gewissen Bedingungen genügen müssen, damit die Gruppengesetze gelten. Unter einem *Lieschen Ring* (aus abstrakten Elementen) versteht man einen reellen Vektorraum, in dem außerdem ein schiefes Produkt erklärt ist, das in beiden Faktoren linear ist und für das die Regeln (5.2) und (5.3) gelten. Man kann zu jeder Lieschen Gruppe den Infinitesimalring konstruieren und zu jedem Lieschen Ring eine Liesche Gruppe finden, deren Infinitesimalring er ist. Man benutzt diese Tatsachen z. B. um sich einen Überblick über alle möglichen Lieschen Gruppen von irgendeinem bestimmten Typus zu bilden, vor allem aber für die Darstellungstheorie. Denn sehr viele Probleme sind für Liesche Ringe einfacher zu behandeln als für Gruppen. Man findet diese Dinge bequem lesbar dargestellt bei PONTRJAGIN [1].

Übrigens ist $\mathfrak{G}$ durch $\mathfrak{G}^\circ$ keineswegs eindeutig bestimmt. Vielmehr wird durch $\mathfrak{G}^\circ$ nur die Struktur von $\mathfrak{G}$ in der Nähe der Eins oder, wie man auch sagt, ein „Gruppenkeim" bestimmt***). Zwei Gruppen mit

---

*) Einer noch allgemeineren Definition bedient sich das Buch von CHEVALLEY [1].

**) Daß wir hier die Indizes hochstellen, geschieht nur, um gewisse Formeln in § 6 bequemer schreiben zu können.

***) Über das Problem der Bestimmung aller Gruppen, die zu gegebenem Gruppenkeim gehören, lese man die Arbeiten von SCHREIER [1], [2].

gleichem Gruppenkeim heißen auch „im kleinen isomorph". Zum Beispiel sahen wir schon, daß die orthogonale Gruppe $\mathfrak{D}_n$ und die eigentlich orthogonale Gruppe $\mathfrak{d}_n$ den gleichen Infinitesimalring besitzen. Hier ist $\mathfrak{d}_n$ Untergruppe von $\mathfrak{D}_n$, und $\mathfrak{D}_n$ besteht aus zwei getrennten Stücken, nämlich der Untergruppe $\mathfrak{d}_n$ und der Gesamtheit der orthogonalen Matrizen von der Determinante -1. Es kann aber auch sein, daß verschiedene Gruppen im kleinen isomorph sind, die nicht im Untergruppenverhältnis stehen, aber verschiedene Zusammenhangseigenschaften aufweisen, wie z. B. die additive Gruppe der reellen Zahlen und die additive Gruppe der Winkel (= additive Gruppe der reellen Zahlen „mod. 2π"). Sie haben in der Nähe der Null gleiche Struktur („gleichen Gruppenkeim"). Der Infinitesimalring ist beide Male der 1-dimensionale Vektorraum, also die Gerade; das schiefe Produkt zweier Elemente davon ist immer Null.

§ 6. Integration in Lieschen Gruppen

Bei der Übertragung von Sätzen über endliche Gruppen auf kontinuierliche macht man in der Darstellungstheorie mit Vorteil von der Möglichkeit Gebrauch, über die Gruppenmannigfaltigkeit zu integrieren. Wir werden nur solche Gruppen $\mathfrak{G}$ zu betrachten haben, bei denen das Gesamtvolumen (= Integral der Konstante 1 über die ganze Gruppe) endlich ausfällt und jede stetige Funktion auf der Gruppe beschränkt ist („kompakte" oder „geschlossene" Gruppen), so daß jede stetige Funktion über ganz $\mathfrak{G}$ integriert werden kann.

Diese Eigenschaft der Kompaktheit — ich gehe hier auf die topologische Definition nicht ein, die man bei Pontrjagin [1] findet — besitzen von den in § 3 aufgeführten Gruppen die unitäre und ihre Untergruppen, also die Gruppen Nr. 5—8; die reelle orthogonale und die Drehgruppe gehören dazu. Bei diesen Gruppen liegt nämlich die Gruppenmannigfaltigkeit im $2n^2$-dimensionalen Raum der Real- und Imaginärteile der Matrixelemente α_{ik} in einem beschränkten Bereich (alle Beträge sind $\leqq 1$), während sie sich bei allen anderen (auch bei der komplexen orthogonalen Gruppe!) ins Unendliche erstreckt.

Die Gruppe $\mathfrak{G}$ sei in der Umgebung der Eins auf r Parameter bezogen, die Gruppenmultiplikation durch die Funktionen (5.9) gegeben, die stetige Ableitungen besitzen. Zur Abkürzung schreiben wir

$$\varphi^\varrho(\alpha^1, \ldots, \alpha^r; \beta^1, \ldots, \beta^r) = \varphi^\varrho(a, b), \quad \frac{\partial \varphi^\varrho}{\partial \alpha^\sigma} = \varphi^\varrho_{\sigma .}, \quad \frac{\partial \varphi^\varrho}{\partial \beta^\sigma} = \varphi^\varrho_{. \sigma}. \qquad (6.1)$$

Das assoziative Gesetz $a(bc) = (ab)c$ verlangt $\varphi^\varrho(a, bc) = \varphi^\varrho(ab, c)$; durch Differentiation nach γ^σ folgt hieraus

$$\sum_{\tau=1}^{r} \varphi^\varrho_{\cdot\tau}(a, bc)\varphi^\tau_{\cdot\sigma}(b, c) = \varphi^\varrho_{\cdot\sigma}(ab, c). \tag{6.2}$$

Für jedes $a \in \mathfrak{G}$ ist die Abbildung $x \to ax$, „Linkstranslation" genannt (und ebenso die Rechtstranslation $x \to xa$), wegen der Gruppeneigenschaft umkehrbar eindeutig und wegen unserer Voraussetzungen stetig. Die Funktionaldeterminante $|\varphi^\varrho_{\cdot\sigma}(a, x)|$ ist daher stets $\neq 0$, und da sie wegen $x = 1x$ für $a = 1$ den Wert 1 hat und stetig von a abhängt, sogar stets > 0. Wenn man noch in gleicher Weise die Rechtstranslation betrachtet, hat man also

$$\det \varphi^\varrho_{\cdot\sigma} > 0 \quad \text{und} \quad \det \varphi^\varrho_{\sigma\cdot} > 0. \tag{6.3}$$

Eine (komplexwertige) *Funktion auf der Gruppe* $f(x)$, $x \in \mathfrak{G}$, heißt stetig, wenn sie im gewöhnlichen Sinne stetig von den Parametern $\xi^1, \ldots, \xi^r$ von x abhängt.

Das zum Zwecke der Integration einzuführende Volumenelement an der Stelle x wollen wir mit $dv = dv(x)$ bezeichnen; wir werden für $x \in \mathfrak{U}(1)$ *) einen Ausdruck dafür in den Differentialen der Parameter ξ^ϱ von x angeben. $\int_{\mathfrak{M}} dv$ ist dann das Volumen eines Stückes $\mathfrak{M}$ von $\mathfrak{G}$, $\int_{\mathfrak{G}} dv = V$ das Gesamtvolumen von $\mathfrak{G}$. Wir fordern *Translationsinvarianz* (genauer: Invarianz gegen Linkstranslation):

$$\int_{a\mathfrak{M}} dv = \int_{\mathfrak{M}} dv. \tag{6.4}$$

Für eine stetige Funktion $f(x)$ auf $\mathfrak{G}$ setzen wir $f(a^{-1}x) = f_a(x)$; das ist die Funktion, die an der Stelle ax immer denselben Wert hat wie $f(x)$ an der Stelle x oder, wie man sagen kann, die aus $f(x)$ durch die Linkstranslation a entsteht. Aus der Translationsinvarianz folgt dann

$$\int_{\mathfrak{M}} f(x)\, dv = \int_{a\mathfrak{M}} f_a(x)\, dv. \tag{6.5}$$

Wichtig ist das Ergebnis für $\mathfrak{M} = \mathfrak{G}$:

$$\int_{\mathfrak{G}} f(x)\, dv = \int_{\mathfrak{G}} f_a(x)\, dv. \tag{6.6}$$

Wir wollen nun einen innerhalb $\mathfrak{U}(1)$ gültigen Ausdruck für das translationsinvariante Volumenelement aufstellen und fordern hierzu, daß an der Stelle 1 einfach $dv = d\xi^1 \ldots d\xi^r$ sein soll. Liegt x dicht bei 1, so liegt $y = ax$ dicht bei a. Wir nehmen a in $\mathfrak{U}(1)$ und betrachten ein 1 enthaltendes Gebiet $\mathfrak{M}$, so klein, daß das a enthaltende Gebiet $a\mathfrak{M}$ noch in $\mathfrak{U}(1)$ liegt. Dann ist $\xi^\varrho = \varphi^\varrho(a^{-1}, y)$ und

$$\int_{\mathfrak{M}} d\xi^1 \ldots d\xi^r = \int_{a\mathfrak{M}} \det \varphi^\varrho_{\cdot\sigma}(a^{-1}, y)\, d\eta^1 \ldots d\eta^r.$$

*) $\mathfrak{U}(1)$ bezeichnet eine passende Umgebung von 1.

Ziehen wir $\mathfrak{M}$ auf den Punkt 1 zusammen, so strebt y gegen a und wir werden erwarten, daß der Ausdruck $dv(a) = \det \varphi^{\varrho}_{\cdot\sigma}(a^{-1}, a)\, d\alpha^1 \ldots d\alpha^r$ die gewünschten Eigenschaften hat. Überzeugen wir uns, daß das Integral

$$\int dv(x) = \int \det \varphi^{\varrho}_{\cdot\sigma}(x^{-1}, x)\, d\xi^1 \ldots d\xi^r \tag{6.7}$$

in der Tat translationsinvariant ist, oder besser, verifizieren wir gleich die Relation (6.5), in der (6.4) für $f(x) \equiv 1$ enthalten ist. Mit Hilfe der Substitution $x = ay$ erhält man

$$\begin{aligned}\int_{a\mathfrak{M}} f_a(x)\, dv(x) &= \int_{a\mathfrak{M}} f(a^{-1}x) \det \varphi^{\varrho}_{\cdot\sigma}(x^{-1}, x)\, d\xi^1 \ldots d\xi^r \\ &= \int_{\mathfrak{M}} f(y) \det \varphi^{\varrho}_{\cdot\sigma}((ay)^{-1}, ay) \det \varphi^{\varrho}_{\cdot\sigma}(a, y)\, d\eta^1 \ldots d\eta^r \\ &= \int_{\mathfrak{M}} f(y) \det \varphi^{\varrho}_{\cdot\sigma}(y^{-1}, y)\, d\eta^1 \ldots d\eta^r = \int_{\mathfrak{M}} f(y)\, dv(y)\end{aligned}$$

wegen (6.2). Damit ist (6.5) erwiesen.

Jetzt sei c ein Gruppenelement, das nicht in $\mathfrak{U}(1)$ liegt. Durch Linkstranslation geht aus der Umgebung $\mathfrak{U}(1)$ von 1 die Umgebung $c\mathfrak{U}(1)$ von c hervor und ist wie jene r-dimensional, wegen der oben geforderten Eigenschaften der Linkstranslation. Für jedes Gebiet $\mathfrak{M} \subseteqq c\mathfrak{U}(1)$ hat man

$$\int_{\mathfrak{M}} f(x)\, dv = \int_{c^{-1}\mathfrak{M}} f(cy)\, dv(y) \tag{6.8}$$

zu nehmen, wobei das letztere Integral nach der Formel (6.7) berechnet werden kann. Von der Translationsinvarianz dieses Integrals in ganz $\mathfrak{G}$ überzeugt man sich leicht. Größere Integrationsgebiete werden aus Stücken zusammengesetzt, die man nach (6.8) behandeln kann.

Ich füge noch eine Bemerkung an, die bei der Berechnung von Integralen über die Drehgruppe nützlich sein wird. Es kann vorkommen, daß man eine s-dimensionale Untergruppe $\mathfrak{H}$ von $\mathfrak{G}$ besonders gut beherrscht und daß man die Koordinaten in $\mathfrak{U}(1)$ an die Einteilung von $\mathfrak{G}$ in die Linksnebenklassen $a\mathfrak{H}$ von $\mathfrak{H}$ anpassen kann, etwa so, daß für $\xi^{s+1} = \cdots = \xi^r = 0$ die Untergruppe $\mathfrak{H}$ herauskommt und für jedes andere feste System $\xi^{s+1}, \ldots, \xi^r$ bei variablem $\xi^1, \ldots, \xi^s$ eine Nebenklasse beschrieben wird. Dann ist es möglich, das Integral über $\mathfrak{G}$ in ein Integral über $\mathfrak{H}$ und eines über die $(r-s)$-dimensionale Mannigfaltigkeit der Nebenklassen zu zerlegen. Diese Mannigfaltigkeit $\mathfrak{W}$*) ist zwar (wenn $\mathfrak{H}$ nicht Normalteiler) keine Gruppe. Aber man bemerkt, daß bei der Herleitung des Integrals gar nicht benutzt worden ist, daß die Mannigfaltigkeit, über die integriert wird, eine Gruppe ist; vielmehr nur, daß auf ihr eine Gruppe von Abbildungen — die Linkstranslationen — gegeben ist. Diese aber hat man in $\mathfrak{W}$ auch: Bei der Linkstranslation a geht die

*) In der Literatur oft *Wirkungsraum* genannt.

Nebenklasse $\mathfrak{N} = b\mathfrak{H}$ über in $a\mathfrak{N} = ab\mathfrak{H}$, das ist wieder eine Nebenklasse. Also gibt es ein linksinvariantes Integral in $\mathfrak{W}$. Da ferner jede Nebenklasse aus der Untergruppe $\mathfrak{H}$ durch Linkstranslation hervorgeht, hat sie dasselbe Volumen $V_{\mathfrak{H}}$ wie diese, und man bekommt

$$V_{\mathfrak{G}} = V_{\mathfrak{H}} V_{\mathfrak{W}}, \tag{6.9}$$

von $V_{\mathfrak{W}}$ das Gesamtvolumen von $\mathfrak{W}$ bedeutet.

Drittes Kapitel

Allgemeine Darstellungstheorie

In den §§ 1—4 wird die Darstellungstheorie der endlichen Gruppen mit Hilfe des Gruppenrings durchgeführt. Die dabei gleichzeitig gewonnene Einsicht in die Struktur gewisser Algebren (zu denen der Gruppenring gehört), die im VIII. Kapitel benötigt wird, ist in § 5 formuliert. Die §§ 6—8 sind der Theorie der Charaktere gewidmet. Diese von den §§ 1—4 im wesentlichen unabhängigen Entwicklungen (§ 8a stellt die Verbindung her) haben den Vorteil, daß die Übertragung auf gewisse kontinuierliche Gruppen auf der Hand liegt, denen der Rest des Kapitels im wesentlichen gewidmet ist. In § 9 werden die Darstellungen des Infinitesimalrings eingeführt, in § 10 wird die „adjungierte" Darstellung erklärt, in § 11 das Formelsystem der Charaktere auf den kontinuierlichen Fall übertragen. Diese Dinge werden hauptsächlich im VII. und VIII. Kapitel gebraucht. § 12 behandelt ganz kurz die sogenannten Strahldarstellungen. Dies wird in § 13 gebraucht, der dem Zusammenhang zwischen den Darstellungen einer Gruppe und denen einer Untergruppe gewidmet ist. Der einfachste Fall, nämlich der eines Normalteilers vom Index 2, findet ausgiebige Verwendung im VI. Kapitel (symmetrische und alternierende Gruppe) und in Kapitel VII—IX bei den orthogonalen und Lorentz-Gruppen.

§ 1. Begriff der Darstellung. Die vollständige Reduzibilität der Darstellungen endlicher Gruppen. Eindeutigkeit der Zerlegung

Man spricht von einer *Darstellung* $\mathfrak{D}$ der Gruppe $\mathfrak{G}$, wenn jedem Element $s \in \mathfrak{G}$ eine lineare Abbildung in einem Vektorraum, dem *Darstellungsraum* $\mathfrak{R}_n$*), also nach Festlegung einer Basis in $\mathfrak{R}_n$ eine Matrix $D(s)$ so zugeordnet ist, daß der Multiplikation der Gruppenelemente die Multiplikation der Matrizen entspricht:

$$D(st) = D(s)\,D(t). \tag{1.1}$$

*) $\mathfrak{R}_n$ soll Vektorraum über dem in I § 1 eingeführten Körper $\mathfrak{K}$ sein.

Man fordert noch

$$D(1) = E_n; \qquad (1.2)$$

dann ist auch $D(s^{-1}) = D^{-1}(s)$, und alle Matrizen sind nichtsingulär. Ohne die Forderung (1.2) wäre mit $D(s)$ zum Beispiel auch das System eine Darstellung, das aus $D(s)$ durch „Ränderung" der Matrizen mit einer oder mehreren Nullzeilen und -spalten entsteht; hier sind alle Determinanten 0. Solche Darstellungen und dazu äquivalente schließt man durch (1.2) aus. Die Dimension n des Darstellungsraums heißt auch der *Grad* der Darstellung.

Die Darstellung heißt *treu*, wenn die Abbildung $s \to D(s)$ umkehrbar eindeutig ist, d. h. verschiedenen Gruppenelementen immer verschiedene Matrizen entsprechen. Es wird sich als zweckmäßig erweisen, die Treue nicht allgemein zu verlangen. Es ist aber leicht, schon hier einige Aussagen zu dieser Frage zu machen. Aus (1.1) folgt, daß die Matrizen $D(s)$ eine Gruppe $\mathfrak{G}'$ bilden und daß $\mathfrak{G}$ auf $\mathfrak{G}'$ homomorph abgebildet ist. Der Kern dieses Homomorphismus ist ein Normalteiler $\mathfrak{N}$ von $\mathfrak{G}$, dessen Elemente also durch E_n dargestellt werden. Alle Elemente einer Nebenklasse von $\mathfrak{N}$ werden durch die gleiche Matrix dargestellt, und man kann $D(s)$ als treue Darstellung der Faktorgruppe $\mathfrak{G}/\mathfrak{N}$ auffassen. Man sagt auch: *Die Darstellung $D(s)$ von $\mathfrak{G}$ gehört zum Normalteiler $\mathfrak{N}$.* Die Darstellung ist treu, wenn $\mathfrak{N}$ nur aus der Gruppeneins besteht. Wenn die Gruppe $\mathfrak{G}$ einfach ist, d. h. keinen von dem zuletzt genannten und von $\mathfrak{G}$ verschiedenen Normalteiler besitzt, so ist außer den trivialen Darstellungen, die jedem Gruppenelement die Einheitsmatrix zuordnen (diese gehören zu $\mathfrak{G}$), jede Darstellung treu.

Die Begriffe äquivalent*), reduzibel, irreduzibel, Zerfall wurden schon in I § 7 eingeführt. Wir wenden sie jetzt auf die Darstellungen an. Wenn eine Darstellung $\mathfrak{D}$ durch die Matrizen $D(s)$ zerfällt, wenn also etwa

$$D(s) = D_1(s) \dot{+} D_2(s)$$

ist, so schreiben wir auch

$$\mathfrak{D} = \mathfrak{D}_1 \dot{+} \mathfrak{D}_2 .$$

Aus dem zweiten Teil des Schurschen Lemmas (I Satz 7.1b) folgt sofort

Satz 1.0. *Bei einer abelschen Gruppe ist jede irreduzible Darstellung eindimensional,*

d. h. der Darstellungsgrad ist 1. Denn aus der Vertauschbarkeit der Gruppenelemente folgt die der darstellenden Matrizen: jede Matrix $D(s)$

---

*) Je nachdem, ob man gerade mehr Wert auf die Matrizen oder auf die Abbildungen legt, spricht man bei zwei Systemen $D(s)$ und $PD(s)P^{-1}$ von „äquivalenten Darstellungen" oder von „Realisierungen derselben Darstellung".

ist mit allen Matrizen $D(t)$ vertauschbar, also $=\lambda E_n$, wo n der Darstellungsgrad. Dies ist mit der vorausgesetzten Irreduzibilität nur für $n=1$ verträglich.

Für die Darstellungen endlicher Gruppen ist Reduzibilität gleichbedeutend mit Zerfall, es gilt nämlich:

Satz 1.1. (Satz von MASCHKE). *Jede reduzible Darstellung einer endlichen Gruppe zerfällt.*

Beweis. Es sei die Darstellung

$$D(s)=\begin{pmatrix} D_1(s) & K(s) \\ 0 & D_2(s) \end{pmatrix} \tag{1.3}$$

gegeben; $D_1(s)$ und $D_2(s)$ sind Quadrate der Zeilenzahlen n_1 und n_2, $K(s)$ ist ein Rechteck mit n_1 Zeilen und n_2 Spalten. Die Darstellungseigenschaft (1.1) ergibt mit Hilfe der Kästchenregel I (2.4) die drei Relationen

$$\begin{gathered} D_1(st)=D_1(s)\,D_1(t)\,, \quad D_2(st)=D_2(s)\,D_2(t)\,, \\ K(st)=D_1(s)\,K(t)+K(s)\,D_2(t)\,. \end{gathered} \tag{1.4}$$

$D_1(s)$ und $D_2(s)$ sind also Darstellungen und folglich auch

$$D_0(s)=\begin{pmatrix} D_1(s) & 0 \\ 0 & D_2(s) \end{pmatrix}=D_1(s)\dot{+}D_2(s)\,. \tag{1.5}$$

Satz 1.1 wird bewiesen sein, wenn wir zeigen können, daß (1.5) zu (1.3) äquivalent ist. Hierzu müssen wir eine nichtsinguläre Matrix P angeben, so daß $D(s)=P\cdot D_0(s)\cdot P^{-1}$ oder (für die Rechnung bequemer)

$$P\,D_0(s)=D(s)\,P \tag{1.6}$$

wird. Der Ansatz

$$P=\begin{pmatrix} E_{n_1} & X \\ 0 & E_{n_2} \end{pmatrix} \tag{1.7}$$

führt zum Ziel. Berechnung der linken und rechten Seite von (1.6) liefert für die Rechtecke rechts oben

$$X\,D_2(s)=D_1(s)\,X+K(s)\,; \tag{1.8}$$

in den drei übrigen Kästchen ist (1.6) durch den Ansatz (1.7) von selbst erfüllt. Es gilt also, (1.8) durch ein Rechteck X für alle s zu erfüllen. Multipliziert man (1.4) von rechts mit $D_2(t^{-1})$ und summiert über alle Gruppenelemente t (hier wird die Endlichkeit der Gruppe benutzt), so kommt rechts $D_1(s)G+g\,K(s)$, wenn wir zur Abkürzung $\sum_t K(t)D_2(t^{-1}) = G$ setzen; im zweiten Glied beachte man, daß $D_2(t^{-1})=(D_2(t))^{-1}$ ist, weil nach obigem auch D_2 die Darstellungseigenschaft besitzt. Links kann man aus demselben Grunde $K(st)\,D_2(t^{-1}) = K(st)\,D_2(t^{-1}s^{-1})\,D_2(s)$ schreiben. Setzt man $st = u$, so ist $t^{-1}s^{-1} = u^{-1}$ und $\sum_t K(u)\,D_2(u^{-1}) = \sum_u K(u)\,D_2(u^{-1}) = G$, weil nach II Satz 1.1 u mit t die Gruppe durchläuft. Es kommt also schließlich

$$G\,D_2(s) = D_1(s)\,G + g\,K(s)\,.$$

Der Vergleich mit (1.8) zeigt, daß $X = \frac{1}{g}G$ das Gewünschte leistet*). P erfüllt dann (1.6), und damit ist die Äquivalenz von $D(s)$ und $D_0(s)$ bewiesen.

Nach dem Satz von MASCHKE ist bei einer endlichen Gruppe der Darstellungsraum, falls reduzibel, direkte Summe von (mindestens) zwei invarianten Teilräumen $\mathfrak{r}_1$ und $\mathfrak{r}_2$. Das erlaubt nun sofort, jede Darstellung „vollständig auszureduzieren". Entweder ist $\mathfrak{r}_1$ irreduzibel, oder er ist seinerseits direkte Summe von invarianten Teilräumen; ebenso $\mathfrak{r}_2$. So fährt man fort, bis man schließlich lauter irreduzible Teilräume erreicht hat. Dieses Ziel ist nach endlich vielen Schritten erreicht, weil jeder echte Teilraum eines Teilraums $\mathfrak{r}$ wenigstens eine Dimension weniger besitzt als $\mathfrak{r}$ und weil jeder eindimensionale invariante Teilraum irreduzibel ist. Also gilt für die Darstellungen der endlichen Gruppen der

Satz 1.2. (Satz von der vollen Reduzibilität). *Bei jeder Darstellung einer endlichen Gruppe ist der Darstellungsraum direkte Summe von irreduziblen Teilräumen:*

$$\mathfrak{R}_n = \mathfrak{r}_1 + \mathfrak{r}_2 + \cdots + \mathfrak{r}_k\,. \tag{1.9}$$

Oder: Jede Darstellung zerfällt vollständig in irreduzible, d. h. ist äquivalent zu einer solchen, bei der sich längs der Hauptdiagonale irreduzible Kästchen reihen und außerhalb dieser Kästchen Nullen stehen.

Der Satz 1.2 bedeutet eine beträchtliche methodische Erleichterung für die Darstellungstheorie der endlichen Gruppen. Es genügt nämlich offenbar, alle irreduziblen Darstellungen zu kennen: Durch Aneinanderreihen beliebiger irreduzibler Darstellungen längs der Hauptdiagonale und Übergang zu äquivalenten erhält man jede mögliche Darstellung. Die irreduziblen Darstellungen ihrerseits werden durch die Äquivalenzbeziehung in Klassen zueinander äquivalenter eingeteilt, und es genügt, aus jeder Klasse eine Darstellung zu kennen. Wir werden sehen, daß es nur endlich viele Klassen gibt und daß für ihre Anzahl die Gruppen-

*) Hier wird entscheidend benutzt, daß der zugrundegelegte Körper $\mathfrak{K}$ von der Charakteristik 0 ist. Beweis und Satz bleiben bei Charakteristik p richtig, wenn p nicht in g aufgeht. Wenn aber p in g aufgeht, kann man nicht durch g dividieren, und tatsächlich gilt der Satz dann nicht.

ordnung g eine obere Schranke ist; für den Grad der irreduziblen Darstellungen sogar die Zahl $\sqrt{g}$. Wenn das System der irreduziblen Darstellungen bekannt ist, dann ist es bei den Anwendungen der Theorie die wichtigste Aufgabe, bei einer vorgelegten Darstellung festzustellen, wie sie sich aus den irreduziblen aufbaut. Bequeme Methoden hierfür werden wir in § 7 kennenlernen.

Auch für viele unendliche Gruppen gilt, wie wir sehen werden, der Satz von der vollen Reduzibilität; bei anderen wieder gilt er nicht für alle, aber doch für gewisse Sorten von Darstellungen. Für alle diese Darstellungen besteht ein *Eindeutigkeitssatz* für die Zerlegung in irreduzible Bestandteile, der nun bewiesen werden soll. Während wir den Satz von MASCHKE zunächst nur für endliche Gruppen bewiesen haben (vgl. aber § 6), gilt das folgende für beliebige Gruppen, der Eindeutigkeitssatz also immer, wenn volle Reduzibilität besteht. Zuerst zwei Hilfssätze.

Satz 1.3. *Ist ein Darstellungsraum $\mathfrak{R}$ direkte Summe von irreduziblen Teilräumen,*

$$\mathfrak{R} = \mathfrak{r}_1 + \cdots + \mathfrak{r}_k \tag{1.10}$$

und $\mathfrak{r}$ irgendein invarianter Teilraum, so ist $\mathfrak{R}$ auch direkte Summe von $\mathfrak{r}$ und einigen der $\mathfrak{r}_\varkappa$.

Beweis. $\mathfrak{r}$ und $\mathfrak{r}_1$ spannen zusammen einen invarianten Teilraum $\mathfrak{R}_1$ auf. Der Durchschnitt von $\mathfrak{r}$ und $\mathfrak{r}_1$ ist invarianter Teilraum, also, da $\mathfrak{r}_1$ irreduzibel, entweder $=\mathfrak{r}_1$ (also $\mathfrak{r}_1 \subseteqq \mathfrak{r}$ und $\mathfrak{R}_1 = \mathfrak{r}$) oder $=0$ (also die Summe $\mathfrak{R}_1 = \mathfrak{r} + \mathfrak{r}_1$ direkt).

$\mathfrak{R}_1$ und $\mathfrak{r}_2$ spannen zusammen einen invarianten Teilraum $\mathfrak{R}_2$ auf. Der Durchschnitt von $\mathfrak{R}_1$ und $\mathfrak{r}_2$ ist invarianter Teilraum, also, da $\mathfrak{r}_2$ irreduzibel, entweder $=\mathfrak{r}_2$ (also $\mathfrak{r}_2 \subset \mathfrak{R}_1$ und $\mathfrak{R}_2 = \mathfrak{R}_1$) oder $=0$ (also die Summe $\mathfrak{R}_2 = \mathfrak{R}_1 + \mathfrak{r}_2$ direkt).

So fortfahrend erhält man das gewünschte Ergebnis, denn offenbar ist $\mathfrak{R}_k = \mathfrak{R}$. Die im Satz genannten „einigen $\mathfrak{r}_\varkappa$" sind diejenigen, bei denen der zweite Fall eingetreten ist.

Bemerkung. Satz 1.3 ist auch für sich allein von Bedeutung. Aus ihm folgt: wenn man von einer Darstellung $\mathfrak{D}$ schon weiß, daß sie vollständig in irreduzible zerfällt, und wenn $\mathfrak{r}$ irgendein irreduzibler Teilraum ist, so gibt es auch eine Zerlegung von $\mathfrak{D}$, bei der $\mathfrak{r}$ unter den Teilräumen vorkommt.

Satz 1.4. *Läßt sich ein Darstellungsraum auf zwei Arten als direkte Summe von zwei invarianten Teilräumen darstellen, wobei der erste Summand beidemal derselbe ist, so sind die zweiten Summanden äquivalent: aus $\mathfrak{R} = \mathfrak{r}' + \mathfrak{r}''$ und $\mathfrak{R} = \mathfrak{r}' + \mathfrak{r}'''$ folgt Äquivalenz von $\mathfrak{r}''$ und $\mathfrak{r}'''$.*

Beweis. Jeder Vektor von $\mathfrak{R}$ ist eindeutig als Summe eines Vektors aus $\mathfrak{r}'$ und eines Vektors aus $\mathfrak{r}''$ darstellbar: $x = x' + x''$. Wendet man diese

Zerlegung insbesondere auf die Vektoren $x''' \in \mathfrak{r}'''$ an, so findet man, daß sich jedem Vektor x''' genau ein Vektor x'' so zuordnen läßt, daß die Differenz $x' = x''' - x''$ in $\mathfrak{r}'$ liegt. Vertauschung der Rollen von $\mathfrak{r}''$ und $\mathfrak{r}'''$ zeigt, daß auch die Umkehrung dieser Zuordnung eindeutig ist. Man überzeugt sich leicht, daß die so gefundene eineindeutige Abbildung der Teilräume aufeinander linear und mit den Transformationen der Darstellung vertauschbar ist; letzteres so: Mit $x''' - x'' = x'$ liegt auch $D(s)x''' - D(s)x'' = D(s)x'$ in $\mathfrak{r}'$, weil $\mathfrak{r}'$ invariant ist; also werden mit x'' und x''' auch $D(s)x''$ und $D(s)x'''$ aufeinander abgebildet, woraus nach I § 7 die Äquivalenz folgt.

Bemerkung. Aus Satz 1.4 folgt, daß in Satz 1.3 bei irreduziblem $\mathfrak{r}$ genau ein Summand von (1.10) durch $\mathfrak{r}$ zu ersetzen ist und daß $\mathfrak{r}$ zu diesem äquivalent ist. Es folgt ferner, welchen genauen Sinn es hat, zu sagen, „in einer Darstellung $\mathfrak{D}$ kommt die irreduzible Darstellung $\mathfrak{D}_1$ vor“: Wenn es einen invarianten Teilraum gibt, der nach $\mathfrak{D}_1$ transformiert wird, dann kommt in jeder möglichen Zerlegung in irreduzible Teilräume ein Summand vor, der nach $\mathfrak{D}_1$ transformiert wird.

Damit sind die wichtigsten Schritte zum Beweis der Eindeutigkeit schon getan; wir beweisen nun rasch

Satz 1.5. *Die Zerlegung des Darstellungsraums in irreduzible Teilräume ist bis auf die Reihenfolge und bis auf Äquivalenz eindeutig: Aus*

$$\mathfrak{R} = \mathfrak{r}_1 + \cdots + \mathfrak{r}_k \tag{1.11}$$

und

$$\mathfrak{R} = \mathfrak{s}_1 + \cdots + \mathfrak{s}_l \tag{1.12}$$

folgt $k = l$ und die Existenz einer Permutation $\begin{pmatrix} 1 & \ldots & k \\ 1' & \ldots & k' \end{pmatrix}$, so daß $\mathfrak{r}_j$ und $\mathfrak{s}_{j'}$ äquivalent sind für $j = 1, \ldots, k$.

Beweis. Es sei $k \leqq l$. Wir beweisen etwas mehr als der Satz behauptet, nämlich: *Nach geeigneter Umnumerierung der $\mathfrak{s}$ ist $\mathfrak{s}_h$ für $h = 1, \ldots, k$ zu $\mathfrak{r}_h$ äquivalent und*

$$\mathfrak{R} = \mathfrak{s}_1 + \cdots + \mathfrak{s}_j + \mathfrak{r}_{j+1} + \cdots + \mathfrak{r}_k \tag{1.13}$$

für $j = 0, \ldots, k$ (worin für $j = k$ die Behauptung $k = l$ enthalten ist). (1.13) ist für $j = 0$ richtig. Nehmen wir an, wir hätten für irgendein j schon bewiesen, daß nach geeigneter Numerierung $\mathfrak{s}_h$ für $h = 1, \ldots, j-1$ zu $\mathfrak{r}_h$ äquivalent und daß

$$\mathfrak{R} = \mathfrak{s}_1 + \cdots + \mathfrak{s}_{j-1} + \mathfrak{r}_j + \cdots + \mathfrak{r}_k \tag{1.14}$$

ist. Dann wenden wir Satz 1.3 auf $\mathfrak{r} = \mathfrak{s}_1 + \cdots + \mathfrak{s}_{j-1} + \mathfrak{r}_{j+1} + \cdots + \mathfrak{r}_k$ und die Zerlegung (1.12) an. Es folgt, daß $\mathfrak{R}$ direkte Summe von $\mathfrak{r}$ und einigen $\mathfrak{s}_h$ mit Nummern $h > j-1$ ist:

$$\mathfrak{R} = \mathfrak{s}_1 + \cdots + \mathfrak{s}_{j-1} + \Sigma\,\mathfrak{s}_h + \mathfrak{r}_{j+1} + \cdots + \mathfrak{r}_k .$$

Vergleich mit (1.14) zeigt nach Satz 1.4, daß der irreduzible Teilraum $\mathfrak{r}_j$ zu

$\Sigma \mathfrak{s}_h$ äquivalent ist. Diese Summe ist daher ebenfalls irreduzibel und kann nur einen einzigen Summanden enthalten, dem wir die Nummer j geben. Also gilt (1.13), und durch Induktion folgt die eingangs aufgestellte Behauptung.

Beim Beweis des Satzes von MASCHKE fanden wir, daß in (1.3) und (1.5) rechts unten dieselbe Darstellung D_2 stand. Auch das ist nicht auf endliche Gruppen beschränkt. $\mathfrak{D}$ sei eine vollständig reduzible Darstellung einer beliebigen Gruppe und (1.10) eine Zerlegung ihres Darstellungsraumes in irreduzible Teilräume. $\mathfrak{r}'$ sei irgendein invarianter Teilraum und

$$D(s) = \begin{pmatrix} D_1(s) & K(s) \\ 0 & D_2(s) \end{pmatrix} \tag{1.15}$$

die Darstellung bei einer Basis, deren erste r Vektoren $\mathfrak{r}'$ aufspannen. Nach Satz 1.3 und 1.4 ist dann $\mathfrak{r}'$ zur Summe von einigen der $\mathfrak{r}_k$ äquivalent, sagen wir zu $\mathfrak{r}_1 + \cdots + \mathfrak{r}_q$, und

$$\mathfrak{R} = \mathfrak{r}' + \mathfrak{r}_{q+1} + \cdots + \mathfrak{r}_k .$$

Dann ist auch $D_2(s)$ zu der durch $\mathfrak{r}_{q+1} + \cdots + \mathfrak{r}_k$ vermittelten Darstellung äquivalent. Man braucht bloß den Beweis von Satz 1.4 ein wenig zu modifizieren. Mit $\mathfrak{r}''$ sei der — nicht invariante — Teilraum bezeichnet, den die letzten $n-r$ Basisvektoren der oben genannten Basis aufspannen, mit $\mathfrak{r}'''$ der Teilraum $\mathfrak{r}_{q+1} + \cdots + \mathfrak{r}_k$. Es ist $\mathfrak{R} = \mathfrak{r}' + \mathfrak{r}'' = \mathfrak{r}' + \mathfrak{r}'''$, und man erhält wieder eine lineare Abbildung $x'' \leftrightarrow x'''$ durch die Forderung $x''' - x'' \in \mathfrak{r}'$. Es ist $D(s)x''' \in \mathfrak{r}'''$, aber nicht $D(s)x'' \in \mathfrak{r}''$; wir schreiben $D(s)x'' = y' + y''$, $y' \in \mathfrak{r}'$, $y'' \in \mathfrak{r}''$. Die Abbildung $x'' \to y''$ in $\mathfrak{r}''$ wird durch die Matrix $D_2(s)$ vermittelt. Aber aus der Invarianz von $\mathfrak{r}'$ folgt $D(s)(x'' - x''') \in \mathfrak{r}'$, also auch $y'' - D(s)x''' \in \mathfrak{r}'$. Bei der Abbildung von $\mathfrak{r}''$ auf $\mathfrak{r}'''$ entsprechen sich also y'' und $D(s)x'''$, und daraus folgt die Behauptung*).

§ 2. Der Gruppenring und die reguläre Darstellung

Im Vektorraum wird der von einer (endlichen) Menge von Vektoren aufgespannte lineare Teilraum gelegentlich auch die „lineare Hülle" dieser Menge genannt; damit ist gemeint: Die kleinste l i n e a r e Mannigfaltigkeit (also die mit x und y immer auch $\lambda x + \mu y$ enthält), welche die gegebene Menge umfaßt, oder genauer der D u r c h s c h n i t t aller linearen

*) Wenn man Darstellungsräume als *abelsche Gruppen mit Operatoren* (Operatoren sind dann die Transformationen der Darstellung) betrachtet — ein Gesichtspunkt, den ich nicht eingeführt habe, weil er nur im vorliegenden Abschnitt eine Rolle spielen würde —, dann ist Darstellungsraum von $D_2(s)$ in (1.15) die *Faktorgruppe* $\mathfrak{R}/\mathfrak{r}'$, und das zuletzt Bewiesene ist der *Isomorphiesatz* $\mathfrak{r}'' \cong \mathfrak{R}/\mathfrak{r}'$.

Übrigens wurde bei allen Betrachtungen von Satz 1.3 an nicht benutzt, daß das betrachtete Matrixsystem Darstellung einer Gruppe ist. Diese Dinge hätten also auch schon in I § 7 Platz finden können.

Mannigfaltigkeiten mit dieser Eigenschaft. In demselben Sinn kann man zu den Matrizen $D(s)$ einer Darstellung einer endlichen Gruppe $\mathfrak{G}$ die lineare Hülle bilden; sie besteht aus allen Matrizen $\sum_s \lambda(s)\, D(s)$ mit Zahlenkoeffizienten $\lambda(s)$. Diese Gesamtheit von Matrizen bildet einen Vektorraum von höchstens g Dimensionen (nur dann genau g, wenn die g Matrizen linear unabhängig sind, was wir nicht vorausgesetzt haben; wir haben ja nicht einmal vorausgesetzt, daß die Darstellung treu ist, d. h. daß zu verschiedenen Gruppenelementen immer verschiedene Matrizen gehören). Sie bildet sogar ein hyperkomplexes System, also eine Matrixalgebra (I § 3); denn weil die $D(s)$ eine Darstellung bilden, sind sie ein multiplikatives System, dem also mit zwei Matrizen immer auch deren Produkt angehört, und die Multiplikation überträgt sich nach den Rechenregeln ohne weiteres auf die lineare Hülle.

Da sich nun solche linearen Mannigfaltigkeiten als ein besonders handliches Instrument der Forschung herausstellen, fängt man am besten gleich bei der Gruppe damit an und bildet gewissermaßen ihre lineare Hülle, den *Gruppenring* oder die Gruppenalgebra $\mathfrak{O} = \mathfrak{O}_{\mathfrak{G}}$, der aus den formal gebildeten Summen

$$a = \sum_s \alpha(s) \cdot s = \sum_s s \cdot \alpha(s) \tag{2.1}$$

mit beliebigen Zahlenkoeffizienten $\alpha(s)$ besteht. Seine Elemente $a, b, \ldots$ heißen gelegentlich auch *Gruppenzahlen.* $\lambda a = a\lambda$ hat die Koeffizienten $\lambda\alpha(s)$, $a+b$ die Koeffizienten $\alpha(s)+\beta(s)$; das Produkt wird aus dem Gruppenprodukt hergeleitet:

$$c = ab = \sum_t \alpha(t) \cdot t \sum_u \beta(u) \cdot u = \sum_{t,u} \alpha(t)\,\beta(u) \cdot tu = \sum_s \gamma(s) \cdot s \,{}^{*)}$$

und hat die Koeffizienten

$$\gamma(s) = \sum_{tu=s} \alpha(t)\,\beta(u) = \sum_t \alpha(t)\,\beta(t^{-1}s) = \sum_u \alpha(su^{-1})\,\beta(u)\,. \tag{2.2}$$

Das Produkt ist natürlich im allgemeinen nicht kommutativ, aber die Zahlen sind nach der Definition mit den Ringelementen vertauschbar. Aus $a=0$ soll $\alpha(s)=0$ (für alle s) folgen**), d. h. die Gruppenelemente

*) Beim Ausmultiplizieren ist hier vom gewöhnlichen distributiven Gesetz Gebrauch gemacht worden, das also per definitionem gilt. Man überzeuge sich, daß dagegen das assoziative Gesetz, das ja für die Gruppenelemente gilt, sich von selbst auf die Ringelemente überträgt.

**) Das Ringelement 0, ebenso wie die Nullmatrix und der Nullvektor, müßte eigentlich durch ein besonderes Zeichen dargestellt und von der Zahl 0 unterschieden werden; erst recht gilt das von den nachher zu betrachtenden Mengen von Ringelementen, bei denen „$=0$" bedeutet „besteht nur aus der (Ring-) Null". Indessen zeigt sich, daß gar keine Gefahr von Mißverständnissen besteht, da die 0 immer nur in der Verbindung „$=0$" auftritt und aus dem, was links steht, die Bedeutung des Zeichens klar hervorgeht.

sind per definitionem linear unabhängig und bilden eine **Basis** des Gruppenrings. Dieser ist also als Vektorraum g-dimensional. Die Zahlen $\alpha(s)$ sind die Komponenten des Vektors a im gewohnten Sinne, das Argument s kennzeichnet einfach die Nummer der Komponente. Die Gruppenelemente sind die Basis- oder Einheitsvektoren, das Gruppenelement r hat die Komponenten $\alpha(r)=1$, $\alpha(s)=0$ $(s \neq r)$.

Von einer *Darstellung* von $\mathfrak{O}_{\mathfrak{G}}$ verlangt man außer (1.1) und (1.2) noch, daß die Beziehung zwischen $\mathfrak{O}$ und den Matrizen **linear** ist: $D(\lambda\alpha+\mu b) = \lambda D(a)+\mu D(b)$; dann folgt aus (1.1) $D(ab)=D(a)\,D(b)$. Jede Darstellung von $\mathfrak{O}$ enthält eine solche von $\mathfrak{G}$, da die Gruppenelemente spezielle Ringelemente sind. Zu jeder Darstellung von $\mathfrak{G}$ gibt es genau eine Darstellung von $\mathfrak{O}$, in der sie enthalten ist; sie entsteht einfach durch Bildung der linearen Hülle, indem man a die Matrix $\sum_s \alpha(s)\,D(s)$ zuordnet. Es ist ohne weiteres klar, daß die Äquivalenz zweier Darstellungen bei dieser Erweiterung erhalten bleibt. Ferner ist ein „bei $\mathfrak{O}$" invarianter Teilraum natürlich erst recht bei $\mathfrak{G}$ invariant; ein bei $\mathfrak{G}$ invarianter Teilraum ist es auch bei $\mathfrak{O}$; denn weil er linear ist, enthält er zu x mit allen $D(s)\,x$ auch noch alle $\sum_s \alpha(s)\,D(s)\,x$. Also ist eine irreduzible oder reduzible oder zerfallende Darstellung von $\mathfrak{O}$ auch eine ebensolche von $\mathfrak{G}$ und umgekehrt, und die Sätze 1.1, 1.2, 1.5 gelten auch für die Darstellungen des Gruppenrings.

Wir wollen, anstatt die Klassen irreduzibler Darstellungen von $\mathfrak{G}$ zu bestimmen, die von $\mathfrak{O}_{\mathfrak{G}}$ aufsuchen, was nach dem Gesagten auf dasselbe hinauskommt, aber gewisse methodische Vorteile bietet.

Aus der Zahlentheorie der Ringe brauchen wir einen einzigen Begriff, den des Ideals.

Ein *Linksideal in* $\mathfrak{O}$ ist ein linearer Teilraum $\mathfrak{l}$ des Vektorraums $\mathfrak{O}$, der mit jedem x auch alle Elemente $a x$ enthält, mit beliebigem $a \in \mathfrak{O}$. Man kann das symbolisch so ausdrücken: Für $x \in \mathfrak{l}$ ist $\mathfrak{O} x \subseteqq \mathfrak{l}$. Analog sind *Rechts-* und *zweiseitige Ideale* zu definieren. Ein Links-(Rechts-)ideal heißt *minimal*, wenn es kein Links-(Rechts-)ideal außer der Null und sich selber enthält. Ein zweiseitiges Ideal, das außer sich selbst und der Null kein zweiseitiges Ideal enthält, wird *einfach* genannt.

Die Linksmultiplikation mit einem festen Ringelement a, $x'=ax$, ist eine lineare Transformation des Vektorraums $\mathfrak{O}$: Nach (2.2) findet man, wenn $x=\sum_s \xi(s)\cdot s$, $x'=\sum_s \xi'(s)\cdot s$ ist,

$$\xi'(s)=\sum_t \alpha(st^{-1})\,\xi(t)\,. \tag{2.3}$$

Diese Transformationen addieren und multiplizieren sich wie die Ringelemente: $ax+bx=(a+b)x$, $a(bx)=(ab)x$; der *1* entspricht die identische Transformation — sie bilden also eine Darstellung von $\mathfrak{O}_{\mathfrak{G}}$, die man die *reguläre Darstellung* nennt. Man mache sich den — im ersten Augenblick vielleicht verwirrenden — Sachverhalt genau klar: Bei dieser Darstellung spielt der Gruppenring zwei Rollen zugleich. Einmal, in seiner Eigenschaft als Vektorraum, ist er Darstellungsraum. Zum andern ist er dargestelltes Objekt: Das Element a wird dargestellt durch die Matrix mit den Matrixelementen $\alpha(s,t)=\alpha(st^{-1})$, die $A(a)$ heißen mag.

Invariante Teilräume bei dieser Darstellung sind offenbar gerade die Linksideale, irreduzible Teilräume die minimalen Linksideale. Machen wir uns genau klar, was unter der „durch ein minimales Linksideal $\mathfrak{l}$ vermittelten irreduziblen Darstellung" zu verstehen ist. Wir müssen dann in der Formel $x'=ax$ die x (nicht etwa die a) auf $\mathfrak{l}$ beschränken, d. h. von $\mathfrak{O}$ als Darstellungsraum nur diesen Teil hernehmen. Um die Matrizen der Darstellung wirklich hinzuschreiben, muß man ein an den Teilraum angepaßtes Koordinatensystem im Vektorraum $\mathfrak{O}$ einführen.

Für die Linksideale in ihrer Eigenschaft als Darstellungsräume von Teilen der regulären Darstellung ist natürlich auch der Begriff der Äquivalenz definiert. Eine Äquivalenzabbildung von $\mathfrak{l}$ auf $\mathfrak{l}'$ ist eine umkehrbar eindeutige lineare Abbildung, die mit den Linksmultiplikationen vertauschbar ist: Geht x in x' über, so ax in ax', d. h. es ist $(ax)'=ax'$ *); hier liegt x in $\mathfrak{l}$, x' in $\mathfrak{l}'$, a ist beliebig in $\mathfrak{O}$. Es ist leicht, eine lineare Transformation anzugeben, die diese Eigenschaft hat: Die *Rechtsmultiplikation* $x'=xb$ mit irgendeinem Element b ist mit den Linksmultiplikationen vertauschbar: $(ax)b=a(xb)$. Wir werden später sehen, daß jede Äquivalenzabbildung eine Rechtsmultiplikation ist.

Der Umstand, daß in der regulären Darstellung der Gruppenring als Darstellungsraum auftritt, hat zur Folge, daß die Ergebnisse des § 1, auf die reguläre Darstellung angewandt, bereits einen tiefen Einblick in die Struktur des Gruppenrings vermitteln. Wir formulieren Satz 1.1 als Satz 2.1, Satz 1.2 und 1.5 zusammen als Satz 2.2.

Satz 2.1. *Ist $\mathfrak{l}'$ ein Linksideal, so gibt es ein zweites Linksideal $\mathfrak{l}''$, so daß $\mathfrak{O}$ direkte Summe von $\mathfrak{l}'$ und $\mathfrak{l}''$ ist.*

Zusatz. Der Satz bleibt richtig, wenn man $\mathfrak{O}$ durch ein Linksideal $\mathfrak{l}$ ersetzt und $\mathfrak{l}'$ in $\mathfrak{l}$ enthalten ist.

Satz 2.2. *Der Gruppenring $\mathfrak{O}_{\mathfrak{G}}$ ist direkte Summe von minimalen Linksidealen,*

$$\mathfrak{O}_{\mathfrak{G}}=\mathfrak{l}_1+\mathfrak{l}_2+\cdots+\mathfrak{l}_k. \tag{2.4}$$

---

*) Diese Art von Abbildungen ist wohl zu unterscheiden von solchen, die zu einem Ring-Isomorphismus gehören und bei denen ax in $a'x'$ übergehen muß.

Diese Zerlegung ist bis auf die Reihenfolge und bis auf Äquivalenz eindeutig *).

Als nächstes beweisen wir, daß jede mögliche irreduzible Darstellung in der regulären enthalten ist, d. h. unter den durch die Linksideale $\mathfrak{l}_1, \ldots, \mathfrak{l}_k$ der Zerlegung (2.4) vermittelten Darstellungen vorkommt.

Satz 2.3. *Jede irreduzible Darstellung kommt in der regulären vor.*

Beweis. $D(a)$ mit dem Darstellungsraum $\mathfrak{S}_m$ sei die gegebene irreduzible Darstellung, $v \neq 0$ ein Vektor aus $\mathfrak{S}_m$. Wir betrachten irgendein minimales Linksideal $\mathfrak{l}$ von $\mathfrak{O}$. Die Abbildung $x \to w = D(x)\, v$ von $\mathfrak{l}$ in $\mathfrak{S}_m$ ist linear: Aus $x_1 \to w_1 = D(x_1)\, v$ und $x_2 \to w_2 = D(x_2)\, v$ folgt

$$\lambda x_1 + \mu x_2 \to D(\lambda x_1 + \mu x_2) v = \lambda D(x_1) v + \mu D(x_2) v = \lambda w_1 + \mu w_2 .$$

Wir können $w = Px$ schreiben; wenn man in $\mathfrak{l}$ und in $\mathfrak{S}_m$ Basen einführt, ist P eine rechteckige Matrix. Weiter ist

$$P(ax) = D(ax)\, v = D(a)\, D(x)\, v = D(a)\, Px .$$

Die betrachtete Abbildung hat also die Eigenschaften vom ersten Teil des Schurschen Lemmas (I Satz 7.1 a); der dortige Parameter s ist durch a zu ersetzen, die Rolle des dortigen $\mathfrak{R}_n$ und des Systems $A(s)$ übernimmt $\mathfrak{l}$ und die Linksmultiplikation mit a, die Rolle von $B(s)$ spielt die Darstellung $D(a)$.

Es folgt: $\mathfrak{l}$ wird entweder auf 0 oder auf ganz $\mathfrak{S}_m$ abgebildet. Im zweiten Fall ist die betrachtete Abbildung eine Äquivalenzabbildung, d. h. die gegebene Darstellung ist zu dem durch $\mathfrak{l}$ vermittelten Teil der regulären Darstellung äquivalent.

Wir müssen noch zeigen, daß nicht *jedes* minimale Linksideal auf 0 abgebildet wird. Dazu wenden wir unser Resultat auf die Linksideale $\mathfrak{l}_1, \ldots, \mathfrak{l}_k$ der Zerlegung (2.4) an. (2.4) bedeutet, daß für jedes $x \in \mathfrak{O}$ eine Zerlegung $x = x_1 + \cdots + x_k$ mit $x_j \in \mathfrak{l}_j$ existiert. Würden alle $\mathfrak{l}_j$ auf 0 abgebildet, so wäre für alle j stets $D(x_j)\, v = 0$, also für alle x

$$D(x)\, v = D(x_1)\, v + D(x_2)\, v + \cdots + D(x_k)\, v = 0 .$$

Für das Einheitselement $x = 1$ ist aber $D(1)\, v = E_m v = v \neq 0$. Die Annahme ist also falsch; es gibt mindestens ein j, so daß $\mathfrak{l}_j$ auf $\mathfrak{S}_m$ abgebildet wird. Zu dem durch dieses $\mathfrak{l}_j$ vermittelten Teil der regulären Darstellung ist die gegebene irreduzible Darstellung äquivalent.

Aus dem Beweis folgt $D(x) = 0$ für jedes x aus einem zu $\mathfrak{D}$ inäquivalenten Linksideal, oder allgemeiner für eine beliebige Darstellung:

---

*) Die Zerlegung kann so gewählt werden, daß ein vorgegebenes minimales Linksideal unter den $\mathfrak{l}_j$ vorkommt.

Satz 2.4. *Ist* $\mathfrak{D} = \mathfrak{D}_1 \dotplus \cdots \dotplus \mathfrak{D}_q$ *die Zerlegung einer Darstellung* $\mathfrak{D}$ *in irreduzible, so ist* $D(x)=0$, *sobald* x *in einem minimalen Linksideal* $\mathfrak{l}$ *liegt, dessen Teil der regulären Darstellung zu* $\mathfrak{D}_1, \ldots, \mathfrak{D}_q$ *inäquivalent ist.*

Man denke sich nämlich den Darstellungsraum in seine irreduziblen Bestandteile zerlegt. Auf jeden Teil kann man die Betrachtung vom Beweis des Satzes 2.3 anwenden, und jedesmal wird $\mathfrak{l}$ auf 0 abgebildet, d. h. es ist $D(x)\,v=0$ für jeden Vektor v des Darstellungsraumes.

Während im Vorangegangenen gewisse Ergebnisse der Darstellungstheorie benutzt wurden, um Einsicht in die Struktur des Gruppenrings zu gewinnen, werden wir im nächsten Abschnitt den umgekehrten Weg gehen. Wir werden zuerst die Struktur des Gruppenrings völlig aufklären und uns dadurch die vollständige Übersicht über die irreduziblen Teile der regulären Darstellung und damit nach Satz 2.3 über alle überhaupt möglichen irreduziblen Darstellungen verschaffen.

§ 3. Struktur des Gruppenrings. Vorbereitende Sätze

Es gibt sehr einfache Wege, um sich Linksideale zu verschaffen. Ist c irgendein Ringelement, so bildet die Gesamtheit der Produkte xc mit beliebigem x augenscheinlich ein Linksideal, das *von c erzeugte Linksideal*, symbolisch $\mathfrak{O}c$. Auch die Gesamtheit der Lösungen x der Gleichung $xc=0$ bildet ein Linksideal. Es zeigt sich, daß jedes Linksideal auf beide Arten erzeugt werden kann und daß man sich dabei auf Elemente c mit besonders bequemen Eigenschaften beschränken kann, nämlich die Idempotente.

Ein Element e heißt *idempotent* oder *ein Idempotent*, wenn $e^2=e$ ist.

Satz 3.1. *In jedem Linksideal* $\mathfrak{l}$ *gibt es (mindestens) ein Idempotent e, „erzeugende Einheit" von* $\mathfrak{l}$ *genannt, das* $\mathfrak{l}$ *erzeugt:* $\mathfrak{l}=\mathfrak{O}e$.

Satz 3.1 ist gleichbedeutend mit

Satz 3.2. *Ist* $\mathfrak{l}$ *ein Linksideal, so gibt es ein Element e mit folgender Eigenschaft: Die Transformation* $x'=xe$ *bildet jedes Element* $x \in \mathfrak{O}_{\mathfrak{G}}$ *auf ein Element von* $\mathfrak{l}$ *ab und läßt die Elemente von* $\mathfrak{l}$ *ungeändert:*

1. xe *liegt immer in* $\mathfrak{l}$.
2. *für* $x \in \mathfrak{l}$ *ist* $x=xe$.

Das heißt: die Rechtsmultiplikation mit e ist eine Projektion auf $\mathfrak{l}$ (I § 2).

Satz 3.1 folgt aus Satz 3.2, denn für das Element e von Satz 3.2 gilt: Die Elemente von $\mathfrak{l}$ und nur diese können in der Form xe geschrieben werden; und $e=1\cdot e$ gehört selber zu $\mathfrak{l}$ und ist daher $=ee$. Daß umgekehrt das Idempotent e von Satz 3.1 die erste Eigenschaft von Satz 3.2 hat, ist klar. Aber auch die zweite: Jedes Element von $\mathfrak{l}$ hat die Form xe und wird daher wegen $e=e^2$ bei Rechtsmultiplikation mit e reproduziert.

Also folgt auch Satz 3.2 aus Satz 3.1, und die Wahl beidemal der gleichen Bezeichnung ist gerechtfertigt.

Wir werden gleichzeitig mit Satz 3.1 bzw. 3.2 noch etwas mehr beweisen. Wir sagen: $\mathfrak{l}$ wird von einem Element c *von rechts annulliert*, wenn $x c = 0$ ist für alle $x \in \mathfrak{l}$; symbolisch: $\mathfrak{l} c = 0$. Nennen wir das gegebene Linksideal $\mathfrak{l}'$, so gibt es nach Satz 2.1 ein weiteres Linksideal $\mathfrak{l}''$, so daß $\mathfrak{O}$ direkte Summe beider ist. Satz 3.1 ist also im folgenden Satz enthalten:

Satz 3.3. *Ist*

$$\mathfrak{O} = \mathfrak{l}' + \mathfrak{l}'' \tag{3.1}$$

direkte Summe zweier Linksideale, so besitzt $\mathfrak{l}'$ *eine erzeugende Einheit* e', $\mathfrak{l}''$ *eine erzeugende Einheit* e'', *so daß* $\mathfrak{l}'$ *von* e'', $\mathfrak{l}''$ *von* e' *von rechts annulliert wird und insbesondere*

$$e' e'' = e'' e' = 0 \tag{3.2}$$

ist.

Beweis. (3.1) bedeutet: Für jedes $x \in \mathfrak{O}$ ist eindeutig $x = x' + x''$ mit $x' \in \mathfrak{l}'$ und $x'' \in \mathfrak{l}''$. Die Zerlegung der 1 sei $1 = e' + e''$. Dann ist $x' + x'' = x = x \cdot 1 = xe' + xe''$. Weil $\mathfrak{l}'$ und $\mathfrak{l}''$ Linksideale sind, liegt xe' in $\mathfrak{l}'$ und xe'' in $\mathfrak{l}''$, und wegen der Eindeutigkeit der Zerlegung von x folgt $x' = xe'$ und $x'' = xe''$ (erste Eigenschaft von Satz 3.2). Liegt x selber in $\mathfrak{l}'$, so ist $x'' = 0$ und es folgt $x = xe'$ und $xe'' = 0$ (zweite Eigenschaft von Satz 3.2 und $\mathfrak{l}' e'' = 0$). Der Rest der Behauptungen von Satz 3.3 folgt, indem man x in $\mathfrak{l}''$ wählt. Die Methode dieses Beweises wird oft Peircesche Zerlegung genannt.

Zusatz. Satz 3.3 gilt auch, wenn man $\mathfrak{O}$ durch ein Linksideal $\mathfrak{l}$ ersetzt. Man hat nur im Beweis 1 durch eine erzeugende Einheit e von $\mathfrak{l}$ zu ersetzen, sonst bleibt er wörtlich derselbe.

Auch durch eine Gleichung $x e_0 = 0$, mit idempotentem e_0, kann jedes Linksideal dargestellt werden. Nach Satz 3.2 sind ja die Elemente von $\mathfrak{l}$ durch $x = xe$ oder $x(1 - e) = 0$ charakterisiert; $1 - e$ ist idempotent. Wenn man wieder zu den Bezeichnungen von Satz 3.3 zurückkehrt, kann man also die Aussage $\mathfrak{l}' e'' = 0$ dahin erweitern, daß die Elemente von $\mathfrak{l}'$ und nur diese von e'' annulliert werden. (Unter den Voraussetzungen des „Zusatzes" gilt dies wohlgemerkt nicht!)

Satz 3.3 und sein Zusatz gelten auch für direkte Summen von mehr als zwei Linksidealen, der Beweis kann dann wörtlich fast ebenso wie oben geführt werden. Wir formulieren das Ergebnis für die Zerlegung (2.4) in minimale Linksideale, den Beweis dem Leser überlassend.

Satz 3.4. *Ist eine Zerlegung* (2.4) *in minimale Linksideale gegeben, so erhält man einen Satz* $e_1, e_2, \ldots, e_k$ *von erzeugenden Einheiten dieser Linksideale durch die Zerlegung der 1.* $\mathfrak{l}_i$ *wird durch* e_i *reproduziert, durch* e_j $(j \neq i)$ *von rechts annulliert, insbesondere ist*

$$e_i e_j = 0 \quad (i \neq j). \tag{3.3}$$

Ein Idempotent heißt *primitiv*, wenn keine Zerlegung

$$e = e' + e'' \quad \text{mit} \quad e'e'' = e''e' = 0,\ e'^2 = e',\ e''^2 = e'',\ e' \neq 0,\ e'' \neq 0 \tag{3.4}$$

existiert. Diese Definition wird gerechtfertigt durch den

Satz 3.5. *Ist e primitiv, so ist das von e erzeugte Linksideal* $\mathfrak{D}e$ *minimal. Ist* $\mathfrak{l}$ *minimal, so ist jede erzeugende Einheit e von* $\mathfrak{l}$ *primitiv.*

Beweis. Die erste Hälfte folgt unmittelbar aus dem Zusatz zu Satz 3.3, der für die erzeugenden Einheiten nicht minimaler Linksideale die Existenz einer Zerlegung der bei primitiven Idempotenten ausgeschlossenen Art behauptet. Auch die zweite Hälfte wird indirekt bewiesen. Es existiere für e eine Zerlegung (3.4). Dann ist $\mathfrak{D}e'$ echter Teilraum von $\mathfrak{l} = \mathfrak{D}e$, also $\mathfrak{l}$ nicht minimal. Denn wegen (3.4) ist $e'e = e'$, also $e' \in \mathfrak{l}$, also $\mathfrak{D}e' \subsetneqq \mathfrak{l}$. Das Gleichheitszeichen ist ausgeschlossen, weil e'' wie e' in $\mathfrak{l}$, e'' aber nicht in $\mathfrak{D}e'$ liegt.

Schließlich wenden wir uns wieder der Frage der Äquivalenz zu.

Satz 3.6. *Sind die Linksideale* $\mathfrak{l}$ *und* $\mathfrak{l}'$ *äquivalent, so wird jede Äquivalenzabbildung von* $\mathfrak{l}$ *auf* $\mathfrak{l}'$ *durch eine Rechtsmultiplikation* $x' = xb$ *vermittelt.*

Beweis. e sei eine erzeugende Einheit von $\mathfrak{l}$ und b ihr Bild bei der Abbildung. Für $x \in \mathfrak{l}$ ist $x = xe$, und xe muß in xb übergehen.

Das b dieses Beweises hat bemerkenswerte Eigenschaften. Da e in eb übergehen muß, ist $eb = b$; andererseits liegt b in $\mathfrak{l}'$ und wird durch jede erzeugende Einheit e' von $\mathfrak{l}'$ von rechts reproduziert. Also ist $ebe' = b$. Diese Eigenschaft haben alle Elemente $y = exe'$ mit beliebigem x. Am einfachsten liegt die Sache bei minimalen Linksidealen:

Satz 3.7. $\mathfrak{l}$ *und* $\mathfrak{l}'$ *seien minimale Linksideale mit den erzeugenden Einheiten e bzw. e'. Dann vermittelt die Rechtsmultiplikation mit jedem Element* $exe' \neq 0$ *eine Äquivalenzabbildung von* $\mathfrak{l}$ *auf* $\mathfrak{l}'$.

Beweis. Die Rechtsmultiplikation mit exe' ist eine lineare Abbildung von $\mathfrak{l}$ auf $\mathfrak{l}'$, die mit den Linksmultiplikationen vertauschbar ist und wegen der Irreduzibilität dieser beiden Räume alle Bedingungen von Teil 1 des Schurschen Lemmas (I Satz 7.1a) erfüllt. Die Nullabbildung kann es nicht sein, weil e dabei in $exe' \neq 0$ übergeht. Also ist es eine Äquivalenzabbildung.

In Satz 3.6 und 3.7 wird übrigens nicht behauptet, daß die Äquivalenzabbildungen nur von Elementen der speziellen Art exe' vermittelt werden. Es kann sein, daß $x' = xc$ eine Äquivalenzabbildung ist und dabei c weder in $\mathfrak{l}'$ liegt noch durch e von links reproduziert wird. Wegen $x = xe$ $(x \in \mathfrak{l})$ vermittelt aber dann ec dieselbe Abbildung, und dieses Element ist als Bild von e von 0 verschieden und liegt in $\mathfrak{l}'$, ist also gleich ece'. Zusammenfassend stellen wir fest:

Satz 3.8. *Zwei minimale Linksideale* $\mathfrak{l}$ *und* $\mathfrak{l}'$ *mit den erzeugenden Einheiten* e *und* e' *sind dann und nur dann äquivalent, wenn es von Null verschiedene Elemente* exe' *gibt. Die Äquivalenzabbildungen von* $\mathfrak{l}$ *auf* $\mathfrak{l}'$ *werden durch die Rechtsmultiplikationen mit diesen Elementen geliefert.*

Wir benutzen Satz 3.8, um die wichtigste Eigenschaft der primitiven Idempotente zu beweisen.

Satz 3.9. *Ist* e *primitives Idempotent, so sind alle Größen* exe *Zahlenvielfache* ξe *von* e. *Umgekehrt: Ist* e *idempotent und* $exe=\xi e$ *für alle* x, *so ist* e *primitiv.*

Beweis. 1. Weil e primitiv, ist $\mathfrak{O}e=\mathfrak{l}$ minimal. Nach Satz 3.8 vermitteln die Größen exe die Äquivalenzabbildungen von $\mathfrak{l}$ auf sich selber, das ist eine Gesamtheit $\mathfrak{L}$ von linearen Transformationen in $\mathfrak{l}$. Verschiedene Größen ergeben dabei verschiedene Transformationen, weil e in exe transformiert wird. Da e die Elemente von $\mathfrak{l}$ reproduziert, entsprechen den Zahlenvielfachen $\xi e=e\cdot\xi 1\cdot e$ die Multipla ξE der Einheitsmatrix. Als Äquivalenzabbildung ist aber j e d e Transformation von $\mathfrak{L}$ mit allen Transformationen der durch $\mathfrak{l}$ vermittelten irreduziblen Darstellung vertauschbar und daher nach dem zweiten Teil des Schurschen Lemmas (I Satz 7.1 b) Multiplum der Einheitsmatrix.

2. Es sei $e=e'+e''$, $e'^2=e'$, $e''^2=e''$, $e'e''=e''e'=0$. Dann ist $ee'=e'e=e'$, also auch $ee'e=e'$. Wenn alle exe Zahlenvielfache von e sind, folgt daraus $e'=\lambda e$. Das ist nur für $\lambda=0$ und $\lambda=1$ idempotent; also gibt es keine echte Zerlegung.

Wir müssen nun noch z w e i s e i t i g e Ideale betrachten, also lineare Teilräume von $\mathfrak{O}_{\mathfrak{G}}$, die zugleich Links- und Rechtsideale sind. Es wird sich nämlich zeigen, daß die Zerlegung von $\mathfrak{O}$ in zweiseitige Ideale am besten Ordnung in die Fülle der Linksideale bringt.

Satz 3.10. *Ist* $\mathfrak{O}_{\mathfrak{G}}$ *direkte Summe der zweiseitigen Ideale* $\mathfrak{a}'$ *und* $\mathfrak{a}''$:

$$\mathfrak{O}_{\mathfrak{G}}=\mathfrak{a}'+\mathfrak{a}'', \tag{3.5}$$

so annullieren sich $\mathfrak{a}'$ *und* $\mathfrak{a}''$ *gegenseitig, d. h. es ist*

$$a'a''=a''a'=0 \tag{3.6}$$

für beliebige Elemente $a'\in\mathfrak{a}'$ *und* $a''\in\mathfrak{a}''$. *Die erzeugenden Einheiten* e' *und* e'' *sind eindeutig bestimmt und mit allen Ringelementen vertauschbar.*

Beweis. $a'a''$ gehört mit a' zu $\mathfrak{a}'$, weil $\mathfrak{a}'$ Rechtsideal ist, und mit a'' zu $\mathfrak{a}''$, weil dieses Linksideal ist, ist also Null; ebenso findet man $a''a'=0$. Ist $a=a'+a''$ und $b=b'+b''$ gemäß (3.5), so folgt aus (3.6)

$$ab=a'b'+a''b''. \tag{3.7}$$

Gewisse erzeugende Einheiten findet man nach Satz 3.3 durch die

Zerlegung $1 = e' + e''$. Dies gilt für $\mathfrak{a}'$ und $\mathfrak{a}''$ sowohl in ihrer Eigenschaft als Links- wie als Rechtsideale *). Daher ist nach Satz 3.2 für alle x' aus $\mathfrak{a}'$

$$x'e' = x' = e'x'. \tag{3.8}$$

Ist nun x beliebig und $x = x' + x''$ gemäß (3.5), so ergibt sich

$$xe' = x'e' = e'x' = e'x,$$

die mittlere Gleichheit wegen (3.8), die beiden anderen, indem man (3.7) auf x und e' anwendet. Das gleiche gilt für e'', Ist schließlich e^* eine weitere erzeugende Einheit von $\mathfrak{a}'$ als Linksideal, so ist

$$e^* = e^* e' = e' e^* = e',$$

die mittlere Gleichheit wieder nach (3.8).

Satz 3.11. *Ist $\mathfrak{a}$ zweiseitiges Ideal, $\mathfrak{l}$ minimales Linksideal und e erzeugende Einheit von $\mathfrak{l}$, so ist entweder $\mathfrak{l}$ in $\mathfrak{a}$ enthalten oder $\mathfrak{a}$ wird durch e von rechts annulliert: $ae = 0$ für alle $a \in \mathfrak{a}$.*

Beweis. Wir betrachten die Gesamtheit der Elemente ae. Diese Gesamtheit ist erstens ein Linksideal, weil $\mathfrak{a}$ es ist. Zweitens liegen alle ae in $\mathfrak{a}$, weil $\mathfrak{a}$ Rechtsideal ist. Drittens liegen sie alle in $\mathfrak{l}$. Weil $\mathfrak{l}$ minimal ist, folgt, daß die betrachtete Gesamtheit entweder $= \mathfrak{l}$ oder $= 0$ ist. Im ersten Fall ist $\mathfrak{l} \subseteqq \mathfrak{a}$, im zweiten sind alle $ae = 0$.

Aus Satz 3.11 folgt, daß, wenn eine Zerlegung (3.5) gegeben ist, jedes minimale Linksideal entweder in $\mathfrak{a}'$ oder in $\mathfrak{a}''$ liegt. Denn sonst würde $ae = a'e + a''e$ für beliebiges a verschwinden, was z. B. für $a = 1$ oder $a = e$ gewiß nicht zutrifft.

Satz 3.12. *Ist $\mathfrak{a}$ zweiseitiges Ideal und liegt das minimale Linksideal $\mathfrak{l}$ in $\mathfrak{a}$, so liegt auch jedes zu $\mathfrak{l}$ äquivalente Linksideal $\mathfrak{l}'$ in $\mathfrak{a}$.*

Denn nach Satz 3.8 gibt es eine Rechtsmultiplikation, die $\mathfrak{l}$ in $\mathfrak{l}'$ überführt; die Rechtsmultiplikation führt aber aus $\mathfrak{a}$ nicht heraus.

Wir nannten ein zweiseitiges Ideal *einfach*, wenn es kein zweiseitiges Ideal außer sich selbst und der Null enthält. Wir betrachten Zerlegungen

$$\mathfrak{O} = \mathfrak{a}' + \mathfrak{a}'' + \cdots + \mathfrak{a}^{(r)} \tag{3.9}$$

von $\mathfrak{O}$ als direkte Summe von einfachen zweiseitigen Idealen; ob es solche Zerlegungen gibt, wird sich erst noch herausstellen.

Satz 3.13. *Es gibt höchstens eine Zerlegung* (3.9).

Beweis.

$$\mathfrak{O} = \mathfrak{b}' + \mathfrak{b}'' + \cdots + \mathfrak{b}^{(s)}$$

---

*) Es ist klar, daß alle bisher in § 3 über Linksideale bewiesenen Sätze auch für Rechtsideale gelten, indem man einfach „links“ und „rechts“ vertauscht. Auch die Sätze von § 2 lassen sich übertragen; allerdings erhält man an Stelle der regulären Darstellung eine „verkehrte“ Darstellung, bei der dem Produkt ab der Ringelemente das umgekehrte Produkt BA der zugeordneten Matrizen entspricht.

sei eine zweite. $e', \ldots, e^{(r)}$ seien die erzeugenden Einheiten von $\mathfrak{a}', \ldots, \mathfrak{a}^{(r)}$, es ist

$$1 = e' + e'' + \cdots + e^{(r)}. \tag{3.10}$$

Die Gesamtheit $\mathfrak{b}_0$ der $b' e^{(j)} = e^{(j)} b'$, wenn b' ganz $\mathfrak{b}'$ durchläuft, bildet ein in $\mathfrak{a}^{(j)}$ und in $\mathfrak{b}'$ enthaltenes zweiseitiges Ideal, also ist entweder $\mathfrak{b}_0 = 0$ oder $\mathfrak{b}' = \mathfrak{b}_0 = \mathfrak{a}^{(j)}$. Der erste Fall kann nicht für alle j eintreten, denn da aus (3.10)

$$b' = b' e' + \cdots + b' e^{(r)}$$

folgt, kann unmöglich $b' e^{(j)} = 0$ für alle b' und alle j sein. Also ist $\mathfrak{b}'$ eines der $\mathfrak{a}^{(j)}$; und ebenso die übrigen.

§ 4. Die Struktur des Gruppenrings und das System der Klassen irreduzibler Darstellungen

Wir betrachten wieder die Zerlegung (2.4) von $\mathfrak{O}_{\mathfrak{G}}$ als direkte Summe von minimalen Linksidealen, ändern aber die Reihenfolge und die Bezeichnung, um äquivalente Linksideale beieinander zu haben:

$$\begin{gathered} \mathfrak{O}_{\mathfrak{G}} = \mathfrak{a}' + \mathfrak{a}'' + \cdots + \mathfrak{a}^{(r)}, \\ \mathfrak{a}' = \mathfrak{l}'_1 + \cdots + \mathfrak{l}'_{f'}, \quad \mathfrak{a}'' = \mathfrak{l}''_1 + \cdots + \mathfrak{l}''_{f''}, \ldots, \mathfrak{a}^{(r)} = \mathfrak{l}^{(r)}_1 + \cdots + \mathfrak{l}^{(r)}_{f^{(r)}}. \end{gathered} \tag{4.1}$$

Die Linksideale mit gleichem oberen Index sind äquivalent, solche mit verschiedenem oberen Index inäquivalent. Die Teilräume $\mathfrak{a}', \ldots, \mathfrak{a}^{(r)}$ sind als direkte Summen von Linksidealen selbst Linksideale. Darüber hinaus gilt

Satz 4.1. $\mathfrak{a}', \ldots, \mathfrak{a}^{(r)}$ *sind einfache zweiseitige Ideale.*

Beweis. Wir müssen zeigen, daß z. B. $\mathfrak{a}'$ Rechtsideal und daß es einfach ist. Die Zerlegung der 1 liefert uns erzeugende Einheiten:

$$1 = e' + \cdots + e^{(r)}; \quad e' = e'_1 + \cdots + e'_{f'}, \ldots, e^{(r)} = e^{(r)}_1 + \cdots + e^{(r)}_{f^{(r)}}.$$

Es ist

$$e' x e'' = e'' x e' = 0 \quad \text{für alle } x. \tag{4.2}$$

Denn in der Summe

$$e' x e'' = \sum_{h,k} e'_h x e''_k$$

sind nach Satz 3.8 alle Summanden Null.

Aus (4.2) folgt $ab = ba = 0$ für alle $a \in \mathfrak{a}'$, $b \in \mathfrak{a}''$; denn für diese ist $a = a e'$, $b = b e''$. Dasselbe gilt für b aus $\mathfrak{a}'''$ usw. Ist nun x beliebig mit der Zerlegung $x = x' + x'' + \cdots$ und $a \in \mathfrak{a}'$, so ist $ax = ax'$ und liegt daher in $\mathfrak{a}'$. Also ist $\mathfrak{a}'$ Rechtsideal. Und ebenso die übrigen.

Nun sei $\mathfrak{a}_0 \neq 0$ ein in $\mathfrak{a}'$ enthaltenes zweiseitiges Ideal. Betrachten wir eins der Linksideale $\mathfrak{l}'_h$. Nach Satz 3.11 ist entweder $\mathfrak{l}'_h$ in $\mathfrak{a}_0$ enthalten oder es sind alle $a_0 e'_h = 0$. Es ist aber $a_0 = a_0 e' = a_0 e'_1 + \cdots + a_0 e'_{f'}$. Hier können nicht alle Summanden Null sein. Also enthält $\mathfrak{a}_0$ mindestens eines der $\mathfrak{l}'_h$ ganz. Nach Satz 3.12 muß es dann alle $\mathfrak{l}'_h$ enthalten, also ganz $\mathfrak{a}'$. Also ist $\mathfrak{a}'$ einfach. Und ebenso die übrigen.

Aus Satz 4.1 folgt, daß (4.1) die nach Satz 3.13 eindeutig bestimmte Zerlegung von $\mathfrak{C}$ in einfache zweiseitige Ideale ist.

Nunmehr betrachten wir eines der $\mathfrak{a}$, etwa $\mathfrak{a}'$, lassen aber die Striche fort, da wir uns vorerst nur in $\mathfrak{a}'$ bewegen werden. Es ist also $\mathfrak{a} = \mathfrak{l}_1 + \cdots + \mathfrak{l}_f$, die $\mathfrak{l}_h$ sind alle äquivalent. e ist die erzeugende Einheit von $\mathfrak{a}$, als erzeugende Einheiten der $\mathfrak{l}_h$ benutzen wir die aus $e = e_1 + \cdots + e_f$ folgenden, für die (3.3) gilt:

$$e_h e_k = \begin{cases} e_h & (k = h) \\ 0 & (k \neq h). \end{cases} \tag{4.3}$$

Für jedes $x \in \mathfrak{a}$ ist $x = xe = ex = exe$, d. h.

$$x = \sum_{i,k} e_i x e_k = \sum_{i,k} x_{ik}. \tag{4.4}$$

Wir nennen $x_{ik} = e_i x e_k$ eine „Größe von der Art (ik)“. Diese Größen sind nicht alle 0; nach Satz 3.8 vermitteln sie die Äquivalenzabbildungen von $\mathfrak{l}_i$ auf $\mathfrak{l}_k$. Sie sind dadurch gekennzeichnet, daß sie durch Linksmultiplikation mit e_i und Rechtsmultiplikation mit e_k reproduziert werden, und sie werden durch jedes e_h $(h \neq i)$ von links und durch jedes e_h $(h \neq k)$ von rechts annulliert. Wählt man beliebig von jeder der f^2 Arten (ik) ein Element x_{ik} aus und setzt $x = \sum_{i,k} x_{ik}$, so ist umgekehrt $e_i x e_k = x_{ik}$. *Es besteht also eineindeutige Entsprechung zwischen den Elementen* $x \in \mathfrak{a}$ *und solchen Systemen* $\{x_{ik}\}$, die wir uns in Matrixform hingeschrieben denken können. Der Summe zweier Elemente x, y entspricht dabei die Summe $\{x_{ik} + y_{ik}\}$, dem Produkt die wie ein Matrixprodukt gebildeten Größen

$$e_i x y e_k = e_i \sum_{j,h} e_j x e_h \sum_{l,m} e_l y e_m e_k = \sum_h x_{ih} y_{hk}$$

wegen (4.3). Allgemein ist wegen (4.3) das Produkt zweier Größen der Art (ih) und (jk) immer Null für $j \neq h$ und eine Größe der Art (ik) für $j = h$. Für $x \in \mathfrak{l}_h$ ist $x = x e_h$ und daher $x_{ik} = 0$ für $k \neq h$. Die Elemente des Linksideals $\mathfrak{l}_h$ werden daher durch Matrizen repräsentiert, bei denen nur in der h-ten Spalte von 0 verschiedene Elemente stehen. Das Element e_h ist selber von der Art (hh) und steht an der Kreuzung der h-ten Spalte und Zeile der es repräsentierenden Matrix, die sonst aus Nullen besteht.

Bei der erzeugenden Einheit e von $\mathfrak{a}$ stehen in der Hauptdiagonale die Elemente $e_1, \ldots, e_f$, sonst Nullen.

Damit ist ein zu $\mathfrak{a}$ isomorpher Ring von Matrizen gefunden worden. Es sind freilich keine gewöhnlichen Matrizen, denn statt aus Zahlen bestehen sie wieder aus Ringelementen, wenn auch aus solchen von spezieller Natur. Zu einem Ring aus gewöhnlichen Matrizen ist jetzt aber nur noch ein Schritt.

Nach Satz 3.9 sind nämlich die Größen von der Art (hh) sämtlich Zahlenvielfache von e_h. Um dieses Resultat auf die Größen von der Art (ik) $(i \neq k)$ zu übertragen, kann man folgendermaßen verfahren. Man wählt eine beliebige Äquivalenzabbildung von $\mathfrak{l}_1$ auf $\mathfrak{l}_h$ $(h=2, \ldots, f)$ fest aus; sie wird durch ein Element e_{1h} von der Art $(1h)$ vermittelt. Das zur inversen Abbildung von $\mathfrak{l}_h$ auf $\mathfrak{l}_1$ gehörige Element von der Art $(h1)$ heiße e_{h1}. Dann ist $e_{1h}e_{h1}$ von der Art (11) und gehört zur identischen Äquivalenzabbildung von $\mathfrak{l}_1$ auf sich, also ist $e_{1h}e_{h1}=e_1$; ebenso ist $e_{h1}e_{1h}=e_h$. Zweckmäßig schreiben wir von jetzt ab für e_1, e_h auch e_{11}, e_{hh}. Nun setze man $e_{ik}=e_{i1}e_{1k}$; dies ist von der Art (ik) und vermittelt jene Äquivalenzabbildung von $\mathfrak{l}_i$ auf $\mathfrak{l}_k$, die sich durch Zusammensetzung der durch die rechts stehenden Elemente vermittelten Abbildungen von $\mathfrak{l}_i$ auf $\mathfrak{l}_1$, $\mathfrak{l}_1$ auf $\mathfrak{l}_k$ ergibt. $e_{ij}e_{jk}=e_{i1}e_{1j}\,e_{j1}e_{1k}$ vermittelt dieselbe Abbildung. Also ist allgemein

$$e_{ij}e_{jk}=e_{ik} \quad \text{und außerdem} \quad e_{ij}e_{hk}=0 \quad (h \neq j), \tag{4.5}$$

weil dies ja für je zwei Größen der Art (ij) und (hk) gilt.

(4.5) ist nichts anderes als I (3.2). Unser Ergebnis zeigt also zusammen mit I Satz 3.2, daß unser zweiseitiges Ideal $\mathfrak{a}$ zum vollen f-reihigen Matrixring isomorph ist, sobald gezeigt ist, daß auch jede Größe von der Art $(ik)(i \neq k)$ Zahlenvielfaches von e_{ik} ist, so daß die e_{ik} zusammen wirklich $\mathfrak{a}$ aufspannen. Das ist jetzt sehr leicht. Sei x von der Art (ik), dann ist $e_{1i}xe_{k1}$ von der Art (11), also $e_{1i}xe_{k1}=\xi e_{11}$ und

$$x=e_{ii}xe_{kk}=e_{i1}e_{1i}xe_{k1}e_{1k}=e_{i1}\xi e_{11}e_{1k}=\xi e_{ik}.$$

Damit ist die eineindeutige Zuordnung der Elemente von $\mathfrak{a}$ und der f-reihigen Zahlenmatrizen beendet. Wir können (4.4) so fortsetzen:

$$x=\sum_{i,k} e_i x e_k=\sum_{i,k} x_{ik}=\sum_{i,k} \xi_{ik}e_{ik} \tag{4.6}$$

und die Isomorphie auch leicht rechnerisch bestätigen: Daß dem Element $\lambda x+\mu y$ die Matrix $\{\lambda\xi_{ik}+\mu\eta_{ik}\}$ entspricht, sieht man (4.6) ohne weiteres an; für das Produkt erhält man

$$xy=\sum_{i,k}\sum_{j} x_{ij}y_{jk}=\sum_{i,k}\sum_{j}\xi_{ij}\eta_{jk}e_{ij}e_{jk}=\sum_{i,k}\Big(\sum_{j}\xi_{ij}\eta_{jk}\Big)\,e_{ik},$$

also entspricht dem Produkt das Produkt der Matrizen.

Das erhaltene Resultat ist der „Satz von WEDDERBURN“ *):

Satz 4.2. *Der einfache Ring* $\mathfrak{a}$ *ist isomorph zum vollständigen Matrixring der f-reihigen Matrizen.*

Wenn wir (4.6) auf das Linksideal $\mathfrak{l}_h$ spezialisieren wollen, so erinnern wir uns, daß für $x \in \mathfrak{l}_h$ gilt $x_{ik} = 0$ für $k \neq h$:

$$x = \sum_i x_{ih} = \sum_i \xi_i e_{ih}.$$

Das heißt: $e_{1h}, \ldots, e_{fh}$ bilden eine Basis von $\mathfrak{l}_h$. Die Zahl f, die wir als Anzahl der linear unabhängigen äquivalenten Linksideale in $\mathfrak{a}$ eingeführt haben, ist also zugleich die Dimension dieser Linksideale, also der Grad der zugehörigen irreduziblen Darstellung, Bestandteil der in § 2 eingeführten regulären Darstellung.

Und wie sieht diese Darstellung selber aus, bezogen auf die soeben gewonnene Basis von $\mathfrak{l}_h$? Wir müssen angeben, wie sich ax aus x berechnet, wenn wir x auf $\mathfrak{l}_h$ spezialisieren. Wir betrachten vorerst nur Elemente a aus $\mathfrak{a}$. Einem solchen entspricht in unserer Zuordnung eine Matrix $A = \{\alpha_{ik}\}$. Zu ax gehört $\left\{\sum_j \alpha_{ij}\xi_{jk}\right\}$, und das müssen wir auf solche x beschränken, die in der h-ten Spalte $\xi_1, \ldots, \xi_f$, außerhalb der h-ten Spalte Nullen haben. Dann hat (wie es sein muß) die Produktmatrix auch nur in der h-ten Spalte etwas, nämlich $\sum_j \alpha_{ij}\xi_j$, sonst 0. *Also wird (bei Zugrundelegung der obengenannten Basis) a gerade durch die Matrix A dargestellt.* Wir bemerken noch, daß das Element $e = e_{11} + \cdots + e_{ff}$ durch die Einheitsmatrix dargestellt wird.

Nun betrachten wir wieder den gesamten Ring $\mathfrak{O}_{\mathfrak{G}}$, direkte Summe der einfachen zweiseitigen Ideale $\mathfrak{a}', \ldots, \mathfrak{a}^{(r)}$. Die hergeleiteten Resultate gelten für jedes $\mathfrak{a}^{(j)}$, und man hat

Satz 4.3. *Der Gruppenring ist direkte Summe von vollen Matrixringen.*

Die Dimension von $\mathfrak{a}^{(j)}$ ist $f^{(j)2}$, die von $\mathfrak{O}$ ist die Gruppenordnung g, also ist

$$g = f'^2 + f''^2 + \cdots + f^{(r)2}. \tag{4.7}$$

Dem Element $a^{(j)} \in \mathfrak{a}^{(j)}$ hatten wir eine $f^{(j)}$-reihige Matrix $A^{(j)}$ zugeordnet. Wir ordnen jetzt dem Element $a = a' + a'' + \cdots + a^{(r)}$ die Matrix

$$A = A' \dotplus A'' \dotplus \cdots \dotplus A^{(r)} \tag{4.8}$$

zu, reihen also die Matrizen $A^{(j)}$ als Kästchen längs der Hauptdiagonale einer großen Matrix. Die Matrizen (4.8) addieren und multiplizieren sich genau wie die Ringelemente, und jede Matrix dieser Form gehört

*) J. H. M. WEDDERBURN [1].

zu genau einem Ringelement. Der einzelne Matrixring $\mathfrak{a}^{(j)}$ wird jetzt, anstatt durch $f^{(j)}$-reihige Matrizen $A^{(j)}$, durch Matrizen

$$0 \dot{+} \cdots \dot{+} 0 \dot{+} A^{(j)} \dot{+} 0 \dot{+} \cdots \dot{+} 0$$

dargestellt, insbesondere das Element $e_{ik}^{(j)}$ durch eine Matrix, die im j-ten Kästchen an der Kreuzung der i-ten Zeile und k-ten Spalte eine 1, sonst lauter Nullen hat.

Die (4.6) entsprechende Formel für das allgemeine Ringelement $a = a' + a'' + \cdots$ lautet, wenn wir noch die alte Basisdarstellung durch die Gruppenelemente daneben stellen, so:

$$a = \sum_s \alpha(s) \cdot s = \sum_{i,k=1}^{f'} \alpha'_{ik} e'_{ik} + \sum_{i,k=1}^{f''} \alpha''_{ik} e''_{ik} + \cdots + \sum_{i,k=1}^{f^{(r)}} \alpha_{ik}^{(r)} e_{ik}^{(r)}. \tag{4.9}$$

Alle $e'_{ik}, e''_{ik}, \ldots$ bilden zusammen die neue Basis. Für jedes j erfüllen die $e_{ik}^{(j)}$ unter sich die Gleichungen (4.5); Basiselemente mit verschiedem oberem Index annulieren sich immer gegenseitig.

Wie sieht nun die j-te irreduzible Darstellung vollständig aus? Unser Ergebnis von vorhin lehrt, daß ein Element $a^{(j)} \in \mathfrak{a}^{(j)}$ gerade durch die Matrix $A^{(j)}$ dargestellt wird. Für beliebiges a und x ist $ax = a'x' + a''x'' + \cdots$. Da man x auf $\mathfrak{l}_h^{(j)} \subset \mathfrak{a}^{(j)}$ beschränken muß, ist $x = x^{(j)}$ und $ax = a^{(j)}x$. *a wird also durch dieselbe Matrix dargestellt wie die Komponente $a^{(j)}$*, und in der Formel (4.8) stehen gerade die r Matrizen, die zu a in den r irreduziblen Darstellungen gehören.

Zur Berechnung aller Matrixelemente $\alpha_{ik}^{(j)}$ kann ohne weiteres die Formel I (3.3) dienen. Denn weil sich die $\mathfrak{a}^{(j)}$ gegenseitig annulieren, ist

$$e_{ii}^{(j)} a\, e_{kk}^{(j)} = \alpha_{ik}^{(j)} e_{ik}^{(j)},$$

ob nun a in $\mathfrak{a}^{(j)}$ liegt oder nicht. Insbesondere berechnet sich die Matrix $\{\sigma_{ik}^{(j)}\}$, die in der j-ten Darstellung das Gruppenelement s darstellt, mit Hilfe der Formel

$$e_{ii}^{(j)} s\, e_{kk}^{(j)} = \sigma_{ik}^{(j)} e_{ik}^{(j)}. \tag{4.10}$$

Aus (4.8) folgt, daß die irreduziblen Darstellungen keineswegs „treu“ sind; sie wären es, wenn es nur eine einzige Klasse gäbe, was, wie wir noch sehen werden, nur bei der trivialen Gruppe der Ordnung 1 der Fall ist. Offenbar gilt

Satz 4.4. *Eine Darstellung von $\mathfrak{O}_{\mathfrak{G}}$ ist genau dann treu, wenn in ihrer Zerlegung jede irreduzible Darstellung mindestens einmal vorkommt.*

Kommt nämlich die j-te irreduzible Darstellung nicht vor, so werden z. B. die Elemente von $\mathfrak{a}^{(j)}$ alle durch Null dargestellt. Kommen sie aber alle vor, so unterscheiden sich bei geeigneter Basis die Matrizen der Darstellung von (4.8) nur dadurch, daß jede Teilmatrix evtl. mehrmals — aber mindestens einmal — vorkommt. (4.8) selbst ist ja natürlich auch eine Darstellung, die „kleinste treue", in der jede irreduzible genau einmal vorkommt.

In der Formulierung des Satzes 4.4 wurde mit Absicht „von $\mathfrak{O}_{\mathfrak{G}}$" eingefügt. Für die Darstellungen der Gruppe ist er nämlich gar nicht richtig. Im allgemeinen kommen sogar unter den irreduziblen Darstellungen solche vor, welche die Gruppe treu darstellen, d. h. jedem Gruppenelement eine andere Matrix zuordnen — die Darstellungstheorie der Gruppen wäre nicht so schön und so wichtig, wenn das nicht der Fall wäre. Ein Gruppenelement kann wegen $D(s)\,D(s^{-1})=E$ niemals durch Null dargestellt werden; daher ist in der Zerlegung $s=s'+s''+\cdots$ eines Gruppenelements nach den zweiseitigen Idealen keine einzige Komponente Null.

Hierher gehört auch der „Satz von BURNSIDE" *):

Satz 4.5. *Eine Darstellung einer endlichen Gruppe vom Grad f ist genau dann irreduzibel, wenn unter ihren Matrizen f^2 linear unabhängige vorkommen.*

Beweis. f^2 linear unabhängige Matrizen (und nicht weniger) spannen den vollen f-reihigen Matrixring auf. Die lineare Hülle einer Darstellung von $\mathfrak{G}$ ist die zugehörige Darstellung von $\mathfrak{O}_{\mathfrak{G}}$, und diese ist genau dann ein voller Matrixring, wenn sie irreduzibel ist.

Betrachten wir noch einmal die reguläre Darstellung. Die Zerlegung (4.1) des Ringes, wo $\mathfrak{a}'$ nur eine Abkürzung für $\mathfrak{l}'_1+\cdots+\mathfrak{l}'_{f'}$ ist, ist ja nichts anderes als die Ausreduktion der regulären Darstellung. Hier kommt also die j-te irreduzible Darstellung $f^{(j)}$-mal vor:

Satz 4.6. *Die reguläre Darstellung enthält jede irreduzible Darstellung so oft, wie deren Grad beträgt.*

Der Grad der regulären Darstellung ist die Summe der Grade der Bestandteile, das ist wieder (4.7).

Mit Hilfe von Satz 4.6 kann man eine ganz explizite Formel für die Elemente $\sigma_{ik}^{(j)}$ der Matrix, die in der j-ten irreduziblen Darstellung — bei der hier immer verwendeten Basis — das Gruppenelement s darstellt, herleiten, zu deren Anwendung man freilich die $e_{ik}^{(j)}$ explizit berechnet

*) W. BURNSIDE [2]. Der Satz gilt allgemeiner für jede irreduzible Darstellung einer beliebigen Gruppe. Man kann ihn auch so formulieren: Es besteht keine lineare Relation (mit von s unabhängigen Koeffizienten) zwischen den Elementen von $D(s)$. Nach FROBENIUS und SCHUR [2] gilt das auch für Darstellungen der Gestalt $D_1(s)\dotplus\cdots\dotplus D_q(s)$ mit irreduziblen und untereinander inäquivalenten $D_j(s)$, was bei endlichen Gruppen wiederum leicht aus den obigen Resultaten folgt.

haben, d. h. ihre Komponenten $\varepsilon_{ik}^{(j)}(s)$ kennen muß. Es ist nämlich

$$\sigma_{ik}^{(j)} = \frac{g}{f^{(j)}}\,\varepsilon_{ki}^{(j)}(s^{-1}), \tag{4.11}$$

wo g die Ordnung der Gruppe, $f^{(j)}$ wie immer den Grad der j-ten irreduziblen Darstellung bedeutet.

Um (4.11) zu beweisen, schreibe man (4.9) für s statt a hin und multipliziere beide Seiten von rechts mit $e_{hl}^{(j)}$; wegen (4.5) erhält man $s\,e_{hl}^{(j)} = \sum_i \sigma_{ih}^{(j)} e_{il}^{(j)}$, und wenn man hiervon die 1-Komponente nimmt, $\varepsilon_{hl}^{(j)}(s^{-1}) = \sum_i \sigma_{ih}^{(j)} \varepsilon_{il}^{(j)}(1)$. Nun bestimmt man die 1-Komponente von $e_{ik}^{(j)}$, indem man zunächst für ein beliebiges Ringelement a die Spur der Matrix der linearen Transformation „Linksmultiplikation mit a" im Gruppenring (seinen Charakter [§ 7] bei der regulären Darstellung) auf zwei Arten berechnet, nämlich mit Hilfe der zwei verschiedenen uns bekannten Basen des Gruppenrings. Wegen (2.3) und Satz 4.6 erhält man

$$g\,\alpha(1) = f' \sum_i \alpha'_{ii} + f'' \sum_i \alpha''_{ii} + \cdots,$$

speziell also für $e_{ik}^{(j)}$

$$g\,\varepsilon_{ik}^{(j)}(1) = \delta_{ik} f^{(j)}, \tag{4.12}$$

womit (4.11) schon bewiesen ist.

Zuguterletzt können wir noch die Anzahl r der Klassen irreduzibler Darstellungen, das ist die Anzahl der in der Zerlegung von $\mathfrak{O}_{\mathfrak{G}}$ vorkommenden vollen Matrixringe, zur Struktur der Gruppe in Beziehung setzen. Hierzu verhilft die Betrachtung des *Zentrums* $\mathfrak{z}$ des Gruppenrings, das ist die Gesamtheit aller der Elemente, die mit allen Ringelementen vertauschbar sind. $\mathfrak{z}$ ist, wie man leicht verifiziert, ein Ring; dieser Ring ist kommutativ und enthält das Einselement und (Satz 3.10) die erzeugenden Einheiten

$$e^{(j)} = e_{11}^{(j)} + \cdots + e_{f^{(j)} f^{(j)}}^{(j)}$$

der zweiseitigen Ideale $\mathfrak{a}^{(j)}$.

Satz 4.7. *Das Zentrum $\mathfrak{z}$ des Gruppenrings $\mathfrak{O}_{\mathfrak{G}}$ besteht aus den Elementen*

$$z = \zeta' e' + \zeta'' e'' + \cdots + \zeta^{(r)} e^{(r)} \tag{4.13}$$

mit beliebigen Zahlen $\zeta^{(j)}$. Seine Dimension ist also gleich der Anzahl r der verschiedenen irreduziblen Darstellungen.

Beweis. Ist $a \in \mathfrak{O}$ beliebig und $z \in \mathfrak{z}$ und sind $a = a' + a'' + \cdots$ und $z = z' + z'' + \cdots$ die Zerlegungen dieser Elemente nach den zweiseitigen Idealen, so ist $az = a'z' + a''z'' + \cdots$ und $za = z'a' + z''a'' + \cdots$, und die Vertauschbarkeit ist wegen der eindeutigen Zerlegung gleichbedeutend damit, daß $z^{(j)}$ dem Zentrum von $\mathfrak{a}^{(j)}$ angehört Da die Matrizen $A^{(j)}$ ein irreduzibles System bilden, sind nach dem zweiten Teil des Schurschen Lemmas (I Satz 7.1 b) die Multipla der Einheitsmatrix und nur sie mit allen $A^{(j)}$ vertauschbar. Also sind mit allen Matrizen (4.8) die Matrizen

$$\zeta' E_{f'} \dot{+} \zeta'' E_{f''} \dot{+} \cdots \dot{+} \zeta^{(r)} E_{f^{(r)}}$$

und nur diese vertauschbar. Das sind aber gerade die Matrizen, die zu den Elementen (4.13) gehören.

Es ist aber auch leicht, eine andere Basis für das Zentrum anzugeben, die von der alten durch die Gruppenelemente gegebenen Basis des Gruppenrings ausgeht. Wie lautet die Bedingung dafür daß $z = \sum_s \zeta(s) \cdot s$ mit allen $x = \sum_s \xi(s) \cdot s$ vertauschbar ist? Nach (2.2) hat zx die Komponenten $\sum_t \zeta(st^{-1})\, \xi(t)$, xz die Komponenten $\sum_t \xi(t)\, \zeta(t^{-1}s)$. Damit beide Ausdrücke für beliebige $\xi(t)$ übereinstimmen, ist offenbar notwendig und hinreichend $\zeta(st) = \zeta(ts)$ für alle s und t oder auch $\zeta(tut^{-1}) = \zeta(u)$ für alle t und u, denn wenn man $st = u$ setzt, ist $ts = tut^{-1}$. Die Zentrumselemente sind also dadurch gekennzeichnet, daß ihre zu konjugierten Gruppenelementen gehörigen Komponenten alle gleich sind. Numeriert man irgendwie die Klassen konjugierter Gruppenelemente, so hängt die Funktion ζ nur von der Klassennummer ab. Und bezeichnet man mit k_p die Summe der Elemente der p-ten Klasse, so ist $z = \sum_p \zeta_p k_p$ das allgemeine Zentrumselement. Die k_p bilden somit eine Basis des Zentrums, und dessen Dimension r ist gleich der Anzahl der Klassen konjugierter Elemente. Diese Zahl ist aber wegen Satz 4.7 zugleich die Anzahl der Klassen irreduzibler Darstellungen. Also gilt

Satz 4.8. $\mathfrak{G}$ *besitzt so viele verschiedene irreduzible Darstellungen, wie es in* $\mathfrak{G}$ *Klassen konjugierter Gruppenelemente gibt.*

Das sind (falls $g > 1$) mindestens zwei, denn das Einheitselement bildet immer eine Klasse für sich.

§ 5. Zur Darstellungstheorie der halbeinfachen Algebren

Im Vorangehenden wurde die Struktur des Gruppenrings $\mathfrak{O}_{\mathfrak{G}}$ vollständig aufgeklärt und im Zusammenhang damit die Gesamtheit seiner irreduziblen Darstellungen bestimmt. Sieht man genau zu, welche Eigenschaften dieser Algebra hierbei benutzt worden sind, so erkennt man, daß es nur der Satz von der vollen Reduzibilität der Darstellungen ist; sonst wurde kein Gebrauch von der Entstehung der Algebra aus einer

Gruppe gemacht. Es wurde freilich mehrfach der zweite Teil des Schurschen Lemmas benutzt, der nur bei algebraisch abgeschlossenem Zahlkörper gilt. Wir haben also folgenden Satz über Algebren bewiesen:

Satz 5.1. *Eine Algebra mit Einselement über einem algebraisch abgeschlossenen Körper, für deren Darstellungen der Satz von der vollen Reduzibilität gilt, ist direkte Summe von vollen Matrixringen.*

Man pflegt diese Algebren *halbeinfach* zu nennen; sie haben sich ja als direkte Summe von einfachen Algebren herausgestellt, d. h. von solchen, die außer sich selbst und der Null kein zweiseitiges Ideal enthalten.

Die Umkehrung von Satz 5.1 ist ebenfalls richtig. Wir formulieren zwei Sätze. $\mathfrak{M}_n$ sei der volle Ring der n-reihigen Matrizen.

Satz 5.2. *Jede Darstellung von $\mathfrak{M}_n$ ist vollständig reduzibel; jede irreduzible Darstellung ist zu $\mathfrak{M}_n$ äquivalent.*

Satz 5.3. *Ist eine Algebra $\mathfrak{A}$ direkte Summe von vollen Matrixringen, so ist jede Darstellung von $\mathfrak{A}$ vollständig reduzibel, und jede irreduzible Darstellung ist zu einem der Summanden äquivalent. Eine Darstellung ist dann und nur dann treu, wenn sie jeden Summanden mindestens einmal enthält.*

Beweis. Zunächst ist nach I § 9 $\mathfrak{M}_n$ selber irreduzibel. Wir beweisen sogleich Satz 5.3, in welchem Satz 5.2 offensichtlich enthalten ist, und betrachten hierzu die *reguläre Darstellung* von $\mathfrak{A}$: $X \to X' = AX$ ist eine lineare Transformation in $\mathfrak{A}$, betrachtet als Vektorraum, die dem Element $A \in \mathfrak{A}$ zugeordnet ist. Diese Darstellung zerfällt in irreduzible Bestandteile. Nach Voraussetzung ist ja

$$\mathfrak{A} = \mathfrak{M}_{n_1} + \mathfrak{M}_{n_2} + \cdots + \mathfrak{M}_{n_r},$$

also

$$A = A_1 \dot{+} A_2 \dot{+} \cdots \dot{+} A_r, \quad (A_\varrho \in \mathfrak{M}_{n_\varrho} \text{ beliebig})$$

ebenso

$$X = X_1 \dot{+} \cdots \dot{+} X_r.$$

Jedes X, das nur in einem Kästchen, etwa dem ϱ-ten, und dort nur in einer Spalte von Null verschiedene Zahlen $\xi_1, \ldots, \xi_{n_\varrho}$ aufweist,

$$X = 0 \dot{+} \cdots \dot{+} 0 \dot{+} \begin{pmatrix} & \xi_1 & \\ 0 & \vdots & 0 \\ & \xi_{n_\varrho} & \end{pmatrix} \dot{+} 0 \dot{+} \cdots \dot{+} 0,$$

geht in ein X' über, das genau so gebaut ist und in der besagten Spalte, wenn $(\xi_1, \ldots, \xi_{n_\varrho}) = x$ gesetzt wird, den Vektor $A_\varrho x$ enthält. So erscheint $\mathfrak{A}$, als Darstellungsraum der regulären Darstellung, in $n = n_1 + n_2 + \cdots + n_r$ invariante Teilräume zerlegt, und diese sind irreduzibel, weil A_ϱ ganz

$\mathfrak{M}_{n_\varrho}$ durchläuft. Überdies ist der zu $\mathfrak{M}_{n_\varrho}$ gehörige Teil der regulären Darstellung offensichtlich zu n_ϱ Summanden $\mathfrak{M}_{n_\varrho}$ äquivalent.

Ist jetzt eine beliebige Darstellung $D(A)$ vom Grad N gegeben, so bezeichne $\mathfrak{A} = \mathfrak{r}_1 + \cdots + \mathfrak{r}_n$ die oben betrachtete Zerlegung von $\mathfrak{A}$ in bei der regulären Darstellung irreduzible Teilräume und $v_1, \ldots, v_N$ eine Basis des Darstellungsraums $\mathfrak{R}^N$ von $D(A)$. Ferner sei mit $\mathfrak{R}_\nu$ die Gesamtheit der Transformationen $D(A)$, $A \in \mathfrak{r}_\nu$, bezeichnet und mit $\mathfrak{R}_\nu v_\mu$ die Gesamtheit der Vektoren, die aus v_μ bei Anwendung der $D(A) \in \mathfrak{R}_\nu$ entstehen. Die $\mathfrak{R}_\nu v_\mu$ spannen $\mathfrak{R}^N$ auf, weil in $\mathfrak{A}$ die Identität vorkommt und nach Voraussetzung durch die Einheitsmatrix dargestellt wird. Genau wie beim Beweis von Satz 2.3 erkennt man, daß jedes $\mathfrak{R}_\nu v_\mu$ entweder 0 oder ein irreduzibler Teilraum ist, in dem eine zum zu $\mathfrak{r}_\nu$ gehörigen Teil der regulären Darstellung äquivalente Darstellung stattfindet. Damals war die volle Reduzibilität von $D(A)$ von vornherein bekannt; jetzt müssen wir sie zusätzlich beweisen, aber das macht keine Schwierigkeiten. Man schreibe die von 0 verschiedenen $\mathfrak{R}_\nu v_\mu$ in einer Reihe auf, sie mögen dazu mit

$$\mathfrak{S}_1, \mathfrak{S}_2, \ldots$$

bezeichnet sein. Wegen der Irreduzibilität ist $\mathfrak{S}_2$ entweder mit $\mathfrak{S}_1$ identisch (dann streichen wir es weg), oder es hat mit $\mathfrak{S}_1$ nur die 0 gemeinsam. Ebenso ist der Durchschnitt von $\mathfrak{S}_3$ mit $\mathfrak{S}_1 + \mathfrak{S}_2$ entweder gleich $\mathfrak{S}_3$ (dann streichen wir $\mathfrak{S}_3$) oder gleich 0. So fortfahrend erkennt man, daß $\mathfrak{R}^N$ direkte Summe von irreduziblen Teilräumen ist.

Der Zusatz über die Treue der Darstellung ergibt sich genau so wie der Satz 4.4.

§ 6. Normale Darstellungen

Das Folgende ist von den bisherigen Entwicklungen dieses Kapitels unabhängig und dient zur Vorbereitung für die Theorie der Charaktere und ihre Übertragung auf kontinuierliche Gruppen. Der zugrunde gelegte Zahlkörper sei von jetzt ab der der komplexen Zahlen.

Eine Darstellung irgendeiner Gruppe heißt *normal*, wenn sie einer unitären Darstellung (d. h. einer Darstellung, deren sämtliche Matrizen unitär sind) äquivalent ist. Jede Klasse äquivalenter Darstellungen besteht also entweder aus lauter normalen Darstellungen (nämlich dann, wenn in ihr eine unitäre vorkommt), oder aus lauter nicht normalen.

Satz 6.1. *Eine Darstellung ist dann und nur dann normal, wenn es eine bei ihren Transformationen invariante positiv definite hermitesche Form gibt.*

Wenn nämlich eine Darstellung $D(s)$ normal ist, dann geht sie durch Basisänderung aus einer unitären hervor, bei der also die unitäre Einheitsform $E(x)$ invariant ist; dieselbe Basisänderung führt $E(x)$ in eine positiv definite hermitesche Form $H(x)$ über, die bei $D(s)$ invariant ist. Umgekehrt, wenn es eine bei $D(s)$ invariante positiv definite Form $H(x)$ gibt, so kann man sie nach I Satz 5.4b durch eine Basisänderung in $E(x)$ überführen, die dann zugleich $D(s)$ in eine äquivalente unitäre Darstellung überführt; also ist $D(s)$ normal.

Satz 6.2. *Jede Darstellung $D(s)$ einer endlichen Gruppe ist normal.*

Zum Beweis muß nach Satz 6.1 nur die Existenz einer bei $D(s)$ invarianten positiv definiten hermiteschen Form gezeigt werden. Man nimmt irgendeine positiv definite hermitesche Form, etwa $E(x)$. Durch die Transformation $D(t)$ geht sie in eine positive definite hermitesche Form $E_t(x)$ über. Dann ist $H(x) = \sum_t E_t(x)$ ebenfalls positiv definit. $H(x)$ ist aber bei $D(s)$ invariant: $H_s(x) = \sum_t E_{st}(x) = \sum_u E_u(x) = H(x)$.

Aus Satz 6.2 folgt unmittelbar ein zweiter Beweis des Satzes von MASCHKE über den Zerfall jeder reduziblen Darstellung einer endlichen Gruppe. Während der erste Beweis für beliebige Zahlkörper galt, wenn nur die Charakteristik kein Teiler der Gruppenordnung ist, ist der zweite auf komplexe Zahlen zugeschnitten. Sein Vorzug ist, daß er sich leicht auf gewisse kontinuierliche Gruppen übertragen läßt.

Es sei eine Darstellung einer endlichen Gruppe gegeben, die einen linearen Teilraum $\mathfrak{r}$ fest läßt. Nach Satz 6.2 können wir die Basis so wählen, daß die Transformationen der Darstellung unitär sind. Dann lassen sie nach I Satz 4.2 auch den zu $\mathfrak{r}$ total senkrechten Teilraum $\mathfrak{r}'$ fest, und es ist $\mathfrak{R}_n = \mathfrak{r} + \mathfrak{r}'$. Damit ist der Beweis schon fertig.

Wenn die Darstellung *reell* ist, kann man über Satz 6.2 hinaus behaupten:

Satz 6.3. *Jede reelle Darstellung einer endlichen Gruppe ist einer reellen orthogonalen äquivalent.*

Mit dem Verfahren vom Beweis zu Satz 6.2, ganz im Reellen durchgeführt, beweist man nämlich die Existenz einer positiv definiten quadratischen Form, die nach I Satz 5.4a durch reelle Basisänderung in die Einheitsform transformiert werden kann.

§ 7. Die Charaktere

Die in § 1—4 entwickelte Methode gibt nicht nur einen tiefen Einblick in die Struktur des Gruppenrings und damit des Systems der irreduziblen Darstellungen (und das bedeutet: aller Darstellungen) einer endlichen Gruppe, sondern sie ist auch — wie das Beispiel des folgenden Kapitels zeigen wird — geeignet zur Gewinnung von Methoden, um im konkreten Fall die Darstellungen wirklich hinzuschreiben. Wir wollen trotzdem auch noch die sog. Theorie der Gruppencharaktere kurz entwickeln. Denn sie eröffnet in vielen Fällen den kürzesten Weg zwar nicht zur Gewinnung der einzelnen Darstellungen, aber doch zum Überblick über das System der irreduziblen Darstellungen. Während die Aufgabe, die Matrizen einer Darstellung anzugeben, eine in der Natur der Sache gelegene Mehrdeutigkeit in sich birgt — denn eine Darstellung ist eben nur „bis auf Äquivalenz" bestimmt —, werden wir jetzt in den Charakteren jeder Darstellung eindeutig bestimmte Zahlen zuordnen können: die Charaktere sind die „Invarianten" der Klassen äquivalenter Darstellungen in dem Sinne, daß der Charakter durch die Klasse und die Klasse durch den Charakter eindeutig bestimmt ist.

Ist $\mathfrak{D}$ mit den Matrizen $D(s)$ eine Darstellung der beliebigen Gruppe $\mathfrak{G}$, so nennt man das System der Zahlen

$$\chi(s) = \operatorname{Sp} D(s) \tag{7.1}$$

den *Charakter* der Darstellung. Der Charakter einer irreduziblen Darstellung heißt *einfach*, der einer zerfallenden Darstellung *zusammengesetzt*.

Satz 7.1. *Äquivalente Darstellungen besitzen den gleichen Charakter.*

Dies folgt sofort aus der Tatsache I (5.1), daß ineinander transformierbare Matrizen die gleiche Spur besitzen.

Es ist also gleichgültig, in welchem Koordinatensystem man den Charakter ausrechnet. Wenn nun eine Darstellung zerfällt, etwa $\mathfrak{D} = \mathfrak{D}_1 \dot{+} \mathfrak{D}_2$, so kann man ein Koordinatensystem zugrunde legen, das den Zerfall bewirkt, und somit folgt aus I (6.9) der

Satz 7.2. *Ist* $\mathfrak{D} = \mathfrak{D}_1 \dot{+} \mathfrak{D}_2$, *so ist* $\chi(s) = \chi_1(s) + \chi_2(s)$.

Außer dem Satz 7.1 kann man aus der Formel I (5.1) noch eine zweite wichtige Tatsache folgern:

Satz 7.3. *Der Charakter ist eine Klassenfunktion in der Gruppe.*

Das bedeutet: Konjugierten Gruppenelementen wird die gleiche Zahl zugeordnet. Denn wegen der Darstellungseigenschaft ist $D(rsr^{-1}) = D(r)\,D(s)\,(D(r))^{-1}$, und diese Matrix hat dieselbe Spur wie $D(s)$.

Es sei jetzt $\mathfrak{G}$ wieder eine endliche Gruppe; mit $\mathfrak{K}_1, \ldots, \mathfrak{K}_r$ seien die Klassen konjugierter Elemente in $\mathfrak{G}$ bezeichnet. Dann kann man für $\chi(s)$ einfacher χ_ϱ schreiben, wenn s zur Klasse $\mathfrak{K}_\varrho$ gehört. Und wenn wir wieder die irreduziblen Darstellungen betrachten, so wissen wir, daß deren Anzahl ebenfalls r ist. Wir bezeichnen sie mit $\mathfrak{D}_1, \ldots, \mathfrak{D}_r$ und die zugehörigen Charaktere mit $\chi_\varrho^1, \ldots, \chi_\varrho^r$. Schreibt man sie in Zeilen untereinander, so erhält man also eine quadratische Zahlentafel, die *Charakterentafel* von $\mathfrak{G}$. Im folgenden werden gewisse Orthogonalitätsbeziehungen hergeleitet, die zwischen den Zeilen und zwischen den Spalten dieser Tafel bestehen. Diese Relationen ermöglichen erstens in vielen Fällen, die Charaktere zu berechnen, ohne vorher die Darstellungen zu kennen; zweitens kann man mit ihrer Hilfe sehr leicht eine vorgegebene Darstellung in irreduzible zerlegen, wenn man die Charaktere der irreduziblen Darstellungen kennt; und drittens folgert man aus ihnen sofort den Satz, daß eine Darstellung durch ihren Charakter — bis auf Äquivalenz — bestimmt ist.

Wir betrachten zwei irreduzible Darstellungen mit den Matrizen $A(s)$ und $B(s)$ und den Graden n und m. Ist C irgendeine feste Matrix von n Zeilen und m Spalten, so kann man die Matrix

$$P = \sum_t A(t)\, C\, B(t^{-1})$$

bilden, wo die Summe wie gewohnt über die ganze Gruppe zu erstrecken ist. Diese Matrix genügt den Voraussetzungen des Schurschen Lemmas (I Satz 7.1):

$$A(s)\,P = \sum_t A(st)\, C\, B(t^{-1}) = \sum_u A(u)\, C\, B(u^{-1}s) = P\,B(s)$$

($st = u$ durchläuft mit t die Gruppe, und $t^{-1} = u^{-1}s$). Bei Inäquivalenz von $A(s)$ und $B(s)$ folgt also aus dem Schurschen Lemma $P=0$ und für $B(s) = A(s)$ folgt $P = \lambda E_n$. Die Elemente γ_{ik} von C sind ganz beliebige Zahlen. Nimmt man $\gamma_{jh} = 1$ und $\gamma_{ik} = 0$ für $(i, k) \neq (j, h)$, so kommt im einen Fall

$$\sum_t \alpha_{ij}(t)\, \beta_{hk}(t^{-1}) = 0\,, \tag{7.2}$$

im andern

$$\sum_t \alpha_{ij}(t)\, \alpha_{hk}(t^{-1}) = \lambda_{jh}\, \delta_{ik}\,, \tag{7.3}$$

gültig jeweils für alle (i, j, k, h). δ_{ik} ist das Kronecker-Symbol (I § 2), die Zahlen λ_{jh} sind vorerst unbekannt.

Um sie auszurechnen, setze man $k = i$ und summiere über i; es kommt

$$\sum_t \sum_i \alpha_{ij}(t)\, \alpha_{hi}(t^{-1}) = n\, \lambda_{jh}\,.$$

Links steht offenbar das Element (h, j) der Matrix $\sum_t A(t^{-1})\, A(t) = g E_n$, wo g die Ordnung der Gruppe bedeutet. Aus (7.3) wird also

$$\sum_t \alpha_{ij}(t)\, \alpha_{hk}(t^{-1}) = \frac{g}{n}\, \delta_{ik}\, \delta_{jh}\,. \tag{7.4}$$

Setzt man in (7.2) und (7.4) $j=i$ und $h=k$ und summiert über i und k, so kommt, wenn man den Charakter von $A(s)$ mit $\chi(s)$, den von $B(s)$ mit $\chi'(s)$ bezeichnet,

$$\sum_t \chi(t)\,\chi'(t^{-1}) = \begin{cases} 0, & \text{wenn } A(s) \text{ und } B(s) \text{ inäquivalent} \\ g, & \text{wenn } A(s) \text{ und } B(s) \text{ äquivalent} \end{cases} \tag{7.5}$$

(da nur noch von den Charakteren die Rede ist, brauchen $A(s)$ und $B(s)$ nicht mehr gleich zu sein).

Man kann (7.5) etwas anders schreiben, wenn man berücksichtigt, daß jede Darstellung normal ist (Satz 6.2). Ist $A(s)$ unitär, so ist $A(s^{-1}) = A^{-1}(s) = A^{*}(s)$. Daher gilt für den Charakter einer normalen Darstellung stets $\chi(s^{-1}) = \bar{\chi}(s)$, wo der Querstrich Übergang zum Konjugiert-Komplexen bedeutet, und man kann an Stelle von (7.5)

$$\sum_t \chi(t)\,\bar{\chi}'(t) = \begin{cases} 0, & \text{wenn } A(s) \text{ und } B(s) \text{ inäquivalent} \\ g, & \text{wenn } A(s) \text{ und } B(s) \text{ äquivalent} \end{cases} \tag{7.6}$$

schreiben

Nun setzen wir wieder $\chi(t) = \chi_\varrho$ für $t \in \mathfrak{K}_\varrho$ und nehmen für $A(s)$ und $B(s)$ die irreduziblen Darstellungen $\mathfrak{D}_\lambda$ und $\mathfrak{D}_\mu$. Dann ergibt sich

$$\sum_{\varrho=1}^{r} h_\varrho\, \chi_\varrho^\lambda\, \bar{\chi}_\varrho^\mu = \delta_{\lambda\mu}\, g\,, \tag{7.7}$$

wo h_ϱ die Anzahl der Elemente in $\mathfrak{K}_\varrho$ bezeichnet.

Diesen Relationen, den Orthogonalitätsrelationen für die Zeilen der Charakterentafel, treten entsprechende Beziehungen für deren Spalten an die Seite, die man aus (7.7) leicht herleiten kann. Wenn man die Charakterentafel als eine Matrix X ansieht, dann besagt ja (7.7) nichts anderes, als daß die Matrix mit den Elementen $\eta_{\lambda\mu} = \frac{h_\lambda}{g}\bar{\chi}_\lambda^\mu$ die zu X inverse Matrix X^{-1} ist: $XX^{-1} = E$. Dann ist aber bekanntlich auch $X^{-1}X = E$, also

$$\sum_{\lambda=1}^{r} h_\varrho\, \chi_\varrho^\lambda\, \bar{\chi}_\sigma^\lambda = \delta_{\varrho\sigma}\, g\,. \tag{7.8}$$

Hier könnte man auch h_ϱ vor das Summenzeichen setzen oder auf die rechte Seite bringen.

Die angekündigte Zerfällungsmethode, d. h. wie man den Aufbau einer gegebenen beliebigen Darstellung aus den irreduziblen mit Hilfe ihres Charakters bestimmt, folgt aus (7.7). Man macht es genau so, wie man Fourier-Koeffizienten berechnet. Ist

$$\mathfrak{D} = n_1\mathfrak{D}_1 \dot{+} n_2\mathfrak{D}_2 \dot{+} \cdots \dot{+} n_r\mathfrak{D}_r\,,$$

d. h. kommt bei der Zerlegung der gegebenen Darstellung $\mathfrak{D}$ die Darstellung $\mathfrak{D}_\lambda$ n_λ-mal vor, so ist nach Satz 7.2

$$\chi_\varrho = n_1 \chi_\varrho^1 + n_2 \chi_\varrho^2 + \cdots + n_r \chi_\varrho^r . \tag{7.9}$$

Multipliziert man das mit $h_\varrho \bar{\chi}_\varrho^\lambda$, summiert über ϱ und beachtet (7.7), so erhält man

$$\sum_{\varrho=1}^{r} h_\varrho \chi_\varrho \bar{\chi}_\varrho^\lambda = n_\lambda g , \tag{7.10}$$

womit der Koeffizient n_λ berechnet ist. Damit ist zugleich eine Methode von praktischer Bedeutung und eine theoretisch wichtige Einsicht gewonnen. Offenbar gilt nämlich

Satz 7.4. *Zwei Darstellungen, die den gleichen Charakter besitzen, sind äquivalent; d. h. eine Darstellung ist durch ihren Charakter bestimmt.*

Denn zwei Darstellungen mit der gleichen Zerlegung, also den gleichen n_λ, die man aus dem Charakter berechnet, sind ja äquivalent.

Für den Charakter χ_ϱ der beliebigen Darstellung $\mathfrak{D}$ folgt noch aus (7.9) und (7.7)

$$\sum_{\varrho=1}^{r} h_\varrho \chi_\varrho \bar{\chi}_\varrho = g \sum_{\lambda=1}^{r} n_\lambda^2 . \tag{7.11}$$

Will man die Analogie zu den Fourier-Reihen weiterführen, so ist (7.11) die „Parsevalsche Gleichung".

Die linke Seite von (7.11) enthält weiter nichts als den Charakter der gegebenen Darstellung; sie kann ohne Kenntnis der irreduziblen Darstellungen berechnet werden. Wie man sieht, ist sie stets ein ganzzahliges Vielfaches der Gruppenordnung g, und es gilt

Satz 7.5. *Eine Darstellung $\mathfrak{D}$ ist irreduzibel, wenn die linke Seite von* (7.11) *gleich g ausfällt, reduzibel, wenn sie größer ist.*

Denn für die irreduzible Darstellung $\mathfrak{D}_\lambda$ ist $n_\lambda = 1$, $n_\mu = 0$ $(\mu \neq \lambda)$. Ist aber $\mathfrak{D}$ reduzibel, so ist mindestens ein $n_\lambda > 1$ oder sind mehrere > 0, also die Quadratsumme > 1.

Einige der Relationen (7.7), (7.8) waren uns schon bekannt oder folgen sehr leicht aus den bekannten Eigenschaften der regulären Darstellung. Bezeichnet $\mathfrak{K}_1$ die Klasse des Einselementes der Gruppe, so ist $h_1 = 1$ und für jede Darstellung χ_1 gleich dem Grad der Darstellung. In der ersten Spalte der Charakterentafel stehen also die Grade f_λ der irreduziblen Darstellungen. Daher kommt unter den Relationen (7.8) die uns bekannte Beziehung $f_1^2 + \cdots + f_r^2 = g$ vor. Weiter mache man sich klar, daß man den Charakter der regulären Darstellung sehr leicht angeben kann. Einem Gruppenelement s wird in der regulären Darstellung eine „Permutationsmatrix" zugeordnet: In jeder Zeile und jeder

Spalte steht eine Eins und sonst Nullen; denn bei der Linksmultiplikation mit s werden die Basisvektoren des Gruppenrings (das sind die Gruppenelemente!) permutiert. Und zwar stehen für $s=1$ die Einsen offenbar alle in der Hauptdiagonale, dagegen steht für $s \neq 1$ keine einzige Eins in der Hauptdiagonale, da bei der Linksmultiplikation mit $s \neq 1$ kein Gruppenelement fest bleibt. Also ist für diese Darstellung, deren Grad g ist, $\chi_1 = g$ und $\chi_\varrho = 0$ für $\varrho \neq 1$. Die Zerlegung (7.9) der regulären Darstellung kann man nun aus (7.10) berechnen; man erhält sofort $n_\lambda = f_\lambda$, wie es sein muß. Und daher enthält die Formel (7.9), gebildet für die reguläre Darstellung, gerade alle Relationen (7.8), bei denen die erste Spalte der Tafel vorkommt, darunter nochmals die Aussage über die Quadratsumme der f_λ.

Als ein ganz einfaches Beispiel wollen wir die Charakterentafel der symmetrischen Permutationsgruppe $\mathfrak{S}_3$ aufstellen. Es gibt drei Klassen: $\mathfrak{K}_1$, die Klasse der Eins; $\mathfrak{K}_2$ aus den beiden Dreierzyklen (123) und (132); $\mathfrak{K}_3$ aus den Transpositionen (12), (13), (23). Es ist also $h_\varrho = \varrho$. Daher gibt es drei irreduzible Darstellungen, und wegen $f_1^2 + f_2^2 + f_3^2 = 6$ haben sie die Grade 1, 1, 2. Die erste ist die bei jeder Gruppe vorhandene „Einsdarstellung", die jedem Element die Zahl 1 zuordnet, mit dem Charakter (1, 1, 1). Die zweite einreihige Darstellung ist die „alternierende", die den geraden Permutationen 1, den ungeraden -1 zuordnet. Der Charakter ist also $(1, 1, -1)$. Und nun berechnet man allein aus den Relationen (7.7) ohne jede Mühe, daß der Charakter der zweireihigen Darstellung $(2, -1, 0)$ sein muß. Die ganze Tafel lautet also

Klasse	$\mathfrak{K}_1$	$\mathfrak{K}_2$	$\mathfrak{K}_3$
Ordnung	1	2	3
$\mathfrak{D}_1$	1	1	1
$\mathfrak{D}_2$	1	1	-1
$\mathfrak{D}_3$	2	-1	0

Ein weiteres Beispiel bietet die sog. Tetraedergruppe, die Gruppe der Drehungen, die ein reguläres Tetraeder mit sich zur Deckung bringen. Als Permutationsgruppe der Ecken des Tetraeders ist es die alternierende Gruppe $\mathfrak{A}_4$; alle Drehungen ergeben nämlich gerade Permutationen. Die Klassen konjugierter Elemente sind: $\mathfrak{K}_1$ aus der 1, $h_1 = 1$; $\mathfrak{K}_2$ aus den drei Drehungen von 180° je um eine Verbindungslinie der Mitten gegenüberliegender Kanten des Tetraeders oder den Permutationen (12)(34), (13)(24), (14)(23), $h_2 = 3$; $\mathfrak{K}_3$ und $\mathfrak{K}_4$ aus den Drehungen um 120°, die eine Ecke festlassen, und zwar $\mathfrak{K}_3$ aus (123), (142), (134), (243), $\mathfrak{K}_4$ aus den restlichen vier Dreierzyklen (in $\mathfrak{S}_4$ sind alle Dreierzyklen konjugiert, nicht aber in $\mathfrak{A}_4$, da z. B. (123) und (132) nicht durch gerade Permutation ineinander transformiert werden können, s. II Satz 2.1; $h_3 = h_4 = 4$.

$\mathfrak{D}_1$ sei wieder die Einsdarstellung mit dem Charakter (1, 1, 1, 1). Da es ferner einen echten Normalteiler gibt, nämlich die Untergruppe $\mathfrak{B}_4$ aus den Elementen der Klassen $\mathfrak{K}_1$ und $\mathfrak{K}_2$, sucht man zweckmäßig zuerst weitere untreue Darstellungen, die man aus den Darstellungen der Faktorgruppe erhält, das ist die zyklische Gruppe $\mathfrak{Z}_3$; ihre Elemente sind $\mathfrak{B}_4$, $\mathfrak{K}_3$ und $\mathfrak{K}_4$. Da sie abelsch ist, sind ihre irreduziblen Darstellungen nach Satz 1.0 eindimensional und gleich ihren Charakteren, und zwar gibt es die Darstellungen (1, 1, 1), die wieder auf $\mathfrak{D}_1$ führt, $(1, \varepsilon, \varepsilon^{-1})$ und $(1, \varepsilon^{-1}, \varepsilon)$, wo ε eine von 1 verschiedene dritte Einheitswurzel bedeutet. Das gibt die Darstellungen $\mathfrak{D}_2$ mit dem Charakter $(1, 1, \varepsilon, \varepsilon^{-1})$ und $\mathfrak{D}_3$ mit $(1, 1, \varepsilon^{-1}, \varepsilon)$. Aus den Orthogonalitätsrelationen folgt dann ohne Mühe, daß die vierte irreduzible Darstellung $\mathfrak{D}_4$ den Grad 3 und den Charakter $(3, -1, 0, 0)$ besitzen muß. Die Charakterentafel lautet also:

Klasse	$\mathfrak{K}_1$	$\mathfrak{K}_2$	$\mathfrak{K}_3$	$\mathfrak{K}_4$
Ordnung	1	3	4	4
$\mathfrak{D}_1$	1	1	1	1
$\mathfrak{D}_2$	1	1	ε	ε^{-1}
$\mathfrak{D}_3$	1	1	ε^{-1}	ε
$\mathfrak{D}_4$	3	-1	0	0

Man bemerkt, daß die Darstellungen $\mathfrak{D}_2$ und $\mathfrak{D}_3$, da ihr Charakter nicht reell ist, bei keiner Basiswahl reell sein können. Die in diesem Kapitel dargestellte Theorie ist in der Tat nur richtig, wenn man komplexe Zahlen zuläßt oder — allgemeiner — einen algebraisch abgeschlossenen Körper zugrunde legt, wie wir dies taten. Auf die Theorie bei beliebigem Grundkörper und insbesondere auf das Problem, wie sich die Darstellungen bei Erweiterung des Grundkörpers verhalten, kann ich hier nicht eingehen.

§ 8

a) Charaktere und Gruppenring

Im vorigen Abschnitt wurden die Charaktere ganz ohne Bezugnahme auf die in §§ 2—4 entwickelte Theorie des Gruppenrings betrachtet. Jetzt sollen einige Formeln hergeleitet werden, die einen gewissen Zusammenhang zwischen beiden Gegenständen herstellen.

Zunächst berechnen wir den Charakter $\chi(s)$ der Darstellung, die durch ein Linksideal $\mathfrak{l} \subset \mathfrak{O}_{\mathfrak{G}}$ mit dem erzeugenden Idempotent e vermittelt wird. Er ist die Spur der linearen Abbildung $x \to x' = sx$ in $\mathfrak{l}$. Deren Matrix bei einer bestimmten Basis sei $D(s)$. Wir ergänzen die Basis zu einer Basis von $\mathfrak{O}_{\mathfrak{G}}$. Die lineare Abbildung $x \to x' = sxe$ in $\mathfrak{O}_{\mathfrak{G}}$ bildet jedes Element auf ein solches aus $\mathfrak{l}$ ab und stimmt in $\mathfrak{l}$ nach Satz 3.2 mit der obigen überein. Ihre Matrix hat demnach in der soeben eingeführten Basis die Gestalt

$$\left(\begin{array}{c|c} D(s) & * \\ \hline 0 & 0 \end{array}\right).$$

$\chi(s)$ ist also auch die Spur dieser Abbildung, die wir ebensogut bei der natürlichen Basis von $\mathfrak{O}_{\mathfrak{G}}$ berechnen können. Die u-Komponente von xe ist nach (2.2) $\sum_t \xi(t)\,\varepsilon(t^{-1}u)$; die u-Komponente von $x' = sxe$ ist die $s^{-1}u$-Komponente von xe, also $\sum_t \xi(t)\,\varepsilon(t^{-1}s^{-1}u)$. Die Spur der Abbildungsmatrix ist daher

$$\chi(s) = \sum_t \varepsilon(t^{-1}s^{-1}t)\,. \tag{8.1}$$

Wir zeigen ferner, daß die Charaktere eine ähnliche Rolle für das Zentrum des Gruppenrings spielen wie die Elemente der Matrizen der irreduziblen Darstellungen für den Gruppenring selber. Für den Gruppenring hatten wir zwei Basen gehabt: Die „natürliche“, bestehend aus den Gruppenelementen, und die aus den $e_{ik}^{(j)}$ bestehende, die den Aufbau aus vollen Matrixringen zum Ausdruck bringt. Wie drücken sich die einen Basiselemente durch die anderen aus? Dazu brauchen wir bloß die Formel (4.9) für ein Gruppenelement s hinzuschreiben. Es sind dann rechts die $\alpha_{ik}^{(j)}$ durch die Matrixelemente der j-ten irreduziblen Darstellung $D^{(j)}(s)$ der Gruppe zu ersetzen, die wir für den Augenblick mit $d_{ik}^{(j)}(s)$ bezeichnen wollen. Die Formel lautet dann

$$s = \sum_{j,i,k} d_{ik}^{(j)}(s)\, e_{ik}^{(j)}\,. \tag{8.2}$$

Für das Zentrum $\mathfrak{z}$ von $\mathfrak{O}_{\mathfrak{G}}$ haben wir am Ende von § 4 als „natürliche“ Basis die Klassensummen $k_1, \ldots, k_r$ kennengelernt. Eine Basis, die auf die vollen Matrixringe Bezug nimmt, bilden nach Satz 4.7 die $e^{(j)}$, das sind die Einheitselemente der einzelnen Matrixringe. Wir wollen auch hier die einen Basiselemente durch die anderen ausdrücken.

Liegt s in der Klasse $\mathfrak{K}_p$ (deren Summe k_p ist), so ist

$$\sum_t tst^{-1} = \frac{g}{h_p}\, k_p \tag{8.3}$$

(g die Ordnung von $\mathfrak{G}$, h_p die von $\mathfrak{K}_p$), weil jedes Element von $\mathfrak{K}_p$ gleich oft entsteht (II § 1). Setzt man links für t, s und t^{-1} ihre Ausdrücke (8.2) ein, so entsteht

$$\sum d_{\varrho\sigma}^{(h)}(t)\, d_{ik}^{(j)}(s)\, d_{\mu\nu}^{(l)}(t^{-1})\, e_{\varrho\sigma}^{(h)}\, e_{ik}^{(j)}\, e_{\mu\nu}^{(l)},$$

wo über t und alle vorkommenden Indizes zu summieren ist. Wegen der Multiplikationsregeln für die Einheiten (§ 4) vereinfacht sich das zu

$$\sum_{j,i,k} d_{ik}^{(j)}(s) \sum_{\varrho,\nu} \left\{ \sum_t d_{\varrho i}^{(j)}(t)\, d_{k\nu}^{(j)}(t^{-1}) \right\} e_{\varrho\nu}^{(j)}.$$

Endlich ist nach (7.4) die geschweifte Klammer $\delta_{\varrho\nu}\delta_{ik}\frac{g}{f_j}$ (f_j der Grad der j-ten irreduziblen Darstellung), die linke Seite von (8.3) ist also

$$g \sum_j \frac{1}{f_j} \sum_i d_{ii}^{(j)}(s) \sum_\varrho e_{\varrho\varrho}^{(j)} = g \sum_j \frac{1}{f_j} \chi^{(j)}(s)\, e^{(j)},$$

und man erhält

$$k_p = h_p \sum_j \frac{1}{f_j} \chi_p^{(j)}\, e^{(j)}. \tag{8.4}$$

Das ist die gewünschte Formel. Ihre Umkehrung lautet wegen (7.7)

$$e^{(j)} = \frac{f_j}{g} \sum_p \overline{\chi}_p^{(j)}\, k_p. \tag{8.5}$$

b) Darstellungen und Charaktere eines direkten Produkts

Eine endliche Gruppe $\mathfrak{G}$ besitze zwei Untergruppen $\mathfrak{G}'$, $\mathfrak{G}''$ mit der Eigenschaft: 1. für $s' \in \mathfrak{G}'$, $s'' \in \mathfrak{G}''$ ist immer $s's'' = s''s'$; 2. jedes $s \in \mathfrak{G}$ kann als Produkt $s's'' = s''s'$ geschrieben werden; 3. $\mathfrak{G}'$ und $\mathfrak{G}''$ haben nur die Eins gemeinsam. Dann ist die Darstellung $s = s's''$ eindeutig, $\mathfrak{G}$ heißt *direktes Produkt* von $\mathfrak{G}'$ und $\mathfrak{G}''$ und man schreibt $\mathfrak{G} = \mathfrak{G}'\mathfrak{G}''$. Die Definition ist ganz analog zur direkten Summe in I § 1. Die Klassen konjugierter Elemente, die irreduziblen Darstellungen und die einfachen Charaktere von $\mathfrak{G}$ können in der einfachsten Weise aus denen von $\mathfrak{G}'$ und $\mathfrak{G}''$ abgeleitet werden. Die Ordnungen der Gruppen seien mit g, g', g'' bezeichnet.

Sind s' und t' in $\mathfrak{G}'$, s'' und t'' in $\mathfrak{G}''$ konjugiert, so sind $s = s's''$ und $t = t't''$ in $\mathfrak{G}$ konjugiert. Aus $t' = u's'u'^{-1}$ und $t'' = u''s''u''^{-1}$ folgt nämlich wegen der Eigenschaft 1

$$t't'' = u's'u'^{-1}u''s''u''^{-1} = u'u''s's''(u'u'')^{-1}.$$

Aber auch die Umkehrung ist richtig: aus $t = usu^{-1}$ und $u = u'u''$ folgt

$$t't'' = u'u''s's''u''^{-1}u'^{-1} = (u's'u'^{-1})(u''s''u''^{-1})$$

und wegen der Eindeutigkeit der Produktzerlegung

$$t' = u's'u'^{-1}, \quad t'' = u''s''u''^{-1}.$$

Die Klassen konjugierter Gruppenelemente in $\mathfrak{G}$ entstehen also als „Produkte" je einer Klasse von $\mathfrak{G}'$ und einer Klasse von $\mathfrak{G}''$, und für die Anzahlen k, k', k'' dieser Klassen gilt

$$k = k'k''. \tag{8.6}$$

Sind $D'(s')$ und $D''(s'')$ Darstellungen von $\mathfrak{G}'$ und $\mathfrak{G}''$, so bestätigt man sofort, daß $D(s) = D'(s') \times D''(s'')$ $(s = s's'')$ Darstellung von $\mathfrak{G}$ ist (vgl. I § 6). Für den Charakter dieser Darstellung gilt $\chi(s) = \chi'(s')\chi''(s'')$ oder $\chi_{\varrho\sigma} = \chi'_\varrho \chi''_\sigma$, wo mit dem Doppelindex $\varrho\sigma$ die Klasse von $\mathfrak{G}$ bezeichnet ist, die das „Produkt" der ϱ-ten Klasse von $\mathfrak{G}'$ und der σ-ten Klasse von $\mathfrak{G}''$ ist. Ist $C(s) = C'(s') \times C''(s'')$ mit dem Charakter $\psi_{\varrho\sigma} = \psi'_\varrho \psi''_\sigma$ eine zweite Darstellung dieser Art, so ist, mit einer naheliegenden Bezeichnung für die Elemente-Anzahlen der Klassen,

$$\Sigma\, h_{\varrho\sigma}\, \chi_{\varrho\sigma}\, \overline{\psi}_{\varrho\sigma} = \Sigma\, h'_\varrho\, h''_\sigma\, \chi'_\varrho\, \chi''_\sigma\, \overline{\psi}'_\varrho\, \overline{\psi}''_\sigma = (\Sigma\, h'_\varrho\, \chi'_\varrho\, \overline{\psi}'_\varrho)(\Sigma\, h''_\sigma\, \chi''_\sigma\, \overline{\psi}''_\sigma). \tag{8.7}$$

Man braucht nur die Orthogonalitätsrelationen von § 7 anzuwenden, um hieraus zu folgern: Dann und nur dann sind D und C äquivalent, wenn D' und C' sowie D'' und C'' äquivalent sind (denn genau dann kommt in (8.7) nicht Null heraus); dann und nur dann ist D irreduzibel, wenn D' und D'' es sind. (Man setze in (8.7) $C' = D'$, $C'' = D''$, dann kommt im Fall der Irreduzibilität von D' und D'' rechts $g'g'' = g$ heraus, sonst eine größere Zahl.)

Die Anzahl der irreduziblen Darstellungen ist immer gleich der Anzahl der Klassen konjugierter Elemente. Soeben haben wir demnach $k'k'' = k$ verschiedene irreduzible Darstellungen von $\mathfrak{G}$, d. h. wir haben sämtliche irreduziblen Darstellungen von $\mathfrak{G}$ gefunden.

c) Algebraische Eigenschaften der Charaktere

$\mathfrak{G}$ sei eine Gruppe der Ordnung g, $\mathfrak{K}_1, \ldots, \mathfrak{K}_r$ seien die Klassen konjugierter Elemente in $\mathfrak{G}$, h_ϱ die Anzahl der Elemente von $\mathfrak{K}_\varrho$, k_ϱ ihre Summe im Gruppenring. $k_1, \ldots, k_r$ bilden eine Basis des Zentrums $\mathfrak{z}$ von $\mathfrak{O}_\mathfrak{G}$ (§ 4 Ende), und daher gelten gewisse Formeln

$$k_\varrho k_\sigma = \sum_{\tau=1}^{r} c_{\varrho\sigma\tau}\, k_\tau. \tag{8.8}$$

$c_{\varrho\sigma\tau}$ gibt an, wie oft ein Element aus $\mathfrak{K}_\tau$ als Produkt eines Elements aus $\mathfrak{K}_\varrho$ mit einem aus $\mathfrak{K}_\sigma$ darstellbar ist; die $c_{\varrho\sigma\tau}$ sind also nichtnegative ganze Zahlen, die mit der Gruppe als bekannt anzusehen sind.

Ist nun $D(a)$ eine irreduzible Darstellung des Gruppenrings, so ist, weil k_ϱ mit allen Ringelementen vertauschbar, nach dem zweiten Teil des Schurschen Lemmas (I Satz 7.1b) $D(k_\varrho)=\eta_\varrho E$; und aus der Darstellungseigenschaft folgt, daß auch für die Zahlen η_ϱ

$$\eta_\varrho \eta_\sigma = \sum_{\tau=1}^{r} c_{\varrho\sigma\tau}\eta_\tau \tag{8.9}$$

gilt. Diese Zahlen hängen eng mit den Charakteren zusammen: $D(k_\varrho)$ ist die Summe der h_ϱ Matrizen, die zu den Elementen der Klasse $\mathfrak{K}_\varrho$ gehören und die alle die Spur χ_ϱ haben. Daher ist, wenn $\mathfrak{K}_1$ die *1*-Klasse, also χ_1 der Darstellungsgrad ist,

$$h_\varrho \chi_\varrho = \chi_1 \eta_\varrho \,. \tag{8.10}$$

(8.9) erweist sich also, wenn man $\eta_\varrho = \dfrac{h_\varrho \chi_\varrho}{\chi_1}$ einsetzt, als ein weiteres Formelsystem für die Charaktere. Es zeigt sich, daß durch diese Formeln allein die Charaktere der r irreduziblen Darstellungen bestimmt sind und aus ihnen berechnet werden können.

Um das zu beweisen, multiplizieren wir beide Seiten von (8.9) mit einer Unbestimmten u_ϱ und summieren über ϱ. Es kommt

$$\xi \eta_\sigma = \sum_{\tau=1}^{r} l_{\sigma\tau}(u)\,\eta_\tau \,, \tag{8.11}$$

wo zur Abkürzung $\sum_{\varrho=1}^{r} c_{\varrho\sigma\tau} u_\varrho = l_{\sigma\tau}(u)$ und $\sum_{\varrho=1}^{r} \eta_\varrho u_\varrho = \xi$ gesetzt wurde; die $l_{\sigma\tau}(u)$ sind bekannte Linearformen, während die Linearform ξ aus (8.11) bestimmt werden soll. Mit $L(u)=\{l_{\sigma\tau}(u)\}$ kann man (8.11) auch als Matrixgleichung schreiben: $L(u)\,y=\xi\,y$. ξ ist also Eigenwert von $L(u)$, es ist

$$\det(\xi E - L(u)) = \varphi(\xi, u_1, \ldots, u_r) = 0\,.$$

$\varphi(u_0, u_1, \ldots, u_r)$ ist ein homogenes Polynom vom Grad r in $u_0, \ldots, u_r$; wir betrachten es als Polynom (vom Grad r mit dem höchsten Koeffizienten 1) in u_0, dessen Koeffizienten von $u_1, \ldots, u_r$ abhängen. Dies Polynom hat r verschiedene Nullstellen $\xi^\lambda = \sum_{\varrho=1}^{r} \eta_\varrho^\lambda u_\varrho$, die zu den r ververschiedenen irreduziblen Darstellungen gehören; daher ist

$$\varphi(u_0, \ldots, u_r) = \prod_{\lambda=1}^{r} \left(u_0 - \sum_{\varrho=1}^{r} \eta_\varrho^\lambda u_\varrho\right)\,.$$

Es ist also weiter nichts nötig, als diese Zerlegung in Linearfaktoren bzw. die r Nullstellen wirklich anzugeben; dann hat man die r^2 Zahlen η_ϱ^λ ermittelt. Aus ihnen berechnet man ganz leicht die χ_ϱ^λ; denn die Orthogonalitätsrelation $\sum_{\varrho=1}^{r} h_\varrho \chi_\varrho^\lambda \bar{\chi}_\varrho^\lambda = g$ lautet in den η_ϱ^λ wegen (8.10)

$$(\chi_1^\lambda)^2 \sum_{\varrho=1}^{r} \frac{\eta_\varrho^\lambda \bar{\eta}_\varrho^\lambda}{h_\varrho} = g;$$

hat man aber χ_1^λ, so findet man χ_ϱ^λ aus (8.10).

Als Beispiel betrachten wir die symmetrische Gruppe $\mathfrak{S}_3$ mit den Klassensummen $k_1 = I$, $k_2 = (123) + (132)$, $k_3 = (12) + (13) + (23)$. Man berechnet leicht $k_1 k_1 = k_1, k_1 k_2 = k_2 k_1 = k_2, k_1 k_3 = k_3 k_1 = k_3, k_2 k_2 = 2k_1 + k_2$, $k_2 k_3 = k_3 k_2 = 2k_3$, $k_3 k_3 = 3k_1 + 3k_2$. Damit sind die $c_{\varrho\sigma\tau}$ bestimmt, und es wird

$$\varphi(u_0, \ldots, u_3) = \begin{vmatrix} u_0 - u_1 & -u_2 & -u_3 \\ -2u_2 & u_0 - u_1 - u_2 & -2u_3 \\ -3u_3 & -3u_3 & u_0 - u_1 - 2u_2 \end{vmatrix}.$$

Wenn man zur ersten Zeile die zweite addiert und die dritte addiert (subtrahiert), wird die erste durch $u_0 - u_1 - 2u_2 \mp 3u_3$ teilbar; wenn man von der ersten Spalte die zweite abzieht, wird sie durch $u_0 - u_1 + u_2$ teilbar. Damit sind schon die drei Linearfaktoren gefunden, und die Tafel der η_ϱ^λ lautet $\begin{pmatrix} 1 & 2 & 3 \\ 1 & 2 & -3 \\ 1 & -1 & 0 \end{pmatrix}$. Für die Grade χ_1 findet man 1, 1, 2, und damit ist die Charakterentafel $\begin{pmatrix} 1 & 1 & 1 \\ 1 & 1 & -1 \\ 2 & -1 & 0 \end{pmatrix}$ der $\mathfrak{S}_3$ berechnet.

Diese Methode ist indessen bei höherer Gruppenordnung nicht mehr leicht anwendbar, und wir werden zur Berechnung der Charaktere von $\mathfrak{S}_n$ im VI. Kapitel andere Wege einschlagen.

Bei festem ϱ sind die Zahlen η_ϱ^λ die Nullstellen des Polynoms in u_0, das aus $\varphi(u_0, \ldots, u_r)$ entsteht, wenn man $u_\varrho = 1$ und, für $0 < \sigma \neq \varrho$, $u_\sigma = 0$ setzt; es ist ein ganzzahliges Polynom mit höchstem Koeffizienten 1. Solche Zahlen heißen bekanntlich*) ganz-algebraisch. Auch die χ_ϱ^λ sind ganz-algebraische Zahlen. Denn χ_ϱ^λ ist die Spur einer Matrix $D_\lambda(s)$, also die Summe ihrer Eigenwerte. Da eine Potenz von $D_\lambda(s)$ die Einheitsmatrix ist, sind diese Eigenwerte (vgl. den Anfang von I § 5) Einheitswurzeln, also — als Nullstellen eines Polynoms $x^m - 1$ — ganz-algebraisch; und Summen und Produkte von ganz-algebraischen Zahlen sind ganz-algebraisch. Aus diesem Grund ist auch

*) VAN DER WAERDEN [1], Band II, S. 118. Nach bekannten Sätzen ist jede Nullstelle eines ganzzahligen Polynoms mit höchstem Koeffizienten 1 auch Nullstelle eines *irreduziblen* Polynoms mit der gleichen Eigenschaft.

$$\sum_{\varrho=1}^{r} \eta_\varrho^\lambda \bar{\chi}_\varrho^\lambda = \sum_{\varrho=1}^{r} \frac{h_\varrho \chi_\varrho^\lambda \bar{\chi}_\varrho^\lambda}{\chi_1^\lambda} = \frac{g}{\chi_1^\lambda}$$

eine ganz-algebraische Zahl. χ_1^λ ist aber der Grad der λ-ten irreduziblen Darstellung. Da eine zugleich ganz-algebraische und rationale Zahl „ganz-rational", d. h. eine gewöhnliche ganze Zahl ist, haben wir

Satz 8.1. *Die Grade der irreduziblen Darstellungen einer endlichen Gruppe sind Teiler der Gruppenordnung.*

§ 9. Die infinitesimalen Transformationen der Darstellungen kontinuierlicher Gruppen

Wir betrachten eine lineare Gruppe $\mathfrak{G}$ von der in II § 5 eingeführten Art, ihre Elemente sind Matrizen $S(\alpha_1, \ldots, \alpha_r)$. Von einer *Darstellung* $D(s)$ von $\mathfrak{G}$ wird man die Stetigkeit verlangen: Die Elemente der Matrizen $D(S(\alpha_1,\ldots,\alpha_r))$, für die wir einfacher $D(\alpha_1,\ldots,\alpha_r)$ schreiben können, sollen von $\alpha_1, \ldots, \alpha_r$ stetig abhängen. Um den Infinitesimalring einer Darstellung bequem definieren zu können, wollen wir darüber hinaus verlangen, daß diese Funktionen stetig differenzierbar sind. Die $D(\alpha_1,\ldots,\alpha_r)$ bilden also wieder eine lineare Gruppe $\mathfrak{D}$; nur wird nicht verlangt, daß aus $(\alpha_1, \ldots, \alpha_r) \neq (\alpha'_1,\ldots,\alpha'_r)$ immer $D(\alpha_1,\ldots,\alpha_r) \neq D(\alpha'_1,\ldots,\alpha'_r)$ folgt. Die Dimension der Gruppe $\mathfrak{D}$ und ihres Infinitesimalrings $\mathfrak{D}^\circ$ kann also kleiner als r sein; z. B. ist die „Einsdarstellung" $D(\alpha_1,\ldots,\alpha_r) = E_1$ (vom Grad 1 und) von der Dimension 0. Die Matrizen $I_\varrho = \dfrac{\partial D}{\partial \alpha_\varrho}(0, \ldots, 0)$ spannen den Infinitesimalring $\mathfrak{D}^\circ$ auf, aber sie sind i. allg. nicht linear unabhängig und bilden dann keine Basis.

Indem man jeder Schar $S(\vartheta)$ die zugehörige $D(\vartheta) = D(S(\vartheta))$ zuordnet — also mit denselben Funktionen $\alpha_\varrho(\vartheta)$ und daher denselben $\alpha'_\varrho(0) = \beta_\varrho$ —, erhält man eine Zuordnung der Elemente $I \in \mathfrak{D}^\circ$ zu den Elementen $U \in \mathfrak{G}^\circ$, und das ist eine linear e Abbildung, denn dabei entspricht der Matrix U_ϱ die Matrix I_ϱ und der Matrix $U = \sum_\varrho \beta_\varrho U_\varrho$ die Matrix $I = \sum_\varrho \beta_\varrho I_\varrho$. Es entspricht sogar auch dem Element $[U, V] = UV - VU$ das Element $[I, J] = IJ - JI$, wenn I zu U, J zu V gehört. Das sieht man so. Zu SVS^{-1}, das durch eine Schar $ST(\vartheta)S^{-1}$ entsteht, gehört $D(S)JD(S^{-1})$, das aus $D(S)D(T(\vartheta))D(S^{-1})$ entsteht, und so bildet sich der Prozeß, der uns in II § 5 zu $UV - VU$ führte, weiter von $\mathfrak{G}^\circ$ auf $\mathfrak{D}^\circ$ ab und führt zu $IJ - JI$.

Man nennt $\mathfrak{D}^\circ$ eine Darstellung von $\mathfrak{G}^\circ$ und verlangt also von einer *Darstellung eines Infinitesimalrings* $\mathfrak{G}^\circ$ folgendes: Jedem $U \in \mathfrak{G}^\circ$ soll eine Matrix I zugeordnet sein; diese Zuordnung soll linear sein und bei ihr soll schiefes Produkt in schiefes Produkt übergehen. (Man bemerkt, daß die Definition völlig analog der einer Darstellung des Gruppenringes im III. Kapitel ist.) Wir haben also

Satz 9.1. *Der Infinitesimalring einer Darstellung von $\mathfrak{G}$ ist eine Darstellung des Infinitesimalrings von $\mathfrak{G}$.*

Fast trivial ist

Satz 9.2. *Ist eine Matrixgruppe reduzibel oder zerfällt sie, so gilt das gleiche für ihren Infinitesimalring. (Dies gilt also insbesondere für Darstellungen.)*

Denn wenn alle Matrizen $S(\vartheta)$ an bestimmten Stellen Nullen enthalten, dann gilt dies immer auch für $S'(0)$.

Die große Bedeutung der Theorie des Infinitesimalrings für die Darstellungstheorie beruht nun darauf, daß man auch umgekehrt von einem gegebenen Infinitesimalring durch „Integration" — d. h. im Falle der Matrixgruppen durch die Operation $U \to e^U$ — zu einer Gruppe aufsteigen kann. So kann man insbesondere die Darstellungen einer Gruppe aus den Darstellungen des Infinitesimalrings gewinnen, deren Herleitung oft einfacher ist. Die hierfür grundlegenden Ergebnisse, für deren Beweise ich auf die Lehrbücher von CHEVALLEY [1], MAAK [1] oder PONTRJAGIN [1] verweisen muß, formuliere ich als

Satz 9.3. *a) Für jede Matrixgruppe $\mathfrak{G}$ der in* II § 5 *eingeführten Art besteht eine eineindeutige und stetige Beziehung zwischen einer Umgebung der Null im Infinitesimalring $\mathfrak{G}^\circ$ und einer Umgebung der Eins in $\mathfrak{G}$ durch die Zuordnung $U \to e^U$.* (Dies wurde in II § 5 nur für die Gruppen der Tabelle S. 306 bewiesen.) *b) Ist $\mathfrak{G}^\circ$ reduzibel oder zerfallend, so auch $\mathfrak{G}$.* (Diese Umkehrung von Satz 9.2 folgt, wenn man (a) hat, unmittelbar aus den Eigenschaften der Funktion e^U.) *c) Ist ein Ring $\mathfrak{D}^\circ$ mit den in* II *Satz* 5.1 *angegebenen Eigenschaften gegeben, so existiert eine Matrixgruppe $\mathfrak{D}$*), deren Infinitesimalring $\mathfrak{D}^\circ$ ist. Sie kann durch die Operation $U \to e^U$ gewonnen werden. d) Ist $\mathfrak{D}^\circ$ Darstellung des Infinitesimalrings $\mathfrak{G}^\circ$ von $\mathfrak{G}$, so ist die in (c) genannte Matrixgruppe Darstellung von $\mathfrak{G}$**).*

Bei den in diesem Buch zu behandelnden speziellen Gruppen werden wir durchweg ohne Satz 9.3 auskommen.

§ 10. Die adjungierte Darstellung

Wir betrachten noch eine wichtige spezielle Darstellung, die bei unseren Matrixgruppen auftritt. Der innere Automorphismus (II § 1)

$$X \to S X S^{-1}, \tag{10.1}$$

wo S ein festes Gruppenelement ist und X die Gruppe $\mathfrak{G}$ durchläuft,

*) Genauer: ein Gruppenkeim; vgl. II § 5 Ende.

**) Eventuell nur in der Umgebung der Eins.

ist eine eineindeutige und stetige Abbildung der Gruppe auf sich. Wie wir in II § 5 sahen, überträgt sich diese Abbildung auf den Infinitesimalring:

$$V \to S V S^{-1} \tag{10.2}$$

bildet $\mathfrak{G}^\circ$ eineindeutig und stetig auf sich ab. Aber diese Abbildung ist sogar linear:

$$S(\lambda V_1 + \mu V_2) S^{-1} = \lambda S V_1 S^{-1} + \mu S V_2 S^{-1};$$

wir können sie durch eine r-reihige Matrix $A(S)$ beschreiben, die auf die Koordinaten β_ϱ in $\mathfrak{G}^\circ$ wirkt. Insoweit sich diese Koordinaten als kanonische Koordinaten auf die Gruppe übertragen lassen (wir haben es in II § 5 nur für die Gruppen der Tabelle S. 306 bewiesen, es gilt aber nach Satz 9.3 sehr viel allgemeiner), ist auch die Abbildung (10.1) in diesen Koordinaten linear und wird durch die Matrix $A(S)$ beschrieben.

Man sieht sofort, daß $A(S)$ eine Darstellung der Gruppe ist:

$$V \to (S T) V (S T)^{-1} = S(T V T^{-1}) S^{-1}$$

entsteht durch Nacheinanderausführen von $A(T)$ und $A(S)$, also ist $A(S T) = A(S) A(T)$; daß $A(E_n) = E_r$ ist, ist trivial. Diese Darstellung $\mathfrak{A}$ heißt die *adjungierte Darstellung**). Ihr Grad ist r. Darstellungsraum ist der Raum der β_ϱ, also wenn man will, die Gruppe — aber dann muß man sich auf *kleine* β_ϱ beschränken — oder besser der Infinitesimalring $\mathfrak{G}^\circ$. Während wir i. allg. komplexe Darstellungen zulassen, ist diese Darstellung reell. (Wohlgemerkt kann sowohl S wie V komplex sein, aber die Koordinaten β_ϱ sind reell und gehen durch A wieder in reelle Zahlen über, also ist A reell.)

Um zur Matrixgruppe $\mathfrak{A}$ den *Infinitesimalring* $\mathfrak{A}^\circ$ und zugleich die Zuordnung seiner Elemente I zu den Elementen U von $\mathfrak{G}^\circ$ zu finden, setzen wir in (10.2) $S = S(\vartheta)$, differenzieren nach ϑ und setzen $\vartheta = 0$. Wie in II § 5 entsteht $U V - V U$, wenn U das durch $S(\vartheta)$ bestimmte Element von $\mathfrak{G}^\circ$ ist. Die dem Element U zuzuordnende lineare Abbildung I ist also

$$V \to [U, V] = U V - V U. \tag{10.3}$$

Satz 10.1. *Die infinitesimalen Transformationen der adjungierten Darstellung sind die Linksmultiplikationen im Infinitesimalring der Gruppe.*

Man bemerkt die Analogie zur regulären Darstellung im III. Kapitel. Übrigens ist die Existenz der adjungierten Darstellung nicht auf Matrixgruppen beschränkt, sondern auf allgemeine Liesche Gruppen übertragbar.

*) Der Name ist, ebenso wie „reguläre Darstellung" im III. Kapitel, nicht sehr glücklich, denn schließlich ist jede Darstellung der Gruppe zugeordnet oder „adjungiert". Lie nannte $\mathfrak{A}$ die „adjungierte lineare Gruppe", so erklärt sich der Name. Daß man auf so einfache Weise zu jeder Lie-Gruppe eine homomorphe Matrixgruppe finden kann, war eine wichtige Entdeckung.

§ 11. Die Charaktere der kontinuierlichen Gruppen

Die Spur der Matrix $D(x)$ einer stetigen Darstellung einer Lieschen Gruppe $\mathfrak{G}$ ist eine stetige Funktion $\chi(x)$ auf $\mathfrak{G}$. Von der Tatsache, daß $\chi(x)$ eine „Klassenfunktion" ist — $\chi(yxy^{-1}) = \chi(x)$ —, werden wir später bei der Drehgruppe Gebrauch machen; im Augenblick brauchen wir sie nicht.

Mit Hilfe der in II § 6 eingeführten Integration über $\mathfrak{G}$ — wie dort sei vorausgesetzt, daß $\mathfrak{G}$ kompakt ist, so daß man das Integral über ganz $\mathfrak{G}$ immer bilden kann — lassen sich die Sätze von § 6 und § 7 mühelos übertragen. Die Beweise brauche ich nicht noch einmal durchzuführen, sie entstehen aus jenen für endliche Gruppen, indem man überall die $\sum\limits_{t\in\mathfrak{G}} \ldots$ durch das $\int\limits_{\mathfrak{G}} \ldots dv(t)$ ersetzt und bei der Einführung eines neuen Summationsbuchstabens (= Integrationsveränderliche) jedesmal die Formel II (6.6) anwendet.

Satz 11.1. *Jede Darstellung einer kompakten Lie-Gruppe ist normal, d. h. einer unitären — wenn sie reell ist, einer reellen orthogonalen — äquivalent.*

Satz 11.2. *Jede Darstellung einer kompakten Lie-Gruppe ist vollständig reduzibel.*

Daß diese Sätze wesentlich an die Möglichkeit, über die ganze Gruppe zu integrieren, gebunden sind, sieht man an einfachen Beispielen.

Nehmen wir etwa die Gruppe der komplexen Zahlen $s \neq 0$ bei der Multiplikation — eine der einfachsten Matrixgruppen, die es gibt. Die zweireihigen Matrizen

$$D(s) = \begin{pmatrix} 1 & \log|s| \\ 0 & 1 \end{pmatrix}$$

bilden eine Darstellung dieser Gruppe:

$$D(s)\,D(t) = \begin{pmatrix} 1 & \log|st| \\ 0 & 1 \end{pmatrix} = D(st) \quad \text{und} \quad D(1) = E_2\,.$$

Diese Darstellung ist offensichtlich reduzibel. Der erste Koordinatenvektor $e_1 = (1, 0)$ bleibt immer fest: $D(s)\,e_1 = e_1$. Die Darstellung zerfällt aber nicht: denn sonst müßte es noch einen von e_1 unabhängigen Eigenvektor aller Matrizen geben. Aus $D(s) = \lambda(s)x$ oder ausführlich

$$\begin{aligned} \xi_1 + \log|s|\,\xi_2 &= \lambda(s)\,\xi_1 \\ \xi_2 &= \lambda(s)\,\xi_2 \end{aligned} \qquad (\text{für alle } s \neq 0)$$

folgt aber unweigerlich $\xi_2 = 0$: für $\lambda(s) \neq 1$ aus der zweiten, für $\lambda(s) = 1$ aus der ersten Gleichung.

Der Infinitesimalring dieser Darstellung wird von der Matrix $\begin{pmatrix} 0 & 1 \\ 0 & 0 \end{pmatrix}$ aufgespannt. Das Nichtzerfallen ist ein anderer Ausdruck dafür, daß diese Matrix nicht auf Diagonalgestalt gebracht werden kann; man erkennt das ohne weiteres daran, daß sie sich in der Jordanschen Normalgestalt (I § 5) befindet.

Bei der Übertragung der Sätze von § 7 über die Charaktere hat man die Gruppenordnung durch das Gesamtvolumen V von $\mathfrak{G}$ zu ersetzen. Das Analogon zu (7.6) ist

Satz 11.3. *Für die Charaktere zweier irreduzibler Darstellungen $\mathfrak{D}$ und $\mathfrak{D}'$ einer kompakten Lie-Gruppe gilt*

$$\int_{\mathfrak{G}} \chi(x)\,\overline{\chi'(x)}\,dv = \begin{cases} 0, & \textit{wenn } \mathfrak{D} \textit{ und } \mathfrak{D}' \textit{ inäquivalent} \\ V, & \textit{wenn } \mathfrak{D} \textit{ und } \mathfrak{D}' \textit{ äquivalent.} \end{cases} \tag{11.1}$$

Aus diesen Orthogonalitätsrelationen kann man dieselben Folgerungen ziehen wie bei endlichen Gruppen. Bei der Zerlegung irgendeiner Darstellung $\mathfrak{D}$ kommen endlich viele irreduzible Darstellungen vor, es sei

$$\mathfrak{D} = n_1 \mathfrak{D}_1 \dotplus \cdots \dotplus n_k \mathfrak{D}_k\,; \tag{11.2}$$

dann ist

$$\chi(x) = n_1 \chi_1(x) + \cdots + n_k \chi_k(x)\,. \tag{11.3}$$

Ist dann $\mathfrak{D}^*$ irgendeine irreduzible Darstellung und $\chi^*(x)$ ihr Charakter, so erhält man aus (11.3)

$$\int_{\mathfrak{G}} \chi(x)\,\overline{\chi^*(x)}\,dv = n^* V\,, \tag{11.4}$$

wo n^* die Multiplizität bedeutet, mit der $\mathfrak{D}^*$ in $\mathfrak{D}$ vorkommt: also n_λ, wenn $\mathfrak{D}^* = \mathfrak{D}_\lambda$, und 0, wenn $\mathfrak{D}^*$ bei der Zerlegung von $\mathfrak{D}$ nicht vorkommt. Hieraus folgt wiederum der

Satz 11.4. *Eine Darstellung ist bis auf Äquivalenz durch ihren Charakter bestimmt.*

Schließlich erhält man aus (11.3) auch wieder

$$\int_{\mathfrak{G}} \chi(x)\,\overline{\chi(x)}\,dv = V(n_1^2 + \cdots + n_k^2)\,, \tag{11.5}$$

und daraus den folgenden Satz, zu dessen Anwendung das System der irreduziblen Darstellungen nicht bekannt zu sein braucht und der uns gute Dienste leisten wird:

Satz 11.5. *Eine vorgelegte Darstellung ist irreduzibel oder reduzibel, je nachdem, ob die linke Seite von* (11.5) $= V$ *oder* $> V$ *ausfällt.*

Man kann auf Grund der Orthogonalitätsrelationen (11.1) mit den Charakteren eine Theorie der Orthogonalreihen auf der Gruppe aufbauen, Verallgemeinerung der gewöhnlichen Theorie der Fourier-Reihen, die in der Tat hier als Spezialfall herauskommt, wenn man für $\mathfrak{G}$ die ebene Drehgruppe, also die additive Gruppe der Winkel nimmt (eine stetige Funktion auf dieser Gruppe ist dasselbe wie eine stetige periodische Funktion mit der Periode 2π).

Ein Orthogonalsystem $f_\lambda(x)$ auf $\mathfrak{G}$ (der Index λ mag endlich oder unendlich viele Werte durchlaufen) heißt *vollständig*, wenn aus

$$\int_{\mathfrak{G}} f(x)\overline{f_\lambda(x)}\,dv = 0 \quad \text{für alle } \lambda$$

stets

$$\int_{\mathfrak{G}} |f|^2\,dv = 0$$

folgt. (Es ist dann in der Tat nicht möglich, das Orthogonalsystem durch Hinzunahme einer neuen Funktion zu erweitern.)

Für die kompakten Gruppen, die uns hier beschäftigen, haben F. Peter und H. Weyl [1] allgemein bewiesen, daß es abzählbar unendlich viele irreduzible Darstellungen gibt und daß ihre Charaktere — als Klassenfunktionen — ein vollständiges Orthogonalsystem auf der Klassenmannigfaltigkeit bilden.

Im konkreten Fall braucht man diesen Satz aber oft gar nicht. Wenn es gelingt, abzählbar unendlich viele irreduzible Darstellungen der gegebenen Gruppe zu finden, deren Charaktere ein vollständiges Orthogonalsystem bilden, dann ist man sicher, alle Darstellungen gefunden zu haben. Denn für eine weitere stetige irreduzible Darstellung wäre dann $\chi(x) \equiv 0$, was wegen $\chi(I) = N$ (Darstellungsgrad) unmöglich.

§ 12. Strahldarstellungen

Bevor wir noch die Theorie von A. H. Clifford [1] über die Darstellungen einer Gruppe und eines Normalteilers mitteilen, die für die Kristallgruppen wichtig geworden ist, müssen wir kurz „projektive" Darstellungen betrachten. Der Grundkörper sei wie immer algebraisch abgeschlossen und habe die Charakteristik Null. Projektive Koordinaten $\xi_1, \ldots, \xi_n$ in einem $(n-1)$-dimensionalen projektiven Raum sind nur bis auf einen gemeinsamen Faktor $\neq 0$ bestimmt, und so ist auch die Matrix A einer linearen Transformation dieser Koordinaten, $x' = Ax$, die man projektive Abbildung oder Kollineation nennt, nur bis auf einen Zahlenfaktor bestimmt: A und λA bewirken dieselbe Kollineation. Eine homomorphe Abbildung einer Gruppe auf eine Gruppe von Kollineationen heißt *projektive Darstellung*, in der Physik oft auch *Strahldarstellung* genannt, weil man $\xi_1, \ldots, \xi_n$ lieber doch als Komponenten eines Vektors im $\mathfrak{R}_n$ oder vielmehr, da sie nur bis auf einen gemeinsamen Faktor bestimmt sind, einer eindimensionalen Vektorschar, eines *Strahls* also, auffaßt. Jedem Gruppenelement s ist wie sonst eine Matrix $D(s)$ zugeordnet (wir denken uns aus der einparametrigen Matrizenschar, die zur Kollineation gehört, beliebig eine Matrix herausgegriffen), aber die Forderung III (1.1) ist zu

$$D(s)\,D(t)=\alpha(s,t)\,D(st) \tag{12.1}$$

abzuschwächen. Die Zahlen $\alpha(s,t)$ bilden das *Faktorensystem* der Strahldarstellung. Sie genügen, wie man aus dem assoziativen Gesetz $[D(s)\,D(t)]\,D(u)=D(s)\,[D(t)\,D(u)]$ folgert, den Relationen

$$\alpha(s,t)\,\alpha(st,u)=\alpha(s,tu)\,\alpha(t,u)\,. \tag{12.2}$$

Daß bei einer endlichen Gruppe jedes diese Relationen erfüllende Zahlensystem als Faktorensystem einer Strahldarstellung vorkommt, sieht man, indem man ihm eine Algebra zuordnet, in der wie beim Gruppenring jedem Gruppenelement s ein Basiselement u_s zugeordnet ist aber die Multiplikationsformeln der Basiselemente jetzt

$$u_s u_t=\alpha(s,t)\,u_{st}$$

lauten. Jede — gewöhnliche — Darstellung dieser Algebra (z. B. die „reguläre“ durch die Linksmultiplikation in der Algebra selbst) ergibt, wenn man sich auf die Basiselemente beschränkt, eine Strahldarstellung der Gruppe mit dem Faktorensystem $\alpha(s,t)$.

Faßt man eine gewöhnliche Darstellung $D(s)$ als Strahldarstellung auf, so kann man ihre Matrizen mit beliebigen Zahlenfaktoren $k_s \neq 0$ multiplizieren: $D'(s)=k_s D(s)$. Wegen III (1.1) ist dann

$$D'(s)\,D'(t)=\frac{k_s k_t}{k_{st}}\,D'(st)\,.$$

Die Zahlenfaktoren, die hier rechts stehen, bilden also ein Faktorensystem. Geht man statt von einer gewöhnlichen schon von einer Strahldarstellung mit Faktorensystem $\alpha(s,t)$ aus, so wird $\alpha'(s,t)=\frac{k_s k_t}{k_{st}}\,\alpha(s,t)$. $\alpha'(s,t)$ und $\alpha(s,t)$ heißen dann *assoziiert*.

Mit $\alpha(s,t)$ bilden auch die reziproken Zahlen $\alpha^{-1}(s,t)$ ein Faktorensystem, ebenso mit zwei Systemen $\alpha_1(s,t)$ und $\alpha_2(s,t)$ das Produkt $\alpha_1(s,t)\,\alpha_2(s,t)$. Die Faktorensysteme bilden also bei der Multiplikation eine Gruppe. Eine Untergruppe dieser Gruppe bilden die Systeme $\frac{k_s k_t}{k_{st}}$, die zum System $\alpha(s,t)=1$ assoziiert sind. Die Faktorgruppe nach dieser

Untergruppe (die, weil die Gruppe abelsch, Normalteiler ist) besteht aus den Klassen assoziierter Faktorensysteme und heißt der *Multiplikator* $\mathfrak{M}$ der gegebenen Gruppe $\mathfrak{G}$. Ist $\mathfrak{G}$ eine endliche Gruppe, dann auch $\mathfrak{M}$. Dies beweist man, indem man zeigt, daß es in jeder Klasse assoziierter Faktorensysteme ein Faktorensystem gibt, dessen Zahlen lauter g-te Einheitswurzeln sind (aus den endlich vielen g-ten Einheitswurzeln — g die Ordnung von $\mathfrak{G}$ — kann man natürlich nur endlich viele Faktorensysteme bilden). Läßt man nämlich in der aus (12.2) folgenden Relation

$$\alpha(s,t)=\frac{\alpha(s,tu)\,\alpha(t,u)}{\alpha(st,u)}$$

u die Gruppe durchlaufen und bildet das Produkt über u, so erhält man

$$[\alpha(s,t)]^g=\frac{\varrho(s)\,\varrho(t)}{\varrho(st)}\quad\text{mit}\quad \varrho(s)=\prod_{u\in\mathfrak{G}}\alpha(s,u)\,.$$

Setzt man dann $\sigma(s)=(\varrho(s))^{-1/g}$, so haben die g-ten Potenzen der Zahlen des zu $\alpha(s,t)$ assoziierten Faktorensystems

$$\alpha'(s,t)=\frac{\sigma(s)\,\sigma(t)}{\sigma(st)}\,\alpha(s,t)$$

den Wert 1.

SCHUR*), der die Theorie der projektiven Darstellungen bereits vollständig entwickelt hat, führte weiter die sog. Darstellungsgruppen ein. Wenn $\mathfrak{G}'$ eine Gruppe mit einem im Zentrum gelegenen Normalteiler $\mathfrak{N}$ ist, so daß $\mathfrak{G}'/\mathfrak{N}\cong\mathfrak{G}$, und wenn ein Vertretersystem der Nebenklassen von $\mathfrak{N}$ in $\mathfrak{G}'$ fest gewählt wird, bei dem s^* die dem Element s von $\mathfrak{G}$ entsprechende Nebenklasse vertritt, dann ist $s^*t^*=a_{s,t}(st)^*$ mit $a_{s,t}$ aus $\mathfrak{N}$, und bei jeder irreduziblen Darstellung von $\mathfrak{G}'$ (mit algebraisch abgeschlossenem Grundkörper) werden die $a_{s,t}$, weil mit allen Elementen von $\mathfrak{G}'$ vertauschbar, auf Multipla $\alpha(s,t)E$ der Einheitsmatrix abgebildet, so daß, wenn man die dem Element s^* zugeordnete Matrix mit $D(s)$ bezeichnet, eine der Gleichung (12.1) genügende Strahldarstellung von $\mathfrak{G}$ entsteht. $\mathfrak{G}'$ heißt eine *Darstellungsgruppe* von $\mathfrak{G}$, wenn man auf diese Weise alle Strahldarstellungen von $\mathfrak{G}$ bekommen kann und zugleich die Ordnung von $\mathfrak{G}'$ möglichst klein ist. Das letztere ist genau dann der Fall, wenn $\mathfrak{N}$ in der Kommutatorgruppe von $\mathfrak{G}'$ liegt. Ist $\mathfrak{G}'$ Darstellungsgruppe, so ist $\mathfrak{N}$ zum Multiplikator $\mathfrak{M}$ von $\mathfrak{G}$ isomorph.

---

*) I. SCHUR [2], [4]; einige Tatsachen findet man auch bei CURTIS und REINER [1].

§ 13. Gruppe und Untergruppe

a) Induzierte Darstellungen

$\mathfrak{H}$ sei eine Untergruppe von $\mathfrak{G}$ von endlichem Index q. Jeder Darstellung $D(u)$ von $\mathfrak{H}$ kann, wie schon FROBENIUS gezeigt hat, eine Darstellung $D^{\mathfrak{G}}(s)$ von $\mathfrak{G}$, die man die von $D(u)$ *induzierte* nennt, folgendermaßen zugeordnet werden. $s_1, \ldots, s_q$ seien ein Vertretersystem der Linksnebenklassen von $\mathfrak{H}$: $\mathfrak{G} = s_1\mathfrak{H} + \cdots + s_q\mathfrak{H}$. Wir dehnen $D(u)$ auf ganz $\mathfrak{G}$ aus, indem wir $D(s) = 0$ setzen, wenn s nicht in $\mathfrak{H}$ liegt. $D(s)$ ist natürlich keineswegs Darstellung von $\mathfrak{G}$. Aber wenn wir $D(s_i^{-1} s s_k) = D_{ik}(s)$ setzen und aus diesen q^2 Kästchen eine größere Matrix

$$D^{\mathfrak{G}}(s) = (D_{ik}(s))$$

zusammensetzen, so ist das eine Darstellung von $\mathfrak{G}$ vom Grad nq, wenn n der Grad von $D(u)$ ist. Zum Beweis müssen wir

$$D^{\mathfrak{G}}(1) = E_{nq} \tag{13.1}$$

und

$$\sum_{j=1}^{q} D(s_i^{-1} s s_j)\, D(s_j^{-1} t s_k) = D(s_i^{-1} s t s_k) \tag{13.2}$$

verifizieren. (13.1) ist richtig, weil $s_i^{-1} s_k$ genau für $i = k$ in $\mathfrak{H}$ liegt. $s_i^{-1} s s_j$ liegt in $\mathfrak{H}$ genau wenn $s^{-1} s_i \mathfrak{H} = s_j \mathfrak{H}$, also wenn $s^{-1} s_i$ in der Nebenklasse $s_j \mathfrak{H}$ liegt, also für genau ein j. $s_j^{-1} t s_k$ liegt in $\mathfrak{H}$ genau wenn $t s_k \mathfrak{H} = s_j \mathfrak{H}$, also wenn $t s_k$ in der Nebenklasse $s_j \mathfrak{H}$ liegt, also ebenfalls für genau ein j. Die linke Seite von (13.2) ist also genau dann nicht 0, wenn es beidemal dasselbe j ist; genau dann ist $t s_k \mathfrak{H} = s^{-1} s_i \mathfrak{H}$, also liegt $s_i^{-1} s t s_k$ in $\mathfrak{H}$, und auch die rechte Seite von (13.2) ist nicht 0, und wegen der Darstellungseigenschaft von $D(u)$ stimmen linke und rechte Seite überein.

FROBENIUS hatte die induzierte Darstellung auf ganz anderem Wege durch eine Formel für ihren Charakter gewonnen. $\mathfrak{G}$ und $\mathfrak{H}$ seien endliche Gruppen, die Ordnungen seien mit g und h bezeichnet, die Elementezahl der ϱ-ten Klasse $\mathfrak{K}_\varrho$ in $\mathfrak{G}$ und der σ-ten Klasse $\mathfrak{C}_\sigma$ in $\mathfrak{H}$ heiße g_ϱ bzw. h_σ. Wenn man die irreduziblen Darstellungen von $\mathfrak{G}$, deren Charaktere $\chi^{(\lambda)}(s)$ heißen mögen, auf der Untergruppe $\mathfrak{H}$ betrachtet, so werden sie als Darstellungen dieser Untergruppe i. allg. reduzibel sein und sich aus den irreduziblen Darstellungen von $\mathfrak{H}$, deren Charaktere wir mit $\xi^{(\varkappa)}(s)$ bezeichnen, aufbauen:

$$\chi^{(\lambda)}(t) = \sum_{\varkappa} c_{\lambda\varkappa}\, \xi^{(\varkappa)}(t) \qquad (c_{\lambda\varkappa} \geqq 0 \text{ ganz}).$$

Multipliziert man mit $\bar{\xi}^{(\mu)}(t)$ und summiert über die Untergruppe, so erhält man wegen der Orthogonalitätsbeziehungen (§ 7)

$$\frac{1}{h} \sum_{t \in \mathfrak{H}} \bar{\chi}^{(\lambda)}(t)\, \xi^{(\mu)}(t) = c_{\lambda\mu}\,.$$

(Daß wir den Querstrich auf χ statt auf ξ gesetzt haben, bedeutet nur den Übergang zum Konjugiert-Komplexen.) Wir multiplizieren weiter mit $\chi^{(\lambda)}(s)$ $(s \in \mathfrak{G})$, summieren über λ und nützen nochmals die Orthogonalitätsrelationen aus. Dann kommt

$$\sum_{\lambda} c_{\lambda\mu} \chi^{(\lambda)}(s) = \frac{g}{g_\varrho h} \Sigma \xi^{(\mu)}(t) \tag{13.3}$$

und hier ist links über die irreduziblen Darstellungen von $\mathfrak{G}$, rechts über diejenigen $t \in \mathfrak{H}$ zu summieren, die in derselben $\mathfrak{G}$-Klasse wie s liegen (für andere t kommt bei der Summierung über λ Null heraus). ϱ ist die Nummer dieser Klasse. Da $\xi^{(\mu)}(t)$ Klassenfunktion in $\mathfrak{H}$ ist, kann man für die Summe rechts auch $\sum_{\sigma} k_\sigma \xi_\sigma^{(\mu)}$ schreiben, wo k_σ die Anzahl der in $\mathfrak{C}_\sigma$ liegenden Elemente von $\mathfrak{K}_\varrho$ bezeichnet. Weil zwei konjugierte Elemente von $\mathfrak{H}$ erst recht bezüglich $\mathfrak{G}$ konjugiert sind, liegt eine $\mathfrak{H}$-Klasse immer ganz in einer $\mathfrak{G}$-Klasse, daher ist $k_\sigma = 0$ oder $= h_\sigma$. Statt (13.3) können wir also

$$\sum_{\lambda} c_{\lambda\mu} \chi_\varrho^{(\lambda)} = \frac{g}{g_\varrho h} \sum_{\sigma} h_\sigma \xi_\sigma^{(\mu)} \tag{13.4}$$

schreiben, wo links über die irreduziblen Darstellungen von $\mathfrak{G}$, rechts über diejenigen $\mathfrak{H}$-Klassen $\mathfrak{C}_\sigma$ zu summieren ist, die in der $\mathfrak{G}$-Klasse $\mathfrak{K}_\varrho$ liegen. Es sei noch bemerkt, daß die Koeffizienten $\frac{g h_\sigma}{g_\varrho h}$ natürliche Zahlen sind; denn $\frac{h}{h_\sigma}$ ist die Ordnung der Gruppe der mit einem Element der σ-ten Klasse von $\mathfrak{H}$ vertauschbaren Elemente von $\mathfrak{H}$, $\frac{g}{g_\varrho}$ die Ordnung der Gruppe der sämtlichen mit demselben Element vertauschbaren Elemente von $\mathfrak{G}$, von der jene eine Untergruppe ist.

Wie vorhin für die Darstellungen, gibt uns Formel (13.3) oder (13.4) jetzt für die Charaktere die Möglichkeit, solche von $\mathfrak{G}$ zu finden, wenn die von $\mathfrak{H}$ bekannt sind. Links stehen ja die Werte eines zusammengesetzten Charakters $\chi_\varrho = \Sigma c_{\lambda\mu} \chi_\varrho^{(\lambda)}$ von $\mathfrak{G}$. Man braucht weder die einfachen Charaktere $\chi^{(\lambda)}$ noch die Zahlen $c_{\lambda\mu}$ zu kennen; man weiß aber, daß man aus jedem einfachen Charakter von $\mathfrak{H}$ (und sogar aus jedem zusammengesetzten auch: man braucht nur die ganze Formel mit nichtnegativen ganzen Zahlen d_μ zu multiplizieren und über μ zu summieren) durch die Formel einen Charakter von $\mathfrak{G}$ gewinnt — und zwar nicht etwa nur seine Werte auf $\mathfrak{H}$, sondern auf ganz $\mathfrak{G}$*).

*) G. Frobenius [2]; vgl. auch W. Prokop [1], wo erörtert wird, unter welchen Bedingungen man mit diesem Verfahren die einfachen Charaktere von $\mathfrak{G}$ errechnen kann.

Daß man gerade den Charakter der oben eingeführten induzierten Darstellung gefunden hat, sieht man so:

$\xi(u)$ sei der Charakter der irreduziblen Darstellung $D(u)$ von $\mathfrak{H}$. (Es genügt, irreduzible Darstellungen zu betrachten.) Der Charakter von $D^{\mathfrak{G}}(s)$ ist dann

$$\xi^{\mathfrak{G}}(s) = \sum_{i=1}^{q} \operatorname{Sp} D(s_i^{-1} s s_i).$$

Die rechts vorkommenden Gruppenelemente liegen alle in der Klasse $\mathfrak{K}_\varrho$ der zu s in $\mathfrak{G}$ konjugierten Elemente. Jedes davon, das in $\mathfrak{H}$ liegt, gehört also zu einer der Klassen $\mathfrak{C}_\sigma \subseteq \mathfrak{K}_\varrho$ von $\mathfrak{H}$, und dann ist $\operatorname{Sp} D(s_i^{-1} s s_i) = \xi_\sigma$. Wie oft kommt ein solches ξ_σ vor? Lassen wir t ganz $\mathfrak{G}$ durchlaufen, so kommt unter den $t^{-1} s t$ jedes zu s in $\mathfrak{G}$ konjugierte Element bekanntlich $\frac{g}{g_\varrho}$ mal vor, also $\frac{g h_\sigma}{g_\varrho}$ mal ein Element aus der Klasse $\mathfrak{C}_\sigma$. Nun haben wir aber von allen Elementen $t = s_i u$ der Nebenklasse $s_i \mathfrak{H}$ nur das eine s_i zu nehmen. Da zeigt sich, daß die $(s_i u)^{-1} s (s_i u) = u^{-1}(s_i^{-1} s s_i) u$ alle zu $s_i^{-1} s s_i$ in $\mathfrak{H}$ konjugiert sind. Also haben wir nur noch durch die Ordnung h von $\mathfrak{H}$ zu dividieren: $\frac{g h_\sigma}{g_\varrho h}$ von den $s_i^{-1} s s_i$ liegen in $\mathfrak{C}_\sigma$. Demnach ist tatsächlich

$$\xi^{\mathfrak{G}}(s) = \frac{g}{g_\varrho h} \sum_{\mathfrak{C}_\sigma \subseteq \mathfrak{K}_\varrho} h_\sigma \xi_\sigma .$$

Die Frobeniussche Herleitung liefert noch einen wichtigen Satz über induzierte Darstellungen:

Satz 13.1. *(Reziprozitätsgesetz von* FROBENIUS*): Die von der μ-ten irreduziblen Darstellung $D^{(\mu)}$ von $\mathfrak{H}$ induzierte Darstellung von $\mathfrak{G}$ enthält die λ-te irreduzible Darstellung von $\mathfrak{G}$ gerade so oft wie diese, auf $\mathfrak{H}$ eingeschränkt, $D^{(\mu)}$ enthält.*

Beide Vielfachheiten haben nämlich den Wert $c_{\lambda\mu}$.

b) Der Fall eines Normalteilers

Falls $\mathfrak{H}$ Normalteiler in $\mathfrak{G}$ ist, kann man recht vollständige Angaben über den Zusammenhang zwischen dem System der Darstellungen von $\mathfrak{G}$ und dem von $\mathfrak{H}$ machen, die man A. H. CLIFFORD [1] verdankt. Man braucht vom Grundkörper nur die algebraische Abgeschlossenheit vorauszusetzen, $\mathfrak{G}$ und $\mathfrak{H}$ dürfen unendliche Gruppen sein und vorerst auch die Faktorgruppe $\mathfrak{G}/\mathfrak{H}$. Ganz besonders übersichtlich sind die Verhältnisse aber, wenn $\mathfrak{G}/\mathfrak{H}$ endlich und von Primzahlordnung p ist;

und da wir Anwendungen dieser Sätze im Auge haben, wo $p=2$ ist, werden wir sie für diesen Fall formulieren und beweisen. Zunächst aber, wie gesagt, keine Voraussetzung über $\mathfrak{G}/\mathfrak{H}$.

Elemente von $\mathfrak{H}$ seien immer mit u, v bezeichnet, solche von $\mathfrak{G}$, die nicht in $\mathfrak{H}$ zu liegen brauchen, mit r, s, t. Ist $D(u)$ eine Darstellung von $\mathfrak{H}$, so ist, weil mit u immer auch $s^{-1}us$ für jedes $s \in \mathfrak{G}$ in $\mathfrak{H}$ liegt, auch $D^*(u) = D(s^{-1}us)$ mit festem $s \in \mathfrak{G}$ Darstellung von $\mathfrak{H}$, wie man sich überzeugt. Jede solche Darstellung heißt *zu $D(u)$ konjugiert.* Es kann vorkommen, daß $D(s^{-1}us)$ für alle $s \in \mathfrak{G}$ zu $D(u)$ äquivalent ist; dann nennen wir $D(u)$ *selbstkonjugiert.* Dies ist sicher der Fall, wenn $D(u)$ „Teil" einer Darstellung $D(s)$ von $\mathfrak{G}$ ist, d. h. aus ihr einfach durch Beschränkung auf die Elemente von $\mathfrak{H}$ entsteht, man sagt manchmal „von $D(s)$ in $\mathfrak{H}$ *subduziert* wird". Denn dann ist ja $D(s^{-1}us) = (D(s))^{-1} D(u) D(s)$. Wir zeigen zunächst:

Ist $A_1(u)$ vom Grad n ein irreduzibler Bestandteil der von einer irreduziblen Darstellung $A(s)$ in $\mathfrak{H}$ subduzierten Darstellung $A_{\mathfrak{H}}$, so ist jeder weitere Bestandteil von $A_{\mathfrak{H}}$ zu $A_1(u)$ konjugiert, und alle zu $A_1(u)$ konjugierten kommen vor).*

Ist nämlich $\mathfrak{S}$ ein zu $A_1(u)$ gehöriger invarianter Teilraum des Darstellungsraumes $\mathfrak{R}$ von $A(s)$, so bezeichne $r\mathfrak{S}$ den durch Anwendung von $A(r)$, $r \in \mathfrak{G}$, auf die Vektoren von $\mathfrak{S}$ entstehenden Teilraum. Er ist ebenfalls bei A invariant:

$$ur\mathfrak{S} = r(r^{-1}ur)\mathfrak{S} = r\mathfrak{S}$$

wegen $r^{-1}ur \in \mathfrak{H}$; für $u \in \mathfrak{H}$ ist ja $u\mathfrak{S} = \mathfrak{S}$.

Die durch u in $r\mathfrak{S}$ bewirkte Abbildung ist $A_1(r^{-1}ur)$. Um das zu zeigen, bezeichnen wir für einen Augenblick die Elemente von $A_1(u)$ mit $\sigma_{ik}(u)$. Es gibt also eine Basis $e_1, \ldots, e_n$ von $\mathfrak{S}$, für die $A(u)e_k = \sum_{i=1}^{n} e_i\sigma_{ik}(u)$. Die Vektoren $e_i' = A(r)e_i$, $i = 1, \ldots, n$ bilden eine Basis von $r\mathfrak{S}$, und es ist

$$\begin{aligned} A(u)e_k' &= A(r)\,A(r^{-1})\,A(u)\,A(r)\,e_k \\ &= A(r)\,A(r^{-1}ur)\,e_k = A(r)\sum_{i=1}^{n} e_i\sigma_{ik}(r^{-1}ur) = \sum_{i=1}^{n} e_i'\sigma_{ik}(r^{-1}ur), \end{aligned}$$

was zu zeigen war.

Da $r \in \mathfrak{G}$ beliebig war, kommen also wirklich alle zu $A_1(u)$ konjugierten Darstellungen in $A_{\mathfrak{H}}$ vor. Um zu zeigen, daß keine anderen vorkommen, stellen wir den Darstellungsraum $\mathfrak{R}$ von $A(s)$ als direkte Summe von Teilräumen $r\mathfrak{S}$ dar. *Alle* $r\mathfrak{S}$ spannen zusammen $\mathfrak{R}$ auf.

*) Damit ist zugleich gezeigt, daß es nur endlich viele konjugierte Darstellungen gibt.

Denn bezeichnen wir das Erzeugnis aller $r\mathfrak{S}$ mit $\mathfrak{S}^*$, so ist $t\mathfrak{S}^* = \mathfrak{S}^*$ für jedes $t \in \mathfrak{G}$, weil $t\mathfrak{S}^*$ das Erzeugnis aller $tr\mathfrak{S}$, also offenbar mit $\mathfrak{S}^*$ identisch ist. Die Annahme, $\mathfrak{S}^*$ wäre echter Teilraum von $\mathfrak{R}$, widerspricht also der Voraussetzung, daß $A(r)$ irreduzibel ist. Falls nicht schon $\mathfrak{S} = \mathfrak{R}$, gibt es also ein $r_2 \in \mathfrak{G}$ mit $r_2\mathfrak{S} \neq \mathfrak{S}$. Der Durchschnitt von $\mathfrak{S}$ und $r_2\mathfrak{S}$ ist ein bei $A_{\mathfrak{H}}$ invarianter echter Teilraum von $r_2\mathfrak{S}$, also besteht er wegen der Irreduzibilität von $r_2\mathfrak{S}$ nur aus dem Nullvektor, und die Summe $\mathfrak{S} + r_2\mathfrak{S}$ ist direkt. So schließt man weiter: Entweder es ist schon $\mathfrak{S} + r_2\mathfrak{S} = \mathfrak{R}$, oder es gibt $r_3 \in \mathfrak{G}$, so daß die Summe $\mathfrak{S} + r_2\mathfrak{S} + r_3\mathfrak{S}$ direkt ist. Nach endlich vielen, sagen wir h Schritten ist $\mathfrak{R}$ erreicht und

$$\mathfrak{R} = \mathfrak{S} + r_2\mathfrak{S} + \cdots + r_h\mathfrak{S}, \tag{13.5}$$

was zu zeigen war.

$A_1(u), \ldots, A_l(u)$ seien die verschiedenen zu $A_1(u)$ konjugierten Darstellungen. In (13.5) fassen wir in der üblichen Weise äquivalente Summanden zusammen und schreiben

$$\mathfrak{R} = \mathfrak{R}_1 + \cdots + \mathfrak{R}_l, \tag{13.6}$$

wobei in $\mathfrak{R}_i$ die Darstellung $A_i(u)$ m_i-mal stattfindet. Dann zeigen wir: *Die Transformationen der Darstellung $A(s)$ permutieren die Teilräume $\mathfrak{R}_i$.* Daraus folgt dann $m_1 = \cdots = m_l$; nennen wir diesen Wert m, so ist also lmn der Grad von $A(s)$. Zum Beweis denken wir die Basis an die Teilräume (13.6) angepaßt. Dann wird

$$A(s) = \begin{pmatrix} A_{11}(s) & \ldots & A_{1l}(s) \\ & \cdots & \\ A_{l1}(s) & \ldots & A_{ll}(s) \end{pmatrix}$$

und für $u \in \mathfrak{H}$ gilt $A_{ik}(u) = 0$ für $i \neq k$ und $A_{ii}(u) \sim m_i A_i(u)$. Für $s \in \mathfrak{G}$ zeigen wir: Genau wenn $A_k(s^{-1}us) \sim A_i(u)$, ist $A_{ik}(s) \neq 0$. Aus $A(u)A(s) = A(s)A(s^{-1}us)$ folgt nämlich für die Kästchen

$$A_{jj}(u)A_{jk}(s) = A_{jk}(s)A_{kk}(s^{-1}us);$$

dabei ist $A_{kk}(s^{-1}us) \sim m_k A_i(u)$, und daher folgt nach einer leichten Verallgemeinerung des Schurschen Lemmas (I § 7)*) $A_{jk}(s) = 0$ für $j \neq i$. Da es in der k-ten Spalte ein Kästchen $\neq 0$ geben muß, folgt $A_{ik}(s) \neq 0$; und da das Gleiche für die Zeilen gilt, gibt es in jeder Zeile und Spalte genau ein Kästchen $\neq 0$. Der Relation $A_k(s^{-1}us) \sim A_i(u)$ entspricht also die Relation $s\mathfrak{R}_k = \mathfrak{R}_i$, welche die behauptete Permutation der Teilräume ausdrückt.

*) Teilt man in $(A_j(u) \dotplus \cdots \dotplus A_j(u))\, P = P(A_i(u) \dotplus \cdots \dotplus A_i(u))$ die Matrix P entsprechend in Kästchen $P_{\alpha\beta}$ ein, so ist $A_j(u)\, P_{\alpha\beta} = P_{\alpha\beta} A_i(u)$ für jedes Kästchen, also sind alle $P_{\alpha\beta} = 0$ für $j \neq i$.

Die Zusammenhänge werden noch deutlicher, wenn wir die — $\mathfrak{H}$ umfassende — Untergruppe $\mathfrak{G}'$ von $\mathfrak{G}$ einführen, deren Elemente s' den Teilraum $\mathfrak{R}_1$ festlassen: $s'\mathfrak{R}_1 = \mathfrak{R}_1$ oder was nach dem Obigen dasselbe ist, $A_1(s'^{-1}us') \sim A_1(u)$. Man überzeugt sich, daß jeweils die Elemente einer Linksnebenklasse von $\mathfrak{G}'$ sowohl $\mathfrak{R}_1$ in ein festes $\mathfrak{R}_i$ wie $A_1(u)$ in $A_i(u)$ überführen. Wählt man also für jedes i ein Element $s_i \in \mathfrak{G}$ mit $s_i\mathfrak{R}_1 = \mathfrak{R}_i$ aus, so ist auch $A_1(s_i^{-1}us_i) \sim A_i(u)$ und

$$\mathfrak{G} = s_1\mathfrak{G}' + s_2\mathfrak{G}' + \cdots + s_l\mathfrak{G}'.$$

Der Index von $\mathfrak{G}'$ in $\mathfrak{G}$ ist also l, $\mathfrak{G}'$ braucht aber nicht Normalteiler zu sein. Dagegen ist natürlich $\mathfrak{H}$ Normalteiler in $\mathfrak{G}'$, aber die Faktorgruppe $\mathfrak{G}'/\mathfrak{H}$ braucht nicht endlich zu sein. $\mathfrak{G}'$ heißt *Trägheitsgruppe* von $A_1(u)$. In der Literatur wird manchmal stattdessen die Faktorgruppe $\mathfrak{G}'/\mathfrak{H}$ so genannt. In der angelsächsischen physikalischen Literatur heißen $\mathfrak{G}'/\mathfrak{H}$ und $\mathfrak{G}'$ "little group" erster bzw. zweiter Art.

Für $s' \in \mathfrak{G}'$ ist in der Kästchenmatrix $A(s') = (A_{ik}(s'))$ wegen $s'\mathfrak{R}_1 = \mathfrak{R}_1$ offenbar in der ersten Zeile und Spalte genau das Kästchen $A_{11}(s') \neq 0$. $A_{11}(s')$ ist also eine Darstellung von $\mathfrak{G}'$. Wir zeigen: *$A_{11}(s')$ ist irreduzibel und $A(s)$ — im Sinne von* § 13a) — *die von $A_{11}(s')$ in $\mathfrak{G}$ induzierte Darstellung:*

$$A(s) = (A_{11}(s'))^{\mathfrak{G}}.$$

Um das zu beweisen, denken wir uns in $\mathfrak{R}_1$ eine Basis eingeführt und benutzen in $\mathfrak{R}_i$ eine Basis, deren Vektoren aus den Basisvektoren von $\mathfrak{R}_1$ durch die Abbildung $A(s_i)$ hervorgehen. Das Kästchen $A_{i1}(s_i)$, das diese Abbildung vermittelt, ist dann die mn-dimensionale Einheitsmatrix E_{mn}, und entsprechend ist dann auch das Kästchen $A_{1i}(s_i^{-1})$, das die umgekehrte Abbildung vermittelt, $= E_{mn}$. Nun können wir leicht zeigen, daß die Kästchenmatrix $(A_{ik}(s))$ gerade die nach § 13a) definierte Darstellung $(A_{11}(s'))^{\mathfrak{G}}$ ist: Es ist $A_{ik}(s) \neq 0$ genau wenn $s\mathfrak{R}_k = \mathfrak{R}_i$, d. h. $ss_k\mathfrak{R}_1 = s_i\mathfrak{R}_1$, d. h. $s_i^{-1}ss_k = s' \in \mathfrak{G}'$, und es ist dann $A_{ik}(s) = A_{ik}(s_i s' s_k^{-1})$ das (ik)-Kästchen von $A(s_i)\,A(s')\,A(s_k^{-1})$, und das ist nach der Multiplikationsregel und nach dem, was wir über die i-te Zeile von $A(s_i)$ und über die k-te Spalte von $A(s_k^{-1})$ wissen, in der Tat $A_{11}(s') = A_{11}(s_i^{-1}ss_k)$, womit die zweite unserer Behauptungen bewiesen ist. Um die erste zu beweisen, nehmen wir an, $A_{11}(s')$ sei reduzibel; wir können es, da die Basis von $\mathfrak{R}_1$ oben beliebig geblieben war, reduziert annehmen. Dann haben *alle* Kästchen von $A(s)$ links unten ein Nullenrechteck, und durch eine geeignete gleichzeitige Permutation der Zeilen und der Spalten, die eine Äquivalenzabbildung ist, kann man alle Nullen so nach links und unten schieben, daß die große Matrix links unten ein Nullenrechteck erhält, was der vorausgesetzten Irreduzibilität von $A(s)$ widerspricht. Damit ist alles beweisen.

Haben wir so die obere Hälfte der Struktur, nämlich die zwischen $\mathfrak{G}'$ und $\mathfrak{G}$, vollständig aufgeklärt, so bleibt noch die untere Hälfte zwischen $\mathfrak{G}'$ und $\mathfrak{H}$ zu untersuchen. $A_1(u)$ ist bezüglich $\mathfrak{G}'$ selbstkonjugiert: $A_1(s'^{-1}us') \sim A_1(u)$ für alle $s' \in \mathfrak{G}'$. Die irreduzible Darstellung $A_{11}(s')$ von $\mathfrak{G}'$ hat demgemäß m-mal $A_1(u)$ als einzigen irreduziblen Bestandteil. Es handelt sich also um denselben Sachverhalt wie wenn $A_1(u)$ bezüglich $\mathfrak{G}$ selbstkonjugiert und daher $\mathfrak{G}' = \mathfrak{G}$ ist. Wir wollen deshalb, weil es eine Vereinfachung der Schreibweise bedeutet, diesen Fall betrachten, schreiben also s statt s', $\mathfrak{G}$ statt $\mathfrak{G}'$, $A(s)$ statt $A_{11}(s')$; es ist $l=1$.

Wiederum passen wir die Basis an die Zerlegung $A(u) \sim mA_1(u)$ an und haben demgemäß eine Kästchenzerlegung $A(s) = (A_{\alpha\beta}(s))$. $A(u)$ besteht aus m gleichen Diagonalkästchen $A_1(u)$, wir können es als Kroneckerprodukt $A_1(u) \times E_m$ schreiben. Weil $A_1(s^{-1}us) \sim A_1(s)$, gibt es zu jedem s eine Matrix $C(s)$, so daß

$$A_1(s^{-1}us) = C^{-1}(s)\, A_1(u)\, C(s)\,. \tag{13.7}$$

Aus

$$A(u)\, A(s) = A(s)\, A(s^{-1}us)$$

folgt mit der Kästchenregel

$$A_1(u)\, A_{\alpha\beta}(s) = A_{\alpha\beta}(s)\, A_1(s^{-1}us)$$

und mit (13.7)

$$A_1(u)\, A_{\alpha\beta}(s)\, C^{-1}(s) = A_{\alpha\beta}(s)\, C^{-1}(s)\, A_1(u)\,.$$

Jetzt wird davon Gebrauch gemacht, daß der Zahlkörper algebraisch abgeschlossen vorausgesetzt worden ist. Dann folgt aus SCHURs Lemma Teil 2 (I Satz 7.1 b), daß $A_{\alpha\beta}\, C^{-1}$ Zahlenvielfaches der Einheitsmatrix, also

$$A_{\alpha\beta}(s) = \gamma_{\alpha\beta}(s)\, C(s)$$

ist; mit derselben Schreibweise des Kroneckerprodukts wie oben ist daher

$$A(s) = C(s) \times \Gamma(s)\,.$$

Dabei sind $C(s)$ und $\Gamma(s)$ Strahldarstellungen (§ 12) von $\mathfrak{G}$ mit reziproken Faktorensystemen. Denn nach SCHURs Lemma Teil 2 (I Satz 7.1 b) ist in (13.7) $C(s)$ bis auf einen Zahlenfaktor bestimmt. $A_1((st)^{-1}ust)$ entsteht aber aus $A_1(u)$ sowohl durch Transformation mit $C(st)$ wie mit $C(s)\, C(t)$; daher ist

$$C(s)\, C(t) = \alpha(s,t)\, C(st)\,,$$

und weil $A(s)$ eine gewöhnliche Darstellung ist, muß

$$\Gamma(s)\,\Gamma(t) = \frac{1}{\alpha(s,t)}\,\Gamma(st)$$

sein. Ändert man $C(s)$ um einen Zahlenfaktor $\varrho(s)$ ab, so ist $\Gamma(s)$ um $\frac{1}{\varrho(s)}$ abzuändern. Für $s \in \mathfrak{H}$ ist (13.7) mit $C(s) = A_1(s)$ erfüllt; wir können also $C(u) = A_1(u)$ wählen und dementsprechend $\Gamma(u) = E_m$. $C(s)$ ist dann eine „Ausdehnung" von $A_1(u)$ auf $\mathfrak{G}$, was allerdings im allgemeinen eben nur als Strahldarstellung möglich ist, und $\Gamma(s)$ kann als Strahldarstellung der Faktorgruppe $\mathfrak{G}/\mathfrak{H}$ aufgefaßt werden. Daß $C(s)$ und $\Gamma(s)$ irreduzibel sind, beweist man ähnlich wie oben für $A_{11}(s')$ (für $C(s)$ auch aus $C(u) = A_1(u)$).

Indem wir uns wieder dem allgemeinen Fall zuwenden, schreiben wir statt s wieder s', statt $\mathfrak{G}$ wieder $\mathfrak{G}'$, statt $A(s)$ wieder $A_{11}(s')$. Dann lautet die soeben bewiesene Formel

$$A_{11}(s') = C(s') \times \Gamma(s'),$$

und wir können das Gesamtergebnis formulieren:

Satz 13.2. *Es sei $\mathfrak{H}$ Normalteiler in $\mathfrak{G}$ und der Grundkörper algebraisch abgeschlossen. $A(s)$ sei eine irreduzible Darstellung von $\mathfrak{G}$ und $A_1(u)$ ein irreduzibler Bestandteil von $(A(s))_{\mathfrak{H}}$ vom Grad n. l sei die Anzahl der verschiedenen bezüglich $\mathfrak{G}$ Konjugierten von $A_1(u)$. Dann ist l zugleich der Index der Trägheitsgruppe $\mathfrak{G}'$ von $A_1(u)$ in $\mathfrak{G}$. Jede Konjugierte von $A_1(u)$ kommt in $A(s)$ mit der gleichen Vielfachheit m vor, der Grad von $A(s)$ ist also lmn. Es ist*

$$A(s) = (C(s') \times \Gamma(s'))^{\mathfrak{G}}, \tag{13.8}$$

wo $C(s')$ eine Ausdehnung von $A_1(u)$ als Strahldarstellung von $\mathfrak{G}'$ und $\Gamma(s')$ irreduzible Strahldarstellung von $\mathfrak{G}'/\mathfrak{H}$ ist; beider Faktorensysteme sind reziprok.

Die Frage, ob umgekehrt zu einer gegebenen irreduziblen Darstellung $A_1(u)$ von $\mathfrak{H}$ eine sie in der in Satz 13.2 angegebenen Weise enthaltende irreduzible Darstellung gefunden werden kann, sei hier nur gestreift. Man sieht sofort, daß die Trägheitsgruppe $\mathfrak{G}'$ und die projektive Ausdehnung auf sie $C(s')$ durch $A_1(u)$ bestimmt sind. Damit hat man das Faktorensystem $\frac{1}{\alpha(s',t')}$, zu dem die projektive Darstellung $\Gamma(s')$ zu bestimmen ist. In der Theorie der Strahldarstellungen wird gezeigt, daß

z. B. bei endlicher Gruppe eine solche stets existiert (vgl. § 12). Dann ist $C(s') \times \Gamma(s')$ gewöhnliche Darstellung von $\mathfrak{G}'$, und man kann beweisen, daß die von ihr in $\mathfrak{G}$ induzierte Darstellung (13.8) irreduzibel ist.

Nach A. H. CLIFFORD nennen wir zwei irreduzible Darstellungen $A(s)$ und $B(s)$ von $\mathfrak{G}$ (bezüglich $\mathfrak{H}$) *assoziiert**), wenn $A_{\mathfrak{H}}$ und $B_{\mathfrak{H}}$ einen irreduziblen Bestandteil gemeinsam haben. Nach dem Gesagten unterscheiden sich assoziierte Darstellungen nur in dem Kroneckerfaktor $\Gamma(s')$**).

Wir kommen endlich zu dem Spezialfall, den wir für unsere späteren Anwendungen brauchen: $\mathfrak{H}$ sei von endlichem Index in $\mathfrak{G}$. (Nach wie vor braucht $\mathfrak{H}$ nicht endlich zu sein.) Wir benötigen nur den einfachsten Fall, daß der Index eine Primzahl ist. Als Untergruppe zwischen $\mathfrak{G}$ und $\mathfrak{H}$ muß dann $\mathfrak{G}'$ mit $\mathfrak{G}$ oder $\mathfrak{H}$ zusammenfallen. Wir nehmen $p=2$***) und setzen $\mathfrak{G}=\mathfrak{H}+a\mathfrak{H}$. Gehen wir von einer irreduziblen Darstellung $A_1(u)$ von $\mathfrak{H}$ aus:

1. Fall: $\mathfrak{G}'=\mathfrak{G}$. $A_1(u)$ ist selbstkonjugiert, $l=1$. $\mathfrak{G}'/\mathfrak{H}$ ist die zyklische Gruppe der Ordnung 2 und wird von einem Element b mit $b^2=1$ erzeugt. Jede projektive Darstellung Γ dieser Gruppe kann zu einer gewöhnlichen gemacht werden⁺): man kann $\Gamma(1)=E_m$ wählen, dann ist $(\Gamma(b))^2=\alpha E_m$, und man braucht nur $\frac{\Gamma(b)}{\alpha}$ als neues Γ zu nehmen. Die beiden gewöhnlichen Darstellungen sind Γ und Δ mit

$$\begin{aligned} \Gamma(1)&=1\,, & \Gamma(b)&=1 \\ \Delta(1)&=1\,, & \Delta(b)&=-1\,. \end{aligned}$$

Mit Γ bzw. Δ wird auch die Ausdehnung $C(s)$ auf $\mathfrak{G}'=\mathfrak{G}$ eine gewöhnliche Darstellung, wir setzen

$$A(s)=C(s)\times\Gamma(s)=C(s)$$

---

*) Nicht zu verwechseln mit dem in § 12 erwähnten Begriff für Faktorensysteme.

**) Offensichtlich besteht eineindeutige Zuordnung zwischen den Klassen assoziierter Darstellungen von $\mathfrak{G}$ und den Klassen konjugierter Darstellungen von $\mathfrak{H}$: Jede irreduzible Darstellung von $\mathfrak{G}$ enthält ja auf $\mathfrak{H}$ eingeschränkt genau eine ganze Klasse von konjugierten Darstellungen und assoziierte Darstellungen enthalten die gleiche Klasse, eventuell mit verschiedener Vielfachheit.

***) An die Stelle der „primitiven zweiten Einheitswurzel" -1 treten im allgemeinen Fall die $p-1$ primitiven p-ten Einheitswurzeln.

⁺) Das gilt immer, wenn $\mathfrak{G}/\mathfrak{H}$ und daher auch $\mathfrak{G}'/\mathfrak{H}$ zyklisch ist, und dann sind auch immer wie oben die irreduziblen Darstellungen Γ eindimensional, also $m=1$: Jede irreduzible Darstellung kommt in $A(s)$ nur einmal vor.

und — andere Möglichkeit —

$$B(s) = C(s) \times \Delta(s) = \begin{cases} A(s) & \text{auf } \mathfrak{H} \\ -A(s) & \text{auf } a\mathfrak{H}. \end{cases}$$

$A_1(u)$ ist also auf zwei Arten auf $\mathfrak{G}$ ausdehnbar. Die Ausdehnungen können folgendermaßen gewonnen werden. Weil $A_1(u)$ selbstkonjugiert ist, gibt es eine Matrix C mit $A_1(a^{-1}ua) = C^{-1} A_1(u)\, C$, und weil $a^2 = u_0$ in $\mathfrak{H}$ liegt, ist $C^2 = \alpha A_1(u_0)$. Wir können durch Multiplikation mit $\frac{1}{\sqrt{\alpha}}$ für $C^2 = A_1(u_0)$ sorgen; C ist jetzt bis aufs Vorzeichen bestimmt. Für $s = au$, $u \in \mathfrak{H}$ setzen wir nun $A(s) = C A_1(u)$ (also $A(a) = C$) und natürlich $A(u) = A_1(u)$. $A(I)$ $(= A_1(I)) = E_n$ ist erfüllt. Außerdem müssen wir die Multiplikationsregel in den vier Fällen der möglichen Zugehörigkeit des einen oder des anderen Faktors zu $\mathfrak{H}$ oder $a\mathfrak{H}$ nachprüfen ($u, v \in \mathfrak{H}$):

$$\begin{aligned}
A(u)\,A(v) &= A_1(u)\,A_1(v) = A_1(uv) = A(uv)\,, \\
A(au)\,A(v) &= C A_1(u)\,A_1(v) = C A_1(uv) = A(auv)\,, \\
A(u)\,A(av) &= A_1(u)\,C A_1(v) = C A_1(a^{-1}ua)\,A_1(v) = C A_1(a^{-1}uav) \\
&= A(aa^{-1}uav) = A(uav)\,, \\
A(au)\,A(av) &= C A_1(u)\,C A_1(v) = C^2 A_1(a^{-1}ua)\,A_1(v) = A_1(a^2a^{-1}uav) \\
&= A(auav)
\end{aligned}$$

wegen $C^2 = A_1(u_0)$ und $u_0 = a^2$.

Die beiden Darstellungen $A(s)$ und (mit dem andern Vorzeichen für C)

$$B(s) = \begin{cases} A(s) & \text{für } s \in \mathfrak{H} \\ -A(s) & \text{für } s \in a\mathfrak{H} \end{cases} \tag{13.9}$$

sind assoziiert, aber nicht äquivalent. Aus

$$P^{-1} A(s)\, P = B(s)$$

würde nämlich für $s \in \mathfrak{H}$ wegen der Irreduzibilität $P = \lambda E_n$ und dann $A(s) = -A(s)$ für $s \in a\mathfrak{H}$ folgen, was unmöglich ist.

2. Fall: $\mathfrak{G}' = \mathfrak{H}$. Jetzt haben wir zwei konjugierte Darstellungen $A_1(u)$ und $A_2(u) = A_1(a^{-1}ua)$. Ausdehnen ist nicht nötig, wir brauchen nur

$$A(s) = (A_1(u))^{\mathfrak{G}}$$

zu bilden, das gibt mit $s_1 = I$, $s_2 = a$ und $A_1(t) = 0$ für $t \in a\mathfrak{H}$:

$$A(s) = \begin{pmatrix} A_1(s) & A_1(sa) \\ A_1(a^{-1}s) & A_1(a^{-1}sa) \end{pmatrix}.$$

Für $s=u$ ist das $A_1(u)\dot{+}A_2(u)$, für $s\in a\mathfrak{H}$:

$$\begin{pmatrix} 0 & A_1(sa) \\ A_1(a^{-1}s) & 0 \end{pmatrix}.$$

Bildet man zu diesem $A(s)$ ein $B(s)$ nach (13.9), so erhält man nichts Neues, denn der Charakter von $A(s)$ ist Null auf $a\mathfrak{H}$, daher stimmen die Charaktere von $A(s)$ und $B(s)$ überein und die Darstellungen sind äquivalent — wenigstens kann man so schließen, wenn $\mathfrak{H}$ endlich oder eine kompakte Lie-Gruppe ist, und das reicht für unsere Anwendungen aus. Wir können dann $A(s)$ *selbstassoziiert* nennen.

Geht man von $A(s)$, einer irreduziblen Darstellung von $\mathfrak{G}$, aus, so muß sie nach dem Bewiesenen auf $\mathfrak{H}$ irreduzibel bleiben, wenn sie nicht selbstassoziiert ist. Ist sie dieses, so zerfällt sie auf $\mathfrak{H}$ in zwei konjugierte Darstellungen. Fassen wir zusammen:

Satz 13.3. *Die Gruppe $\mathfrak{G}$ besitze eine endlich oder kompakte Untergruppe $\mathfrak{H}$ vom Index 2*). Es sei $\mathfrak{G}=\mathfrak{H}+a\mathfrak{H}$*

1. *$A(s)$ sei ein irreduzible Darstellung von $\mathfrak{G}$. $B(s)$ sei durch $B(u)=A(u)$, $B(au)=-A(au)$ $(u\in\mathfrak{H})$ definiert.*

a) *Der Charakter $\chi(s)$ von $A(s)$ sei nicht $\equiv 0$ auf $a\mathfrak{H}$, also $B(s)$ zu $A(s)$ assoziiert aber nicht äquivalent. Dann ist $A(u)=B(u)$ eine irreduzible Darstellung von $\mathfrak{H}$.*

b) *Es sei $\chi(s)\equiv 0$ auf $a\mathfrak{H}$, also $A(s)$ „selbstassoziiert". Dann zerfällt $A(s)$ auf $\mathfrak{H}$ in zwei konjugierte Darstellungen von $\mathfrak{H}$: $A(u)\sim A_1(u)\dot{+}A_2(u)$ mit $A_2(u)=A_1(a^{-1}ua)$.*

2. *$A_1(u)$ sei eine irreduzible Darstellung von $\mathfrak{H}$ und $A_2(u)=A_1(a^{-1}ua)$.*

a) *$A_2(u)$ sei zu $A_1(u)$ äquivalent (also $A_1(u)$ „selbstkonjugiert"). Dann kann $A_1(u)$, wie oben beschrieben, auf zwei Arten, die sich ums Vorzeichen unterscheiden, auf $\mathfrak{G}$ ausgedehnt werden.*

b) *$A_1(u)$ und $A_2(u)$ seien nicht äquivalent. Dann ist $A(s)=(A_1(u))^{\mathfrak{G}}$ irreduzible Darstellung von $\mathfrak{G}$ mit $A(u)=A_1(u)\dot{+}A_2(u)$, und das ist die einzige irreduzible Darstellung von $\mathfrak{G}$, die $A_1(u)$ enthält.*

Die schon im allgemeinen Fall beobachtete eineindeutige Entsprechung der Klassen assoziierter Darstellungen von $\mathfrak{G}$ und der Klassen konjugierter Darstellungen von $\mathfrak{H}$ sieht hier so aus: Jedem Paar assoziierter Darstellungen von $\mathfrak{G}$ entspricht eine selbstkonjugierte Darstellung von $\mathfrak{H}$ und umgekehrt; jeder selbstassoziierten Darstellung von $\mathfrak{G}$ entspricht ein Paar konjugierter Darstellungen von $\mathfrak{H}$ und umgekehrt.

Werfen wir kurz einen Blick auf das einfachste Beispiel: Die symmetrische Gruppe $\mathfrak{S}_3$ mit der alternierenden Gruppe $\mathfrak{A}_3$. Einsdarstellung

*) Sie ist von selbst Normalteiler.

und alternierende Darstellung von $\mathfrak{S}_3$ sind assoziiert und ergeben die Einsdarstellung (die Einsdarstellung ist immer selbstkonjugiert) von $\mathfrak{A}_3$; dies ist sogar bei jedem n für $\mathfrak{S}_n$ und $\mathfrak{A}_n$ richtig. $\mathfrak{A}_3$ besitzt zwei weitere irreduzible Darstellungen, sie ordnen den 3 Elementen die Zahlen 1, ϱ, ϱ^2 bzw. 1, ϱ^2, ϱ zu, wo ϱ eine primitive dritte Einheitswurzel ist, und sind bezüglich $\mathfrak{S}_3$ konjugiert. In diese beiden zerfällt auf $\mathfrak{A}_3$ die dritte irreduzible Darstellung von $\mathfrak{S}_3$, die vom Grad 2 und offenbar selbstassoziiert ist. Ihre Matrizen können durch Induktion aus $(1, \varrho, \varrho^2)$ gewonnen werden.

Viertes Kapitel

Die Darstellungen der symmetrischen Gruppe

In diesem Kapitel wird für die symmetrische Gruppe $\mathfrak{S}_n$ das im III. Kapitel für beliebige Gruppen aufgestellte Programm vollständig durchgeführt bis zur expliziten Angabe der Matrizen je einer bestimmten Darstellung aus jeder Klasse äquivalenter. Methoden zur Berechnung der Charaktere werden erst im VI. Kapitel angegeben.

Ich schalte hier gleich noch eine Vorbemerkung über die Treue der zu erwartenden irreduziblen Darstellungen von $\mathfrak{S}_n$ ein. Nach III § 1 gehört jede untreue Darstellung zu einem Normalteiler, der nicht nur aus der Eins besteht. Der größte Normalteiler ist die Gruppe selbst, zu ihm gehört die Einsdarstellung, die jedem Element die Zahl 1 zuordnet. Weiter besitzt jede symmetrische Gruppe $\mathfrak{S}_n$ als Normalteiler die alternierende Gruppe $\mathfrak{A}_n$. Die Faktorgruppe $\mathfrak{S}_n/\mathfrak{A}_n$ ist zu $\mathfrak{S}_2$ isomorph. $\mathfrak{S}_2$ besitzt zwei irreduzible Darstellungen, beide vom Grad 1: die Einsdarstellung und eine treue Darstellung, bei der die Eins durch 1, die Transposition (12) durch -1 dargestellt wird. Also gibt es eine irreduzible Darstellung von $\mathfrak{S}_n$, die zu $\mathfrak{A}_n$ gehört: die „alternierende"; sie ist vom Grad 1 und ordnet den geraden Permutationen die 1, den ungeraden Permutationen -1 zu. Nun weiß man weiter (II § 2), daß $\mathfrak{A}_n$ für $n \neq 4$ der einzige echte Normalteiler von $\mathfrak{S}_n$ ist. Für $n=4$ gibt es noch einen Normalteiler $\mathfrak{B}_4$; die Faktorgruppe $\mathfrak{S}_4/\mathfrak{B}_4$ ist zu $\mathfrak{S}_3$ isomorph. Wir hatten schon in III § 7 gesehen, daß $\mathfrak{S}_3$ außer der Einsdarstellung und der alternierenden Darstellung noch eine irreduzible Darstellung vom Grad 2 besitzt. Aus dem eben Besprochenen folgt, daß sie treu sein muß; sie liefert also eine irreduzible Darstellung von $\mathfrak{S}_4$, die zu $\mathfrak{B}_4$ gehört. *Alle anderen irreduziblen Darstellungen aller symmetrischen Gruppen $\mathfrak{S}_n$ sind treu.*

§ 1. Die Tableaux

Wir betrachten den Gruppenring $\mathfrak{O}=\mathfrak{O}_{\mathfrak{S}_n}$ der symmetrischen Gruppe $\mathfrak{S}_n$, der aus allen formal gebildeten Linearkombinationen $a=\sum_s \alpha(s)\cdot s$ der $n!$ Permutationen besteht. Das Ziel ist, für ihn eine neue Basis aus Elementen $e'_{ik}, e''_{ik}, \ldots$ zu finden, die seine Eigenschaft als direkte Summe von vollen Matrixringen zum Ausdruck bringt; für festes j sollen also die $e^{(j)}_{ik}$ die Bedingungen III (4.5) erfüllen, während sich alle Größen mit verschiedenem oberem Index gegenseitig annullieren. Damit sind dann nach den in III § 4 gegebenen Vorschriften zugleich alle irreduziblen Darstellungen gewonnen.

Suchen wir also (III § 3) primitive Idempotente, die minimale Linksideale in $\mathfrak{O}$ erzeugen! Es wird sich als zweckmäßig erweisen, nicht Idempotenz im strengen Sinne zu verlangen, sondern sich mit „Idempotenz bis auf einen Zahlenfaktor" zu begnügen. Ein Element e soll *im wesentlichen idempotent* heißen, wenn es eine Zahl $\varkappa \neq 0$ gibt, so daß

$$e^2=\varkappa e \tag{1.1}$$

ist. $\frac{e}{\varkappa}$ ist dann idempotent, denn das Quadrat hiervon ist $\frac{e}{\varkappa}\frac{e}{\varkappa}=\frac{\varkappa e}{\varkappa^2}=\frac{e}{\varkappa}$. Es wäre aber lästig, den Faktor $\frac{1}{\varkappa}$ immer mitzuschleppen, wenn man für e einen einfachen Ausdruck hat.

Im wesentlichen idempotent ist z. B. $P=\sum_s s$, die Summe aller Permutationen. Denn ist r irgendeine Permutation, so ist nach II Satz 1.1 $rP=Pr=P$, also $P^2=\sum_r r\cdot P=n!\,P$. Dasselbe gilt für $Q=\sum_s \varepsilon_s\cdot s$, wenn man $\varepsilon_s=\pm 1$ setzt, je nachdem s eine gerade oder ungerade Permutation ist. Hier ist $rQ=Qr=\varepsilon_r Q$ und wieder $Q^2=n!\,Q$.

Es ist nicht schwer, die zugehörigen Darstellungen zu finden. Beide Linksideale, das von P erzeugte $\mathfrak{O}P$ und das von Q erzeugte $\mathfrak{O}Q$, sind eindimensional und daher minimal. Das erstere besteht ja aus allen Elementen $xP=\sum_s \xi(s)\cdot s\cdot P=\sum_s \xi(s)\cdot P$, also nur aus den Zahlenvielfachen von P. Die Matrizen der zugehörigen eindimensionalen Darstellung sind die Zahlenfaktoren, mit denen die „Vektoren" λP von $\mathfrak{O}P$ bei der Linksmultiplikation mit Ringelementen $a=\sum_s \alpha(s)\cdot s$ multipliziert werden. Das ist wieder einfach $\sum_s \alpha(s)$ und für ein Gruppenelement, also einen Einheitsvektor, einfach die Zahl 1. Wir haben also die *Einsdarstellung* gefunden, die jedem Gruppenelement die Zahl 1 zuordnet.

Für Q findet man in derselben Weise die *alternierende Darstellung*, die jeder geraden Permutation 1, jeder ungeraden -1 zuordnet.

Diese Darstellungen sind nicht besonders interessant, insbesondere sind sie (außer der zweiten bei $n=2$) nicht treu; und man hätte natürlich, um sie zu finden, nicht den Apparat der Gruppenalgebra aufwenden müssen. Gehen wir lieber gleich in medias res und wenden uns dem allgemeinen Verfahren zu, von dem die beiden genannten die einfachsten Spezialfälle sind.

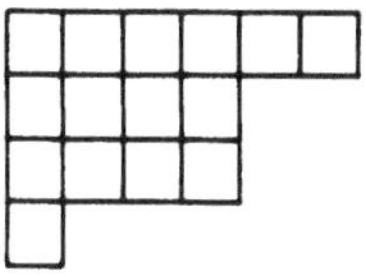

Abb. 1

Man zeichne ein Schema der folgenden Art auf, das ein „Tableau" genannt wird: r ($\leqq n$) Felder-Zeilen der Längen

$$m_1 \geqq m_2 \geqq \cdots \geqq m_r > 0 \quad \text{mit} \quad m_1 + m_2 + \cdots + m_r = n \tag{1.2}$$

stehen mit den Anfängen untereinander, so daß auch die Längen m'_1, $m'_2, \ldots, m'_s$ der Spalten der Bedingung $m'_1 \geqq \cdots \geqq m'_s > 0$ genügen. Dies ist der „*Rahmen*" des Tableaus (Abb. 1). Ein *Tableau* entsteht aus ihm dadurch, daß man die Zahlen von 1 bis n in irgendeiner Reihenfolge in die n Felder einträgt.

Ist ein solches Tableau fest gegeben, so betrachten wir zwei besondere Arten von Permutationen, die p und die q. Mit p werden alle Permutationen bezeichnet, die nur die Zahlen jeder Zeile des Tableaus untereinander vertauschen, oder, wie man auch sagen kann, bei denen die Zeilen invariant sind; man mag sie auch „Horizontalpermutationen" nennen. Bei den q sind entsprechend die Spalten invariant, sie sind die „Vertikalpermutationen".

Wir wollen das Ergebnis vorwegnehmen:
Man bilde

$$P = \sum_p p \quad \text{und} \quad Q = \sum_q \varepsilon_q q$$
$$(\varepsilon_q = \pm 1, \text{ je nachdem } q \text{ gerade oder ungerade}), \tag{1.3}$$

die Summen über alle p bzw. q erstreckt. Dann ist $e = PQ$ im wesentlichen idempotent, und das von e erzeugte Linksideal $\mathfrak{O}e$ vermittelt eine irreduzible Darstellung von $\mathfrak{S}_n$. Zu verschiedenen Rahmen gehören inäquivalente, zu verschiedenen Tableaux mit dem gleichen Rahmen äquivalente Darstellungen.

Man sieht, daß die Anzahl stimmt: Die Anzahl der Klassen irreduzibler Darstellungen ist nach III Satz 4.8 gleich der Anzahl der Klassen konjugierter Gruppenelemente, diese nach II § 2 gleich der Anzahl der verschiedenen Zerlegungen (1.2) von n*).

Von den beiden vorhin angegebenen Darstellungen gehört offenbar die eine zum Rahmen aus einer einzigen Zeile der Länge n, die andere zum Rahmen aus einer einzigen Spalte.

Wir wollen nicht nur den angegebenen Satz beweisen, sondern die vollständige Reduktion der regulären Darstellung wirklich durchführen, indem wir Basiselemente $e'_{ik}, e''_{ik}, \ldots$ der vollen Matrixringe angeben, aus denen $\mathfrak{O}_{\mathfrak{S}_n}$ nach III Satz 4.3 besteht, und im Zusammenhang damit numerische Methoden angeben, welche die Matrizen der irreduziblen Darstellungen unmittelbar hinzuschreiben gestatten. Hierzu müssen im nächsten Paragraphen einige Sätze über die Tableaux entwickelt werden.

§ 2. Hilfssätze über die Tableaux

Ist ein Tableau T und eine Permutation r gegeben, so bezeichnet man mit rT das Tableau (gleichen Rahmens), das aus T durch Ausüben der Permutation r auf seine Ziffern entsteht. Der Übergang von T zu $T' = rT$ ist nichts anderes als eine „Umnumerierung", und daher sieht man sofort, was zwei Permutationen s und $s' = rsr^{-1}$, von denen die eine an T, die andere an T' vorgenommen wird, miteinander zu tun haben: s' wirkt genau so auf die Stellen von T' wie s auf die Stellen von T. Mag etwa bei der Permutation s die Ziffer, die an der Kreuzung (ik) der i-ten Zeile und der k-ten Spalte von T steht, an die Stelle $(i_1 k_1)$ wandern, so tut das gleiche jene Ziffer, die in T' an der Stelle (ik) steht, bei s'. Ich nenne s' die dem s *entsprechende* Permutation für T'. Insbesondere ist die einer Horizontalpermutation p entsprechende Permutation rpr^{-1} eine solche bezüglich T' oder, wie wir sagen wollen, ein p'. Bemerken wir, daß die p und die q je eine Gruppe bilden, die wir $\mathfrak{P}$ bzw. $\mathfrak{Q}$ nennen wollen, so ist $\mathfrak{P}' = r\mathfrak{P}r^{-1}$, $\mathfrak{Q}' = r\mathfrak{Q}r^{-1}$. Wir haben also, wenn wir uns zugleich an die Abkürzungen (1.3) erinnern, den

Satz 2.1. *Ist ein Tableau T gegeben und damit die zugehörigen Gruppen $\mathfrak{P}$ und $\mathfrak{Q}$ sowie die Größen P, Q und $e = PQ$, so gehören zu einem weiteren Tableau $T' = rT$ die Gruppen $\mathfrak{P}' = r\mathfrak{P}r^{-1}$, $\mathfrak{Q}' = r\mathfrak{Q}r^{-1}$ und die Größen $P' = rPr^{-1}$, $Q' = rQr^{-1}$ und $e' = rer^{-1}$.*

---

*) Die geschilderte Konstruktion wird gewöhnlich nach ALFRED YOUNG benannt, doch findet sie sich auch schon bei FROBENIUS [5], [7]; YOUNG [1], [2] hatte sie anfangs unabhängig von FROBENIUS entwickelt. In der neueren Literatur hat sich die Bezeichnung „Young-Diagramm" eingebürgert, die manchmal das Tableau, manchmal den Rahmen bedeutet. Um diese zwei Dinge bequem auseinanderhalten zu können, bin ich bei YOUNGs „Tableau" geblieben und stelle ihm den „Rahmen" gegenüber.

Bei Q' beachte man, daß r^{-1} zugleich mit r und daher rqr^{-1} zugleich mit q gerade oder ungerade ist.

Sehen wir uns die einzelnen Glieder der Doppelsumme $e = \sum_p \sum_q \varepsilon_q pq$ einmal näher an. *Jede Permutation kann höchstens auf eine Art in der Form pq geschrieben werden.* Denn aus $pq = p_1 q_1$ folgt $p_1^{-1} p = q_1 q^{-1}$. Eine Permutation, die gleichzeitig zu $\mathfrak{P}$ und zu $\mathfrak{Q}$ gehört, ist aber $= 1$, denn bei ihr verläßt keine Ziffer ihre Zeile und keine ihre Spalte. Also ist $p_1 = p$ und $q_1 = q$.

Man kann also

$$e = \sum_{pq} \varepsilon_q pq \tag{2.1}$$

schreiben; $\sum_{pq}$ bedeutet hier, daß die Summe über alle pq zu erstrecken ist, d. h. über alle Permutationen, die in der Form pq geschrieben werden können.

Daß dies im allgemeinen nicht alle Permutationen sind, lehrt schon die Abzählung. Man betrachte z. B. den einfachen Rahmen Abb. 2 bei $n = 3$. Hier bestehen $\mathfrak{P}$ und $\mathfrak{Q}$ je aus der Eins und einer Transposition; also gibt es 4 Elemente pq und 2 Elemente s, die kein pq sind.

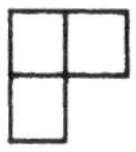

Abb. 2

Was bewirkt so eine Permutation pq, angewandt auf das Tableau T, bzw. wie kann man sie ausführen? Nicht so: zuerst eine Vertikalpermutation, dann eine Horizontalpermutation. Denn das zuerst ausübende q führt T in qT über, und das nachfolgende p ist bezüglich dieses Tableaus keine Horizontalpermutation. Wohl aber so: *zuerst eine Horizontal-, dann eine Vertikalpermutation.* Man übe nämlich zuerst p aus und dann diejenige Permutation, die bei dem entstandenen Tableau pT dem q entspricht, das ist pqp^{-1}; in der Tat ist $(pqp^{-1})\, p = pq$. Wir fassen dies Ergebnis in die Formel

$$T' = pqT = q'pT \tag{2.2}$$

zusammen. Tatsächlich kann das pqp^{-1} mit q' bezeichnet werden; denn zwei Tableaux, die durch Vertikalpermutation aus einander hervorgehen, haben die gleiche q-Gesamtheit, daher ist pqp^{-1} ein q nicht nur bezüglich pT, sondern auch bezüglich T'.

Satz 2.2. *Zwei Ziffern, die im Tableau T in der gleichen Zeile stehen, können im Tableau $T' = pqT$ niemals in der gleichen Spalte stehen.*

Dies folgt sofort aus dem eben angegebenen Verfahren. Nach der zuerst auszuführenden Horizontalverschiebung stehen die beiden Ziffern immer noch in der gleichen Zeile, also in verschiedenen Spalten, und dann wandern sie nur noch vertikal.

Von diesem Satz gilt auch die Umkehrung, die Eigenschaft von Satz 2.2 ist also kennzeichnend für die pq:

Satz 2.3. *Kommen bei $T' = rT$ niemals zwei Ziffern in einer Spalte vor, die in T in einer Zeile stehen, so ist r ein pq (bezüglich T).*

Man kann dann nämlich in der Tat von T nach T' durch eine Horizontal- und nachfolgende Vertikalverschiebung gelangen. Die Ziffern, die in T' in der ersten Spalte stehen, befinden sich bei T in lauter verschiedenen Zeilen, lassen sich also durch eine Horizontalpermutation in die erste Spalte bringen; darauf die der zweiten Spalte (unter Festlassen der ersten) usw. Stehen erst einmal alle Ziffern in der richtigen Spalte, so bringt sie eine Vertikalpermutation an die Stelle, die ihnen in T' zukommt.

Wir müssen auch verschiedene Rahmen betrachten. Ein Rahmen ist gekennzeichnet durch ein den Bedingungen (1.2) genügendes Zahlensystem $(m) = (m_1, m_2, \ldots, m_r)$. Man ordnet diese Zahlensysteme, indem man $(m) > (m')$ schreibt, wenn die erste nicht verschwindende Differenz $m_i - m_i'$ positiv ist. Dann gilt

Satz 2.4. *Gehört T zu (m), T' zu (m') und ist $(m) > (m')$, so gibt es zwei Ziffern, die in T in einer Zeile und in T' in einer Spalte stehen.*

Beweis ähnlich wie bei Satz 2.3. Wir nehmen an, es gebe keine zwei Ziffern, die in T in einer Zeile, in T' in einer Spalte stehen. Dann befinden sich die m_1 Ziffern der ersten Zeile von T bei T' in lauter verschiedenen Spalten. T' besitzt also mindestens m_1 Spalten, d. h. es ist $m_1' \geqq m_1$ und, da nach Voraussetzung $m_1 \geqq m_1'$ ist, $m_1' = m_1$. Durch Vertikalverschiebung — die an der Verteilung der Ziffern auf die Spalten von T' nichts ändert — kann man die genannten m_1 Ziffern auch in T' in die erste Zeile bringen. Indem man fortan die erste Zeile von T und von T' aus dem Spiele läßt, beweist man genau wie vorher $m_2 = m_2'$ usw., bis man $(m) = (m')$ gefunden hat, im Widerspruch zur Voraussetzung.

Satz 2.5. *Es ist*

$$pP = Pp = P, qQ = Qq = \varepsilon_q Q, \tag{2.3}$$

$$peq = \varepsilon_q e. \tag{2.4}$$

Dies folgt ohne weiteres durch Benutzung von II Satz 1.1 für die Gruppen $\mathfrak{P}$ und $\mathfrak{Q}$. Bei der letzteren geht durch Multiplikation z. B. mit ungeradem q jedes gerade (ungerade) Element in ein ungerades (gerades) über.

Satz 2.6. *Wenn es zwei Ziffern gibt, die bei T in einer Zeile, bei T' in einer Spalte stehen, dann ist*

$$Q'P = 0 \quad \textit{und folglich erst recht} \quad e'e = 0. \tag{2.5}$$

Die Vertauschung t der beiden im Satz genannten Ziffern ist nämlich zugleich ein p und ein q' mit $\varepsilon_{q'} = -1$. Daraus folgt, wenn man zuerst die letzte und dann die erste Formel (2.3) benutzt, $Q'P = -Q'tP = -Q'P$.

Zusatz. Es wurde nicht vorausgesetzt, daß T und T' zum gleichen Rahmen gehören. Nach Satz 2.4 gilt daher (2.5) insbesondere immer, wenn die Rahmen verschieden sind und $(m) > (m')$ ist.

Satz 2.7. *Es sei* $T' = rT$ *und* $r = pq$. *Dann ist* $Q'rP = \varepsilon_q Q'P$.

Beweis. Nach (2.2) ist $r = q'p$ und nach Satz 2.5 $Q'q' = \varepsilon_{q'} Q'$ und $pP = P$. q und q' sind konjugiert, daher $\varepsilon_{q'} = \varepsilon_q$.

Satz 2.8. *Ist* s *kein* pq, *so gibt es eine Transposition* p *und eine Transposition* q, *so daß* $psq = s$.

Beweis. Nach Satz 2.3 gibt es zwei Ziffern, die bei T in derselben Zeile, bei $T' = sT$ in derselben Spalte stehen. Ihre Transposition heiße t. t liegt in $\mathfrak{P}$ und in $\mathfrak{Q}'$, und aus dem letzteren Grunde liegt $s^{-1}ts$, das auch eine Transposition ist, in $\mathfrak{Q}$. Man kann also $p = t$ und $q = s^{-1}ts$ nehmen, dann ist $psq = tss^{-1}ts = tts = s$.

Nach Satz 2.5 hat das zu einem gegebenen Tableau T gehörige Element e (2.1) die Eigenschaft: Für jedes p und q ist $peq = \varepsilon_q e$. Natürlich haben auch die Zahlenvielfachen λe diese Eigenschaft. Hiervon gilt die Umkehrung:

Satz 2.9. *Ein Element* $a = \sum_s \alpha(s) \cdot s$ *von* $\mathfrak{D}$ *habe die Eigenschaft*

$$paq = \varepsilon_q a \quad \textit{für alle} \quad p, q\,. \tag{2.6}$$

Dann gibt es eine Zahl λ, *so daß* $a = \lambda e$*).

Beweis. Wir müssen zeigen 1. $\alpha(pq) = \lambda\varepsilon_q$ und 2. $\alpha(s) = 0$, wenn s kein pq. Nach II Satz 1.1 durchläuft ps und damit auch psq mit s ganz $\mathfrak{S}_n$; daher kommt in (2.6) oder

$$\sum_s \alpha(s)\, psq = \varepsilon_q \sum_s \alpha(s) \cdot s \tag{2.7}$$

jedes Element auf beiden Seiten genau einmal vor.

1. Das Element pq kommt links für $s = 1$, rechts für $s = pq$ vor. Für jedes pq ist daher $\alpha(1) = \varepsilon_q \alpha(pq)$; man nehme $\lambda = \alpha(1)$.

2. Für ein s, das kein pq ist, setze man in (2.7) die Elemente p, q von Satz 2.8 ein. Dann folgt für dieses s aus (2.7) $\alpha(s) = -\alpha(s)$, also $\alpha(s) = 0$.

§ 3. Die irreduziblen Darstellungen

Mit Hilfe der im vorigen Paragraphen hergeleiteten Sätze ist es nicht schwer, das in § 1 vorweggenommene Ergebnis zu beweisen.

Satz 3.1. *Es sei ein Tableau* T *gegeben und damit die Gruppe* $\mathfrak{P}$ *der Horizontalpermutationen* p *und die Gruppe* $\mathfrak{Q}$ *der Vertikalpermutationen* q.

*) J. von Neumann; vgl. B. L. van der Waerden [1], Bd. II, S. 248.

Dann ist

$$e = \sum_{pq} \varepsilon_q pq$$

im wesentlichen idempotent, und das von e erzeugte Linksideal $\mathfrak{O}e$ *ist minimal, vermittelt also eine irreduzible Darstellung von* $\mathfrak{O}$ *bzw. von* $\mathfrak{S}_n$. *Die Dimension f von* $\mathfrak{O}e$, *also der Grad der Darstellung, ist ein Teiler von n!.*

Beweis. Wegen (2.3) hat e^2 die Eigenschaft von Satz 2.9, also ist $e^2 = \varkappa e$, also e im wesentlichen idempotent, falls $\varkappa \neq 0$ ist, wovon wir uns zuerst überzeugen müssen.

Das Linksideal $\mathfrak{O}e$ ist auch definiert, wenn $\varkappa = 0$ ist, und seine Dimension f ist mindestens 1, da $e \neq 0$ ist. Die Rechtsmultiplikation mit e ist eine lineare Transformation in $\mathfrak{O}$, die jedes Element x auf ein Element xe von $\mathfrak{O}e$ abbildet und die Elemente xe von $\mathfrak{O}e$ mit $\varkappa$ multipliziert. Wir machen Gebrauch von der Eigenschaft I (5.1) der Spur dieser Transformation, vom Koordinatensystem unabhängig zu sein. Im natürlichen Koordinatensystem des Gruppenrings lautet die Transformation, wenn man mit $\varepsilon(s)$ die Komponenten von e bezeichnet, nach III (2.2)

$$\xi'(s) = \sum_t \xi(t)\, \varepsilon(t^{-1}s),$$

und ihre Spur ist $\sum_s \varepsilon(s^{-1}s) = n!\, \varepsilon(1) = n!$. Nun berechnen wir sie in einem an den linearen Teilraum $\mathfrak{O}e$ angepaßten Koordinatensystem, dessen erste f Basisvektoren $\mathfrak{O}e$ aufspannen. Ein beliebiger Vektor mit den Komponenten $\xi_1, \ldots, \xi_{n!}$ geht bei der Rechtsmultiplikation mit e in einen Vektor mit den Komponenten $\xi'_1, \ldots, \xi'_f, 0, \ldots, 0$ über, also bestehen die letzten $n! - f$ Zeilen der Transformationsmatrix aus Nullen. Ein Vektor mit den Komponenten $\xi_1, \ldots, \xi_f, 0, \ldots, 0$ wird mit $\varkappa$ multipliziert, also steht in der linken oberen Ecke der Matrix das $\varkappa$-fache der f-dimensionalen Einheitsmatrix. Daher ist die Spur der Matrix $\varkappa \cdot f$ und wir haben

$$\varkappa \cdot f = n! \tag{3.1}$$

oder $\varkappa = \dfrac{n!}{f} \neq 0$. Da e die Komponenten ± 1 und e^2 ganzzahlige Komponenten hat, ist $\varkappa$ eine ganze Zahl, also f Teiler von $n!$.

Um zu zeigen, daß $\mathfrak{O}e$ minimal, beweisen wir, daß e primitiv ist (III Satz 3.5). Für beliebige x hat exe wegen (2.3) die Eigenschaft von Satz 2.9, ist also Zahlenvielfaches von e. Daraus folgt nach III Satz 3.9 die Primitivität.

So erzeugt jedes Tableau eine irreduzible Darstellung.

Satz 3.2. *Tableaux, die zum gleichen Rahmen gehören, erzeugen äquivalente, solche mit verschiedenen Rahmen inäquivalente Darstellungen.*

Beweis. Gehören T und T' zum gleichen Rahmen, so werden sie durch eine Permutation s ineinander übergeführt, $T' = sT$. Nach Satz 2.1 ist $e' = ses^{-1}$. Um die Äquivalenz von $\mathfrak{O}e$ und $\mathfrak{O}e'$ einzusehen, muß man sich nach III Satz 3.8 nur überzeugen, daß nicht alle $exe' = 0$ sind. Man setze $x = s^{-1}$, dann ist $es^{-1}e' = e^2 s^{-1} = \varkappa e s^{-1} \neq 0$. (Man überzeuge sich, daß in der Tat die Rechtsmultiplikation mit es^{-1} oder auch einfach mit s^{-1} eine Äquivalenzabbildung von $\mathfrak{O}e$ auf $\mathfrak{O}e'$ vermittelt.)

Sind die Rahmen verschieden und z. B. $(m) > (m')$, so ist nach Satz 2.6 (Zusatz) $e'e = 0$. Es sind aber sogar alle $e'xe = 0$. Denn das eben Gesagte gilt auch, wenn man T durch sT, also e durch ses^{-1} ersetzt. Aus $e'ses^{-1} = 0$ folgt $e'se = 0$ durch Rechtsmultiplikation mit s, und hieraus $e'xe = \sum_s \xi(s)\, e'se = 0$. Aus III Satz 3.8 folgt dann, daß $\mathfrak{O}e$ und $\mathfrak{O}e'$ inäquivalent sind.

Daß damit ein volles System inäquivalenter irreduzibler Darstellungen gefunden ist, folgt, wie schon in § 1 erwähnt, daraus, daß es gerade so viel verschiedene Rahmen wie Klassen konjugierter Gruppenelemente gibt. Wir hätten uns sogar die erste Hälfte des vorigen Beweises sparen können; denn eine irreduzible Darstellung, die zu allen Darstellungen eines vollen Systems bis auf e i n e inäquivalent ist, muß zu dieser einen äquivalent sein.

Das in Satz 3.1 und Satz 3.2 ausgesprochene Ergebnis ist noch recht theoretischer Natur. Wir haben noch kein Verfahren, um die Matrizen einer irreduziblen Darstellung wirklich hinschreiben zu können, ja wir kennen noch nicht einmal ihre Dimensionszahl. Wie schon angekündigt, soll im folgenden das Programm der vollen Reduktion des Gruppenrings bzw. der regulären Darstellung durchgeführt und mit Hilfe der dabei gewonnenen Einsichten und Formeln die oben genannte Lücke ausgefüllt werden.

§ 4. Die Standard-Tableaux. Volle Reduktion des Gruppenrings

Nach III § 4 ist der Gruppenring $\mathfrak{O}$ direkte Summe von einfachen zweiseitigen Idealen $\mathfrak{a}^{(j)}$, die sich gegenseitig annullieren, und jedes dieser $\mathfrak{a}^{(j)}$ wird von einer Gesamtheit zueinander äquivalenter Linksideale aufgespannt, während zwei Linksideale, die in verschiedenen $\mathfrak{a}^{(j)}$ liegen, immer inäquivalent sind. Jedes $\mathfrak{a}^{(j)}$ gehört also zu einer Klasse irreduzibler Darstellungen oder, wie wir jetzt sagen können, zu einem R a h m e n. Es enthält die durch die $n!$ verschiedenen zugehörigen Tableaux definierten Linksideale $\mathfrak{O}e$ und alle etwa noch vorhandenen zu diesen äquivalenten Linksideale. Um die letzteren brauchen wir uns nicht zu kümmern, denn es gilt

Satz 4.1. *Die durch die Tableaux eines Rahmens erklärten* $n!$ *Linksideale spannen das ganze zugehörige zweiseitige Ideal* $\mathfrak{a}$ *auf.*

Beweis. Der von den genannten Linksidealen aufgespannte lineare Teilraum $\mathfrak{a}_0$ von $\mathfrak{a}$ ist jedenfalls selber ein Linksideal. Es braucht nur gezeigt zu werden, daß $\mathfrak{a}_0$ auch Rechtsideal, also zweiseitiges Ideal ist. Denn weil $\mathfrak{a}$ einfach ist, muß ein in $\mathfrak{a}$ enthaltenes zweiseitiges Ideal, das nicht 0 ist, mit $\mathfrak{a}$ zusammenfallen.

Dies ist aber sehr leicht. Um zu sehen, daß mit

$$x = x_1 e_1 + x_2 e_2 + \cdots + x_{n!} e_{n!} \tag{4.1}$$

auch xa, für beliebiges $a = \sum_s \alpha(s) \cdot s$, zu $\mathfrak{a}_0$ gehört, braucht man sich bloß zu überzeugen, daß xs, für beliebiges s, dazu gehört. Durch Transformation mit s^{-1} wird die Reihe der $n!$ Tableaux nur permutiert; daher gibt es zu jedem i ein k, so daß $s^{-1} e_i s = e_k$ ist. Dann ist $x_i e_i s = x_i s e_k$ und man sieht, daß xs wieder in der Form (4.1) geschrieben werden kann.

Natürlich gibt es in $\mathfrak{a}$ nicht $n!$ linear unabhängige Linksideale. Erinnern wir uns, daß (III Satz 4.2) $\mathfrak{a}$ der volle f-reihige Matrixring von der Dimension f^2 ist und von dessen Spalten, also f linear unabhängigen Linksidealen der Dimension f, aufgespannt wird (so daß f zugleich der Grad der zugehörigen irreduziblen Darstellung ist), und daß III (4.7) gilt:

$$\sum_j f_j^2 = n!\,, \tag{4.2}$$

wo die f_j zu den verschiedenen Matrixringen $\mathfrak{a}^{(j)}$ gehören.

Zu einem Satz von f linear unabhängigen Linksidealen, die $\mathfrak{a}$ aufspannen, verhilft uns die Betrachtung gewisser spezieller Tableaux, die Young [3] „Standard-Tableaux" genannt hat. Ein zum gegebenen Rahmen gehöriges Tableau T heißt ein *Standard-Tableau, wenn die Ziffern in jeder Zeile von* T *von links nach rechts und in jeder Spalte von* T *von oben nach unten zunehmen.*

Zum Rahmen Abb. 3 bei der $\mathfrak{S}_5$ gehören z. B. die folgenden Standard-Tableaux:

$$\begin{matrix} 1\,2\,3 & 1\,2\,4 & 1\,2\,5 & 1\,3\,4 & 1\,3\,5 \\ 4\,5 & 3\,5 & 3\,4 & 2\,5 & 2\,4 \end{matrix} \tag{4.3}$$

In (4.3) stehen die Standard-Tableaux schon in einer leicht ersichtlichen systematischen Anordnung. Diese „lexikographische Anordnung" ist so zu definieren. Die Anzahl der Standard-Tableaux heiße einstweilen f' (nachher wird sich $f' = f$ herausstellen). $T_1, T_2, \ldots, T_{f'}$ seien die Standard-Tableaux in der lexikographischen Anordnung; dann ist $i < k$, wenn folgendes der Fall ist. Man lese die Ziffern ϱ von T_i und die Ziffern σ von T_k der Reihe nach (wie die Zeilen eines Buches); dann ist die erste von Null verschiedene Differenz $\sigma - \varrho$ gleichstehender Ziffern, die man antrifft, positiv.

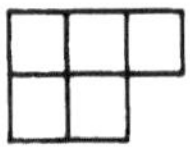

Abb. 3

Für die Anzahl f' der Standard-Tableaux gelten folgende Formeln.

Satz 4.2. *Die Anzahl der Standard-Tableaux, die zum Rahmen mit den Zeilenlängen* $m_1, m_2, \ldots, m_r$ *gehören* $(m_1 + m_2 + \cdots + m_r = n)$, *ist*

$$f' = n! \frac{\prod_{i<k} (l_i - l_k)}{l_1!\, l_2! \ldots l_r!}, \tag{4.4}$$

wo $l_1 = m_1 + r - 1,\ l_2 = m_2 + r - 2, \ldots, l_r = m_r$ *gesetzt ist*).*

Unterscheiden wir weiter die verschiedenen Rahmen der Kästchenzahl n wieder durch den Index j, so gilt

Satz 4.3. *Es ist*

$$\sum_j f_j'^2 = n!\,. \tag{4.5}$$

Formel (4.5) wird uns zu der Einsicht verhelfen, daß die Zahlen f_j' keine anderen als die Zahlen f_j der Formel (4.2) sind, also die Grade der irreduziblen Darstellungen, die man somit aus (4.4) explizit berechnen kann. Ich verschiebe die Beweise der Sätze 4.2 und 4.3, die mit den sonstigen Betrachtungen in keinem Zusammenhang stehen, an den Schluß dieses Kapitels.

$e_1, e_2, \ldots, e_{f'}$ seien die durch die Standard-Tableaux — in der lexikographischen Anordnung — auf die bekannte Art definierten erzeugenden Idempotente. Wir werden zeigen, daß die durch sie erzeugten Linksideale $\mathfrak{O}e_1, \mathfrak{O}e_2, \ldots, \mathfrak{O}e_{f'}$ erstens linear unabhängig sind und zweitens den ganzen Ring $\mathfrak{a}$ aufspannen. Hierzu ein Hilfssatz.

Satz 4.4. *Für* $i<k$ *ist* $e_k e_i = 0$.

Nach Satz 2.6 genügt es zu zeigen, daß es zwei Ziffern gibt, die in T_i in einer Zeile, in T_k in einer Spalte stehen. Dazu betrachten wir die erste Stelle, an der in beiden Tableaux verschiedene Ziffern stehen, die Ziffer ϱ in T_i, die Ziffer $\sigma (> \varrho)$ in T_k. Es sei dies die Stelle $(\lambda\mu)$, Kreuzung der λ-ten Zeile und μ-ten Spalte. Hier ist $\mu > 1$; denn eine Ziffer des linken Randes ist nach Vorgabe der darüberstehenden Zeilen (in denen T_i und T_k übereinstimmen) als kleinste der noch übrigen Ziffern eindeutig bestimmt.

An welcher Stelle des Tableaus T_k steht die Ziffer ϱ (die in T_i an der Stelle $(\lambda\mu)$ steht)? Ihre Stelle heiße $(\varkappa\nu)$. Dann ist $\varkappa < \lambda$ ausgeschlossen, ebenso $(\varkappa = \lambda, \nu < \mu)$; denn das sind die Stellen, wo T_i und T_k übereinstimmen. Auch $(\varkappa \geqq \lambda, \nu \geqq \mu)$ ist nicht möglich; denn die Regel der Standard-Tableaux verlangt an all diesen Stellen Ziffern, die mindestens so groß sind wie σ, das an erster Stelle $(\lambda\mu)$ steht. Es bleibt als einzige Mög-

*) Noch einfacher läßt sich f' aus der Formel VI (3.6) (S. 195) berechnen.

lichkeit ($\varkappa > \lambda$, $\nu < \mu$), also ($\varkappa\nu$) links und unterhalb von ($\lambda\mu$). Dann stimmen T_i und T_k an der Stelle ($\lambda\nu$) noch überein, und wenn τ die in beiden Tableaux an dieser Stelle stehende Ziffer ist, so stehen ϱ und τ in T_i in der λ-ten Zeile, in T_k in der ν-ten Spalte; w.z.z.w.

Satz 4.5. *Die durch die Standard-Tableaux erklärten Linksideale* $\mathfrak{O}e_1$, $\mathfrak{O}e_2, \dots, \mathfrak{O}e_{f'}$ *sind linear unabhängig, oder: die Summe* $\mathfrak{O}e_1 + \mathfrak{O}e_2 + + \cdots + \mathfrak{O}e_{f'}$ *ist direkt.*

Beweis. Wir müssen zeigen, daß aus

$$x_1 e_1 + x_2 e_2 + \cdots + x_{f'} e_{f'} = 0\,,$$

mit beliebigen Ringelementen x_j, das Verschwinden jedes einzelnen Summanden folgt. Das ist sehr leicht. Rechtsmultiplikation mit e_1 bringt wegen Satz 4.4 alle Summanden außer dem ersten zum Verschwinden und es folgt $x_1 e_1^2 = \varkappa x_1 e_1 = 0$ $\left(\varkappa = \frac{n!}{f}, \text{Formel (3.1)}\right)$. Der erste Summand ist also 0. Nun multipliziere man mit e_2, dann folgt ebenso $x_2 e_2 = 0$, usw., bis nur noch $x_{f'} e_{f'} = 0$ dasteht.

Aus Satz 4.5 folgt $f' \leqq f$; denn wie wir wissen, gibt es in $\mathfrak{a}$ nicht mehr als f linear unabhängige Linksideale. Betrachten wir wieder die sämtlichen, durch den Index j unterschiedenen Rahmen der Kästchenzahl n, so ist also $f'_j \leqq f_j$ für alle j. Wäre nun für mindestens einen Index j das $f'_j < f_j$, so wäre $\sum_j f_j'^2 < \sum_j f_j^2$, und die Formeln (4.2) und (4.5) könnten nicht beide richtig sein. Also ist $f'_j = f_j$ für alle j, und es gilt

Satz 4.6. *Die Linksideale, welche durch die zu einem Rahmen gehörigen Standard-Tableaux erklärt sind, sind linear unabhängig und spannen den zugehörigen Ring* $\mathfrak{a}$ *auf. Ihre Anzahl ist daher gleich dem Grade* f *der zugehörigen irreduziblen Darstellung.*

Dieser Grad kann also in der Tat aus der Formel (4.4) berechnet werden. Eine weitere Formel für den Grad wird auf Seite 195 hergeleitet.

§ 5. Youngs seminormale Darstellung*)

Zur expliziten Aufstellung eines Systems irreduzibler Darstellungen der symmetrischen Gruppe $\mathfrak{S}_n$ — je einer bestimmten aus jeder Klasse äquivalenter — verhilft uns die in III § 4 angegebene Methode. Wir wer-

* In der ersten Auflage wurde hier Youngs „natürliche Darstellung" hergeleitet, die ganzzahlig ist. Die seminormale und die aus ihr leicht zu gewinnende orthogonale Darstellung, die im nächsten Abschnitt folgt, sind für die Praxis bequemer, weil die Matrizen ganz leicht explizit angegeben werden können. Die Darstellungen wurden von A. Young [1] (VI) angegeben, die folgende Herleitung stammt von R. M. Thrall [1]; vgl. auch D. E. Rutherford [1].

den nämlich eine Basis des Gruppenrings $\mathfrak{O}_n$ der $\mathfrak{S}_n$ aufstellen, welche die dortigen Formeln erfüllt; sie heißt die *seminormale Basis.* Wir ändern die Bezeichnungen von III § 4 ein wenig ab. Ein einfaches zweiseitiges Ideal in $\mathfrak{O}_n$ oder eine Klasse äquivalenter irreduzibler Darstellungen ist ja durch einen Rahmen bestimmt, also durch ein Zahlensystem $(m) = (m_1, \ldots, m_r)$, für das (1.2) gilt. Der zugehörige Darstellungsgrad heiße $f^{(m)}$, das zweiseitige Ideal $\mathfrak{a}^{(m)}$; zu jedem (m) werden wir Ringelemente $e_{ik}^{(m)} \neq 0$ $(i, k = 1, \ldots, f^{(m)})$ so angeben, daß die Formeln

$$e_{ij}^{(m)} e_{jk}^{(m)} = e_{ik}^{(m)}; \quad e_{ij}^{(l)} e_{hk}^{(m)} = 0, \quad \text{falls } (l) \neq (m) \text{ oder } j \neq h \tag{5.1}$$

gelten. Dann sind alle diese $e_{ik}^{(m)}$ von selbst linear unabhängig (vgl. I Satz 3.2), und sie spannen $\mathfrak{O}_n$ auf, weil ihre Anzahl die richtige ist; insbesondere sind alle $e_{ii}^{(m)}$, für die wir auch $e_i^{(m)}$ schreiben, idempotent und annullieren sich gegenseitig. Formel III (4.9) schreiben wir so:

$$a = \sum_{(m)} \sum_{i,k=1}^{f^{(m)}} \delta_{ik}^{(m)}(a)\, e_{ik}^{(m)}. \tag{5.2}$$

Dann bilden die Matrizen $D^{(m)}(a)$ mit den Elementen $\delta_{ik}^{(m)}(a)$ die gesuchten *seminormalen Darstellungen.* Zu ihrer Berechnung dient Formel III (4.10), die jetzt

$$e_{ii}^{(m)} a e_{kk}^{(m)} = \delta_{ik}^{(m)}(a)\, e_{ik}^{(m)} \tag{5.3}$$

lautet, oder auch — für Gruppenelemente s — die Formel III (4.11), die

$$\delta_{ik}^{(m)}(s) = \varkappa^{(m)} \varepsilon_{ki}^{(m)}(s^{-1}) \tag{5.4}$$

heißt, wobei aus § 3 die Bezeichnung $\dfrac{n!}{f^{(m)}} = \varkappa^{(m)}$ übernommen wurde.

Um unser Programm durchzuführen, müssen wir nun an die Resultate von § 3 und § 4 anknüpfen. T sei ein Tableau, $P = \Sigma p$, $Q = \Sigma \varepsilon_q q$ und, in Abänderung der Bezeichnung, $E = PQ = \sum_{pq} \varepsilon_q pq$. Die zu einem Rahmen (m) gehörigen Standard-Tableaux bezeichnen wir mit $T_i^{(m)}$, $i = 1, \ldots, f^{(m)}$. Ihre Reihenfolge bleibt vorläufig offen, später wird sie anders als in § 4 festgelegt. Wir halten den Rahmen fest und lassen den oberen Index vorläufig weg. Die Permutation, die T_k in T_i überführt, heiße s_{ik}: $T_i = s_{ik} T_k$. Offensichtlich ist $s_{ki} = s_{ik}^{-1}$ und $s_{ij} s_{jk} = s_{ik}$. Ist p_k eine Horizontalpermutation für T_k, p_i die entsprechende (§ 2) für T_i, so ist $p_i s_{ik} = s_{ik} p_k$, also auch $P_i s_{ik} = s_{ik} P_k$, analog $Q_i s_{ik} = s_{ik} Q_k$, und wir setzen $E_i s_{ik} = P_i Q_i s_{ik} = P_i s_{ik} Q_k = s_{ik} P_k Q_k = s_{ik} E_k = E_{ik}$. $\dfrac{1}{\varkappa} E_i$ ist, wie wir wissen, idempotent;

aber diese Größen sind so noch nicht brauchbar, weil für $i \neq k$ nicht immer $E_i E_k = 0$ ist. Es gilt folgender Hilfssatz:

Satz 5.1. *Für beliebiges* $x \in \mathfrak{O}_n$ *gilt*

$$E_{ij} x E_{hk} = \varkappa \varrho E_{ik}, \tag{5.5}$$

wobei $\varkappa = \dfrac{n!}{f}$ *und* ϱ *der Koeffizient von 1 in* $E_{hj}x$ *ist.*

Beweis. $a \in \mathfrak{O}_n$ habe die Eigenschaft, daß $p_i a q_k = \varepsilon_{q_k} a$ für alle $p_i \in \mathfrak{P}_i$ und $q_k \in \mathfrak{Q}_k$. Dann ist $a = \lambda E_{ik}$, und λ ist der Koeffizient von *1* in $a s_{ki}$. Es ist nämlich $p_i a s_{ki} q_i = p_i a q_k s_{ki} = \varepsilon_{q_k} a s_{ki}$, und daraus folgt nach Satz 2.9: $a s_{ki} = \lambda E_i$, also $a = \lambda E_i s_{ik} = \lambda E_{ik}$, und λ ist der Koeffizient von *1* in $a s_{ki}$, weil *1* in E_i den Koeffizienten 1 hat.

$a = E_{ij} x E_{hk}$ hat nun die obige Eigenschaft (wegen $p_i P_i = P_i$ und $Q_k q_k = \varepsilon_{q_k} Q_k$) und ist also $= \lambda E_{ik}$. Dabei ist λ der Koeffizient von *1* in $E_{ij} x E_{hk} s_{ki}$, also (da, wie man aus den Formeln III (2.2) leicht erkennt, *1* immer in ab und in ba denselben Koeffizienten hat) auch der Koeffizient von *1* in $E_{hk} s_{ki} E_{ij} x = E_h s_{hj} E_j x = s_{hj} E_j^2 x = \varkappa E_{hj} x$. Setzt man $\lambda = \varkappa \varrho$, so folgt die Behauptung.

Die seminormale Basis wird nun folgendermaßen eingeführt. $\mathfrak{S}_{n-1}$ bezeichne immer die Untergruppe von $\mathfrak{S}_n$ aus den Permutationen, die n fest lassen. Analog $\mathfrak{S}_{n-2}$ usw. Ist T irgendein Standard-Tableau, so sei T^* das (zu $\mathfrak{S}_{n-1}$ gehörige) Tableau, das aus T durch Abschneiden des n-Feldes entsteht. T^{**} entstehe aus T^* durch Abschneiden des $(n-1)$-Feldes, usw. Das nach $n-1$ Schritten entstandene Tableau $\boxed{1}$ heiße $T^{[1]}$. Zu diesen Tableaux gehören nach Vorschrift die Größen $E, E^*, E^{**}, \ldots, E^{[1]} = 1$. Dann definieren wir rekursiv:

$$\begin{aligned} e &= \frac{1}{\varkappa} e^* E e^*, \\ e^* &= \frac{1}{\varkappa^*} e^{**} E^* e^{**}, \\ &\cdots\cdots\cdots\cdots\cdots\cdots \\ e^{[1]} &= 1. \end{aligned} \tag{5.6}$$

Dabei ist natürlich z. B. $\varkappa^* = \dfrac{(n-1)!}{f^*}$, wo f^* der Grad der zum Rahmen von T^* gehörigen irreduziblen Darstellung von $\mathfrak{S}_{n-1}$ ist.

Zu jedem Tableau $T_i^{(m)}$ wird so ein $e_i^{(m)}$ eingeführt: das sind die *seminormalen Einheiten.* Man bemerke, daß z. B. $e_i^{(m)*}$ genau so zu $T_i^{(m)*}$ gehört wie $e_i^{(m)}$ zu $T_i^{(m)}$. Nun setzt man

$$e_{ik}^{(m)} = \frac{1}{\varkappa^{(m)}} e_i^{(m)*} E_{ik} e_k^{(m)*}. \tag{5.7}$$

Das ist die *seminormale Basis.*

Wir müssen (5.1) beweisen. Zuerst ein Hilfssatz: bei festem (m) und i, die wir weglassen, gilt

Satz 5.2. $$Ee^* E = \varkappa E .$$

Beweis. Aus Satz 5.1 folgt

$$Ee^* E = \varkappa \varrho E, \qquad \varrho \text{ der Koeffizient von } 1 \text{ in } Ee^* . \tag{5.8}$$

$$E^* e^* E^* = \varkappa^* \varrho^* E^*, \qquad \varrho^* \text{ der Koeffizient von } 1 \text{ in } E^* e^* . \tag{5.9}$$

Wir beweisen $\varrho^* = \varrho$. Dazu bemerken wir, daß im Produkt Ee^* der eine Faktor, e^*, im Gruppenring $\mathfrak{O}_{n-1}$ von $\mathfrak{S}_{n-1}$ liegt, d. h. nur Glieder mit Permutationen enthält, die n fest lassen. Sieht man sich die Formel für den Koeffizienten von 1 in einem Produkt an, so erkennt man, daß dann auch von E nur die Glieder vorkommen, die n fest lassen; diese machen aber gerade E^* aus, denn ein Produkt pq, bei dem mindestens ein Faktor n bewegt, bewegt ebenfalls n. Also ist der Koeffizient von 1 in Ee^* und in $E^* e^*$ derselbe, d. h. $\varrho = \varrho^*$. Nun wenden wir Induktion an. Für $n = 2$ ist $E^* = e^* = 1$ und $\varkappa^* = 1$, also (5.9) mit $\varrho^* = 1$ richtig und daher auch (5.8) mit $\varrho = 1$: das ist die Basis für die Induktion. Machen wir dann die Induktionsannahme $E^* e^{**} E^* = \varkappa^* E^*$, so folgt $E^* e^* E^* = \frac{1}{\varkappa^*} E^* e^{**} E^* e^{**} E^*$ $= E^* e^{**} E^* = \varkappa^* E^*$, also (5.9) mit $\varrho^* = 1$. Also ist auch in (5.8) $\varrho = 1$, w.z.b.w.

Mit Hilfe der Formel von Satz 5.2 beweist man leicht die für uns später nützliche Formel

$$e_i E_{ik} e_k = \varkappa e_{ik}, \quad \text{und speziell } eEe = \varkappa e: \tag{5.10}$$

$$e_i E_{ik} e_k = \frac{1}{\varkappa} e_i^* E_i e_i^* E_i s_{ik} e_k = e_i^* E_i s_{ik} e_k$$

$$= \frac{1}{\varkappa} e_i^* s_{ik} E_k e_k^* E_k e_k^* = e_i^* s_{ik} E_k e_k^* = \varkappa e_{ik} .$$

Jetzt können wir (5.1) beweisen. $E_i^{(m)}$ liegt in $\mathfrak{a}^{(m)}$ (§ 3) und $\mathfrak{a}^{(m)}$ ist zweiseitiges Ideal, also liegt auch $e_{ik}^{(m)} = \frac{1}{\varkappa^{(m)}} e_i^{(m)*} E_i^{(m)} e_i^{(m)*}$ in $\mathfrak{a}^{(m)}$. Daraus folgt schon, daß in (5.1) immer 0 herauskommt, wenn $(l) \neq (m)$ (III Satz 3.10). Nun sei

$$0 \neq e_{ij}^{(m)} e_{hk}^{(m)} = \frac{1}{(\varkappa^{(m)})^2} e_i^{(m)*} E_{ij} e_j^{(m)*} e_h^{(m)*} E_{hk}^{(m)} e_k^{(m)*} . \tag{5.11}$$

Wir zeigen: dann ist $j = h$. Wir können Induktion anwenden: Für $n = 1$ ist nichts zu beweisen, denn dann gibt es nur ein einziges $e_{11} = 1$. Wir nehmen an, daß (5.1) für die Gruppe $\mathfrak{S}_{n-1}$ richtig ist. Aus (5.11) folgt

$e_j^{(m)*} e_h^{(m)*} \neq 0$ und daraus nach der Induktionsannahme $T_j^{(m)*} = T_h^{(m)*}$, weil $e_j^{(m)*}$ und $e_h^{(m)*}$ die zu diesen Tableaux gehörigen seminormalen Einheiten sind. Tableaux, die aus *einem* T^* durch Anstückeln eines n-Kästchens entstehen, sind aber gleich oder sie gehören zu verschiedenen Rahmen. Da oben beidemal (m) steht, muß $j = h$ sein. Schließlich berechnen wir, mit Weglassen des Index (m), $e_{ij} e_{jk} = \frac{1}{\varkappa^2} e_i^* E_{ij} e_j^{*2} E_{jk} e_k^*$

$$= \frac{1}{\varkappa^2} e_i^* s_{ij} E_j e_j^* E_j s_{jk} e_k^* = \frac{1}{\varkappa} e_i^* E_i s_{ik} e_k^* = e_{ik}.$$

Beim zweiten Gleichheitszeichen wurde benutzt, daß nach der Induktionsannahme e_j^* idempotent ist, beim dritten Satz 5.2. Damit ist (5.1) vollständig bewiesen.

Mit Hilfe von (5.3) lassen sich natürlich sofort die seminormalen Matrizen für die Basiselemente $e_{ik}^{(m)}$ selbst berechnen: es ist $D^{(l)}(e_{ik}^{(m)}) = 0$ für $(l) \neq (m)$, $D^{(m)}(e_{ik}^{(m)})$ hat eine Eins an der Stelle (i, k) und sonst Nullen; setzt man $\sum_i e_{ii}^{(m)} = e^{(m)}$, so ist $D^{(m)}(e^{(m)})$ die $f^{(m)}$-dimensionale Einheitsmatrix, also $e^{(m)}$ die Eins von $\mathfrak{a}^{(m)}$; schließlich ist $\sum_{(m)} e^{(m)} = 1$, die Eins des Gruppenrings. Interessanter ist

Satz 5.3. $$e^* = \sum_{(m), i} e_i^{(m)},$$

wobei die Summe über alle Paare $(m), i$ mit $T_i^{(m)*} = T^*$ zu erstrecken ist, also über die Tableaux von $\mathfrak{S}_n$, die aus dem Tableau T^* von $\mathfrak{S}_{n-1}$ durch Anfügen eines n-Feldes gewonnen werden können.

Sie gehören zu lauter verschiedenen (m), die Matrizen $D^{(m)}(e^*)$ sind also entweder 0 oder haben *eine* Eins in der Diagonale und sonst Nullen. Insbesondere ist

$$D^{(m)}(e_i^{(m)*}) = D^{(m)}(e_i^{(m)}), \tag{5.12}$$

nämlich die Matrix, die nur eine 1 an der Stelle (i, i) hat.

Beweis mit Formel (5.3):

$$e_i^{(m)} e^* e_k^{(m)} = \frac{1}{(\varkappa^{(m)})^2} e_i^{(m)*} E_i^{(m)} e_i^{(m)*} e^* e_k^{(m)*} E_k^{(m)} e_k^{(m)*} = 0,$$

außer wenn $T_i^{(m)*} = T^* = T_k^{(m)*}$. Da oben beidemal dasselbe (m) steht, geht das nur für $i = k$ und wenn $T_i^{(m)}$ aus T^* durch Anfügen eines n-Kästchens entsteht, und in diesem Fall kommt, wieder mit Benutzung von Satz 5.2, $e_i^{(m)}$ heraus.

Um die seminormale Darstellung $D^{(m)}(s)$ ganz explizit festzulegen, müssen wir noch über die Reihenfolge der Standard-Tableaux $T_1^{(m)}, \ldots, T_{f^{(m)}}^{(m)}$ verfügen. Sie werden, anders als in § 4, „*nach der letzten Ziffer*" angeordnet *(last letter sequence)*. Zuerst sollen die Tableaux kommen, bei denen n in der letzten Zeile steht, dann die mit n in der vorletzten, usw. Ist etwa $m_\varrho = m_{\varrho+1}$, so kommen Tableaux mit n in der ϱ-ten Zeile nicht vor, in der n ja dann nicht stehen kann. Ist $m_\varrho \neq m_{\varrho+1}$, so bilden die Tableaux mit n in der ϱ-ten Zeile, wenn man das n-Feld abschneidet, gerade die sämtlichen Standard-Tableaux der $\mathfrak{S}_{n-1}$ zu dem Rahmen, der aus (m) durch Abschneiden des letzten Feldes der ϱ-ten Zeile entsteht und den wir mit $(m)(\varrho)$ bezeichnen wollen. Diese Standard-Tableaux werden nun nach der Stellung von $n-1$ angeordnet, die mit $n-1$ in der gleichen Zeile nach der Stellung von $n-2$, usw. Damit ist die Ordnung nach der letzten Ziffer vollständig beschrieben. Z. B. erscheinen die Standard-Tableaux zum Rahmen $(m)=(3, 2)$ nicht in der Reihenfolge (4.3), sondern so:

$$\begin{matrix} 1\,2\,3 & 1\,2\,4 & 1\,3\,4 & 1\,2\,5 & 1\,3\,5 \\ 4\,5 & 3\,5 & 2\,5 & 3\,4 & 2\,4\,. \end{matrix} \tag{5.13}$$

Wir beweisen

Satz 5.4. *Für* $s \in \mathfrak{S}_{n-1}$ *gilt*

$$D^{(m)}(s) = D^{(m)(r)}(s) \dotplus D^{(m)(r-1)}(s) \dotplus \cdots \dotplus D^{(m)(1)}(s)\,, \tag{5.14}$$

wobei das Glied $(m)(\varrho)$ *fehlt, wenn* $m_\varrho = m_{\varrho+1}$ *ist.*

Hier ist $(m)(\varrho)$ die soeben eingeführte Bezeichnung, $D^{(m)(\varrho)}$ ist die zum Rahmen $(m)(\varrho)$ gehörige seminormale Darstellung von $\mathfrak{S}_{n-1}$, $\mathfrak{S}_{n-1}$ ist wie immer die Untergruppe der s, die n fest lassen.

Satz 5.4 ist ein „*Verzweigungssatz*“: Er gibt an, wie die zum Rahmen (m) gehörige irreduzible Darstellung von $\mathfrak{S}_n$ zerfällt, wenn man sie in $\mathfrak{S}_{n-1}$ „subduziert“. Darüber hinaus lehrt er, daß die seminormale Darstellung gerade so eingerichtet ist, daß die subduzierte Darstellung ausreduziert ist. Bei dem oben angeführten Rahmen (3,2) lautet (5.14): $D^{(3,2)}(s) = D^{(3,1)}(s) \dotplus D^{(2,2)}(s)$ für $s \in \mathfrak{S}_4$.

Beweis. Für $s \in \mathfrak{S}_{n-1}$ gilt sowohl

$$s = \sum_{(m)} \sum_{i,k} \delta_{ik}^{(m)}(s)\, e_{ik}^{(m)} \quad \text{als auch} \quad s = \sum_{(a)} \sum_{u,v} \delta_{uv}^{(a)}(s)\, e_{uv}^{(a)},$$

wo (a) die Rahmen für $\mathfrak{S}_{n-1}$ sind. Es ist

$$\begin{aligned} \delta_{ik}^{(m)}(s)\, e_{ik}^{(m)} &= e_i^{(m)} s e_k^{(m)} \\ &= \frac{1}{(\varkappa^{(m)})^2} \sum_{(a)} \sum_{u,v} \delta_{uv}^{(a)}(s)\, e_i^{(m)*} E_i^{(m)} e_i^{(m)*} e_{uv}^{(a)} e_k^{(m)*} E_k^{(m)} e_k^{(m)*} = 0\,, \end{aligned}$$

wenn es nicht einen Rahmen (a) und zwei Nummern p und q gibt, so daß

$$T_i^{(m)*} = T_p^{(a)} \quad \text{und} \quad T_k^{(m)*} = T_q^{(a)}\,, \tag{5.15}$$

denn sonst annullieren sich in jedem Summanden zwei nebeneinander stehende seminormale Basiselemente der $\mathfrak{S}_{n-1}$. Das Matrixelement an der Stelle (i, k) kann also nur $\neq 0$ sein, wenn $T_i^{(m)*}$ und $T_k^{(m)*}$ den gleichen Rahmen (a), d. h. $T_i^{(m)}$ und $T_k^{(m)}$ das n an der gleichen Stelle haben. $D^{(m)}(s)$ hat also außerhalb der Kästchen längs der Diagonale, die in (5.14) angegeben sind, in der Tat lauter Nullen.

Wenn aber i und k zum gleichen Abschnitt gehören, d. h. $T_i^{(m)}$ und $T_k^{(m)}$ das n an der gleichen Stelle haben, dann benutzen wir zur Berechnung des Matrixelements die Formel (5.4): $\delta_{ik}^{(m)}(s)$ ist der Koeffizient von s^{-1} in $\varkappa^{(m)} e_{ki}^{(m)} = e_k^{(m)*} E_k^{(m)} s_{ki}^{(m)} e_i^{(m)*}$. Wegen der Bedingung für i und k und wegen (5.15) ist $s_{ki}^{(m)} = s_{qp}^{(a)} \in \mathfrak{S}_{n-1}$. Es liegen also drei von den vier Faktoren in $\mathfrak{O}_{n-1}$, und daher können zum Koeffizienten von $s^{-1} \in \mathfrak{S}_{n-1}$ nur die Glieder von $E_k^{(m)}$ beitragen, die ebenfalls n fest lassen; diese machen, wie wir wissen, $E_k^{(m)*}$ aus. Also ist $\delta_{ik}^{(m)}(s)$ auch der Koeffizient von s^{-1} in

$$e_k^{(m)*} E_k^{(m)*} s_{ki}^{(m)} e_i^{(m)*} = e_q^{(a)} E_q^{(a)} s_{qp}^{(a)} e_p^{(a)} = \varkappa^{(m)} e_{qp}^{(a)}.$$

Das erste Gleichheitszeichen gilt wegen (5.15), das zweite wegen (5.10). Also ist, wie zu zeigen war, $\delta_{ik}^{(m)}(s) = \delta_{pq}^{(a)}(s)$, d. h. in den Kästchen stehen genau die seminormalen Darstellungen zu den Rahmen (m) (ϱ).

Wir brauchen noch einen Hilfssatz:

Satz 5.5. *Die Matrix $D^{(m)}(E_h^{(m)})$ hat $\varkappa^{(m)}$ an der Stelle (h, h) und* 0 *an allen Stellen (i, k) mit $i > h$ oder $k < h$ (also insbesondere an den von (h, h) verschiedenen Stellen der Hauptdiagonale und überall unterhalb derselben).*

Beweis. Die erste Behauptung folgt aus $e_h^{(m)} E_h^{(m)} e_h^{(m)} = \varkappa^{(m)} e_h^{(m)}$, (5.10).

Für das Weitere sei an die Sätze von § 2 erinnert: Ist $(m) > (m')$, und sind T und T' Tableaux mit diesem Rahmen, so gibt es zwei Ziffern, die in T in einer Zeile und in T' in einer Spalte stehen, und daraus folgt $Q'P = 0$, aber auch $Q' s P s^{-1} = 0$, also $Q' s P = 0$ für alle $s \in \mathfrak{S}_n$, folglich $Q' x P = 0$ für alle $x \in \mathfrak{O}_n$.

Nun sei $k < i$, und das n möge bei $T_k^{(m)}$ tiefer sitzen als bei $T_i^{(m)}$. Dann folgt, wenn (a) und (b) die Rahmen von $T_i^{(m)*}$ und $T_k^{(m)*}$ sind, $(b) > (a)$, und das Obige gilt für $T_k^{(m)*}$ und $T_i^{(m)*}$, also auch für $T_k^{(m)}$ und $T_i^{(m)}$. Es ist also $Q_i^{(m)} P_k^{(m)} = 0$ und auch $Q_i^{(m)} s P_k^{(m)} s^{-1} = 0$ wenigstens für alle $s \in \mathfrak{S}_{n-1}$ (denn dann ist der Rahmen von $(s T_k^{(m)})^*$ immer noch (b)), also $Q_i^{(m)} x P_k^{(m)} = 0$ und natürlich auch $E_i^{(m)} x E_k^{(m)} = 0$ für alle $x \in \mathfrak{O}_{n-1}$.

Es folgt, daß $e_i^{(m)} E_h^{(m)} e_k^{(m)} = \dfrac{1}{(\varkappa^{(m)})^2} e_i^{(m)*} E_i^{(m)} e_i^{(m)*} E_h^{(m)} e_k^{(m)*} E_k^{(m)} e_k^{(m)*} = 0$

ist, sobald $i > h$ und das n bei $T_i^{(m)}$ höher als bei $T_h^{(m)}$ sitzt oder $h > k$ und das n bei $T_h^{(m)}$ höher als bei $T_k^{(m)}$ sitzt. D. h. bei der Kästcheneinteilung des Satzes 5.4 sind in der jetzt betrachteten Matrix alle Kästchen 0, die weiter links oder weiter unten liegen als das, in dem die Stelle (h, h) liegt.

Es soll nun gezeigt werden, daß das Gleiche auch gilt, wenn man die Kästcheneinteilung dadurch verfeinert, daß man zu einem Abschnitt die Standard-Tableaux rechnet, die n und $n-1$ an der gleichen Stelle haben. Hierzu eine Hilfstatsache. Im Tableau T seien $a_1, \dots, a_j, n$ die Ziffern in der Zeile, die n enthält und $b_1, \dots, b_h, n$ die Ziffern in der Spalte mit n. Dann ist $P = P^* \, (1 + (a_1 n) + \cdots + (a_j n))$ und $Q = (1 - (b_1 n) - \cdots - (b_h n))Q^*$. Beim Ausmultiplizieren erhält man nämlich lauter Summanden, die in P bzw. Q wirklich vorkommen (bei Q stimmt auch das Vorzeichen), ihre Anzahl ist auch die richtige, und sie sind alle verschieden (z. B. würde aus $p_1^*(a_1 n) = p_2^*(a_2 n)$ folgen $p_2^{*-1} p_1^* = (a_2 n)(a_1 n) = (a_1 a_2 n)$, was falsch ist, weil die linke Seite n fest läßt, die rechte aber nicht). Man kann also $E = PQ = P^* x Q^*$ schreiben mit geeignetem $x \in \mathfrak{O}_n$.

Eine Wiederholung der früheren Schlußweise zeigt jetzt, daß

$$e_i^{(m)} E_h^{(m)} e_k^{(m)} = \frac{1}{(\varkappa^{(m)})^2} \frac{1}{\varkappa_i^{(m)*}} \frac{1}{\varkappa_k^{(m)*}} e_i^{(m)*} E_i^{(m)} e_i^{(m)**} E_i^{(m)*} e_i^{(m)**} \times$$
$$\times P_h^{(m)*} x Q_h^{(m)*} e_k^{(m)**} E_k^{(m)*} e_k^{(m)**} E_k^{(m)} e_k^{(m)*} = 0$$

ist, wenn $T_i^{(m)}$ und $T_h^{(m)}$ zwar n an der gleichen Stelle haben, aber $n-1$ bei $T_i^{(m)}$ höher sitzt als bei $T_h^{(m)}$ oder wenn $T_h^{(m)}$ und $T_k^{(m)}$ n an der gleichen Stelle haben, aber $n-1$ bei $T_h^{(m)}$ höher sitzt als bei $T_k^{(m)}$. Es sind also auch bei der feineren Kästcheneinteilung alle Kästchen 0, die weiter links oder weiter unten liegen als das die Stelle (h, h) enthaltende. Dieses Verfahren setzt man fort, bis die Kästchen nur noch aus je einem Element bestehen und der Satz bewiesen ist.

Nun können wir mit der Berechnung der Matrizen $D^{(m)}(s)$ beginnen. Da man, wie wir aus II § 2 wissen, jede Permutation als Produkt von Transpositionen $(l-1, l)$ darstellen kann, genügt es, die Matrizen für diese Transpositionen zu bestimmen. Wir beginnen mit der Transposition $t = (n-1, n)$ und machen von der Tatsache Gebrauch, daß t mit allen $s \in \mathfrak{S}_{n-2}$ vertauschbar ist — das sind ja die Permutationen, die $n-1$ und n fest lassen. Für diese wissen wir allerhand über die Matrizen; es ergibt sich, wenn man den Satz 5.4 auf die Kästchen der rechten Seite von (5.14) nochmals anwendet. Die Reihe der Standard-Tableaux erscheint jetzt in Abschnitte eingeteilt, in denen jedesmal $n-1$ und n eine feste Lage haben. Steht n in der ϱ-ten, $n-1$ in der σ-ten Zeile, so schneiden wir zuerst das n-Feld, dann das $(n-1)$-Feld ab und erhalten den Rahmen $(m)(\varrho)(\sigma)$, für den wir der Kürze halber ϱ, σ schreiben. Dann ist für $s \in \mathfrak{S}_{n-2}$

$$D^{(m)}(s) = D^{r,r}(s) \dotplus D^{r,r-1}(s) \dotplus \cdots \dotplus D^{r,1}(s) \dotplus D^{r-1,r}(s) \dotplus \cdots \dotplus D^{1,1}(s) \quad (5.16)$$

mit der üblichen Weglassung von „verbotenen" Rahmen. Im allgemeinen ist $D^{\varrho,\sigma} = D^{\sigma,\varrho}$ und es kommt also jedes Kästchen zweimal vor; nämlich immer dann, wenn $n-1$ und n in verschiedenen Zeilen und Spalten stehen, so daß durch Anwendung von t wieder ein Standardtableau entsteht. Nur einmal kommt $D^{\varrho,\varrho}$ vor ($n-1$ und n in einer Zeile); aber auch $D^{\varrho,\varrho-1}$ wenn $m_\varrho = m_{\varrho-1}$ ($n-1$ und n in einer Spalte; $D^{\varrho-1,\varrho}$ kommt nicht vor). Im übrigen sind alle Kästchen verschieden und inäquivalent, da sie zu verschiedenen Rahmen gehören.

Entsprechend dieser Einteilung des Laufbereichs der Zeilen- und Spaltennummer i und k wird nun die Matrix $D^{(m)}(t)$ in Kästchen $D^{\varrho,\sigma;\tau,\nu}(t)$ eingeteilt. Die Vertauschbarkeit $D^{(m)}(s)\,D^{(m)}(t) = D^{(m)}(t)\,D^{(m)}(s)$ liefert nach der Kästchenregel

$$D^{\varrho,\sigma}(s)\,D^{\varrho,\sigma;\tau,\nu}(t) = D^{\varrho,\sigma;\tau,\nu}(t)\,D^{\tau,\nu}(s)\,;$$

nach SCHURs Lemma (I Satz 7.1) folgt, daß $D^{\varrho,\sigma;\tau,\nu}(t) = 0$ ist, außer wenn $\tau, \nu = \varrho, \sigma$ oder $\tau, \nu = \sigma, \varrho$, und in diesen Fällen, daß $D^{\varrho,\sigma;\tau,\nu}$ Multiplum der Einheitsmatrix ist. Es ist also

$$D^{\varrho,\varrho;\varrho,\varrho}(t) = \gamma E\,, \quad D^{\varrho,\varrho-1;\varrho,\varrho-1}(t) = \gamma' E \quad (m_{\varrho-1} = m_\varrho),$$

$$\begin{pmatrix} D^{\varrho,\sigma;\varrho,\sigma}(t) & D^{\varrho,\sigma;\sigma,\varrho}(t) \\ D^{\sigma,\varrho;\varrho,\sigma}(t) & D^{\sigma,\varrho;\sigma,\varrho}(t) \end{pmatrix} = \begin{pmatrix} \gamma_{11}E & \gamma_{12}E \\ \gamma_{21}E & \gamma_{22}E \end{pmatrix},$$

alle andern $D^{\varrho,\sigma;\tau,\nu}(t)$ sind $=0$. Um die γ zu berechnen, benutzen wir, daß $t^2 = 1$ ist. Daraus folgt

$$\begin{aligned} & & \gamma_{11}^2 + \gamma_{12}\gamma_{21} &= 1 \\ \gamma^2 &= 1 & \gamma_{11}\gamma_{12} + \gamma_{12}\gamma_{22} &= 0 \\ & & \gamma_{21}\gamma_{11} + \gamma_{22}\gamma_{21} &= 0 \\ \gamma'^2 &= 1 & \gamma_{21}\gamma_{12} + \gamma_{22}^2 &= 1\,. \end{aligned} \tag{5.17}$$

Um γ zu berechnen, sei i aus dem Abschnitt ϱ, ϱ. Dann ist t Horizontalpermutation fürs Tableau $T_i^{(m)}$ und daher $tE_i^{(m)} = E_i^{(m)}$ und

$$\varkappa^{(m)} e_i^{(m)} = e_i^{(m)*} E_i^{(m)} e_i^{(m)*} = e_i^{(m)*}\, t E_i^{(m)} e_i^{(m)*}\,.$$

Die Matrix $D^{(m)}(\varkappa^{(m)} e_i^{(m)})$ hat $\varkappa^{(m)}$ an der Stelle (i, i) und sonst Nullen. $D^{(m)}(e_i^{(m)*})$ hat 1 an der Stelle (i, i) und sonst Nullen in der i-ten Zeile und Spalte. $D^{(m)}(E_i^{(m)})$ hat $\varkappa^{(m)}$ an der Stelle (i, i) (Satz 5.5). Mehr braucht man nicht zu wissen, um zu finden, daß das Produkt der 4 Matrizen (man multipliziere zuerst die ersten beiden und die letzten beiden) $\gamma\varkappa^{(m)}$ an der Stelle (i, i) und sonst Nullen hat. Es folgt $\gamma = 1$; ganz ebenso beweist man $\gamma' = -1$ mit Hilfe der Tatsache, daß, wenn i aus einem Abschnitt $\varrho, \varrho-1$ mit $m_{\varrho-1} = m_\varrho$ ist, t eine Vertikalpermutation für $T_i^{(m)}$ und daher $E_i^{(m)} t = -E_i^{(m)}$ ist.

Endlich sei k aus dem Abschnitt ϱ, σ und i aus σ, ϱ so, daß $t\,T_k^{(m)} = T_i^{(m)}$, also nach Abschneiden des n- und $(n-1)$-Feldes beidemal das gleiche Standard-Tableau von $\mathfrak{S}_{n-2}$ übrigbleibt. Dabei sei $\varrho > \sigma$, dann ist $i > k$ (n sitzt bei T_k tiefer als bei T_i). Es ist also $t = s_{ik}^{(m)}$ und daher

$$\varkappa^{(m)} e_{ik}^{(m)} = e_i^{(m)*} E_i^{(m)} t\, e_k^{(m)*} .$$

$D^{(m)}(\varkappa^{(m)} e_{ik}^{(m)})$ hat $\varkappa^{(m)}$ an der Stelle (i, k) und sonst Nullen. $D^{(m)}(e_i^{(m)*})$ und $D^{(m)}(e_k^{(m)*})$ haben 1 an der Stelle (i, i) bzw. (k, k) und sonst Nullen. $D^{(m)}(t)$ hat $\begin{pmatrix} \gamma_{11} & \gamma_{12} \\ \gamma_{21} & \gamma_{22} \end{pmatrix}$ an den Stellen $\begin{pmatrix} k,k & k,i \\ i,k & i,i \end{pmatrix}$ und sonst Nullen in der k-ten und i-ten Zeile und Spalte. Von $D^{(m)}(E_i^{(m)})$ wissen wir aus Satz 5.5 noch, daß es links von dem $\varkappa^{(m)}$ an der Stelle (i, i) nur Nullen hat. Das genügt, um durch Multiplikation der Matrizen herauszufinden, daß $\gamma_{21} = 1$ sein muß. Setzt man noch $\gamma_{22} = \eta$, so folgt aus (5.17) $\gamma_{11} = -\eta$ und $\gamma_{12} = 1 - \eta^2$.

Zur ganz expliziten Angabe der Matrix $D^{(m)}(t)$ fehlt nur noch die Berechnung der Zahl η. Es ist zweckmäßig, vorher das endgültige Ergebnis für die Matrix $D^{(m)}(t)$ zu formulieren, wobei t jetzt eine beliebige der Transpositionen $(l-1, l)$ ist, $l = 2, \ldots, n$. Dieses kann jetzt durch vollständige Induktion bewiesen werden, und dabei ergibt sich der Wert von η mit.

Zuvor müssen wir freilich noch eine Definition einführen, nämlich die der Axialdistanz in einem Tableau. Die Ziffer p stehe in T an der Stelle (i_p, k_p). Dann mißt die Zahl $i_p - k_p$ gewissermaßen den Abstand des p-Feldes von der „Achse“ $i = k$ und gibt durch ihr Vorzeichen zugleich an, auf welcher Seite der Achse es liegt: >0 bedeutet links unterhalb, <0 rechts oberhalb. Ist q eine weitere Ziffer, so heißt

$$d(p, q) = i_q - k_q - (i_p - k_p) \tag{5.18}$$

die *Axialdistanz von p nach q*. Man kann auch $d(p, q) = i_q - i_p - (k_q - k_p)$ schreiben, und dieser Ausdruck zeigt, daß $d(p, q)$ die Anzahl der „Schritte“ ist, die man gehen muß, um vom p-Feld zum q-Feld zu gelangen, wobei Schritte nach links oder nach unten positiv, solche nach rechts oder nach oben negativ zu zählen sind — unabhängig davon, welchen Weg man nimmt. Natürlich ist

$$\begin{aligned} d(q, p) &= -d(p, q) \\ d(p, q) + d(q, r) &= d(p, r) . \end{aligned} \tag{5.19}$$

Nun können wir das Endresultat formulieren:

Satz 5.6. *Bei der seminormalen Darstellung $D^{(m)}(s)$ steht die Matrix $D^{(m)}(t)$, $t = (l-1, l)$, $l = 2, \ldots, n$ so aus:*

$T_1^{(m)}, \ldots, T_{f^{(m)}}^{(m)}$ seien die Standard-Tableaux des Rahmens (m), nach der letzten Ziffer geordnet.

a) Stehen $l-1$ und l in $T_i^{(m)}$ in einer Zeile, so ist $\delta_{ii}(t)=1$.

b) Stehen $l-1$ und l in $T_i^{(m)}$ in einer Spalte, so ist $\delta_{ii}(t)=-1$.

c) Ist $T_k=tT_i$ mit $i<k$, so ist

$$\begin{pmatrix}\delta_{ii}(t) & \delta_{ik}(t)\\ \delta_{ki}(t) & \delta_{kk}(t)\end{pmatrix}=\begin{pmatrix}-\eta & 1-\eta^2\\ 1 & \eta\end{pmatrix};$$

dabei ist $\frac{1}{\eta}=d(l-1,\, l)$ im Tableau T_i.

d) Alle andern $\delta_{ik}(t)$ sind 0.

Wir notieren zwei Folgerungen aus diesem Satz:

Folgerung 1. Für $i\neq k$ ist genau dann $\delta_{ik}(t)\neq 0$, wenn $T_k=tT_i$.

Folgerung 2. $\delta_{ii}(t)$ ist immer die reziproke Axialdistanz von l nach $l-1$ in T_i.

Um Satz 5.6 durch vollständige Induktion zu beweisen, untersuchen wir zuerst die Induktions-Basis. Für $n=1$ ist natürlich die Einsdarstellung zugleich die einzige seminormale, aber da es in $\mathfrak{S}_1$ keine Transposition gibt, können wir Satz 5.6 nicht nachprüfen. Für $n=2$ aber gibt es die beiden Rahmen der Eins- und der alternierenden Darstellung mit je *einem* Standardtableau: 1 2 bzw. $\begin{matrix}1\\2\end{matrix}$. Die Axialdistanz von 2 nach 1 ist im einen Fall 1, im andern -1, und in der Tat wird — siehe Folgerung 2 — die Transposition (12) in der einen Darstellung durch 1, in der andern durch -1 dargestellt.

Nehmen wir also an, Satz 5.6 sei für $\mathfrak{S}_{n-1}$ richtig. Dann ist die Aussage des Satzes auch für $\mathfrak{S}_n$ und alle Transpositionen $t=(l-1,\, l)$ für $l=2,\dots$ $\dots, n-1$ richtig. Denn diese Elemente gehören der Untergruppe $\mathfrak{S}_{n-1}$ an. Elemente $\delta_{ik}^{(m)}(t)$, bei denen $T_i^{(m)}$ und $T_k^{(m)}$ das n an verschiedenen Stellen haben, sind $=0$ nach Satz 5.4, und in den Kästchen der rechten Seite von (5.14) stehen ja seminormale Darstellungen von $\mathfrak{S}_{n-1}$, für ihre Elemente ist die Aussage von Satz 5.6 davon unabhängig, ob man sie als Darstellung von $\mathfrak{S}_{n-1}$ oder von $\mathfrak{S}_n$ ansieht.

Wir brauchen also nur noch für $t=(n-1, n)$ die Aussage über den Wert von η zu beweisen. Sei $T_k=tT_i$, $i<k$. Wir betrachten noch $u=(n-2, n-1)$ und setzen $T_j=uT_i$, $T_h=uT_k$. Wo in T_i: $\begin{matrix}n-2\\ n-1\\ n\end{matrix}$ steht, findet sich

$$\text{bei } T_k\colon\ \begin{matrix}n-2\\ n\\ n-1\end{matrix},\quad \text{bei } T_j\colon\ \begin{matrix}n-1\\ n-2,\\ n\end{matrix}\ \text{bei } T_h\colon\ \begin{matrix}n-1\\ n\\ n-2\end{matrix}. \tag{5.20}$$

T_j bzw. T_h existiert nicht, wenn $n-2$ bei T_i bzw. bei T_k mit $n-1$ in einer Zeile oder Spalte steht. Es ist $tut=utu$. Wir gewinnen eine Gleichung für

η, indem wir das Element (k, i) der Matrizen $D^{(m)}(t)\, D^{(m)}(u)\, D^{(m)}(t)$ und $D^{(m)}(u)\, D^{(m)}(t)\, D^{(m)}(u)$ gleichsetzen. An den Stellen $\begin{matrix}(i,i) & (i,k)\\ (k,i) & (k,k)\end{matrix}$ steht bei $D(t)$: $\begin{matrix}-\eta & 1-\eta^2\\ 1 & \eta\end{matrix}$, und das sind die einzigen Elemente $\neq 0$ in der i-ten und k-ten Zeile und Spalte. Nach Folgerung 1 und 2 von Satz 5.6 steht bei $D^{(m)}(u)$ an denselben Stellen: $\begin{matrix}-\alpha & 0\\ 0 & -\beta\end{matrix}$ mit $\frac{1}{\alpha} = d(n-2, n-1)$ in T_i,

$$\frac{1}{\beta}\begin{cases} = d(n-2, n-1) & \text{in } T_k\\ = d(n-2, n) & \text{in } T_i\,. \end{cases} \tag{5.21}$$

Das sind aber nicht immer die einzigen Elemente $\neq 0$ in den beiden Zeilen und Spalten. Vielmehr gibt es Elemente $\neq 0$, falls T_j existiert, an den Stellen $(i, j), (j, i), (j, j)$, und falls T_h existiert, an den Stellen (k, h), $(h, k), (h, h)$. $D^{(m)}(t)\, D^{(m)}(u)$ hat an den betrachteten Stellen:

$$\begin{matrix}\eta\alpha & -(1-\eta^2)\beta\\ -\alpha & -\eta\beta\end{matrix}.$$

Multipliziert man von rechts mit $D^{(m)}(t)$, so folgt für das Element (k, i) von $D^{(m)}(t)\, D^{(m)}(u)\, D^{(m)}(t)$ der Wert $\alpha\eta - \beta\eta$. Multipliziert man von links mit $D^{(m)}(u)$, so erhält man für dasselbe Element von $D^{(m)}(u)\, D^{(m)}(t)\, D^{(m)}(u)$ den Wert $\alpha\beta$. Aber in diesem letzteren Fall ist Vorsicht am Platz: Da in der k-ten Zeile von $D^{(m)}(u)$ möglicherweise ein Element $\neq 0$ an der Stelle (k, h) steht, würde etwas anderes herauskommen, wenn in $D^{(m)}(t)\, D^{(m)}(u)$ ein Element $\neq 0$ an der Stelle (h, i) stehen würde. Dieses Element entsteht durch Kombination der h-ten Zeile von $D^{(m)}(t)$ mit der i-ten Spalte von $D^{(m)}(u)$. Die letztere hat Elemente $\neq 0$ an der Stelle (i, i) und möglicherweise (j, i). $D^{(m)}(t)$ müßte also ein Element $\neq 0$ bei (h, i) oder bei (h, j) haben. Bei (h, i) wissen wir schon, daß es nicht der Fall ist. Die Stelle (h, j) gibt es nur, wenn T_h und T_j existieren. Und dann würde aus $\delta_{hj}^{(m)}(t) \neq 0$ folgen, daß T_h und T_j durch Vertauschung von $n-1$ und n auseinander hervorgehen. („Folgerung 2" dürfen wir nicht benutzen, aber diese Tatsache wurde für $D^{(m)}(t)$ schon früher bewiesen.) Ein Blick auf (5.20) zeigt, daß dies nicht der Fall ist.

Also ist alles in Ordnung, und wir haben

$$\alpha\beta = \alpha\eta - \beta\eta$$

bewiesen. Da $\alpha \neq 0$ und $\beta \neq 0$, ist auch $\eta \neq 0$, und Division durch $\alpha\beta\eta$ liefert nach (5.19) und (5.21)

$$\frac{1}{\eta} = \frac{1}{\beta} - \frac{1}{\alpha} = d(n-1, n-2) + d(n-2, n) = d(n-1, n)\,,$$

alles in T_i, und das ist gerade was wir noch zu beweisen hatten.

§ 6. Youngs orthogonale Darstellung

Durch eine ganz einfache Transformation hat YOUNG die seminormale Darstellung „orthogonalisiert“ und dadurch eine orthogonale Darstellung gewonnen, die ebenso leicht wie die seminormale berechnet werden kann. Es sei übrigens daran erinnert, daß die Existenz orthogonaler Darstellungen schon aus III § 6 folgt, da unitäre reelle Darstellungen orthogonal sind. Die Youngsche orthogonale Darstellung $O^{(m)}(s)$ ist eine ganz bestimmte aus der zu jedem Rahmen (m) gehörigen Klasse äquivalenter orthogonaler irreduzibler Darstellungen. Ihr Aussehen beschreibt

Satz 6.1. *Man erhält eine zum Rahmen (m) gehörige orthogonale irreduzible Darstellung $O^{(m)}(s)$, wenn man in Satz 5.6 die Matrix $D^{(m)}(t)$ dadurch in $O^{(m)}(t)$ abändert, daß man im Fall c) die vier Zahlen*

$$\begin{matrix} -\eta & 1-\eta^2 \\ 1 & \eta \end{matrix} \quad \text{durch} \quad \begin{matrix} -\eta & \sqrt{1-\eta^2} \\ \sqrt{1-\eta^2} & \eta \end{matrix}$$

ersetzt. Die Wurzel ist positiv zu nehmen; wegen $0<\eta<1$ ist $1-\eta^2>0$.

Beweis. Eine Matrix $H^{(m)}$ mit der Eigenschaft, daß

$$H^{(m)^{-1}} D^{(m)}(s) H^{(m)} = O^{(m)}(s),$$

wird folgendermaßen konstruiert.

In einem Tableau T werde die letzte Ziffer der ϱ-ten Zeile mit a_ϱ bezeichnet ($\varrho=1,\dots,r$). Dann setzt man

$$\varphi_T(n)=\begin{cases} 1, & \text{wenn } n=a_1 \\ \prod\limits_{\varrho=1}^{\tau-1}(1+\gamma_\varrho) \text{ mit } \dfrac{1}{\gamma_\varrho}=d(a_\varrho,n), & \text{wenn } n=a_\tau,\ \tau>1\,. \end{cases}$$

$\varphi_T(n-1)$ wird durch

$$\varphi_T(n-1)=\varphi_{T^*}(n-1)$$

erklärt, wo die rechte Seite bereits definiert ist; T^* ist wie in § 5 das aus T durch Abschneiden des n-Feldes entstehende Tableau. So fortfahrend wird $\varphi_T(l)$ für $l=1,\dots,n$ definiert und schließlich

$$\psi_T=\varphi_T(n)\,\varphi_T(n-1)\dots\varphi_T(1)$$

gesetzt.

Nun seien $T_1^{(m)},\dots,T_{f^{(m)}}^{(m)}$ die zu (m) gehörigen Standard-Tableaux, wie in § 5 nach der letzten Ziffer geordnet. Der festbleibende Index (m) wird fortgelassen und abkürzend $\varphi_i(l)$, ψ_i für $\varphi_{T_i}(l)$, ψ_{T_i} geschrieben. Wir vergleichen ψ_i und ψ_k, wenn $i<k$ und $T_k=(l-1,l)\,T_i$ ist. Dann ist offenbar $\varphi_i(j)=\varphi_k(j)$ für $j>l$ und für $j<l-1$, da die Vertauschung von $l-1$ und l auf die Berechnung dieser Zahlen keinen Einfluß hat. Weil

ferner für jedes j der Wert von $\varphi_T(j)$ von den Zeilen unterhalb des j-Feldes unabhängig ist und da in T_i das l, in T_k das $l-1$ den tieferen Platz einnimmt, ist $\varphi_i(l-1) = \varphi_k(l)$. Aber $\varphi_i(l)$ und $\varphi_k(l-1)$ unterscheiden sich dadurch, daß zur Berechnung von $\varphi_k(l-1)$ in T_k von der das l-Feld enthaltenden Zeile (in T_i steht dort $l-1$) dieses Feld abgeschnitten ist. Diese Zeile liefert bei

$$\varphi_i(l) \text{ einen Faktor } 1+\eta, \frac{1}{\eta} = d(l-1, l)$$

$$\varphi_k(l-1) \text{ einen Faktor } 1+\gamma, \frac{1}{\gamma} = d(l-1, l) - 1 = \frac{1}{\eta} - 1\,.$$

Man findet $1+\gamma = 1 + \dfrac{1}{\frac{1}{\eta} - 1} = \dfrac{1}{1-\eta}$. Also ist $\dfrac{\varphi_i(l)}{\varphi_k(l-1)} = 1 - \eta^2$ und auch $\dfrac{\psi_i}{\psi_k} = 1 - \eta^2$, da die übrigen Faktoren paarweise gleich sind. H sei nun die Diagonalmatrix mit den Diagonalelementen $\sqrt{\psi_1}, \ldots, \sqrt{\psi_f}$ und wir setzen $O(s) = H^{-1} D(s) H$. Dann stimmen die Diagonalelemente von $O(s)$ mit denen von $D(s)$ überein; das Element (i, k) von $D(s)$ wird mit $\sqrt{\psi_i}^{-1} \sqrt{\psi_k} = \sqrt{1-\eta^2}$ multipliziert, das Element (k, i) mit $\sqrt{\psi_k}^{-1} \sqrt{\psi_i} = \sqrt{1-\eta^2}$. Also hat $O(s)$ die in Satz 6.1 behauptete Gestalt und ist orthogonal, weil es nur aus Diagonalelementen ± 1 (in deren Zeile und Spalte sonst nichts steht) und Kästchen $\begin{pmatrix} -\eta & \sqrt{1-\eta^2} \\ \sqrt{1-\eta^2} & \eta \end{pmatrix}$ besteht, die zweireihige orthogonale Matrizen sind.

§ 7. Beweis der Sätze 4.2 und 4.3

Man bezeichne die Anzahl der Standard-Tableaux, die zum Rahmen mit den Zeilenlängen $m_1, \ldots, m_r$ $(m_1 \geqq \cdots \geqq m_r > 0,\ m_1 + \cdots + m_r = n)$ gehören, mit $f_{m_1 m_2 \ldots m_r}$, und man erweitere diese Definition von f auf beliebige ganze Zahlen $m_j \geqq 0$, indem man $f_{m_1 m_2 \ldots m_r} = 0$ setzt, falls eine Ungleichung $m_j < m_{j+1}$ vorkommt, und $f_{m_1 m_2 \ldots m_{r-1} 0} = f_{m_1 m_2 \ldots m_{r-1}}$ setzt.

Dann gilt nach Satz 5.4

$$f_{m_1 m_2 \ldots m_r} = f_{m_1 - 1, m_2 \ldots m_r} + f_{m_1, m_2 - 1, \ldots, m_r} + \cdots + f_{m_1 m_2 \ldots m_r - 1}\,. \tag{7.1}$$

Die rechts stehenden Zahlen gehören natürlich zu Tableaux der Gruppe $\mathfrak{S}_{n-1}$.

Die Formel (7.1) kann auch zur Berechnung der Anzahlen f dienen. Zum Beispiel würde man für die Anzahl der Standard-Tableaux (4.3)

$$f_{32} = f_{22} + f_{31} = 2 f_{21} + f_3 = 2 f_{11} + 3 f_2 = 5 f_1 = 5$$

finden.

Das Gegenstück zu (7.1) ist die Formel

$$(n+1) f_{m_1 m_2 \dots m_r} = f_{m_1+1, m_2 \dots m_r} + f_{m_1, m_2+1, \dots, m_r} + \cdots + f_{m_1 m_2 \dots m_r+1} + f_{m_1 m_2 \dots m_r 1}. \tag{7.2}$$

Um dies zu beweisen, betrachten wir $\mathfrak{S}_n$ als Untergruppe von $\mathfrak{S}_{n+1}$. Die linke Seite von (7.2) ist der Grad der Darstellung von $\mathfrak{S}_{n+1}$, die von der zu (m) gehörigen Darstellung von $\mathfrak{S}_n$ induziert wird (III § 13a). Die Indexfolgen auf der rechten Seite gehören zu denjenigen irreduziblen Darstellungen von $\mathfrak{S}_{n+1}$, in deren Einschränkung auf $\mathfrak{S}_n$ nach Satz 5.4 (angewendet auf $\mathfrak{S}_{n+1}$) die zu (m) gehörige Darstellung, und zwar genau einmal vorkommt. Genau diese müssen darum nach dem Frobeniusschen Reziprozitätsgesetz in der induzierten Darstellung ebenfalls mit der Vielfachheit 1 vorkommen. Für die Grade folgt daraus (7.2).

Um mit Hilfe von (7.1) und (7.2) zunächst Satz 4.3 zu beweisen, kehren wir zur alten Bezeichnung zurück. Die zu beweisende Formel lautet

$$\sum_{m_1 + \cdots + m_r = n} f^2_{m_1 m_2 \dots m_r} = n!$$

oder, wenn wir die verschiedenen Rahmen wie früher durchnumerieren, aber dem Setzer zuliebe die Striche der Formel (4.5) weglassen,

$$\sum_j f_j^2 = n!. \tag{7.3}$$

Diese Formel ist für $n=1$ richtig. Wir beweisen sie durch Induktion, indem wir aus der angenommenen Richtigkeit von (7.3) die entsprechende Formel für $n+1$ folgern. Hierzu mögen die Anzahlen, die zu $n+1$ gehören, F_k heißen. Wir betrachten die Zahl

$$S = \sum f_j F_k,$$

wo die Summe über alle Paare von „zusammengehörigen Rahmen" erstreckt werden soll, d. h. solchen, die durch Abschneiden bzw. Anstückeln von einem Kästchen auseinander entstehen. Man kann das auf zwei verschiedene Arten machen: einmal mit Verwendung von (7.1), indem man zuerst bei festem k über die richtigen j summiert und danach über alle k; man erhält

$$S = \sum_k F_k^2 .$$

Oder indem man es gerade umgekehrt macht und (7.2) benutzt; das liefert wegen der Induktionsannahme

$$S = (n+1) \sum_j f_j^2 = (n+1)!$$

Durch Gleichsetzen beider Ergebnisse erhält man die zu beweisende Formel. Damit ist Satz 4.3 bewiesen.

Zum Beweis von Satz 4.2 wird nur die Formel (7.1) gebraucht, zusammen mit dem Anfangswert $f_1 = 1$. Auch er gelingt durch vollständige Induktion. Die zu beweisende Formel heißt

$$f_{m_1 m_2 \ldots m_r} = n! \frac{\prod\limits_{\mu<\nu} (l_\mu - l_\nu)}{l_1!\, l_2! \ldots l_r!}. \tag{7.4}$$

Erinnern wir uns, daß hier

$$l_1 = m_1 + r - 1, \quad l_2 = m_2 + r - 2, \ldots, l_r = m_r$$

gesetzt ist.

Wir nehmen also an, daß (7.4) für $n-1$ richtig ist, und setzen das in (7.1) rechts ein. Nach einer leichten Umformung kommt

$$f_{m_1 \ldots m_r} = (n-1)! \frac{\prod\limits_{\mu<\nu} (l_\mu - l_\nu)}{l_1!\, l_2! \ldots l_r!} \left[\sum_{\varkappa=1}^{r} l_\varkappa \frac{\prod\limits_{\mu \neq \varkappa} (l_\varkappa - 1 - l_\mu)}{\prod\limits_{\mu \neq \varkappa} (l_\varkappa - l_\mu)} \right]. \tag{7.5}$$

Die Umformung wurde so vorgenommen, daß außerhalb der eckigen Klammer bereits der Bruch steht, der in (7.4) kommen soll. (7.5) ist jedenfalls richtig, wenn immer $m_\varkappa > m_{\varkappa+1}$ und $m_r > 1$ ist. Ist aber $m_\varkappa = m_{\varkappa+1}$, so ist $l_\varkappa - 1 = l_{\varkappa+1}$, und der betreffende Summand der eckigen Klammer hat im Zähler einen Faktor 0, fällt also weg, wie es sein muß. Und auch für $m_r = l_r = 1$ erhält man das richtige Glied $f_{m_1 \ldots m_{r-1}}$, denn in diesem ist r durch $r-1$ zu ersetzen und entsprechend $l_1, \ldots, l_{r-1}$ durch $l_1 - 1, \ldots, \ldots, l_{r-1} - 1$, und hierfür sorgt in der Tat das Produkt im Zähler der eckigen Klammer. Wir haben also $[\,] = n$ zu beweisen, unter der Voraussetzung, daß alle $l_\varkappa$ voneinander verschieden sind.

Man setze $f(x) = (x - l_1)(x - l_2) \ldots (x - l_r)$ und $F(x) = x \dfrac{f(x-1)}{f'(x)}$; dann ist $[\,] = -\sum\limits_{\varkappa=1}^{r} F(l_\varkappa)$. Nun setze man auch TAYLOR

$$f(x-1) = f(x) - f'(x) + \frac{1}{2} f''(x) - \ldots.$$

Dann können die nicht hingeschriebenen Glieder tatsächlich weggelassen werden. Denn mit x multipliziert ergeben sie ein Polynom vom Grad $\leqq r-2$; für jedes solche Polynom $\varphi(x)$ ist aber

$$\sum_{\varkappa=1}^{r} \frac{\varphi(l_\varkappa)}{f'(l_\varkappa)} = 0. \tag{7.6}$$

Dies ergibt sich so. Man bezeichne mit $\Delta_r = \prod_{\mu<\nu} (l_\mu - l_\nu)$ das Differenzenprodukt von $l_1, \dots, l_r$, das bekanntlich gleich

$$\begin{vmatrix} l_1^{r-1} & l_1^{r-2} & \dots & l_1 & 1 \\ l_2^{r-1} & l_2^{r-2} & \dots & l_2 & 1 \\ \cdot & \cdot & \cdot & \cdot & \cdot \\ l_r^{r-1} & l_r^{r-2} & \dots & l_r & 1 \end{vmatrix}$$

ist, und mit $\Delta_{r-1}^{(\varkappa)}$ das Differenzenprodukt der $r-1$ Zahlen $l_1, \dots, l_{\varkappa-1}, l_{\varkappa+1}, \dots, l_r$. Dann ist offenbar $\Delta_{r-1}^{(\varkappa)}$ gerade der Faktor, mit dem man den $\varkappa$-ten Bruch in (7.6) multiplizieren muß, um ihn auf den Hauptnenner Δ_r zu bringen:

$$\sum_{\varkappa=1}^{r} \frac{\varphi(l_\varkappa)}{f'(l_\varkappa)} = \frac{1}{\Delta_r} \{\varphi(l_1)\, \Delta_{r-1}^{(1)} - \varphi(l_2)\, \Delta_{r-1}^{(2)} + \cdots\}\,.$$

Hier ist die geschweifte Klammer gleich der Determinante

$$\begin{vmatrix} \varphi(l_1) & l_1^{r-2} & \dots & l_1 & 1 \\ \varphi(l_2) & l_2^{r-2} & \dots & l_2 & 1 \\ \cdot & \cdot & \cdot & \cdot & \cdot \\ \varphi(l_r) & l_r^{r-2} & \dots & l_r & 1 \end{vmatrix},$$

deren erste Spalte eine Linearkombination der übrigen ist, also Null.

Somit bleibt, wegen $f(l_\varkappa) = 0$, bloß

$$[\,] = \sum_{\varkappa=1}^{r} l_\varkappa \frac{f'(l_\varkappa) - \frac{1}{2} f''(l_\varkappa)}{f'(l_\varkappa)} = \sum_{\varkappa=1}^{r} l_\varkappa - \frac{1}{2} \sum_{\varkappa=1}^{r} l_\varkappa \frac{f''(l_\varkappa)}{f'(l_\varkappa)}\,.$$

Die erste Summe ist $\sum_{\varkappa=1}^{r} m_\varkappa + \sum_{\varkappa=1}^{r} (r-\varkappa) = n + \frac{r(r-1)}{2}$. In der zweiten Summe kann man kürzen; sie ist

$$-\sum_{\varkappa=1}^{r} l_\varkappa \sum_{\mu \neq \varkappa} \frac{1}{l_\varkappa - l_\mu} = -\frac{r(r-1)}{2},$$

da sich je zwei der $r(r-1)$ Summanden zu 1 ergänzen. Damit ist *alles* gezeigt.

Fünftes Kapitel

Die Darstellungen der vollen linearen, unimodularen und unitären Gruppen

Nach orientierenden Vorbemerkungen in den §§ 1 und 2 wird in § 3 die Existenz der ganzrationalen Darstellungen der vollen linearen Gruppe bewiesen, mit deren Hilfe nachher ab § 7 das volle System der stetigen Darstellungen der in der Überschrift genannten Gruppen angegeben wird. Die dazwischenliegenden Abschnitte mag man bei erster Lektüre überschlagen. § 4 geht näher auf die Zerlegung des Tensorraumes ν-ter Stufe (der alle Darstellungen vom Polynomgrad ν liefert) ein, in Analogie zur Zerlegung des Gruppenrings der symmetrischen Gruppe $\mathfrak{S}_\nu$, wobei aber vorerst nur die Sätze des III. Kapitels Verwendung finden. Erst § 5 macht Gebrauch von der Theorie der Tableaux aus Kapitel IV und stößt damit bis zur numerischen Berechnung der Darstellungsmatrizen vor. Der „Verzweigungssatz", § 6, wird im nächsten Kapitel zur Herleitung der Charaktere benutzt.

§ 1. Vorbemerkungen

Das Kronecker-Produkt (I § 6) bietet eine Methode dar, um aus gegebenen Darstellungen einer Gruppe neue zu gewinnen. Denn aus der Produktformel I (6.8) folgt sofort, daß das Kronecker-Produkt $D_1(s) \times D_2(s) \times \cdots \times D_p(s)$ von mehreren Darstellungen wieder eine solche ist:

$$(D_1(s) \times \cdots \times D_p(s))(D_1(t) \times \cdots \times D_p(t)) = D_1(st) \times \cdots \times D_p(st) ;$$

die Forderung $D(1) = E$ ist ebenfalls erfüllt, weil das Kronecker-Produkt von Einsmatrizen die Einsmatrix ist.

Im Fall einer „linearen" Gruppe, d. h. einer Gruppe aus Matrizen oder linearen Transformationen, ist damit ein Ausgangspunkt für die Darstellungstheorie gewonnen. Denn hier ist die Gruppe zugleich eine Darstellung von sich selber, man ist also von vornherein im Besitz einer Darstellung. Von den in II § 3 zusammengestellten Gruppen behandeln wir zuerst Nr. 1: die Gruppe aller nichtsingulären n-reihigen Matrizen A aus komplexen Zahlen bei der Multiplikation, die „*volle lineare Gruppe*" $\mathfrak{G}_n$. Die in Rede stehende Methode wird uns g a n z r a t i o n a l e Darstellungen dieser Gruppe liefern: die Matrixelemente der Darstellung sind Polynome, sogar homogen und alle vom gleichen Grad, in den Elementen α^i_k von A *). Wir werden aber auch sehen, daß a l l e ganzrationalen Darstellungen in homogene und diese wiederum in irreduzible derselben Art zerfallen.

Jede Darstellung einer Gruppe ist zugleich Darstellung jeder Untergruppe. Eine irreduzible Darstellung bleibt aber, wenn man sich auf die Untergruppe beschränkt, im allgemeinen nicht irreduzibel: es kann lineare Teilräume im Darstellungsraum geben, die bei den Transformationen der Untergruppe, aber nicht bei allen Transformationen der

*) Daß in diesem Kapitel in der Regel die Zeilenindizes der Matrizen und die Vektorindizes hochgestellt werden, hat nur satztechnische Gründe; es werden keine ko- und kontravarianten Vektoren eingeführt – oder wenn man will: es werden nur kontravariante betrachtet.

Gruppe invariant sind. Es wird sich jedoch zeigen, daß die zu besprechenden irreduziblen ganzrationalen Darstellungen von $\mathfrak{G}_n$ für den größten Teil der Gruppen aus II § 3, die ja sämtlich Untergruppen von $\mathfrak{G}_n$ sind, irreduzibel bleiben, nämlich für die reellen, unimodularen und unitären Gruppen, nur für die orthogonalen nicht. Für die ganzrationalen Darstellungen gilt immer der Satz von der vollen Reduzibilität. Bei einigen der genannten Untergruppen gilt er sogar allgemein, bei einigen bilden darüber hinaus die ganzrationalen Darstellungen schon das System aller stetigen Darstellungen. Für $\mathfrak{G}_n$ und $\mathfrak{G}'_n$ gilt beides nicht. Das Beispiel für eine reduzible, aber nicht zerfallende Darstellung, das wir in III § 11 angegeben haben, betraf gerade die volle lineare Gruppe $\mathfrak{G}_1$ (es gilt, wenn man sich auf Reelles beschränkt, auch für $\mathfrak{G}'_1$), und zwar eine nicht rationale Darstellung dieser Gruppe.

§ 2. Das Kronecker-Quadrat und die symmetrischen und schiefsymmetrischen Tensoren zweiter Stufe

Bilden wir das „Kronecker-Quadrat" $A \times A$ einer Matrix A! Es beschreibt eine lineare Transformation in einem Raum $\mathfrak{R}_{n^2}$ von n^2 Dimensionen. Man hat zwei Vektoren x und y des $\mathfrak{R}_n$ in der gleichen Weise durch A zu transformieren,

$$\xi'^i = \alpha^i_k \xi^k, \quad \eta'^i = \alpha^i_k \eta^k; *)$$

dann transformieren sich die Produkte $\xi^i \eta^j$ durch das Kronecker-Quadrat:

$$\xi'^i \eta'^j = \alpha^i_k \alpha^j_l \xi^k \eta^l .$$

Diese Produkte bilden aber nicht den ganzen $\mathfrak{R}_{n^2}$, der nach I § 6 das „Tensorquadrat" des $\mathfrak{R}_n$ ist, dessen Basisvektoren wir dort mit g_{ij} bezeichnet hatten und den man den Raum der „*Tensoren zweiter Stufe*" nennt. Ein Tensor zweiter Stufe ist also eine Linearkombination $F^{ij} g_{ij}$, und seine Komponenten sind entsprechend den $\xi^i \eta^j$ zu transformieren:

$$F'^{ij} = \alpha^i_k \alpha^j_l F^{kl} . \tag{2.1}$$

Also: *Unterwirft man die Vektoren einer Transformation A, so transformieren sich die zugehörigen Tensoren zweiter Stufe nach dem Kronecker-Quadrat von A.* Wir bezeichnen diese Transformation $A \times A$ auch mit $[A]^2$.

Wir wir in § 1 sahen, bilden die Gesamtheit der Transformationen (2.1), wenn A alle nichtsingulären Matrizen durchläuft, eine Darstellung

---

*) In diesem Kapitel wird, wo es ohne Mißverständnis möglich ist, auf Einsteinsche Art das Summenzeichen fortgelassen; *über in einem Produkt doppelt auftretende Indizes ist von* 1 *bis n zu summieren.*

der vollen linearen Gruppe $\mathfrak{G}_n$. Diese Darstellung ist nicht irreduzibel: ein *symmetrischer* Tensor ($F^{ji} = F^{ij}$) geht stets wieder in einen symmetrischen, ein *schiefsymmetrischer* Tensor ($F^{ji} = -F^{ij}$) wieder in einen schiefsymmetrischen über, wie man an der Formel (2.1) sofort erkennt. Diese beiden Klassen von Tensoren bilden je einen linearen Teilraum des Tensorraums, und $\mathfrak{R}_{n^2}$ ist direkte Summe dieser beiden Teilräume. Es ist nämlich

$$F^{ij} = \frac{1}{2}(F^{ij} + F^{ji}) + \frac{1}{2}(F^{ij} - F^{ji}); \tag{2.2}$$

hier ist offenbar der erste Summand symmetrisch, der zweite schiefsymmetrisch. Daß die Zerlegung (2.2) eindeutig, also die Summe direkt ist, folgt daraus, daß nur der Nulltensor zugleich symmetrisch und schiefsymmetrisch ist. Der Raum unserer Darstellung ist also direkte Summe zweier invarianter Teilräume; die Darstellung zerfällt in zwei Bestandteile. Daß diese irreduzibel sind, werden wir später sehen.

Diese Tatsache bildet (für die zweistufigen Tensoren) das „gruppentheoretische Fundament der Tensorrechnung" (H. WEYL); sie ist die tiefere Ursache dafür, daß fast alle zweistufigen Tensoren, die in der Physik vorkommen, symmetrisch oder schiefsymmetrisch sind.

Die Verallgemeinerung dieser einfachen Dinge auf den Tensorraum allgemeiner Stufe ν, die „Zerlegung des Tensorraums nach der Gruppe $\mathfrak{G}_n$", bildet den Inhalt der folgenden Paragraphen. Wir können schon jetzt voraussehen, welchen Dienst uns dabei die Ergebnisse des III. und IV. Kapitels leisten werden. Soeben haben wir gesehen, wie man aus einem beliebigen Tensor einen symmetrischen oder einen schiefsymmetrischen macht. Zuerst wird durch Vertauschung der beiden Indizes ein neuer Tensor erzeugt. Bezeichnen wir diese Operation mit s; sie macht aus F den Tensor sF:

$$(sF)^{ij} = F^{ji}.$$

Mit der Identität 1 zusammen bildet sie die „Gruppe aller Permutationen der Tensorindizes", die natürlich zur symmetrischen Gruppe $\mathfrak{S}_2$ isomorph ist. Mit beliebigen Zahlkoeffizienten α, β kann man jetzt

$$\alpha F + \beta sF = (\alpha 1 + \beta s)F$$

schreiben, also jedem Element $a = \alpha 1 + \beta s$ des Gruppenrings $\mathfrak{O}_2$ der $\mathfrak{S}_2$ die Operation $F \to aF$ im Tensorraum zuordnen. Dann sehen die beiden vorhin angegebenen Bildungen so aus: $\frac{1}{2}(1+s)F$ ist, bei beliebigem F, ein symmetrischer, $\frac{1}{2}(1-s)F$ ein schiefsymmetrischer Tensor. Die Ringelemente $\frac{1}{2}(1+s)$ und $\frac{1}{2}(1-s)$, sondern aus dem Tensorraum die beiden bei $\mathfrak{G}_n$ invarianten „Symmetrieklassen" aus. Wir erinnern uns dabei, daß das gerade die beiden erzeugenden Idempotente der beiden minimalen Linksideale von $\mathfrak{O}_2$, also der beiden irreduziblen Darstellungen der $\mathfrak{S}_2$ waren: der Einsdarstellung und der alternierenden Darstellung.

Genau so werden wir auch bei beliebiger Tensorstufe ν eine Entsprechung zwischen den irreduziblen Darstellungen der symmetrischen Gruppe $\mathfrak{S}_\nu$ und den irreduziblen Bestandteilen des Tensorraums bei der vollen linearen Gruppe $\mathfrak{G}_n$ finden. Und was hier für $\nu=2$ Einfaches recht kompliziert ausdrücken heißt, das wird dort die bequemste und durchsichtigste Art sein, den Dingen beizukommen.

Schauen wir uns hier noch an, was man erhält, wenn man statt $\mathfrak{G}_n$ die Gruppe $\mathfrak{D}_n$ der orthogonalen Matrizen A betrachtet. $\mathfrak{R}_{n^2}$ zerfällt zunächst wie bei $\mathfrak{G}_n$, denn $\mathfrak{D}_n$ ist ja Untergruppe von $\mathfrak{G}_n$. Er zerfällt aber noch weiter. Aus den bekannten Orthogonalitätsrelationen für die Matrix A $(\sum_i \alpha^i_k \alpha^i_l = \delta_{kl}, \sum_k \alpha^i_k \alpha^j_k = \delta^{ij})$ geht nämlich hervor, daß die Spur $\sum_{i=1}^n F^{ii}$ der Tensoren eine Invariante ist: aus (2.1) folgt

$$\sum_{i=1}^n F'^{ii} = \delta_{kl} F^{kl} = \sum_{k=1}^n F^{kk}.$$

Daher gehen symmetrische Tensoren mit der Spur 0 wieder in solche über*). Da $\mathrm{Sp}\,F=0$ eine homogene lineare Gleichung ist, ist das ein invarianter Teilraum von einer Dimension weniger. Die Darstellung zerfällt; denn der symmetrische Tensor mit den Komponenten

$$F^{ij}=0 \;\; (j \neq i), \quad F^{ii}=1 \;\; (i=1,\ldots,n),$$

der offenbar von den symmetrischen Tensoren der Spur 0 linear unabhängig ist und mit ihnen zusammen den linearen Raum aller symmetrischen Tensoren aufspannt, geht bei orthogonaler Transformation (2.1), wie man sich leicht überzeugt, in sich über. Es spaltet sich also eine „Einsdarstellung" ab, die jeder orthogonalen Matrix die Zahl 1 zuordnet. Diese Darstellung ist irreduzibel, weil eindimensional; daß die beiden anderen (symmetrische Tensoren der Spur 0 und schiefsymmetrische Tensoren) es ebenfalls sind, sei hier wieder vorerst nur mitgeteilt.

§ 3. Der Raum der Tensoren ν-ter Stufe und die Darstellungen der Gruppe $\mathfrak{G}_n$ vom Polynomgrad ν

Die zum n-dimensionalen Vektorraum $\mathfrak{R}_n$ gehörigen *Tensoren ν-ter Stufe* sind Größen mit ν Indizes: $F^{j_1 j_2 \ldots j_\nu}$, die jedem der n^ν Zahlensysteme $(j)=(j_1, j_2, \ldots, j_\nu)$, $1 \leqq j_h \leqq n$, $h=1,\ldots,\nu$ eine beliebige Zahl zuordnen. Der Tensorraum hat also n^ν Dimensionen, er heiße $\mathfrak{R}_{n^\nu}$. Produkt eines Tensors

*) Bei den schiefsymmetrischen ergibt die Spurbedingung nichts Neues, da sie ohnehin die Spur 0 haben.

mit einer Zahl und Summe von zwei Tensoren werden so definiert, als ob es sich einfach um n^ν-dimensionale Vektoren handelte: αF hat die Komponenten $\alpha F^{j_1 \dots j_\nu}$, $F+G$ die Komponenten $F^{j_1 \dots j_\nu} + G^{j_1 \dots j_\nu}$.

Satz 3.1. *Die Tensoren*

$$\xi_1^{j_1} \xi_2^{j_2} \dots \xi_\nu^{j_\nu}, \tag{3.1}$$

„Produkte" von ν Vektoren $x_1, x_2, \dots, x_\nu$, spannen den Tensorraum auf; oder: Die lineare Hülle der Gesamtheit dieser Tensoren ist $\mathfrak{R}_{n^\nu}$.

Beweis. Nach I § 6 können wir den Tensorraum ν-ter Stufe als „ν-te Tensorpotenz" des $\mathfrak{R}_n$ auffassen, und wenn $e_1, \dots, e_n$ eine Basis des $\mathfrak{R}_n$ ist, so bilden die Tensoren $g_{j_1 \dots j_\nu} = e_{j_1} \dots e_{j_\nu}$, wo $j_1, \dots, j_\nu$ unabhängig voneinander die Werte $1, \dots, n$ annehmen, eine Basis des Tensorraumes. Diese spannen ihn also bereits auf, daher erst recht alle Tensoren (3.1).

Man kann es auch so wenden: Zwischen den Größen (3.1) besteht keine lineare Relation

$$\sum_{(j)} c_{j_1 \dots j_\nu} \xi_1^{j_1} \dots \xi_\nu^{j_\nu} = 0 .$$

Denn man braucht nur wieder für $x_1, \dots, x_\nu$ den k_1-ten, $\dots, k_\nu$-ten Koordinatenvektor einzusetzen und findet $c_{k_1 \dots k_\nu} = 0$.

Ist $s = \begin{pmatrix} 1 & 2 & \dots & \nu \\ 1' & 2' & \dots & \nu' \end{pmatrix}$ eine Permutation, Element der symmetrischen Gruppe $\mathfrak{S}_\nu$, so wird mit sF der Tensor bezeichnet, der aus F durch Ausüben der Permutation s auf die Stellen der Tensorindizes, also auf die Subindizes $1, \dots, \nu$ von $j_1, \dots, j_\nu$ entsteht:

$$(sF)^{j_1 \dots j_\nu} = F^{j_{1'} \dots j_{\nu'}} . \tag{3.2}$$

Wir schreiben gelegentlich auch $s(j_1, \dots, j_\nu) = j_{1'}, \dots, j_{\nu'}$, also

$$(sF)^{j_1 \dots j_\nu} = F^{s(j_1 \dots j_\nu)} .$$

Beispiel: $\nu = 3, s = (1\,2\,3)$. Hier ist z. B. $(sF)^{112} = F^{121}$ (und nicht etwa F^{223}!).

Die wichtigsten Tensoren sind die *symmetrischen*, die den $\nu!$ Gleichungen $sF = F$ genügen, bei denen also Komponenten, die sich nur durch die Reihenfolge der Indizes unterscheiden, stets einander gleich sind. Indem man in jeder Komponente die Indizes der Größe nach „ordnet", erkennt man, daß unter den durch die Beziehungen

$$j_1 \leqq j_2 \leqq \dots \leqq j_\nu \tag{3.3}$$

gekennzeichneten Komponenten sich gerade ein Repräsentant aus jeder Klasse einander gleicher Komponenten befindet. Die (3.3) erfüllenden Komponenten sind also unabhängig, und man sieht, daß die symmetrischen Tensoren einen Unterraum $\mathfrak{L}$ von $\binom{n+\nu-1}{\nu}$ Dimensionen bilden.

(Die Zahlen $j_1, j_2+1, \ldots, j_\nu+\nu-1$ sind nämlich irgendwelche ν verschiedenen Zahlen aus der Reihe $1, \ldots, n+\nu-1$.)

Analog zu Satz 3.1 gilt für die symmetrischen Tensoren

Satz 3.2. *Die speziellen symmetrischen Tensoren*

$$\xi^{j_1}\xi^{j_2}\ldots\xi^{j_\nu}, \tag{3.4}$$

„Potenzen" eines Vektors x, spannen, wenn x den $\mathfrak{R}_n$ durchläuft, den Teilraum $\mathfrak{L}$ der symmetrischen Tensoren auf, oder: $\mathfrak{L}$ ist die lineare Hülle der Gesamtheit dieser Tensoren.

Dies gilt auch noch, wenn man die Vektoren $x \in \mathfrak{R}_n$ auf solche beschränkt, deren Komponenten $\xi^1, \ldots, \xi^n$ eine Ungleichung $P(\xi^1, \ldots, \xi^n) \neq 0$ erfüllen, wo $P(\xi^1, \ldots, \xi^n)$ ein festes nicht identisch verschwindendes Polynom ist.

Beweis. Es ist zu zeigen, daß aus dem Bestehen einer linearen Relation mit symmetrischen Koeffizienten

$$\sum_{(j)} c_{j_1\ldots j_\nu}\xi^{j_1}\ldots\xi^{j_\nu}=0 \tag{3.5}$$

für alle $\xi^1, \ldots, \xi^n$ mit $P(\xi^1, \ldots, \xi^n) \neq 0$ das Verschwinden sämtlicher Koeffizienten $c_{j_1\ldots j_\nu}$ folgt. Auf der linken Seite von (3.5) kommen viele gleiche ξ-Produkte vor. Um sie zusammenzufassen, ordnen wir jedes Produkt nach den vorkommenden Komponenten von x:

$$\xi^{j_1}\xi^{j_2}\ldots\xi^{j_\nu}=(\xi^1)^{\mu_1}(\xi^2)^{\mu_2}\ldots(\xi^n)^{\mu_n}\left(0\leqq\mu_k\leqq\nu,\ \sum_{k=1}^{n}\mu_k=\nu\right).$$

(Beispiel: $\xi^2\xi^3\xi^4\xi^2=(\xi^2)^2\xi^3\xi^4$.) Offenbar gehören $\dfrac{\nu!}{\mu_1!\mu_2!\ldots\mu_n!}$ Systeme (j) zum gleichen System (μ). Zu ihnen allen gehört der gleiche c-Wert, da die $c_{j_1\ldots j_\nu}$ symmetrisch sind. Dann setzen wir

$$\frac{\nu!}{\mu_1!\mu_2!\ldots\mu_n!}c_{j_1\ldots j_\nu}=C_{\mu_1\ldots\mu_n},$$

und (3.5) erscheint in der Form

$$\sum_{(\mu)} C_{\mu_1\ldots\mu_n}(\xi^1)^{\mu_1}(\xi^2)^{\mu_2}\ldots(\xi^n)^{\mu_n}=0. \tag{3.6}$$

die linke Seite ist ein homogenes Polynom in $\xi^1, \ldots, \xi^n$, nennen wir es $Q(\xi^1, \ldots, \xi^n)$. Dieses Polynom verschwindet also überall dort, wo $P(\xi^1, \ldots, \xi^n) \neq 0$ ist. $P(\xi^1, \ldots, \xi^n)\,Q(\xi^1, \ldots, \xi^n)$ ist also identisch Null, und weil $P(\xi^1, \ldots, \xi^n)$ dies nicht ist, folgt $Q(\xi^1, \ldots, \xi^n) \equiv 0$ und damit das Verschwinden der Koeffizienten $C_{\mu_1\ldots\mu_n}$ bzw. $c_{j_1\ldots j_\nu}$.

Und nun zu den Darstellungen der vollen linearen Gruppe $\mathfrak{G}_n$, die uns der Tensorraum vermitteln soll. A sei eine n-reihige nichtsinguläre

Matrix aus komplexen Zahlen, ein beliebiges Element von $\mathfrak{G}_n$. Mit $[A]^\nu$ bezeichnen wir das Kronecker-Produkt aus ν gleichen Faktoren A, die „ν-te Kronecker-Potenz von A". Die lineare Transformation im Vektorraum $x' = A\,x$ induziert im Tensorraum die lineare Transformation

$$F'^{j_1 j_2 \dots j_\nu} = \alpha^{j_1}_{k_1} \alpha^{j_2}_{k_2} \dots \alpha^{j_\nu}_{k_\nu} F^{k_1 k_2 \dots k_\nu}, \tag{3.7$_1$}$$

kurz

$$F' = [A]^\nu F. \tag{3.7$_2$}$$

Dies ist, wie wir uns schon am Anfang von § 1 überlegten, eine Darstellung von $\mathfrak{G}_n$, und zwar eine ganzrationale: die Matrixelemente sind homogen vom Grad ν in den Elementen der dargestellten Matrix A. Genauer: sie sind Monome, einfache Potenzprodukte vom Grad ν, und zwar kommen sämtliche Monome dieses Grades vor, die man aus den Elementen von A bilden kann.

Entscheidend für das Folgende ist nun die Tatsache, daß die Transformation $[A]^\nu$ mit den oben eingeführten Operationen $F \to sF$, den Permutationen der Tensorindizes (die ebenfalls lineare Transformationen sind!), vertauschbar sind. Wir beweisen dies gleich für eine allgemeinere Klasse von linearen Transformationen, die die $[A]^\nu$ umfaßt: die sog. *bisymmetrischen Transformationen*. Eine lineare Transformation im Tensorraum

$$F'^{j_1 \dots j_\nu} = \alpha^{j_1 \dots j_\nu}_{k_1 \dots k_\nu} F^{k_1 \dots k_\nu} \tag{3.8$_1$}$$

oder kürzer

$$F'^{(j)} = \alpha^{(j)}_{(k)} F^{(k)} \;{}^{*)} \tag{3.8$_2$}$$

oder noch kürzer

$$F' = \mathsf{A} F \tag{3.8$_3$}$$

heißt bisymmetrisch, wenn $\alpha^{s(j)}_{s(k)} = \alpha^{(j)}_{(k)}$ ist für jede Permutation s, d. h. wenn die Koeffizienten $\alpha^{j_1 \dots j_\nu}_{k_1 \dots k_\nu}$ bei gleichzeitiger Permutation der oberen und unteren Indizes ungeändert bleiben. Summe, Produkt mit einer Zahl und Matrixprodukt **) von bisymmetrischen Transformationen sind bisymmetrisch: sie bilden eine Matrix-Algebra, die wir mit $\mathfrak{A}_\nu$ bezeichnen.

Satz 3.3. *Die Algebra $\mathfrak{A}_\nu$ der bisymmetrischen Transformationen ist die lineare Hülle des Systems der Transformationen $[A]^\nu$.*

*) Auch über das doppelt vorkommende (k) ist zu summieren, und zwar „über alle (k)", d. h. ν-fache Summe über $k_1, \dots, k_\nu$ von 1 bis n.

**) Das Matrixprodukt ist $\sum_{(j)} \alpha^{(i)}_{(j)} \beta^{(j)}_{(k)}$, und in der Tat ist $\sum_{(j)} \alpha^{s(i)}_{(j)} \beta^{(j)}_{s(k)} = \sum_{(j)} \alpha^{(i)}_{s^{-1}(j)} \beta^{s^{-1}(j)}_{(k)}$, und $s^{-1}(j)$ durchläuft mit (j) alle Indexsysteme.

Beweis. Daß die Transformationen $[A]^\nu$ bisymmetrisch sind, lehrt ein Blick auf die rechte Seite von (3.7_1). Jede Linearkombination von solchen ist es auch. Satz 3.3 sagt aus, daß diese Linearkombinationen schon das ganze System $\mathfrak{A}_\nu$ ausmachen. Er folgt fast unmittelbar aus Satz 3.2. Man betrachte nämlich die Gesamtheit aller (singulären und nichtsingulären) Matrizen A als einen Vektorraum von n^2 Dimensionen, also das Indexpaar (j, k) als einen einzigen Index, der n^2 Werte durchläuft; ebenso jedes Indexpaar (j_h, k_h) in (3.7_1) und (3.8_1). Dann sieht man: die bisymmetrischen Transformationen sind die zu jenem Vektorraum gehörigen symmetrischen Tensoren ν-ter Stufe, die $[A]^\nu$ des Satzes die Tensoren der speziellen Form (3.4), die die Ungleichung $\det A \neq 0$ erfüllen. Satz 3.3 ist also nichts anderes als Satz 3.2, angewandt auf diesen Vektorraum mit $P(\alpha_1^1, \ldots, \alpha_n^n) = \det(\alpha_k^i)$.

Daß die bisymmetrischen Transformationen mit den Operationen s vertauschbar sind, folgt, indem man in (3.8_2) rechts und links s ausübt:

$$sF'^{(j)} = F'^{s(j)} = \alpha_{(k)}^{s(j)} F^{(k)} = \alpha_{s^{-1}(k)}^{(j)} F^{(k)} = a_{(k)}^{(j)} F^{s(k)} = \alpha_{(k)}^{(j)} sF^{(k)}$$

d. h. $s(AF) = A(sF)$.

Das dritte Gleichheitszeichen folgt aus der Bisymmetrie, das vierte durch Umbenennung (Vertauschung) der Summationsindizes.

Wir ergänzen auch das System der linearen Operationen s zu seiner linearen Hülle, indem wir von der symmetrischen Gruppe $\mathfrak{S}_\nu$ zu ihrem Gruppenring $\mathfrak{O}_{\mathfrak{S}_\nu} = \mathfrak{O}_\nu$ mit den Elementen $a = \sum_s \alpha(s) \cdot s$ übergehen:

$$aF = \sum_s \alpha(s) \cdot sF. \tag{3.9}$$

Auch diese Operationen sind dann mit allen bisymmetrischen Transformationen vertauschbar. Sie bilden ebenfalls eine Matrixalgebra, die mit $\mathfrak{B}_\nu$ bezeichnet werden soll und die, wie sich gleich zeigen wird, zur Gewinnung der Darstellungen von $\mathfrak{A}_\nu$ wichtige Dienste leistet. Es gilt nämlich

Satz 3.4. *Die bisymmetrischen Transformationen bilden gerade das System der mit allen Operationen von $\mathfrak{B}_\nu$ vertauschbaren Operationen.*

Zum Beweis muß nur noch gezeigt werden, daß eine mit allen a vertauschbare Transformation notwendig bisymmetrisch ist. Es genügt zu zeigen, daß dies für eine mit allen s vertauschbare Transformation zutrifft. Sei also

$$F'^{(j)} = \alpha_{(k)}^{(j)} F^{(k)} \tag{3.10}$$

eine beliebige lineare Transformation im Tensorraum, die mit allen s vertauschbar ist:

$$sF'^{(j)} = \alpha_{(k)}^{(j)} sF^{(k)}. \tag{3.11}$$

Dann muß identisch in F

$$\sum_{(k)} \alpha_{(k)}^{s(j)} F^{(k)} = \sum_{(k)} \alpha_{s^{-1}(k)}^{(j)} F^{(k)}$$

sein. Was hier links steht, ist nämlich das Resultat der Ausübung von s auf die rechte Seite von (3.10); was rechts steht, ist die rechte Seite von (3.11) nach Umbenennung der Indizes. Also ist $\alpha_{(k)}^{s(j)} = \alpha_{s^{-1}(k)}^{(j)}$, oder wenn man noch $s^{-1}(k) = (h)$ setzt $\alpha_{s(h)}^{s(j)} = \alpha_{(h)}^{(j)}$, d. h. die Transformation ist bisymmetrisch.

Satz 3.4 erlaubt es, das Ergebnis von I § 8 auf die Systeme $\mathfrak{B}_\nu$ und $\mathfrak{A}_\nu$ anzuwenden und die Struktur von $\mathfrak{A}_\nu$ mit einem Schlage zu übersehen. Denn die Operationen $F \to sF$ sind lineare Transformationen im Tensorraum und bilden als solche, wie sofort einleuchtet, eine Darstellung der Permutationsgruppe $\mathfrak{S}_\nu$, und die lineare Hülle $\mathfrak{B}_\nu$ bildet die zugehörige Darstellung des Gruppenrings $\mathfrak{O}_\nu$. Wir wissen aus Kapitel III, daß eine solche Darstellung vollständig reduzibel ist, und so folgt aus I Satz 8.2, daß das System $\mathfrak{A}_\nu$ der bisymmetrischen Transformationen einer direkten Summe von vollen Matrixringen isomorph ist.

Um die Sache genauer zu betrachten, schreiben wir die Formeln von I § 8 für die Systeme $\mathfrak{B}_\nu$ und $\mathfrak{A}_\nu$ hin. $\mathfrak{B}_\nu$ setzt sich irgendwie aus den uns von Kapitel IV bekannten irreduziblen Darstellungen von $\mathfrak{O}_\nu$ zusammen:

$$\mathfrak{B}_\nu = n_1 \mathfrak{D}_1 \dot{+} n_2 \mathfrak{D}_2 \dot{+} \cdots \dot{+} n_r \mathfrak{D}_r, ^{*)} \tag{3.12}$$

wo $\mathfrak{D}_k$ vom Grade f_k die verschiedenen irreduziblen Darstellungen von $\mathfrak{O}_\nu$ sind und n_k angibt, wie oft $\mathfrak{D}_k$ bei der Zerlegung von $\mathfrak{B}_\nu$ vorkommt. Man kann dasselbe auch so schreiben:

$$(a) = E_{n_1} \times D_1(a) \dot{+} E_{n_2} \times D_2(a) \dot{+} \cdots \dot{+} E_{n_r} \times D_r(a). \tag{3.13}$$

Hier bedeutet (a) die durch das Ringelement a im Tensorraum bewirkte Transformation; rechts steht die zugehörige Matrix bei einer Basis, die in der in I § 8 geschilderten Weise den Zerfall bewirkt: äquivalente Darstellungen stehen beieinander und haben die gleiche Matrix $D_k(a)$. Bei derselben Basis hat eine bisymmetrische Transformation, wie aus I (8.2) folgt, die Gestalt

$$A = C_1(A) \times E_{f_1} \dot{+} C_2(A) \times E_{f_2} \dot{+} \cdots \dot{+} C_r(A) \times E_{f_r}, \tag{3.14}$$

und hier ist $C_k(A)$ eine n_k-reihige Matrix. Wie in I § 8 kann man dann die Zeilen und Spalten auch so anordnen, daß sich längs der Diagonale

---

*) Wenn eins der $n_k = 0$ ist, d. h. die betreffende Darstellung in $\mathfrak{B}_\nu$ nicht vorkommt, so ist in den folgenden Formeln der entsprechende Summand wegzulassen.

f_1-mal das Kästchen $C_1(A)$ reiht usw., d. h. es ist

$$\mathfrak{A}_\nu = f_1 \mathfrak{C}_1 \dotplus f_2 \mathfrak{C}_2 \dotplus \cdots \dotplus f_r \mathfrak{C}_r. \tag{3.15}$$

Die Matrizen $C_k(A)$, bei festem k, bilden eine Darstellung von $\mathfrak{A}_\nu$, denn offenbar ist $C_k(\lambda A) = \lambda C_k(A)$, $C_k(A+B) = C_k(A) + C_k(B)$, $C_k(AB) = C_k(A)\, C_k(B)$, wie man mit Hilfe der Rechenregeln für das Kronecker-Produkt (I § 6) erkennt. Diese Darstellung ist in (3.15) mit $\mathfrak{C}_k$ bezeichnet.

Aber wir wissen aus I § 8 noch beträchtlich mehr über die $\mathfrak{C}_k$. Wir können jeder Transformation A auch eine verkürzte Matrix zuordnen, die jedes Kästchen $C_k(A)$ nur einmal enthält:

$$A \sim C_1(A) \dotplus C_2(A) \dotplus \cdots \dotplus C_r(A). \tag{3.16}$$

Dies ist eine treue Darstellung, und hier steht rechts eine direkte Summe von vollen Matrixringen. Das bedeutet, daß, wenn A sämtliche bisymmetrischen Transformationen durchläuft, $C_1(A)$, $C_2(A)$ usw. unabhängig voneinander sämtliche $n_1, n_2, \ldots$ -reihigen Matrizen durchlaufen. Mit anderen Worten: Wenn man sich eine n_1-reihige Matrix S_1, eine n_2-reihige Matrix S_2 usw. beliebig vorgibt, so gibt es immer genau eine bisymmetrische Transformation A, so daß $C_1(A) = S_1, C_2(A) = S_2, \ldots$ ist. Wir können III Satz 5.3 anwenden und erhalten

Satz 3.5. *Das System $\mathfrak{A}_\nu$ der bisymmetrischen Transformationen ist vollständig reduzibel.* (3.15) *ist seine Zerlegung. Die Darstellungen $\mathfrak{C}_1, \ldots, \mathfrak{C}_r$ sind irreduzibel und inäquivalent und bilden das vollständige System der irreduziblen Darstellungen von $\mathfrak{A}_\nu$,*

Eine unmittelbare Folgerung ist

Satz 3.5a. *$\mathfrak{B}_\nu$ ist das System der mit allen bisymmetrischen Transformationen vertauschbaren Operationen.*

Wenn man nämlich die Resultate von I § 8 umgekehrt auf $\mathfrak{A}_\nu$ anwendet, um dieses System zu bestimmen, so findet man genau die Kästchen der Zerlegung (3.13) und in ihnen volle Matrixringe, die mit den in $\mathfrak{B}_\nu$ vorkommenden irreduziblen Darstellungen von $\mathfrak{O}_\nu$ (die ja nach Kapitel III volle Matrixringe bilden) übereinstimmen müssen, und nichts anderes.

Um zur Gruppe $\mathfrak{G}_n$ zurückzukehren, beschränken wir uns bei den Darstellungen $\mathfrak{C}_k$ auf die speziellen bisymmetrischen Transformationen $A = [A]^\nu$ mit nichtsingulärem A und schreiben statt $C_k([A]^\nu)$ einfacher $C_k(A)$. Da die $[A]^\nu$ eine Darstellung von $\mathfrak{G}_n$ bilden und $\mathfrak{C}_k$ eine solche der $[A]^\nu$ (als Teil des Systems der A), so ist $\mathfrak{C}_k$ auch eine Darstellung von $\mathfrak{G}_n$. Wie die Elemente der Matrix $[A]^\nu$, so sind auch die von $C_k(A)$, da diese Matrizen aus jenen durch Transformation (nämlich durch das Ausreduzieren) entstehen, homogene Polynome vom Grad ν in den Elementen α_k^j von A.

Satz 3.6. *Die Darstellungen $\mathfrak{C}_k$ der Gruppe $\mathfrak{G}_n$ durch die Matrizen $C_k(A)$ sind inäquivalent und irreduzibel. Jede homogene ganzrationale Darstellung der $\mathfrak{G}_n$ vom Polynomgrad ν ist vollständig reduzibel und setzt sich aus Darstellungen $\mathfrak{C}_k$ zusammen.*

Beweis. Nach Satz 3.3 kann man jede bisymmetrische Transformation A aus den $[A]^\nu$ linear kombinieren, d. h. einige Matrizen $A_1, \ldots, A_p$ und Zahlenkoeffizienten $\gamma_1, \ldots, \gamma_p$ finden, so daß

$$A = \sum_{j=1}^{p} \gamma_j [A_j]^\nu \tag{3.17}$$

ist. Diese Relation geht beim Ausreduzieren nicht verloren, und daher ist dann auch

$$C_k(A) = \sum_{j=1}^{p} \gamma_j C_k(A_j) \tag{3.18}$$

für jedes k. Daher würde eine Äquivalenzrelation $P C_h(A) P^{-1} = C_k(A)$, die für alle A gälte, sich sofort auf alle A übertragen, im Widerspruch zu Satz 3.5. Und wenn man $C_k(A)$ weiter reduzieren könnte, so würden dabei wegen (3.18) die $C_k(A)$ von selbst mit reduziert; diese sind aber nach Satz 3.5 irreduzibel.

Es bleibt noch die letzte Behauptung von Satz 3.6 zu beweisen. $C(A)$ sei eine beliebige Darstellung von $\mathfrak{G}_n$, homogen vom Polynomgrad ν. Die Elemente der Matrix $C(A)$ sind also homogene Polynome vom Grad ν in den Elementen α_k^j von A, d. h. Linearkombinationen der Elemente

$$\alpha_{k_1}^{j_1} \alpha_{k_2}^{j_2} \ldots \alpha_{k_\nu}^{j_\nu} \tag{3.19}$$

von $[A]^\nu$. $C(A)$ ist demnach zugleich eine homogene ganzrationale Darstellung — vom Polynomgrad 1 — der Matrizen $[A]^\nu$; wir schreiben einfach $C([A]^\nu)$. Sie läßt sich sofort zu einer Darstellung aller bisymmetrischen Transformationen erweitern, indem man gemäß (3.17)

$$C(A) = \sum_{j=1}^{p} \gamma_j C([A_j]^\nu)$$

einführt, d. h. in den Matrixelementen statt des Potenzprodukts (3.19) einfach $\alpha_{k_1 k_2 \ldots k_\nu}^{j_1 j_2 \ldots j_\nu}$ einsetzt. Diese Darstellung ist nach Satz 3.5 vollständig reduzibel und setzt sich irgendwie aus den irreduziblen Darstellungen $\mathfrak{C}_k$ zusammen. Indem man sich wieder auf die $[A]^\nu$ beschränkt, sieht man, daß dasselbe für die gegebene Darstellung $C(A)$ gilt.

Durch die im Vorangehenden geschilderte Methode erhält man zu jeder natürlichen Zahl ν endlich viele (nämlich höchstens so viele, wie es verschiedene irreduzible Darstellungen von $\mathfrak{S}_\nu$ gibt) irreduzible Darstellungen der $\mathfrak{G}_n$, ganzrational und homogen vom Polynomgrad ν.

Zwei Darstellungen, die zu verschiedenen Werten von ν gehören, sind stets inäquivalent; denn äquivalente Darstellungen haben denselben Charakter (über die Berechnung der Charaktere vgl. Kapitel VI), und der Charakter ist ebenfalls ein homogenes Polynom vom Grad ν. Damit sind alle ganzrationalen Darstellungen von $\mathfrak{G}_n$ gefunden. Wir werden nämlich noch beweisen, daß jede ganzrationale Darstellung in *homogene* ganzrationale zerfällt; die homogenen aber bauen sich nach Satz 3.6 aus den besprochenen irreduziblen auf.

Satz 3.7. *Jede ganzrationale Darstellung von $\mathfrak{G}_n$ zerfällt in homogene ganzrationale Darstellungen.*

Beweis. $C(A)$ sei eine ganzrationale Darstellung von der Dimension N. Dann sind die Elemente der Matrizen $C(\lambda E_n)$ Polynome in λ. Der höchste vorkommende Grad sei m, so daß man

$$C(\lambda E_n) = B_0 + \lambda B_1 + \cdots + \lambda^m B_m \tag{3.20}$$

schreiben kann. Für je zwei Werte λ', λ'' von λ verlangt die Darstellungseigenschaft $C(\lambda' E_n)\, C(\lambda'' E_n) = C(\lambda' \lambda'' E_n)$, das ergibt

$$B_\mu^2 = B_\mu \quad \text{und} \quad B_\mu B_\nu = 0 \quad (\mu \neq \nu); \tag{3.21}$$

d. h. die B_μ sind idempotent (also nach I § 2 Projektionen) und annullieren sich gegenseitig. Nach I Satz 5.5 (Fußnote am Schluß des Beweises) kann man sie alle zugleich auf Diagonalform bringen. Nach I § 2 sind alle Diagonalelemente 0 oder 1; außerdem folgt aus (3.21_2), daß an einer Stelle der Diagonale, wo ein B_μ eine 1 hat, alle anderen 0 haben. Eine Stelle, wo sie alle 0 haben, kommt nicht vor; denn aus (3.20) für $\lambda = 1$ folgt $\Sigma B_\mu = E_N$. Man kann also die Variablen so numerieren, daß für $\mu = 0, \ldots, m$

$$B_\mu = 0_{r_0} \dotplus \cdots \dotplus 0_{r_{\mu-1}} \dotplus E_{r_\mu} \dotplus 0_{r_{\mu+1}} \dotplus \cdots \dotplus 0_{r_m} \tag{3.22}$$

wird, wo r_μ den Rang von B_μ und 0_r die r-dimensionale Nullmatrix bezeichnet. Bei dieser Basis ist

$$C(\lambda E_n) = E_{r_0} \dotplus \lambda E_{r_1} \dotplus \cdots \dotplus \lambda^m E_{r_m}. \tag{3.23}$$

Für beliebiges A setzen wir nach dieser Kästcheneinteilung $C(A) = \{C_{\mu\nu}(A)\}$. Aus $(\lambda E_n) A = A(\lambda E_n)$ folgt $C(\lambda E_n)\, C(A) = C(A)\, C(\lambda E_n)$. Multiplikation nach der Kästchenregel ergibt $\lambda^\mu C_{\mu\nu}(A) = C_{\mu\nu}(A)\, \lambda^\nu$ identisch in λ, also $C_{\mu\nu}(A) = 0$ für $\mu \neq \nu$. Statt $C_{\mu\mu}(A)$ schreiben wir $C_\mu(A)$ und haben also die Zerlegung

$$C(A) = C_0(A) \dotplus C_1(A) \dotplus \cdots \dotplus C_m(A) \tag{3.24}$$

der gegebenen Darstellung in die Darstellungen $C_0, \ldots, C_m$ der Dimensionen $r_0, \ldots, r_m$. Dabei ist $C_\mu(\lambda E_n) = \lambda^\mu E_{r_\mu}$, also

$$C_\mu(\lambda A) = C_\mu(\lambda E_n)\, C_\mu(A) = \lambda^\mu C_\mu(A).$$

Das bedeutet, daß die Elemente der Matrix C_μ homogene Polynome der Elemente von A vom Grade μ sind. (3.24) ist also in der Tat die Zerfällung der Darstellung in homogene Bestandteile, deren Existenz Satz 3.7 behauptet*).

§ 4. Die Symmetrieklassen im Tensorraum

Im vorigen Abschnitt haben wir das System der homogenen ganzrationalen irreduziblen Darstellungen der vollen linearen Gruppe $\mathfrak{G}_n$ vom Polynomgrad ν auf einem einfachen, aber doch recht theoretischen Wege gewonnen, der es noch nicht ermöglicht, diese Darstellungen wirklich hinzuschreiben. Dieses Ziel soll jetzt angestrebt werden. Den Weg dazu bildet die eingehendere Betrachtung der Darstellungsräume: Die explizite Aufspaltung des Tensorraums $\mathfrak{R}_{n^\nu}$ in seine bei der Gruppe $\mathfrak{G}_n$ — oder was dasselbe ist, beim System $\mathfrak{A}_\nu$ der bisymmetrischen Transformationen — invarianten Teilräume, die man *Symmetrieklassen* nennt. Der Name wird plausibel, wenn wir uns noch einmal an den in § 2 andeutungsweise behandelten Fall $\nu = 2$ erinnern. Wir sahen dort, daß der Tensorraum in die beiden bei $\mathfrak{G}_n$ invarianten Klassen der symmetrischen und der schiefsymmetrischen Tensoren zerfällt. Im Besitz der Erkenntnisse des vorigen Paragraphen sehen wir jetzt sofort, daß diese beiden Teilräume irreduzibel sind. Denn die Grade der irreduziblen Darstellungen der symmetrischen Gruppe $\mathfrak{S}_2$ sind $f_1 = f_2 = 1$, daher gibt es nach Formel (3.15) nicht mehr als zwei irreduzible Teilräume. Wir sahen dort auch schon, wie diese Teilräume durch gewisse Elemente des Gruppenrings (nämlich die erzeugenden Idempotente der irreduziblen Darstellungen), angewandt als Operationen auf beliebige Tensoren, erzeugt werden. Diese enge Verknüpfung von Gruppenring und Tensorraum wird jetzt für beliebiges ν durchgeführt.

Die der Formel (3.15) entsprechende Zerlegung des Tensorraums in eine direkte Summe invarianter Teilräume wird so aussehen:

$$\mathfrak{R}_{n^\nu} = \mathfrak{R}^{(1)} + \mathfrak{R}^{(2)} + \cdots + \mathfrak{R}^{(r)}; \quad \mathfrak{R}^{(k)} = \mathfrak{R}_1^{(k)} + \cdots + \mathfrak{R}_{f_k}^{(k)} \text{**)}. \tag{4.1}$$

$\mathfrak{R}^{(k)}$ entspricht einem „Kasten" der Formeln (3.13) und (3.14), gehört zur irreduziblen Darstellung $\mathfrak{D}_k$ von $\mathfrak{O}_\nu$, $\mathfrak{C}_k$ von $\mathfrak{A}_\nu$ und ist bei $\mathfrak{B}_\nu$ und bei $\mathfrak{A}_\nu$ invariant, aber noch nicht irreduzibel. (4.1$_2$) gibt seine Zerlegung in bei $\mathfrak{A}_\nu$ invariante irreduzible Teilräume, entsprechend einem

*) Der Bestandteil vom Grad 0 ist die Einsmatrix E_{r_0} (und zerfällt also in r_0 eindimensionale „Einsdarstellungen"). Denn hier ist jeder Matrix dieselbe Matrix zugeordnet wie der Einsmatrix E_n.

**) In der ersten Summe fallen evtl. gewisse Nummern aus; vgl. Fußnote S. 137 und weiter unten.

Summanden von (3.15). Sie sind bei $\mathfrak{B}_\nu$ nicht mehr invariant, denn um von (3.12) zu (3.15) zu gelangen, mußten wir ja die Basis abändern, wobei sich (nebenbei) Dimensionszahl und Multiplizität vertauschte.

Nun erinnern wir uns an die Zerlegung III (4.1) des Gruppenrings $\mathfrak{O}_\nu$ von $\mathfrak{S}_\nu$. Sie sah so aus:

$$\mathfrak{O}_\nu = \mathfrak{a}^{(1)} + \mathfrak{a}^{(2)} + \cdots + \mathfrak{a}^{(r)}; \quad \mathfrak{a}^{(k)} = \mathfrak{l}_1^{(k)} + \cdots + \mathfrak{l}_{f_k}^{(k)}. \tag{4.2}$$

$\mathfrak{a}^{(k)}$ ist einfaches zweiseitiges Ideal, gehört zur Darstellung $\mathfrak{D}_k$, ist nicht irreduzibel; die Linksideale $\mathfrak{l}_j^{(k)}$ sind minimal, d. h. irreduzibel.

Wir können (4.2) eine Zerlegung in minimale Rechtsideale an die Seite stellen. Erinnern wir uns, daß die $\mathfrak{a}^{(k)}$ volle Matrixringe sind und daß die $\mathfrak{l}_j^{(k)}$ jeweils einer Spalte der Matrizen entsprechen. Man überzeugt sich leicht, daß man analog Rechtsideale erhält, wenn man sich auf Elemente beschränkt, bei denen nur in einer einzigen Zeile etwas steht. Daraus folgt sofort, daß die Zerlegung in minimale Rechtsideale genau so aussieht wie (4.2):

$$\mathfrak{O}_\nu = \mathfrak{a}^{(1)} + \mathfrak{a}^{(2)} + \cdots + \mathfrak{a}^{(r)}; \quad \mathfrak{a}^{(k)} = \mathfrak{r}_1^{(k)} + \cdots + \mathfrak{r}_{f_k}^{(k)}\ ^{*)}. \tag{4.3}$$

(4.2_1) und (4.3_1) stimmen völlig überein.

Ich erinnere weiter an die erzeugenden Idempotente all dieser Ideale, die man durch die Zerlegung der *1* gewinnt. In der Matrixschreibweise waren es Elemente, bei denen nur in der Diagonale etwas stand, und daher gehören zu (4.2) und zu (4.3) dieselben Idempotente:

$$1 = e^{(1)} + e^{(2)} + \cdots + e^{(r)}; \quad e^{(k)} = e_1^{(k)} + \cdots + e_{f_k}^{(k)}. \tag{4.4}$$

Die zweiseitigen Ideale annullieren sich gegenseitig, insbesondere ist $e^{(h)} e^{(k)} = 0$ für $h \neq k$; und es ist $e_i^{(h)} e_j^{(k)} = 0$ außer für $(i, h) = (j, k)$.

Zwei wesentliche Unterschiede bestehen zwischen der Zerlegung des Gruppenrings und der ihr so ähnlichen des Tensorraums: Erstens haben die $\mathfrak{R}_i^{(k)}$ die Dimension n_k, die wir erst später berechnen werden, die minimalen Links- und Rechtsideale dagegen die bekannte Dimension f_k. Zweitens wissen wir noch nicht, ob in (4.1_1) alle Nummern der Zerlegung (4.2_1), d. h. alle Darstellungen $\mathfrak{D}_k$ wirklich vorkommen; später wird sich in der Tat zeigen, daß es nicht immer der Fall ist.

Bevor wir weitergehen, wollen wir diese Möglichkeit untersuchen. Mit $\mathfrak{O}_0$ sei die Gesamtheit aller Ringelemente x bezeichnet, die sämtliche Tensoren annullieren: $xF = 0$ für alle F. $\mathfrak{O}_0$ ist *zweiseitiges Ideal*

*) Man könnte sie auch erhalten, indem man, analog zur regulären Darstellung, das System der Rechtsmultiplikationen im Gruppenring betrachtet, das eine „verkehrte" Darstellung von $\mathfrak{O}_\nu$ liefert, d. h. mit Vertauschung von rechts und links bei der Multiplikation.

in $\mathfrak{O}_\nu$. Daß es ein linearer Teilraum ist, ist klar; und mit x gehört ihm auch jedes ax und jedes xa an: Für alle F ist $(ax)F = a(xF) = 0$ und $(xa)F = x(aF) = 0$. Aus III §§ 3—4 wissen wir, daß jedes zweiseitige Ideal direkte Summe von einfachen zweiseitigen Idealen, also von einigen der $\mathfrak{a}^{(k)}$ ist. Wir können sofort schließen, daß sie zu denjenigen Darstellungen $\mathfrak{D}_k$ gehören, die in der Zerlegung (3.12) nicht vorkommen. Aus III Satz 2.4 folgt nämlich, daß, wenn $\mathfrak{D}_k$ in (3.12) nicht vorkommt, die Matrix (x) der linearen Transformation $F \to xF$ für alle $x \in \mathfrak{l}_j^{(k)}$ (j beliebig) die Nullmatrix ist; wegen der Linearität gilt es für alle $x \in \mathfrak{a}^{(k)}$. Kommt aber $\mathfrak{D}_k$ in (3.12) vor, so entnimmt man den Beweis von III Satz 2.3, daß es ein $x \in \mathfrak{a}^{(k)}$ und einen Tensor F mit $xF \neq 0$ gibt; daraus folgt, daß $\mathfrak{a}^{(k)}$ nicht in $\mathfrak{O}_0$ liegt. Wir schreiben

$$\mathfrak{O}_\nu = \mathfrak{O}_{\mathfrak{B}} + \mathfrak{O}_0 , \tag{4.5}$$

und hier ist $\mathfrak{O}_{\mathfrak{B}}$ der Teil des Gruppenringes, der zu den in (3.12) vorkommenden Darstellungen gehört und mit dem wir es also gewissermaßen allein zu tun haben. Aus (4.5) folgt: *Jeder Operation von $\mathfrak{B}_\nu$ ist eindeutig ein Element aus $\mathfrak{O}_{\mathfrak{B}}$ zugeordnet, durch das sie erzeugt wird.* Denn die Differenz zweier Ringelemente, welche dieselbe Transformation im Tensorraum erzeugen, liegt in $\mathfrak{O}_0$.

Als nächstes sei festgestellt, daß die bei den bisymmetrischen Transformationen invarianten Teilräume des Tensorraums wie die Links- und Rechtsideale des Gruppenrings *erzeugende Idempotente* besitzen*). Sei $\mathfrak{R}_1$ ein solcher Teilraum (irreduzibel oder nicht). Wegen der vollen Reduzibilität des Systems $\mathfrak{A}_\nu$ ist der Tensorraum direkte Summe von $\mathfrak{R}_1$ und einem weiteren invarianten Teilraum $\mathfrak{R}_2$:

$$\mathfrak{R}_{n^\nu} = \mathfrak{R}_1 + \mathfrak{R}_2 . \tag{4.6}$$

Mit S sei die Projektion des Tensorraums längs $\mathfrak{R}_2$ auf $\mathfrak{R}_1$ bezeichnet (I § 2): Ist $F = F_1 + F_2$ die Zerlegung eines beliebigen Tensors nach (4.6), so ist $SF = F_1$, $SF_1 = F_1$, $SF_2 = 0$. S ist idempotent.

S ist mit allen bisymmetrischen Transformationen vertauschbar. Es sei nämlich $AF = G = G_1 + G_2$. Wegen der Invarianz von $\mathfrak{R}_1$ und $\mathfrak{R}_2$ liegt AF_1 in $\mathfrak{R}_1$, AF_2 in $\mathfrak{R}_2$, also ist $AF_1 = G_1$ und daher

$$ASF = AF_1 = G_1 = SG = SAF .$$

Nach Satz 3.5a gehört S zu $\mathfrak{B}_\nu$, ist also die von einem eindeutig bestimmten und idempotenten Element e von $\mathfrak{O}_{\mathfrak{B}}$ im Tensorraum erzeugte

*) Diese sind aber wohlgemerkt nicht wie dort Elemente aus dem betreffenden Teilraum; sie sind nämlich gar keine Tensoren, sondern Elemente aus $\mathfrak{O}_\nu$.

Operation. e heißt erzeugendes Idempotent für $\mathfrak{R}_1$. Die beiden charakteristischen Eigenschaften sind wie bei den Linksidealen: 1. *bei beliebigem F liegt eF in $\mathfrak{R}_1$*, 2. *für $F \in \mathfrak{R}_1$ ist $eF = F$*. Wie dort ist e nicht eindeutig bestimmt, die Projektion S hängt ja von der Wahl von $\mathfrak{R}_2$ ab.

Der Zusammenhang zwischen den Zerlegungen des Gruppenrings $\mathfrak{O}_\nu$ und des Tensorraums $\mathfrak{R}_{n^\nu}$ wird nun durch die folgenden Sätze hergestellt, die eine umkehrbare eindeutige Zuordnung zwischen den Rechtsidealen in $\mathfrak{O}_\nu$ (minimal oder nicht) und den beim System $\mathfrak{A}_\nu$ der bisymmetrischen Transformationen invarianten Teilräumen von $\mathfrak{R}_{n^\nu}$ stiften. Man hat sich dabei auf den Teilring $\mathfrak{O}_{\mathfrak{B}}$ von $\mathfrak{O}_\nu$ zu beschränken.

Satz 4.1. *Ist ein Rechtsideal $\mathfrak{r}$ in $\mathfrak{O}_{\mathfrak{B}}$ gegeben, so bezeichne man mit $\mathfrak{R}$ die Gesamtheit aller Tensoren xF, $x \in \mathfrak{r}$, F beliebig. Dann ist $\mathfrak{R}$ ein bei $\mathfrak{A}_\nu$ invarianter Teilraum. Jedes erzeugende Idempotent von $\mathfrak{r}$ erzeugt auch $\mathfrak{R}$. Der Teilraum $\mathfrak{R}$ heißt eine Symmetrieklasse.*

Beweis. Für $x \in \mathfrak{r}$ ist $ex = x$ und $exF = xF$ bei beliebigem F. Darin ist enthalten: Erstens, daß die Tensoren eF schon $\mathfrak{R}$ ausmachen, zweitens auch Eigenschaft 2 des erzeugenden Idempotents, drittens die Linearität von $\mathfrak{R}$: Mit eF, eF_1, eF_2 liegen auch $\lambda eF = e(\lambda F)$ und $eF_1 + eF_2 = e(F_1 + F_2)$ in $\mathfrak{R}$. Aus Eigenschaft 2 folgt auch die Invarianz: Mit F liegt auch $AF = AeF = eAF$ in $\mathfrak{R}$.

Satz 4.2. *Ist ein bei $\mathfrak{A}_\nu$ invarianter Teilraum $\mathfrak{R}$ von $\mathfrak{R}_{n^\nu}$ gegeben, so bezeichne man mit $\mathfrak{r}$ die Gesamtheit der Elemente $x \in \mathfrak{O}_{\mathfrak{B}}$ mit der Eigenschaft: $xF \in \mathfrak{R}$ für alle F. Dann ist $\mathfrak{r}$ Rechtsideal in $\mathfrak{O}_\nu$. Jedes $\mathfrak{R}$ erzeugende Idempotent erzeugt auch $\mathfrak{r}$. Diese Zuordnung ist die Umkehrung der durch Satz 4.1 gestifteten.*

Beweis. Da mit xF, x_1F, x_2F, auch λxF und $x_1F + x_2F = (x_1 + x_2)F$ in $\mathfrak{R}$ liegt, ist $\mathfrak{r}$ linearer Raum. Die Rechtsmultiplikation führt aus $\mathfrak{r}$ nicht heraus, denn für $x \in \mathfrak{r}$, $a \in \mathfrak{O}_\nu$ und F beliebig liegt $(xa)F = x(aF)$ in $\mathfrak{R}$. Ist e erzeugendes Idempotent für $\mathfrak{R}$ und $x \in \mathfrak{r}$, so ist $exF = xF$ für alle F. Wegen $e \in \mathfrak{O}_{\mathfrak{B}}$, $x \in \mathfrak{O}_{\mathfrak{B}}$ folgt daraus $ex = x$, also wird $\mathfrak{r}$ von e erzeugt. Damit ist auch schon die letzte Behauptung von Satz 4.2 bewiesen: Die Gesamtheit der xF, $x \in \mathfrak{r}$, stimmt dann nach dem Beweis von Satz 4.1 mit der Gesamtheit der eF überein, und das ist $\mathfrak{R}$.

Satz 4.3. *$\mathfrak{r}$ und $\mathfrak{R}$ sind zugleich reduzibel oder irreduzibel. Wenn irreduzibel, gehören sie zu Darstellungen $\mathfrak{D}_k$ von $\mathfrak{O}_\nu$ bzw. $\mathfrak{C}_k$ von $\mathfrak{A}_\nu$ mit der gleichen Nummer *). Daher entsprechen äquivalenten $\mathfrak{r}$ äquivalente $\mathfrak{R}$ und umgekehrt.*

Beweis. Ist $\mathfrak{r} = \mathfrak{r}' + \mathfrak{r}''$, so ist nach III § 3 $e = e' + e''$, wo e' und e'' erzeugende Idempotente von $\mathfrak{r}'$ bzw. $\mathfrak{r}''$ sind und $e'e'' = e''e' = 0$ ist. Dann

---

*) Ein irreduzibles Rechtsideal „gehört zu $\mathfrak{D}_k$“, wenn es in $\mathfrak{a}^{(k)}$ liegt.

ist $\mathfrak{R}$ direkte Summe der von e' bzw. e'' erzeugten Teilräume $\mathfrak{R}'$ und $\mathfrak{R}''$: Die Zerlegung eines jeden Tensors von $\mathfrak{R}$ wird durch $eF = e'F + e''F$ bewirkt, und die Summe ist direkt, denn $\mathfrak{R}'$ und $\mathfrak{R}''$ haben nur den Nulltensor gemeinsam: Aus $e'F = e''G$ folgt durch Linksmultiplikation mit e' das Verschwinden von $e'F$.

Nun sei umgekehrt $\mathfrak{R} = \mathfrak{R}' + \mathfrak{R}''$. Wir können in folgender Weise erzeugende Idempotente e', e'' für diese Teilräume gewinnen, die sich gegenseitig annullieren. Man setze $\mathfrak{R}_{n\nu} = \mathfrak{R} + \mathfrak{R}^*$. Die Projektion (I § 2) auf $\mathfrak{R}'$ längs $\mathfrak{R}'' + \mathfrak{R}^*$ liefert ein erzeugendes Idempotent e' für $\mathfrak{R}'$; analog gewinnt man e''. Dann annulliert e' jeden Tensor von $\mathfrak{R}''$, d. h. es ist $e'e''F = 0$ für jedes F, woraus $e'e'' = 0$ folgt; und ebenso findet man $e''e' = 0$. (Es wird ständig benutzt, daß alle betrachteten Ringelemente in $\mathfrak{O}_{\mathfrak{B}}$ liegen!) Dann ist $e = e' + e''$ idempotent und erzeugt $\mathfrak{R}$, und folglich zerfällt $\mathfrak{r}$ in die durch e' bzw. e'' erzeugten Rechtsideale.

Zum Beweis der zweiten Behauptung von Satz 4.3 sei $\mathfrak{r}$ irreduzibel. Nach III Satz 3.11, der für Rechtsideale genau so bewiesen wird wie für Linksideale, liegt $\mathfrak{r}$ in einem $\mathfrak{a}^{(k)}$, also ist auch $e \in \mathfrak{a}^{(k)}$, wenn $\mathfrak{r}$ von e erzeugt wird. Nun bemerken wir, daß in der Formel (3.13) nach den Ergebnissen von III § 4 für $a \in \mathfrak{a}^{(k)}$ in allen „Kästen" außer dem k-ten nur Nullmatrizen stehen. Daher ist $eF \in \mathfrak{R}^{(k)}$ für alle F, also $\mathfrak{R} \subseteq \mathfrak{R}^{(k)}$. Daraus folgt, daß $\mathfrak{R}$ die Darstellung $\mathfrak{C}_k$ vermittelt. Denn wenn man den Tensorraum auf verschiedene Arten in bei $\mathfrak{A}_\nu$ irreduzible Teilräume zerlegt (z. B. so, daß $\mathfrak{R}$ vorkommt), so sind die den „Kästen" zugeordneten $\mathfrak{R}^{(k)}$ jedesmal dieselben: $\mathfrak{R}^{(k)}$ besteht aus allen $e^{(k)}F$ und das erzeugende Idempotent $e^{(k)}$ von $\mathfrak{a}^{(k)}$ liegt fest.

Aus Satz 4.1 bis 4.3 folgt insbesondere, daß die Zerlegungen (4.1) des Tensorraums und (4.3) des Gruppenrings (wenn man sich auf $\mathfrak{O}_{\mathfrak{B}}$ beschränkt) sich völlig entsprechen: unsere Zuordnung läßt $\mathfrak{R}^{(k)}$ und $\mathfrak{a}^{(k)}$ sich entsprechen, und man kann die (nicht eindeutig festgelegte) Zerlegung von $\mathfrak{R}^{(k)}$ und von $\mathfrak{a}^{(k)}$ so wählen, daß auch die $\mathfrak{R}_j^{(k)}$ und $\mathfrak{r}_j^{(k)}$ mit der gleichen Nummer einander zugeordnet sind. Ein gewisser Schönheitsfehler ist immerhin darin zu erblicken, daß wir es hier mit den Rechtsidealen zu tun haben, die gar nicht so unmittelbar mit den Darstellungen $\mathfrak{D}_k$ der symmetrischen Gruppe verknüpft sind wie die Linksideale. Um dem abzuhelfen, sei jetzt noch kurz die von WEYL [4] angegebene Zuordnung zwischen den Symmetrieklassen und den Linksidealen des Gruppenrings hergeleitet.

Hierzu eine neue Bezeichnung. Ist $a = \sum_s \alpha(s) \cdot s$ ein Element des Gruppenrings, so bezeichnet man mit $\hat{a}$ dasjenige Element, dessen s-Komponente $\alpha(s^{-1})$ ist: $\hat{a} = \sum_s \alpha(s^{-1}) \cdot s$; es ist auch $\hat{a} = \sum_s \alpha(s) \cdot s^{-1}$, denn mit s durchläuft s^{-1} die Gruppe. Offenbar ist $\hat{\hat{a}} = a$. Die Zuordnung $x \to \hat{x}$ ist eine umkehrbar eindeutige Abbildung des Gruppenrings auf sich selbst, und zwar ein „verkehrter Isomorphismus", d. h. dem Produkt ab ist das Produkt $\hat{b}\hat{a}$ der Bildelemente zugeordnet. Dies folgt daraus, daß sich beim Übergang zum Inversen die Reihenfolge der Multiplikation umkehrt. Bei dieser Abbildung wird dem durch ein Idempotent e erzeugten Linksideal offenbar das durch $\hat{e}$ erzeugte Rechtsideal zugeordnet und umgekehrt dem durch e erzeugten Rechtsideal das durch $\hat{e}$ erzeugte Linksideal. Alle vier liegen, wenn irreduzibel, im gleichen zweiseitigen Ideal $\mathfrak{a}^{(k)}$. Diese zweiseitigen Ideale gehen nämlich in sich über: $\mathfrak{a}^{(k)}$ muß wieder in ein zweiseitiges Ideal übergehen, und da das erzeugende Idempotent $e^{(k)}$ als Zentrumselement nach III § 4 festbleibt (denn in $\mathfrak{S}_\nu$ sind s und s^{-1} konjugiert), ist das Bild wieder $\mathfrak{a}^{(k)}$.

Der durch e erzeugten Symmetrieklasse $\mathfrak{R}$ wird nun von Weyl statt des von e erzeugten Rechtsideals $\mathfrak{r}$ gerade das entsprechende durch $\hat{e}$ erzeugte Linksideal $\hat{\mathfrak{l}}$ zugeordnet; und zwar läßt sich auch diese Zuordnung unabhängig vom erzeugenden Idempotent erklären. Hierzu noch eine weitere neue Bezeichnung: Ist ein Tensor F gegeben, so kann man für eine feste Komponente $F^{j_1 \ldots j_\nu} = F^{(j)}$ die ν! Zahlen $sF^{(j)}$ als Komponenten eines Ringelements ansehen, das mit $f^{(j)}$ bezeichnet und etwa eine „Ringtensorkomponente" genannt werden möge; der zu F gehörige „Ringtensor" f ist dann der Inbegriff der n^ν Ringelemente $f^{(j)}$. Dann gilt

Satz 4.4. *Es sei $\mathfrak{R}$ eine Symmetrieklasse, $\mathfrak{r}$ das ihr nach Satz 4.2 zugeordnete Rechtsideal und $\hat{\mathfrak{l}}$ das ihm durch die Abbildung $x \to \hat{x}$ entsprechende Linksideal in $\mathfrak{O}_\nu$*). Dann besteht $\mathfrak{R}$ genau aus allen Tensoren, deren Ringtensorkomponenten sämtlich in $\hat{\mathfrak{l}}$ liegen. Umgekehrt ist $\hat{\mathfrak{l}}$ das kleinste Linksideal, das alle Ringtensorkomponenten der Tensoren von $\mathfrak{R}$ enthält (d. h. der Durchschnitt aller Linksideale mit dieser Eigenschaft).*

Beweis. 1. Die Elemente von $\hat{\mathfrak{l}}$ sind durch die Gleichung $x\hat{e} = x$ gekennzeichnet, in Komponenten:

$$\sum_t \xi(st^{-1})\,\varepsilon(t^{-1}) = \sum_u \xi(su)\,\varepsilon(u) = \xi(s)\,. \tag{4.7}$$

Die Tensoren von $\mathfrak{R}$ sind durch die Gleichung $eF = F$ gekennzeichnet, in Komponenten:

$$\sum_u \varepsilon(u)\,uF^{(j)} = F^{(j)}\,. \tag{4.8}$$

Übt man links und rechts s aus, so kommt

$$\sum_u \varepsilon(u)\,suF^{(j)} = sF^{(j)}\,. \tag{4.9}$$

---

*) $\hat{\mathfrak{l}}$ liegt wie $\mathfrak{r}$ in $\mathfrak{O}_{\mathfrak{B}}$.

Nach (4.7) sagt (4.9) aus, daß die Ringtensorkomponenten in $\hat{\mathfrak{l}}$ liegen. Also: Gehört F zu $\mathfrak{R}$, dann gilt (4.9) und die Ringtensorkomponenten liegen in $\hat{\mathfrak{l}}$. Umgekehrt: Liegen die Ringtensorkomponenten in $\hat{\mathfrak{l}}$, dann gilt (4.9), also für $s = 1$ (4.8), und F gehört zu $\mathfrak{R}$.

2. Sei $\mathfrak{l}'$ das kleinste Linksideal, das alle Ringtensorkomponenten der Tensoren von $\mathfrak{R}$ enthält. Da sie alle in $\hat{\mathfrak{l}}$ liegen, ist $\mathfrak{l}'$ Teil von $\hat{\mathfrak{l}}$. Wäre es echter Teil, so gäbe es ein Linksideal $\mathfrak{l}''$, so daß $\hat{\mathfrak{l}} = \mathfrak{l}' + \mathfrak{l}''$. Es wäre entsprechend $\mathfrak{r} = \mathfrak{r}' + \mathfrak{r}''$ und $\mathfrak{R} = \mathfrak{R}' + \mathfrak{R}''$, und die Ringtensorkomponenten von $\mathfrak{R}''$ würden in $\mathfrak{l}''$ liegen, während sie doch nach Voraussetzung alle in $\mathfrak{l}'$ liegen. Also ist $\mathfrak{l}' = \hat{\mathfrak{l}}$.

Als Beispiel betrachten wir noch einmal den Fall $v = 2$. $\mathfrak{S}_2$ besteht aus den beiden Elementen 1 und $s = (1\,2)$. Hier ist $\hat{x} = x$ für alle x. Die beiden Links-(= Rechts-)ideale des Gruppenrings werden von den beiden Idempotenten $\frac{1}{2}(1 + s)$ und $\frac{1}{2}(1 - s)$ erzeugt, d. h. bestehen aus den Zahlenvielfachen dieser Idempotente. Das bedeutet: Das eine besteht aus allen Ringelementen, deren zwei Komponenten gleich sind, das andere aus allen mit entgegengesetzt gleichen Komponenten. Die einen machen (Satz 4.1) aus jedem Tensor einen symmetrischen, die anderen einen schiefsymmetrischen. Oder: Symmetrische Tensoren haben (Satz 4.4) ihre Ringtensorkomponenten im einen, schiefsymmetrische Tensoren haben sie im anderen Linksideal.

§ 5. Die Tableaux und die ganzrationalen Darstellungen der vollen linearen Gruppe

In den vorigen Abschnitten wurde bei der Herstellung des Zusammenhanges zwischen der Darstellungstheorie der allgemeinen linearen Gruppe $\mathfrak{G}_n$ und jener der symmetrischen Gruppe $\mathfrak{S}_v$ die letztere noch gar nicht wirklich herangezogen; vielmehr wurde im wesentlichen nur benutzt, daß das System $\mathfrak{B}_v$ von Operationen im Tensorraum eine Darstellung der Algebra einer endlichen Gruppe ist. Es wurde also nur von den Sätzen des III. Kapitels Gebrauch gemacht. Wenn man die gewonnenen Resultate verwerten will, um Matrizen für dic Darstellungen wirklich numerisch hinzuschreiben, so muß man natürlich die im IV. Kapitel erworbenen Kenntnisse über die irreduziblen Darstellungen der $\mathfrak{S}_v$ heranziehen. Das soll jetzt geschehen.

Wir sahen zuletzt, daß man die Linksideale eines gewissen Teiles $\mathfrak{O}_{\mathfrak{B}}$ des Gruppenrings $\mathfrak{O}_v$ von $\mathfrak{S}_v$ und die Symmetrieklassen im Tensorraum, also die bei dem System $\mathfrak{A}_v$ invarianten Teilräume von $\mathfrak{R}_{n^v}$, einander zuordnen kann derart, daß sich die von einem Idempotent e erzeugte Symmetrieklasse und das von $\hat{e}$ erzeugte Linksideal entsprechen. Indem wir uns auf die irreduziblen Darstellungen beschränken, werden wir für $\hat{e}$ die im IV. Kapitel gewonnenen, durch die „Tableaux“ erzeugten Idempotente nehmen.

Durch

$$(m)=(m_1, m_2, \ldots, m_r), \quad m_i \geqq m_{i+1}, \quad m_1+m_2+\cdots+m_r=\nu$$

ist ein Rahmen von r Zeilen mit den Zeilenlängen $m_i>0$ gegeben; aus ihm entsteht ein Tableau durch Eintragung der Ziffern $1, \ldots, \nu$ in irgendeiner Reihenfolge (etwa zeilenweise in der natürlichen). Mit p bzw. q werden wieder „Horizontal- und Vertikalvertauschungen“ bezeichnet, d. h. Permutationen, bei denen jede Ziffer in ihrer Zeile bzw. Spalte bleibt. Da es auf einen Zahlenfaktor in den Symmetrieklassen so wenig wie in den Linksidealen ankommt — wenn F alle Tensoren durchläuft, beschreibt $\varkappa e F (\varkappa \neq 0)$ dieselbe Gesamtheit wie eF —, können wir

$$\hat{e}=\sum_{pq} \varepsilon_q p q = PQ = \sum_s \hat{\varepsilon}(s)\cdot s \tag{5.1}$$

setzen, wo $P=\sum_p p$, $Q=\sum_q \varepsilon_q q$, $\varepsilon_q=\pm 1$, je nachdem q gerade oder ungerade. Wie wir wissen, ist $\hat{\varepsilon}(s)=0$, wenn s „kein pq ist“, und $\hat{\varepsilon}(s)=\varepsilon_q$, wenn $s=pq$ geschrieben werden kann. Was ist dann $\varepsilon(s)=\hat{\varepsilon}(s^{-1})$? Ob die Inversen der pq sich wieder in dieser Form schreiben lassen, läßt sich nicht allgemein sagen. Wohl aber ist $(pq)^{-1}=q^{-1}p^{-1}$ ein qp, da die Inversen der p bzw. q wieder zu diesen Gesamtheiten gehören; und umgekehrt: wenn s^{-1} ein qp, dann ist s ein pq. Da außerdem q und q^{-1} zugleich gerade oder ungerade sind, ist

$$e=\sum_{qp} \varepsilon_q q p = QP\,.$$

Wie entsteht aus einem beliebigen Tensor F der Tensor $H=eF$? Als erstes muß man pF bilden, also auf die Indizes gemäß ihren Nummern eine gewisse Permutation ausüben. Es wird zweckmäßig sein, die Indizes so anzuordnen, wie es das Tableau angibt. Handelt es sich z. B. für $\nu=3$ um den Rahmen (2, 1) und das Tableau $\begin{smallmatrix}1 & 2\\ 3 & \end{smallmatrix}$, so wird man nicht F^{ijk}, sondern $\overset{ij}{F^{k}}$ schreiben. Das einzige von 1 verschiedene p ist hier (1 2), und man hat

$$p\overset{ij}{F^{k}}=\overset{ji}{F^{k}} \quad \text{und} \quad P\overset{ij}{F^{k}}=(1+p)\,\overset{ij}{F^{k}}=\overset{ij}{F^{k}}+\overset{ji}{F^{k}}\,.$$

Setzt man weiter $q=(1\;3)$, so wird

$$QP\overset{ij}{F^{k}}=(1-q)\,(\overset{ij}{F^{k}}+\overset{ji}{F^{k}})=\overset{ij}{F^{k}}+\overset{ji}{F^{k}}-\overset{kj}{F^{i}}-\overset{jk}{F^{i}}\,.$$

(Es sind zuletzt wohlgemerkt nicht die beiden übereinanderstehenden Indizes zu vertauschen, sondern die beiden Indizes, deren Nummern im Tableau übereinanderstehen und die daher ursprünglich übereinanderstanden, also i und k.) In der Tat ist hier

$$e = 1 + p - q - qp = 1 + (1\,2) - (1\,3) - (1\,3)(1\,2) = 1 + (1\,2) - (1\,3) - (1\,2\,3).$$

Allgemein werden wir eine Tensorkomponente mit $F^{\mathscr{J}}$ bezeichnen; dabei besteht das „Indexschema" $\mathscr{J}$, das dem F wie eine Fahne angeheftet wird, aus dem Rahmen, in dessen Felder (nicht wie beim Tableau die Zahlen $1, \ldots, \nu$, sondern) beliebige — gleiche oder verschiedene — Zahlen der Reihe $1, \ldots, n$ eingetragen sind. Durch eine Permutation s geht $\mathscr{J}$ in $s\mathscr{J}$ über, das aus $\mathscr{J}$ entsteht, indem man seine Ziffern nach Maßgabe ihrer Stellen im Rahmen, d. h. nach Maßgabe ihrer Indexnummern vertauscht. Nimmt man etwa im obigen Beispiel die Komponente $F^{\substack{1\,3\\2}}$ (wozu $n \geqq 3$ sein muß), dann ist $qF^{\substack{1\,3\\2}} = F^{q\binom{1\,3}{2\;\;}} = F^{\substack{2\,3\\1}}$ (und nicht etwa $F^{\substack{3\,1\\2}}$!). Nimmt man $\mathscr{J} = \binom{1\,2}{1\;\;}$, so wird $qF^{\mathscr{J}} = F^{\mathscr{J}}$.

Man wird einen Tensor „in den Zeilen des Rahmens symmetrisch" nennen, wenn er bei jeder Horizontalpermutation p ungeändert bleibt: $pF = F$. Wegen $pP = P$ [IV (2.3)] ist der Tensor PF in den Zeilen symmetrisch. Ebenso ist wegen $qQ = \varepsilon_q Q$ jeder Tensor $G = QF$ „in den Spalten schiefsymmetrisch", d. h. $qG = \varepsilon_q G = \pm G$, je nachdem q gerade oder ungerade ist. eF ist im allgemeinen nicht symmetrisch in den Zeilen, denn die Symmetrie von PF wird durch die Ausübung von Q wieder zerstört (siehe das obige Beispiel mit $\nu = 3$). Wohl aber gilt

Satz 5.1. *Jeder Tensor $H = eF$ aus $\mathfrak{R}$ ist in den Spalten schiefsymmetrisch, d. h. es ist*

$$qH = \varepsilon_q H = \pm H, \tag{5.2}$$

je nachdem q gerade oder ungerade.

Denn dieser Tensor entsteht durch Ausübung von Q auf PF.

Mit Hilfe von Satz 5.1 ist es leicht, die Frage zu beantworten, ob es in $\mathfrak{O}_\nu$ Elemente $\neq 0$ gibt, die alle Tensoren annullieren, m. a. W., ob die im § 4 eingeführten Ringe $\mathfrak{O}_{\mathfrak{B}}$ und $\mathfrak{O}_0$ echte Teilringe von $\mathfrak{O}_\nu$ sind oder ob $\mathfrak{O}_0 = 0$ ist und $\mathfrak{O}_{\mathfrak{B}}$ mit $\mathfrak{O}_\nu$ zusammenfällt. Wir sahen dort, daß $\mathfrak{O}_0$ sich gegebenenfalls aus einigen der einfachen zweiseitigen Ideale $\mathfrak{a}^{(k)}$ zusammensetzt. Das bedeutet: wenn es in $\mathfrak{a}^{(k)}$ ein einziges Element $\neq 0$ gibt, von dem man weiß, daß es alle (nicht alle) Tensoren annulliert, dann gehört $\mathfrak{a}^{(k)}$ zu $\mathfrak{O}_0$ (nicht zu $\mathfrak{O}_0$). Aus Kapitel IV wissen wir andererseits, daß zu jedem Rahmen eines der einfachen zweiseitigen Ideale gehört, derart, daß alle Linksideale, die aus den Tableaux dieses Rahmens entstehen, in diesem zweiseitigen Ideal liegen. Satz 5.1 gestattet auf die einfachste Weise die Frage zu beantworten, ob das zu einem Rahmen gehörende $\mathfrak{a}^{(k)}$ in $\mathfrak{O}_{\mathfrak{B}}$ oder in $\mathfrak{O}_0$ liegt. Jedes zugehörige Idempotent $e=QP$ liegt ja in $\mathfrak{a}^{(k)}$, und so tritt der eine oder der andere Fall ein, je nachdem e alle Tensoren annulliert oder nicht.

Satz 5.2. *Die zweiseitigen Ideale $\mathfrak{a}^{(k)}$, die zu Rahmen mit einer Zeilenanzahl $r>n$ gehören, liegen in $\mathfrak{O}_0$, diejenigen mit $r\leqq n$ in $\mathfrak{O}_{\mathfrak{B}}$. Daher ist für $\nu\leqq n$: $\mathfrak{O}_{\mathfrak{B}}=\mathfrak{O}_\nu, \mathfrak{O}_0=0$, dagegen für $\nu>n$: $\mathfrak{O}_{\mathfrak{B}}$ echter Teil von $\mathfrak{O}_\nu$ und $\mathfrak{O}_0\neq 0$.*

Beweis. Es sei zunächst $r>n$. Daß alle $eF=0$ sind, folgt aus der schiefen Symmetrie dieser Tensoren in den Spalten. Die erste Spalte des Rahmens hat die Länge $r>n$, daher stehen bei jedem Schema $\mathscr{J}$ in dieser Spalte mindestens zwei gleiche Ziffern. Bezeichnet t die Transposition der beiden Stellen, an denen sich diese Ziffern befinden, so ist das ein ungerades q, also $tH=-H$ nach Satz 5.1; aber es ist andererseits $t\mathscr{J}=\mathscr{J}$, also $tH^{\mathscr{J}}=H^{t\mathscr{J}}=H^{\mathscr{J}}$, und so folgert man $H^{\mathscr{J}}=0$ für jede Komponente.

Für $r\leqq n$ betrachten wir zum gegebenen Rahmen das Indexschema

$$\mathscr{J}_0=\begin{pmatrix} 1\,1\ldots\ldots 1\\ 2\,2\ldots\ldots 2\\ \ldots\ldots\ldots\\ r\,r\ldots r\end{pmatrix}$$

und den Tensor, der durch $F^{\mathscr{J}_0}=1$ und $F^{\mathscr{J}}=0$ $(\mathscr{J}\neq\mathscr{J}_0)$ gegeben ist. Es sind alle $p\mathscr{J}_0=\mathscr{J}_0$ und daher $PF=mF$, wo m die Anzahl aller p bedeutet. In der Summe $eF^{\mathscr{J}}=m\sum_q \varepsilon_q qF^{\mathscr{J}}$ sind alle Summanden Null, außer wenn $\mathscr{J}=q_1\mathscr{J}_0$ (q_1 irgendein q); in diesem Fall ist genau ein Summand $\neq 0$, nämlich für $q=q_1^{-1}$, dieser ist $\pm m$. Also ist $eF\neq 0$.

Die letzte Behauptung von Satz 5.2 folgt daraus, daß natürlich immer $r\leqq\nu$ ist, weil jeder Rahmen aus ν Feldern besteht, aber $r=\nu$ vorkommt, nämlich bei dem Rahmen aus einer einzigen Spalte.

Es sei ein Tableau von höchstens n Zeilen gegeben und das zugehörige Ringelement $e=QP$ gebildet. Die Gesamtheit der Tensoren $H=eF$, die nicht alle Null sind, bildet eine irreduzible Symmetrieklasse $\mathfrak{R}$, also einen bei den Transformationen A der vollen linearen Gruppe $\mathfrak{G}_n$ und sogar beim System $\mathfrak{A}_\nu$ aller bisymmetrischen Transformationen A invarianten Teilraum des Tensorraums $\mathfrak{R}_{n^\nu}$, der eine irreduzible Darstellung von $\mathfrak{G}_n$ bzw. von $\mathfrak{A}_\nu$ vermittelt. Will man Matrizen für diese Darstellung hinschreiben, so hat man von den Transformationsformeln (3.7) bzw. (3.8) auszugehen, die für jeden Tensor, also natürlich auch für die Tensoren $H \in \mathfrak{R}$ gelten:

$$H'^{j_1 \dots j_\nu} = \alpha^{j_1}_{k_1} \alpha^{j_2}_{k_2} \dots \alpha^{j_\nu}_{k_\nu} H^{k_1 \dots k_\nu} \quad \text{für } \mathfrak{G}_n, \tag{5.3}$$

$$H'^{j_1 \dots j_\nu} = \alpha^{j_1 \dots j_\nu}_{k_1 \dots k_\nu} H^{k_1 \dots k_\nu} \text{ oder kürzer } H'^{(j)} = \alpha^{(j)}_{(k)} H^{(k)} \quad \text{für } \mathfrak{A}_\nu. \tag{5.4}$$

Aber das ist nicht die gesuchte Matrix; denn hier werden n^ν Komponenten linear transformiert; die Dimension von $\mathfrak{R}$ ist aber kleiner als die von $\mathfrak{R}_{n^\nu}$. Um Matrizen für die Darstellung zu bekommen, müssen wir eine Basis für $\mathfrak{R}$ aufstellen oder, was auf dasselbe hinausläuft, wir müssen die linear unabhängigen Komponenten von H suchen.

Um klar zu machen, wie das gemeint ist, sei einen Augenblick ein n-dimensionaler Vektorraum $\mathfrak{R}_n$ betrachtet und an altbekannte Sätze über lineare Gleichungen erinnert. Ein linearer Teilraum $\mathfrak{r}$ etwa von $n-r$ Dimensionen ist durch ein homogenes lineares Gleichungssystem vom Range r bestimmt. Dieses System kann man nach gewissen r der Veränderlichen $\xi_1, \dots, \xi_n$ auflösen; die Auflösung sieht, wenn es sich etwa um $\xi_1, \dots, \xi_r$ handelt, so aus:

$$\begin{aligned} \xi_1 &= \gamma_{1,r+1}\xi_{r+1} + \cdots + \gamma_{1n}\xi_n, \\ &\dots\dots\dots\dots\dots\dots \\ \xi_r &= \gamma_{r,r+1}\xi_{r+1} + \cdots + \gamma_{rn}\xi_n. \end{aligned} \tag{5.5}$$

Man sagt jetzt, daß die Komponenten $\xi_{r+1}, \dots, \xi_n$ linear unabhängig sind. Man meint damit, daß man diese Komponenten unabhängig voneinander willkürlich wählen kann; $\xi_1, \dots, \xi_r$ sind dann durch (5.5) bestimmt. Eine Basis von $\mathfrak{r}$ bilden die $n-r$ Vektoren, die man erhält, indem man eine der Zahlen $\xi_{r+1}, \dots, \xi_n$ Eins, die übrigen Null wählt.

Ist nun $\mathfrak{r}$ bei irgendeiner Transformation $x' = Ax$ oder

$$\xi'_i = \sum_{k=1}^{n} A_{ik}\xi_k \quad (i = 1, \dots, n) \tag{5.6}$$

invariant, so kann man die $(n-r)$-reihige Matrix, welche die Transformation in $\mathfrak{r}$ beschreibt, sofort hinschreiben, indem man $\xi_{r+1}, \dots, \xi_n$ als Koordinaten in $\mathfrak{r}$ wählt: man beschränkt sich einfach auf die letzten $n-r$ Gleichungen (5.6) und setzt darin rechts für $\xi_1, \dots, \xi_r$ ihre Werte (5.5) ein:

$$\xi'_i = \sum_{k=r+1}^{n} \left(\sum_{\varrho=1}^{r} A_{i\varrho}\gamma_{\varrho k} + A_{ik} \right) \xi_k \quad (i = r+1, \dots, n). \tag{5.7}$$

In der Klammer rechts stehen die gesuchten Matrixelemente.

In (5.3) und (5.4) stehen die Indizes von H in einer Reihe. Wir werden sie künftig wieder nach dem Rahmen anordnen, also die Indexschemata $\mathcal{J}$ verwenden. Im ganzen gibt es n^ν Indexschemata. Aus ihnen haben wir eine Anzahl so auszusondern, daß die zugehörigen Komponenten von H linear unabhängig sind. Dies geschieht durch den folgenden

Satz 5.3. *Man erhält ein vollständiges System linear unabhängiger Tensorkomponenten $H^{\mathcal{J}}$, wenn man sich auf diejenigen Indexschemata $\mathcal{J}$ beschränkt, die der folgenden Bedingung genügen: im Schema $\mathcal{J}$ nehmen die Ziffern in jeder Zeile von links nach rechts nicht ab, in jeder Spalte von oben nach unten zu.*

Wir werden die Indexschemata, die dieser Bedingung genügen, *Standardschemata*, die zugehörigen Tensorkomponenten *Standardkomponenten* nennen.

Der Beweis von Satz 5.3 wird uns zugleich Formeln an die Hand geben, welche die übrigen Tensorkomponenten aus den Standardkomponenten zu berechnen und damit auch aus (5.3) bzw. (5.4) die Matrizen der Darstellung zu gewinnen erlauben, wie es in den Formeln (5.5) und (5.7) vorgesehen ist.

Das lineare Gleichungssystem, durch das der Teilraum $\mathfrak{R}$ von $\mathfrak{R}_{n^\nu}$ bestimmt ist, lautet $F - eF = 0$. Es ist aber zweckmäßig, nicht von diesem System, sondern von der Tatsache auszugehen, daß die Tensoren $H \in \mathfrak{R}$ aus beliebigen Tensoren F durch die Operation e entstehen:

$$H = eF = QPF. \tag{5.8}$$

Sehen wir uns zuerst die Tensoren $G = PF = \sum_p pF$ näher an! $G^{\mathcal{J}}$ ist in den Zeilen von $\mathcal{J}$ symmetrisch, d. h. alle Komponenten sind gleich, die durch Horizontalpermutation auseinander hervorgehen: $pG = G$. Durch solche Permutationen ist jeweils eine ganze Klasse von Indexschemata ineinander transformierbar, die in jeder Zeile des Rahmens alle die gleichen Ziffern enthalten. Und in jeder Klasse gibt es genau ein „geordnetes" Indexschema, in dem die Ziffern von links nach rechts nicht abnehmen; wir wollen ein solches Indexschema *zeilengeordnet* nennen.

Im einfachen Fall des Rahmens aus einer einzigen Zeile sind die Tensoren G symmetrisch im gewöhnlichen Sinne, die geordneten Indexschemata sind durch $j_1 \leqq j_2 \leqq \cdots \leqq j_\nu$ gekennzeichnet, und ihre Anzahl, also die Dimension des Raums der symmetrischen Tensoren, ist $\binom{n+\nu-1}{\nu}$, wie schon in § 3 angegeben wurde.

Im allgemeinen Fall des Rahmens mit den Zeilenlängen $m_1, \ldots, m_r$ ist die Anzahl der zeilengeordneten Indexschemata, da die Ziffern in verschiedenen Zeilen völlig unabhängig voneinander gewählt werden können,

$$\binom{n+m_1-1}{m_1}\binom{n+m_2-1}{m_2}\cdots\binom{n+m_r-1}{m_r}.$$

Jede andere Komponente von G ist einer von diesen gleich.

Aus diesem Tensor G entsteht nun durch Ausüben von Q der Tensor $H = QG = \sum_q \varepsilon_q qG$ mit den Komponenten

$$H^{\mathscr{I}} = QG^{\mathscr{I}} = \sum_q \varepsilon_q qG^{\mathscr{I}} = \sum_q \varepsilon_q G^{q\mathscr{I}}. \tag{5.9}$$

Es ist klar, daß lineare Relationen nur zwischen solchen Komponenten $H^{\mathscr{I}}$ bestehen können, die durch Permutationen ineinander übergeführt werden können. Denn in jeder Zeile $H^{\mathscr{I}} - eH^{\mathscr{I}} = 0$ des Systems $H - eH = 0$, aus dem alle Relationen hervorgehen, kommen ja außer $\mathscr{I}$ nur Indexschemata $s\mathscr{I}$ vor. Betrachten wir also ein festes Schema $\mathscr{I}$ und alle, die aus ihm durch Permutation entstehen, also die gleichen Ziffern enthalten; und beginnen wir mit dem einfachsten Fall, daß es lauter verschiedene Ziffern sind — nehmen wir einfach die Ziffern $1, 2, \ldots, \nu$. (Zu dem Zweck muß allerdings vorderhand $n \geqq \nu$ vorausgesetzt werden.) Diese Schemata können offenbar mit den Tableaux identifiziert werden, und die in Satz 5.3 beschriebenen Standardschemata unter ihnen mit den Standardtableaux von IV § 4 (da keine gleichen Ziffern vorkommen, müssen jetzt auch in den Zeilen von links nach rechts die Ziffern wachsen). Diese Schemata seien mit $\mathscr{I}_1, \ldots, \mathscr{I}_f$ bezeichnet; ihre Anzahl f ist nach IV § 4 der Grad der zu diesen Tableaux gehörenden irreduziblen Darstellung von $\mathfrak{S}_\nu$. *Wir werden zeigen, daß zwischen den Komponenten* $H^{\mathscr{I}_1}, \ldots, H^{\mathscr{I}_f}$ *keine lineare Relation besteht und daß man jede andere der in Rede stehenden Komponenten* $H^{\mathscr{I}}$ *durch sie ausdrücken kann.* Erinnern wir uns daran, daß die Standardtableaux und damit die Schemata $\mathscr{I}_1, \ldots, \mathscr{I}_f$, lexikographisch geordnet sind: ist $j < j'$, so ist, wenn man die Ziffern ϱ, ϱ' von $\mathscr{I}_j$ und $\mathscr{I}_{j'}$ der Reihe nach wie ein Buch liest, die erste von Null verschiedene Differenz $\varrho' - \varrho$ positiv.

Auf der rechten Seite von (5.9) kann man jede Komponente von G „zeilenordnen", d. h. durch die ihr gleiche zeilengeordnete Komponente ersetzen. Man hat dann auf $\mathscr{I}$ im ganzen eine Vertikal- und nachfolgende Horizontalpermutation ausgeübt, also nach IV § 2 (vgl. IV (2.2)) ein qp. Jede zeilengeordnete Komponente kommt höchstens einmal vor, denn aus $qp = q'p'$ folgt $q = q'$ und $p = p'$. Jedes $H^{\mathscr{I}}$ ist also eine Linearform in den unabhängigen Komponenten von G, die unabhängig variabel, also als Unbestimmte im algebraischen Sinn anzusehen sind, mit Koeffizienten 0 oder ± 1. Wir schreiben das Ergebnis für die Komponenten

$H^{\mathscr{J}_1}, \ldots, H^{\mathscr{J}_f}$ hin:

$$\begin{aligned} H^{\mathscr{J}_1} &= \varepsilon_{11} G^{\mathscr{J}_1} + \varepsilon_{12} G^{\mathscr{J}_2} + \cdots + \varepsilon_{1f} G^{\mathscr{J}_f} + X_1 \\ H^{\mathscr{J}_2} &= \varepsilon_{21} G^{\mathscr{J}_1} + \varepsilon_{22} G^{\mathscr{J}_2} + \cdots + \varepsilon_{2f} G^{\mathscr{J}_f} + X_2 \\ &\cdots\cdots\cdots\cdots\cdots\cdots \\ H^{\mathscr{J}_f} &= \varepsilon_{f1} G^{\mathscr{J}_1} + \varepsilon_{f2} G^{\mathscr{J}_2} + \cdots + \varepsilon_{ff} G^{\mathscr{J}_f} + X_f . \end{aligned} \tag{5.10}$$

Hier sind die Komponenten $G^{\mathscr{J}_1}, \ldots, G^{\mathscr{J}_f}$ immer zuerst geschrieben und die noch vorkommenden (also nicht spaltengeordneten) Komponenten von G in den letzten Summanden X_1 usw. zusammengefaßt.

Es muß gezeigt werden, daß die f Linearformen (5.10) linear unabhängig sind. Hierzu genügt es zu zeigen, daß die Determinante der jeweils f ersten Koeffizienten ε_{ik} von Null verschieden ist. Ihre Diagonalelemente sind $\varepsilon_{ii} = 1$, denn die betreffenden Glieder in (5.10) entstehen durch $q = 1$. Ich behaupte: es ist $\varepsilon_{ik} = 0$ für $i > k$ und daher die fragliche Determinante $= 1$.

Hierzu muß gezeigt werden: wenn $\mathscr{J}_i$ durch Ausüben eines q und nachfolgendes Ordnen der Zeilen in $\mathscr{J}_k$ übergeht, ist stets $i < k$. Man betrachte irgendein q und die oberste Zeile von $\mathscr{J}_i$, die bei q nicht fest bleibt. Da die Ziffern von $\mathscr{J}_i$ von oben nach unten zunehmen, wird jede Ziffer dieser Zeile, die nicht fest bleibt, durch eine größere ersetzt. Dann kommt auch die geordnete Reihe der neuen Ziffern im Lexikon später als die der alten, d. h. das neue Schema bekommt — wenn es überhaupt zu den Standardschemata gehört — eine größere Nummer als i.

Damit ist die lineare Unabhängigkeit von $H^{\mathscr{J}_1}, \ldots, H^{\mathscr{J}_f}$ bewiesen. Um zu zeigen, daß es unter den in Rede stehenden Komponenten nicht mehr als f linear unabhängige gibt, erinnern wir uns, daß f, wie erwähnt, der Grad der zugehörigen irreduziblen Darstellung von $\mathfrak{S}_\nu$, also nach Kapitel III die Dimension des zugehörigen durch $\hat{e} = PQ$ erzeugten Linksideals $\hat{\mathfrak{l}}$ im Gruppenring ist. Das bedeutet: liegt $x = \sum_s \xi(s) \cdot s$ in $\hat{\mathfrak{l}}$, so besteht zwischen je $f + 1$ der Komponenten $\xi(s)$ eine — nur von den „Nummern" s der vorkommenden Komponenten abhängige — lineare Gleichung.

Nach Satz 4.4 liegen nun die Ringtensorkomponenten von H in $\hat{\mathfrak{l}}$, d. h. bei gegebenem $\mathscr{J}$ sind die Zahlen $sH^{\mathscr{J}} = H^{s\mathscr{J}}$ die Komponenten eines Elementes aus $\hat{\mathfrak{l}}$. Ist jetzt $\mathscr{J}$ eines der in Rede stehenden Schemata, aber kein Standardschema, und ist $\mathscr{J}_j = s_j \mathscr{J}$, so muß eine derartige Beziehung zwischen den Komponenten $H^{\mathscr{J}}, s_1 H^{\mathscr{J}}, \ldots, s_f H^{\mathscr{J}}$ bestehen, d. h. zwischen $H^{\mathscr{J}}, H^{\mathscr{J}_1}, \ldots, H^{\mathscr{J}_f}$. Wegen der linearen Unabhängigkeit von $H^{\mathscr{J}_1}, \ldots, H^{\mathscr{J}_f}$ kann man also $H^{\mathscr{J}}$ durch diese ausdrücken.

Es ist sehr leicht, diesen Ausdruck wirklich anzugeben. Wegen der schiefen Symmetrie von H in den Spalten genügt es, die spaltengeordneten

$H^{\mathcal{J}}$ auszurechnen. Man drücke $H^{\mathcal{J}}$ analog (5.10) durch G aus:

$$H^{\mathcal{J}} = \varepsilon_1 G^{\mathcal{J}_1} + \cdots + \varepsilon_f G^{\mathcal{J}_f} + X\,. \tag{5.11}$$

Mindestens eine der Zahlen ε_j ist $\neq 0$, denn ein Standardschema entsteht aus $\mathcal{J}$ durch Ordnen der Zeilen, also für $q = I$*). Nun löse man (5.10) nach $G^{\mathcal{J}_1}, \ldots, G^{\mathcal{J}_f}$ auf, was wegen $\varepsilon_{ik} = 0$ $(i > k)$ ganz leicht rekursiv geht. Man erhält

$$G^{\mathcal{J}_j} = \sum_{k=1}^{f} \eta_{jk} H^{\mathcal{J}_k} + Y_j\,, \quad j = 1, \ldots, f, \tag{5.12}$$

wo wiederum $\eta_{ik} = 0$ für $i > k$, $\eta_{ii} = 1$ ist und Y_j die $G^{\mathcal{J}}$ enthält, die keine Standardkomponenten sind. Setzt man dies in (5.11) ein, so kommt

$$H^{\mathcal{J}} = \sum_{j,k=1}^{f} \varepsilon_j \eta_{jk} H^{\mathcal{J}_k} + \sum_{j=1}^{f} \varepsilon_j Y_j + X. \tag{5.13}$$

Hier müssen sich aber die beiden letzten Glieder wegheben. Denn wir wissen ja schon, daß es eine Beziehung $H^{\mathcal{J}} = \sum_k \eta_k H^{\mathcal{J}_k}$ gibt. Zieht man das von (5.13) ab, so erkennt man: wäre nicht $\eta_k = \sum_j \varepsilon_j \eta_{jk}$, so würde das heißen, daß eine Linearkombination der Zeilen von (5.10) sich durch die Nicht-Standardkomponenten $G^{\mathcal{J}}$ allein ausdrücken ließe. Das ist aber nach dem, was über die ε_{ik} bewiesen wurde, unmöglich.

Also ist

$$H^{\mathcal{J}} = \sum_{j,k=1}^{f} \varepsilon_j \eta_{jk} H^{\mathcal{J}_k} \tag{5.14}$$

*die gesuchte Beziehung***).

---

*) Daß durch das Ordnen der Zeilen die Ordnung der Spalten nicht verlorengeht, sieht man so: $\alpha_1, \ldots, \alpha_k$ und $\beta_1, \ldots, \beta_{k'}$ $(k \geqq k')$ seien zwei aufeinanderfolgende Zeilen, $\alpha_j < \beta_j$ $(j = 1, \ldots, k')$. Die α und die β brauchen nicht alle verschieden zu sein. Wir nehmen an, daß die β schon geordnet sind. Bei der Ordnung der α kann höchstens durch ein solches α_i ein Unglück passieren, das nach links wandert. Kommt es an die Stelle $j < i$ und wandert α_j nach rechts, so ist $\alpha_i \leqq \alpha_j < \beta_j$. Wandert aber α_j ebenfalls nach links, so muß mindestens ein α_l, $l < j$, über j hinaus nach rechts wandern und es ist $\alpha_i \leqq \alpha_l < \beta_l \leqq \beta_j$. Ordnet man also mit der letzten Zeile anfangend und nimmt beim Ordnen jeweils den ganzen über dem zu bewegenden Element stehenden Teil seiner Spalte mit, so bleibt bei dem ganzen Prozeß die Spaltenordnung erhalten.

**) Für eine spätere Anwendung sei noch folgendes über die Zahlen η_{ik} bemerkt. Wir sahen, daß ε_{ik} dann und nur dann $\neq 0$ ist, wenn man vom Schema $\mathcal{J}_i$ durch eine Vertikalpermutation q und nachfolgendes Ordnen zu $\mathcal{J}_k$ gelangen kann. Analog gilt für die η_{ik}: es ist η_{ik} nur dann möglicherweise $\neq 0$, wenn man von $\mathcal{J}_i$ nach $\mathcal{J}_k$ durch mehrmalige Anwendung des geschilderten Prozesses — ein q und dann Ordnen der Zeilen — gelangen kann. Schreibt man nämlich die Auflösungsformeln der Gleichungen

$$y_i = \sum_{k=1}^{f} \varepsilon_{ik} x_k \quad (\varepsilon_{ii} = 1, \quad \varepsilon_{ik} = 0 \text{ für } i > k)$$

nach x_i, mit x_f anfangend, hin, so sieht man, daß jeder der Koeffizienten Summe von Ausdrücken der Form $\pm \varepsilon_{ij_1} \varepsilon_{j_1 j_2} \ldots \varepsilon_{j_{s-1} j_s} \varepsilon_{j_s k}$ ist.

Es muß nun gezeigt werden, daß, was soeben für die Indexschemata aus den Ziffern $1, \ldots, \nu$ bewiesen wurde, auch für alle anderen Gesamtheiten von ineinander permutierbaren Schemata gilt: nämlich, daß jeweils die Standardkomponenten linear unabhängig sind und die anderen durch sie ausgedrückt werden können. Dazu mache man sich klar, daß wir eigentlich schon mehr bewiesen haben, als was in den Formeln (5.10) bis (5.14) steht. Man denke sich nämlich in allen Indexschemata die Ziffern $1, 2, \ldots, \nu$ durch zunächst unbestimmt gelassene Ziffern $i_1, i_2, \ldots, i_\nu$ ersetzt. Dann können alle Prozesse wörtlich genau so durchgeführt werden, indem alle vorkommenden Permutationen auf die Subindizes $1, \ldots, \nu$ ausgeübt, also $i_1, \ldots, i_\nu$ so vertauscht werden wie früher $1, \ldots, \nu$. Der Begriff „geordnet" und die lexikographische Anordnung beziehe sich ebenfalls auf die Subindizes. Alle Schlüsse bleiben erhalten und alle Formeln gültig, insoweit die benutzten Komponenten von G als unabhängige Variable betrachtet werden können. Der Begriff „geordnet" ist der alte, wenn man $i_1 \leqq i_2 \leqq \cdots \leqq i_\nu$ nimmt.

Es bleibt jedenfalls dann alles beim alten, wenn die i_μ alle verschieden sind. Dann gibt es unter den aus ihnen gebildeten Schemata wieder f Standardschemata, die in lexikographischer Reihenfolge $\mathcal{J}_1, \ldots, \mathcal{J}_f$ heißen mögen. Die bewiesenen Sätze sagen wie früher aus, daß $H^{\mathcal{J}_1}, \ldots, H^{\mathcal{J}_f}$ linear unabhängig sind und daß die übrigen $H^{\mathcal{J}}$ von ihnen abhängen, wie es die Formel (5.14) angibt. Die ε_j und η_{ik} sind dabei dieselben wie früher.

Wenn aber die i_μ nicht alle verschieden sind, dann bedeutet das nichts anderes als eine Spezialisierung der unabhängigen Veränderlichen $G^{\mathcal{J}}$, dahingehend, daß nun gewisse Relationen zwischen ihnen gelten: einige unter ihnen sind nun immer gleich. Die Formeln (5.10) bis (5.14), Beziehungen zwischen den Variablen $G^{\mathcal{J}}$ und den Linearformen $H^{\mathcal{J}}$, bleiben richtig; aber man kann aus ihnen nicht mehr ganz dieselben Schlüsse ziehen. Insbesondere gilt natürlich nicht mehr die lineare Unabhängigkeit der f Zeilen von (5.10). Gewisse Indexschemata $\mathcal{J}$ enthalten jetzt zwei gleiche Ziffern in einer Spalte; die entsprechende Linearform $H^{\mathcal{J}}$ wird identisch Null. Manche Paare von Schemata werden gleich, und die entsprechenden Linearformen werden identisch. Wir werden von (5.10) so viele Zeilen streichen, daß nur noch von Null und voneinander verschiedene Linearformen stehenbleiben; das sind dann gerade wieder die Standardkomponenten von H. Um ihre lineare Unabhängigkeit zu beweisen, ändern wir auch die rechten Seiten entsprechend: gleiche $G^{\mathcal{J}}$ werden vereinigt, solche, die nicht mehr „standard" sind, nach hinten in die X_j verwiesen (was hinten war, bleibt dort; denn jedes $\mathscr{J}$ dort enthielt mindestens in einer Spalte eine Inversion, die durch das Identifizieren von Ziffern höchstens in Gleichheit, nicht in Wachsen übergehen kann). Nach dieser Neuordnung enthält die Koeffizientenmatrix wie früher in dem ersten Quadrat, wo die Standard-$G^{\mathscr{J}}$ stehen, in der Hauptdiagonale 1 und unter ihr 0, wie man genau wie früher beweist. Also sind wieder die Standardkomponenten von H linear unabhängig. Daß es nicht mehr linear unabhängige Komponenten gibt, vielmehr alle anderen durch die Standardkomponenten ausdrückbar sind, folgt aus der alten Formel (5.14). In ihr sind rechts einige $H^{\mathscr{J}\mu}$ Null, andere einander gleich. Gelegentlich hebt sich dadurch alles weg — nämlich dann, wenn das $\mathscr{J}$ auf der linken Seite zwei gleiche Ziffern in einer Spalte enthält. Für alle anderen $H^{\mathscr{J}}$ aber liefert die Formel einen Ausdruck durch die Standardkomponenten.

Ein Wort ist noch über die Voraussetzung $n \geqq \nu$ zu sagen, mit der wir angefangen hatten. Man erkennt jetzt, daß sie für Tensorkomponenten mit weniger als ν verschiedenen Indizes fallen gelassen werden kann: die gewonnenen Aussagen und Formeln sind ganz unabhängig von n. Denn die Linearform, die irgendeine Komponente von H durch die unabhängigen Komponenten von G ausdrückt, ist unabhängig von n immer dieselbe; und aus diesen Linearformen folgt alles andere. Damit ist Satz 5.3 vollständig bewiesen.

Als unmittelbare Folge von Satz 5.3 merken wir noch an:

Satz 5.4. *Der Grad N der zu einem Rahmen gehörigen irreduziblen Darstellung von $\mathfrak{G}_n$ ist gleich der Anzahl der Standard-Indexschemata, die man in diesen Rahmen eintragen kann, also gleich der Anzahl möglicher Arten, Zahlen aus der Reihe $1, \ldots, n$ so einzutragen, daß die Zahlen in jeder Zeile von links nach rechts nicht abnehmen, in jeder Spalte von oben nach unten zunehmen.*

Eine Formel für N wird sich in Kapitel VI aus den Charakteren ergeben.

Der wichtigste Schritt zur Erreichung unseres Zieles — Matrizen für die Darstellung wirklich hinschreiben zu können — ist mit der Gewinnung von Satz 5.3 und Formel (5.14) getan: diese Formel liefert uns die γ_{ik}, die in Formel (5.7) vorkommen, Satz 5.3 die Auswahl der linear unabhängigen Koordinaten, mit denen diese Formel, die die Matrixelemente enthält, gebildet werden soll. Das Weitere ist Rechenarbeit.

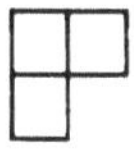
Abb. 4

Wir wollen uns als Beispiel den kleinsten „nichttrivialen" Rahmen (Abb. 4) etwas näher ansehen. Außer der zu ihm gehörigen Symmetrieklasse gibt es für $\nu = 3$ nur noch die symmetrischen und die schiefsymmetrischen Tensoren, so daß mit ihm der Fall der Tensoren dritter Stufe erledigt ist. Unter den 6 Komponenten mit drei verschiedenen Indizes $i<j<k$ sind zwei Standardkomponenten: $\overset{ij}{H^k}$ und $\overset{ik}{H^j}$. Unabhängige Komponenten von G gibt es eine mehr: $\overset{jk}{G^i}$. Das System (5.10) lautet

$$\overset{ij}{H^k} = \overset{ij}{G^k} - \overset{jk}{G^i}$$

$$\overset{ik}{H^j} = \overset{ik}{G^j} - \overset{jk}{G^i} ,$$

die Auflösung nach $\overset{ij}{G^k}$, $\overset{ik}{G^j}$ ist trivial. Man hat weiter

$$\overset{ji}{H^k} = \overset{ij}{G^k} - \overset{ik}{G^j} = \overset{ij}{H^k} - \overset{ik}{H^j} , \tag{5.15}$$

und das ist die einzige Komponente, die berechnet werden muß; die anderen findet man aus der schiefen Symmetrie:

$$\overset{kj}{H^i} = -\overset{ij}{H^k}, \overset{jk}{H^i} = -\overset{ik}{H^j}, \overset{ki}{H^j} = -\overset{ji}{H^k} = \overset{ik}{H^j} - \overset{ij}{H^k} .$$

Noch einfacher ist es, wenn nur zwei Indizes verschieden sind. Standardkomponenten sind $\overset{ii}{H^k}$ und $\overset{ik}{H^k}$, außerdem gibt es nur noch $\overset{ki}{H^i}$ und $\overset{kk}{H^i}$, die man aus der schiefen Symmetrie findet.

Für $n=3$ ist der Darstellungsgrad $N=8$, die Standardkomponenten sind

$$\overset{11}{H^2}, \overset{11}{H^3}, \overset{12}{H^2}, \overset{12}{H^3}, \overset{13}{H^2}, \overset{13}{H^3}, \overset{22}{H^3}, \overset{23}{H^3} .$$

Wir wollen nicht die ganze Matrix hinschreiben, aber noch ein paar Worte über ihre Berechnung sagen. Bei den γ_{ik} läuft der erste Index von 1 bis r, der zweite von $r+1$ bis n; das heißt hier: der erste durchläuft die Nicht-Standardschemata, der zweite die Standardschemata. Natürlich kann ein γ_{ik} nur dann $\neq 0$ sein, wenn beide Indizes Schemata aus der gleichen Ziffernmenge sind. Man wird sich also zweckmäßig die rechteckige Matrix der γ_{ik} in einzelne Rechtecke einteilen, die je einer Ziffernmenge entsprechen. In unserem obigen Fall steht so ein Rechteck bei drei verschiedenen Indizes $i<j<k$ so aus:

	$\overset{ij}{k}$	$\overset{ik}{j}$
$\overset{ji}{k}$	1	−1
$\overset{jk}{i}$	0	−1
$\overset{ki}{j}$	−1	1
$\overset{kj}{i}$	−1	0

Die erste Zeile ist (5.15), die anderen folgen aus der schiefen Symmetrie.

Für jedes Element der zu berechnenden Matrix (5.7) wird eine Spalte dieser γ_{ik}-Matrix gebraucht. Es gibt vier Arten von Standardschemata: $\genfrac{}{}{0pt}{}{ii}{k}\ \genfrac{}{}{0pt}{}{ik}{k}\ \genfrac{}{}{0pt}{}{ij}{k}\ \genfrac{}{}{0pt}{}{ik}{j}$ und dementsprechend vier Arten von Matrixelementen mit diesen Schemata als Spaltenindex; der Zeilenindex ist auf die Berechnung ohne Einfluß. Wir schreiben sie für eine bisymmetrische Transformation A hin; es handle sich etwa um die Zeile $\genfrac{}{}{0pt}{}{pq}{r}$; alle α tragen den oberen Index pqr, den wir unterdrücken. In dieser Zeile und

in der Spalte: steht das Element:

$$\begin{array}{c|l} \genfrac{}{}{0pt}{}{ii}{k} & \alpha_{iik}-\alpha_{kii} \\ \genfrac{}{}{0pt}{}{ik}{k} & \alpha_{ikk}-\alpha_{kki} \\ \genfrac{}{}{0pt}{}{ij}{k} & \alpha_{ijk}+\alpha_{jik}-\alpha_{kij}-\alpha_{kji} \\ \genfrac{}{}{0pt}{}{ik}{j} & \alpha_{ikj}-\alpha_{jik}-\alpha_{jki}+\alpha_{kij} \end{array}$$

Um entsprechende Matrixelemente für die Darstellung der vollen linearen Gruppe zu erhalten, hat man nur α_{iik}^{pqr} durch $\alpha_i^p\alpha_i^q\alpha_k^r$ zu ersetzen usw.

Betrachten wir noch einen etwas größeren Rahmen: Abb. 5. Hier ist $v=6$. Es gibt $f=16$ Standardschemata aus 6 verschiedenen Ziffern, etwa $1, 2, \ldots, 6$:

123	123	124	124	125	125	126	126	134	134	135	135	136	136	145	146
45	46	35	36	34	36	34	35	25	26	24	26	24	25	26	25
6	5	6	5	6	4	5	4	6	5	6	4	5	4	3	3

Die Berechnung der ε_{ik} der Formel (5.10) geht so vor sich: Wenn es zwei Ziffern gibt, die in $\mathscr{J}_i$ in einer Spalte, in $\mathscr{J}_k$ in einer Zeile stehen, ist $\varepsilon_{ik}=0$, wenn nicht, ist $\varepsilon_{ik}=\pm 1$, je nachdem das q, das die Ziffern von $\mathscr{J}_i$ in die richtigen Zeilen für $\mathscr{J}_k$ bringt, gerade oder ungerade ist. So findet man (es ist H_j statt $H^{\mathscr{J}_j}$ geschrieben)

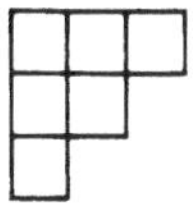

Abb. 5

$$\begin{aligned} H_1 &= G_1 - G_{11} + G_{12} + X_1 \\ H_2 &= G_2 - G_{13} + G_{14} + X_2 \\ H_3 &= G_3 + G_{15} + X_3 \\ H_4 &= G_4 + G_{16} + X_4 \\ H_5 &= G_5 + G_{15} + X_5 \\ H_6 &= G_6 + X_6 \\ H_7 &= G_7 + G_{16} + X_7 \\ H_8 &= G_8 + X_8 \end{aligned}$$

$H_9, \ldots, H_{16}$ sehen so aus wie H_8. Die X brauchen nicht berechnet zu werden. Die Auflösung nach den G_j kann man ohne weiteres hinschreiben. Für die Formel (5.14) zwei Beispiele:

$$\text{für } \mathscr{J} = \begin{array}{l}216\\34\\5\end{array} \quad \text{ist } H^{\mathscr{J}} = H_7 - H_{13} - H_{16}$$

$$\text{für } \mathscr{J} = \begin{array}{l}314\\52\\6\end{array} \quad \text{ist } H^{\mathscr{J}} = H_9 - H_{10} + H_{15} - H_{16}.$$

Will man nun z. B. die zu $\mathscr{J} = \begin{array}{l}214\\34\\4\end{array}$ gehörige Komponente durch die zugehörigen Standardkomponenten ausdrücken, so ersetze man im ersten Beispiel 5 und 6 durch 4. Ein Summand wird dann Null und man findet $H^{\mathscr{J}} = H^{\mathscr{J}'} - H^{\mathscr{J}''}$, mit $\mathscr{J}' = \begin{array}{l}124\\34\\4\end{array}$, $\mathscr{J}'' = \begin{array}{l}134\\24\\4\end{array}$. Dies sind übrigens die beiden einzigen Standardkomponenten mit diesen Ziffern.

Um Matrixelemente auszurechnen, wäre hier noch wesentlich mehr Rechenarbeit erforderlich. Der Grad der zugehörigen Darstellung ist bei $n=6$ übrigens $N=896$.

§ 6. Der Verzweigungssatz

Mit Hilfe der Begriffsbildungen des vorigen Abschnitts kann man verhältnismäßig leicht einen Satz beweisen, der uns später zur Berechnung der Charaktere von Nutzen sein wird. Es handelt sich darum, einen Zusammenhang zwischen den Darstellungen der vollen linearen Gruppen in n Dimensionen und in einer Dimension weniger, also der $\mathfrak{G}_n$ und der $\mathfrak{G}_{n-1}$ herzustellen. Man kann in der $\mathfrak{G}_n$ auf mannigfache Art Untergruppen aussondern, die zur $\mathfrak{G}_{n-1}$ isomorph sind: z. B. indem man sich auf diejenigen Transformationen beschränkt, die den von den ersten $n-1$ Koordinatenvektoren aufgespannten Teilraum invariant und den letzten Koordinatenvektor fest lassen. Die Matrizen dieser Untergruppe sind also durch

$$\alpha_n^i = 0 \quad \text{für} \quad i < n, \quad \alpha_k^n = 0 \quad \text{für} \quad k < n, \quad \alpha_n^n = 1 \tag{6.1}$$

gekennzeichnet. Jede Darstellung von $\mathfrak{G}_n$ ist natürlich zugleich eine Darstellung dieser Untergruppe. Ist sie als Darstellung von $\mathfrak{G}_n$ irreduzibel, so wird sie im allgemeinen als Darstellung der Untergruppe trotzdem zerfallen. Es handelt sich darum, die Art dieses Zerfalls zu ermitteln. Einen analogen Satz für die symmetrische Gruppe hatten wir auf Seite 117 kennengelernt (IV Satz 5.4).

Eine irreduzible Darstellung (wir meinen immer die ganzrationalen) von $\mathfrak{G}_n$ ist durch einen Rahmen von höchstens n Zeilen, also durch n nicht negative ganze Zahlen $m_1 \geqq m_2 \geqq \cdots \geqq m_n \geqq 0$ gekennzeichnet, deren Summe die Tensorstufe v ist (bei weniger als n Zeilen sind einige der $m_j = 0$). Wir bezeichnen sie dementsprechend mit ${}^n\mathfrak{C}_{m_1 \ldots m_n}$ oder kürzer ${}^n\mathfrak{C}_{(m)}$. Dann gilt der folgende

Verzweigungssatz 6.1. *In der Zerlegung von* ${}^n\mathfrak{C}_{m_1 \ldots m_n}$ *als Darstellung der durch* (6.1) *bestimmten zu* $\mathfrak{G}_{n-1}$ *isomorphen Untergruppe von* $\mathfrak{G}_n$ *kommt jede Darstellung* ${}^{n-1}\mathfrak{C}_{m'_1 \ldots m'_{n-1}}$ *vor, deren Indizes den Bedingungen*

$$m_1 \geqq m'_1 \geqq m_2 \geqq m'_2 \geqq m_3 \geqq \cdots \geqq m_{n-1} \geqq m'_{n-1} \geqq m_n \tag{6.2}$$

genügen, und zwar genau einmal).*

Zum Beweis betrachten wir wieder die Standardkomponenten eines Tensors H der zu ${}^n\mathfrak{C}_{m_1 \ldots m_n}$ gehörigen Symmetrieklasse. In einem Standard-Indexschema kann die Zahl n offenbar nur am unteren Ende der Spalten, also in dem Stück einer jeden Zeile vorkommen, das über die folgende hinausragt, und zwar können alle diese Stellen mit n besetzt sein, oder alle von der zweiten ab, oder usw. Schneidet man also von einem Standardschema die n-Stellen ab, so erhält man jedesmal ein Standardschema zu einer der im Satz gekennzeichneten Darstellungen ${}^{n-1}\mathfrak{C}_{m'_1 \ldots m'_{n-1}}$. Und zwar erhält man jede Standardkomponente von jeder dieser Darstellungen genau einmal; denn man kann umgekehrt jede von ihnen durch Anfügen von n-Stellen zu einem Standardschema für ${}^n\mathfrak{C}_{m_1 \ldots m_n}$ ergänzen.

Damit ist schon gezeigt, daß es mit den Dimensionszahlen stimmt, d. h. es ist folgende Rekursionsformel für die Darstellungsgrade ${}^nN_{m_1 \ldots m_n}$ der Darstellungen ${}^n\mathfrak{C}_{m_1 \ldots m_n}$ bewiesen:

$${}^nN_{m_1 \ldots m_n} = \sum_{m'_1 = m_2}^{m_1} \sum_{m'_2 = m_3}^{m_2} \cdots \sum_{m'_{n-1} = m_n}^{m_{n-1}} {}^{n-1}N_{m'_1 \ldots m'_{n-1}} . \tag{6.3}$$

Aber natürlich ist damit noch nicht der Zerfall in die entsprechenden Bestandteile bewiesen.

Wir knüpfen wieder an die Formel (5.7) für unsere Matrixelemente an, wo man sich $\xi_{r+1}, \ldots, \xi_n$ durch die Standardkomponenten von H, $\xi_1, \ldots, \xi_r$ durch die Nicht-Standardkomponenten, A_{ik} durch die Produkte

*) Daß diese Darstellungen zu Tensorräumen verschiedener Stufe gehören, ist nicht verwunderlich, da die Matrixelemente nicht homogen in den α_k^i $(i, k = 1, \ldots, n-1)$ sind.

$\alpha_{k_1}^{i_1}\alpha_{k_2}^{i_2}\ldots\alpha_{k_\nu}^{i_\nu}, \gamma_{ik}$ durch die Koeffizienten von (5.14) ersetzt zu denken hat. An die Stelle der Indizes in (5.7) treten Indexschemata, die wir jetzt durch (i), (ϱ), (k) bezeichnen wollen unter Beibehaltung der Buchstaben der Formel (5.7).

Die Beschränkung auf die durch (6.1) gekennzeichnete Untergruppe hat zur Folge, daß immer $A_{ik}=0$ ist, falls eins der beiden Schemata (i), (k) an einer Stelle ein n stehen hat, an der im andern eine andere Zahl steht; insbesondere ist stets $A_{ik}=0$, wenn die Zahl n nicht in (i) gleich oft wie in (k) vorkommt. Andererseits sahen wir schon, daß $\gamma_{\varrho k}=0$ ist, falls nicht (ϱ) aus denselben Ziffern besteht wie (k). *Also ist in* (5.7) *jedes Matrixelement* 0, *bei dem* (i) *und* (k) *die Zahl* n *verschieden oft enthalten.* Die Matrizen der Darstellung zerfallen also in dem Koordinatensystem, das durch die Standardkomponenten bestimmt ist, bereits in Kästchen, die den Standardkomponenten mit gleich viel Ziffern n im Indexschema entsprechen — vorausgesetzt, daß man die Reihenfolge der Standardkomponenten so wählt (abweichend von der früher benutzten lexikographischen Anordnung), daß solche mit gleich vielen n beisammenstehen.

Nehmen wir nun ein Kästchen vor, bei dem jede Komponente die gleiche feste Anzahl von Ziffern n enthält; die Reihenfolge dieser Standardkomponenten wählen wir so, daß solche Komponenten beisammenstehen, welche die n an den gleichen Stellen haben. Die verschiedenen Abschnitte, in welche die Reihe der Komponenten des Kästchens so zerfällt, bringen wir in eine naheliegende lexikographische Anordnung: grob gesagt sollen die Komponenten zuerst kommen, bei denen man — die Zahlen des Schemas zeilenweise lesend — möglichst spät auf die n trifft. Genauer: Wenn an der ersten Stelle, an der nicht (i) und (k) beide kein n oder beide ein n enthalten, (k) das n hat und (i) keins, dann soll (i) vor (k) kommen. Man mache sich klar, daß diese Anordnung folgende Konsequenz hat: Beim Übergang von einer früheren zu einer späteren Komponente*) muß stets mindestens ein n nach oben und nach rechts wandern.

Dann zeigen wir: *Wenn* (k) *in einem früheren Abschnitt als* (i) *kommt, ist das zugehörige Matrixelement in* (5.7) *Null.*

In der Tat: Jedenfalls ist dann $A_{ik}=0$, weil die n in (i) und (k) nicht an den gleichen Stellen stehen. Von Null verschiedene $A_{i\varrho}$ kommen vor, nämlich die, bei denen (ϱ) die n an den gleichen Stellen hat wie (i).

---

*) Gemeint sind solche aus verschiedenen Abschnitten; über die Anordnung der Komponenten eines Abschnitts ist gar nichts bestimmt worden.

Ich behaupte, daß aber gerade für alle diese $\gamma_{\varrho k}=0$ ist. Das folgt daraus, daß nach Voraussetzung (k) die n „weiter links" hat als (i) und folglich als (ϱ). Denn die $\gamma_{\varrho k}$ sind die Koeffizienten von (5.14): sie sind Summen von Produkten $\varepsilon_j \eta_{jk}$; und ε_j ist nur $\neq 0$, wenn man von (ϱ) zum Standardschema (j) durch eine Vertikalpermutation q und nachfolgendes Ordnen der Zeilen kommen kann. η_{jk} kann nach der zweiten Fußnote auf S. 155 nur dann $\neq 0$ sein, wenn man durch ein- oder mehrmalige Anwendung des gleichen Prozesses von (j) nach (k) gelangen kann. Aber beim Ordnen der Zeilen kann ein n immer nur nach rechts wandern. Also muß $\gamma_{\varrho k}=0$ sein.

Damit ist folgendes gezeigt: unser Kästchen mit gleich vielen n zerfällt weiter in Kästchen, bei denen die n an den gleichen Stellen stehen. Wir haben allerdings nur gezeigt, daß l i n k s u n t e r h a l b dieser Kästchenreihe nur Nullen stehen. Aber wegen der vollen Reduzibilität der ganzrationalen Darstellungen der $\mathfrak{G}_{n-1}$ folgt aus den Sätzen am Schluß von III § 1, daß man dann auch eine Basis finden kann, die den vollen Zerfall bewirkt, und zwar so, daß in den Kästchen die gleichen Matrizen stehen wie schon jetzt.

Schneidet man nun von den Standardschemata eines solchen Kästchens die n-Stellen — es sind bei jedem die gleichen — ab, so bekommt man gerade alle Standardschemata von einer der durch (6.2) gekennzeichneten Darstellungen ${}^{n-1}\mathfrak{C}_{m'_1\ldots m'_{n-1}}$, und es ist nicht schwer, einzusehen, daß im Kästchen in der Tat diese Darstellung steht. Berechnen wir wieder die Matrixelemente nach (5.7)! Die Bestimmung der $\gamma_{\varrho k}$ geschieht durch kombinatorische Maßnahmen, bei denen nur solche Schemata im Spiel sind, welche die n an den gleichen Stellen haben: man sieht ohne weiteres, daß dasselbe herauskommt, wie wenn man es mit denselben Schemata nach Abschneiden der n-Stellen macht. Aus dem gleichen Grunde enthält jedes vorkommende A_{ik} die gleiche Potenz von $\alpha_n^n=1$ und sonst nur α_k^i mit kleineren Indizes, sie sind also die gleichen wie bei ${}^{n-1}\mathfrak{C}_{m'_1\ldots m'_{n-1}}$. Damit ist der Verzweigungssatz vollständig bewiesen.

Einige Beispiele für die Berechnung von Darstellungsgraden durch die Rekursionsformel (6.3): Für die schiefsymmetrischen Tensoren (Rahmen aus einer einzigen Spalte) erhält man*)

$$^{n}N_{1^{\nu}} = {}^{n-1}N_{1^{\nu}} + {}^{n-1}N_{1^{\nu-1}}.$$

Man überlegt sich auch direkt, daß ${}^{n}N_{1^{\nu}}=\binom{n}{\nu}$ sein muß. Was hier

*) Für $\underbrace{11\ldots1}_{\nu}$ schreibt man kurz 1^{ν}.

steht, ist nichts anderes als die bekannte Formel für die Binomialkoeffizienten, aus der man das Pascalsche Dreieck berechnet. — Für $\nu = n$ ist $N = 1$. Man erkennt auch direkt, daß schiefsymmetrische Tensoren n-ter Stufe eine einzige Komponente haben. Der Faktor, mit dem sie multipliziert werden, ist die *Determinante* von A. — Für die symmetrischen Tensoren — eine einzige Zeile — erhält man

$$^{n}N_{\nu} = {}^{n-1}N_0 + {}^{n-1}N_1 + \cdots + {}^{n-1}N_{\nu}.$$

Auch dies ist eine bekannte Formel für Binomialkoeffizienten; wir wissen schon, daß $^{n}N_{\nu} = \binom{n+\nu-1}{\nu}$ ist. — Für den in § 5 ausführlich behandelten Rahmen (2.1) ergibt sich

$$^{n}N_{21} = {}^{n-1}N_{21} + {}^{n-1}N_{11} + {}^{n-1}N_2 + {}^{n-1}N_1.$$

Setzt man für die drei letzten Summanden die aus dem vorigen schon bekannten Werte ein, so findet man

$$^{n}N_{21} = {}^{n-1}N_{21} + n(n-1),$$

eine Rekursionsformel, der mit dem Anfangswert $^{1}N_{21} = 0$ (für $n = 1$ hat $\overset{ij}{H^k}$ wegen der schiefen Symmetrie in der Spalte keine von Null verschiedene Komponente) die Zahlen

$$^{n}N_{21} = \frac{n(n^2-1)}{3}$$

genügen.

Für den Rahmen (3, 2, 1) würde die Rechnung schon recht lang; wir erwähnten schon, daß $^{6}N_{321} = 896$ ist. Die explizite Formel, aus der man das leicht berechnet, wird im nächsten Kapitel abgeleitet.

§ 7. Ganzrationale Darstellungen der reellen linearen, unimodularen und unitären Gruppen

Das Ziel der restlichen Abschnitte dieses Kapitels ist, die Gesamtheit der stetigen Darstellungen der meisten der in der Tabelle S. 306 verzeichneten Gruppen anzugeben. Daß das in Kürze möglich ist, beruht auf

Satz 7.1. *Die irreduziblen ganzrationalen Darstellungen der vollen linearen Gruppe $\mathfrak{G}_n$ bleiben irreduzibel, wenn man sich auf eine der folgenden* U n t e r g r u p p e n *beschränkt: die reelle lineare Gruppe $\mathfrak{G}'_n$, die unimodulare Gruppe $\mathfrak{g}_n$, die reelle unimodulare Gruppe $\mathfrak{g}'_n$, die unitäre Gruppe $\mathfrak{U}_n$, die unimodulare unitäre Gruppe $\mathfrak{u}_n$. Bei den Gruppen $\mathfrak{g}_n$, $\mathfrak{g}'_n$ und $\mathfrak{u}_n$ fallen dabei gewisse Darstellungen zusammen, und man erhält schon alle* *verschiedenen irreduziblen ganzrationalen, wenn man sich auf die Rahmen von höchstens $n-1$ Zeilen beschränkt.*

Beweis. Wenn eine irreduzible Darstellung $C(A)$ von $\mathfrak{G}_n$, ganzrational und homogen vom Polynomgrad v, bei der Beschränkung auf eine Untergruppe $\mathfrak{H}$ reduzibel wird, so enthalten ihre Matrizen nach geeigneter Basisänderung (wobei sie ganzrational und homogen bleiben) ein Kästchen, das nicht für jedes A, aber für alle $A \in \mathfrak{H}$ aus Nullen besteht. Es werden also gewisse Polynome $\varphi(A)$, homogen vom Grad v in den Elementen von A, für alle $A \in \mathfrak{H}$ Null. Aus dem Verschwinden für alle reellen A folgt schon das Verschwinden der Koeffizienten, also ist der Satz richtig für $\mathfrak{G}'_n$. Um ihn für $\mathfrak{g}_n$ zu beweisen, setze man $A = \alpha F$, so daß $\det F = 1$ wird; α ist eine n-te Wurzel aus $\det A$. Dann ist $\varphi(A) = \alpha^v \varphi(F)$, und aus dem Verschwinden aller $\varphi(F)$ folgt also $\varphi(A) \equiv 0$. Daher sind unsere Darstellungen irreduzibel für $\mathfrak{g}_n$. Wären sie es nicht für $\mathfrak{g}'_n$, so würden wieder gewisse Polynome $\varphi(A)$ unter der Nebenbedingung $\det A = 1$ für alle reellen A, aber nicht für alle komplexen A verschwinden. Man löse die Gleichung $\det A = 1$ etwa nach α_{11} auf und setze das Ergebnis in $\varphi(A)$ ein: man erhält eine rationale Funktion von $\alpha_{12}, \ldots, \alpha_{nn}$, die für alle reellen Werte dieser Veränderlichen verschwindet. Daraus folgt wiederum das identische Verschwinden, und damit ist der Satz für $\mathfrak{g}'_n$ bewiesen.

Um dasselbe für die unitären Gruppen zu beweisen, benutzt man am einfachsten die Infinitesimalringe der Gruppen, die in II § 5 bestimmt und in der Tabelle S. 306 zusammengestellt worden sind. Erinnern wir uns (III § 9), daß der Infinitesimalring $\mathfrak{D}^\circ$ einer Darstellung $\mathfrak{D}$ einer Gruppe $\mathfrak{G}$ eine lineare Darstellung des Infinitesimalrings $\mathfrak{G}^\circ$ von $\mathfrak{G}$ ist und daß $\mathfrak{D}$ durch $\mathfrak{D}^\circ$ bestimmt ist und mit $\mathfrak{D}^\circ$ zugleich irreduzibel, reduzibel oder zerfallend ist. Will man beweisen, daß eine irreduzible Darstellung bei der Beschränkung auf eine Untergruppe $\mathfrak{H}$ irreduzibel bleibt, so hat man zu zeigen: Wenn unter den Elementen der Matrizen von $\mathfrak{D}^\circ$ — Linearformen in den Elementen der Matrizen $A^\circ \in \mathfrak{G}^\circ$ — für alle $A^\circ \in \mathfrak{H}^\circ$ ein gewisses Nullenrechteck ist, dann sogar für alle A°. Für das Beispiel $\mathfrak{G} = \mathfrak{G}_n$, $\mathfrak{H} = \mathfrak{U}_n$ ist dies Ergebnis in dem einfachen algebraischen Satz enthalten:

Eine Linearform in den n^2 Veränderlichen α_{ik}, die für alle der Bedingung $\alpha_{ik} + \bar{\alpha}_{ki} = 0$ genügenden Wertsysteme dieser Veränderlichen verschwindet, ist identisch Null.

Das ist rasch bewiesen. Für $\alpha_{ik} + \bar{\alpha}_{ki} = 0$ sei $\sum_{i,k} \gamma_{ik} \alpha_{ik} = 0$. Man setze — die γ und die α in Real- und Imaginärteil spaltend und jeweils die

Glieder mit ik und ki zusammenfassend — Real- und Imaginärteil der linken Seite getrennt gleich Null und findet sofort, daß alle $\gamma_{ik}=0$ sind*).

Man kann nicht in derselben Weise von $\mathfrak{G}_n$ auf $\mathfrak{u}_n$ schließen, denn wenn zu $\alpha_{ik}+\bar{\alpha}_{ki}=0$ die Bedingung $\sum_i \alpha_{ii}=0$ kommt, dann folgt nicht mehr das Verschwinden aller γ_{ik}, sondern nur noch $\{\gamma_{ik}\}=\lambda E$. Wohl aber kommt man so von der unimodularen Gruppe $\mathfrak{g}_n$ auf $\mathfrak{u}_n$, denn für $\{\gamma_{ik}\}=\lambda E$ ist $\sum_{i,k}\gamma_{ik}\alpha_{ik}=0$ für alle $\{\alpha_{ik}\}$ mit $\sum_i \alpha_{ii}=0$. Da wir unseren Satz für $\mathfrak{g}_n$ auf anderem Wege bewiesen haben, folgt er also auch für $\mathfrak{u}_n$.

Zum letzten Teil von Satz 7.1 kommend, bemerken wir, daß die natürlichen Potenzen der Determinante $(\det A)^k$, $k=1,2,\ldots$ bei $\mathfrak{G}_n$, $\mathfrak{G}_n'$ und $\mathfrak{U}_n$ zu den irreduziblen ganzrationalen Darstellungen gehören; eindimensionale Darstellungen sind ja stets irreduzibel. Diese Darstellungen sind vom Polynomgrad $n, 2n, 3n, \ldots$. Zu welchen Rahmen gehören sie? Man überlegt sich leicht, daß ein Rahmen, dessen Spalten nicht sämtlich die Länge n haben, stets mehr als ein Indexschema gestattet. Dagegen müssen in jeder Spalte der Länge n die Ziffern $1,\ldots,n$ stehen, und daher gehört jeder Rahmen, der nur aus solchen Spalten besteht, zu einer eindimensionalen Darstellung (Satz 5.3). Der Polynomgrad ist andererseits die Stellenzahl des Rahmens. Also müssen die Darstellungen $(\det A)^k$ zum Rahmen mit den Zeilenlängen $m_1=m_2=\cdots=m_n=k$ gehören.

Ist ferner $C(A)$ irgendeine der irreduziblen ganzrationalen Darstellungen, so kann man Kronecker-Produkte von $C(A)$ mit solchen Determinantendarstellungen bilden: $(\det A)^k C(A)$ ist ebenfalls irreduzibel und ganzrational, der Darstellungsgrad ist der gleiche, der Polynomgrad um nk größer. Folglich entsteht der zugehörige Rahmen aus dem von $C(A)$, indem man links k Spalten der Länge n anfügt. Wenn man also die Gruppen $\mathfrak{g}_n$, $\mathfrak{g}_n'$ oder $\mathfrak{u}_n$ betrachtet, bei denen $\det A=1$ ist, dann fallen zwei Darstellungen, deren Rahmen sich nur um Spalten der Länge n unterscheiden, immer zusammen, und man erhält schon das vollständige System der irreduziblen ganzrationalen Darstellungen, wenn man sich auf Rahmen von höchstens $n-1$ Zeilen beschränkt**).

*) Man beachte, daß die Schlußweise versagt, wenn man sich auf reelle α_{ik} beschränkt, und daß man auch für komplexe schiefsymmetrische α_{ik} auf diesem Wege kein analoges Ergebnis herleiten kann. Daß Satz 7.1 für die reelle oder komplexe orthogonale Gruppe tatsächlich nicht gilt, zeigt schon das Beispiel der symmetrischen Tensoren in V § 2. Dies ist der Grund, weshalb den orthogonalen Gruppen ein eigenes Kapitel gewidmet werden muß.

**) Die Angaben bei MURNAGHAN [5], S. 180 sind hiernach ein wenig zu modifizieren.

§ 8. Rationale und semirationale Darstellungen

Beim Beweis von Satz 7.1 sind Methoden von sehr verschiedener Art zur Anwendung gekommen. Zum Teil waren sie ganz auf Polynome zugeschnitten. Eine andere, die mit dem Infinitesimalring arbeitet, gilt nicht nur für ganzrationale, sondern für beliebige analytische Darstellungen. Daß sie nur für analytische gilt, liegt daran, daß wir bei den komplexen Gruppen auch den Infinitesimalring als komplexen Vektorraum verwendet haben, während man doch eigentlich reelle Parameter zählen und einen reellen Infinitesimalring betrachten sollte. Diese komplexe Methode — von E. Cartan stets verwendet — ist auch zulässig, aber eben nur für analytische Darstellungen.

Wir müssen aber jetzt auch Darstellungen betrachten, deren Elemente nicht mehr analytische Funktionen in den komplexen Elementen α_{ik} der dargestellten Matrix A sind. Die einfachsten Darstellungen dieser Art sind rational oder sogar ganzrational in den Real- und Imaginärteilen der α_{ik}, die man ja als reelle Gruppenparameter wenigstens bei der Gruppe $\mathfrak{G}_n$ ansehen kann. Man nennt sie *semirationale* bzw. *semirational ganze* Darstellungen.

Das Ziel dieses Paragraphen ist, alle semirationalen Darstellungen der vollen linearen und der unimodularen Gruppen anzugeben. Es wird sich zeigen, daß sie vollständig reduzibel sind und daß wir die irreduziblen sehr leicht angeben können, da wir im Besitz der irreduziblen ganzrationalen Darstellungen sind. Die semirational ganzen sind nämlich Kronecker-Produkte $C'(A)\times C''(\bar{A})$, wo C' und C'' ganzrational und irreduzibel sind und $\bar{A}$ die zu A konjugiert komplexe Matrix bedeutet; bei den gebrochenen semirationalen treten Potenzen von $\det A$ und $\det\bar{A}$ als Nenner dazu. Man erhält die ganzrationalen Darstellungen — die ja spezielle semirational ganze sind — zurück, indem man für C'' die Einsdarstellung nimmt.

Die angedeuteten Sätze werden leicht aus einigen Hilfssätzen (Satz 8.1 bis 8.3) folgen, die nun zunächst hergeleitet werden sollen.

Satz 8.1. *$T(A,B)$, N-reihig und von nicht identisch verschwindender Determinante, sei ganzrational in den Elementen der nichtsingulären n-reihigen Matrizen A und B, und es sei stets*

$$T(A_1A_2, B_1B_2) = T(A_1, B_1)\,T(A_2, B_2). \tag{8.1}$$

Dann zerfällt $T(A,B)$ vollständig in Bestandteile von der Form $C_j(A)\times C_k(B)$, wo $C_1, C_2, \ldots$ das System der irreduziblen ganzrationalen Darstellungen *von $\mathfrak{G}_n$ bedeutet. $C_j(A) \times C_k(B)$ und $C_h(A) \times C_l(B)$ sind inäquivalent außer für $(h, l) = (j, k)$. Alle $C_j(A) \times C_k(B)$ sind irreduzibel*).*

Beweis. $T(E_n, B)$ ist als ganzrationale Darstellung von $\mathfrak{G}_n$ nach § 3 vollständig reduzibel und auf die Gestalt

$$T(E_n, B) = E_{n_1} \times C_1(B) \dot{+} E_{n_2} \times C_2(B) \dot{+} \cdots \tag{8.2}$$

zu bringen, wo rechts endlich viele der C_j vorkommen. $T(A, E_n)$ ist mit $T(E_n, B)$ vertauschbar und somit nach I § 8

$$T(A, E_n) = D_1(A) \times E_{r_1} \dot{+} D_2(A) \times E_{r_2} \dot{+} \cdots, \tag{8.3}$$

wo r_j der Grad von C_j ist (und umgekehrt n_j der Grad von D_j). Wegen $D_j \times E_{r_j} \sim E_{r_j} \times D_j$ ist $D_j(A)$ eine Darstellung von $\mathfrak{G}_n$, die in $T(A, E_n)$ vorkommt — folglich ganzrational. Wir können etwa

$$D_j(A) = E_{n_{j1}} \times C_1(A) \dot{+} E_{n_{j2}} \times C_2(A) \dot{+} \cdots$$

schreiben. Multiplikation von (8.2) und (8.3) ergibt endlich

$$T(A, B) = D_1(A) \times C_1(B) \dot{+} D_2(A) \times C_2(B) \dot{+} \cdots = \sum_{j,k} E_{n_{jk}} \times C_k(A) \times C_j(B),$$

womit der Hauptteil bewiesen ist.

Wenn $C_j(A) \times C_k(B)$ und $C_h(A) \times C_l(B)$ äquivalent sind, so gilt dies auch für $A = E_n$, woraus $k = l$ folgt, und ebenso beweist man $j = h$.

Wäre

$$C_j(A) \times C_k(B) \sim \begin{pmatrix} P(A, B) & * \\ 0 & Q(A, B) \end{pmatrix},$$

so beschriebe $P(A, B)$ die Transformation im invarianten Teilraum. Wir wenden auf $P(A, B)$ die Methode unseres Beweises an und finden

$$P(E_n, B) = E_\varrho \times C_k(B), \quad \varrho < r_j,$$

weil ja $P(E_n, B)$ ein Bestandteil von $E_{r_j} \times C_k(B)$ ist. Dann ist aber $P(A, E_n) = D(A) \times E_{r_k}$ und $D(A)$ Darstellung vom Grad $\varrho < r_j$, während doch in $C_j(A) \times E_{r_k}$ nur die Darstellung C_j vom Grad r_j vorkommt.

Satz 8.2. *Ist $S(A, B)$ rational (nicht notwendig ganz) und*

$$S(A_1 A_2, B_1 B_2) = S(A_1, B_1)\, S(A_2, B_2), \tag{8.4}$$

so ist

$$S(A, B) = \frac{T(A, B)}{(\det A)^\mu (\det B)^\nu}, \tag{8.5}$$

---

*) Man kann $T(A, B)$ als Darstellung des direkten Produkts der Gruppe $\mathfrak{G}_n$ mit sich selbst ansehen; Satz 8.1, den man leicht auf das direkte Produkt von $\mathfrak{G}_n$ und $\mathfrak{G}_m$ verallgemeinern kann, macht über die ganzrationalen Darstellungen eine analoge Aussage wie III § 8b bei endlichen Gruppen.

wo $T(A, B)$ ganzrational ist und (8.1) *erfüllt und μ und ν nichtnegative ganze Zahlen bedeuten.*

Beweis. $\varphi(A, B)$ sei der Hauptnenner der Elemente von S, so daß die Elemente von $T(A, B) = \varphi(A, B)\, S(A, B)$ ganzrational sind und keinen gemeinsamen Teiler haben. Aus (8.4) folgt

$$\frac{\varphi(AA_1, BB_1)}{\varphi(A, B)}\, T(A, B) = \varphi(A_1, B_1)\, T(AA_1, BB_1)\, T^{-1}(A_1, B_1),$$

wo wir A_1, B_1 festhalten und A, B variieren lassen wollen. Rechts steht eine in A, B ganzrationale Matrix, also auch links. Wegen der Teilerfremdheit der Elemente von T ist sogar der Quotient

$$Q = \frac{\varphi(AA_1, BB_1)}{\varphi(A, B)}$$

ganzrational und als Quotient zweier Polynome vom gleichen Grad vom Grad 0, hängt also nur von A_1, B_1 ab. Man kann hieraus folgern, daß der Nenner für nichtsinguläre A, B niemals verschwindet (sonst wäre der Zähler identisch Null); insbesondere ist $\varphi(E, E) \neq 0$, und da φ nur bis auf einen konstanten Faktor bestimmt ist, kann man $\varphi(E, E) = 1$ nehmen und erhält $(A = B = E)$ $Q = \varphi(A_1, B_1)$. φ genügt also der Gleichung (8.1), mit $N = 1$, und es folgt aus Satz 8.1 $\varphi = \varphi_1(A)\, \varphi_2(B)$ mit zwei Darstellungen ersten Grades, die, nach § 7, gleich 1 oder natürliche Potenzen der Determinante sind.

Satz 8.3. *$S(A, B)$ sei rational und es sei*

$$S(F_1 F_2, G_1 G_2) = S(F_1, G_1)\, S(F_2, G_2), \tag{8.6}$$

wobei die Buchstaben F und G stets Matrizen der Determinante 1 *bezeichnen sollen. Dann gibt es ein ganzrationales $T(A, B)$ mit* (8.1) *und $T(F, G) = S(F, G)$.*

Beweis. Es genügt, eine Umgebung von $A = B = E$ zu betrachten, wo der Zweig von $\sqrt[n]{\det A}$ oder $\sqrt[n]{\det B}$, der sich für $A = B = E$ auf 1 reduziert, eindeutig ist. Es sei dann $\alpha = \frac{1}{\sqrt[n]{\det A}}$, $\beta = \frac{1}{\sqrt[n]{\det B}}$, so daß $F = \alpha A$, $G = \beta B$ Matrizen der Determinante 1 sind. Wir setzen $S(A, B) = \frac{U(A, B)}{\varphi(A, B)}$, U und φ ganzrational, $\varrho = e^{\frac{2\pi i}{n}}$; dann ist

$$S(F, G) = S(\alpha A, \beta B) = \frac{U(\alpha A, \beta B) \prod\limits_{\mu, \nu = 0}^{n-1}{}' \varphi(\varrho^{\mu} \alpha A, \varrho^{\nu} \beta B)}{\prod\limits_{\mu, \nu = 0}^{n-1} \varphi(\varrho^{\mu} \alpha A, \varrho^{\nu} \beta B)},$$

wobei Π' im Zähler bedeutet, daß der Faktor mit $\mu = \nu = 0$ wegzulassen ist. Durch die Erweiterung wurde der Nenner in den n Wurzeln von $x^n - \frac{1}{\det A} = 0$ bzw. $x^n - \frac{1}{\det B} = 0$ symmetrisch gemacht und ist daher in α_{ik} und β_{ik} rational. Der Zähler ist ganzrational in $\alpha_{ik}, \beta_{ik}, \alpha$ und β und ist wegen $\alpha^n = \frac{1}{\det A}$, $\beta^n = \frac{1}{\det B}$ in den letzteren höchstens vom Grad $n-1$. Also kann man

$$S(F, G) = \sum_{\mu,\nu=0}^{n-1} R_{\mu\nu}(A, B)\, \alpha^\mu \beta^\nu \tag{8.7}$$

schreiben, mit rationalen $R_{\mu\nu}$. Setzt man dies in (8.6) ein, so erhält man

$$\sum_{\mu,\nu,\varrho,\sigma=0}^{n-1} R_{\mu\nu}(A_1, B_1)\, R_{\varrho\sigma}(A_2, B_2)\, \alpha_1^\mu \beta_1^\nu \alpha_2^\varrho \beta_2^\sigma = \sum_{\mu,\nu=0}^{n-1} R_{\mu\nu}(A_1 A_2, B_1 B_2)\, \alpha_1^\mu \alpha_2^\mu \beta_1^\nu \beta_2^\nu .$$

Weil $\alpha_1, \ldots, \beta_2$ algebraische Funktionen vom Grad n sind, darf man hier links und rechts die Koeffizienten gleichsetzen; man erhält

$$R_{\mu\nu}(A_1, B_1)\, R_{\varrho\sigma}(A_2, B_2) = 0 \quad \text{für} \quad (\varrho, \sigma) \neq (\mu, \nu),$$
$$R_{\mu\nu}(A_1, B_1)\, R_{\mu\nu}(A_2, B_2) = R_{\mu\nu}(A_1 A_2, B_1 B_2).$$

$R(A, B) = \sum_{\mu,\nu=0}^{n-1} R_{\mu\nu}(A, B)$ erfüllt daher die Voraussetzungen von Satz 8.2. Man kann

$$R(A, B) = \frac{T(A, B)}{(\det A)^h (\det B)^k}$$

setzen mit ganzrationalem $T(A, B)$, das (8.1) erfüllt. Dann ist wegen (8.7) $T(F, G) = R(F, G) = S(F, G)$.

Das alles gilt zunächst in der Umgebung von $A = B = E$; aber weil es sich um lauter Identitäten zwischen rationalen Funktionen handelt, gilt es überall.

Mit diesen Hilfssätzen beweisen wir die eingangs angekündigten Sätze über semirationale Darstellungen der vollen linearen Gruppe $\mathfrak{G}_n$ und der unimodularen Gruppe $\mathfrak{g}_n$. $C_1(A), C_2(A), \ldots$ seien die irreduziblen ganzrationalen Darstellungen von $\mathfrak{G}_n$.

Satz 8.4. *Eine semirational ganze Darstellung von $\mathfrak{G}_n$ ist vollständig reduzibel. Die irreduziblen Bestandteile sind von der Gestalt $C_j(A) \times C_k(\bar{A})$. $C_j(A) \times C_k(\bar{A})$ und $C_h(A) \times C_l(\bar{A})$ sind inäquivalent außer für $(h, l) = (j, k)$.*

Beweis. $C(A)$ sei eine semirational ganze Darstellung, also, wenn man $A = A' + iA''$ setzt, ganzrational in A' und A''. Die Darstellungseigenschaft

$$C(A_1)\, C(A_2) = C(A_1 A_2), \tag{8.8}$$

eine ganzrationale Beziehung (mit komplexen Koeffizienten) zwischen den $4n^2$ reellen Elementen der Matrizen A'_1, A''_1, A'_2, A''_2, bleibt richtig, wenn man diesen Veränderlichen komplexe Werte gibt. Da (8.8) in diesen Veränderlichen unübersichtlich ist, ersetzen wir sie durch andere, die mit ihnen durch die Formeln

$$\begin{aligned} A &= A' + iA'', \\ \bar{A} &= A' - iA'' \end{aligned} \tag{8.9}$$

und ihre Umkehrung zusammenhängen. A und $\bar{A}$ sind beliebige komplexe Matrizen, nur im Spezialfall reeller A', A'' ist $\bar{A}$ zu A konjugiert komplex. Wir drücken in $C(A)$ die komplexen A', A'' durch A, $\bar{A}$ aus und schreiben $C(A) = T(A, \bar{A})$. T ist ganzrational in A, $\bar{A}$, und aus (8.8) wird

$$T(A_1, \bar{A}_1)\, T(A_2, \bar{A}_2) = T(A_1 A_2, \bar{A}_1 \bar{A}_2).$$

Satz 8.1 liefert uns dann eine Zerlegung in irreduzible Bestandteile, die im Spezialfall „$\bar{A}$ konjugiert komplex zu A" in die behauptete übergeht. Daß bei diesem Übergang die Irreduzibilität erhalten bleibt und daß auch keine neuen Äquivalenzen entstehen können, folgt wieder daraus, daß eine ganzrationale Beziehung zwischen reellen Veränderlichen auch für komplexe Werte dieser Veränderlichen gilt.

Um den folgenden Satz zu beweisen, braucht man bloß in dem vorstehenden Beweis überall das Wort „ganzrational" durch „rational" zu ersetzen und statt Satz 8.1 Satz 8.2 anzuwenden.

Satz 8.5. *Eine semirationale Darstellung der Gruppe* $\mathfrak{G}_n$ *ist vollständig reduzibel. Die irreduziblen Bestandteile sind von der Form*

$$\frac{C_j(A) \times C_k(\bar{A})}{(\det A)^p\, (\det \bar{A})^q}.$$

Hier wird man zweckmäßig im Zähler nur die ganzrationalen Darstellungen C_j heranziehen, die nicht durch $\det A$ teilbar sind, also (§ 7) zu Rahmen von höchstens $n-1$ Zeilen gehören. Das gleiche gilt für den folgenden Satz über die unimodulare Gruppe, den man wieder ebenso beweist, diesmal mit Hilfe von Satz 8.3.

Satz 8.6. *Jede semirationale Darstellung der unimodularen Gruppe* $\mathfrak{g}_n$ *ist semirational ganz und vollständig reduzibel. Die irreduziblen Bestandteile sind von der Form* $C_j(A) \times C_k(\bar{A})$.

Rationale Darstellungen sind semirationale, die von $\bar{A}$ nicht abhängen. Bei den reellen Gruppen ist rational und semirational dasselbe. Zusammenfassend gilt

Satz 8.7. *Die rationalen Darstellungen der vollen linearen Gruppe $\mathfrak{G}_n$ und der reellen linearen Gruppe $\mathfrak{G}'_n$ sind vollständig reduzibel und zerfallen in irreduzible Bestandteile von der Form*

$$\frac{C_j(A)}{(\det A)^q}.$$

Die rationalen Darstellungen der unimodularen Gruppe $\mathfrak{g}_n$ und der reellen unimodularen Gruppe $\mathfrak{g}'_n$ sind ganzrational und vollständig reduzibel und zerfallen in irreduzible Bestandteile von der Form $C_j(A)$.

§ 9. Die unzerfällbaren Darstellungen der additiven Gruppe der reellen Zahlen

Im Hinblick auf das Ziel, alle stetigen Darstellungen der behandelten Gruppen anzugeben, brauchen wir einige Tatsachen über nicht vollständig reduzible Systeme. Ein solches System ist entweder unzerfällbar oder es zerfällt in unzerfällbare Bestandteile, die jedoch reduzibel sein können.

Satz 9.1. *Eine mit allen Matrizen $A(s)$ eines unzerfällbaren Systems vertauschbare Matrix P hat lauter gleiche Eigenwerte.*

Man mache sich den Unterschied zum zweiten Teil des Schurschen Lemmas (I Satz 7.1b) klar. Ein unzerfällbares System braucht nicht irreduzibel zu sein, jedes irreduzible ist unzerfällbar. Daher ist die Voraussetzung von Satz 9.1 schwächer als dort, und so kann auch nur eine wohl ähnliche, aber schwächere Aussage gemacht werden.

Beweis. Wenn P mehrere verschiedene Eigenwerte hat, so seien diese $\lambda_1, \ldots, \lambda_r$. Man kann die Basis so wählen, daß P die Gestalt $P = P_1 \dotplus \cdots \dotplus P_r$ hat,

$$P_j = \begin{pmatrix} \lambda_j & & * \\ & \ddots & \\ 0 & & \lambda_j \end{pmatrix};$$

diese Gestalt hat z. B. die Jordansche Normalform (I § 5). Man schreibe $A(s)$ in entsprechender Kästchenform $A(s) = \{A_{jk}(s)\}$. Dann verlangt die Vertauschbarkeit $P_j A_{jk}(s) = A_{jk}(s) P_k$. Indem man hier links und rechts die letzte Zeile, dann die vorletzte usw. vergleicht, stellt man fest, daß aus $\lambda_j \neq \lambda_k$ das Verschwinden von A_{jk} folgt. $A_{jk} = 0$ für alle Paare $j \neq k$ ist aber ein Widerspruch zur vorausgesetzten Unzerfällbarkeit.

Zusatz. *Ist ein unzerfällbares System abelsch, d. h. $A(s)\,A(t)=A(t)\,A(s)$, so hat $A(s)$ lauter gleiche Eigenwerte.*

Mit $\mathfrak{H}'$ sei die Gruppe der reellen Zahlen s bei der Addition bezeichnet. Ihre Darstellungen $\Delta(s)$ genügen der Funktionalgleichung

$$\Delta(s+t)=\Delta(s)\,\Delta(t)\,. \tag{9.1}$$

Da $\mathfrak{H}'$ abelsch ist, sind die irreduziblen Darstellungen eindimensional (III Satz 1.0), also Lösungen $\delta(s)$ der Funktionalgleichung

$$\delta(s+t)=\delta(s)\,\delta(t)\,. \tag{9.2}$$

Mehrdimensionale Darstellungen sind also reduzibel, brauchen aber, wie schon das Beispiel $\Delta(s)=\begin{pmatrix}1 & s\\ 0 & 1\end{pmatrix}$ zeigt, nicht zu zerfallen (vgl. auch III § 11).

Der Infinitesimalring einer differenzierbaren Darstellung $\Delta(s)$ besteht aus den reellen Vielfachen der Matrix $\Gamma=\Delta'(0)$. Wenn man Γ auf Diagonalform transformieren kann, zerfällt auch $\Delta(s)$ vollständig in eindimensionale Bestandteile. Bekanntlich kann man nicht jede Matrix auf die Diagonalform bringen, wohl aber jede auf die Jordansche Normalform. Daher gehört jede unzerfällbare differenzierbare Darstellung bei geeigneter Basis zu einer Matrix

$$\Gamma=\begin{pmatrix}\alpha & 1 & 0 \dots 0 & 0\\ 0 & \alpha & 1 \dots 0 & 0\\ \dots & \dots & \dots & \dots\\ 0 & 0 & 0 \dots \alpha & 1\\ 0 & 0 & 0 \dots 0 & \alpha\end{pmatrix}.$$

$\Delta(s)$ mit dem Anfangswert $\Delta(0)=E$ berechnet sich hieraus durch die Differentialgleichung $\Delta'(s)=\Delta(s)\Gamma$, die man aus (9.1) erhält, wenn man nach t differenziert und $t=0$ setzt. Man findet, wenn Γ $m+1$ Zeilen und Spalten hat, $\Delta(s)=e^{\alpha s}K_m(s)$, wo

$$K_m(s)=\begin{pmatrix}1 & s & \frac{s^2}{2} & \dots & \frac{s^{m-1}}{(m-1)!} & \frac{s^m}{m!}\\ 0 & 1 & s & \dots & \frac{s^{m-2}}{(m-2)!} & \frac{s^{m-1}}{(m-1)!}\\ \dots & \dots & \dots & \dots & \dots & \dots\\ 0 & 0 & 0 & \dots & 1 & s\\ 0 & 0 & 0 & \dots & 0 & 1\end{pmatrix}. \tag{9.3}$$

Damit sind alle differenzierbaren unzerfällbaren Darstellungen gefunden*).

Wir zeigen schließlich, *daß jede stetige Darstellung von $\mathfrak{H}'$ differenzierbar ist*, so daß bereits alle stetigen Darstellungen angegeben sind.

Wegen $\Delta(-s) = \Delta^{-1}(s)$ ist $\Delta(s)$ für alle s nichtsingulär. Das gleiche gilt, für festes a und genügend kleine ε, für die Matrix

$$\Lambda_\varepsilon(a) = \int_a^{a+\varepsilon} \Delta(t)\, dt\,;$$

denn ihre Elemente sind

$$\lambda_{ik} = \int_a^{a+\varepsilon} \delta^r_{ik}(t)\, dt + i \int_a^{a+\varepsilon} \delta^i_{ik}(t)\, dt = \varepsilon\{\delta^r_{ik}(\eta') + i\delta^i_{ik}(\eta'')\}\,,$$

wo δ^r_{ik} und δ^i_{ik} Real- und Imaginärteil der Elemente von $\Delta(s)$ bezeichnen und η', η'' zwei zwischen a und $a+\varepsilon$ gelegene Zahlen sind. Für genügend kleine ε liegt die Matrix $\{\ \}$ beliebig nahe bei $\Delta(a)$, hat also nichtverschwindende Determinante. $\Lambda_\varepsilon(a)$ ist nach a differenzierbar. Seien also a und ε zwei reelle Zahlen, für die $\Lambda_\varepsilon(a)$ nichtsingulär ist. Dann ist

$$\Delta(s)\,\Lambda_\varepsilon(a) = \int_a^{a+\varepsilon} \Delta(s)\,\Delta(t)\, dt = \int_a^{a+\varepsilon} \Delta(s+t)\, dt = \Lambda_\varepsilon(s+a)\,,$$

also $\Delta(s) = \Lambda_\varepsilon(s+a)\,\Lambda_\varepsilon^{-1}(a)$, woraus die Differenzierbarkeit folgt.

Satz 9.2. *Die unzerfällbaren stetigen Darstellungen der additiven Gruppe $\mathfrak{H}'$ der reellen Zahlen s sind von der Gestalt $e^{\alpha s} K_m(s)$, $m = 0, 1, 2, \ldots$,*

---

*) In der Literatur findet man statt der Matrix (9.3) meistens die Matrix

$$\begin{pmatrix} 1 & \binom{m}{1} s & \binom{m}{2} s^2 & \ldots & s^m \\ 0 & 1 & \binom{m-1}{1} s & \ldots & s^{m-1} \\ \cdot & \cdot & \cdot & \cdot & \cdot \\ 0 & 0 & 0 & \ldots & 1 \end{pmatrix}$$

verwendet, die man z. B. erhält, wenn man in der nach § 5 berechneten Darstellung von $\mathfrak{G}_2$ durch symmetrische Tensoren m-ter Stufe das Bild der Matrix $\begin{pmatrix} 1 & s \\ 0 & 1 \end{pmatrix}$ bestimmt. Diese Matrix leistet dasselbe wie (9.3); beide gehen nämlich durch Transformation mit

$$\begin{pmatrix} m! & m! & 0 & \ldots & 0 & 0 \\ 0 & (m-1)! & (m-1)! & \ldots & 0 & 0 \\ \cdot & \cdot & \cdot & \cdot & \cdot & \cdot \\ 0 & 0 & 0 & \ldots & 1 & 1 \\ 0 & 0 & 0 & \ldots & 0 & 1 \end{pmatrix}$$

auseinander hervor.

wobei $K_m(s)$ durch (9.3) gegeben ist und α eine beliebige komplexe Zahl bedeutet.

Zusatz. *Bei jeder stetigen Darstellung von $\mathfrak{H}'$ sind bei jeder beliebigen Basis die Matrixelemente von der Gestalt*

$$\sum_\nu p_\nu(s)\, e^{\alpha_\nu s} \tag{9.4}$$

mit endlich vielen Summanden, wo die p_ν Polynome mit reellen oder komplexen Koeffizienten und die α_ν reelle oder komplexe Konstante sind.

Für eine spätere Anwendung soll noch erörtert werden, wie der Satz 9.2 zu modifizieren ist, wenn man von den stetigen Darstellungen verlangt, daß sie die Periode 2π haben (also stetige Darstellungen der additiven Gruppe der Winkel sind). Da Polynome niemals periodisch sind, muß dann $m=0$ sein. $e^{\alpha s}$ hat nur für $\alpha = in$ (n ganz) die Periode 2π.

Satz 9.3. *Die stetigen Darstellungen der Gruppe $\mathfrak{H}'$ von der Periode 2π sind vollständig reduzibel, die irreduziblen Darstellungen sind e^{ins}* (n ganz).

Über die Gruppe $\mathfrak{H}$ der komplexen Zahlen bei der Addition nur so viel, wie nachher gebraucht wird. $\Delta(s)$ muß derselben Funktionalgleichung (9.1) genügen; insbesondere ist, wenn man $s = x + iy$ setzt, $\Delta(s) = \Delta(x)\,\Delta(iy)$. $\Delta(x)$ und $\Lambda(y) = \Delta(iy)$ sind stetige Darstellungen von $\mathfrak{H}'$, und es folgt

Satz 9.4. *Bei jeder stetigen Darstellung von $\mathfrak{H}$ sind bei jeder beliebigen Basis die Matrixelemente von der Gestalt*

$$\sum_\nu p_\nu(x, y)\, e^{\alpha_\nu x + \beta_\nu y} \tag{9.5}$$

mit endlich vielen Summanden, wo die p_ν Polynome und die α_ν und β_ν Konstanten sind, wobei alle α_ν untereinander und alle β_ν untereinander verschieden sind.

§ 10. Die stetigen Darstellungen der vollen und reellen linearen, der unimodularen und unitären Gruppen

Satz 10.1 *Jede stetige Darstellung der Gruppe $\mathfrak{g}'_n$ der reellen n-reihigen Matrizen der Determinante 1 ist rational; nach Satz 8.7 ist sie also sogar ganzrational und zerfällt vollständig in Bestandteile der Gestalt $C_j(A)$.*

Dabei sind mit $C_j(A)$ wieder die ganzrationalen Darstellungen bezeichnet, die zu Rahmen von höchstens $n-1$ Zeilen gehören.

Aus Raumersparnisgründen beweise ich diesen Satz nur für $n=2$, ein Fall, der wegen des Zusammenhangs zwischen $\mathfrak{g}_2$ (Satz 10.2) und der Lorentz-Gruppe (Kapitel IX) von besonderer Wichtigkeit ist.

Die Untergruppe der Matrizen $A(s)=\begin{pmatrix}1 & s\\ 0 & 1\end{pmatrix}$ ist zur Gruppe $\mathfrak{H}'$ von § 9 isomorph, und ebenso die Untergruppe der Matrizen $B(t)=\begin{pmatrix}1 & 0\\ t & 1\end{pmatrix}$. Jede unimodulare Matrix $A=\begin{pmatrix}\alpha & \beta\\ \gamma & \delta\end{pmatrix}$ kann als Produkt von Matrizen dieser beiden speziellen Formen geschrieben werden. Man rechnet nämlich nach, daß

$$\begin{pmatrix}\alpha & 0\\ 0 & \frac{1}{\alpha}\end{pmatrix}=A(\alpha)\,B\left(\frac{\alpha-1}{\alpha}\right)A(-1)\,B(1-\alpha)$$

und allgemein wegen $\delta=\dfrac{1+\beta\gamma}{\alpha}$

$$\begin{pmatrix}\alpha & \beta\\ \gamma & \delta\end{pmatrix}=B\left(\frac{\gamma}{\alpha}\right)\begin{pmatrix}\alpha & 0\\ 0 & \frac{1}{\alpha}\end{pmatrix}A\left(\frac{\beta}{\alpha}\right)=B\left(\frac{\gamma}{\alpha}\right)A(\alpha)B\left(\frac{\alpha-1}{\alpha}\right)A(-1)B(1-\alpha)A\left(\frac{\beta}{\alpha}\right) \tag{10.1}$$

ist. Beidemal wurde $\alpha\neq 0$ vorausgesetzt; für $\alpha=0$ aber ist $\beta\neq 0$, $\gamma=-\dfrac{1}{\beta}$ und

$$\begin{pmatrix}0 & \beta\\ \gamma & \delta\end{pmatrix}=A(\beta)\,B(\gamma)\,A(\beta-\beta\delta)\,. \tag{10.2}$$

Nun sei $C(A)$ eine stetige Darstellung von $\mathfrak{g}_2'$. Die Matrizen, die den beiden erwähnten Untergruppen zugeordnet sind, mögen $U(s)$ bzw. $V(t)$ heißen. Die Elemente von $U(s)$ und $V(t)$ haben also die Gestalt (9.4), wir können z. B.

$$U(s)=\sum_{\varrho=1}^{r}P_\varrho(s)\,e^{\alpha_\varrho s}$$

schreiben, wo die Elemente der Matrizen P_ϱ Polynome in s und $\alpha_1,\ldots,\alpha_r$ verschiedene komplexe Zahlen sind. Nun ist, wenn man $L=\begin{pmatrix}\lambda & 0\\ 0 & \frac{1}{\lambda}\end{pmatrix}$ setzt, $L A(s)\,L^{-1}=A(\lambda^2 s)$, also $C(L)\,U(s)\,C(L^{-1})=U(\lambda^2 s)$ oder, mit $Q_\varrho(s)=C(L)\,P_\varrho(s)\,C(L^{-1})$,

$$\sum_{\varrho=1}^{r}Q_\varrho(s)\,e^{\alpha_\varrho s}=\sum_{\varrho=1}^{r}P_\varrho(\lambda^2 s)\,e^{\lambda^2\alpha_\varrho s}\,. \tag{10.3}$$

Sind alle $\alpha_\varrho\neq 0$, so kann man die reelle Zahl λ so wählen, daß die $2r$ Zahlen $\alpha_1,\ldots,\alpha_r$, $\lambda^2\alpha_1,\ldots,\lambda^2\alpha_r$ alle verschieden sind, es braucht ja nur

λ^2 von 0 und allen Quotienten $\frac{\alpha_\varrho}{\alpha_\sigma}$ verschieden zu sein. Am Schluß werde ich beweisen: Aus

$$f_1(s)\,e^{\alpha_1 s} + f_2(s)\,e^{\alpha_2 s} + \cdots + f_m(s)\,e^{\alpha_m s} \equiv 0 \quad \text{für alle reellen } s, \tag{10.4}$$

wo die f_μ Polynome und die α_μ lauter verschiedene komplexe Zahlen sind, folgt $f_\mu(s) \equiv 0$, $\mu = 1, \ldots, m$ (Satz von der linearen Unabhängigkeit der Funktionen $e^{\alpha_\mu s}$ über dem Bereich der Polynome). Da $U(s)$ nicht $\equiv 0$, folgert man aus diesem Satz, daß $r = 1$ und $\alpha_1 = 0$ sein muß, d. h. $U(s)$ ganzrational und ebenso $V(t)$. Wegen (10.1) ist aber für $\alpha \neq 0$

$$C(A) = V\left(\frac{\gamma}{\alpha}\right) U(\alpha)\, V\left(\frac{\alpha - 1}{\alpha}\right) U(-1)\, V(1-\alpha)\, U\left(\frac{\beta}{\alpha}\right),$$

und damit sind die Matrixelemente der Darstellung rational durch $\alpha, \beta, \gamma, \delta$ ausgedrückt. Bei diesen Ausdrücken können für $\alpha = 0$ Nenner verschwinden, aber wegen der vorausgesetzten Stetigkeit der Darstellung existieren die Grenzwerte für $\alpha \to 0$ und können wegen (10.2) sogar ganzrational in β, γ, δ ausgedrückt werden: für $\alpha = 0$ ist

$$C(A) = U(\beta)\, V(\gamma)\, U(\beta - \beta\delta).$$

Damit ist Satz 10.1 für $n = 2$ bewiesen.

Den erwähnten Unabhängigkeitssatz beweist man so. Für $m = 1$ ist er richtig. Um ihn unter der Annahme, er sei für m richtig, für $m + 1$ zu beweisen, schreibt man statt (10.4) für $m + 1$

$$F(s) \equiv f_1(s)\,e^{\beta_1 s} + \cdots + f_m(s)\,e^{\beta_m s} \quad (F = -f_{m+1},\ \beta_\mu = \alpha_\mu - \alpha_{m+1} \neq 0).$$

Ist F vom Grad k, so folgt durch $(k+1)$-maliges Differenzieren

$$0 \equiv e^{\beta_1 s}\,\varphi_1(s) + \cdots + e^{\beta_m s}\,\varphi_m(s),$$

wo $\varphi_\mu(s)$ ein Polynom bezeichnet, dessen höchster Koeffizient β_μ^{k+1} mal dem höchsten Koeffizienten von $f_\mu(s)$ ist. Aus der Induktionsannahme folgt $\varphi_\mu \equiv 0$ und daraus $f_\mu \equiv 0$.

Der Beweis von Satz 10.1 für $n > 2$ macht keine grundsätzlichen Schwierigkeiten. Mit einiger Rechnerei zeigt man, daß wiederum alle Matrizen A Produkte von speziellen Matrizen sind, die zu $\mathfrak{H}'$ isomorphen Untergruppen entnommen sind.

Satz 10.2. *Jede stetige Darstellung der komplexen unimodularen Gruppe $\mathfrak{g}_n$ ist semirational, also nach Satz 8.6 semirational ganz und vollständig reduzibel. Ein vollständiges System von irreduziblen Darstellungen bilden die Produkte $C_j(A) \times C_k(\bar{A})$, mit den bei Satz 10.1 gekennzeichneten C_j.*

Beweis wieder nur für $n=2$. Er verläuft zuerst wörtlich wie vorhin. Aber jetzt ist $U(s)$ Darstellung der Gruppe $\mathfrak{H}$, denn $s=x+iy$ ist komplex. Nach Satz 9.4 kann man

$$U(s)=\sum_{\varrho=1}^{r} P_\varrho(x,y)\, e^{\alpha_\varrho x+\beta_\varrho y}$$

schreiben, wo die α_ϱ untereinander und die β_ϱ untereinander verschieden sind. Die zu (10.3) analoge Formel lautet dann

$$\sum_{\varrho=1}^{r} Q_\varrho(x,y)\, e^{\alpha_\varrho x+\beta_\varrho y}=\sum_{\varrho=1}^{r} P_\varrho(\lambda^2 x, \lambda^2 y)\, e^{\lambda^2(\alpha_\varrho x+\beta_\varrho y)}\,.$$

Hält man hier y fest, so entstehen Ausdrücke der gleichen Art wie in (10.3), und man schließt wieder, daß $r=1$ und $\alpha_1=0$ sein muß (sonst wäre $U(s)\equiv 0$ für dieses feste y; wegen $\det U \neq 0$ kann aber $U(s)$ nicht einmal an einzelnen Stellen verschwinden). Hält man dann umgekehrt x fest, so folgt auch noch $\beta_1=0$. Also ist $U(s)$, und ebenso $V(t)$, ganzrational in x und y, und daraus folgt, daß die Darstellung semirational ist.

Bei den unitären Gruppen, der vollen $\mathfrak{U}_n$ und der unimodularen $\mathfrak{u}_n$, versagt die bisher angewandte Methode. Gleichwohl gilt auch hier ein ähnlicher Satz: Alle stetigen Darstellungen sind bei $\mathfrak{U}_n$ rational, bei $\mathfrak{u}_n$ sogar ganzrational. Ich will den Beweis nicht ausführen, sondern nur darauf hinweisen, daß diese Gruppen im topologischen Sinne *kompakt* sind (denn wie bei den reellen orthogonalen Gruppen sind die Beträge der Matrixelemente $\leqq 1$) und daß man daher die Charaktere der stetigen Darstellungen mit der Methode bestimmen kann, die wir in Kapitel VII bei den Drehgruppen anwenden werden. Nach III § 11 ist jede Darstellung durch ihren Charakter bestimmt. Für die einfachen Charaktere aber findet man gerade die Werte, die in VI § 1 für unsere ganzrationalen Darstellungen hergeleitet werden, mit zwei Modifikationen. Bei $\mathfrak{u}_n$ nämlich ist $m_n=0$, d. h. man erhält — wie nicht anders zu erwarten — nur die Darstellungen, die zu den Rahmen von höchstens $n-1$ Zeilen gehören. Bei $\mathfrak{U}_n$ aber fällt die Einschränkung $m_n \geqq 0$ fort. Nun sahen wir in § 7, daß eine ganzrationale Darstellung mit $m_n>0$ durch die m_n-te Potenz der Determinante teilbar ist; läßt man diesen Faktor fort, so erhält man die Darstellung zum Rahmen mit den Zeilenlängen $m_1-m_n, \ldots, m_{n-1}-m_n, 0$. Diese Zahlen sind auch bei negativem m_n nichtnegativ, und es handelt sich dann in der Tat ebenfalls um die zu diesem Rahmen gehörige ganzrationale Darstellung, dividiert durch die $|m_n|$-te Potenz der Determinante. Zusammengefaßt:

Satz 10.3. *Alle stetigen Darstellungen der unimodularen unitären Gruppe* $\mathfrak{u}_n$ *sind ganzrational. Die irreduziblen Darstellungen sind die zu Rahmen aus höchstens* $n-1$ *Zeilen gehörigen* $C_j(A)$.

Alle stetigen Darstellungen der vollen unitären Gruppe $\mathfrak{U}_n$ *sind rational. Die irreduziblen Darstellungen sind von der Gestalt* $(\det A)^k C_j(A)$, *wo* k *eine beliebige ganze Zahl ist.*

Es bleiben schließlich die beiden vollen linearen Gruppen übrig, die komplexe und die reelle. Für sie gilt der Satz von der vollständigen Reduzibilität nicht, wie das Beispiel von III § 11 zeigt. Sehen wir uns zuerst $\mathfrak{G}_1$ an, die Gruppe der komplexen Zahlen $s \neq 0$ bei der Multiplikation. Für ihre Darstellung $D(s)$ gilt $D(st) = D(s)\,D(t) = D(t)\,D(s)$. Wir setzen $s = e^x e^{iy}$, also $x = \log|s|$, $y = \arg s$. Dann wird $D(s) = D(e^x)\,D(e^{iy})$. Für $D(e^x) = \Delta(x)$ gilt (9.1), es ist Darstellung der Gruppe $\mathfrak{H}'$. Dies gilt auch für $D(e^{iy}) = \Lambda(y)$, das überdies von der Periode 2π ist. Die in Frage kommenden Darstellungen sind in Satz 9.2 und 9.3 angegeben. Wenn $\Delta(x)$ unzerfällbar ist, folgt aus Satz 9.1 $\Lambda(y) = e^{iky} E$. Es ergibt sich

Satz 10.4. *Die unzerfällbaren stetigen Darstellungen der Gruppe* $\mathfrak{G}_1$ *der komplexen Zahlen* s *bei der Multiplikation sind*

$$e^{\alpha x} e^{iky} K_m(x)\,,$$

wo $x = \log|s|$, $y = \arg s$, α *beliebig komplex,* k *beliebig ganz,* K_m *in* (9.3) *angegeben ist.*

Zur Gruppe $\mathfrak{G}_n$ mit beliebigem n zurückkehrend setzen wir, für eine beliebige nichtsinguläre Matrix A, $\det A = e^{\xi} e^{i\eta}$ $(0 \leqq \eta < 2\pi)$ und $x = \frac{\xi}{n}$, $y = \frac{\eta}{n}$, $s = e^x e^{iy}$. Dann ist $A = sF$, wo F eine Matrix der Determinante 1 bedeutet.

$D(A)$ sei eine unzerfällbare stetige Darstellung von $\mathfrak{G}_n$. Dann ist

$$D(A) = D(sE_n)\,D(F) = D(F)\,D(sE_n)\,, \tag{10.5}$$

und hier bilden die $D(sE_n)$ eine Darstellung der zu $\mathfrak{G}_1$ isomorphen Untergruppe der sE_n, die das Zentrum von $\mathfrak{G}_n$ bildet; $D(F)$ aber ist eine Darstellung der unimodularen Gruppe $\mathfrak{g}_n$. Wir nehmen $D(F)$ ausreduziert an:

$$D(F) = E_{l_1} \times S_1(F) \dotplus \cdots \dotplus E_{l_q} \times S_q(F)\,,$$

d.h. die semirational ganzen irreduziblen Darstellungen $S_1, \ldots, S_q$ kommen $l_1, \ldots, l_q$-mal vor; ihre Grade seien $r_1, \ldots, r_q$. Dann ergibt die oft angewendete Schlußweise aus I § 8 wegen der Vertauschbarkeit

$$D(sE_n) = B_1(s) \times E_{r_1} \dotplus \cdots \dotplus B_q(s) \times E_{r_q}\,,$$

wo $B_1, \ldots, B_q$ Darstellungen der Grade $l_1, \ldots, l_q$ von $\mathfrak{G}_1$ sind und $r_1, \ldots, r_q$-mal vorkommen. Daraus folgt

$$D(A) = B_1(s) \times S_1(F) \dotplus \cdots \dotplus B_q(s) \times S_q(F)\,.$$

Weil wir $D(A)$ unzerfällbar vorausgesetzt haben, muß $q=1$ sein, wir schreiben einfacher

$$D(F)=E_l \times S(F), \quad D(sE_n)=B(s)\times E_r,$$

und hier muß auch $B(s)$ unzerfällbar sein, denn wäre $B(s)=B_1(s)\dot{+}B_2(s)$, so wäre

$$D(A)=(B_1(s)\dot{+}B_2(s))\times S(F)=B_1(s)\times S(F)\dot{+}B_2(s)\times S(F).$$

Also ist nach Satz 10.4

$$D(A)=e^{\varrho x}e^{iky}K_m(x)\times S(F),$$

mit komplexem ϱ und ganzem k. Dabei können wir nach Satz 10.2 $S(F)=C'(F)\times C''(\bar{F})$ schreiben, mit zweien der irreduziblen ganzrationalen und homogenen Darstellungen; diese seien vom Polynomgrad ν' bzw. ν''. Aus $A=sF$ folgt dann $C'(A)=s^{\nu'}C'(F)$, $C''(\bar{A})=\bar{s}^{\nu''}C''(\bar{F})$. Also wird

$$D(A)=e^{(\varrho-\nu'-\nu'')x}\,e^{i(k-\nu'+\nu'')y}\,K_m(x)\times C'(A)\times C''(\bar{A}).$$

Endlich führen wir statt x, y wieder $\xi=nx$ und $\eta=ny$ ein. $K_m(x)$ geht durch Transformation mit

$$\begin{pmatrix} \lambda^m & & & & \\ & \lambda^{m-2} & & & 0 \\ & & \cdot & & \\ & & & \cdot & \\ & 0 & & & \cdot \\ & & & & \lambda^{-m} \end{pmatrix}$$

in $K_m(\lambda^2 x)$ über, also sind $K_m(x)$ und $K_m(\xi)$ äquivalent. Wir schreiben α für $\dfrac{\varrho-\nu'-\nu''}{n}$, l für $\dfrac{k-\nu'+\nu''}{n}$ und haben schließlich

$$D(A)=e^{\alpha\xi}e^{il\eta}K_m(\xi)\times C'(A)\times C''(\bar{A}). \tag{10.6}$$

Hier ist l der n-te Teil einer ganzen Zahl; aber dabei müssen wir noch eine kleine Verbesserung anbringen: wenn der Wert von $\det A$ die positiv reelle Achse überquert, springt η um 2π, und folglich ist die Darstellung nur stetig, wenn l selber eine ganze Zahl ist.

Satz 10.5. *Die unzerfällbaren stetigen Darstellungen der vollen linearen Gruppe* $\mathfrak{G}_n$ *sind von der Gestalt* (10.6). *Hier sind* ξ *und* η *Logarithmus des Betrages und Argument von* $\det A$, α *beliebig komplex,* l *beliebig ganz,* $m\geqq 0$ *ganz,* K_m *durch* (9.3) *gegeben, und* C' *und* C'' *sind zwei der irreduziblen ganzrationalen Darstellungen, die zu Rahmen aus höchstens* $n-1$ *Zeilen gehören.*

Für die reelle lineare Gruppe $\mathfrak{G}'_n$ gilt

Satz 10.6. *Die unzerfällbaren stetigen Darstellungen von* $\mathfrak{G}'_n$ *haben die Gestalt*

$$D(A) = e^{\alpha\xi} K_m(\xi) \times C(A)$$

oder (10.7)

$$D(A) = \varepsilon(A)\, e^{\alpha\xi} K_m(\xi) \times C(A),$$

wo $\varepsilon(A)$ *das Vorzeichen von* $\det A$ *bedeutet und die übrigen Zeichen dieselbe Bedeutung wie in Satz* 10.5 *haben.*

Es ist klar, daß (10.7) aus (10.6) durch die Spezialisierung aufs Reelle entsteht. Wie immer muß aber gezeigt werden, daß man so alle unzerfällbaren Darstellungen erhält. Dazu beschreitet man einen ähnlichen Beweisgang wie vorhin in folgender Weise. Man setzt

$\det A = \varepsilon(A)\, e^{\xi}$, $x = \dfrac{\xi}{n}$ und $s = e^x$. Dann ist $A = sG$, mit $\det G = \varepsilon(A) = \pm 1$.

Man hat also statt $\mathfrak{g}_n$ die Gruppe $\mathfrak{g}_n^*$ aller reellen Matrizen der Determinante ± 1 zu betrachten, und Satz 10.6 wird bewiesen sein (wir können uns die Wiederholung dieses Ganges schenken), wenn gezeigt ist:

Satz 10.7. *Jede stetige Darstellung der Gruppe* $\mathfrak{g}_n^*$ *der reellen Matrizen der Determinante* ± 1 *ist vollständig reduzibel, jede irreduzible Darstellung Teil einer irreduziblen ganzrationalen Darstellung von* $\mathfrak{G}_n$.

Beweis. $\mathfrak{g}_n^*$ besitzt $\mathfrak{g}'_n$, die reelle unimodulare Gruppe, als Normalteiler vom Index 2. Wir können die Terminologie von III § 13 anwenden. Jede irreduzible Darstellung von $\mathfrak{g}'_n$ ist *selbstkonjugiert*, denn nach Satz 10.1 ist sie Teil einer ganzrationalen Darstellung $C(A)$ von $\mathfrak{G}_n$, also auch Teil der (irreduziblen) Darstellung $C(G)$ von $\mathfrak{g}_n^*$. Wir wählen ein $T \in \mathfrak{g}_n^* - \mathfrak{g}'_n$ fest, etwa $T = -E_1 \dotplus E_{n-1}$, und für jedes $F \in \mathfrak{g}'_n$ setzen wir $\tilde{F} = TFT^{-1}$. Dann sind also $C(F)$ und die konjugierte Darstellung $C(\tilde{F})$ stets äquivalent.

Nun sei $D(G)$ eine stetige unzerfällbare Darstellung von $\mathfrak{g}_n^*$. $D(F)$ zerfällt in ganzrationale irreduzible Darstellungen von $\mathfrak{g}'_n$, etwa

$$D(F) = C_1(F) \dotplus \cdots \dotplus C_q(F). \tag{10.8}$$

In entsprechender Kästcheneinteilung sei $D(T) = \{D_{jk}\}$. Aus $D(T)\,D(F) = D(\tilde{F})\,D(T)$ folgt dann

$$D_{jk}\, C_k(F) = C_j(\tilde{F})\, D_{jk}. \tag{10.9}$$

Denkt man sich in (10.8) die Darstellungen nach „Kästen" zueinander äquivalenter geordnet, so folgt aus dem Schurschen Lemma (I Satz 7.1a) $D_{jk} = 0$, falls j und k zu verschiedenen Kästen gehören. Weil jedes $G = TF$ geschrieben werden kann, ist das ein Widerspruch zur Unzerfällbarkeit von $D(G)$, falls nicht alle C_j äquivalent sind, also $D(F) = E_q \times C(F)$. Nach

I Satz 7.1 b ist dann durch (10.9) D_{jk} bis auf einen Zahlenfaktor bestimmt, und zwar ist $D_{jk} = \lambda_{jk}\, C(T)$, $D(T) = L \times C(T)$. Wegen $T^2 = E_n$ ist $L^2 = E_q$, also bilden $\{E_q, L\}$ eine Darstellung der Faktorgruppe $\mathfrak{g}_n^*/\mathfrak{g}_n' \cong \mathfrak{S}_2$, die in eindimensionale Darstellungen $\{1, \pm 1\}$ zerfällt. Wegen der Unzerfällbarkeit von $D(G)$ muß also $q = 1$ sein, und es ist $D(T) = C(T)$ oder $D(T) = -C(T)$ und $D(G) = C(G)$ oder $D(G) = \varepsilon(G)\, C(G)$. Im ersten Fall ist $D(G)$ Teil von $C(A)$, im zweiten von $(\det A)\, C(A)$.

Fast mit den gleichen Worten beweist man

Satz 10.8. *Sämtliche stetigen Darstellungen der Gruppe* $\mathfrak{g}_n^{\#}$ *aller n-reihigen komplexen Matrizen der Determinante* ± 1 *sind semirational ganz und vollständig reduzibel. Die irreduziblen entstehen aus Darstellungen* $C_j(A) \times C_k(\bar{A})$ *und* $(\det A)\, C_j(A) \times C_k(\bar{A})$ *von* $\mathfrak{G}_n$ *durch Beschränkung auf die Untergruppe* $\mathfrak{g}_n^{\#}$.

Ergänzend zu Satz 10.5 und 10.6 sei noch folgendes bemerkt. Wenn man dort unter $C(A)$, $C'(A)$ usw. beliebige irreduzible ganzrationale Darstellungen versteht (die also durch eine beliebige Potenz der Determinante teilbar sein dürfen), so kann man den Faktor $e^{il\eta}$ in (10.6) und den Faktor $\varepsilon(A)$ in (10.7) weglassen (also alle Darstellungen von $\mathfrak{G}_n'$ durch (10.7_1) wiedergeben) durch Benutzung geeigneter C und Modifikationen des α. Demgegenüber hat aber die Formulierung des Textes den Vorteil, daß sie jede unzerfällbare stetige Darstellung genau einmal liefert.

Sechstes Kapitel

Charaktere der linearen und der Permutationsgruppen Die alternierende Gruppe

Die Charaktere der ganzrationalen Darstellungen des V. Kapitels werden in § 1 aus dem Verzweigungssatz von V § 6 hergeleitet. In § 2 wird der wichtige Zusammenhang zwischen ihnen und den Charakteren der symmetrischen Gruppe hergestellt. Mit Hilfe der gewonnenen Formeln werden in §§ 3 und 4 Methoden zur Berechnung der Charaktere der symmetrischen Gruppe, in § 5 zur Analyse des Kronecker-Produkts von Darstellungen der vollen linearen Gruppe entwickelt*). Nebenbei ergibt sich, mit Hilfe von III § 13, die Übersicht über die Darstellungen der alternierenden Gruppe, deren Charaktere in § 6 aus denen der symmetrischen Gruppe berechnet werden.

*) Vgl. hierzu die im Literaturverzeichnis genannten Arbeiten von Murnaghan, Nakayama, Garnir, Gamba; für etwas andere Methoden Littlewood und Richardson, die für die Charaktere der ganzrationalen irreduziblen Darstellungen von $\mathfrak{G}_n$, I. Schur zu Ehren, den Namen „S-Funktionen" eingeführt haben.

§ 1. Die Charakteristiken und die Darstellungsgrade der ganzrationalen Darstellungen der vollen linearen Gruppe

Wir wollen, wie das vielfach üblich ist, die Charaktere der ganzrationalen Darstellungen von $\mathfrak{G}_n$ *Charakteristiken* nennen und wollen sie mit $\varphi(A)$ bezeichnen. Das Bedürfnis, für sie einen anderen Namen und eine andere Bezeichnung (φ statt χ) zu haben als sonst, entsteht dadurch, daß es wichtige Beziehungen zwischen ihnen und den Charakteren der symmetrischen Gruppe gibt — also Formeln, in denen beide auftreten; ich werde sie später herleiten.

Erinnern wir uns, daß $\varphi(A)$ die Spur, also die Summe der Diagonalelemente, der darstellenden Matrix ist. Erinnern wir uns ferner, daß (III § 7) die Charaktere Klassenfunktionen sind: $\varphi(BAB^{-1})=\varphi(A)$. Würde man jede Matrix von $\mathfrak{G}_n$ auf Diagonalform transformieren können:

$$BAB^{-1}=\begin{pmatrix}\varepsilon_1 & & & \\ & \varepsilon_2 & 0 & \\ & & \ddots & \\ & 0 & & \varepsilon_n\end{pmatrix}=(\varepsilon)\,, \tag{1.1}$$

dann würde jede Klasse konjugierter Gruppenelemente eindeutig durch die Zahlen $\varepsilon_1, \ldots, \varepsilon_n$, also (I § 5) durch die *Eigenwerte* von A, gekennzeichnet sein, wobei noch bemerkt werden muß, daß ε-Systeme, die sich nur durch die Reihenfolge unterscheiden, dieselbe Klasse ergeben; denn Diagonalmatrizen, die sich nur durch die Reihenfolge der Diagonalelemente unterscheiden, sind ineinander transformierbar. Man hätte dann den Satz: $\varphi(A)$ ist eine symmetrische Funktion von $\varepsilon_1, \ldots, \varepsilon_n$. Und wenn die Darstellung ganzrational vom Polynomgrad v ist, so ist auch die Spur der darstellenden Matrix ganzrational und homogen in den Elementen der dargestellten Matrizen, d. h. wegen $\varphi(A)=\varphi((\varepsilon))$ müßte die Charakteristik ein homogenes symmetrisches Polynom in $\varepsilon_1, \ldots, \varepsilon_n$ sein, es heiße dann $\varphi(\varepsilon_1, \ldots, \varepsilon_n)$.

Nun ist bekanntlich nicht jede Matrix auf Diagonalgestalt transformierbar. Gleichwohl gilt

Satz 1.1. *Die Charakteristik einer homogenen ganzrationalen Darstellung der $\mathfrak{G}_n$ vom Polynomgrad v ist ein homogenes symmetrisches Polynom $\varphi(\varepsilon_1, \ldots, \varepsilon_n)$ von diesem Grade in den Eigenwerten der dargestellten Matrix.*

Beweis. Bekanntlich kann die Diagonalgestalt immer erreicht werden, wenn die Eigenwerte alle verschieden sind (I Satz 5.2a). Das heißt: Für alle Matrizen mit lauter verschiedenen Eigenwerten ist die Charakteristik ein bestimmtes Polynom $\varphi(\varepsilon_1, \ldots, \varepsilon_n)$. Ist nun A° eine nicht auf Diagonalform zu bringende Matrix (notwendig sind die Eigenwerte ε_ν° von A° nicht alle verschieden), so gibt es doch in jeder Nachbarschaft von A° Matrizen A mit lauter verschiedenen Eigenwerten; denn für das Zusammenfallen zweier Eigenwerte ist das Verschwinden einer ganzen rationalen Funktion der α_i^k (der Diskriminante des charakteristischen Polynoms von A) kennzeichnend. Für $A \to A^\circ$ gilt $\varphi(A) \to \varphi(A^\circ)$, andererseits $\varepsilon_\nu \to \varepsilon_\nu^\circ$, also $\varphi(\varepsilon_1, \ldots, \varepsilon_n) \to \varphi(\varepsilon_1^\circ, \ldots, \varepsilon_n^\circ)$, und es folgt $\varphi(A^\circ) = \varphi(\varepsilon_1^\circ, \ldots, \varepsilon_n^\circ)$.

Wenn eine Darstellung zerfällt, ist ihr Charakter die Summe der Charaktere der Bestandteile. Das ermöglicht uns, mit Hilfe des Verzweigungssatzes von V § 6 eine allgemeine Formel für die Charakteristiken der irreduziblen ganzrationalen Darstellungen ${}^n\mathfrak{C}_{(m)}$ zu beweisen.

Satz 1.2. *Man setze*

$$l_1 = m_1 + n - 1,\ l_2 = m_2 + n - 2, \ldots, l_{n-1} = m_{n-1} + 1,\ l_n = m_n. \tag{1.2}$$

Dann ist die Charakteristik von ${}^n\mathfrak{C}_{m_1 \ldots m_n}$

$$\varphi(\varepsilon_1, \ldots, \varepsilon_n) = \frac{|\varepsilon^{l_1}\ \ \varepsilon^{l_2}\ \ \ldots\ \varepsilon^{l_{n-1}}\ \varepsilon^{l_n}|}{|\varepsilon^{n-1}\ \varepsilon^{n-2}\ \ldots\ \varepsilon\ \ \ 1\ |}. \tag{1.3}$$

Hier bedeuten die Vertikalstriche in Zähler und Nenner zwei Determinanten, deren j-te Zeile man erhält, indem man die ε *mit dem Index* j *versieht.*

Ehe wir in den Beweis eintreten, sehen wir uns (1.3) ein wenig an. Wegen $m_1 \geqq m_2 \geqq \cdots \geqq m_n \geqq 0$ ist

$$l_1 > l_2 > \cdots > l_n \geqq 0. \tag{1.4}$$

Wegen $\Sigma m_j = \nu$ ist $\Sigma l_j = \nu + \frac{n(n-1)}{2}$. Der Nenner von (1.3) ist das Differenzenprodukt der ε_j, ein homogenes Polynom vom Grad $\frac{n(n-1)}{2}$.

Der Zähler ist homogen vom Grad $\nu + \frac{n(n-1)}{2}$ und offenbar durch jede Differenz $\varepsilon_i - \varepsilon_k$, also durch das Differenzenprodukt teilbar. Also ist $\varphi(\varepsilon_1, \ldots, \varepsilon_n)$, wie es sein muß, ein homogenes Polynom vom Grad ν und symmetrisch, weil Zähler und Nenner als Determinanten schiefsymmetrisch sind. Die Formel (1.3) ist nur brauchbar, wenn alle Eigenwerte verschieden sind; das Polynom ist natürlich an diese Einschränkung nicht gebunden und kann, wenn einzelne Eigenwerte zusammenfallen, aus (1.3) durch Grenzübergang berechnet werden.

Der Beweis erfolgt durch vollständige Induktion. Für $n = 1$ ist der Satz richtig. Die Matrizen der Gruppe bestehen aus einem einzigen Element ε, das zugleich der Eigenwert ist. Die ganzrationalen Darstellungen und zugleich ihre Charaktere sind die Potenzen ε^ν, was die Formel (1.3) richtig wiedergibt ($l_1 = m_1 = \nu$).

Induktionsvoraussetzung: der Satz sei für $n-1$ richtig. Um ihn für ${}^n\mathfrak{C}_{m_1 \ldots m_n}$ zu beweisen, beschränken wir uns auf die durch V (6.1) charakterisierte zu $\mathfrak{G}_{n-1}$ isomorphe Untergruppe. Ein Eigenwert, wir können ihn ε_n nennen, ist dann immer $=1$. Die irreduziblen Bestandteile der entstehenden Darstellung von $\mathfrak{G}_{n-1}$ sind durch V (6.2) gekennzeichnet. Um (1.3) auf sie anzuwenden, hat man $l_i' = m_i' + (n-1) - i$ zu setzen; dann ist

$$l_1 > l_1' \geqq l_2 > l_2' \geqq l_3 > \cdots \geqq l_{n-1} > l_{n-1}' \geqq l_n . \tag{1.5}$$

Die Charakteristik von ${}^n\mathfrak{C}_{m_1 \ldots m_n}$ für $\varepsilon_n = 1$ ist nun die Summe der Charakteristiken der irreduziblen Bestandteile; also

$$\varphi(\varepsilon_1, \ldots, \varepsilon_{n-1}, 1) = \sum_{l_1'=l_2}^{l_1-1} \sum_{l_2'=l_3}^{l_2-1} \cdots \sum_{l_{n-1}'=l_n}^{l_{n-1}-1} \frac{|\varepsilon^{l_1'} \ldots \varepsilon^{l_{n-2}'} \varepsilon^{l_{n-1}'}|}{|\varepsilon^{n-2} \ldots \varepsilon\, 1|},$$

wo die ε nur die Nummern $1, \ldots, n-1$ bekommen.

Nach dem Summensatz für Determinanten ist das

$$\frac{|\varepsilon^{l_1-1} + \varepsilon^{l_1-2} + \cdots + \varepsilon^{l_2}, \varepsilon^{l_2-1} + \cdots + \varepsilon^{l_3}, \ldots, \varepsilon^{l_{n-1}-1} + \cdots + \varepsilon^{l_n}|}{|\varepsilon^{n-2} \ldots \varepsilon\, 1|}.$$

Hier multipliziere man im Zähler und Nenner die j-te Zeile mit $\varepsilon_j - 1$ ($j = 1, \ldots, n-1$). Im Nenner entsteht dann das Differenzenprodukt der Zahlen $\varepsilon_1, \ldots, \varepsilon_{n-1}, 1$, also schon die richtige Nennerdeterminante. Im Zähler kommt

$$|\varepsilon^{l_1} - \varepsilon^{l_2}, \varepsilon^{l_2} - \varepsilon^{l_3}, \ldots, \varepsilon^{l_{n-1}} - \varepsilon^{l_n}| .$$

Das ändert sich nicht, wenn man eine n-te Zeile aus Nullen und dann eine n-te Spalte $\begin{pmatrix} \varepsilon^{l_n} \\ 1 \end{pmatrix}$ hinzufügt. Addiert man jetzt der Reihe nach zu jeder Spalte alle folgenden, so kommt das gewünschte Resultat: Es ist in der Tat $\varphi(\varepsilon_1, \ldots, \varepsilon_{n-1}, 1)$ gleich der rechten Seite von (1.3) gebildet für $\varepsilon_n = 1$. Das ist ein — nicht homogenes — Polynom vom Grad ν in $\varepsilon_1, \ldots, \varepsilon_{n-1}$. Durch die Kenntnis dieses Polynoms ist aber das Polynom $\varphi(\varepsilon_1, \ldots, \varepsilon_n)$, homogen vom Grad ν, aus dem es durch die Spezialisierung $\varepsilon_n = 1$ entsteht, eindeutig bestimmt: Man erhält es, indem man jedes Glied mit derjenigen Potenz von ε_n multipliziert, die seinen Grad zu ν ergänzt. Da die rechte Seite von (1.3) ein solches Polynom ist, muß $\varphi(\varepsilon_1, \ldots, \varepsilon_n)$ gleich dieser rechten Seite sein, w. z. b. w.

Die Dimensionszahl oder den Darstellungsgrad ${}^nN_{m_1 \ldots m_n}$ könnte man analog der eben durchgeführten Rechnung durch vollständige Induktion aus V (6.3) gewinnen. Doch geht es schneller, wenn man von (1.3) ausgeht. N ist ja die Charakteristik, gebildet für die Einheitsmatrix E_n, also für $\varepsilon_1 = \varepsilon_2 = \cdots = \varepsilon_n = 1$. Diese Werte kann man nicht direkt in (1.3) einsetzen, weil dann Zähler und Nenner verschwinden. Man muß also einen Grenzwert berechnen. Das geht am schnellsten so: Man setze $\varepsilon_1 = e^{(n-1)t}$, $\varepsilon_2 = e^{(n-2)t}, \ldots, \varepsilon_{n-1} = e^t$, $\varepsilon_n = 1$. Dann ist, wie man ohne weiteres erkennt, der Zähler das Differenzenprodukt der n Zahlen $e^{l_1 t}, \ldots, e^{l_n t}$ und der Nenner das Differenzenprodukt von $e^{(n-1)t}, \ldots, 1$. Alle Zahlen streben für $t \to 0$ nach 1. Um diesen Grenzübergang durchzuführen, entwickelt man jede Differenz $e^{l' t} - e^{l'' t}$ nach Potenzen von t: das fängt mit $(l' - l'')\,t$ an. Also ist der Grenzwert ein Quotient, dessen Zähler das Differenzenprodukt der (nach (1.4) sämtlich verschiedenen) Zahlen $l_1, \ldots, l_n$ und dessen Nenner das Differenzenprodukt der Zahlen $n-1, n-2, \ldots, 0$ ist. Wir haben also

Satz 1.3. *Der Grad der irreduziblen ganzrationalen Darstellung* ${}^n\mathfrak{C}_{m_1 \ldots m_n}$ *der vollen linearen Gruppe* $\mathfrak{G}_n$ *ist*

$$ {}^nN_{m_1 \ldots m_n} = \frac{\Delta(l_1, l_2, \ldots, l_n)}{\Delta(n-1, n-2, \ldots, 0)}, \tag{1.6} $$

wo $\Delta(x_1, \ldots, x_n)$ *das Differenzenprodukt von* $x_1, \ldots, x_n$ *bedeutet und die Zahlen* $l_1, \ldots, l_n$ *durch* (1.2) *erklärt sind.*

Wir erinnern uns jetzt noch einmal der doppelten Bedeutung dieser Gradzahlen in V § 3, wo wir sie, bei festem n und ν, mit $n_1, n_2, \ldots$ bezeichnet hatten. Sie bedeuteten dort zugleich die Multiplizitäten, mit denen bei der Zerlegung des Systems $\mathfrak{B}_\nu$ der durch die Elemente von $\mathfrak{O}_{\mathfrak{S}_\nu}$ im Tensorraum induzierten Operationen die irreduziblen Darstellungen der symmetrischen Gruppe $\mathfrak{S}_\nu$ auftreten. (Die Darstellungen, die zu Rahmen aus mehr als n Zeilen gehören, treten mit der Multiplizität Null auf.) Die Grade $f_1, f_2, \ldots$ dieser Darstellungen, die durch die Formel IV (7.7) gegeben sind, sind umgekehrt zugleich die Multiplizitäten, mit denen bei der Zerlegung des Systems $\mathfrak{A}_\nu$ der bisymmetrischen Transformationen im Tensorraum (oder des Systems der durch die Elemente A von $\mathfrak{G}_n$ induzierten Transformationen) die Darstellungen ${}^n\mathfrak{C}_{(m)}$ vorkommen.

§ 2. Zusammenhang zwischen den Charakteren der symmetrischen Gruppe und den Charakteristiken der vollen linearen Gruppe

Zu einem Rahmen, der durch seine Zeilenlängen $(m) = (m_1, \ldots, m_n)$ gegeben ist — er soll höchstens n Zeilen haben —, gehört eine irreduzible Darstellung $\mathfrak{D}_{(m)}$ der Gruppe $\mathfrak{S}_\nu$ mit dem Charakter $\chi_\alpha^{(m)}$. Hier kennzeichnet $(\alpha) = (\alpha_1, \ldots, \alpha_\nu)$ jeweils eine Klasse konjugierter Permutationen, nämlich die aus α_1 Einer-, α_2 Zweierzyklen usw. bestehenden. Weiter gehört zum Rahmen eine irreduzible Darstellung ${}^n\mathfrak{C}_{(m)}$, ganzrational vom Polynomgrad ν, der vollen linearen Gruppe $\mathfrak{G}_n$ mit der Charakteristik

$\varphi_{(m)}(A)$. Wir wollen für die letztere eine neue Formel herleiten, bei der als Koeffizienten die Charaktere $\chi_\alpha^{(m)}$ auftreten.

Es ist zweckmäßig, mit der Darstellung ${}^n\mathfrak{C}_\nu$ zu beginnen, die zu $(m)=(\nu,0,\ldots,0)$, also zum Rahmen aus einer einzigen Zeile gehört und die Transformation der symmetrischen Tensoren beschreibt. $\mathfrak{D}_\nu$ ist die Einsdarstellung von $\mathfrak{S}_\nu$. Die Matrizen von ${}^n\mathfrak{C}_\nu$ sind nach der Methode von V § 5 leicht anzugeben. Man hat von der allgemeinen Transformationsformal V (3.10)

$$H'^{(j)}=\sum_{(k)}\alpha_{(k)}^{(j)}H^{(k)}$$

auszugehen, wo wie immer (j) für $j_1,\ldots,j_\nu$, (k) für $k_1,\ldots,k_\nu$ steht und die $\alpha_{(k)}^{(j)}$ zunächst die Koeffizienten einer beliebigen bisymmetrischen Transformation A sein mögen. Nun hat man sich auf die Systeme (j) mit $j_1\leqq\cdots\leqq j_\nu$ — bezeichnen wir sie mit $(\underline{j})$ — zu beschränken und rechts alle die Summanden zu einem einzigen zu vereinigen, bei denen sich die Systeme (k) nur durch eine Permutation der Indizes unterscheiden, für die also — weil H symmetrisch — $H^{(k)}$ den gleichen Wert hat. Die Transformationsformel heißt also

$$H'^{(\underline{j})}=\sum_{(\underline{k})}\sum_{s}{}'\,\alpha_{s(\underline{k})}^{(\underline{j})}H^{(\underline{k})},$$

wobei Σ' bedeuten soll, daß s ein System von Permutationen durchläuft, die $(\underline{k})$ in die verschiedenen Anordnungen der gleichen Ziffern überführen. Enthält $(\underline{k})$ μ_1-mal die 1, μ_2-mal die 2, …, μ_n-mal n $(\Sigma\mu_j=\nu,$ $0\leqq\mu_j\leqq\nu)$, so sind es $\dfrac{\nu!}{\mu_1!\,\mu_2!\ldots\mu_n!}$ verschiedene Anordnungen.

Die Charakteristik ist die Summe der Diagonalelemente, also

$$\sum_{(\underline{j})}\sum_{s}{}'\,\alpha_{s(\underline{j})}^{(\underline{j})}=\sum_{(\underline{j})}\frac{1}{\mu_1!\ldots\mu_n!}\sum_{s}\alpha_{s(\underline{j})}^{(\underline{j})}.$$

Rechts ist der Strich am Σ fortgelassen: Es soll über alle Permutationen summiert werden; dabei erhält man jede Anordnung $\mu_1!\ldots\mu_n!$-mal. Man kann sich auch noch von der Beschränkung auf die $(\underline{j})$ befreien. Jeder Summand der $\sum\limits_{(\underline{j})}$ ändert sich nicht, wenn man $(\underline{j})$ durch irgendeine andere Anordnung der gleichen Ziffern ersetzt. Ersetzt man den Summanden durch die Summe über alle diese Anordnungen, so hat man ihn $\dfrac{\nu!}{\mu_1!\ldots\mu_n!}$-mal dastehen, muß also wieder durch diese Zahl dividieren. Also ist die Charakteristik

$$\varphi_\nu(A)=\frac{1}{\nu!}\sum_{s}\sum_{(j)}\alpha_{s(j)}^{(j)},$$

d. h. es ist die Spur der Transformation mit den Koeffizienten $\alpha_{s(k)}^{(j)}$, gemittelt über die symmetrische Gruppe $\mathfrak{S}_\nu$.

Nun sei die bisymmetrische Transformation speziell die ν-te Kronecker-Potenz $[A]^\nu$ einer Matrix A: $\alpha_{(k)}^{(j)} = \alpha_{k_1}^{j_1} \alpha_{k_2}^{j_2} \ldots \alpha_{k_\nu}^{j_\nu}$. Dann läßt sich das Resultat folgendermaßen schreiben. Man bezeichne mit σ_1 die Spur der Matrix A, mit σ_2 die Spur von $A^2 = \{\alpha_h^j \alpha_k^h\}$ (summieren!), also $\sigma_2 = \alpha_h^j \alpha_j^h$; allgemein mit σ_r die Spur von A^r, also $\sigma_r = \alpha_{j_2}^{j_1} \alpha_{j_3}^{j_2} \ldots \alpha_{j_1}^{j_r}$. Enthält nun die Permutation s α_1 Einerzyklen, α_2 Zweierzyklen usw., dann ist, wie man sich leicht überlegt, für $A = [A]^\nu$

$$\sum_{(j)} \alpha_{s(j)}^{(j)} = \sigma_1^{\alpha_1} \sigma_2^{\alpha_2} \ldots \sigma_\nu^{\alpha_\nu}.$$

(Beispiel: $\nu = 6$, $s = (12)(456)$; $\alpha_{s(k)}^{(j)} = \alpha_{k_2}^{j_1} \alpha_{k_1}^{j_2} \alpha_{k_3}^{j_3} \alpha_{k_5}^{j_4} \alpha_{k_6}^{j_5} \alpha_{k_4}^{j_6}$. Setzt man $(k) = (j)$ und summiert über alle Indizes, so kommt $\sigma_2 \sigma_1 \sigma_3$.)

In der Klasse der Permutationen mit der Zyklenzerlegung (α) gibt es (nach II § 2) $h_\alpha = \dfrac{\nu!}{\alpha_1!\, 1^{\alpha_1}\, \alpha_2!\, 2^{\alpha_2} \ldots \alpha_\nu!\, \nu^{\alpha_\nu}}$ Elemente. Also liefert schließlich die Mittelung über $\mathfrak{S}_\nu$ für unsere Charakteristik die Formel

$$\varphi_\nu(A) = \frac{1}{\nu!} \sum_{(\alpha)} h_\alpha \sigma_1^{\alpha_1} \ldots \sigma_\nu^{\alpha_\nu} = \sum_{(\alpha)} \frac{1}{\alpha_1! \ldots \alpha_\nu!} \left(\frac{\sigma_1}{1}\right)^{\alpha_1} \left(\frac{\sigma_2}{2}\right)^{\alpha_2} \ldots \left(\frac{\sigma_\nu}{\nu}\right)^{\alpha_\nu}. \tag{2.1}$$

Um für Charakter und Charakteristik einer allgemeinen Darstellung $\mathfrak{D}_{(m)}$ von $\mathfrak{S}_\nu$, $\mathfrak{C}_{(m)}$ von $\mathfrak{G}_n$ eine entsprechende Formel herzuleiten, benutzen wir die bei der gleichen Basis im Tensorraum gültigen Formeln V (3.13) und V(3.14). Multipliziert man sie miteinander (statt des allgemeinen Ringelements a nehmen wir eine Permutation s), so erhält man [Rechenregel I (6.4_3) und I (6.8)]

$$(s)A = A(s) = C_1(A) \times D_1(s) \dot{+} C_2(A) \times D_2(s) \dot{+} \cdots \dot{+} C_r(A) \times D_r(s). \tag{2.2}$$

Die Elemente der Matrix links sind $\alpha_{(k)}^{s(j)}$, wofür man wegen der Bisymmetrie auch $\alpha_{s^{-1}(k)}^{(j)}$ schreiben kann. Nimmt man für A wieder speziell eine Kronecker-Potenz und ist (α) der Zyklenaufbau von s, so ist die Spur dieser Matrix wieder $\sigma_1^{\alpha_1} \sigma_2^{\alpha_2} \ldots \sigma_\nu^{\alpha_\nu}$, denn s^{-1} hat denselben Bau wie s. Dasselbe muß herauskommen, wenn man die Spur der rechten Seite bildet [Rechenregel I (6.9) und I (6.10)]. Also ist

$$\sigma_1^{\alpha_1} \ldots \sigma_\nu^{\alpha_\nu} = \sum_{(m)} \varphi_{(m)}(A)\, \chi_\alpha^{(m)}, \tag{2.3}$$

wo die einzelnen Darstellungen wieder durch ihre Rahmen $(m) = (m_1, \ldots, m_n)$ gekennzeichnet sind und wo über alle Rahmen mit ν Stellen und höchstens n Zeilen zu summieren ist. Um daraus ein bestimmtes $\varphi_{(m)}(A)$ zu berechnen, benutzt man die Orthogonalitätsrelationen III (7.7) für die

Charaktere: Man multipliziert mit $h_\alpha \chi_\alpha^{(m)}$ (wie wir aus Kapitel IV wissen, sind die Charaktere reell) und summiert über die Klassen (α). Dann kommt [mit II (2.5)]

$$\begin{aligned}\varphi_{(m)}(A) &= \frac{1}{\nu!} \sum_{(\alpha)} h_\alpha \chi_\alpha^{(m)} \sigma_1^{\alpha_1} \dots \sigma_\nu^{\alpha_\nu} \\ &= \sum_{(\alpha)} \frac{\chi_\alpha^{(m)}}{\alpha_1! \dots \alpha_\nu!} \left(\frac{\sigma_1}{1}\right)^{\alpha_1} \left(\frac{\sigma_2}{2}\right)^{\alpha_2} \dots \left(\frac{\sigma_\nu}{\nu}\right)^{\alpha_\nu}.\end{aligned} \tag{2.4}$$

Das ist die klassische Formel von FROBENIUS, die wir herleiten wollten. Sie drückt die Charakteristiken der Gruppe $\mathfrak{G}_n$ durch die Charaktere von $\mathfrak{S}_\nu$ aus; als Veränderliche fungieren dabei die σ_r*).

Man kann die Formel (2.4) benutzen, um zu beweisen, daß eine ganzrationale Darstellung der vollen linearen Gruppe $\mathfrak{G}_n$ durch ihre Charakteristik eindeutig bestimmt ist. Nimmt man zunächst einen festen Polynomgrad ν, also eine homogene Darstellung $\mathfrak{C}$, so baut sich diese aus den irreduziblen Darstellungen der Formel V (3.15) irgendwie auf:

$$\mathfrak{C} = q_1 \mathfrak{C}_1 \dotplus q_2 \mathfrak{C}_2 \dotplus \dots \dotplus q_r \mathfrak{C}_r$$

mit nichtnegativen ganzen q_j. Ihre Charakteristik ist dann

$$\varphi(A) = q_1 \varphi_1(A) + q_2 \varphi_2(A) + \dots + q_r \varphi_r(A).$$

Wenn eine andere Darstellung

$$\mathfrak{C}' = q_1' \mathfrak{C}_1 \dotplus q_2' \mathfrak{C}_2 \dotplus \dots \dotplus q_r' \mathfrak{C}_r$$

dieselbe Charakteristik hat, so ist

$$(q_1' - q_1)\varphi_1(A) + (q_2' - q_2)\varphi_2(A) + \dots + (q_r' - q_r)\varphi_r(A) = 0. \tag{2.5}$$

Die linke Seite ist ein Polynom in $\sigma_1, \dots, \sigma_\nu$, der Koeffizient von $\sigma_1^{\alpha_1} \sigma_2^{\alpha_2} \dots \sigma_\nu^{\alpha_\nu}$ ist bis auf einen von Null verschiedenen Faktor

$$(q_1' - q_1)\chi_\alpha^{(1)} + (q_2' - q_2)\chi_\alpha^{(2)} + \dots + (q_r' - q_r)\chi_\alpha^{(r)}. \tag{2.6}$$

Wenn nun die σ_j unabhängige Variable sind, dann folgt aus dem identischen Verschwinden des Polynoms (2.5) das Verschwinden der Koeffizienten (2.6), also eine lineare Relation zwischen einigen Zeilen der Charakterentafel der symmetrischen Gruppe $\mathfrak{S}_\nu$. Da diese linear unabhängig sind, folgt das gewünschte Resultat: $q_1' = q_1$, $q_2' = q_2$ usw.

Nun sind in der vollen linearen Gruppe die Eigenwerte $\varepsilon_1, \dots, \varepsilon_n$ unabhängig variabel und damit auch ihre Potenzsummen $\sigma_1, \dots, \sigma_n$,

*) Ganz allgemein werden Ausdrücke, in denen Unbestimmte vorkommen und die Charaktere einer endlichen Gruppe als Koeffizienten auftreten, Charakteristiken genannt.

aber nicht mehr als n von ihnen*). Durch das Vorstehende ist der Satz daher nur für $\nu \leqq n$ bewiesen. Für $\nu > n$ erfordert der Beweis eingehendere Betrachtungen und soll hier übergangen werden. Hat man ihn für beliebiges ν bewiesen, so folgt er sofort auch für nicht homogene ganzrationale Darstellungen. Man braucht nur die Charakteristik, die dann ebenfalls nicht homogen ist, in ihre homogenen Bestandteile zu zerlegen **).

§ 3. Zur Berechnung der Charaktere der symmetrischen Gruppe Übersicht über die Darstellungen der alternierenden Gruppe

Die Formel (2.3) ist ein mächtiges Werkzeug zur Berechnung der Charaktere $\chi_\alpha^{(m)}$ von $\mathfrak{S}_\nu$, wenn man darin für die Charakteristiken $\varphi_{(m)}(A)$ von $\mathfrak{G}_n$ ihre Werte (1.3) einsetzt. Sie lautet dann

$$\sigma_1^{\alpha_1} \ldots \sigma_\nu^{\alpha_\nu} |\varepsilon^{n-1} \varepsilon^{n-2} \ldots \varepsilon\, 1| = \sum_{(m)} \chi_\alpha^{(m)} |\varepsilon^{l_1} \varepsilon^{l_2} \ldots \varepsilon^{l_n}|, \qquad l_j = m_j + n - j. \tag{3.1}$$

$(\alpha_1, \ldots, \alpha_\nu)$ kennzeichnet eine Klasse in $\mathfrak{S}_\nu$ (α_1 Einer-, α_2 Zweierzyklen usw.), $\alpha_1 + 2\alpha_2 + \cdots + \nu\alpha_\nu = \nu$. $(m) = (m_1, \ldots, m_n)$ mit $m_1 \leqq m_2 \geqq \cdots \geqq m_n \geqq 0$ und $m_1 + \cdots + m_n = \nu$ kennzeichnet einen Rahmen und damit eine irreduzible Darstellung von $\mathfrak{S}_\nu$; wenn man $n \geqq \nu$ nimmt, erstreckt sich die Summe über alle irreduziblen Darstellungen. Auf der linken Seite ist

$$\sigma_r = \operatorname{Sp}(A^r) = \varepsilon_1^r + \varepsilon_2^r + \cdots + \varepsilon_n^r$$

(I § 5); die Determinante ist das Differenzenprodukt der ε_j. Links steht also ein völlig bekanntes Polynom in $\varepsilon_1, \ldots, \varepsilon_n$. Jedes Glied dieses Polynoms kommt rechts in einem Summanden vor; auch die Monome eines Summanden sind alle verschieden wegen $l_1 > l_2 > \cdots > l_n$. Um ein bestimmtes $\chi_\alpha^{(m)}$ zu berechnen, braucht man bloß zu (m) die l_j zu bestimmen und auf der linken Seite von (3.1) den Koeffizienten von $\varepsilon_1^{l_1} \varepsilon_2^{l_2} \ldots \varepsilon_n^{l_n}$ zu suchen.

---

*) Daß keine Relation zwischen $\sigma_1, \ldots, \sigma_n$ besteht, sieht man am schnellsten daran, daß die Funktionaldeterminante von $\sigma_1, \ldots, \sigma_n$ nach $\varepsilon_1, \ldots, \varepsilon_n$ sich als die Vandermondesche Determinante der ε_j, also ihr Differenzenprodukt erweist und daher nicht identisch Null ist.

**) Der Satz ist übrigens in dem sehr viel allgemeineren Resultat (Frobenius und Schur [2]) enthalten, daß *zwei vollständig reduzible Darstellungen einer beliebigen Gruppe äquivalent sind, sobald ihr Spuren übereinstimmen.* Diese Tatsache folgt leicht aus der Frobenius-Schurschen Verallgemeinerung des Burnsideschen Satzes (vgl. die Fußnote S. 65): In zwei vollreduziblen Darstellungen $D(s)$ und $D'(s)$ mögen insgesamt die irreduziblen und untereinander inäquivalenten Darstellungen $D_1(s), \ldots, D_q(s)$ vorkommen, und zwar $D_j(s)$ mit den Multiplizitäten n_j bzw. n'_j ($\geqq 0$). Die Beziehung $\operatorname{Sp} D(s) = \operatorname{Sp} D'(s)$ lautet dann $\Sigma(n_j - n'_j) \operatorname{Sp} D_j(s) = 0$; das ist eine lineare Relation zwischen den Elementen der Darstellung $D_1(s) \dotplus \cdots \dotplus D_q(s)$, aus der nach jenem Satz $n_j = n'_j$ $(j = 1, \ldots, q)$, also die Äquivalenz von $D(s)$ und $D'(s)$ folgt.

In praxi ist dieses Verfahren trotz seiner grundsätzlichen Einfachheit schon bei kleinen Werten von ν recht mühsam. Man kann aber aus (3.1) ein rekursives Verfahren zur Berechnung der Charaktere gewinnen, das wirklich bequem ist.

Wir beziffern hierzu die Koeffizienten der rechten Seite von (3.1) mit den l_j statt mit den m_j, indem wir $\chi_\alpha^{(m)} = \psi_\alpha^{(l)}$ setzen. Wenn man noch $\psi_\alpha^{(\ldots l_{j+1} l_j \ldots)} = -\psi_\alpha^{(\ldots l_j l_{j+1} \ldots)}$ setzt und so die Definition der ψ von der Einschränkung $l_1 > \cdots > l_n$ befreit, so kann man für die rechte Seite von (3.1)

$$\sum_{(l)} \psi_\alpha^{(l)} \varepsilon_1^{l_1} \ldots \varepsilon_n^{l_n}$$

schreiben, und hier ist die Summe über alle Systeme von nicht negativen verschiedenen ganzen Zahlen l_j mit der Summe $\nu + \dfrac{n(n-1)}{2}$ zu erstrecken.

Nun betrachten wir neben der Klasse α eine Klasse α', die daraus durch Wegnahme eine h-Zykels entsteht und daher zur Gruppe $\mathfrak{S}_{\nu-h}$ gehört. Es ist also $\alpha'_j = \alpha_j$ $(j \neq h)$ und $\alpha'_h = \alpha_h - 1$. Dann ist

$$\sigma_1^{\alpha_1} \ldots \sigma_\nu^{\alpha_\nu} = \sigma_1^{\alpha'_1} \ldots \sigma_\nu^{\alpha'_\nu} \sigma_h = \sigma_1^{\alpha'_1} \ldots \sigma_\nu^{\alpha'_\nu} \ldots (\varepsilon_1^h + \cdots + \varepsilon_n^h),$$

also

$$\sum_{(l)} \psi_\alpha^{(l)} \varepsilon_1^{l_1} \ldots \varepsilon_n^{l_n} = \sum_{(l')} \psi_{\alpha'}^{(l')} \varepsilon_1^{l'_1} \ldots \varepsilon_n^{l'_n} (\varepsilon_1^h + \cdots + \varepsilon_n^h).$$

Wir haben rechts auch die l_j mit Strichen versehen: hier ist die Summe über alle Systeme von nicht negativen verschiedenen ganzen l'_j mit der Summe $\nu - h + \dfrac{n(n-1)}{2}$ zu erstrecken. Man sieht sofort, daß

$$\psi_\alpha^{(l_1 \ldots l_n)} = \psi_{\alpha'}^{(l_1 - h, l_2 \ldots l_n)} + \psi_{\alpha'}^{(l_1, l_2 - h \ldots l_n)} + \cdots + \psi_{\alpha'}^{(l_1 l_2 \ldots l_n - h)} \tag{3.2}$$

ist, wobei rechts jeder Summand wegzulassen ist, bei dem oben eine negative Zahl oder zwei gleiche Zahlen auftreten. Wenn wir von einem $\psi_\alpha^{(l)}$ mit $l_1 > \cdots > l_n$ ausgegangen sind, so können wir folgendermaßen die geordnete Folge auch bei den Summanden der rechten Seite herstellen. Die natürliche Folge ist ja jeweils höchstens an einer Stelle gestört: $l_j - h$ ist evtl. kleiner als sein rechter Nachbar. Wir vertauschen es mit diesem und kehren das Vorzeichen um und setzen dies Verfahren so lange fort, bis rechts von $l_j - h$ eine kleinere Zahl steht oder $l_j - h$ am Ende angekommen ist.

Schreiben wir nun statt ψ wieder χ und statt l wieder m, so entsteht aus (3.2)

$$\chi_\alpha^{(m_1 \ldots m_n)} = \chi_{\alpha'}^{(m_1 - h, m_2 \ldots m_n)} + \chi_{\alpha'}^{(m_1, m_2 - h \ldots m_n)} + \cdots + \chi_{\alpha'}^{(m_1 m_2 \ldots m_n - h)}. \tag{3.3}$$

Hier stehen allerdings rechts noch nicht überall Charaktere, weil $m_j - h < m_{j+1}$ sein kann. Ist $m_{j+1} = m_j - h + 1$ oder allgemeiner $m_{j+k} = m_j - h + k$, so ist das betreffender Glied wegzulassen (denn dann ist $l_{j+k} = l_j - h$), ebenso wenn $m_n - h (= l_n - h) < 0$ ist. Andernfalls stellt man wie oben die geordnete Folge her, indem man $m_j - h$ nach rechts schiebt und jedesmal das Vorzeichen umkehrt. Wegen des Zusammenhangs der m mit den l ist dabei aber $m_j - h$ um 1 zu erhöhen und m_{j+1} um 1 zu erniedrigen. Man schiebt so lange nach rechts, bis man auf eine zulässige Folge kommt oder bis man einen Verstoß gegen die Regel erhält, daß die folgende Zahl nicht um 1 größer (verbotener Fall 1) oder die letzte nicht negativ sein darf (verbotener Fall 2); in diesen beiden Fällen ist der Summand wegzulassen.

Übrigens kann man es sich ersparen, in (3.3) unnötige Nullen mitzuschleppen. Sind $m_1, \ldots, m_r$ die positiven unter den Zahlen $m_1, \ldots, m_n$, so ist per definitionem $\chi_\alpha^{(m_1 \ldots m_n)} = \chi_\alpha^{(m_1 \ldots m_r 0 \ldots 0)} = \chi_\alpha^{(m_1 \ldots m_r)}$, und man überzeugt sich leicht, daß man nichst verloren hat, wenn man statt (3.3)

$$\chi_\alpha^{(m_1 \ldots m_r)} = \chi_{\alpha'}^{(m_1 - h, m_2 \ldots m_r)} + \chi_{\alpha'}^{(m_1, m_2 - h, \ldots m_r)} + \cdots + \chi_{\alpha'}^{(m_1 m_2 \ldots m_r - h)} \tag{3.4}$$

schreibt*).

Um das auf (3.4) zu gründende rekursive Verfahren von unten her durchzuführen, muß man noch die Charaktere für Klassen berechnen können, die aus einem einzigen Zykel (der Länge v) bestehen. Das ist aber leicht. Die linke Seite von (3.1) lautet hier, wenn wir $n = v$ nehmen, $(\varepsilon_1^v + \cdots + \varepsilon_v^v)|\varepsilon^{v-1} \ldots \varepsilon\ 1|$, und die geordneten Monome in diesem Polynom gehören zu den l-Systemen $(2v-1,\ v-2,\ v-3, \ldots, 0)$, $2v-2,\ v-1,\ v-3,\ v-4, \ldots, 0)$, $(2v-3,\ v-1,\ v-2,\ v-4,\ v-5, \ldots, 0)$ usw. und haben abwechselnd die Koeffizienten ± 1. Der Übergang zu den m-Systemen ergibt

$$\chi_{0 \ldots 0 1}^{(v-p, 1^p)} = (-1)^p, \quad p = 0, \ldots, v;$$

alle anderen $\chi_{0 \ldots 0 1}^{(m)}$ sind 0. Man kann übrigens die Reduktion nach der Formel (3.4) sogar noch einen Schritt weiter führen, wenn man per definitionem $\chi_0^0 = 1$ setzt. In $\chi_{0 \ldots 0 1}^{(v-p, 1^p)} = \chi_0^{(-p, 1^p)} + \cdots$ sind nämlich alle Glieder außer dem hingeschriebenen ersten Null, und dieses ist $-(1)^p \chi_0^0$.

Wie kann man die Rahmen, die bei diesem Verfahren aus einem gegebenen entstehen, charakterisieren? Um diese Frage zu beantworten, betrachten wir den *Rand* eines Rahmens, worunter wir den „rechten und unteren Rand" verstehen, genauer die Gesamtheit der Felder, von denen die rechte oder die untere Seite oder auch nur die rechte untere Ecke zum geometrischen Rande der Figur gehört. Im Rahmen von Abb. 6 sind sie mit 1 bis 7 numeriert. Die j-te Zeile hat $m_{j+1} - 1$ innere Felder und $m_j - m_{j+1} + 1$ Randfelder. Unter einem *regulären Randstück* verstehen wir eine Anzahl aufeinanderfolgender Randfelder, bei deren

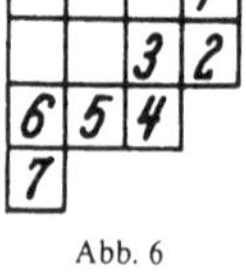

Abb. 6

*) Ist α die Klasse des Einselementes und $h = 1$, so erhält man die Formel IV (7.1).

Wegnahme wieder ein zulässiger Rahmen entsteht. In der Abbildung sind $1-2$, $1-4$, $1-5$, $1-7$, 2, $2-4$, $2-5$, $2-7$, 4, $4-5$, $4-7$, 7 reguläre Randstücke. Alle Zeilenenden (und nur sie) sind Beginn, alle Spaltenenden (und nur sie) Ende von regulären Randstücken. Ein reguläres Randstück soll *positiv* oder *negativ* heißen, je nachdem die Anzahl der vorkommenden Vertikalschritte (= Anzahl der beteiligten Zeilen -1) gerade oder ungerade ist.

Nun behaupte ich: *Die bei dem oben geschilderten Verfahren entstehenden Rahmen sind gerade alle die, die man durch Wegnahme regulärer Randstücke der Länge h erhält und das Vorzeichen, mit dem der zugehörige Charakter auftritt, ist das des Randstücks.*

Zum Beweis betrachten wir etwa die Umformungen, die bei $(m_1, \ldots, m_{j-1}, m_j - h, m_{j+1}, \ldots, m_r)$ vorzunehmen sind. Ist $m_j - h \geqq m_{j+1}$, so ist man schon fertig und der Satz ist in diesem Fall richtig, denn man hat ein reguläres positives Randstück (nämlich ohne Vertikalschritte) weggenommen. Ist $m_j - h = m_{j+1} - 1$, so hat man ebenfalls nur Randfelder, aber kein reguläres Randstück entfernt; und die Regel verlangt in der Tat, dieses Glied wegzulassen (die j-te Zeile lieferte keinen Beitrag). Ist aber $m_j - h < m_{j+1} - 1$, so hat man auch innere Felder weggenommen. Aber nun sind Vertauschungen vorzunehmen. Dabei bleibt die Anzahl $v - h$ der verbliebenen Felder ungeändert. Die j-te Zeile ist durch $m_{j+1} - 1$ zu ersetzen, d. h. ihre inneren Felder werden wiederhergestellt, die Randfelder bleiben abgeschnitten. Ebenso die nächste, usw. Die verstümmelte ehemals j-te Zeile wandert nach unten und wächst dabei immer um 1. Das geht so lange, bis – etwa nach k Schritten — entweder der verbotene Fall 1 eintritt (dann endet das mit dem Ende der j-ten Zeile beginnende Randstück der Länge h in der $(j+k)$-ten und ist nicht regulär) oder der verbotene Fall 2 (dann sind wir in der r-ten Zeile noch nicht bei positiven Werten angelangt und der Rand hat vom Ende der j-ten Zeile an gezählt weniger als h Felder) oder wir zu einem zulässigen Rahmen gelangen, also $m_j - h + k \geqq m_{j+k+1}$ ist. Dann ist $m_j - h + k < m_{j+k}$ (denn sonst wären wir schon einen Schritt früher auf die eine oder andere Art fertig gewesen), und das Randstück der Länge h endet hier in der $(j+k)$-ten Zeile und an einem Spaltenende, ist also regulär. Wir haben k Schritte gemacht, und ebensoviel Vertikalschritte besitzt das Randstück; also stimmt auch das Vorzeichen.

Man kann nun das Verfahren fortsetzen, indem man von der Klasse α' einen weiteren Zykel wegläßt und die erhaltenen Rahmen wieder ebenso behandelt. Schließlich kommt man zu einer Klasse aus einem einzigen Zyklus etwa der Länge μ. Dann geht das Verfahren immer noch weiter, denn wie wir vorhin sahen, gehören die von 0 verschiedenen Summanden jetzt alle zu Rahmen $(\mu - p, 1^p)$, die offensichtlich ein einziges (natürlich reguläres) Randstück der Länge μ besitzen. Das Ergebnis ist der

Satz 3.1. *Die Zyklen der Klasse* (α) *der symmetrischen Gruppe* $\mathfrak{S}_\nu$ *mögen in irgendeiner Reihenfolge die Längen* $a_1, a_2, \ldots, a_q$ *haben. Dann läßt sich der Charakter* $\chi_\alpha^{(m)}$ *folgendermaßen berechnen. Man bestimme alle Arten, auf die sich der Rahmen* (m) *durch Nacheinanderwegnehmen von regulären Randstücken der Längen* $a_1, a_2, \ldots, a_q$ *ganz abbauen läßt. Die bei der* ϱ*-ten Art vorkommenden Randstücke mögen insgesamt* k_ϱ *Vertikalschritte enthalten. Dann ist* $\chi_\alpha^{(m)} = \sum_\varrho (-1)^{k_\varrho}$ *).

Bei der Anwendung von Satz 3.1 wird man mit Vorteil davon Gebrauch machen, daß man die Reihenfolge der Zyklen einer Permutation willkürlich festsetzen kann. Sollen etwa die Charaktere der Darstellung $(5, 3, 1^2)$ von $\mathfrak{S}_{10}$ bestimmt werden, so ist der Rahmen Abb. 7 zu betrachten. Reguläre Randstücke der Längen 3, 6, 7, 9, 10 kommen nicht vor. Bei jeder Permutation, die einen Zykel von einer dieser Längen enthält, fängt man mit diesem Zykel an und findet, daß der fragliche Charakter verschwindet. Ferner nimmt man die Einerzyklen zweckmäßig zuletzt:

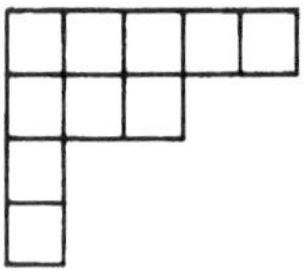

Abb. 7

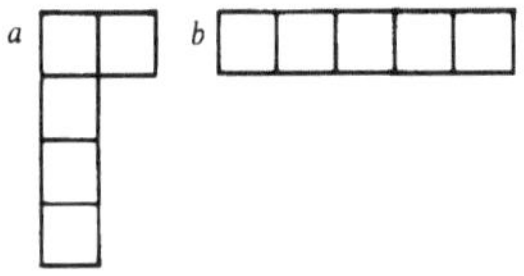

Abb. 8

Hat man alle Randstücke der Längen > 1 weggenommen, so bleibt ein Rahmen übrig, den man durch Wegnahme von lauter Einzelfeldern abzubauen hat. Die Anzahl der Arten, auf die das geschehen kann, ist gerade gleich der Anzahl der zugehörigen Standardtableaux (Kapitel IV), also gleich dem zugehörigen Darstellungsgrad. Im obigen Beispiel soll z. B. der Wert für die Klasse der Permutationen aus 5 Einer- und einem Fünferzykel bestimmt werden. Es gibt 2 reguläre Randstücke der Länge 5; übrig bleibt das eine Mal Abb. 8a, das andere Mal Abb. 8b. Die Grade sind 4 bzw. 1, die Vorzeichen der Randstücke der Länge 5 sind $-$ bzw $+$, also ist der fragliche Wert $-4 + 1 = -3$.

Mit den regulären Randstücken eines Rahmens (m) steht seine „Hakenstruktur" in engem Zusammenhang. Zu jedem Feld (i, k) von (m) gehört ein *Haken*, bestehend aus dem Feld (i, k), den Feldern rechts von (i, k) [also den Feldern $(i, k+1), \ldots, (i, m_i)$] und den Feldern unter (i, k) [also $(i+1, k), \ldots, (m'_k, k)$, wo m'_k die Länge der k-ten Spalte bedeutet]. Zu jedem Haken gehört ein bestimmtes *reguläres Randstück* — näm-

*) Dieses Berechnungsverfahren und die Formeln, auf die es sich gründet, verdankt man MURNAGHAN [2] und NAKAYAMA [1].

lich das vom Ende der i-ten Zeile bis zum Ende der k-ten Spalte reichende — und umgekehrt. FRAME hat eine sehr einfache Formel für den Grad der zu (m) gehörigen Darstellung angegeben, die von den Längen (der Felderzahl) der verschiedenen Haken Gebrauch macht. Die Länge des oben beschriebenen Hakens wird mit h_{ik} bezeichnet. Dann ist der Grad

$$f^{(m)} = \frac{n!}{\prod\limits_{i,k} h_{ik}}. \tag{3.6}$$

Um diese Formel herzuleiten, gehen wir von der Formel (4.4), Kap. IV für diesen Grad aus. Wir haben also

$$\frac{\prod\limits_{i<k} (l_i - l_k)}{\prod\limits_{i=1}^{r} l_i!} = \frac{1}{\prod\limits_{i,j} h_{ij}}$$

zu zeigen. Wir zeigen, schärfer, daß für jedes i

$$\prod_{k=i+1}^{r} (l_i - l_k) \prod_{j=1}^{m_i} h_{ij} = l_i!$$

ist, noch schärfer, daß hier die Produkte auf beiden Seiten aus den gleichen Faktoren bestehen. Die Anzahl der Faktoren ist beiderseits $m_i + r - i = l_i$. Wegen $l_k > l_{k+1}$ nehmen die $l_i - l_k$ mit k streng monoton zu; die h_{ij} nehmen mit j streng monoton ab. Ferner sind alle Faktoren der linken Seite $\leqq l_i$, denn es ist, wie man leicht feststellt, $h_{i1} = l_i$. Es genügt also zu zeigen, daß kein h_{ij} gleich einem $l_i - l_k$ ist. Wenn die j-te Spalte bis zur k-ten Zeile reicht, also wenn $m_k \geqq j$, aber $m_{k+1} < j$ ist, dann ist $h_{ij} = m_i - j + k - i + 1\cdot$ Dann ist aber $l_i - l_k = m_i - m_k + k - i \leqq m_i - j + k - i$ und $l_i - l_{k+1} = m_i - m_{k+1} + k + 1 - i > m_i - j + k + 1 - i$, also $l_i - l_k < h_{ij} < < l_i - l_{k+1}$, womit alles gezeigt ist.

Wir wenden endlich Satz 3.1 an, um die vollständige Übersicht über die Darstellungen der alternierenden Gruppe $\mathfrak{A}_\nu$ herzustellen. Sie wird durch III Satz 13.3 geliefert, sobald wir wissen, welche irreduziblen Darstellungen der symmetrischen Gruppe $\mathfrak{S}_\nu$ selbstassoziiert und welche Paare von ihnen assoziiert sind. Assoziierte Darstellungen entstehen auseinander, indem man die zu den geraden Permutationen gehörenden Matrizen ungeändert läßt und die zu den ungeraden gehörenden mit -1 multipliziert. Das gleiche gilt für ihre Charaktere. Bei selbstassoziierten Darstellungen sind die zu den ungeraden Permutationen gehörenden Charaktere 0; aber es wird nicht notwendig sein, das zu verifizieren, weil wir es der zu einer Darstellung assoziierten Darstellung ohne weiteres ansehen können, ob sie zu ihr äquivalent ist oder nicht. Wir beweisen nämlich

Satz 3.2. *Man erhält zu jeder irreduziblen Darstellung von* $\mathfrak{S}_\nu$ *die assoziierte, indem man ihren Rahmen an seiner Hauptdiagonale spiegelt oder „stürzt".*

Demnach gehören zu selbstassoziierten Darstellungen die Rahmen, die zur Hauptdiagonale symmetrisch sind.

Beweis. Da die Darstellungen durch die Charaktere bestimmt sind, genügt es zu zeigen, daß beim Stürzen die zu geraden Klassen gehörigen Charaktere ungeändert bleiben und die zu ungeraden Klassen gehörigen das Zeichen wechseln. Nun ändert sich an der Abbaumethode des Satzes 3.1 durch das Stürzen nichts, nur die Vorzeichen werden andere, weil die Vertikalschritte in Horizontalschritte übergehen und umgekehrt. Bei einem Randstück ungerader Länge ist aber die Anzahl der Vertikalschritte und die der Horizontalschritte zugleich gerade oder ungerade, bei gerader Länge ist die eine gerade, die andere ungerade. Und weil Zyklen ungerader Länge gerade Permutationen sind und umgekehrt, so ist schon alles bewiesen.

§ 4. Noch eine Formel zur Berechnung der Charaktere von $\mathfrak{S}_\nu$

Mit dem Satz 3.1 ist die Formel (3.4) mit den Anfangswerten (3.5) auf eine rein kombinatorische Art ausgewertet worden. Wir wollen diesem Satz noch eine ebenfalls auf (3.4) und (3.5) beruhende Formel*) gegenüberstellen, die jeweils viele Charaktere verschiedener $\mathfrak{S}_\nu$ als Werte eines einzigen Polynoms in gewissen α_j zu berechnen erlaubt; sie faßt viele Einzelformeln zusammen, die vor allem MURNAGHAN angegeben hatte.

Wir schreiben dazu statt

$$(m) = (m_1, \ldots, m_r), \quad m_1 \geqq m_2 \geqq \cdots \geqq m_r > 0, \quad m_1 + \cdots + m_r = \nu,$$

in Zukunft, mit Auszeichnung von m_1,

$$(\nu - p, n_1, \ldots, n_s) = (\nu - p, (n));$$
$$n_1 \geqq n_2 \geqq \cdots \geqq n_s > 0, \; n_1 + \cdots + n_s = p.$$

Hier wurde $p = \nu - m_1$ gesetzt und im übrigen nur die Bezeichnung geändert **).

Den Charakter der zu $(\nu - p, (n))$ gehörigen Darstellung von $\mathfrak{S}_\nu$ bezeichnen wir mit $[n](\alpha_1, \ldots, \alpha_\nu) = [n](\alpha)$. In dieser Bezeichnung kommt p und ν nicht vor; p ist überflüssig wegen $\Sigma n_j = p$, ν wegen $\Sigma j\alpha_j = \nu$. $[n](\alpha)$

*) A. GAMBA [1].

**) Dieser entscheidende Kunstgriff stammt von F. D. MURNAGHAN.

$=\chi_{\alpha_1\ldots\alpha_\nu}^{(\nu-p,n_1,\ldots,n_s)}$ hat zunächst nur einen Sinn für $\nu-p=\Sigma j\alpha_j-\Sigma n_j\geqq n_1$; aber auch für $\nu-p<n_1$ können wir ihm einen wohlbestimmten Wert (evtl. 0) zuteilen, der in der aus § 3 bekannten Weise durch Rechtsverschieben der ersten Ziffer von $(\nu-p,(n))$ zu ermitteln ist. Aus (3.4) entsteht jetzt die Rekursionsformel

$$\begin{aligned}[n](\alpha)=[n](\alpha')+[n_1-h,n_2,\ldots,n_s](\alpha')\\ +[n_1,n_2-h,\ldots,n_s](\alpha')+\cdots+[n_1,\ldots,n_s-h](\alpha'),\end{aligned}\tag{4.1}$$

deren eckige Klammern man durch Rechtsverschieben nach § 3 zu ordnen oder gegebenenfalls wegzulassen hat.

Wegen $n_j\geqq n_s\geqq 1$ ist $p=\Sigma n_j\geqq n_1+s-1$, also $n_1-h+s-1<0$ für $h>p$. Daraus folgt, daß für $h>p$ in (4.1) der zweite Summand wegfällt und erst recht die folgenden: $[n]$ (α) *hängt nur von* $\alpha_1,\ldots,\alpha_p$ *ab.* Wir schreiben daher $[n](\alpha)=[n_1,\ldots,n_s](\alpha_1,\ldots,\alpha_p)$ und beweisen nun, daß bei gegebenem (n) diese Funktion von $\alpha_1,\ldots,\alpha_p$ ein Polynom ist.

Es ist hierzu nur nötig, das Polynom explizit anzugeben und zu beweisen, daß es (4.1) erfüllt und die richtigen Anfangswerte besitzt. Diese Anfangswerte ergeben sich aus (3.5), sie sind

$$[1^p](0)=(-1)^p\,(p=0,1,\ldots),\quad [n](0)=0 \text{ für alle anderen } (n).\tag{4.2}$$

(Man beachte, daß $\nu>p$ ist!)

Zunächst eine naheliegende Bezeichnung: wir setzen

$$[n_1,\ldots,n_s]_h=[n_1-h,n_2,\ldots,n_s]+[n_1,n_2-h,\ldots,n_s]+\cdots+[n_1,\ldots,n_s-h],\tag{4.3}$$

wo natürlich rechts die üblichen Umformungen vorzunehmen sind. Die durch den Index h verlangte Operation heißt auch „Ableitung nach α_h". $[n]_{hj}$ bedeutet natürlich, daß man die Ableitung nach α_h und danach von jedem Summanden die nach α_j zu bilden hat. *Es gilt*

$$[n]_{hj}=[n]_{jh}.\tag{4.4}$$

Dies wäre trivial, wenn man nur nacheinander die Subtraktionen von h und j auszuführen und nicht dazwischen zu „ordnen" hätte. Man überzeugt sich aber leicht, daß diese Stellenverschiebungen mit den Subtraktionen von j oder h vertauschbar sind

Die Formel von GAMBA lautet nun

$$\begin{aligned}[n](\alpha)&=[n_1,\ldots,n_s](\alpha_1,\ldots,\alpha_p)\\ &=\Sigma[n_1,\ldots,n_s]_{1^{k_1}2^{k_2}\ldots p^{k_p}}(0)\binom{\alpha_1}{k_1}\binom{\alpha_2}{k_2}\cdots\binom{\alpha_p}{k_p};\end{aligned}\tag{4.5}$$

die Summe erstreckt sich über alle Wertsysteme $k_1, \ldots, k_p$ aus ganzen nicht negativen Zahlen mit $0 \leqq k_1 + 2k_2 + \cdots + pk_p \leqq p$.

Das Polynom erscheint also nach den Binomialkoeffizienten der α_j entwickelt; $\binom{\alpha_j}{k_j}$ ist ja ein Polynom vom Grad k_j in α_j, mit den Nullstellen $0, 1, \ldots, k_j - 1$. Die Koeffizienten der rechten Seite von (4.5) entstehen, indem man $[n]$ k_1 mal nach $\alpha_1, \ldots, k_p$ mal nach α_p ableitet und zuletzt von allen Gliedern, die so entstehen, diejenigen von der Form $[1^k]\,(0) = (-1)^k$, alle anderen $=0$ setzt.

Daß die Anfangswerte stimmen, sieht man sofort: für $\alpha_1 = \cdots = \alpha_p = 0$ verschwinden alle Glieder außer $k_1 = \cdots = k_p = 0$, und bei diesem steht links und rechts das gleiche. Es ist also nur noch zu zeigen, daß (4.1) erfüllt ist. Diese Formel lautet mit der Bezeichnung (4.3)

$$[n]\,(\alpha_1, \ldots, \alpha_p) = [n]\,(\alpha_1, \ldots, \alpha_h - 1, \ldots, \alpha_p) \\ + [n]_h\,(\alpha_1, \ldots, \alpha_h - 1, \ldots, \alpha_p).$$

Der erste Summand rechts ist

$$\Sigma\,[n]_{1^{k_1} \ldots p^{k_p}}(0) \binom{\alpha_1}{k_1} \cdots \binom{\alpha_h - 1}{k_h} \cdots \binom{\alpha_p}{k_p},$$
$$(0 \leqq k_1 + \cdots + pk_p \leqq p)$$

der zweite ist

$$\Sigma\,[n]_{1^{k_1} \ldots h^{k_h+1} \ldots p^{k_p}}(0) \binom{\alpha_1}{k_1} \cdots \binom{\alpha_h - 1}{k_h} \cdots \binom{\alpha_p}{k_p}$$
$$(0 \leqq k_1 + \cdots + pk_p \leqq p - h)$$

oder mit geringfügiger Bezeichnungsänderung

$$\Sigma\,[n]_{1^{k_1} \ldots h^{k_h} \ldots p^{k_p}}(0) \binom{\alpha_1}{k_1} \cdots \binom{\alpha_h - 1}{k_h - 1} \cdots \binom{\alpha_p}{k_p}.$$
$$(0 \leqq k_1 + \cdots + pk_p \leqq p; \quad k_h > 0)$$

Das Gewünschte folgt also aus den Grundformeln des Pascalschen Dreiecks:

$$\binom{\alpha_h - 1}{0} = \binom{\alpha_h}{0}, \quad \binom{\alpha_h - 1}{k_h - 1} + \binom{\alpha_h - 1}{k_h} = \binom{\alpha_h}{k_h} \quad (k_h > 0).$$

Hat man für eine Zahlenfolge (n) das Polynom $[n]\,(\alpha)$ bestimmt, so hat man mit einem Schlage den vollständigen Charakter für eine ganze Folge von Darstellungen, nämlich von $(n_1, n_1, n_2, \ldots, n_s)$, $(n_1 + 1, n_1, \ldots, n_s)$, $(n_1 + 2, n_1, \ldots, n_s)$ usw., die zu den symmetrischen Gruppen $\mathfrak{S}_\nu$ mit

$\nu = n_1 + p,\ n_1 + p + 1,\ n_1 + p + 2$ usw. gehören. Man findet z. B.

$$[3,1,1](\alpha_1,\ldots,\alpha_5) = -\binom{\alpha_1}{2} + 3\binom{\alpha_1}{3} - 6\binom{\alpha_1}{4} + 6\binom{\alpha_1}{5}$$
$$+\alpha_1\alpha_2 - 2\alpha_1\binom{\alpha_2}{2} - \alpha_2 + 2\binom{\alpha_2}{2} + \alpha_5$$

und daraus die Charaktere der Darstellungen (3, 3, 1, 1) von $\mathfrak{S}_8$, (4, 3, 1, 1) von $\mathfrak{S}_9$ usw. Hier zeigt sich insbesondere, daß für alle Klassen Null herauskommt, deren Permutationen nur aus Dreier-, Vierer-, Sechser- usw. Zyklen bestehen; denn $[3,1,1](\alpha)$ hängt nur von α_1, α_2 und α_5 ab und verschwindet für $\alpha_1 = \alpha_2 = \alpha_5 = 0$.

Die einfachsten Fälle sind: Die Konstante $[0] = 1$, die zu allen Einsdarstellungen gehört; das lineare Polynom $[1] = \alpha_1 - 1$: es besagt, daß die Charaktere jeder Darstellung $(\nu - 1, 1)$ erhalten werden, indem man von der Anzahl der Einerzyklen (d. h. der Ziffern, die in der betreffenden Klasse fest bleiben) 1 abzieht. — Natürlich bekommt man auch eine neue Formel für die Darstellungsgrade, also für den Charakter der Klasse $(\alpha) = (\nu, 0, \ldots, 0)$ in der Darstellung $(\nu - p, (n))$, nämlich

$$[n](\nu, 0, \ldots, 0) = \sum_{k=0}^{p} [n]_{1^k}(0)\binom{\nu}{k}.$$

Es sind einfach die Glieder in $[n](\alpha)$, die höchstens α_1 enthalten, für $\alpha_1 = \nu$. Beim obigen Beispiel erhält man $-\binom{\nu}{2} + 3\binom{\nu}{3} - 6\binom{\nu}{4} + 6\binom{\nu}{5}$ und daraus für den Grad von

(3, 3, 1, 1): 56
(4, 3, 1, 1): 216
(5, 3, 1, 1): 567
usw.

§ 5. Analyse von Kronecker-Produkten bei der symmetrischen und bei der vollen linearen Gruppe

Das Kronecker-Produkt von zwei Darstellungen einer Gruppe ist selbst Darstellung (V § 1). Handelt es sich um irreduzible Darstellungen, so kann das Produkt reduzibel sein, und falls der Satz von der vollen Reduzibilität gilt, erhebt sich die Aufgabe seiner Analyse, d. h. der Angabe der irreduziblen Bestandteile — eine Aufgabe, die bei den Anwendungen der Darstellungstheorie in der Physik häufig auftritt. Hat man sie für alle Produkte von zwei irreduziblen Darstellungen gelöst, so ist das Problem auch für reduzible erledigt (denn z. B. ist $(D_1 \dotplus D_2) \times D_3 = D_1 \times D_3 \dotplus D_2 \times D_3$, wie man an Hand der Formel I (6.5) feststellt), und ebenso für Produkte von mehr als zwei Faktoren.

Wir wollen die Aufgabe für die ganzrationalen Darstellungen der vollen linearen Gruppe $\mathfrak{G}_n$ behandeln. Die Kronecker-Faktoren seien irreduzible homogene ganzrationale Darstellungen der Polynomgrade ν' und ν''; dann ist das Produkt homogen ganzrational vom Polynomgrad $\nu = \nu' + \nu''$. Die Faktoren mögen zu den Rahmen (m') bzw. (m'') gehören (mit ν' bzw. ν'' Feldern und höchstens n Zeilen). Das Produkt enthalte die Darstellung, die zum Rahmen (m) gehört (ν Felder, höchstens n Zeilen), $c_{(m)}$ mal*). Die nichtnegativen ganzen Zahlen $c_{(m)}$ gilt es zu bestimmen. Wir benutzen den Satz, daß eine homogene ganzrationale Darstellung durch ihren Charakter bestimmt ist; diesen Satz haben wir am Ende von § 2 nur für $\nu \leqq n$ bewiesen (und müßten also jetzt strenggenommen $\nu' + \nu'' \leqq n$ voraussetzen), er gilt aber allgemein; vgl. die Fußnote S. 190. Aus unseren Voraussetzungen folgt

$$\varphi_{(m')}(A)\,\varphi_{(m'')}(A) = \sum_{(m)} c_{(m)}\,\varphi_{(m)}(A)\,. \tag{5.1}$$

Diese — eindeutig bestimmte — Zerlegung der linken Seite nach den $\varphi_{(m)}(A)$ gilt es zu ermitteln.

Bevor wir diese Aufgabe in Angriff nehmen, wollen wir uns überlegen, inwieweit wir damit zugleich ein ähnliches Problem für die symmetrischen Gruppen mit erledigen. Zu den beiden Rahmen (m') und (m'') gehören ja auch irreduzible Darstellungen der Gruppen $\mathfrak{S}_{\nu'}$ bzw. $\mathfrak{S}_{\nu''}$ mit den Charakteren $\chi_\alpha^{(m')}$ bzw. $\chi_\alpha^{(m'')}$. Wir betrachten außerdem die symmetrische Gruppe $\mathfrak{S}_\nu$ und sehen $\mathfrak{S}_{\nu'}$ als die Gruppe derjenigen Permutationen von $\mathfrak{S}_\nu$ an, die nur die ersten ν' Ziffern permutieren und die letzten ν'' festlassen; ebenso soll $\mathfrak{S}_{\nu''}$ nur die letzten ν'' permutieren, aber die ersten ν' festlassen. Das direkte Produkt von $\mathfrak{S}_{\nu'}$ und $\mathfrak{S}_{\nu''}$ ist dann die Untergruppe $\mathfrak{H}$ von $\mathfrak{S}_\nu$ aus allen Permutationen, welche die ersten ν' und die letzten ν'' Ziffern jeweils unter sich permutieren, und nach III § 8b ist das Kronecker-Produkt der beiden Darstellungen, mit dem Charakter $\chi_{\alpha'}^{(m')}\,\chi_{\alpha''}^{(m'')}$, eine irreduzible Darstellung von $\mathfrak{H}$. Mit der Methode von III § 13a wird ihr eine — im allgemeinen reduzible — Darstellung von $\mathfrak{S}_\nu$ zugeordnet, deren Charakter nach III (13.3), wenn man die dortigen Bezeichnungen durch die bei den symmetrischen Gruppen üblichen ersetzt, die Werte

$$\chi_\alpha = \frac{\nu!}{h_\alpha\,\nu'!\,\nu''!} \sum_{\alpha',\alpha''} h_{\alpha'}\,h_{\alpha''}\,\chi_{\alpha'}^{(m')}\,\chi_{\alpha''}^{(m'')} \tag{5.2}$$

besitzt. Hier ist α' eine Klasse von $\mathfrak{S}_{\nu'}$, α'' eine von $\mathfrak{S}_{\nu''}$ (also ihr „Produkt" eine von $\mathfrak{H}$), und es ist über alle Paare α', α'' zu summieren, für

*) Ist $(m) = (m_1, \ldots, m_k)$, $k < n$, so setzt man $m_{k+1} = \cdots = m_n = 0$.

die $\alpha'+\alpha''=\alpha$, das bedeutet $\alpha'_j+\alpha''_j=\alpha_j$; für diejenigen Klassen von $\mathfrak{S}_\nu$, deren Zyklen sich überhaupt nicht auf $\mathfrak{S}_{\nu'}$ und $\mathfrak{S}_{\nu''}$ verteilen lassen, kommt natürlich 0 heraus. Die Zusammensetzung von χ_α aus den einfachen Charakteren von $\mathfrak{S}_\nu$ sei $\chi_\alpha=\sum\limits_{(m)} d_{(m)}\,\chi_\alpha^{(m)}$.

Um den Zusammenhang mit (5.1) herzustellen, wählen wir irgendein $n\geqq\nu$ (z. B. $n=\nu$); die Gruppe $\mathfrak{G}_n$ dient jetzt gewissermaßen nur zur Hilfskonstruktion. Nach (2.4) ist dann

$$\varphi_{(m)}(A)=\varphi_{(m)}(\varepsilon_1,\ldots,\varepsilon_n)=\frac{1}{\nu!}\sum_\alpha h_\alpha\,\chi_\alpha^{(m)}\,\sigma_1^{\alpha_1}\ldots\sigma_\nu^{\alpha_\nu}. \tag{5.3}$$

($\varepsilon_1,\ldots,\varepsilon_n$ sind die Eigenwerte von A und $\sigma_j=\varepsilon_1^j+\cdots+\varepsilon_n^j$); entsprechende Formeln gelten für $\varphi_{(m')}(A)$ und $\varphi_{(m'')}(A)$ — man hat nur an alle m,ν,α einen bzw. zwei Striche zu setzen. (5.1) lautet also

$$\frac{1}{\nu'!\,\nu''!}\sum_{\alpha',\alpha''} h_{\alpha'}h_{\alpha''}\chi_{\alpha'}^{(m')}\chi_{\alpha''}^{(m'')}\sigma_1^{\alpha'_1+\alpha''_1}\ldots\sigma_\nu^{\alpha'_\nu+\alpha''_\nu}=\frac{1}{\nu!}\sum_\alpha h_\alpha\sum_{(m)}c_{(m)}\chi_\alpha^{(m)}\sigma_1^{\alpha_1}\ldots\sigma_\nu^{\alpha_\nu}.$$

Da die σ_j wegen $\nu\leqq n$ unabhängig variabel sind (§ 2), kann man links und rechts Koeffizienten gleichsetzen; also ist

$$\sum_{(m)} c_{(m)}\,\chi_\alpha^{(m)}=\begin{cases}\dfrac{\nu!}{h_\alpha\,\nu'!\,\nu''!}\displaystyle\sum_{\alpha',\alpha''} h_{\alpha'}\,h_{\alpha''}\,\chi_{\alpha'}^{(m')}\,\chi_{\alpha''}^{(m'')}\\ 0,\ \text{wenn man gar nicht } \alpha=\alpha'+\alpha''\ \text{schreiben kann,}\end{cases}$$

und daraus folgt $d_{(m)}=c_{(m)}$. Nennt man die betrachtete Darstellung von $\mathfrak{S}_\nu$ das erweiterte Kronecker-Produkt der beiden Darstellungen von $\mathfrak{S}_{\nu'}$ und $\mathfrak{S}_{\nu''}$, so stellen sich also die beiden Aufgaben der Analyse des Kronecker-Produkts bei der Gruppe $\mathfrak{G}_n$ und des erweiterten Kronecker-Produkts bei $\mathfrak{S}_\nu$ als identisch heraus.

Wir halten uns an die erstere Aufgabe, weil sie übersichtlicher ist. Wir gehen von der Formel (1.3) für die Charakteristiken aus, wo wie immer $l_j=m_j+n-j$ gesetzt ist. Wenn man Zähler und Nenner mit dem Nenner multipliziert und die Determinantenprodukte spaltenweise ausführt, so erhält man

$$\varphi_{(m)}(\varepsilon_1,\ldots,\varepsilon_n)=\frac{\begin{vmatrix}\sigma_{l_1+n-1} & \sigma_{l_1+n-2} & \cdots & \sigma_{l_1}\\ \sigma_{l_2+n-1} & \sigma_{l_2+n-2} & \cdots & \sigma_{l_2}\\ \cdots & \cdots & \cdots & \cdots\\ \sigma_{l_n+n-1} & \sigma_{l_n+n-2} & \cdots & \sigma_{l_n}\end{vmatrix}}{\begin{vmatrix}\sigma_{2n-2} & \sigma_{2n-3} & \cdots & \sigma_{n-1}\\ \sigma_{2n-3} & \sigma_{2n-4} & \cdots & \sigma_{n-2}\\ \cdots & \cdots & \cdots & \cdots\\ \sigma_{n-1} & \sigma_{n-2} & \cdots & \sigma_0\end{vmatrix}}, \tag{5.4}$$

wo $\sigma_0 = \Sigma \varepsilon_k^0 = n$ zu setzen ist. Derselbe Prozeß liefert, wenn man für die Faktoren (1.3) benutzt,

$$\varphi_{(m')}(\varepsilon_1, \ldots, \varepsilon_n)\, \varphi_{(m'')}(\varepsilon_1, \ldots, \varepsilon_n) = \frac{\begin{vmatrix} \sigma_{l'_1 + l''_1} & \sigma_{l'_1 + l''_2} & \cdots & \sigma_{l'_1 + l''_n} \\ \sigma_{l'_2 + l''_1} & \sigma_{l'_2 + l''_2} & \cdots & \sigma_{l'_2 + l''_n} \\ \cdot & \cdot & \cdot & \cdot \\ \sigma_{l'_n + l''_1} & \sigma_{l'_n + l''_2} & \cdots & \sigma_{l'_n + l''_n} \end{vmatrix}}{\begin{vmatrix} \sigma_{2n-2} & \sigma_{2n-3} & \cdots & \sigma_{n-1} \\ \sigma_{2n-3} & \sigma_{2n-4} & \cdots & \sigma_{n-2} \\ \cdot & \cdot & \cdot & \cdot \\ \sigma_{n-1} & \sigma_{n-2} & \cdots & \sigma_0 \end{vmatrix}}. \tag{5.5}$$

Da die Nenner in beiden Formeln übereinstimmen, brauchen wir uns nur noch um die Zähler zu kümmern, haben also den von (5.5) aus solchen der Art (5.4) mit geeigneten (m) bzw. (l) aufzubauen.

Betrachten wir das Produkt $\sigma_{l'_1}\ \sigma_{l'_2} \ldots \sigma_{l'_n}$. Mit δ_j soll der Operator „Erhöhung der Nummer des j-ten Faktors um 1“ bezeichnet werden; diese Operatoren und ihre Potenzen und Inversen sind alle vertauschbar. Der Zähler von $\varphi_{(m')}$ (wie in Formel (5.4) geschrieben) entsteht aus dem obigen Produkt durch Ausüben der Operation

$$\begin{vmatrix} \delta_1^{n-1} & \delta_1^{n-2} & \ldots & \delta_1^0 \\ \cdot & \cdot & \cdot & \cdot \\ \delta_n^{n-1} & \delta_n^{n-2} & \ldots & \delta_n^0 \end{vmatrix} = \Delta_0\,,$$

und ebenso der Zähler von (5.5) durch

$$\begin{vmatrix} \delta_1^{l''_1} & \ldots & \delta_1^{l''_n} \\ \cdot & \cdot & \cdot \\ \delta_n^{l''_1} & \ldots & \delta_n^{l''_n} \end{vmatrix} = \Delta_1\,,$$

also der Zähler von (5.5) aus dem von $\varphi_{(m')}$ gerade durch die Operation $\varphi_{(m'')}(\delta_1, \ldots, \delta_n) = \Delta_1 \Delta_0^{-1}$, d. h. durch das Polynom

$$\varphi_{(m'')}(\delta_1, \ldots, \delta_n) = \frac{1}{\nu''!} \sum_{\alpha''} h_{\alpha''}\, \chi_{\alpha''}^{(m'')}\, \tau_1^{\alpha''_1} \ldots \tau_{\nu''}^{\alpha''_{\nu''}},$$

wo mit τ_j die Potenzsummen der δ_k bezeichnet sind. Durch Ausüben eines jeden Monoms $\delta_1^{\varrho_1} \ldots \delta_n^{\varrho_n}$ entsteht aus dem Zähler von $\varphi_{(m')} = \varphi_{(m'_1 \ldots m'_n)}$ der von $\varphi_{(m'_1 + \varrho_1 \ldots m'_n + \varrho_n)}$. Und damit sind die gesuchten Summanden gefunden. Man hat nur noch jeweils in den Indizes die aus § 3 geläufigen Umformungen vorzunehmen, falls sie keine monotone Folge bilden, und dabei jedesmal das Vorzeichen umzukehren; viele Summanden stellen sich als 0 heraus. Die Möglichkeit der Umformung folgt aus dem Verhalten der Determinante im Zähler von (5.4) bei Zeilenvertauschung.

Beispiele. Statt $\varphi_{(m)}$ schreiben wir $\{(m)\}$.

1. $\nu''=1$, $(m'')=(1)$, $\varphi_{(1)}(\delta_1,\ldots,\delta_n)=\tau_1=\delta_1+\cdots+\delta_n$.

Es folgt

$$\{m_1,\ldots,m_k\}\,\{1\}=\{m_1+1,m_2,\ldots,m_k\}+m_1,m_2+1,\ldots,m_k\}+\cdots \\ +\{m_1,\ldots,m_k+1\}+\{m_1,\ldots,m_k,1\}$$

(weitere Summanden sind 0, weil eine 1 auf eine 0 folgen würde).

2. $\nu''=2$, $(m'')=(1^2)$ *); $\chi_\alpha^{(1^2)}$ gehört zur alternierenden Darstellung von $\mathfrak{S}_2$, also ist $\varphi_{(1^2)}(\delta_1,\ldots,\delta_n)=\frac{1}{2}(\tau_1^2-\tau_2)=\sum\limits_{j<k}\delta_j\delta_k$. So findet man z. B.

$$\{4,1\}\,\{1^2\}=\{5,2\}+\{5,1^2\}+\{4,2,1\}+\{4,1^3\}\,.$$

3. $\nu''=2$, $(m'')=(2)$; die Einsdarstellung von $\mathfrak{S}_2$ ergibt $\varphi_{(2)}(\delta_1,\ldots,\delta_n)$ $=\frac{1}{2}(\tau_1^2+\tau_2)=\sum\limits_j\delta_j^2+\sum\limits_{j<k}\delta_j\delta_k$, und z. B. ist

$$\begin{aligned}\{3,2\}\,\{2\}&=\{5,2\}+\{3,4\}+\{3,2^2\}+\{3,2,0,2\}+\\&\quad+\{4,3\}+\{4,2,1\}+\{3^2,1\}+\{3,2,1^2\}\\&=\{5,2\}+\{4,3\}+\{4,2,1\}+\{3^2,1\}+\{3,2^2\}\,;\end{aligned}$$

$\{3,4\}$ ist Null, und $\{3,2,0,2\}$ und $\{3,2,1^2\}$ heben sich weg.

Will man sich Tafeln über die Zerlegung der Produktdarstellungen herstellen (bei MURNAGHAN [1], [3] findet man solche bis $\nu'+\nu''=10$), so macht man mit Vorteil von der Tatsache Gebrauch, daß (5.1) ungeändert bleibt, wenn man alle vorkommenden Rahmen durch die assoziierten, d. h. gestürzten ersetzt. In der Tat, assoziierte Charaktere der symmetrischen Gruppe haben in den geraden Klassen gleiche, in den ungeraden entgegengesetzte Werte, und da die ungeraden Zyklen die von gerader Länge sind, erhält man zu einer Charakteristik $\varphi_{(m)}$ die assoziierte, indem man die σ_j mit gerader Nummer durch $-\sigma_j$ ersetzt; (5.1) bleibt aber bestehen, wenn man dies links und rechts tut.

Man wird ferner, da die Berechnung nach dem geschilderten Verfahren für größere Zahlen immer umständlicher wird, ein rekursives

*) Statt 1, 1 schreibt man 1^2.

Verfahren bevorzugen. Man ordnet $\varphi_{(m'')}(\delta_1, \ldots, \delta_n)$ nach Potenzen von δ_1, d. h. die rechte Seite von (5.1) nach Gliedern, die mit $m_1 = m'_1$, $m'_1 + 1$, $m'_1 + 2$ usw. anfangen. Um die Glieder mit $m'_1 + p$ zu berechnen, drückt man das Polynom, symmetrisch in $\delta_2, \ldots, \delta_n$, mit dem δ_1^p in $\varphi_{(m'')}$ multipliziert ist, wiederum durch Charakteristiken aus. Mit diesen hat man $\{m'_2, \ldots, m'_k\}$ zu multiplizieren — das sind Formeln mit weniger Gliedern im ersten Faktor, die man schon berechnet habe — und dann vor jedes der entstandenen Glieder noch $m'_1 + p$ davorzuschreiben. Man benötigt für dieses Verfahren Tafeln, in denen man die Ausdrücke der Charakteristiken durch symmetrische Funktionen und umgekehrt die der symmetrischen Funktionen durch Charakteristiken ablesen kann; solche Tafeln findet man bei MURNAGHAN [5] angegeben*).

§ 6. Die Charaktere der alternierenden Gruppe

Die Übersicht über die irreduziblen Darstellungen der alternierenden Gruppe $\mathfrak{A}_n$ wurde durch Satz 3.2 in Verbindung mit III Satz 13.3 geliefert. Die selbstkonjugierten Darstellungen sind bereits vollständig bekannt, wenn man die Darstellungen von $\mathfrak{S}_n$ hat: man braucht nur von jedem Paar assoziierter Darstellungen e i n e herzunehmen und sie eben nur auf $\mathfrak{A}_n$ zu betrachten. Dagegen muß jede selbstassoziierte Darstellung von $\mathfrak{S}_n$ auf $\mathfrak{A}_n$ erst noch aufgespalten werden, um ein Paar konjugierter Darstellungen zu erhalten. Wir wollen vollständig angeben, wie man die C h a r a k t e r e von $\mathfrak{A}_n$ aus denen von $\mathfrak{S}_n$ berechnen kann. Man hat die Charakterentafel von $\mathfrak{S}_n$ herzunehmen und natürlich zunächst einmal alle Spalten zu entfernen, die zu ungeraden Klassen gehören (welche (α)-Werte das sind, wurde in II § 2 angegeben). Ferner hat man diejenigen Spalten, die zu den in $\mathfrak{A}_n$ „verfeinerten" Klassen gehören, aufzuspalten, d. h. aus jeder zwei zu machen (die (α)-Werte sind in II Satz 2.1 angegeben). Weiter hat man von je zwei Zeilen, die zu assoziierten (also zur Diagonale spiegelbildlichen) Rahmen gehören, eine wegzulassen; die Zahlenwerte, die in zwei solchen Zeilen stehen, stimmen ohnehin in den geraden Klassen überein (in den ungeraden hatten sie entgegengesetzte Zeichen). Endlich sind einige Zeilen aufzuspalten, die nämlich, die zu den selbstassoziierten Rahmen (die bei der Spiegelung an der Diagonale in sich übergehen) gehören.

*) Vgl. auch MURNAGHAN [7]. — Eine einfachere Aufgabe als die oben behandelte ist die Analyse des Kronecker-Produkts zweier irreduzibler Darstellungen von $\mathfrak{S}_\nu$, vgl. MURNAGHAN [4]. Mit der Bezeichnung von § 4 kann man das Kronecker-Produkt von $(\nu - p, (n'))$ und $(\nu - q, (n''))$ als Linearkombination von Darstellungen $(\nu - r, (n))$ mit $r \leqq p + q$ schreiben, deren Koeffizienten v o n ν n i c h t a b h ä n g e n.

Es sind gleich viel Zeilen wie Spalten verdoppelt worden (also auch gleich viel Zeilen wie Spalten weggelassen); denn man kann in folgender Weise einem selbstassoziierten Rahmen $(m_1, \ldots, m_r)$, $m_1 + \cdots + m_r = n$ (z. B. Abb. 9) eine Klasse (von $\mathfrak{S}_n$) aus Zyklen der ungeraden Längen $q_1 > q_2 > \cdots > q_k$, $q_1 + \cdots + q_k = n$, zuordnen: q_1 sei die Länge des „Hakens", der aus der ersten Zeile und Spalte von (m) besteht, $q_1 = 2m_1 - 1$. Nimmt man diesen Haken weg, so bleibt wieder ein selbstassoziierter Rahmen übrig, aus dem wir in derselben Weise q_2 bestimmen, $q_2 = 2(m_2 - 1) - 1 = 2m_2 - 3$. Und so fährt man fort, bis nichts mehr übrig ist.

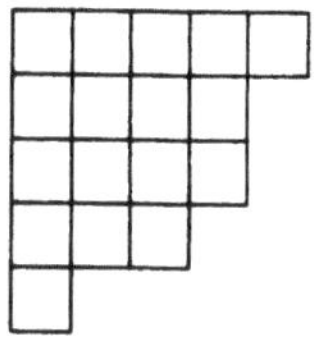
Abb. 9

Satz 6.1. *Der Charakter einer selbstassoziierten Darstellung von $\mathfrak{S}_n$ ist in der zugehörigen Klasse ± 1 [genauer $(-1)^{\frac{1}{2}(n-k)} = (-1)^{\frac{1}{2}(p-1)}$, wo $p = q_1 q_2 \ldots q_k$*)], in allen anderen Klassen eine gerade Zahl.*

Beweis. Den Charakter für die zugehörige Klasse bestimmen wir nach Satz 3.1 und fangen dabei mit dem längsten Zyklus q_1 an. Wir können den Rahmen dann auf genau eine Art abbauen, nämlich indem wir die oben beschriebenen Haken in umgekehrter Reihenfolge wegnehmen. Das entstehende Vorzeichen ist $(-1)^{\frac{q_1-1}{2} + \cdots + \frac{q_k-1}{2}} = (-1)^{\frac{n}{2} - \frac{k}{2}}$. Bei den anderen Klassen kommt diese Abbauart nicht in Frage. Alle anderen Abbauarten aber sind paarweise spiegelbildlich. Nimmt man ein Randstück ungerader Länge fort, so entsteht bei beiden Arten das gleiche Vorzeichen, bei Randstücken gerader Länge entstehen verschiedene Vorzeichen. Wenn es sich nun um eine gerade Klasse handelt, so kommt eine gerade Anzahl von Malen verschiedenes Vorzeichen vor, und das Produkt aller Vorzeichen ist bei beiden Arten gleich, so daß sie zum Charakter zusammen einen geraden Beitrag liefern. Bei gerader Klasse also ist der Charakter eine gerade Zahl. Bei ungerader Klasse ist er 0, weil es sich um eine selbstassoziierte Darstellung handelt.

Welche Zahlen hat man nun in die Charakterentafel für $\mathfrak{A}_n$ einzutragen? Für jede Darstellung, die nicht selbstassoziiert ist, ändert sich nichts gegen $\mathfrak{S}_n$, also stehen bei jeder nicht aufgespaltenen Zeile in jedem Kästchen, wo sie eine nicht verdoppelte Spalte kreuzt, dieselbe Zahl wie früher, und in den zwei Kästchen an der Kreuzung mit einer

*) Daß diese beiden Zahlen gleich sind, sieht man so: Ob die erste $+1$ oder -1 ist, richtet sich danach, ob $n-k$ durch 4 teilbar ist oder nicht. Nun ist $n - k = q_1 - 1 + q_2 - 1 + \cdots + q_k - 1$ durch 4 teilbar oder nicht, je nachdem eine gerade oder ungerade Anzahl der Zahlen $q_j - 1$ nicht durch 4 teilbar ist, oder: je nachdem eine gerade oder ungerade Anzahl der q_j bei der Division durch 4 den Rest 3 läßt. Davon hängt es aber auch ab, ob das Produkt $q_1 \ldots q_k$ den Rest 1 läßt oder nicht.

verdoppelten Spalte steht dieselbe Zahl, die vorher in dem einen Kästchen stand.

Eine selbstassoziierte Darstellung aber zerfällt in

$$D(s) = D_1(s) \dot{+} D_2(s) = D_1(s) \dot{+} D_1(asa^{-1}), \quad a \notin \mathfrak{A}_n,$$

und es ist $\chi(s) = \chi_1(s) + \chi_2(s) = \chi_1(s) + \chi_1(asa^{-1})$. Liegt s in einer nicht verfeinerten Klasse, so ist asa^{-1} auch bezüglich $\mathfrak{A}_n$ zu s konjugiert, also $\chi_1(asa^{-1}) = \chi_1(s) = \frac{1}{2}\chi(s)$. (Man bemerke, daß nach Satz 6.1 $\chi(s)$ eine gerade Zahl ist.) An der Kreuzung einer ungeänderten Spalte mit einer verdoppelten Zeile ist also in die beiden Kästchen je die Hälfte der Zahl einzutragen, die vorher in dem einen stand.

Es bleibt die Frage, was in die vier Kästchen an der Kreuzung einer Doppelzeile mit einer Doppelspalte einzutragen ist (selbstassoziierte Darstellung und verfeinerte Klasse). Jetzt gehören s und asa^{-1} in die beiden Teile der gespaltenen Klasse; dies folgt aus II Satz 2.2, weil a ungerade ist. Und weil $\chi_1(asa^{-1}) = \chi_2(s)$ und $\chi_2(asa^{-1}) = \chi_1(s)$, sind zwei — evtl. verschiedene — Zahlen x und y mit der Summe $\chi(s)$ „über-kreuz“ in die vier Kästchen einzutragen: $\begin{matrix} x & y \\ y & x \end{matrix}$. Diese Zahlen sind sehr einfach zu berechnen, ihre Werte gibt der

Satz 6.2 (Satz von Frobenius). *Wenn* (α) *nicht zu* (m) *gehört, ist* $\chi_1 = \chi_2 = \frac{\chi}{2}$ *(also* $x = y$*). Wenn aber* (α) *zu* (m) *gehört, also* $q_1 = 2m_1 - 1$, $q_2 = 2m_2 - 3, \ldots$, *haben* χ_1 *und* χ_2 *die Werte*

$$\frac{1}{2}(\chi \pm \sqrt{p\chi}), \tag{6.1}$$

wo $p = q_1 q_2 \ldots q_k$ *und (nach Satz 6.1)* $\chi = (-1)^{\frac{1}{2}(n-k)}$.

An diesem einen Stellenpaar jeder nicht selbstkonjugierten Darstellung kommen also im allgemeinen irrationale und sogar komplexe Zahlen vor, während alle anderen Charaktere bei $\mathfrak{A}_n$ wie bei $\mathfrak{S}_n$ ganze rationale Zahlen sind.

Beweis. Für $n = 2$ ist der Satz richtig; man beweist ihn für n unter der Induktionsannahme, er sei für alle $n' < n$ schon bewiesen.

Wir betrachten eine feste Permutation s aus der Klasse (α), die also aus Zyklen der ungeraden Längen $q_1 > q_2 > \cdots > q_k$ besteht, etwa $s = (1, 2, \ldots, q_1)\ (q_1 + 1, \ldots, q_1 + q_2) \ldots$. Unter der Voraussetzung $k > 1$ (der Fall $k = 1$ wird am Schluß für sich behandelt) setzen wir $s = s's''$, wo s' aus den ersten $k - 1$ Zyklen von s und s'' aus dem letzten bestehen soll, und entsprechend $n' = n - q_k$, $n'' = q_k$, $n' + n'' = n$. s' gehört zur Untergruppe aller Permutationen, die nur $1, 2, \ldots, n - q_k$ versetzen, wir nennen sie einfach $\mathfrak{S}_{n'}$, und s'' zur Untergruppe $\mathfrak{S}_{n''}$ aller Permutationen von $n-q_k+1, \ldots, n$.

Die Klasse (bezüglich $\mathfrak{S}_{n'}$) des Elements s' zerfällt in $\mathfrak{A}_{n'}$ in zwei Klassen. Mit a' bezeichnen wir eine feste ungerade Permutation aus $\mathfrak{S}_{n'}$ mit $a'^2=1$. Dann liegt $t'=a's'a'^{-1}$ in der anderen Klasse. Das gleiche gilt in $\mathfrak{A}_{n''}$ für die Klasse von s'' in $\mathfrak{S}_{n''}$; a'' und t'' werden analog eingeführt.

Die Untergruppen $\mathfrak{A}_{n'}$ und $\mathfrak{A}_{n''}$ von $\mathfrak{A}_n$ haben nur die Eins gemein, und die Elemente von $\mathfrak{A}_{n'}$ sind mit denen von $\mathfrak{A}_{n''}$ vertauschbar. Ihr direktes Produkt $\mathfrak{H}$, dem das Element s angehört, ist Untergruppe von $\mathfrak{A}_n$. Nach III § 8b sind $(s's'')$, $(s't'')$, $(t's'')$, $(t't'')$ vier verschiedene Klassen von $\mathfrak{H}$. Was wird aus diesen Klassen in $\mathfrak{A}_n$? Mit $a=a'a''$ ist, da auch die Elemente von $\mathfrak{S}_{n'}$ und $\mathfrak{S}_{n''}$ vertauschbar sind, $asa^{-1}=a'a''s's''a''^{-1}a'^{-1}$ $=a's'a'^{-1}a''s''a''^{-1}=t't''$; ebenso findet man $a(s't'')a^{-1}=t's''$. Da a gerade ist, gehören die Klassen $(s's'')$ und $(t't'')$ also derselben Klasse in $\mathfrak{A}_n$ an, ebenso die Klassen $(s't'')$ und $(t's'')$. Setzt man $t=s't''$, so werden diese $\mathfrak{A}_n$-Klassen von s und t repräsentiert. Es handelt sich um zwei verschiedene $\mathfrak{A}_n$-Klassen, denn s und t haben wohl dieselbe Zyklenbauart, gehören also derselben Klasse von $\mathfrak{S}_n$ an, aber wegen $a''sa''^{-1}=t$ und a'' ungerade gehört (II § 2) s der einen, t der anderen der beiden Klassen von $\mathfrak{A}_n$ an, in die diese Klasse von $\mathfrak{S}_n$ zerfällt.

Die Klasse (s) von $\mathfrak{A}_n$ enthält aus $\mathfrak{H}$ nur die Elemente der Klassen $(s's'')$ und $(t't'')$. Soll nämlich ein Element $s^*\in\mathfrak{H}$ dieselbe Zyklenbauart wie s haben, so müssen diese Zyklen irgendwie auf die Zerlegung $n=n'+n''$ verteilt werden. n'' $(=q_k)$ ist aber die Länge des kleinsten Zyklus, also muß dieser Zyklus die Ziffern $n-q_k+1, \ldots, n$ enthalten, s^* gehört also einer der vier Produktklassen an, von denen nur die zwei $(s's'')$ und $(t't'')$ zu (s) gehören.

Den gleichen Schluß wie soeben hätte man auch ziehen können, wenn q_k nicht den kleinsten, aber den zweitkleinsten Zyklus bezeichnete. Da die Größenordnung der q_j sonst nirgends benutzt wird, dürfen wir daher von jetzt ab $n''>1$ voraussetzen.

Für die Gruppen $\mathfrak{A}_{n'}$ und $\mathfrak{A}_{n''}$ ist Satz 6.2 nach der Induktionsannahme richtig. Die selbstassoziierte Darstellung von $\mathfrak{S}_{n'}$, die zu der Klasse (s') gehört, mit dem Charakterwert $\varepsilon'=(-1)^{\frac{1}{2}(p'-1)}$ $(p'=q_1q_2\cdots q_{k-1})$ in dieser Klasse, zerfällt in $\mathfrak{A}_{n'}$ in zwei konjugierte Darstellungen, deren Charaktere φ' und ψ' in den beiden Teilklassen die Werte

$$\varphi'(s')=\psi'(t')=\frac{1}{2}(\varepsilon'+\sqrt{p'\varepsilon'}), \quad \varphi'(t')=\psi'(s')=\frac{1}{2}(\varepsilon'-\sqrt{p'\varepsilon'})$$

besitzen. Die gleichen Formeln gelten mit dem Doppelstrich, nur hat man $p''=q_k$ zu setzen. Nach III § 8b besitzt dann das direkte Produkt $\mathfrak{H}$ von $\mathfrak{A}_{n'}$ und $\mathfrak{A}_{n''}$ u. a. die vier einfachen Charaktere $\varphi'\varphi''$, $\varphi'\psi''$, $\psi'\varphi''$, $\psi'\psi''$.

Zu dem einfachen Charakter $\varphi'\varphi''$ von $\mathfrak{H}$ wird nun der induzierte Charakter $\varphi=(\varphi'\varphi'')^{\mathfrak{A}_n}$ von $\mathfrak{A}_n$ gebildet und nach III Formel (13.4) berechnet. Diese Formel vereinfacht sich hier ein wenig. Die Klassen $(s's'')$ und $(t't'')$ von $\mathfrak{H}$, die zur Klasse (s) von $\mathfrak{A}_n$ gehören, haben gleichviel Elemente, $h_1=h_2$; denn dies wissen wir aus II § 2 für die Klassen (s') und (t') von $\mathfrak{A}_{n'}$, (s'') und (t'') von $\mathfrak{A}_{n''}$. Die mit s vertauschbaren Elemente, $q_1 \dots q_k$ an der Zahl, liegen nach II Satz 2.2 alle in $\mathfrak{H}$, also ist $q_1 \dots q_k = \frac{h}{h_1} = \frac{h}{h_2} = \frac{g}{g_\varrho}$, wobei $g=\frac{n!}{2}$ die Ordnung von $\mathfrak{A}_n$, g_ϱ die der Klasse (s) in $\mathfrak{A}_n$ ist. φ hat also für unser Element s den Wert

$$\begin{aligned}\varphi(s) &= \varphi'(s')\,\varphi''(s'')+\varphi'(t')\,\varphi''(t'')\\ &= \frac{1}{4}(\varepsilon'+\sqrt{p'\varepsilon'})(\varepsilon''+\sqrt{p''\varepsilon''})+\frac{1}{4}(\varepsilon'-\sqrt{p'\varepsilon'})(\varepsilon''-\sqrt{p''\varepsilon''}).\end{aligned}$$

Der konjugierte Charakter ψ hat für s den Wert

$$\begin{aligned}\psi(s) &= \varphi(a''sa''^{-1})=\varphi(t)=\varphi'(s')\,\varphi''(t'')+\varphi'(t')\,\varphi''(s'')\\ &= \frac{1}{4}(\varepsilon'+\sqrt{p'\varepsilon'})(\varepsilon''-\sqrt{p''\varepsilon''})+\frac{1}{4}(\varepsilon'-\sqrt{p'\varepsilon'})(\varepsilon''+\sqrt{p''\varepsilon''}).\end{aligned}$$

Man setze $p'p''=p=q_1 \dots q_k$ und $\varepsilon=\varepsilon'\varepsilon''$, dann ist (wie man sich analog zur Fußnote bei Satz 6.1 überlegt) $\varepsilon=(-1)^{\frac{1}{2}(p-1)}=(-1)^{\frac{1}{2}(n-k)}$, und es wird

$$\varphi(s)=\psi(t)=\frac{1}{2}(\varepsilon+\sqrt{p\varepsilon})$$

$$\psi(s)=\varphi(t)=\frac{1}{2}(\varepsilon-\sqrt{p\varepsilon}).$$

Es fragt sich, was für Werte die Charaktere φ und ψ für die übrigen Elemente von $\mathfrak{A}_n$ besitzen. Das liefert die Formel III (13.3), in der wir u, v statt s, t schreiben. Wenn u zu keinem Element von $\mathfrak{H}$ konjugiert ist, kommt immer 0 heraus. Da φ für konjugierte Elemente den gleichen Wert hat, können wir $u\in\mathfrak{H}$ nehmen. Es genügt, die Fälle $u=u'u''$ und $u=s'u''$ zu betrachten, wo u' weder zur Klasse (s') noch zur Klasse (t') gehören soll, also eine andere Zyklenbauart als diese besitzt; entsprechend u''. Summiert wird über alle zu u in $\mathfrak{A}_n$ konjugierten $v=v'v''$ aus $\mathfrak{H}$. Für alle diese ist $\varphi'(v')\,\varphi''(v'')$ eine ganze Zahl (Induktionsannahme) und daher auch $\varphi(v)$. Beim Übergang zum konjugierten Charakter ψ hat man nur

v'' durch $a''v''a''^{-1}$ zu ersetzen, und wiederum nach Induktionsannahme ändert sich gar nichts. Im zweiten Fall ist zwar z. B. in dem zu $v = s'v''$ gehörigen Glied $\varphi'(s')\varphi''(v'')$ der erste Faktor nicht rational, aber neben diesem Glied kommt das zu ava^{-1} gehörige $\varphi'(a's'a'^{-1})\varphi''(a''v''a''^{-1})$ vor; die zweiten Faktoren stimmen überein und sind ganz, die Summe der ersten Faktoren ist ε'. Also ist die Summe beider ganz, und so kann man alle vorkommenden Glieder paaren und erkennt, daß wiederum $\varphi(u)$ ganz und $= \psi(u)$ wird. Dies gilt für alle von (s) und (t) verschiedenen Klassen.

Wir wären schon fertig, wenn wir wüßten daß die gefundenen Charaktere $\varphi(u)$ und $\psi(u)$ von $\mathfrak{A}_n$ einfach wären. Das ist nun leider im allgemeinen nicht der Fall. Um diesem Mangel abzuhelfen, betrachten wir die Differenz $\vartheta = \varphi - \psi$ *). Sie hat die Werte

$$\vartheta(s) = \sqrt{p\varepsilon}, \quad \vartheta(t) = -\sqrt{p\varepsilon}, \quad \vartheta(u) = 0 \quad \text{für } u \text{ nicht aus } (s) \text{ oder } (t). \qquad (6.2)$$

Nach II Satz 2.2 ist für jede dieser beiden Klassen $\dfrac{g}{g_\varrho} = p$, und daher ist $\Sigma g_\varrho \vartheta_\varrho \overline{\vartheta}_\varrho = 2g$. Daraus folgt mit den Methoden von III § 7, daß ϑ die Summe oder Differenz zweier einfacher Charaktere von $\mathfrak{A}_n$ ist; wir nennen d i e s e (die im allgemeinen nicht mit den obigen φ und ψ übereinstimmen) in Zukunft φ und ψ, schreiben also $\vartheta = \varphi - \psi$ (wobei einstweilen offenbleibt, ob φ oder $-\varphi$, ψ oder $-\psi$ einfacher Charakter von $\mathfrak{A}_n$ ist). Es bleibt zu zeigen, daß diese beiden nun wirklich die zur Zyklenzerlegung $q_1, \ldots, q_k$ gehörigen beiden konjugierten Charaktere von $\mathfrak{A}_n$ sind und daß für ihre Werte all das gilt, was wir vorhin für die zuerst mit φ, ψ bezeichneten Charaktere fanden.

Ist ξ einer der Charaktere von $\mathfrak{A}_n$, die aus einem Paar assoziierter Darstellungen von $\mathfrak{S}_n$ entspringen, so ist $\xi(s) = \xi(t)$, und aus (6.2) folgt

$$0 = \Sigma g_\varrho \vartheta_\varrho \overline{\xi}_\varrho = \Sigma g_\varrho \varphi_\varrho \overline{\xi}_\varrho - \Sigma g_\varrho \psi_\varrho \overline{\xi}_\varrho .$$

Höchstens einer der beiden Charaktere φ und ψ kann mit ξ übereinstimmen, also tun sie es beide nicht. Es folgt, daß φ und ψ aus selbstassoziierten Darstellungen von $\mathfrak{S}_n$ entspringen; sie sind also nicht selbstkonjugiert. Der zu φ konjugierte Charakter sei $\tilde{\varphi}$ und $\chi = \varphi + \tilde{\varphi}$. Dann ist wie wir wissen, $\chi(s) = \chi(t)$, und aus (6.2) folgt

$$0 = \Sigma g_\varrho \overline{\vartheta}_\varrho \chi_\varrho = \Sigma g_\varrho (\overline{\varphi}_\varrho - \overline{\psi}_\varrho)(\varphi_\varrho + \tilde{\varphi}_\varrho) .$$

Hier ist $\Sigma g_\varrho \overline{\varphi}_\varrho \varphi_\varrho = g$, $\Sigma g_\varrho \overline{\varphi}_\varrho \tilde{\varphi}_\varrho = 0$, $\Sigma g_\varrho \overline{\psi}_\varrho \varphi_\varrho = 0$ und folglich

*) Solche Ausdrücke, also Linearkombinationen der einfachen Charaktere einer Gruppe mit ganzen Koeffizienten, die nicht notwendig $\geqq 0$ sind, nennt man „verallgemeinerte Charaktere". Man überlegt sich leicht, welche Sätze von III § 7 ihre Gültigkeit behalten, wenn die dortigen n_j auch negativ sein dürfen.

$\Sigma g_\varrho \overline{\psi}_\varrho \tilde{\varphi}_\varrho = g$. Also ist ψ der zu φ konjugierte Charakter, und es zeigt sich, daß durch den Ansatz $\vartheta = \varphi - \psi$ die Vorzeichen von φ und ψ entweder beide richtig oder beide falsch gewählt worden sind. Um endlich die Werte von φ und ψ zu berechnen, bemerken wir, daß $\chi = \varphi + \psi$ der zugehörige selbstassoziierte Charakter von $\mathfrak{S}_n$ ist. Für nicht zu s oder t konjugiertes u ist nach (6.2) $\varphi(u) = \psi(u) = \frac{\chi(u)}{2}$. Nehmen wir an, der selbstassoziierte Charakter gehöre zu den Klassen (s) und (t). Dann ist nach Satz 6.1 und Formel (6.2)

$$\varphi(s) + \psi(s) = \varepsilon, \quad \varphi(s) - \psi(s) = \sqrt{p\varepsilon},$$

und es folgt

$$\varphi(s) = \psi(t) = \frac{1}{2}(\varepsilon + \sqrt{p\varepsilon}), \quad \psi(s) = \varphi(t) = \frac{1}{2}(\varepsilon - \sqrt{p\varepsilon}).$$

Damit ist Satz 6.2 bewiesen, sobald gezeigt ist, daß der andere Fall $-\chi$ gehört n i c h t zur betrachteten Klasse — nicht eintreten kann. In diesem Falle hätten für die Klasse, zu der χ gehört, φ und ψ den Wert $\frac{\varepsilon}{2} = \pm\frac{1}{2}$. Charakterwerte sind aber (III § 8c), Ende) ganze algebraische Zahlen. Wenn eine solche Zahl rational ist, so ist sie im gewöhnlichen Sinne ganz; also ist $\varphi, \psi = \pm\frac{1}{2}$ unmöglich.

Endlich soll die Lücke noch ausgefüllt werden, die darin bestand, daß wir $k > 1$ vorausgesetzt haben. Für Klassen aus einem einzigen Zyklus ungerader Länge $q = n$ (n muß hierzu ungerade sein) kann man das Resultat leicht direkt beweisen. Denken wir für alle $n' < n$ auch dies schon geschehen, so sind alle Charaktere von $\mathfrak{A}_n$ schon bekannt bis auf die zwei letzten konjugierten, die eben zur Klasse der n-Zyklen gehören, wir nennen sie φ und ψ und setzen $\chi = \varphi + \psi$, $\vartheta = \varphi - \psi$. Sind nun s^*, t^* Repräsentanten eines anderen Klassenpaares, φ^*, ψ^* die zugehörigen Charaktere, $\vartheta^* = \varphi^* - \psi^*$, so ist

$$\Sigma g_\varrho \varphi_\varrho \overline{\vartheta}_\varrho^* = \Sigma g_\varrho \varphi_\varrho (\overline{\varphi}_\varrho^* - \overline{\psi}_\varrho^*) = 0,$$

und wegen der zu (6.2) analogen Wertverteilung von ϑ^* folgt $\varphi(s^*) = \varphi(t^*) = \psi(s^*) = \psi(t^*)$. Erst recht ist, wie wir wissen, für u aus nicht aufgespaltenen Klassen $\varphi(u) = \psi(u) = \frac{\chi(u)}{2}$. Endlich wissen wir $\varphi(s) = \psi(t)$, $\varphi(t) = \psi(s)$. In III § 7 ist für jeden Charakter $\chi(s^{-1}) = \overline{\chi(s)}$ gezeigt worden. Da sicher $\varphi(s) \neq \varphi(t)$ ist (denn sonst würden φ und ψ durchweg übereinstimmen), sind $\varphi(s)$ und $\varphi(t)$ reell oder konjugiert komplex, je nachdem s^{-1} zu s oder zu t konjugiert ist. Man überlegt sich leicht, daß $s = (1\,2 \ldots 2m+1)$ in s^{-1} nur durch gerade oder nur durch ungerade Permutation transformierbar ist, je nachdem $m = \frac{1}{2}(n-1)$ gerade oder ungerade, also je nachdem $\varepsilon = (-1)^{\frac{1}{2}(n-1)} = 1$ oder $= -1$ ist. Im ersten Fall gehört s^{-1} zur Klasse von s, und $\varphi(s)$ ist reell. Im zweiten Fall ist s^{-1} zu t konjugiert, und $\varphi(s)$ und $\psi(s)$ sind konjugiert komplex. Nun ist $\Sigma g_\varrho \overline{\varphi}_\varrho \vartheta_\varrho = g$. Für die Klassen von s und t ist $\frac{g}{g_\varrho} = n$ (s ist nur mit seinen eigenen Potenzen vertauschbar), für alle anderen ist $\vartheta_\varrho = 0$; außerdem ist $\vartheta(t) = -\vartheta(s)$. Im reellen Fall ist also

$$\varphi(s)\,\vartheta(s) + \varphi(t)\,\vartheta(t) = (\varphi(s) - \psi(s))\,\vartheta(s) = \vartheta^2(s) = n = p\,,$$

im komplexen ist

$$\overline{\varphi(s)}\,\vartheta(s) + \overline{\varphi(t)}\,\vartheta(t) = \varphi(t)\,\vartheta(s) + \varphi(s)\,\vartheta(t) = -\vartheta^2(s) = p\,,$$

in beiden Fällen also $\vartheta^2(s) = \varepsilon p$, $\vartheta(s) = \sqrt{\varepsilon p}$, $\vartheta(t) = -\sqrt{\varepsilon p}$, und damit ist der Anschluß an das Frühere gewonnen.

Siebentes Kapitel

Charaktere und eindeutige Darstellungen der Drehgruppe

Wir beschäftigen uns mit der Gruppe $\mathfrak{d}_n$ aller reellen eigentlich orthogonalen n-reihigen Matrizen (also der Determinante $+1$). Das Ziel dieses Kapitels ist die Aufstellung der Charaktere der irreduziblen Darstellungen dieser Gruppe und damit der vollständigen Systematik dieser Darstellungen. Von diesen selbst werden sodann die eindeutigen wirklich angegeben, während gewisse zweideutige, die sog. Spindarstellungen, im folgenden Kapitel behandelt werden. Am Schluß wird noch die volle orthogonale Gruppe $\mathfrak{D}_n$ betrachtet.

Die verwendete Methode wurde von E. STIEFEL [2] entwickelt. Sie ist völlig verschieden von der algebraischen des V. Kapitels, aber sie bewegt sich wie diese „im Großen". Der Infinitesimalring kommt erst im folgenden Kapitel zur Verwendung. Vorangeschickt wird ein Abschnitt über den Zusammenhang der Gruppe, der es verständlich macht, warum man hier neben eindeutigen auch zweideutige Darstellungen betrachtet.

§ 1. Zusammenhangsverhältnisse der Drehgruppe

In der Tabelle S. 306 ist die Gruppe $\mathfrak{D}_n$ aller reellen orthogonalen n-reihigen Matrizen und ihre Untergruppe $\mathfrak{d}_n$, die Gruppe der reellen eigentlich orthogonalen Matrizen, angegeben. Die Elemente der letzteren heißen „Drehungen"; sie können (I Satz 5.2e) als Produkte von p ebenen Drehungen im Raum $\mathfrak{R}_n$ der reellen Vektoren $x = (\xi_1, \ldots, \xi_n)$ dargestellt werden, wobei, falls n gerade, $n = 2p$, falls n ungerade, $n = 2p + 1$ ist. Die Elemente von $\mathfrak{D}_n$, die nicht zu $\mathfrak{d}_n$ gehören, also die reellen orthogonalen Abbildungen der Determinante -1, können alle erhalten werden, indem man eine einzige unter ihnen, etwa die Spiegelung $-E_1 \dot{+} E_{n-1}$ an der Ebene $\xi_1 = 0$, mit beliebigen Drehungen zusammensetzt. Sie werden daher „Drehspiegelungen" genannt. Danach ist $\mathfrak{d}_n$ Normalteiler vom Index 2 in $\mathfrak{D}_n$. Die Mannigfaltigkeit der $\mathfrak{D}_n$ besteht aus zwei getrennten Stücken: Es ist nicht möglich, eine orthogonale Matrix der Determinante $+1$ innerhalb der Gruppe stetig in eine solche der Determinante -1 überzuführen. Die Drehgruppe $\mathfrak{d}_n$ jedoch bildet eine zusammenhängende Mannigfaltigkeit; wir wollen uns die Art ihres Zusammenhangs näher ansehen. Die folgenden Ausführungen können keinen Anspruch auf Strenge erheben, sie dienen nur zum Plausibelmachen.

Am anschaulichsten kann man sich die Verhältnisse an der $\mathfrak{d}_3$ klarmachen. Eine eigentlich orthogonale Abbildung des $\mathfrak{R}_3$ auf sich kann ja durch eigentlich orthogonale Basisänderung auf die Gestalt

$$\begin{pmatrix} \cos\varphi & -\sin\varphi & 0 \\ \sin\varphi & \cos\varphi & 0 \\ 0 & 0 & 1 \end{pmatrix}$$

gebracht werden, d. h. sie ist eine Drehung um einen bestimmten Winkel φ um eine bestimmte Achse (die neue z-Achse). Man kann sie charakterisieren durch einen Vektor, dessen Richtung die der Drehachse und dessen Länge gleich der Größe des Drehwinkels ist; etwa so, daß Drehsinn und Vektorpfeil ein Rechtssystem bilden. Es genügt, $0 \leqq \varphi \leqq \pi$ zu nehmen; denn negative Winkel werden ja durch entgegengesetzt weisende Vektoren gegeben. Entgegengesetzt gleiche Vektoren der Länge π bedeuten d i e s e l b e Drehung. Heftet man alle Vektoren im Ursprung an, so erfüllen ihre Endpunkte genau die Kugel vom Radius π, wobei Diametralpunkte der Kugeloberfläche zu identifizieren sind. Benachbarten Punkten entsprechen benachbarte Drehungen [das sind solche mit benachbarten Drehachsen und benachbarten Drehwinkeln — es sei denn, beide Drehwinkel sind sehr klein: dann sind beide Drehungen der (durch den Ursprung dargestellten) Identität benachbart, also auch untereinander, und die Achsen brauchen nicht benachbart zu sein].

Es handelt sich also um die Untersuchung der Zusammenhangsverhältnisse der Vollkugel mit identifizierten Diametralpunkten der Oberfläche. Wir stellen die Frage: Kann man jeden geschlossenen Weg auf dieser Mannigfaltigkeit in einen Punkt zusammenziehen oder nicht?

Man sieht sofort, daß es verschiedene Arten von geschlossenen Wegen gibt: 0) Geschlossene Wege im gewöhnlichen Sinne; 1) Wege, die zwei Diametralpunkte verbinden; 2) Wege, bei denen zweimal, ..., m)

Wege, bei denen m-mal der Sprung von einem Oberflächenpunkt zu seinem Diametralpunkt vorkommt, usw. Wege der Art (0) lassen sich auf gewöhnliche Art auf einen Punkt — sogar stets auf den Ursprung, also die Gruppeneins — zusammenziehen. Bei Wegen der Art (1) ist dies nicht möglich. Man kann einen solchen Weg durch stetige Deformation in einen Durchmesser der Kugel überführen, also in die Folge aller Drehungen um die Winkel von $-\pi$ bis $+\pi$ (oder, was dasselbe ist, von 0 bis 2π) um eine feste Achse. Dieser geschlossene Weg W (als Durchmesser legen wir etwa die z-Achse fest), und alle in ihn deformierbaren, können nicht in einen Punkt zusammengezogen werden. Ein Weg der Art (2) kann, wie Abb. 10 demonstriert, ohne weiteres einerseits in einen Punkt zusammengezogen, andererseits in einen zweimal durchlaufenen Durchmesser, also den zweimal durchlaufenen Weg W, übergeführt werden. „Zweimal W" ist also auf einen Punkt zusammenziehbar.

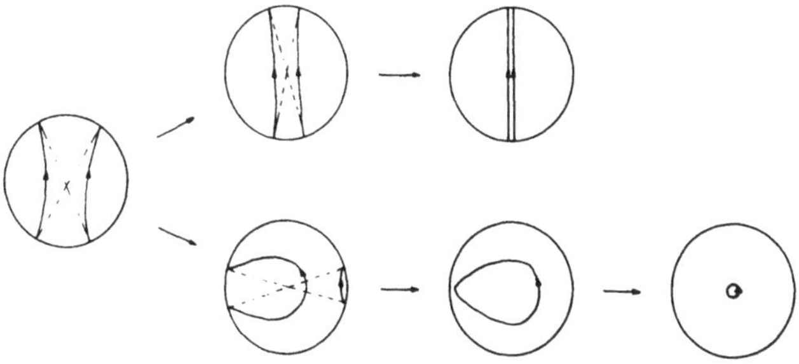

Abb. 10

Die Überführung der zweimaligen Umdrehung um eine feste Achse in die Identität kann man nach Weyl folgendermaßen anschaulich realisieren. Man betrachte zwei Kreiskegel K_1 und K_2 des gleichen Öffnungswinkels α, die Spitze im Ursprung des $\mathfrak{R}_3$. Die Achse von K_1 mag vertikal sein, der Anschaulichkeit halber betrachten wir nur die untere Kegelhälfte. K_2 soll K_1 längs einer Mantellinie berühren. Man hält K_1 fest und läßt K_2 auf ihm abrollen, bis er wieder in die Ausgangslage zurückgekehrt ist. Die Überführung der Anfangslage in irgendeine der Zwischenlagen ist ein Element von $\mathfrak{d}_3$, ihre Gesamtheit ein geschlossener Weg in $\mathfrak{d}_3$. Durch Variieren des Öffnungswinkels α erhält man eine Schar von solchen Wegen. Für $\alpha \to 0$ ergibt sich die zweimalige Umdrehung um die z-Achse, für $\alpha \to \pi$ erhält man die Ruhe.

Wie man einen Weg der Art (3) in W oder in dreimal W überführt, zeigt Abb. 11. Allgemein sieht man so: Wege der Art (m) (und insbesondere der Weg „m-mal W") können bei geradem m in einen Punkt zusammengezogen, bei ungeradem m stetig in den Weg W deformiert werden; denn Diametralpunktepaare gehen nur durch Zusammenrücken je zweier Paare, also immer in gerader Anzahl verloren.*)

Man schreibt $A \sim W$ ($\sim$ lies „homotop"), wenn der geschlossene Weg A in W deformierbar, $A \sim 0$, wenn A in einen Punkt zusammenziehbar ist. Es gibt also zwei Klassen („Homotopieklassen") von geschlossenen Wegen, und es ist $A \sim B$ dann und nur dann, wenn A und B derselben Klasse angehören.

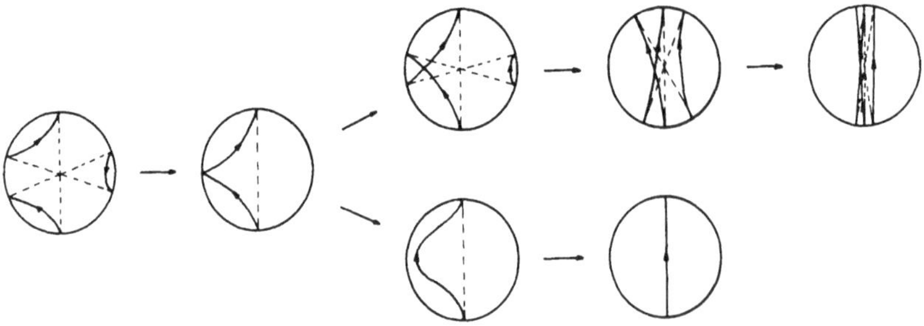

Abb. 11

Man sieht leicht, daß es bei der einfacheren Drehgruppe $\mathfrak{d}_2$ ∞ viele Homotopieklassen gibt. Hier ist die Gruppenmannigfaltigkeit die Folge der Drehwinkel von $-\pi$ bis π oder von 0 bis 2π, also eine Strecke mit identifizierten Endpunkten oder eine Kreislinie. Die Gruppenelemente werden durch die Werte einer reellen Variablen φ dargestellt, wobei φ_1 und φ_2 dasselbe Gruppenelement bedeuten, falls $\varphi_2 = \varphi_1 + 2m\pi$ mit ganzem m. Ein „geschlossener Weg" ist durch eine stetige Funktion $\varphi(t)$ $(0 \leqq t \leqq 1)$ gegeben, die für $t = 0$ und $t = 1$ dasselbe Gruppenelement darstellt: $\varphi(1) = \varphi(0) + 2m\pi$. Nennen wir ihn „von der Art (m)" nach der hier vorkommenden ganzen Zahl, dann gilt: Wege der Art (m_1) können in Wege der Art (m_2) nur für $m_1 = m_2$ deformiert werden. Nur Wege der Art (0) können in einen Punkt zusammengezogen werden; Wege der Art (m) können in den m-mal durchlaufenen Kreis (im positiven oder negativen Sinne, je nach dem Vorzeichen von m) deformiert werden.

Dagegen hat die Drehgruppe $\mathfrak{d}_n$ für $n > 3$ denselben Zusammenhang wie für $n = 3$. Hierfür sei ein von W. Hurewicz**) angegebener Beweis

*) Die Figuren beschränken sich auf Wege, die in einer Ebene durch den Mittelpunkt der Kugel liegen; es geht dann nicht ohne Überkreuzungen ab. Man mache sich klar, daß im Dreidimensionalen Doppelpunkte vermieden werden können.

**) Weyl [6], S. 268.

skizziert. In der Gruppe $\mathfrak{d}_n$ bilden die Matrizen

$$K = E_1 \dot{+} L = \begin{pmatrix} 1 & 0 & \dots & 0 \\ 0 & & & \\ \vdots & & L & \\ 0 & & & \end{pmatrix},$$

wo L eine $(n-1)$-dimensionale Drehung ist, eine zu $\mathfrak{d}_{n-1}$ isomorphe Untergruppe, die wir einfach mit $\mathfrak{d}_{n-1}$ bezeichnen wollen. Ist A irgendeine Drehung, so hat $B = AK$ die Elemente $\beta_{ik} = \sum_j \alpha_{ij} \varkappa_{jk}$; für $k=1$ ist dies $= \alpha_{i1}$. Also: Die Elemente einer Linksnebenklasse von $\mathfrak{d}_{n-1}$ stimmen in der ersten Spalte überein. Umgekehrt, wenn A und B in der ersten Spalte übereinstimmen, dann folgt aus den Orthogonalitätsrelationen für A und B, daß die Elemente $\sum_j \alpha_{ji} \beta_{jk}$ von $A^{-1}B$ für $i=1$ die Werte δ_{1k}, für $k=1$ die Werte δ_{i1} haben; also gehört $A^{-1}B$ zu $\mathfrak{d}_{n-1}$, und A und B liegen in derselben Linksnebenklasse. Eine Linksnebenklasse ist also charakterisiert durch die Angabe der ersten Spalte ihrer Matrizen, eines n-dimensionalen Vektors der Länge 1. Bringt man alle diese Vektoren im Ursprung eines $\mathfrak{R}_n$ an, so erfüllen ihre Endpunkte die n-dimensionale Einheitssphäre S dieses Raumes: die Mannigfaltigkeit der Linksnebenklassen ist eineindeutig auf S abgebildet. Zu jeder Drehung A gehört also ein Punkt P auf S, Bild der Linksnebenklasse, der A angehört; P hängt stetig von den Elementen von A ab, seine Koordinaten sind ja die Elemente der ersten Spalte von A. Zu jedem geschlossenen Weg $A_0(t)$ $(0 \leqq t \leqq 1,\ A_0(0) = A_0(1))$ in $\mathfrak{d}_n$ gehört so ein geschlossener Weg $P_0(t)$ auf S. Daß man auf S jeden geschlossenen Weg in einen Punkt zusammenziehen kann, sei hier als bekannt vorausgesetzt. Wir ziehen $P_0(t)$ auf den Punkt $Q = (1, 0, \dots, 0)$ zusammen, d. h. wir wählen eine von ϱ stetig abhängende Schar von Wegen $P(t, \varrho)$ mit $P(t, 0) = P_0(t)$, $P(t, 1) \equiv Q$. Dazu wählen wir eine Schar $A(t, \varrho)$ von Drehungen, die $P(t, \varrho)$ zur ersten Spalte besitzt, von ϱ stetig abhängt und für jedes ϱ einen geschlossenen Weg, für $\varrho = 0$ den Weg $A_0(t)$ darstellt. Damit haben wir den Weg $A_0(t)$ stetig in einen neuen Weg $A_1(t) = A(t, 1)$ übergeführt, dessen Matrizen alle die erste Spalte und wegen der Orthogonalitätsrelationen auch die erste Zeile $(1, 0, \dots, 0)$ besitzen, also in einen Weg, der in der Untergruppe $\mathfrak{d}_{n-1}$ verläuft.

Indem man so weiter schließt, erkennt man, daß jeder geschlossene Weg in $\mathfrak{d}_n$ in einen geschlossenen Weg deformiert werden kann, der in der Untergruppe $\mathfrak{d}_2$ verläuft, also in einen Weg

$$E_{n-2} \dot{+} \begin{pmatrix} \cos\varphi(t) & -\sin\varphi(t) \\ \sin\varphi(t) & \cos\varphi(t) \end{pmatrix}.$$

Der Weg $\varphi(t)$ auf dem Kreis kann noch in ein ganzzahliges Vielfaches der einmaligen positiven Durchlaufung des Kreises deformiert werden, also der gegebene Weg in den Weg mW, wenn wir mit W den Weg

$$E_{n-2} \dot{+} \begin{pmatrix} \cos\varphi & -\sin\varphi \\ \sin\varphi & \cos\varphi \end{pmatrix} \quad (0 \leqq \varphi \leqq 2\pi)$$

in $\mathfrak{d}_n$ bezeichnen.

Ist nun $n=2$, so repräsentieren, wie wir sahen, die Vielfachen mW von W lauter verschiedene Homotopieklassen. Ist dagegen $n \geqq 3$, so kann mW in der Untergruppe $\mathfrak{d}_3$ der Matrizen $E_{n-3} \dot{+} M$ (M eine dreidimensionale Drehung) in einen Punkt zusammengezogen oder in W deformiert werden, je nachdem ob m gerade oder ungerade ist. Es gibt also höchstens die beiden durch 0 und durch W repräsentierten Homotopieklassen. Den Beweis, daß die beiden wirklich verschieden sind (es könnte ja sein, daß man in irgendeiner $\mathfrak{d}_\nu$, $\nu > 3$, doch W auf einen Punkt zusammenziehen könnte), will ich hier übergehen; dafür will ich kurz andeuten, wie man zu $\mathfrak{d}_n$ eine *Überlagerungsgruppe* $\mathfrak{U}_n$ konstruiert, die „zweiblättrig"*) und einfach zusammenhängend ist.

Ich bezeichne die Elemente von $\mathfrak{d}_n$ mit kleinen lateinischen Buchstaben. Die Wege, die vom Einselement e nach einem gegebenen Element a führen, zerfallen wie die geschlossenen Wege in zwei Homotopieklassen: man schreibt $A \sim B$, wenn der aus A und B („A hin, B zurück") zusammengesetzte geschlossene Weg $A - B \sim 0$ ist. Ist $A \nsim B$, so ist jeder weitere Weg von e nach a entweder $\sim A$ oder $\sim B$. Als Elemente von $\mathfrak{U}_n$ nimmt man diese Homotopieklassen, nennt also jede von ihnen „einen über a gelegenen Punkt $\mathfrak{a}$ von $\mathfrak{U}_n$". Zur Erklärung eines Punktes von $\mathfrak{U}_n$ gehört also ein Punkt von $\mathfrak{d}_n$ und die Angabe, auf welchem Wege er von e aus erreicht wurde. Gibt man sich in $\mathfrak{d}_n$ einen von a ausgehenden Weg C und wählt einen der beiden über a gelegenen Punkte von $\mathfrak{U}_n$ aus, so erhält man einen ganz bestimmten über C gelegenen Weg $\mathfrak{C}$ in $\mathfrak{U}_n$ mit diesem Anfangspunkt. Kehrt C zum Anfangspunkt zurück, so ist auch $\mathfrak{C}$ ein geschlossener Weg, falls $C \sim 0$; sonst führt $\mathfrak{C}$ zum anderen über a gelegenen Punkt von $\mathfrak{U}_n$. Umgekehrt liegt unter jedem geschlossenen Weg in $\mathfrak{U}_n$ ein geschlossener Weg in $\mathfrak{d}_n$, der stets ~ 0 ist, also zusammenziehbar. Und darum ist $\mathfrak{U}_n$ einfach zusammenhängend.

Um $\mathfrak{U}_n$ zu einer Gruppe zu machen, muß noch das Produkt $\mathfrak{a}\mathfrak{b} = \mathfrak{c}$ erklärt werden. Dazu bezeichnen wir mit $a(s)$ ($a(0) = e$, $a(1) = a$) einen

*) Nach Art der Riemannschen Flächen in der Funktionentheorie (man denke an die von $\sqrt{z}$), aber ohne „Verzweigungspunkte".

der zu $\mathfrak{a}$ gehörigen Wege von e nach a, analog gehöre $b(t)$ zu $\mathfrak{b}$. Dann ergibt jeder Weg, der im abgeschlossenen Quadrat $0 \leqq s \leqq 1$, $0 \leqq t \leqq 1$ die Punkte $(0,0)$ und $(1,1)$ verbindet, einen Weg $a(s)\,b(t)$ von e nach ab in $\mathfrak{d}_n$, und diese Wege sind alle homotop, weil in der (s,t)-Ebene alle Wege ineinander deformierbar sind, definieren also einen ganz bestimmten Punkt $\mathfrak{c}$ über $c = ab$, der nicht von der Wahl von $a(s)$ und $b(t)$ abhängt; denn bei stetiger Deformation dieser Wege variiert $\mathfrak{c}$ stetig und bleibt dabei über c, bleibt also fest. Die Gruppengesetze können leicht verifiziert werden.

Wählt man den Weg, der aus der unteren und der rechten Quadratseite besteht, so kann man die Bildung des Produkts so beschreiben: Man durchlaufe zuerst den Weg $a(s)$ und dann von seinem Endpunkt a aus den Weg $ab(t)$. Man sieht, daß das Produkt stetig vom zweiten (und wegen der Symmetrie der Definition auch vom ersten) Faktor abhängt. Indem man b einen geschlossenen Weg durchlaufen läßt, erkennt man weiter, daß die Gleichung $\mathfrak{a}\mathfrak{b} = \mathfrak{c}$ richtig bleibt, wenn man $\mathfrak{b}$ und $\mathfrak{c}$ durch die anderen über b und c gelegenen Elemente ersetzt (allgemeiner: wenn man das mit irgend zwei von den vorkommenden drei Elementen tut).

Wegen des einfachen Zusammenhanges ist auf $\mathfrak{U}_n$ jede Funktion, die überall regulär fortgesetzt werden kann, also insbesondere keine Verzweigungsstellen besitzt, eindeutig. Jede Funktion auf $\mathfrak{U}_n$ kann auch als Funktion auf $\mathfrak{d}_n$ angesehen werden, aber eindeutige Funktionen auf $\mathfrak{U}_n$ ergeben auf $\mathfrak{d}_n$ im allgemeinen *zweideutige* Funktionen. Eine solche Funktion besitzt auch auf $\mathfrak{d}_n$ keinerlei Verzweigungsstellen, aber wenn man sie von einem Punkt x aus längs eines geschlossenen Weges fortsetzt, der nicht ~ 0 ist, so gelangt man zum anderen Funktionswert an der Stelle x.

Wir werden uns zweckmäßig auf den Standpunkt stellen, daß wir eigentlich Darstellungstheorie der Gruppe $\mathfrak{U}_n$ als des grundsätzlich einfacheren Gebildes treiben, oder — was auf dasselbe hinausläuft — *wir werden ein- und zweideutige Darstellungen der Drehgruppe suchen*. Bei der letzteren Formulierung brauchen wir von $\mathfrak{U}_n$ gar nicht zu reden.

Bei der Drehgruppe $\mathfrak{d}_2$ ist die einfach zusammenhängende und hier ∞-blättrige Überlagerungsgruppe die auf dem Kreis „aufgewickelte" Zahlengerade; die einfachste unverzweigte unendlich vieldeutige Funktion ist die den Drehwinkel bezeichnende Zahl φ.

In den folgenden Abschnitten wird die Drehgruppe $\mathfrak{d}_n$ für $n \geqq 3$ behandelt. Die Darstellungen von $\mathfrak{d}_2$ sind schon in V § 9 behandelt worden. Es handelt sich ja um die additive Gruppe der Winkel. Ihre eindeutigen stetigen Darstellungen sind in V Satz 9.3 angegeben. Läßt man die Forderung der Eindeutigkeit fallen, so gilt nicht mehr der Satz von der vollen Reduzibilität und man erhält alle in V Satz 9.2 angegebenen Darstellungen.

Es ist vielleicht nicht überflüssig, auf den Unterschied hinzuweisen, der zwischen dem Verhältnis der Drehgruppe $\mathfrak{d}_n$ zur umfassenden orthogonalen Gruppe $\mathfrak{D}_n$ und dem zur Überlagerungsgruppe $\ddot{\mathfrak{U}}_n$ besteht. $\mathfrak{d}_n$ ist in $\mathfrak{D}_n$ Normalteiler vom Index 2, die Faktorgruppe $\mathfrak{D}_n/\mathfrak{d}_n$ ist die Gruppe $\mathfrak{S}_2$ aus zwei Elementen. In $\ddot{\mathfrak{U}}_n$ gibt es eine Untergruppe $\mathfrak{E}$ der Ordnung 2, also ebenfalls zu $\mathfrak{S}_2$ isomorph: sie besteht aus dem Einselement $\mathfrak{e}$ und dem anderen über der Eins von $\mathfrak{d}_n$ gelegenen Element $\tilde{\mathfrak{e}}$. Ist $\mathfrak{a}$ der eine über a gelegene Punkt, so ist $\tilde{\mathfrak{e}}\mathfrak{a}=\mathfrak{a}\tilde{\mathfrak{e}}$ der andere: $\mathfrak{E}$ ist Normalteiler, und jede Nebenklasse von $\mathfrak{E}$ gehört zu einem Element von $\mathfrak{d}_n$; $\mathfrak{d}_n$ ist isomorph zur Faktorgruppe $\ddot{\mathfrak{U}}_n/\mathfrak{E}$.

Wir können daraus schon hier eine Aussage über die Beschaffenheit der mehrdeutigen Darstellungen der Drehgruppe ableiten. $D(\mathfrak{a})$ sei eine irreduzible Darstellung von $\ddot{\mathfrak{U}}_n$ vom Grad N. Für jedes $\mathfrak{a}$ ist $D(\tilde{\mathfrak{e}})\,D(\mathfrak{a}) = D(\mathfrak{a})\,D(\tilde{\mathfrak{e}})$, also nach dem zweiten Teil des Schurschen Lemmas (I Satz 7.1 b) $D(\tilde{\mathfrak{e}})=\varrho E_N$. Wegen $\tilde{\mathfrak{e}}^2=\mathfrak{e}$ ist aber $D(\tilde{\mathfrak{e}})\,D(\tilde{\mathfrak{e}})=E_N$, also $\varrho^2=1$. Ist $\varrho=1$, so ist $D(\mathfrak{a})=D(\tilde{\mathfrak{e}}\mathfrak{a})$ für jedes $\mathfrak{a}$: wir erhalten eine eindeutige Darstellung von $\mathfrak{d}_n$. Ist aber $\varrho=-1$, so haben wir $D(\tilde{\mathfrak{e}})=-E_N$ und $D(\tilde{\mathfrak{e}}\mathfrak{a})=-D(\mathfrak{a})$ für jedes $\mathfrak{a}$. Wenn wir $D(\mathfrak{a})$ als zweideutige Darstellung von $\mathfrak{d}_n$ betrachten, so unterscheiden sich also die beiden zu einem Element $a\in\mathfrak{d}_n$ gehörigen Matrizen nur um das Vorzeichen.

§ 2. Das Toroid $\mathfrak{T}_p$

Wir werden eine Untergruppe von $\mathfrak{d}_n$ betrachten, die sehr viel einfacher gebaut ist als $\mathfrak{d}_n$ selber und die uns zur Gewinnung einer Übersicht über die Darstellungen wichtige Dienste leisten wird.

Die Gruppenelemente (also die Matrizen aus $\mathfrak{d}_n$) werden von jetzt ab immer mit kleinen lateinischen Buchstaben bezeichnet. Den Inhalt von I Satz 5.2e — Möglichkeit der Transformation auf Normalform durch Drehung des Koordinatensystems — kann man so aussprechen: Zu jedem Gruppenelement s gibt es ein konjugiertes Element $t=u^{-1}su$, das die Normalform besitzt. Wir müssen — wie hinfort noch oft — den Fall gerader Dimensionszahl $n=2p$ und den Fall ungerader Dimensionszahl $n=2p+1$ (wir werden sie auch „Fall a)“ und „Fall b)“ nennen) unterscheiden.

a) $n=2p$.

Mit der in I § 6 eingeführten Bezeichnung ist

$$t = A(\tau_1) \dotplus A(\tau_2) \dotplus \cdots \dotplus A(\tau_p) \tag{2.1}$$

mit der Abkürzung

$$A(\tau) = \begin{pmatrix} \cos 2\pi\tau & -\sin 2\pi\tau \\ \sin 2\pi\tau & \cos 2\pi\tau \end{pmatrix}. \tag{2.2}$$

$\tau_1, \ldots, \tau_p$ sind die „Drehwinkel" des Elements t, in einem solchen Maß gemessen, daß $\tau = 1$ der Vollwinkel ist. Sie dienen als Koordinaten von t; dabei stellen aber zwei Sätze $\tau_1, \ldots, \tau_p$ und $\tau'_1, \ldots, \tau'_p$ offenbar dasselbe Element dar, sobald die Differenzen $\tau'_j - \tau_j$ ganze Zahlen sind:

$$\text{Aus} \quad \tau'_j \equiv \tau_j \bmod 1 \; (j=1, \ldots, p) \quad \text{folgt} \quad t' = t. \tag{2.3}$$

Die Eigenwerte der Matrix t — und damit zugleich jeder zu t konjugierten Matrix $s = utu^{-1}$ aus $\mathfrak{d}_n$ — sind $e^{\pm 2\pi i \tau_j}$, $j = 1, \ldots, p$.

Das Produkt $t't''$ zweier Elemente der Form (2.1) ist wieder von dieser Form, und zwar geschieht wegen $A(\tau')\,A(\tau'') = A(\tau' + \tau'')$ und der Rechenregel I (6.4_3) die Multiplikation einfach durch Addition der Drehwinkel. Die Gesamtheit dieser Elemente ist also eine abelsche Untergruppe $\mathfrak{T}_p$ von $\mathfrak{d}_n$, die im Kleinen dieselbe Struktur besitzt wie der euklidische Raum $\mathfrak{R}_p$ der Variablen $\tau_1, \ldots, \tau_p$. Im Großen ist aber $\mathfrak{T}_p$ von $\mathfrak{R}_p$ wohl zu unterscheiden. Wegen (2.3) erhält man ja schon ganz $\mathfrak{T}_p$, wenn man sich in $\mathfrak{R}_p$ auf einen achsenparallelen Würfel der Kantenlänge 1 beschränkt, etwa den Würfel $0 \leqq \tau_j \leqq 1$ ($j = 1, \ldots, p$). Hierbei hat man noch gegenüberliegende Seitenflächen des Würfels zu „identifizieren", denn es stellt ja z. B. $(0, \tau_2, \ldots, \tau_p)$ dasselbe Element von $\mathfrak{T}_p$ dar wie $(1, \tau_2, \ldots, \tau_p)$. Für $p = 2$ ist dies die Struktur der Ringfläche oder des Torus, den man erhält, wenn man zuerst ein Paar gegenüberliegender Seiten durch Zusammenbiegen des Quadrats zu einem Zylinderstück identifiziert und dann das andere Paar durch Zusammenbiegen des Zylinderstücks zur Ringfläche. τ_1, τ_2 sind Längen- und Breitenwinkel des Torus. (Für $p = 1$ hat man ähnlich eine Strecke in einen Kreis zu verwandeln.) Aus diesem Grunde nennt man $\mathfrak{T}_p$ bei beliebigem p ein p-dimensionales *Toroid*.

Der euklidische $\mathfrak{R}_p$ heißt *Überlagerungsraum* des Toroids. Das will sagen: Im Kleinen besitzt er dieselbe Struktur wie $\mathfrak{T}_p$, aber es gehören zu jedem Punkt von $\mathfrak{T}_p$ unendlich viele Punkte von $\mathfrak{R}_p$. (Im zweidimensionalen Fall kann man sich die Ebene $\mathfrak{R}_2$ auf den Ring $\mathfrak{T}_2$ „aufgewickelt" denken; über den Punkten von $\mathfrak{T}_2$ sind dann unendlich viele „Blätter" gebreitet wie bei den Riemannschen Flächen in der Funktionentheorie.)

b) $n=2p+1$.

Hier ist die Normalform

$$t=A(\tau_1)\dot{+}A(\tau_2)\dot{+}\cdots\dot{+}A(\tau_p)\dot{+}E_1\,, \tag{2.4}$$

wo E_1 die eindimensionale Einsmatrix, also einfach eine 1 bedeutet. Wiederum bilden alle diese Elemente eine Untergruppe $\mathfrak{T}_p$, in der als Koordinaten $\tau_1, \ldots, \tau_p$ verwendet werden können. Die Struktur dieser Untergruppe ist offenbar genau die gleiche wie vorhin, es gilt wörtlich alles unter a) gesagte. Die Eigenwerte von t sind $e^{\pm 2\pi i \tau_j}$ und 1.

In beiden Fällen ist das Toroid $\mathfrak{T}_p$ diejenige Untergruppe, die wir hauptsächlich zu betrachten haben.

§ 3. Das Stiefelsche Diagramm

a) $n=2p$.

Man nennt ein Element $t\in\mathfrak{T}_p$ *singulär*, wenn mindestens zwei seiner Drehwinkel gleich oder entgegengesetzt gleich sind (so daß zwei Kästchen die gleichen Eigenwerte besitzen), sonst *regulär*. Überlegen wir uns, was das gruppentheoretisch bedeutet. Die Elemente t sind alle untereinander vertauschbar. Die Gesamtheit der mit einem festen t vertauschbaren Elemente von $\mathfrak{d}_n$ bildet eine Untergruppe $\mathfrak{N}_t$ von $\mathfrak{d}_n$*), die also $\mathfrak{T}_p$ enthält. Es fragt sich, ob sie noch mehr Elemente enthält.

Es sei $t\in\mathfrak{T}_p$ regulär und $s\in\mathfrak{d}_n$ mit t vertauschbar: $st=ts$. Wie beim Beweis von I Satz 5.5 schließt man, daß s wie t aus Zweierkästchen längs der Hauptdiagonale besteht**). In den Kästchen müssen orthogonale Matrizen stehen. Wenn es lauter Drehungen sind, dann gehört s zu $\mathfrak{T}_p$. Es ist aber möglich, daß in einzelnen Kästchen von s Spiegelungen

$$B(\sigma)=\begin{pmatrix}\cos 2\pi\sigma & \sin 2\pi\sigma\\ \sin 2\pi\sigma & -\cos 2\pi\sigma\end{pmatrix}$$

stehen. Es ist $\det B(\sigma)=-1$, aber wenn eine gerade Anzahl solcher Kästchen vorkommt, ist s eigentlich orthogonal. Es ist $B^2(\sigma)=E_2$, $B^{-1}(\sigma)\,A(\tau)\,B(\sigma)=B(\sigma)\,A(\tau)\,B(\sigma)=A(-\tau)$, also $A(\tau)$ mit $B(\sigma)$ dann und nur dann vertauschbar, wenn $\tau\equiv-\tau \bmod 1$, d. h. τ ganz oder halbganz (Hälfte einer ungeraden Zahl) und $A(\tau)=\pm E_2$. Da t aus lauter verschiedenen Kästchen besteht, gibt es nur die Möglichkeit, daß in einem

---

*) Sie trägt in der Gruppentheorie den wenig schönen Namen „Normalisator".

**) Für ein Kästchen B, das nicht in der Diagonale steht, muß $A(\tau_j)B=BA(\tau_k)$ sein, $\tau_k \neq \pm\tau_j$; indem man $A(\tau_j)$ und $A(\tau_k)$ zugleich auf Diagonalform bringt, erkennt man $B=0$.

Kästchen E_2, in einem anderen $-E_2$ steht und bei s die entsprechenden Kästchen Spiegelungen, alle anderen Kästchen Drehungen enthalten. Wir haben damit folgendes Resultat gewonnen:

Satz 3.1. *Ist* $t \in \mathfrak{T}_p$ *regulär, so stimmt die Untergruppe* $\mathfrak{N}_t$ *der mit* t *vertauschbaren* $s \in \mathfrak{d}_n$ *im Kleinen mit* $\mathfrak{T}_p$ *überein.*

In der Umgebung der Eins kommen nämlich keine s der betrachteten Art vor, da $B(\sigma)$ die Eigenwerte $+1$ und -1 hat, s also zwei Eigenwerte -1 (eine Drehung um $180°$) enthält.

Satz 3.2. *Hat* $t \in \mathfrak{T}_p$ *lauter verschiedene Eigenwerte, so ist* $\mathfrak{N}_t = \mathfrak{T}_p$.

Denn dann kommt unter den Kästchen von t weder E_2 noch $-E_2$ vor. Hieraus folgt weiter

Satz 3.3. *Ist* $s \in \mathfrak{d}_n$ *mit allen Elementen von* $\mathfrak{T}_p$ *vertauschbar, so gehört* s *selber zu* $\mathfrak{T}_p$.

Satz 3.4. $\mathfrak{T}_p$ *ist maximal,*

d. h. es gibt keine abelsche Untergruppe in $\mathfrak{d}_n$, die $\mathfrak{T}_p$ als echten Teil enthält.

Betrachten wir jetzt ein singuläres t. Es sei etwa

$$t = A(\tau_1) \dot{+} A(\pm\tau_1) \dot{+} A(\tau_3) \dot{+} \cdots,$$

wir können beide Fälle zusammen betrachten. $\begin{pmatrix} b_{11} & b_{12} \\ b_{21} & b_{22} \end{pmatrix}$ sei eine eigentlich orthogonale Matrix und

$$B = \begin{pmatrix} b_{11} & 0 & b_{12} & 0 \\ 0 & b_{11} & 0 & \pm b_{12} \\ b_{21} & 0 & b_{22} & 0 \\ 0 & \pm b_{21} & 0 & b_{22} \end{pmatrix}.$$

Dann ist t mit $B \dot{+} E_{n-4}$ vertauschbar. Diese Matrizen bilden eine zu $\mathfrak{d}_2$ isomorphe Untergruppe von $\mathfrak{d}_n$, die mit $\mathfrak{T}_p$ nur die beiden Elemente $\pm E_4 \dot{+} E_{n-4}$ gemeinsam hat. Wir haben also

Satz 3.5. *Ist* $t \in \mathfrak{T}_p$ *singulär, so ist die Untergruppe* $\mathfrak{N}_t$ *der mit* t *vertauschbaren* $s \in \mathfrak{d}_n$ *von höherer Dimension als* $\mathfrak{T}_p$.

Den singulären Elementen des Toroids entsprechen im Raum der $\tau_1, \ldots, \tau_p$ die Punkte der Hyperebenen (für $p=3$: Ebenen, für $p=2$: Geraden)

$$\tau_j + \tau_k = c \quad \text{und} \quad \tau_j - \tau_k = c \quad (c \text{ beliebige ganze Zahl}). \tag{3.1}$$

Die Gesamtheit dieser Ebenen nennen wir das *Stiefelsche Diagramm* der Gruppe $\mathfrak{d}_n$. Es sind $m = 2\binom{p}{2} = p(p-1)$ Scharen paralleler Ebenen, von denen jedesmal eine durch den Ursprung geht. Den Fall $p=2$ zeigt

Abb. 12a. Hier sind die Geraden durch den Ursprung die Diagonalen eines achsenparallelen Quadrats mit dem Mittelpunkt im Ursprung. Für $p=3$ sind es die Diagonalebenen eines entsprechenden Würfels, für höhere Dimension Diagonalebenen von mehrdimensionalen Würfeln.

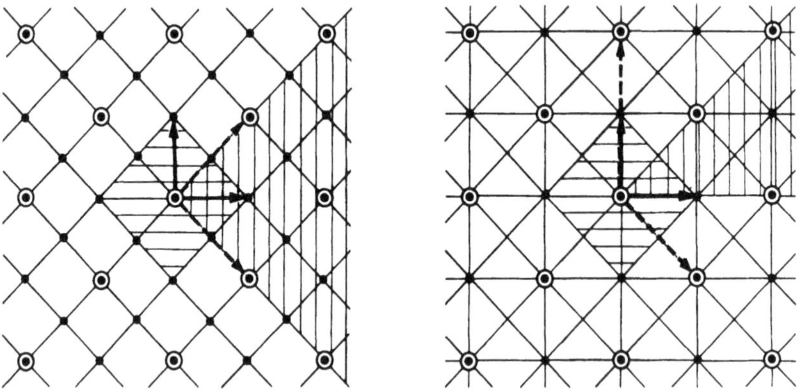

Abb. 12a Abb. 12b

Abb. 12. Stiefelsche Diagramme der Drehgruppe $\mathfrak{d}_4$ (a) und $\mathfrak{d}_5$ (b) mit eingezeichneten Gittern G_Z (•) und G_D (○) (§ 4)

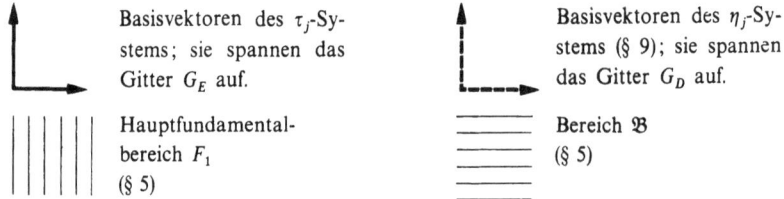

Basisvektoren des τ_j-Systems; sie spannen das Gitter G_E auf.

Basisvektoren des η_j-Systems (§ 9); sie spannen das Gitter G_D auf.

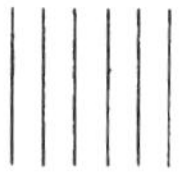
Hauptfundamentalbereich F_1 (§ 5)

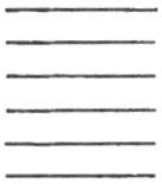
Bereich $\mathfrak{B}$ (§ 5)

b) $n=2p+1$.

In diesem Fall ist $t=A(\tau_1)\dotplus\cdots\dotplus A(\tau_p)\dotplus E_1$ und hat immer einen Eigenwert 1. Deshalb definiert man:

t heißt *singulär*, wenn mindestens zwei Drehwinkel gleich oder entgegengesetzt gleich sind oder ein Drehwinkel Null ist, so daß in zwei Kästchen (E_1 zählt auch als Kästchen) die gleichen Eigenwerte vorkommen; sonst *regulär*.

Die Erörterung der Gruppe $\mathfrak{N}_t$ der mit t vertauschbaren Elemente aus $\mathfrak{d}_n$ verläuft ganz analog. Die mit einem regulären t vertauschbaren s müssen wieder die gleiche Kästchenbauart wie die t haben. Ein Kästchen E_2 kann bei t nicht vorkommen, aber wenn ein Kästchen $-E_2$ vorkommt, so ist hiermit ein s vertauschbar, das im entsprechenden Kästchen eine Spiegelung und in der rechten unteren Ecke -1 aufweist. Wegen der Eigenwerte -1 kommen solche Elemente wieder in der Umgebung der Eins nicht vor. Es gelten also unverändert die Sätze 3.1 bis 3.4.

Ist t singulär, so kann jetzt außer den vorhin erörterten Möglichkeiten auch z. B. $t = A(\tau_1) \dot{+} \cdots \dot{+} A(\tau_{p-1}) \dot{+} E_3$ sein. Das ist natürlich mit $E_{n-3} \dot{+} B$ vertauschbar, wo $B \in \mathfrak{d}_3$ beliebig. Also gilt auch Satz 3.5.

Im Stiefel-Diagramm kommen zu den früheren Ebenen die Parallelen zu den Koordinatenebenen dazu, es besteht also aus den Hyperebenen

$$\tau_j + \tau_k = c,\ \tau_j - \tau_k = c,\ \tau_j = c \ (c \text{ beliebig ganz}). \tag{3.2}$$

Ihre Anzahl ist $m = p(p-1) + p = p^2$. Abb. 12b veranschaulicht den Fall $p = 2$.

§ 4. Die Gruppe Ψ

Die Stiefelschen Diagramme sind Figuren von außerordentlicher Symmetrie. Derartige Symmetrien können gruppentheoretisch beschrieben werden, nämlich durch die Gruppe der Decktransformationen (Bewegungen und Spiegelungen), welche die betreffende Figur in sich überführen. Wir suchen zuerst Drehungen und Spiegelungen, die das Diagramm unter Festhaltung des Ursprungs in sich überführen. Bei ihnen geht auch das Toroid in sich über, und wir gewinnen eine Gruppe von solchen Operationen von der Gruppe $\mathfrak{d}_n$ ausgehend, indem wir diejenigen inneren Automorphismen $s \to a^{-1} s a$ betrachten (II § 1), welche das Toroid fest lassen. Bei Automorphismen bleiben Vertauschbarkeitsbeziehungen erhalten; daher gehen singuläre Elemente wieder in singuläre über, und wir werden erhalten, was wir brauchen. Im folgenden wird die entstehende Gruppe Φ von Abbildungen des Toroids auf sich in den beiden Fällen a) und b) explizit aufgestellt.

a) $n = 2p$.

Zu den gesuchten inneren Automorphismen, die $\mathfrak{T}_p$ festlassen, gehören diejenigen mit $a \in \mathfrak{T}_p$; aber sie sind uninteressant, denn sie lassen $\mathfrak{T}_p$ punktweise fest. In jedem Falle haben t und $a^{-1} t a$ die gleichen Eigenwerte, d. h. die Gesamtheit der Drehwinkel bleibt bis auf die Vorzeichen dieselbe. Es handelt sich also um Permutationen der τ_j und um Vorzeichenwechsel einiger unter ihnen. Sehen wir zu, welche von diesen Operationen sich durch Transformation mit eigentlich orthogonalem a, also durch Drehung des Koordinatensystems im $\mathfrak{R}_n$, in dem sich die Drehung t abspielt, gewinnen lassen.

Vorzeichenänderung von τ_1 bedeutet Umkehrung des Drehsinnes in dem zweidimensionalen Teilraum, der zum Kästchen $A(\tau_1)$ gehört. Das geht nur durch Spiegelung, etwa durch $\begin{pmatrix} 1 & 0 \\ 0 & -1 \end{pmatrix} \dot{+} E_{n-2}$, also durch orthogonale Transformation mit der Determinante -1, die nicht zu

$\mathfrak{d}_n$ gehört. Die Zusammensetzung einer geraden Anzahl von Vorzeichenwechseln ergibt dagegen eine Drehung und kommt also in der Gruppe Φ vor, und ebenso jede Permutation. Zum Beispiel wird die Vertauschung von τ_1 und τ_2 durch $\begin{pmatrix} 0 & E_2 \\ E_2 & 0 \end{pmatrix} \dotplus E_{n-4}$ bewirkt; aus solchen Vertauschungen kann man aber jede Permutation zusammensetzen.

Damit ist die gesuchte Gruppe Φ von Abbildungen des Toroids auf sich gewonnen. Wir haben sie durch Manipulationen mit den Koordinaten τ_j beschrieben und haben damit von selbst zugleich die zu ihr isomorphe Gruppe Ψ von Drehungen und Spiegelungen im Raum des Diagramms erhalten, die wir eigentlich im Sinn haben. Ψ besteht also aus folgenden Operationen:

$$\tau_j \to \varepsilon_j \tau_{\nu_j} \begin{cases} j \to \nu_j \text{ eine beliebige Permutation} \\ \varepsilon_j = \pm 1 \\ \text{eine gerade Anzahl der } \varepsilon_j \text{ ist negativ}. \end{cases} \tag{4.1}$$

Ihre Anzahl, die Ordnung der Gruppe, ist $p!\left(\binom{p}{0}+\binom{p}{2}+\binom{p}{4}+\cdots\right)$ $= p!\,2^{p-1}$. Sie können alle durch Spiegelungen an den Diagrammebenen erzeugt werden. Spiegelung an $\tau_j - \tau_k = 0$ ist ja $\tau_j \to \tau_k$, $\tau_k \to \tau_j$, und Spiegelung an $\tau_j + \tau_k = 0$ ist $\tau_j \to -\tau_k$, $\tau_k \to -\tau_j$. Das sind spezielle Transformationen (4.1), aus denen jede Transformation (4.1) zusammengesetzt werden kann.

Außer der endlichen Gruppe Ψ können wir unserem Diagramm, das ja gitterähnliche Struktur besitzt, auch noch eine diskrete unendliche Gruppe von Spiegelungen, Drehungen und Translationen zuordnen, die es fest lassen, nämlich die Gruppe Γ, die durch die Spiegelungen an den sämtlichen Diagrammebenen erzeugt wird*). Sukzessive Spiegelung an zwei aufeinanderfolgenden Diagrammebenen $\tau_j \pm \tau_k = c$ und $\tau_j \pm \tau_k = c+1$ ergibt Translation um den Vektor $e_j \pm e_k$, wenn wir die Koordinatenvektoren mit $e_1, \ldots, e_p$ bezeichnen. Also kommen alle Translationen vor, die den Nullpunkt in einen Punkt mit ganzzahligen Koordinaten und gerader Koordinatensumme überführen; und andere kommen nicht vor, weil bei jeder Spiegelung ganzzahlige Koordinaten ganzzahlig bleiben und ihre Summe sich um eine gerade Zahl ändert. Die Punkte mit ganzzahligen Koordinaten und gerader Koordinatensumme bilden ein Gitter G_D, das dem Diagramm zugeordnet ist und aus ihm allein (ohne Bezugnahme auf die Gruppe) abgeleitet wird. Ein

---

*) In der Sprache der Kristallographie ist Ψ eine „Kristallklasse", Γ eine zugehörige „Raumgruppe".

weiteres Gitter G_E besteht aus allen Punkten des $\mathfrak{R}_p$, die zum Einheitselement von $\mathfrak{T}_p$ gehören; das sind alle Punkte mit ganzzahligen Koordinaten. Daß dieses Gitter eine Bedeutung besitzt, ist aus dem Diagramm allein nicht abzulesen; es kommt hier auf die Gruppe an, von der wir ausgegangen sind. Schließlich erhält man ein drittes Gitter G_Z, wenn man nach allen Punkten fragt, durch die von jeder der m Ebenenscharen eine Ebene hindurchgeht. Man entnimmt aus (3.1), daß es aus allen Punkten mit ganzzahligen und aus allen Punkten mit lauter halbzahligen Koordinaten (Hälfte einer ungeraden Zahl) besteht. Es ist also G_D in G_E und dieses in G_Z enthalten. G_Z ist wieder allein aus dem Diagramm abgeleitet, es besitzt aber auch gruppentheoretische Bedeutung. Die Punkte mit lauter halbzahligen Koordinaten gehören ja zum Element $-E_n$ von $\mathfrak{T}_p$. Wie man mit Hilfe des zweiten Teils des Schurschen Lemmas (I Satz 7.1 b) erkennt, sind E_n und $-E_n$ die beiden einzigen Drehungen, die mit allen Drehungen vertauschbar sind; sie bilden also das *Zentrum* von $\mathfrak{d}_n$, und G_Z ist das „Zentrumsgitter". (Weil n gerade, ist $\det(-E_n) = +1$.) In der Abb. 12a sind die Gitter G_D und G_Z markiert.

b) $n=2p+1$.

Diagrammebenen durch den Ursprung sind außer denen des Falles a) noch die Koordinatenebenen $\tau_j=0$. Spiegelung an einer solchen Ebene bedeutet Vorzeichenwechsel des betreffenden τ_j. Und in der Tat kommen die einfachen Vorzeichenwechsel jetzt in der Gruppe Φ bzw. Ψ vor. $t\to a^{-1}ta$ bewirkt wiederum nichts anderes als Permutation und Vorzeichenwechsel der τ_j. Aber jetzt können wir den Zeichenwechsel von τ_1 allein bewirken. Die Matrix t hat ja in der Ecke rechts unten eine 1, und deshalb ist ein Vorzeichenwechsel in der letzten, n-ten Koordinate des $\mathfrak{R}_n$ gänzlich ohne Wirkung auf t. Daher können wir $\tau_1\to-\tau_1$ auch durch $\begin{pmatrix}1 & 0\\ 0 & -1\end{pmatrix}\dot{+}E_{n-3}\dot{+}(-E_1)$ bewirken, und das ist eine Drehung. Die Gruppe Ψ besteht also in diesem Falle aus den Operationen

$$\tau_j\to\varepsilon_j\tau_{\nu_j}\begin{cases} j\to\nu_j \text{ eine beliebige Permutation}\\ \varepsilon_j=\pm 1 \text{ beliebig}.\end{cases} \tag{4.2}$$

Ihre Ordnung ist $p!\,2^p$.

Die Gruppe Γ, erzeugt von den Spiegelungen an sämtlichen Diagrammebenen, ist ebenfalls umfassender als im anderen Fall, aber die Untergruppe der Translationen aus Γ, und damit das Gitter G_D, ist ungeändert. Denn die Spiegelung an zwei benachbarten Ebenen $\tau_j=c$ und $\tau_j=c+1$ ergibt Translation um $2e_j$; diese Vektoren kann man aber aus den Vektoren $e_j\pm e_k$ zusammensetzen. Auch das Gitter G_E

besteht natürlich wie im anderen Fall aus allen Punkten mit ganzzahligen Koordinaten. Das Gitter G_Z aller Punkte, durch die jede der m Scharen eine Ebene schickt, stimmt aber jetzt mit G_E überein. Denn (3.2) (für alle j und k) verlangt ja, daß die τ_j ganz sind, und weiter nichts. Das ist nun wiederum das Zentrumsgitter, denn im Fall des ungeraden n ist $-E_n$ nicht eigentlich orthogonal, und daher besteht das Zentrum nur aus dem Einselement. G_D und G_Z sind in Abb. 12b markiert.

Für die Dimension (Parameterzahl) der Gruppe $\mathfrak{d}_n$ hatten wir früher $r = \dfrac{n(n-1)}{2}$ abgeleitet; das ist im Fall a) $r = p(2p-1)$, im Fall b) $r = p(2p+1)$. Andererseits hatten wir für die Anzahl der Ebenenscharen des Diagramms $m = p(p-1)$ bzw. $m = p^2$. Man bemerkt, daß in beiden Fällen

$$r = p + 2m \tag{4.3}$$

ist, was bald von Bedeutung sein wird.

§ 5. Die Fundamentalbereiche der Gruppe Ψ

Die Punkte des $\mathfrak{R}_p$, die nicht auf den Diagrammebenen durch den Ursprung liegen, werden durch diese Ebenen in eine Anzahl Gebiete $F_1, F_2, \ldots, F_L$ eingeteilt. Diese Bereiche sind *Fundamentalbereiche* der Gruppe Ψ in folgendem Sinne. Man nenne zwei Punkte des $\mathfrak{R}_p$ äquivalent, wenn es in Ψ eine Transformation gibt, die den einen in den anderen überführt. Ist dann P_λ ein Punkt von F_λ, so gibt es in F_λ keinen von P_λ verschiedenen Punkt, der zu P_λ äquivalent ist, in jedem anderen F_μ genau einen P_μ mit dieser Eigenschaft. Die Transformation, die P_λ in P_μ überführt, führt ganz F_λ in F_μ über, und zwar gibt es in Ψ genau eine Transformation, die das tut. Die Anzahl L der Fundamentalbereiche ist also zugleich die Ordnung von Ψ.

Um diese Tatsachen zu beweisen, geben wir die Fundamentalbereiche konkret an.

a) $n = 2p$.

In den Punkten der Diagrammebenen durch 0 ist immer $|\tau_j| = |\tau_k|$ für mindestens ein Paar $j \neq k$. In jedem Punkt, der auf keiner von ihnen liegt, ist $|\tau_{\nu_1}| > |\tau_{\nu_2}| > \cdots > |\tau_{\nu_p}|$ für eine bestimmte Permutation $q = \begin{pmatrix} j \\ \nu_j \end{pmatrix}$. Zwei Punkte mit verschiedenem q liegen in verschiedenen Bereichen; zwei Punkte mit gleichem q auch, wenn τ_{ν_j} für ein $j < p$ in beiden verschiedenes Vorzeichen hat, denn dann trifft jede Verbindungslinie zwischen ihnen die Ebenen $\tau_{\nu_j} \pm \tau_{\nu_p} = 0$. Stimmen aber auch noch alle

Vorzeichen bis auf evtl. das letzte in beiden Punkten überein, dann liegt auch kein Punkt der Verbindungsstrecke auf einer Trennungsebene, und sie gehören dem gleichen Bereich an.

Jeder Bereich ist also gegeben durch

$$\varepsilon_1 \tau_{\nu_1} > \varepsilon_2 \tau_{\nu_2} > \cdots > \varepsilon_{p-1} \tau_{\nu_{p-1}} > |\tau_{\nu_p}| \tag{5.1}$$

mit irgendeiner Permutation $\begin{pmatrix} j \\ \nu_j \end{pmatrix}$ und irgendwelchen Vorzeichen $\varepsilon_j = \pm 1$. Der Vergleich mit (4.1) zeigt, daß ihre Anzahl L gleich der Ordnung von Ψ ist: zu beliebigen $\varepsilon_1, \ldots, \varepsilon_{p-1}$ kann man ja ε_p so hinzubestimmen, daß in $\varepsilon_1, \ldots, \varepsilon_p$ eine gerade Anzahl von Minuszeichen vorkommt.

Ich bezeichne mit F_1 den Bereich

$$\tau_1 > \tau_2 > \cdots > \tau_{p-1} > |\tau_p| \tag{5.2}$$

und nenne ihn den *Hauptfundamentalbereich* (in Abb. 12a markiert).

Um einzusehen, daß die Gruppe Ψ die Bereiche F_λ in der angegebenen Weise permutiert, genügt es zu zeigen, daß ihre Transformationen F_1 gerade in $F_1, F_2, \ldots, F_L$ überführen. Das sieht man sofort: (5.2) geht in (5.1) durch diejenige Transformation (4.1) über, welche die gleiche Permutation, die gleichen $\varepsilon_1, \ldots, \varepsilon_{p-1}$ und das dazu passende ε_p hat.

b) $n = 2p + 1$.

Hier schließt man ganz ähnlich wie im anderen Fall. Zu den Trennungsebenen kommen die Ebenen $\tau_j = 0$ hinzu. Die Fundamentalbereiche sind

$$\varepsilon_1 \tau_{\nu_1} > \varepsilon_2 \tau_{\nu_2} > \cdots > \varepsilon_p \tau_{\nu_p} > 0 \tag{5.3}$$

mit irgendeiner Permutation und $\varepsilon_j = \pm 1$. Als Hauptfundamentalbereich nehmen wir

$$\tau_1 > \tau_2 > \cdots > \tau_p > 0 \tag{5.4}$$

(in Abb. 12b markiert). Er wird wiederum durch die Transformationen von Ψ genau einmal in jeden anderen übergeführt.

Bevor ich zu den Darstellungen übergehe, wollen wir uns noch überlegen, wie sich die §§ 2—5 gestalten würden, wenn man statt $\mathfrak{d}_n$ die Überlagerungsgruppe $\ddot{\mathfrak{U}}_n$ zugrunde legen würde. Diejenigen Elemente von $\ddot{\mathfrak{U}}_n$, die über den Elementen von $\mathfrak{T}_p$ liegen, bilden eine abelsche Untergruppe $\mathfrak{T}'_p$ von $\ddot{\mathfrak{U}}_n$, die maximal ist; denn wenn $\mathfrak{s}$ (über s) mit allen $\mathfrak{t} \in \mathfrak{T}'_p$ vertauschbar ist, so s mit allen $t \in \mathfrak{T}_p$, also folgt $s \in \mathfrak{T}_p$ und $\mathfrak{s} \in \mathfrak{T}'_p$. Zu jedem $\mathfrak{s} \in \ddot{\mathfrak{U}}_n$ gibt es in $\mathfrak{T}'_p$ ein konjugiertes; denn man hat $s = utu^{-1}$, und wenn $\mathfrak{u}$ irgendeines der beiden über u liegenden Elemente ist und $\mathfrak{t}, \mathfrak{t}'$ die beiden über t liegenden, so ist entweder $\mathfrak{s} = \mathfrak{u}\mathfrak{t}\mathfrak{u}^{-1}$ oder $\mathfrak{s} = \mathfrak{u}\mathfrak{t}'\mathfrak{u}^{-1}$. „Drehwinkel" und „Eigenwerte" sind für die Elemente von $\mathfrak{T}'_p$ nicht definiert. Aber wir werden sofort sehen, wie man die τ_j als Koordinaten in $\mathfrak{T}'_p$ verwenden kann. Sei $t^\circ \in \mathfrak{T}_p$ und darüber liege $\mathfrak{t}^\circ \in \mathfrak{T}'_p$. Wenn man τ_1 von τ_1° bis $\tau_1^\circ + 1$ wachsen läßt, so ist das ein Umlauf in $\mathfrak{d}_n$, der in $\ddot{\mathfrak{U}}_n$ zum anderen über t° gelegenen Punkt führt. Läßt man dann entweder τ_1 weiter bis $\tau_1^\circ + 2$ oder etwa τ_2 von τ_2° bis $\tau_2^\circ + 1$ wandern, so gelangt man in $\ddot{\mathfrak{U}}_n$ nach $\mathfrak{t}^\circ$ zurück. Wir können also den Raum $\mathfrak{R}_p$ der τ_j auch als Bild von $\mathfrak{T}'_p$ verwenden, wenn wir verabreden: Zwei Punkte t, t' des $\mathfrak{R}_p$ gehören genau dann zum gleichen Element von $\mathfrak{T}'_p$, wenn die Differenzen $\tau'_j - \tau_j$ ganze Zahlen *mit gerader Summe* sind. Man erkennt, daß zur Eins von $\mathfrak{T}'_p$ jetzt nur noch die Punkte des Gitters G_D gehören, welches also die Rolle des Einheitsgitters mit übernimmt. Um $\mathfrak{T}'_p$ wirklich als „Toroid" darzustellen, muß man p „primitive" Vektoren von G_D wählen (aus denen sich alle Gittervektoren mit ganzzahligen Koeffizienten zusammensetzen lassen); sie spannen ein Fundamentalparallelepiped von G_D auf, aus dem $\mathfrak{T}'_p$ durch Identifizieren gegenüberliegender Seiten entsteht. Für $p=2$ übersieht man das sofort aus Abb. 12a und 12b, für größeres p verweise ich auf § 9. Wir werden ferner *singulär* diejenigen Elemente von $\mathfrak{T}'_p$ nennen, die über den singulären Elementen von $\mathfrak{T}_p$ liegen; die anderen *regulär*. Dann ist im $\mathfrak{R}_p$ das frühere Stiefel-Diagramm auch Ort der singulären Punkte von $\mathfrak{T}'_p$, und es gelten die Analoga der Sätze 3.1 und 3.5. Denn aus $\mathfrak{s}\mathfrak{t} = \mathfrak{t}\mathfrak{s}$, $\mathfrak{s} \in \ddot{\mathfrak{U}}_n$, $\mathfrak{t} \in \mathfrak{T}'_p$ folgt für die darunterliegenden Elemente $st = ts$; umgekehrt folgt jenes aus diesem bei jeder Bestimmung der über s und t liegenden Elemente. Ein Automorphismus $\mathfrak{t} \to \mathfrak{a}^{-1}\mathfrak{t}\mathfrak{a}$, der $\mathfrak{T}'_p$ in sich überführt, gehört zu einem Automorphismus $t \to a^{-1} t a$, der $\mathfrak{T}_p$ fest läßt; umgekehrt zu diesem jener, bei jeder Bestimmung von $\mathfrak{a}$. Also: Die durch (4.1) bzw. (4.2) beschriebene Gruppe Ψ gehört zu $\ddot{\mathfrak{U}}_n$ genauso wie zu $\mathfrak{d}_n$. Schließlich ist G_Z auch hier das „Zentrumsgitter". Denn das Zentrum von $\ddot{\mathfrak{U}}_n$ besteht im Fall a) aus den vier über E_n und $-E_n$ gelegenen, im Fall b) aus den beiden über E_n gelegenen Elementen.

Einen Fundamentalbereich (allerdings kein Fundamentalparallelepiped) des Gitters G_D (also ein Bild von $\mathfrak{T}'_p$) erhält man in folgender Weise. Der $\mathfrak{R}_p$ wird durch die sämtlichen Diagrammebenen in abzählbar viele Bereiche $B_1, B_2, \ldots$ zerlegt, Fundamentalbereiche der Gruppe Γ. Wir numerieren sie so, daß $B_1, \ldots, B_L$ die Bereiche sind, die eine Ecke im Nullpunkt haben, also die innersten Stücke der Fundamentalbereiche $F_1, \ldots, F_L$ von Ψ. Sie bilden zusammen einen Bereich $\mathfrak{B}$, der von den Diagrammebenen $\tau_j \pm \tau_k = \pm 1$ begrenzt, also durch

$$|\tau_j| + |\tau_k| \leqq 1 \quad (j, k = 1, \ldots, p) \tag{5.5}$$

gekennzeichnet ist. (Im Fall b) kommen noch die Ebenen $\tau_j = \pm 1$ hinzu, aber sie sind überflüssig, denn $|\tau_j| \leqq 1$ ist in (5.5) enthalten.) Der Bereich $\mathfrak{B}$ hat die gewünschte Eigenschaft. Denn erstens enthält $\mathfrak{B}$ keine zwei bezüglich G_D äquivalenten Punkte, da jede Translation $\pm e_j \pm e_k$ aus $\mathfrak{B}$ herausführt (wie ein Blick auf Abb. 12a oder 12b lehrt, die man als Schnitt mit der (τ_j, τ_k)-Ebene interpretieren kann), und erst recht jede Translation $\pm 2e_j$. $\mathfrak{B}$ enthält aber zweitens zu jedem Punkt P des Raumes einen äquivalenten, denn durch eine Translation, deren Komponenten ganze Zahlen mit gerader Summe sind, kann P in einen Punkt von $\mathfrak{B}$ übergeführt werden*).

§ 6. Die Eigenwerte der Darstellungen

Wir betrachten eine Darstellung $D(s)$ der Drehgruppe $\mathfrak{d}_n$ vom Grad N, stetig, reell oder komplex, und fragen nach den Eigenwerten der Matrizen $D(s)$; dies wird uns zur Klassifikation der Darstellungen führen. Ist $s = u^{-1}tu$, so ist $D(s) = D^{-1}(u)\,D(t)\,D(u)$, also haben $D(s)$ und $D(t)$ die gleichen Eigenwerte. Es genügt also, die Eigenwerte der Matrizen $D(t)$ zu untersuchen, welche die Elemente des Toroids $\mathfrak{T}_p$ repräsentieren.

Nach III Satz 11.1**) ist $D(s)$ einer unitären Darstellung äquivalent. Daher können alle Matrizen in die Diagonalform gebracht werden und die Matrizen $D(t)$, weil untereinander vertauschbar, nach I Satz 5.5 simultan. Ferner haben nach I Satz 5.3 alle Eigenwerte den Betrag 1. Wir können uns also die Basis so gewählt denken, daß

$$D(t) = \begin{pmatrix} e^{2\pi i \varphi_1} & & & \\ & e^{2\pi i \varphi_2} & & \\ & & \ddots & \\ & & & e^{2\pi i \varphi_N} \end{pmatrix} \tag{6.1}$$

ist, wo die $\varphi_j = \varphi_j(\tau_1, \ldots, \tau_p)$ stetige reelle Funktionen der Parameter sind. In Anlehnung an E. Cartan will ich diese Funktionen die *Gewichte* der Darstellung nennen.

Satz 6.1. *Die Gewichte sind Linearformen mit reellen Koeffizienten.*

---

*) Durch Translation mit geraden Komponenten bringt man zuerst P in den Bereich $|\tau_j| \leqq 1$. Sodann kann man durch Addition einer geraden Anzahl von ± 1 den Betrag jeder Koordinate bis auf höchstens eine $\leqq \frac{1}{2}$ machen. Wählt man für diese eine diejenige mit dem kleinsten Abstand von $\pm \frac{1}{2}$, so ist man fertig.

**) Die Gruppenmannigfaltigkeit der $\mathfrak{d}_n$ ist die durch die Orthogonalitätsrelationen definierte algebraische Mannigfaltigkeit im n^2-dimensionalen Raum der Elemente der Matrizen. Sie ist beschränkt, denn die Orthogonalitätsrelationen bedingen $|\alpha_{ik}| \leqq 1$. Daher ist die Integration über die ganze Gruppe von vornherein gesichert, und die Sätze von III § 11 gelten für $\mathfrak{d}_n$.

Beweis. Wegen (6.1) folgt aus der Darstellungseigenschaft

$$\varphi_j(\tau_1+\tau_1',\ldots,\tau_p+\tau_p')\equiv\varphi_j(\tau_1,\ldots,\tau_p)+\varphi_j(\tau_1',\ldots,\tau_p') \bmod 1\,.$$

In der Nachbarschaft von $\tau_j=0$ und (falls die Darstellung mehrdeutig ist) für denjenigen Zweig, der das Einselement durch die Einheitsmatrix darstellt, können wir die Funktionen φ_j durch $\varphi_j\,(0,\ldots,0)=0$ festlegen. Dann gilt in der Umgebung von $\tau_j=0$ und durch stetige Fortsetzung überall

$$\varphi_j(\tau_1+\tau_1',\ldots,\tau_p+\tau_p')=\varphi_j(\tau_1,\ldots,\tau_p)+\varphi_j(\tau_1',\ldots,\tau_p')\,. \tag{6.2}$$

Setzt man $\tau_k=\tau$ und alle anderen $\tau_j=0$, so entsteht aus φ_j eine Funktion $f_{jk}(\tau)$, die wegen (6.2) der Funktionalgleichung

$$f_{jk}(\tau+\tau')=f_{jk}(\tau)+f_{jk}(\tau')$$

genügt. Die einzigen stetigen reellen Lösungen dieser Funktionalgleichung sind bekanntlich *) die Vielfachen $m\tau$ mit beliebigem reellen m. Aus (6.2) folgt nunmehr

$$\varphi_j(\tau_1,\ldots,\tau_p)=m_{j1}\tau_1+\cdots+m_{jp}\tau_p\,.$$

Damit ist Satz 6.1 bewiesen.

Satz 6.2. *Wenn $D(s)$ eine eindeutige Darstellung der Drehgruppe ist, sind die Koeffizienten m_{jk} der Gewichte ganze Zahlen.*

Denn dann ist für alle ganzzahligen τ_j (6.1) die Einheitsmatrix, also die φ_j ganze Zahlen. (Umgekehrt ist die Ganzzahligkeit der m_{jk} hinreichend dafür, daß $D(t)$ auf dem Toroid eindeutig ist.)

§ 1 hat gelehrt, daß es zweckmäßig ist, auch nach zweideutigen Darstellungen der Drehgruppe zu fragen. Hierfür gilt

Satz 6.3. *Wenn $D(s)$ eine zweideutige Darstellung der Drehgruppe ist, sind die Koeffizienten eines Gewichts entweder lauter ganze oder lauter halbganze Zahlen (Hälfte einer ungeraden Zahl).*

Beweis. Jetzt ist (6.1) auf der Überlagerungsgruppe $\mathfrak{U}_n$ eindeutig und, wie wir vom vorletzten Absatz von § 5 wissen, für alle ganzzahligen Wertsysteme $\tau_1,\ldots,\tau_p$ mit gerader Summe (nämlich für die Punkte des Gitters G_D) die Einheitsmatrix. Für diese Wertsysteme müssen also die φ_j ganze Zahlen sein. Aus $\varphi_j(2,0,\ldots,0)$ ganz folgt m_{j1} ganz oder halbganz. Je nachdem muß aber wegen $\varphi_j(1,1,0,\ldots,0)$ ganz auch m_{j2} ganz oder halbganz sein, und ebenso die übrigen. (Wiederum ist umgekehrt, wenn die m_{jk} die geforderte Eigenschaft haben, $D(t)$ wirklich auf $\mathfrak{T}_p'$

*) Ein Beweis hierfür ist im Beweis von V Satz 9.2 enthalten. Ist $f(\tau)$ eine stetige reelle Lösung von $f(\tau+\tau')=f(\tau)+f(\tau')$, so ist $\delta(\tau)=e^{f(\tau)}$ stetige reelle Lösung von $\delta(\tau+\tau')=\delta(\tau)\,\delta(\tau')$. Nach V § 9 folgt hieraus $\delta(\tau)=e^{m\tau}$ (m hier reell). Dann ist $f(\tau)=\log\delta(\tau)=m\tau$.

eindeutig und auf $\mathfrak{T}_p$ zweideutig, falls ein Gewicht mit halbganzen m_{jk} vorkommt.)

Wir werden bald sehen, daß bei irreduziblen zweideutigen Darstellungen die Koeffizienten sämtlicher Gewichte halbganz sind.

Statt mit $\varphi(\tau_1, \ldots, \tau_p)$ werde ich das Gewicht $m_1\tau_1 + \cdots + m_p\tau_p$ manchmal auch kurz mit (m) bezeichnen und durch den Punkt $(m_1, \ldots, m_p)$ des $\mathfrak{R}_p$ oder durch den Vektor, der vom Ursprung zu ihm hinführt, repräsentieren.

Ist $t' = a^{-1}ta$, so ist $D(t') = D^{-1}(a)\,D(t)\,D(a)$ und hat dieselben Eigenwerte wie $D(t)$. Wenn es sich um einen Automorphismus der Gruppe Φ handelt, dann geht t' aus t durch eine Operation (4.1) oder (4.2) hervor. Aus dem Gewicht $\sum\limits_k m_k\tau_k$ entsteht dabei $\sum\limits_k \varepsilon_k m_k \tau_{\nu_k}$ $= \sum\limits_k \varepsilon_{\lambda_k} m_{\lambda_k} \tau_k$, wo die Permutation $\begin{pmatrix} k \\ \lambda_k \end{pmatrix}$ zu $\begin{pmatrix} k \\ \nu_k \end{pmatrix}$ invers ist. Es folgt

Satz 6.4. *Mit jedem Gewicht* (m) *kommen in einer Darstellung stets auch alle Gewichte vor, die aus* (m) *durch die Operationen der Gruppe* Ψ *entstehen:*

$$m_j \to \varepsilon_j m_{\nu_j} \tag{6.3}$$

mit beliebiger Permutation $\begin{pmatrix} j \\ \nu_j \end{pmatrix}$ *und* $\varepsilon_j = \pm 1$, *im Falle a) mit der Einschränkung, daß eine gerade Anzahl negativer darunter ist.*

Unter diesen Gewichten gibt es im Fall a) genau eines, das durch die Bedingungen

$$m_1 \geqq m_2 \geqq \cdots \geqq m_{p-1} \geqq |m_p| \tag{6.4}$$

gekennzeichnet ist; im Falle b) eines, für welches

$$m_1 \geqq m_2 \geqq \cdots \geqq m_{p-1} \geqq m_p \geqq 0 \tag{6.5}$$

gilt, das also im Innern oder auf dem Rande des Hauptfundamentalbereichs (5.2) oder (5.4) liegt. Ein solches Gewicht soll ein *Hauptgewicht* heißen.

§ 7. Die Eigenwerte der adjungierten Darstellung

Die Gewichte der adjungierten Darstellung (III § 10) von $\mathfrak{d}_n$ heißen nach E. Cartan die *Wurzeln* der Drehgruppe. Wir wollen sie bestimmen.

Im Einklang mit III § 10 bezeichne ich die adjungierte Darstellung mit $A(s)$. Ihr Grad ist r, ihre Transformationen wirken auf die kanonischen Koordinaten in der Nähe der Eins. In $\mathfrak{T}_p$ sind die τ_j kanonische Koordinaten, und da in kanonischen Koordinaten jede Untergruppe linear ist (II § 5), kann man die τ_j zu einem System $\tau_1, \ldots, \tau_p, \tau_{p+1}, \ldots, \tau_r$

von kanonischen Koordinaten der gesamten Gruppe ergänzen. Wir beschränken uns auf die Matrizen $A(t)$ und bemerken, daß

$$A(t) = E_p \dotplus B(t) \tag{7.1}$$

ist; denn der innere Automorphismus t läßt das Toroid punktweise fest. Um die Form (6.1) herzustellen, brauchen wir nur noch die $B(t)$ simultan auf Diagonalform zu bringen. Es ist also $\varphi_1 \equiv 0$, $\varphi_2 \equiv 0, \ldots, \varphi_p \equiv 0$. Mehr Eigenwerte 1 kommen bei regulärem t nicht vor, denn die Vielfachheit des Eigenwerts 1 ist die Dimension des linearen Teilraums, der punktweise fest bleibt, also der Untergruppe $\mathfrak{N}_t$ von § 3, also nach Satz 3.1 genau p. Nach (4.3) ist $r-p=2m$. Da die adjungierte Darstellung nach III § 10 reell ist, sind die übrigen Eigenwerte paarweise konjugiert komplex, also die übrigen Gewichte gewisse Linearformen

$$\pm\vartheta_1(\tau_1, \ldots, \tau_p), \ldots, \pm\vartheta_m(\tau_1, \ldots, \tau_p).$$

Und diese Linearformen ϑ_μ sind jetzt rasch bestimmt. Nach Satz 3.5 ist bei singulärem t die Vielfachheit des Eigenwerts 1 größer als p, also mindestens eine der Linearformen ϑ_μ eine ganze Zahl. Die m Ebenenscharen $\vartheta_\mu = c$ (c ganz) sind also mit dem Stiefelschen Diagramm identisch. Die Wurzeln $\pm\vartheta_\mu$ sind im Fall a) in irgendeiner Reihenfolge die Linearformen $\pm\tau_j \pm \tau_k$, zu denen im Fall b) noch $\pm\tau_j$ kommt. Wir wollen es so einrichten, daß die ϑ_μ die Formen

$$\tau_j \pm \tau_k \quad (j<k), \quad \text{dazu im Fall b)} \quad \tau_j \quad (j,k=1,\ldots,p) \tag{7.2}$$

sind.

Anstatt auf die Diagonalform kann man die Matrizen $A(t)$ auch alle zugleich auf orthogonale Normalform

$$E_p \dotplus C_1(\tau) \dotplus \cdots \dotplus C_m(\tau),$$
$$C_\mu(\tau) = \begin{pmatrix} \cos 2\pi\vartheta_\mu(\tau) & -\sin 2\pi\vartheta_\mu(\tau) \\ \sin 2\pi\vartheta_\mu(\tau) & \cos 2\pi\vartheta_\mu(\tau) \end{pmatrix} \tag{7.3}$$

bringen und die Wurzeln die „Drehwinkel" der adjungierten Darstellung nennen.

Daß die adjungierte Darstellung einer orthogonalen äquivalent ist, folgt auch schon aus III Satz 11.1. (7.3) lehrt, daß dabei die Matrizen $A(t)$ — und damit alle Matrizen $A(s)$ — eigentlich orthogonal ausfallen.

Wie die Gewichte überhaupt, werden wir die Wurzeln manchmal als Vektoren deuten; diese „Wurzelvektoren" sind also, durch die Koordinatenvektoren e_j ausgedrückt,

$$\pm e_j \pm e_k, \quad \text{dazu im Fall b)} \quad \pm e_j. \tag{7.4}$$

Es sei ausdrücklich bemerkt, daß die Übereinstimmung mit den Vektoren, die das Gitter G_D erzeugen, nur teilweise und nur zufällig ist. Diese waren, wie in § 4 angegeben, $\pm e_j \pm e_k$ und dazu im Fall b) $\pm 2e_j$. Beide Male handelt es sich um Vektoren, die auf den Flächen $\vartheta_\mu = c$ senkrecht stehen; aber das eine Mal um die Koeffizienten dieser Linearformen, das andere Mal um den doppelten Abstand der Fläche $\vartheta_\mu = \pm 1$ vom Ursprung.

§ 8. Das Integral über eine Klassenfunktion

Zur Aufstellung der Charaktere werden uns die Orthogonalitätsrelationen dienen, III Satz 11.3. Daß man die erforderlichen Integrale über $\mathfrak{d}_n$ bilden kann, steht nach der Fußnote am Anfang von § 6 bereits fest. Was wir brauchen und jetzt herleiten wollen, ist eine handliche Formel für das Integral über eine Klassenfunktion, wie jeder Charakter sie darstellt: $\chi(ata^{-1}) = \chi(t)$.

Zuvor merke ich noch eine wichtige Formel an, die aus den Eigenschaften der adjungierten Darstellung folgt: es ist immer

$$\int_{a^{-1}\mathfrak{M}a} dv = \int_{\mathfrak{M}} dv\,. \tag{8.1}$$

Zu ihrem Beweis benutzen wir, daß die Abbildung $x \to x' = a^{-1}xa$ in kanonischen Koordinaten in einer Umgebung $\mathfrak{U}(1)$ der Eins linear ist: $\xi'_\varrho = \sum_\sigma \alpha_{\varrho\sigma}\xi_\sigma$. Wegen $a^{-1}xaa^{-1}ya = a^{-1}xya$ ist mit den Bezeichnungen von II § 6

$$\varphi^\varrho(a^{-1}xa, a^{-1}ya) = \sum_\tau \alpha_{\varrho\tau}\varphi^\tau(x, y)\,.$$

Differentiation nach η_σ ergibt

$$\sum_\tau \varphi^\varrho_{.\tau}(a^{-1}xa, a^{-1}ya)\,\alpha_{\tau\sigma} = \sum_\tau \alpha_{\varrho\tau}\varphi^\tau_{.\sigma}(x, y)\,.$$

Geht man zu den Determinanten über, so erhält man

$$\det\varphi^\varrho_{.\sigma}(a^{-1}xa, a^{-1}ya) = \det\varphi^\varrho_{.\sigma}(x, y)\,. \tag{8.2}$$

Nach § 7 kann man die Koordinaten so wählen, daß die Matrix $(\alpha_{\varrho\sigma})$ eigentlich orthogonal ist. Daher wird für $\mathfrak{M} \subset \mathfrak{U}(1)$

$$\begin{aligned}
\int_{\mathfrak{M}} dv &= \int_{\mathfrak{M}} \det\varphi^\varrho_{.\sigma}(x^{-1}, x)\, d\xi_1 \ldots d\xi_r \\
&= \int_{a^{-1}\mathfrak{M}a} \det\varphi^\varrho_{.\sigma}(ax'^{-1}a^{-1}, ax'a^{-1})\,(\det\alpha_{\varrho\sigma})^{-1}\, d\xi'_1 \ldots d\xi'_r \\
&= \int_{a^{-1}\mathfrak{M}a} \det\varphi^\varrho_{.\sigma}(x'^{-1}, x')\, d\xi'_1 \ldots d\xi'_r \\
&= \int_{a^{-1}\mathfrak{M}a} dv
\end{aligned}$$

wegen (8.2) und $\det \alpha_{\varrho\sigma} = 1$. Durch Linkstranslation überträgt sich das überall hin: für $s^{-1}\mathfrak{M} \subset \mathfrak{U}(1)$ ist

$$\int\limits_{\mathfrak{M}} dv = \int\limits_{s^{-1}\mathfrak{M}} dv = \int\limits_{a^{-1}s^{-1}\mathfrak{M}a} dv = \int\limits_{(a^{-1}sa)a^{-1}s^{-1}\mathfrak{M}a} dv = \int\limits_{a^{-1}\mathfrak{M}a} dv .$$

Statt (8.1) kann man auch

$$\int\limits_{a\mathfrak{M}} dv = \int\limits_{\mathfrak{M}a} dv$$

schreiben; und das zeigt, daß unser Integral, weil linksinvariant, auch *rechtsinvariant* ist.

Am Ende von II § 6 haben wir die Gruppe nach Nebenklassen einer Untergruppe eingeteilt, wir können das jetzt auf die Untergruppe $\mathfrak{T}_p$ anwenden; die Mannigfaltigkeit der Linksnebenklassen heiße wieder $\mathfrak{W}$. Als Koordinaten in $\mathfrak{T}_p$ werden wir wie in § 7 die τ_j verwenden, als Volumenelement $d\tau_1 \ldots d\tau_p$, und da über einen Würfel der Kantenlänge 1 zu integrieren ist, erhält man

$$V_{\mathfrak{T}_p} = 1 \quad \text{und} \quad V_{\mathfrak{d}_n} = V_{\mathfrak{W}} . \tag{8.3}$$

Handelt es sich um die Überlagerungsgruppe $\ddot{\mathfrak{U}}_n$, so wird mit demselben Volumenelement

$$V_{\mathfrak{T}'_p} = 2 \quad \text{und} \quad V_{\ddot{\mathfrak{U}}_n} = 2 V_{\mathfrak{W}} ; \tag{8.4}$$

an $V_{\mathfrak{W}}$ ändert sich nichts.

Es wird aber jetzt besser sein, die Gruppe in die Klassen konjugierter Elemente einzuteilen, was ein wenig komplizierter ist. Wir wissen, daß es zu jedem $s \in \mathfrak{d}_n$ ein konjugiertes Element t in $\mathfrak{T}_p$ gibt. Zwei Elemente von $\mathfrak{T}_p$ sind konjugiert, wenn sie durch einen Automorphismus der Gruppe Φ ineinander übergeführt werden. Wenn man aus jeder Klasse ein Element haben will, wird man sich im $\mathfrak{R}_p$ auf das Gebiet $|\tau_j| < \frac{1}{2}$ beschränken (damit hat man ganz $\mathfrak{T}_p$) und hier wieder auf die Punkte, die in einem Fundamentalbereich der Gruppe Ψ liegen, etwa im Hauptfundamentalbereich F_1 (§ 5). Dieses Gebiet, also der Durchschnitt von F_1 mit der Menge $|\tau_j| < \frac{1}{2}$, heiße $\mathfrak{f}_1$.

Um wirklich von jeder Klasse einen Vertreter zu haben, müßte man noch einen Teil der Randpunkte von $\mathfrak{f}_1$ hinzunehmen; aber für das Integrieren ist das belanglos. Auf diese Weise sind wir nicht nur alle singulären Punkte losgeworden, sondern haben uns, weil wir $\tau_j = \pm\frac{1}{2}$ ausgeschlossen haben, auf die t mit lauter verschiedenen Eigenwerten beschränkt, die nach Satz 3.2 nur mit den Elementen von $\mathfrak{T}_p$ vertauschbar sind.

Sei also $t \in \mathfrak{f}_1$. Welche Menge von Elementen muß a durchlaufen, damit ata^{-1} die t-Klasse gerade einmal durchläuft? Aus $ata^{-1} = btb^{-1}$

folgt $b^{-1}at = tb^{-1}a$, also wegen Satz 3.2 $b^{-1}a \in \mathfrak{T}_p$: a und b liegen in derselben Linksnebenklasse. Umgekehrt, aus $b = at'$ folgt $btb^{-1} = at'tt'^{-1}a^{-1} = ata^{-1}$. Man erhält also jedes Element der t-Klasse genau einmal, wenn man a ein Repräsentantensystem der Linksnebenklassen von $\mathfrak{T}_p$ durchlaufen läßt. Wir werden daher wiederum das Integral über $\mathfrak{d}_n$ zerlegen in ein Integral über $\mathfrak{T}_p$ (genauer: über den Teil $\mathfrak{k}_1$ von $\mathfrak{T}_p$) und in ein Integral über die Mannigfaltigkeit $\mathfrak{W}$ der Linksnebenklassen.

Für das Volumenelement an der Stelle $s = ata^{-1}$ schreiben wir $dv(s) = dv(t, \mathfrak{a})$, wo mit $\mathfrak{a}$ die Linksnebenklasse von a bezeichnet ist. Dies ist nicht (wie in II § 6) das Produkt von $dv(t)$ und $dv(\mathfrak{a})$; wir werden vielmehr $dv(t, \mathfrak{a}) = \varrho(t, \mathfrak{a})\, dv(t)\, dv(\mathfrak{a})$ setzen. Die Funktion $\varrho(t, \mathfrak{a})$ gilt es zu bestimmen. Sie wird sich als von $\mathfrak{a}$ unabhängig, also selbst als Klassenfunktion erweisen. Daher erhält man als Gesamtvolumen und als Integral über eine Klassenfunktion $f(t)$

$$V_{\mathfrak{W}} \int_{\mathfrak{k}_1} \varrho(t)\, dv(t) \quad \text{bzw.} \quad V_{\mathfrak{W}} \int_{\mathfrak{k}_1} f(t)\, \varrho(t)\, dv(t).$$

In einer Umgebung von $s = ata^{-1}$ wird das Integral berechnet, indem man sie durch Linkstranslation mit s^{-1} in die Umgebung der Eins bringt. $s' = (a\alpha)(t\tau)(a\alpha)^{-1}$ beschreibt eine volle Umgebung von s, wenn unabhängig voneinander τ eine volle Umgebung der Eins in $\mathfrak{k}_1$ und α ein Repräsentantensystem der $\mathfrak{a}$ einer vollen Umgebung der Eins in $\mathfrak{W}$ durchläuft.

$$\sigma = s^{-1}s' = s^{-1}a\alpha t\tau\alpha^{-1}a^{-1} = at^{-1}\alpha t\tau\alpha^{-1}a^{-1}$$

beschreibt dann eine volle Umgebung der Eins in $\mathfrak{d}_n$. Weil Transformation mit a nach (8.1) an den Volumina nichts ändert, können wir statt σ auch

$$\sigma' = t^{-1}\alpha t\tau\alpha^{-1} \tag{8.5}$$

nehmen. σ' hängt von a nicht ab.

Wir bezeichnen jetzt mit $\tau_1, \ldots, \tau_r$ dasjenige kanonische Koordinatensystem, das am Ende von § 7 benutzt wurde und in dem die Transformation mit t die lineare Abbildung mit der Matrix (7.3) ist; $\iota_1, \ldots, \tau_p$ sind dabei die üblichen Koordinaten in $\mathfrak{T}_p$. Die Koordinaten von σ' in diesem System mögen $\sigma'_1, \ldots, \sigma'_r$ heißen, die von $\tau \in \mathfrak{T}_p$ seien $\tau_1, \ldots, \tau_p$, $0, \ldots, 0$. Die $(r-p)$-Ebene $\tau_1 = \cdots = \tau_p = 0$ auf der Gruppenmannigfaltigkeit wird von $\mathfrak{T}_p$ und daher auch von allen Linksnebenklassen, die genügend nahe bei $\mathfrak{T}_p$ liegen, in genau einem Punkt getroffen. Das heißt: wir bekommen ein System von Elementen α, wie es oben verlangt wurde, wenn wir alle Punkte $(0, \ldots, 0, \alpha_{p+1}, \ldots, \alpha_r)$ nehmen, bei denen $(\alpha_{p+1}, \ldots, \alpha_r)$ in einer hinreichend kleinen Umgebung von 0 liegt.

Um das Volumenelement $d\sigma'_1 \ldots d\sigma'_r$ durch $d\tau_1 \ldots d\tau_p\, d\alpha_{p+1} \ldots d\alpha_r$ auszudrücken, berechnen wir vermöge (8.5) die Funktionaldeterminante der σ'_j nach den τ_j und α_j an der Stelle 0; sie hängt von t, aber nicht von a ab und ist die gesuchte Funktion $\varrho(t)$. Die drei Faktoren $t^{-1}\alpha t$, τ und α^{-1} liegen dicht bei I. Die Koordinaten von $t^{-1}\alpha t$ entstehen aus denen für α durch die Transformation (7.3), gebildet für t^{-1}. In erster Näherung (und mehr brauchen wir zur Berechnung der Funktionaldeterminante nicht) sind zu ihnen die Koordinaten von τ zu addieren und die von α zu subtrahieren, in erster Näherung wird also

$$\begin{aligned} \sigma'_j &= \tau_j \quad (j=1,\ldots,p) \\ \sigma'_{p+2\mu-1} &= \alpha_{p+2\mu-1}(\cos 2\pi\vartheta_\mu(t)-1)+\alpha_{p+2\mu}\sin 2\pi\vartheta_\mu(t) \\ \sigma'_{p+2\mu} &= -\alpha_{p+2\mu-1}\sin 2\pi\vartheta_\mu(t)+\alpha_{p+2\mu}(\cos 2\pi\vartheta_\mu(t)-1) \quad (\mu=1,\ldots,m)\,. \end{aligned}$$

Die fragliche Funktionaldeterminante ist also

$$\begin{aligned} \varrho(t) &= \prod_{\mu=1}^{m} \begin{vmatrix} \cos 2\pi\vartheta_\mu(t)-1 & \sin 2\pi\vartheta_\mu(t) \\ -\sin 2\pi\vartheta_\mu(t) & \cos 2\pi\vartheta_\mu(t)-1 \end{vmatrix} \\ &= \prod_{\mu=1}^{m} 2(1-\cos 2\pi\vartheta_\mu(t))\,. \end{aligned} \tag{8.6}$$

Das so gefundene Volumenelement kann ohne weiteres über die ganze Gruppe, d. h. über $\mathfrak{k}_1$ und $\mathfrak{W}$ integriert werden. Man erhält für das Integral über ganz $\mathfrak{d}_n$

$$V_{\mathfrak{d}_n} = V_{\mathfrak{W}} \int_{\mathfrak{k}_1} \varrho(t)\, d\tau_1 \ldots d\tau_p{}^{*)} \tag{8.7}$$

und für das Integral über eine Klassenfunktion $f(s)$

$$\int_{\mathfrak{d}_n} f(s)\, dv(s) = V_{\mathfrak{W}} \int_{\mathfrak{k}_1} f(t)\, \varrho(t)\, d\tau_1 \ldots d\tau_p\,, \tag{8.8}$$

wie oben angekündigt. Da es bei der Volumenmessung auf einen konstanten Faktor nicht ankommt, braucht $V_{\mathfrak{W}}$ nicht berechnet zu werden. Man kann vielmehr $V_{\mathfrak{W}}$ willkürlich festsetzen; es erweist sich als bequem, $V_{\mathfrak{W}} = \frac{L}{2}$ zu setzen, wo L wieder die Ordnung der Gruppe Ψ oder die Anzahl der Fundamentalbereiche F_λ bezeichnet. Aus (8.3) wird dann

$$V_{\mathfrak{d}_n} = \frac{L}{2}\,. \tag{8.9}$$

Aus (8.8) aber wird

$$\int_{\mathfrak{d}_n} f(s)\, dv(s) = \tfrac{1}{2} \int_{\mathfrak{T}_p} f(t)\, \varrho(t)\, d\tau_1 \ldots d\tau_p\,. \tag{8.10}$$

---

*) Aus (8.7) und (8.3) folgt übrigens $\int_{\mathfrak{k}_1} \varrho(t)\, d\tau_1 \ldots d\tau_p = 1$.

Denn weil $f(t)$ und $\varrho(t)$ Klassenfunktionen sind, hat das Integral über jeden der L Bereiche, die aus $\mathfrak{f}_1$ durch die Operationen der Gruppe Ψ entstehen, den gleichen Wert, und diese L Bereiche bilden zusammen das Bild $|\tau_j| < \frac{1}{2}$ von $\mathfrak{T}_p$. Übrigens kann man genau so gut über jeden anderen achsenparallelen Würfel der Kantenlänge 1 integrieren, denn als stetige Funktion auf $\mathfrak{T}_p$ kann $f(t)$ als stetige periodische Funktion (der Periode 1 in jeder Variablen) in ganz $\mathfrak{R}_p$ erklärt werden [$\varrho(t)$ ist das ohnehin].

Wenn man Integrale über die Überlagerungsgruppe $\mathfrak{Ü}_n$ haben will — und wir werden sie benutzen, wenn wir in $\mathfrak{d}_n$ zweideutige Klassenfunktionen zu betrachten haben —, dann hat man weiter nichts zu tun, als das Integral über $\mathfrak{T}_p$ durch das Integral über einen geeigneten doppelt so großen Bereich zu ersetzen, der Bild von $\mathfrak{T}'_p$ ist, etwa den am Schluß von § 5 beschriebenen Bereich $\mathfrak{B}$. Man erhält

$$\int_{\mathfrak{Ü}_n} f(s)\,dv(s) = \frac{1}{2}\int_{\mathfrak{B}} f(t)\,\varrho(t)\,d\tau_1 \dots d\tau_p \tag{8.11}$$

und für $f(s) \equiv 1$

$$V_{\mathfrak{Ü}_n} = L\,. \tag{8.12}$$

Eine in $\mathfrak{Ü}_n$ stetige (also in $\mathfrak{d}_n$ stetige aber evtl. zweideutige) Klassenfunktion braucht nicht mehr im $\mathfrak{R}_p$ die Periode 1 zu haben, sondern sie wiederholt sich bei Vermehrung der Koordinaten um ganze Zahlen mit gerader Summe.

In allen Formeln ist $\varrho(t)$ die durch (8.6) gegebene Funktion.

§ 9. Invariante und alternierende Polynome und Elementarsummen

Die Aufstellung des vollständigen Systems der irreduziblen Darstellungen gelingt am einfachsten auf dem Weg über die Bestimmung ihrer Charaktere. Sie müssen den Orthogonalitätsrelationen III (11.1) genügen, und diese Tatsache allein wird — zusammen mit den Ergebnissen von § 6 — zu ihrer Auffindung genügen.

Der Charakter $\chi(s)$ einer Darstellung $D(s)$ ist die Spur der Matrix $D(s)$. Er ist eine Klassenfunktion, es genügt, χ auf dem Toroid $\mathfrak{T}_p$ zu betrachten; statt $\chi(t)$ schreiben wir jetzt $\chi(\tau)$, um zugleich anzudeuten, daß wir χ als Funktion der Variablen τ_j betrachten. Nach I (5.2) ist $\chi(\tau)$ die Summe der Eigenwerte der Matrix $D(t)$, jeder mit seiner Vielfachheit gezählt. Diese Eigenwerte haben nach § 6 die Gestalt

$$e^{2\pi i\varphi(\tau)}, \quad \varphi(\tau) = m_1\tau_1 + \cdots + m_p\tau_p \quad (m_j \text{ alle ganz oder halbganz})\,. \tag{9.1}$$

$\chi(\tau)$ ist also eine Summe von Ausdrücken der Art (9.1) mit nichtnegativen ganzzahligen Koeffizienten: ein *trigonometrisches Polynom**).

Als Klassenfunktion ist der Charakter auch invariant bei den Abbildungen des Toroids auf sich, die durch die Operationen der Gruppe Φ bewirkt werden, d. h. die Funktion $\chi(\tau)$ ändert sich nicht, wenn man die Veränderlichen den Operationen (4.1) bzw. (4.2) der Gruppe Ψ unterwirft. Wie bei Satz 6.4 erkennt man, daß $\chi(\tau)$ daher mit jedem Glied (9.1) immer auch — mit demselben Koeffizienten — alle Glieder enthält, die daraus durch (6.3), also durch die Operationen der Gruppe Ψ, ausgeübt auf den Vektor (m), entstehen. Trigonometrische Polynome dieser Art sollen *invariante Polynome* heißen.

Die einfachsten invarianten Polynome sind die *invarianten Elementarsummen*, die entstehen, wenn man auf einen Ausdruck (9.1) alle Operationen der Gruppe Ψ ausübt und die entstehenden Ausdrücke addiert. Unter den Summanden kommt genau einer vor, dessen Gewicht ein Hauptgewicht ist, für den also (6.4) bzw. (6.5) gilt; wir nennen ihn das *Hauptglied* der Elementarsumme. Invariante Polynome sind Linearkombinationen von invarianten Elementarsummen, und wir haben für die Charaktere

Satz 9.1. *Die Charaktere sind Linearkombinationen von invarianten Elementarsummen mit ganzen nichtnegativen Koeffizienten.*

Obwohl die Charaktere selbst invariante Polynome sind, ist eine andere Sorte von trigonometrischen Polynomen für ihre Bestimmung noch wichtiger: die alternierenden Polynome und speziell die alternierenden Elementarsummen.

Man kann die Operationen (6.3) der Gruppe Ψ in *gerade* und *ungerade* einteilen. Die geraden haben die Determinante $+1$, die ungeraden -1, oder: die geraden werden durch eine gerade Anzahl, die ungeraden durch eine ungerade Anzahl von Spiegelungen erzeugt. Im Falle a) gehören die geraden zu den geraden Permutationen in (6.3), die ungeraden zu den ungeraden; im Falle b) ist es umgekehrt, falls eine ungerade Anzahl von ε_j negativ sind.

Ein trigonometrisches Polynom heißt nun *alternierend*, wenn es bei den geraden Operationen von Ψ invariant ist und bei den ungeraden das Vorzeichen wechselt. Alternierende Polynome sind Linearkombinationen von „alternierenden Elementarsummen".

*) Die Ähnlichkeit mit gewöhnlichen Polynomen springt in die Augen, wenn man $e^{2\pi i \tau_j} = \varepsilon_j$ setzt; dann ist $e^{2\pi i \varphi(\tau)} = \varepsilon_1^{m_1} \dots \varepsilon_1^{m_p}$ ein Monom, also der Charakter ein Polynom in den ε_j, den Eigenwerten der dargestellten Drehung. Die Exponenten können allerdings negativ und halbganz sein.

Eine *alternierende Elementarsumme* (a. E.-S.) entsteht aus einem Ausdruck

$$e^{2\pi i\psi(\tau)}; \ \psi(\tau) = l_1\tau_1 + \cdots + l_p\tau_p \quad (l_j \text{ alle ganz oder alle halbganz}), \tag{9.2}$$

indem man auf den Vektor (l) alle Operationen der Gruppe Ψ ausübt und die entstehenden Ausdrücke mit positivem oder negativem Vorzeichen addiert, je nachdem sie durch gerade oder ungerade Operationen von Ψ entstehen.

Wenn der Vektor (l) in einer Diagrammebene liegt, ist die zugehörige a. E.-S. Null. Denn dann läßt ihn die Spiegelung an dieser Ebene ungeändert, und von den L Vektoren, die aus ihm durch die Operationen von Ψ entstehen, sind je zwei einander gleich und geben zu zwei Gliedern mit entgegengesetzten Vorzeichen Anlaß, die sich wegheben. Jede a. E.-S., die nicht $\equiv 0$ ist, gehört also zu einem Vektor, der ins Innere eines der Fundamentalbereiche $F_1, \ldots, F_L$ weist, und besteht aus genau L Gliedern. (Dagegen kann eine invariante Elementarsumme auch aus einem Vektor gebildet sein, der in einer Diagrammebene liegt, und hat dann L/L_0 Glieder, wenn L_0 die Ordnung der Untergruppe von Ψ ist, bei welcher der Vektor festbleibt.)

Wir können jede a. E.-S. durch ihr *Hauptglied* erzeugen, also

im Fall a)	im Fall b)	
$l_1 > l_2 > \cdots > l_{p-1} > \lvert l_p \rvert$	$l_1 > l_2 > \cdots > l_{p-1} > l_p > 0$	(9.3)

annehmen; falls das Hauptglied negatives Vorzeichen hat, muß man noch mit -1 multiplizieren. Da die l_j alle ganz oder alle halbganz sind, stellt (9.3) einen Gitterpunkt des Gitters aller ganz- und halbzahligen Punkte (im Fall a) ist es das Gitter G_Z von § 4) im Hauptfundamentalbereich F_1 dar. Wir denken uns diese Gitterpunkte irgendwie numeriert und erhalten eine abzählbare Folge von a. E.-S.

$$A_1(\tau), A_2(\tau), \ldots; \tag{9.4}$$

wir setzen noch fest, daß in $A_\nu(\tau)$ das Hauptglied positives Vorzeichen haben soll. In der Gestalt $\pm A_\nu(\tau)$ hat man dann alle a. E.-S.

Die a. E.-S. genügen gewissen Orthogonalitätsrelationen, die wir nachher mit denen für die Charaktere konfrontieren werden. Um sie anzugeben, ist es bequem, im $\mathfrak{R}_p$ durch eine lineare Transformation neue Koordinaten anstelle der τ_j einzuführen, in denen die Koeffizienten der Linearformen, die bis jetzt ganz- oder halbzahlig waren, stets ganzzahlig ausfallen. Als neue Basisvektoren nehmen wir p primitive Gittervektoren $u_1, \ldots, u_\nu$ des Gitters G_D (§ 4), die folgendermaßen ausgewählt werden.

Der Fundamentalbereich F_1

Fall a)	Fall b)
$\tau_1 > \tau_2 > \cdots > \tau_{p-1} > \lvert\tau_p\rvert$	$\tau_1 > \tau_2 > \cdots > \tau_{p-1} > \tau_p > 0$

wird von den p Diagrammebenen

$$\text{a)}\ \tau_1 - \tau_2 = 0,\ \tau_2 - \tau_3 = 0,\ \ldots,\ \tau_{p-1} - \tau_p = 0,\ \tau_{p-1} + \tau_p = 0$$

$$\text{b)}\ \tau_1 - \tau_2 = 0,\ \tau_2 - \tau_3 = 0,\ \ldots,\ \tau_{p-1} - \tau_p = 0,\ \tau_p = 0$$

begrenzt. Auf diesen Ebenen stehen senkrecht die Gittervektoren

$$\begin{array}{llllll|llllll}
 & & \text{Fall a)} & & & & & & \text{Fall b)} & & & \\
u_1 & =(1, & -1, & 0,\ldots,0, & 0) & & u_1 & =(1, & -1, & 0,\ldots,0, & 0) & \\
u_2 & =(0, & 1, & -1,\ldots,0, & 0) & & u_2 & =(0, & 1, & -1,\ldots,0, & 0) & \\
\cdots & & & & & & \cdots & & & & & \\
u_{p-1} & =(0, & 0, & 0,\ldots,1, & -1) & & u_{p-1} & =(0, & 0, & 0,\ldots,1, & -1) & \\
u_p & =(0, & 0, & 0,\ldots,1, & 1) & & u_p & =(0, & 0, & 0,\ldots,0, & 2). &
\end{array}$$

Man verifiziert leicht, daß jeder Gittervektor von G_D (Komponenten: ganze Zahlen mit gerader Summe) in beiden Fällen in der Form $c_1 u_1 + \cdots + c_p u_p$ mit ganzen c_j erscheint.

Bezeichnet man mit η_j die neuen Koordinaten, mit h_j die neuen Koeffizienten einer Linearform $\sum_j l_j \tau_j$, so ergeben sich die Umrechnungsformeln für die Koordinaten aus der Identität $\sum_j \tau_j e_j = \sum_j \eta_j u_j$ und hierauf diejenigen für die Koeffizienten aus $\sum_j l_j \tau_j = \sum_j h_j \eta_j$. Daher drücken sich die h_j durch die l_j genau so aus wie die u_j durch die e_j:

$$\begin{array}{ll}
\text{Fall a)} & \text{Fall b)} \\
h_1 = l_1 - l_2 & h_1 = l_1 - l_2 \\
h_2 = l_2 - l_3 & h_2 = l_2 - l_3 \\
\cdots & \cdots \\
h_{p-1} = l_{p-1} - l_p & h_{p-1} = l_{p-1} - l_p \\
h_p = l_{p-1} + l_p & h_p = 2 l_p .
\end{array} \tag{9.5}$$

Aus (9.5) entnimmt man: Sind die l_j alle ganz oder alle halbganz, so sind die h_j alle ganz, und umgekehrt, wie es sein muß. Darüber hinaus haben wir in beiden Fällen a) und b) erreicht, daß aus (9.3) immer $h_j > 0$ $(j = 1, \ldots, p)$ folgt und umgekehrt. Die Wertsysteme, die zu den Hauptgliedern der a. E.-S. gehören, sind also einfach die gewöhnlichen Gitterpunkte mit positiven ganzzahligen Koordinaten geworden. Die a. E.-S. (9.4) sollen in den neuen Koordinaten einfach $A_1(\eta), A_2(\eta), \ldots$ heißen.

Aus

$$\int_0^1 e^{2\pi i h \eta}\, d\eta = \begin{cases} 0 & \text{für} \quad h \neq 0 \quad \text{ganz} \\ 1 & \text{für} \quad h = 0 \end{cases}$$

folgt für zwei Linearformen mit ganzen Koeffizienten

$$\psi(\eta) = h_1 \eta_1 + \cdots + h_p \eta_p \quad \text{und} \quad \psi'(\eta) = h'_1 \eta_1 + \cdots + h'_p \eta_p$$

$$\int_{\mathfrak{E}} e^{2\pi i \psi(\eta)}\, e^{-2\pi i \psi'(\eta)}\, d\eta_1 \ldots d\eta_p = \prod_{j=1}^{p} \int_0^1 e^{2\pi i (h_j - h'_j)\eta}\, d\eta = 1 \text{ oder } 0\,,$$

je nachdem, ob alle $h'_j = h_j$ sind oder nicht. $\mathfrak{E}$ ist der Bereich $0 \leqq \eta_j \leqq 1$. Also gilt für zwei a. E.-S.

$$\int_{\mathfrak{E}} A_\mu(\eta)\, \overline{A_\nu(\eta)}\, d\eta_1 \ldots d\eta_p = \begin{cases} 0 & \text{für} \quad \mu \neq \nu \\ L & \text{für} \quad \mu = \nu\,, \end{cases} \tag{9.6}$$

denn für $\mu \neq \nu$ ist jedes Glied von A_μ von jedem Glied von A_ν verschieden, und A_μ hat L Glieder.

Für ein alternierendes Polynom $B(\eta)$ mit ganzzahligen Koeffizienten ist

$$B(\eta) = k_1 A_1(\eta) + k_2 A_2(\eta) + \cdots,$$

wobei nur endlich viele der ganzen Zahlen $k_\nu \neq 0$ sind. Mit Hilfe der Orthogonalitätsrelationen (9.6) findet man in der üblichen Weise

$$\int_{\mathfrak{E}} B(\eta)\, \overline{A_\nu(\eta)}\, d\eta_1 \ldots d\eta_p = k_\nu L \tag{9.7}$$

und

$$\int_{\mathfrak{E}} B(\eta)\, \overline{B(\eta)}\, d\eta_1 \ldots d\eta_p = (k_1^2 + k_2^2 + \cdots)\, L\,. \tag{9.8}$$

Daraus folgt

Satz 9.2. *Ein alternierendes Polynom mit ganzen Koeffizienten ist dann und nur dann alternierende Elementarsumme, wenn die linke Seite von* (9.8) *gleich L ist.*

Genau dann ist nämlich ein einziges $k_\nu = \pm 1$ und die übrigen 0.

§ 10. Das System der einfachen Charaktere

Die Orthogonalitätsrelationen für die einfachen, d. h. zu den irreduziblen Darstellungen gehörigen Charaktere wollen wir für die Gruppe $\ddot{\mathfrak{U}}_n$ aufschreiben, in der die Charaktere eindeutige Klassenfunktionen sind. Es ist zweckmäßig, die Formeln (8.11) und (8.12) noch ein wenig umzuformen, um sie an die neuen Koordinaten η_j anzupassen. In diesen Koordinaten fällt in (8.11) rechts der Faktor $\frac{1}{2}$ fort, denn es ist

$$\frac{\partial(\tau_1, \ldots, \tau_p)}{\partial(\eta_1, \ldots, \eta_p)} = 2\,.$$

Daher wird

$$\int_{\mathfrak{U}_n} f(s)\,dv(s) = \int_{\mathfrak{E}} f(\eta)\,\varrho(\eta)\,d\eta_1 \ldots d\eta_\nu\,^{*)}. \tag{10.1}$$

An Stelle des Bereichs $\mathfrak{B}$ kann jetzt jeder Einheitswürfel — als Fundamentalbereich des Gitters G_D — als Integrationsbereich genommen werden, wir nehmen daher den in § 9 benutzten $\mathfrak{E}: 0 \leqq \eta_j \leqq 1$. Die Orthogonalitätsrelationen III (11.1) lauten jetzt

$$\int_{\mathfrak{E}} \chi(\eta)\,\overline{\chi'(\eta)}\,\varrho(\eta)\,d\eta_1 \ldots d\eta_p = \begin{cases} 0 & (\chi \neq \chi') \\ L & (\chi = \chi') \end{cases}. \tag{10.2}$$

Es ist zweckmäßig,

$$\varrho(\eta) = \prod_{\mu=1}^{m} 2(1-\cos 2\pi\,\vartheta_\mu(\eta))\,^{*)}$$

etwas umzuformen. Mit der Abkürzung

$$s(\alpha) = 2i\sin 2\pi\alpha = e^{2\pi i\alpha} - e^{-2\pi i\alpha} \tag{10.3}$$

wird

$$2(1-\cos 2\pi\vartheta_\mu) = 4\sin^2\pi\vartheta_\mu = s\left(\frac{\vartheta_\mu}{2}\right)\overline{s\left(\frac{\vartheta_\mu}{2}\right)},$$

also

$$\varrho(\eta) = \Delta(\eta)\,\overline{\Delta(\eta)},\quad \Delta(\eta) = \prod_{\mu=1}^{m} s\left(\frac{\vartheta_\mu(\eta)}{2}\right) = \prod_{\mu=1}^{m} \left(e^{\pi i\vartheta_\mu(\eta)} - e^{-\pi i\vartheta_\mu(\eta)}\right). \tag{10.4}$$

Jetzt beweisen wir

Satz 10.1. *$\Delta(\eta)$ ist alternierende Elementarsumme, und zwar gehört sie zu den kleinsten möglichen Werten der l_j, nämlich zu $l_j = r_j$, wo*

$$\begin{aligned} &\textit{im Fall a)} \quad r_1 = p-1,\; r_2 = p-2,\; \ldots,\; r_p = 0, \\ &\textit{im Fall b)} \quad r_1 = p-\frac{1}{2},\; r_2 = p-\frac{3}{2},\; \ldots,\; r_p = \frac{1}{2} \end{aligned} \tag{10.5}$$

gesetzt ist.

Beweis. (10.4) zeigt, daß $\Delta(\eta)$ ein ganzzahliges trigonometrisches Polynom ist. Es ist sogar ein alternierendes Polynom. Um das zu verifizieren, schreibt man die ϑ_μ wieder in den früheren Koordinaten τ_j. Es muß nur gezeigt werden, daß eine Spiegelung an einer der Diagrammebenen durch den Nullpunkt Vorzeichenwechsel bewirkt. Diese Spiegelungen wurden in § 4 [nach (4.1)] angegeben, im Fall b) kommen noch die Spiegelungen $\tau_j \to -\tau_j$ an den Koordinatenebenen hinzu. Man überzeugt sich, daß durch sie Vertauschungen der ϑ_μ (die an (10.4)

*) Für die Funktionen f, ϱ, χ usw., in den η_j ausgedrückt, schreibe ich einfach $f(\eta)$ usw. Es ist nicht erforderlich, die Linearformen $\vartheta_\mu(\eta)$ auszurechnen.

nichts ändern) und Vorzeichenwechsel einer ungeraden Anzahl der ϑ_μ bewirkt werden. Also kehrt $\Delta(\eta)$ sein Vorzeichen um. — Aus (10.1) folgt, wenn man $f(s)\equiv 1$ setzt,

$$\int_{\mathfrak{C}} \Delta(\eta)\,\overline{\Delta(\eta)}\,d\eta_1 \ldots d\eta_p = L\,,$$

und deshalb ist $\Delta(\eta)$ nach Satz 9.2 alternierende Elementarsumme. — Um endlich die Zahlen r_j zu berechnen, die das Hauptglied dieser a. E.-S. kennzeichnen, sehen wir uns die Glieder, die in (10.4) beim Ausmultiplizieren entstehen, näher an. Bis auf genau L Glieder muß sich alles wegheben, und diese L sind (in τ_j ausgedrückt) von der Gestalt $\pm e^{\pi i \psi(\tau)}$, wo $\psi(\tau)=\sum_\mu \pm \vartheta_\mu$ mit irgendwelchen Vorzeichen. Unter diesen Linearformen muß genau eine sein, bei der die Koeffizienten der τ_j eine abnehmende Folge bilden und [im Fall a) evtl. bis auf den letzten] positiv sind. Schreiben wir die ϑ_μ der Reihe nach hin:

$$\tau_1 \pm \tau_2,\ \tau_1 \pm \tau_3, \ldots, \tau_1 \pm \tau_p,\ \tau_2 \pm \tau_3, \ldots, \tau_{p-1} \pm \tau_p;\ \tau_1,\ \tau_2, \ldots, \tau_p$$

[die Größen nach dem Semikolon erscheinen nur im Fall b)]. Man überzeugt sich mühelos, daß man die gesuchte Form erhält, wenn man alle ϑ_μ mit dem positiven Vorzeichen addiert, und daß dann die angegebenen Werte r_j als Koeffizienten der τ_j erscheinen.

Die Orthogonalitätsrelationen (10.2) lauten jetzt

$$\int_{\mathfrak{C}} \chi(\eta)\,\Delta(\eta)\,\overline{\chi'(\eta)\,\Delta(\eta)}\,d\eta_1 \ldots d\eta_p = \begin{cases} 0 & (\chi \neq \chi') \\ L & (\chi = \chi') \end{cases}. \tag{10.6}$$

$\chi(\eta)$ ist invariantes Polynom, $\Delta(\eta)$ alternierendes Polynom, das Produkt beider mithin alternierendes Polynom. Und jetzt folgt nach Satz 9.2 aus (10.6) für $\chi=\chi'$, daß $\chi(\eta)\,\Delta(\eta)$ sogar alternierende Elementarsumme ist.

Damit sind die Charaktere gefunden. *Jeder Charakter $\chi(\eta)$ ist Quotient einer der a. E.-S. $A_\nu(\eta)$ und der a. E.-S. $\Delta(\eta)$* (evtl. bis auf das Vorzeichen; es wird sich aber zeigen, daß die Vorzeichen schon richtig gewählt worden sind).

Es gibt also höchstens abzählbar unendlich viele irreduzible Darstellungen, weil es nur abzählbar viele a. E.-S. gibt. Wir werden sehen, daß sogar zu jeder a. E.-S. wirklich eine irreduzible Darstellung gehört. Wenn man den in III § 11 erwähnten Satz von Peter und Weyl benutzt, dann folgt aus der Vollständigkeit des von den Charakteren gebildeten Orthogonalsystems sofort, daß keine a. E.-S. ausgelassen wird. Ich werde es ohne Benutzung dieses Satzes zeigen, indem ich zu jeder der hier berechneten Funktionen eine Darstellung wirklich angebe, deren

Charakter sie ist. Das Ergebnis vorwegnehmend nenne ich diese Funktionen schon jetzt Charaktere und leite nunmehr eine geschlossene Formel für sie ab. Die beiden Fälle der geraden und ungeraden Dimensionszahl müssen dabei wieder getrennt behandelt werden. Diesmal ist der ungerade Fall der einfachere und soll den Anfang machen.

1. Fall b) $n=2p+1$.

Eine a. E.-S. entsteht, indem man in

$$e^{2\pi i(l_1\tau_1+\cdots+l_p\tau_p)} \tag{10.7}$$

auf den Vektor (l), der den Ungleichungen (9.3b) genügen soll, alle Operationen der Gruppe Ψ anwendet und die entstehenden Ausdrücke alternierend addiert. Wir üben zuerst alle Vorzeichenänderungen aus, bilden also

$$\Sigma\varepsilon e^{2\pi i(\pm l_1\tau_1\pm\cdots\pm l_p\tau_p)}, \tag{10.8}$$

wo im Exponenten alle möglichen Vorzeichenkombinationen vorkommen und das Vorzeichen $\varepsilon=+1(-1)$ ist, wenn im Exponenten eine gerade (ungerade) Anzahl von Minuszeichen steht. Das ist nichts anderes als das Produkt

$$s(l_1\tau_1)\,s(l_2\tau_2)\ldots s(l_p\tau_p), \tag{10.9}$$

wo wieder die Bezeichnung (10.3) verwendet ist. Hierauf sind nun noch alle Permutationen der l_j anzuwenden und die entstehenden Ausdrücke alternierend zu addieren. Dabei kommt offenbar gerade die Determinante

$$\begin{vmatrix} s(l_1\tau_1) & s(l_2\tau_1)\ldots & s(l_p\tau_1) \\ s(l_1\tau_2) & s(l_2\tau_2)\ldots & s(l_p\tau_2) \\ \cdots & \cdots & \cdots \\ s(l_1\tau_p) & s(l_2\tau_p)\ldots & s(l_p\tau_p) \end{vmatrix}$$

heraus, für die man abkürzend

$$|s(l_1\tau_j)\;\; s(l_2\tau_j)\ldots s(l_p\tau_j)|$$

schreibt.

Um den Charakter zu bekommen, muß man dies durch $\Delta(\tau)$ dividieren, also durch die zu den r_j von (10.5b) gehörige a. E.-S., die in gleicher Weise umgeformt werden kann. Für einen Charakter $\chi(\tau)$ erhalten wir also endgültig

$$\chi(\tau)=\frac{|s(l_1\tau_j)\;\; s(l_2\tau_j)\ldots s(l_p\tau_j)|}{|s(r_1\tau_j)\;\; s(r_2\tau_j)\ldots s(r_p\tau_j)|}, \tag{10.10}$$

wobei r_j die Zahlen (10.5b) sind und l_j ein den Ungleichungen (9.3b) genügendes System von lauter ganzen oder lauter halbganzen Zahlen.

2. Fall a) $n = 2p$.

Wir haben wieder in (10.7) auf den Vektor (l), der diesmal den Ungleichungen (9.3a) zu genügen hat, die Operationen der Gruppe Ψ anzuwenden, zuerst die Vorzeichenwechsel, aber diesmal nur diejenigen mit einer geraden Anzahl von Minuszeichen. Das kommt richtig heraus, bis auf einen Faktor 2, wenn man

$$c(l_1\tau_1)\,c(l_2\tau_2)\ldots c(l_p\tau_p) + s(l_1\tau_1)\,s(l_2\tau_2)\ldots s(l_p\tau_p)$$

bildet, wo

$$c(\alpha) = 2\cos 2\pi\alpha = e^{2\pi i\alpha} + e^{-2\pi i\alpha} \tag{10.11}$$

gesetzt ist, analog zur Abkürzung (10.3). Wenn man nämlich das cos-Produkt ausmultipliziert, dann kommen alle Vorzeichenkombinationen vor, und alle Glieder haben vor sich $+$. Beim sin-Produkt haben die Glieder mit einer geraden Anzahl Minuszeichen vor sich ein $+$, die mit einer ungeraden Anzahl ein $-$. Die letzteren, die wir nicht brauchen können, heben sich also fort, und die richtigen erscheinen doppelt. Wenn man nun noch alle Permutationen ausübt und die Ergebnisse alternierend addiert, so kommt die Summe von zwei Determinanten. Ist $l_p = 0$, so entfällt der zweite Summand. Dies ist beim Nenner der Fall, wo die gleiche Prozedur speziell auf die durch (10.5a) gegebenen r_j anzuwenden ist. Also wird schließlich

$$\chi(\tau) = \frac{|c(l_1\tau_j)\ldots c(l_p\tau_j)| + |s(l_1\tau_j)\ldots s(l_p\tau_j)|}{|c(r_1\tau_j)\ldots c(r_p\tau_j)|}, \tag{10.12}$$

wo wieder jeweils nur die j-te Zeile der Determinante hingeschrieben ist. Ist $l_p = 0$, so entfällt die s-Determinante.

Man wird gegen die Formeln (10.10) und (10.12) einwenden, es komme nicht zum Ausdruck, daß die Charaktere trigonometrische Polynome sind. Natürlich ist der Zähler durch den Nenner teilbar, nur ist die Division nicht so leicht auszuführen. Wir wollen wenigstens in einem gewissen Sinne das Anfangsglied von $\chi(\tau)$ und damit das „höchste Gewicht" der Darstellung bestimmen. Wir erinnern uns, daß die Linearformen in den Exponenten Gewichte der Darstellung heißen. Die möglichen Gewichte (m), Systeme von p ganzen oder p halbganzen Zahlen, werden *lexikographisch angeordnet* durch die Vorschrift: es wird nach absteigendem m_1 geordnet, bei gleichem m_1 nach absteigendem m_2 usw. Von zwei Systemen (m) und (m') steht also (m) im Lexikon voran, wenn die erste nichtverschwindende Differenz $m_j - m'_j$ positiv ist.

Das im Lexikon voranstehende Gewicht heißt das *höhere*. Es ist sofort klar, daß das Hauptglied (§ 9) jeder invarianten oder alternierenden Elementarsumme das Glied mit dem höchsten Gewicht ist. Jeder Charakter ist nun Summe von mehreren invarianten Elementarsummen, wir suchen diejenige, deren Hauptglied unter allen im Lexikon zuerst kommt. Sein Gewicht ist dann das höchste in der Darstellung vorkommende Gewicht. Das Ergebnis ist

Satz 10.2. *Das Hauptglied der zum Wertsystem $l_1, \ldots, l_p$ gehörigen irreduziblen Darstellung mit dem Charakter* (10.10) *oder* (10.12) *hat die Werte*

$$m_1 = l_1 - r_1, \; m_2 = l_2 - r_2, \; \ldots, \; m_p = l_p - r_p. \tag{10.13}$$

Man verifiziert, daß die Ungleichungen (9.3a) oder (9.3b), denen die l_j genügen, wegen der absteigenden Ordnung der durch (10.5a) oder (10.5b) gegebenen r_j für die m_j gerade die Ungleichungen (6.4) oder (6.5) nach sich ziehen.

Zum Beweis braucht man sich nur zu erinnern, daß $\chi(\tau)\,\Delta(\tau) = A(\tau)$ ist, wo $\Delta(\tau)$ und $A(\tau)$ die zu (r) und zu (l) gehörigen a. E.-S. sind. Beim Ausmultiplizieren werden jeweils die Gewichte addiert, und das höchste Gewicht rechts entsteht als Summe der beiden höchsten Gewichte links: $l_j = m_j + r_j$; w. z. b. w.

Wir erkennen noch folgendes. $A(\tau)$ ist eine der Funktionen (9.4), ihr Hauptglied ist per definitionem positiv; ebenso, nach unserer Festsetzung über das Vorzeichen der ϑ_μ, das Hauptglied von $\Delta(\tau)$. Das höchste Glied von $\chi(\tau)$ hat also auch das positive Zeichen (die Vorzeichen sind also richtig gewählt) und den Koeffizienten 1. Denn das Produkt der beiden höchsten Glieder links kann sich gegen kein anderes Glied wegheben. Daraus folgt

Satz 10.3. (Satz von E. CARTAN). *Das höchste Gewicht einer irreduziblen Darstellung ist stets einfach. Die Darstellung ist durch dieses höchste Gewicht bestimmt.*

In der Tat berechnet man aus den m_j nach (10.13) die l_j und daraus nach (10.10) oder (10.12) den Charakter, der seinerseits nach III Satz 11.4 die Darstellung bestimmt.

Die irreduzible Darstellung mit dem höchsten Gewicht (m) wird mit

$${}^nD_{(m)} = {}^nD_{m_1 \ldots m_p} \tag{10.14}$$

bezeichnet.

§ 11. Der Darstellungsgrad

Wegen $D(1) = E_N$ ist der Darstellungsgrad $N = \chi(1)$. Leider haben wir für $\chi(\tau)$ einen Quotienten erhalten, dessen Zähler und Nenner für $\tau_j = 0$ verschwindet, müssen also wie in VI § 1 einen Grenzübergang ausführen. Wir können beide Fälle zusammen behandeln, halten uns aber zunächst an den Fall b) und die Formel (10.10), die wir so schreiben:

$$\chi(\tau_1, \ldots, \tau_p) = \frac{A(\tau_1, \ldots, \tau_p)}{\Delta(\tau_1, \ldots, \tau_p)},$$

$$A(\tau_1, \ldots, \tau_p) = |s(l_j \tau_k)|, \quad \Delta(\tau_1, \ldots, \tau_p) = |s(r_j \tau_k)|.$$

Wir setzen $\tau_j = r_j \tau$, befinden uns also auf der Geraden, die den Punkt (r) mit dem Nullpunkt verbindet. Dann ist

$$A(r_1 \tau, \ldots, r_p \tau) = |s(l_j r_k \tau)| = |s(r_j l_k \tau)| = \Delta(l_1 \tau, \ldots, l_p \tau);$$

eine entsprechende Formel erhält man im Falle a). Mit Benutzung von (10.4) erhält man also in beiden Fällen

$$\chi(r_1 \tau, \ldots, r_p \tau) = \frac{\Delta(l_1 \tau, \ldots, l_p \tau)}{\Delta(r_1 \tau, \ldots, r_p \tau)} = \frac{\prod_{\mu=1}^{m} s\left(\frac{\vartheta_\mu(l_1 \tau, \ldots, l_p \tau)}{2}\right)}{\prod_{\mu=1}^{m} s\left(\frac{\vartheta_\mu(r_1 \tau, \ldots, r_p \tau)}{2}\right)}.$$

Wegen $\lim_{\alpha \to 0} \frac{s(\alpha)}{\alpha} = 4\pi i$ wird

$$N = \lim_{\tau \to 0} \chi(r_1 \tau, \ldots, r_p \tau) = \lim_{\tau \to 0} \frac{\prod_{\mu=1}^{m} \vartheta_\mu(l_1 \tau, \ldots, l_p \tau)}{\prod_{\mu=1}^{m} \vartheta_\mu(r_1 \tau, \ldots, r_p \tau)} = \frac{\prod_{\mu=1}^{m} \vartheta_\mu(l_1, \ldots, l_p)}{\prod_{\mu=1}^{m} \vartheta_\mu(r_1, \ldots, r_p)}.$$

Das Resultat ist

$$\begin{aligned} &\text{Fall a)}\ N = \frac{P_a(l)}{P_a(r)}; \quad P_a(l) = \prod_{j<k} (l_j - l_k)\,(l_j + l_k) \\ &\text{Fall b)}\ N = \frac{P_b(l)}{P_b(r)}; \quad P_b(l) = \prod_{j<k} (l_j - l_k)\,(l_j + l_k) \prod_j l_j. \end{aligned} \tag{11.1}$$

Den Grad der Darstellung ${}^nD_{m_1 \ldots m_p}$ werden wir mit

$${}^nN_{m_1 \ldots m_p} \tag{11.2}$$

bezeichnen. Um diese Grade zu berechnen, hat man also $l_j = m_j + r_j$ zu setzen und damit die Ausdrücke (11.1) zu bilden, und es ist im Falle a) $r_j = p - j$, im Falle b) $r_j = p + \frac{1}{2} - j$ zu nehmen.

Erinnern wir uns, daß die möglichen Wertsysteme (m) den Ungleichungen (6.4) oder (6.5) genügen und entweder aus lauter ganzen oder aus lauter halbganzen Zahlen bestehen. Im Falle a) kann $m_p = l_p$ negativ sein. Die Formel (11.1) zeigt, daß die beiden Darstellungen, die zu $(m_1, \ldots, m_{p-1}, m_p)$ und $(m_1, \ldots, m_{p-1}, -m_p)$ gehören, den gleichen Grad besitzen. Wir nennen zwei solcherart zusammengehörige Darstellungen aus einem später ersichtlichen Grund *konjugiert*.

§ 12. Der Verzweigungssatz

Wie bei der vollen linearen Gruppe (V § 6), so ergeben sich auch für die Drehgruppe Rekursionsformeln, wenn man sich in einer Darstellung von $\mathfrak{d}_n$ auf eine Untergruppe $\mathfrak{d}_{n-1}$ beschränkt — etwa indem man eine Variable, d. h. eine Achse festhält — und die so erhaltene Darstellung der Untergruppe ausreduziert. Da eine Darstellung durch ihren Charakter bestimmt ist, genügt es, die fraglichen Formeln für die Charaktere zu beweisen (in VI § 1 leiteten wir umgekehrt die Charaktere mit Hilfe des Verzweigungssatzes her). Wir werden die Untergruppe $\mathfrak{d}_{n-1}$ der eigentlich orthogonalen Matrizen

$$A = A' \dot{+} E_1 \tag{12.1}$$

betrachten, wo A' eine eigentlich orthogonale $(n-1)$-reihige Matrix ist. Es ergeben sich zwei wesentlich verschiedene Sätze, je nachdem n gerade oder ungerade ist. Wir nehmen zuerst den Fall b) $n = 2p+1$. Es ist $n-1 = 2p$. Das Toroid hat in beiden Gruppen dieselbe Dimension p, die beiden Toroide stimmen sogar überein, da nach § 2 bei $n = 2p+1$ alle Matrizen von $\mathfrak{T}_p$ die Gestalt (12.1) haben. Wir beweisen den

Verzweigungssatz 12.1 b. *Wenn man sich in* $\mathfrak{d}_{2p+1}$ *auf die Untergruppe* $\mathfrak{d}_{2p}$ *der Matrizen* (12.1) *beschränkt, so zerfallen die irreduziblen Darstellungen in folgender Weise. Es ist*

$$^{2p+1}D_{m_1 \ldots m_p} = \sum_{m'_1 \ldots m'_p} {}^{2p}D_{m'_1 \ldots m'_p}, \tag{12.2}$$

wobei die Summe über alle Wertsysteme (m') *zu erstrecken ist, die den Ungleichungen*

$$m_1 \geqq m'_1 \geqq m_2 \geqq m'_2 \geqq m_3 \geqq \cdots \geqq m_p \geqq |m'_p| \tag{12.3}$$

genügen. Die m'_j *sind ganz bzw. halbganz, wenn die* m_j *es sind.*

(Man bemerke, daß die m'_j den Ungleichungen (6.4), die m_j den Ungleichungen (6.5) zu genügen haben.)

Zum Beweis übertragen wir (12.3) auf die l_j, die in den Formeln für die Charaktere vorkommen. Es ist $l_j = m_j + r_j$, $l'_j = m'_j + r'_j$ mit $r_j = p + \frac{1}{2} - j$, $r'_j = p - j$. Wenn die l_j ganz sind, sind also die l'_j halbganz, und umgekehrt. Und zwar durchläuft $l'_j (j < p)$ die Zahlen von $l_{j+1} + \frac{1}{2}$ bis $l_j - \frac{1}{2}$ und l'_p diejenigen von $-l_p + \frac{1}{2}$ bis $l_p - \frac{1}{2}$.

Die zu beweisende Formel für die Charaktere lautet wie (12.2), es ist nur D durch χ zu ersetzen. Wir rechnen die rechte Seite aus. Nur der Zähler in der Formel $\chi = \frac{A}{\Delta}$ hängt von den l'_j ab, den Nenner können wir vor die Summe ziehen. Den Zähler schreiben wir mit der Abkürzung $\varepsilon_j = e^{2\pi i \tau_j}$ so:

$$|\varepsilon_j^{l'_1} \varepsilon_j^{l'_2} \ldots \varepsilon_j^{l'_p}| + \cdots .$$

Wir haben diesmal zuerst die Permutationen der l'_j ausgeführt und darüber alternierend summiert, das ergibt die angeschriebene Determinante. Hierauf sind nun alle Vorzeichenwechsel der l'_j mit einer geraden Anzahl von Minuszeichen auszuüben und die Ergebnisse zu addieren, was durch $+\cdots$ angedeutet ist. Jetzt summieren wir über die vorgeschriebenen Werte der l'_j; das Ergebnis ist bei der angeschriebenen Determinante

$$|\varepsilon_j^{l_1-\frac{1}{2}} + \varepsilon_j^{l_1-\frac{1}{2}} + \cdots + \varepsilon_j^{l_2+\frac{1}{2}} \; \varepsilon_j^{l_2-\frac{1}{2}} + \cdots + \varepsilon_j^{l_3+\frac{1}{2}} \ldots \varepsilon_j^{l_p-\frac{1}{2}} + \cdots + \varepsilon_j^{-l_p+\frac{1}{2}}| .$$

Multipliziert man hier die j-te Zeile mit $\varepsilon_j^{\frac{1}{2}} - \varepsilon_j^{-\frac{1}{2}}$, so entsteht

$$|\varepsilon_j^{l_1} - \varepsilon_j^{l_2} \; \varepsilon_j^{l_2} - \varepsilon_j^{l_3} \ldots \varepsilon_j^{l_{p-1}} - \varepsilon_j^{l_p} \; \varepsilon_j^{l_p} - \varepsilon_j^{-l_p}| . \tag{12.4}$$

Entsprechendes erhält man bei den weiteren Determinanten; wenn dabei l'_k durch $-l'_k$ ersetzt war, dann lautet die betreffende Spalte $\varepsilon_j^{-l_{k+1}} - \varepsilon_j^{-l_k}$, die letzte bleibt $\varepsilon_j^{l_p} - \varepsilon_j^{-l_p}$. Durch eine gerade Anzahl von Vorzeichenwechseln der Spalten, die am Wert der Determinante nichts ändern, verwandelt man das in $\varepsilon_j^{-l_k} - \varepsilon_j^{-l_{k+1}}$ bzw. $\varepsilon_j^{-l_p} - \varepsilon_j^{l_p}$; es unterscheiden sich jetzt die weiteren Determinanten von (12.4) dadurch, daß in einer geraden Anzahl von Spalten auf die Exponenten von Minuend und Subtrahend der Vorzeichenwechsel ausgeübt ist. Alle diese Determinanten werden nun nach dem distributiven Gesetz ausmultipliziert. Wenn man in jeder Spalte den Minuenden nimmt, erhält man eine Determinante

$$|\varepsilon_j^{\pm l_1} \varepsilon_j^{\pm l_2} \ldots \varepsilon_j^{\pm l_p}|$$

mit einer geraden Anzahl von Minuszeichen. Nimmt man in der letzten Spalte statt des Minuenden den Subtrahenden, so erhält man

$$-|\varepsilon_j^{\pm l_1} \varepsilon_j^{\pm l_2} \ldots \varepsilon_j^{\pm l_p}|$$

mit einer ungeraden Anzahl von Minuszeichen. So entstehen alle Glieder des Zählers des Charakters von ${}^{2p+1}D_{m_1 \ldots m_p}$. Und man kann sich überzeugen, daß alle übrigen Determinanten, die man beim Ausmultiplizieren erhält, entweder Null sind oder sich paarweise wegheben.

Schließlich übt man auf den Nenner $\Delta(\tau)$ genau die gleiche Prozedur aus. Hier entfällt die Summation, und es gibt ja in der Tat zwischen zwei aufeinanderfolgenden r_j genau ein r'_j. Die Faktoren $\varepsilon_j^{\frac{1}{2}} - \varepsilon_j^{-\frac{1}{2}}$, die man hinzufügt, heben sich gegen die im Zähler hinzugefügten weg. So erhält man auch im Nenner das $\Delta(\tau)$ der Gruppe $\mathfrak{d}_{2p+1}$, und damit ist Satz 12.1b vollständig bewiesen.

Im Falle a) ist $n = 2p$, $n-1 = 2(p-1)+1$; das Toroid von $\mathfrak{d}_{n-1}$ hat eine Dimension weniger als das von $\mathfrak{d}_n$ und wird offenbar aus jenem erhalten, indem man $\varepsilon_p = 1$ oder $\tau_p = 0$ setzt. Hier muß also gezeigt werden, daß der Charakter von $\mathfrak{d}_n$ sich für $\tau_p = 0$ auf eine Summe von Charakteren von $\mathfrak{d}_{n-1}$ reduziert. Der zu beweisende Satz lautet

Verzweigungssatz 12.1a. *Wenn man sich in $\mathfrak{d}_{2p}$ auf die Untergruppe $\mathfrak{d}_{2p-1}$ der Matrizen* (12.1) *beschränkt, so zerfallen die irreduziblen Darstellungen in folgender Weise. Es ist*

$$^{2p}D_{m_1 \dots m_p} = \sum_{m'_1 \dots m'_{p-1}} {}^{2p-1}D_{m'_1 \dots m'_{p-1}},$$

wobei die Summe über alle Wertsysteme (m') zu erstrecken ist, die den Ungleichungen

$$m_1 \geqq m'_1 \geqq m_2 \geqq m'_2 \geqq m_3 \geqq \cdots \geqq m'_{p-1} \geqq |m_p| \tag{12.5}$$

genügen. Die m'_j sind ganz bzw. halbganz, wenn die m_j es sind.

(Es ist nicht verwunderlich, daß das Ergebnis vom Vorzeichen von m_p nicht abhängt; denn die Charaktere der Darstellungen ${}^{2p}D_{m_1 \dots m_{p-1} m_p}$ und ${}^{2p}D_{m_1 \dots m_{p-1}, -m_p}$ stimmen für $\tau_p = 0$ überein.)

Beweis. Bei der Übertragung von (12.5) auf die l_j findet man, daß l'_j $(j < p-1)$ wieder von $l_{j+1} + \frac{1}{2}$ bis $l_j - \frac{1}{2}$, l'_{p-1} aber von $|l_p| + \frac{1}{2}$ bis $l_{p-1} - \frac{1}{2}$ läuft.

Wir gehen vom Charakter von ${}^{2p-1}D_{m'_1 \dots m'_{p-1}}$ aus, dessen Zähler

$$|\varepsilon_j^{l'_1} \dots \varepsilon_j^{l'_{p-1}}| + - \cdots$$

lautet, mit $(p-1)$-reihigen Determinanten und alternierender Summation über alle Vorzeichenkombinationen. Dies wird über die vorgeschriebenen Wertsysteme l'_j summiert, die j-te Zeile überall mit $\varepsilon_j^{\frac{1}{2}} - \varepsilon_j^{-\frac{1}{2}}$ multipliziert und in den Spalten mit den Minuszeichen Minuend und Subtrahend vertauscht, wobei sich alle Minuszeichen vor den Determinanten in Plus verwandeln und die Form

$$|\varepsilon_j^{l_1} - \varepsilon_j^{l_2} \;\; \varepsilon_j^{l_2} - \varepsilon_j^{l_3} \dots \varepsilon_j^{l_{p-1}} - \varepsilon_j^{|l_p|}|$$

hergestellt wird, zu summieren mit lauter Pluszeichen über alle Vorzeichenkombinationen in den Exponenten der Spalten. Nun wird geändert, um zu den p-reihigen Determinanten zu kommen. In jeder

Determinante kommt unten eine Zeile Nullen und dann hinten eine Spalte $\binom{\varepsilon_j^{\pm l_p}}{1}$ hinzu; dabei ist das Zeichen $+(-)$ zu nehmen, wenn in der betreffenden Determinante bisher eine gerade (ungerade) Anzahl Spalten das Minus hatten. Wir haben also jetzt eine Summation über die geraden Vorzeichenkombinationen vor uns, wie wir sie für $\mathfrak{d}_{2p}$ brauchen. Jetzt wird ausmultipliziert, dabei werden die Nullen in der letzten Zeile als $1-1$ gelesen. Dabei entsteht genau der Zähler des Charakters von ${}^{2p}D_{m_1\ldots m_p}$ für $\tau_p=0$; denn wie früher überlegt man sich, daß nur die Terme stehen bleiben, bei denen überall der Minuend genommen ist, während alle anderen Determinanten Null sind oder sich paarweise wegheben.

Der Nenner wird wieder genau wie der Zähler behandelt, wobei keine Summation vorkommt. Damit ist auch Satz 12.1a vollständig bewiesen.

Aus dem Verzweigungssatz folgen die entsprechenden Rekursionsformeln für die Darstellungsgrade:

$$\begin{aligned} {}^{2p}N_{m_1\ldots m_p} &= \sum_{m'_1=m_2}^{m_1} \cdots \sum_{m'_{p-2}=m_{p-1}}^{m_{p-2}} \; \sum_{m'_{p-1}=|m_p|}^{m_{p-1}} {}^{2p-1}N_{m'_1\ldots m'_{p-1}} \\ {}^{2p+1}N_{m_1\ldots m_p} &= \sum_{m'_1=m_2}^{m_1} \cdots \sum_{m'_{p-1}=m_p}^{m_{p-1}} \; \sum_{m'_p=-m_p}^{m_p} {}^{2p}N_{m'_1\ldots m'_p}\,. \end{aligned} \tag{12.6}$$

Sie sind bequem, um die Darstellungsgrade der häufig gebrauchten niedersten Darstellungen auszurechnen. Ich stelle im nächsten Abschnitt einiges zusammen.

§ 13. Anwendung auf die niedersten Dimensionszahlen

Für $n=2$ ist der größte Teil der hier vorgetragenen Theorie gegenstandslos. Das Toroid ist die Gruppe selbst, Überlagerungsgruppe beider die Gerade $\mathfrak{R}_1$; die Gruppe Ψ besteht nur aus der Identität. Eindeutige Charaktere und Darstellungen zugleich sind $e^{2\pi i m\tau}$, m ganz, wie schon in § 1 erwähnt wurde. Ihre Vollständigkeit ist aus der Theorie der Fourier-Reihen bekannt.

$n=3$: gewöhnliche Drehgruppe im Raum. Es ist $p=1$, wir lassen den Index 1 fort. Wurzeln: $\tau, -\tau$. Gruppe Ψ: Identität und $\tau\to-\tau$. $r=\frac{1}{2}$, $l=m+\frac{1}{2}$, ${}^3N_m=l/r=2m+1$. Der Charakter von ${}^3D_m$ ist

$${}^3\chi_m = \frac{e^{(2m+1)\pi i\tau}-e^{-(2m+1)\pi i\tau}}{e^{\pi i\tau}-e^{-\pi i\tau}} = e^{2\pi i m\tau}+e^{2\pi i(m-1)\tau}+\cdots+e^{2\pi i(-m)\tau}.$$

Die $2m+1$ Gewichte von ${}^3D_m$ sind also $m, m-1, \ldots, -m$.

${}^3D_0$ ist die Einsdarstellung, und das gilt allgemein für ${}^nD_{0\ldots 0}$; man hat $l_j = r_j$, und in den Formeln für Charakter und Grad stimmen Zähler und Nenner überein.

${}^3D_1$ ist die Darstellung der Gruppe durch sich selbst, und das gilt allgemein für ${}^nD_{10\ldots 0}$. Die Gewichte dieser Darstellung sind $\pm\tau_j$ (das höchste τ_1) und bei ungeradem n einmal die 0.

${}^3D_1$ ist zugleich die adjungierte Darstellung, deren Gewichte ja die Wurzeln und p-mal die Null sind. Von $n=4$ ab ist das höchste Gewicht der adjungierten Darstellung $\tau_1+\tau_2$, und man wird erwarten, daß ${}^nD_{110\ldots 0}$ die adjungierte Darstellung ist. Für $n=4$ ist das aber falsch: Man erhält ${}^4N_{11} = {}^3N_1 = 3$, während der Grad der adjungierten Darstellung immer gleich der Parameterzahl r der Gruppe, also $\frac{n(n-1)}{2}$ ist, in diesem Falle 6. Für $n=4$ zerfällt also die adjungierte Darstellung in die beiden Darstellungen ${}^4D_{11}$ mit den Gewichten (1, 1), (0, 0), (−1, −1) und ${}^4D_{1,-1}$ mit den Gewichten (1, −1), (0, 0), (−1, 1). Für alle anderen Dimensionen ist aber die adjungierte Darstellung irreduzibel: für $n=5$ erhält man ${}^5N_{11} = {}^4N_{11} + {}^4N_{10} + {}^4N_{1,-1} = 10$, und ab $n=6$ gilt für jedes n: ${}^nN_{110\ldots 0} = {}^{n-1}N_{110\ldots 0} + {}^{n-1}N_{10\ldots 0} = {}^{n-1}N_{110\ldots 0} + n - 1$, also ${}^nN_{110\ldots 0} = \frac{n(n-1)}{2}$, weil das für $n=5$ richtig ist.

Die Grade der nächsthöheren Darstellungen sind für $n=4$: ${}^4N_{20} = {}^3N_2 + {}^3N_1 + {}^3N_0 = 9$, ${}^4N_{21} = {}^4N_{2,-1} = 8$, ${}^4N_{22} = {}^4N_{2,-2} = 5$; für $n=5$: ${}^5N_{20} = {}^4N_{20} + {}^4N_{10} + {}^4N_{00} = 14$, ${}^5N_{21} = 35$, ${}^5N_{22} = 35$.

Die niederste *zweideutige* Darstellung ist immer ${}^nD_{\frac{1}{2}\ldots\frac{1}{2}}$. Für $n=3$ ist ihr Grad 2, und allgemein gilt*)

$${}^{2p}N_{(\frac{1}{2})^p} = {}^{2p-1}N_{(\frac{1}{2})^{p-1}},$$

aber

$${}^{2p+1}N_{(\frac{1}{2})^p} = {}^{2p}N_{(\frac{1}{2})^p} + {}^{2p}N_{(\frac{1}{2})^{p-1},-\frac{1}{2}} = 2\cdot{}^{2p}N_{(\frac{1}{2})^p}.$$

Also ist

$${}^{2p}N_{(\frac{1}{2})^p} = {}^{2p}N_{(\frac{1}{2})^{p-1},-\frac{1}{2}} = 2^{p-1},\ {}^{2p+1}N_{(\frac{1}{2})^p} = 2^p. \tag{13.1}$$

Diese Darstellungen werden uns im nächsten Kapitel beschäftigen, sie heißen „Spindarstellungen". Weitere Grade zweideutiger Darstellungen sind

$${}^4N_{\frac{3}{2}\frac{1}{2}} = {}^4N_{\frac{3}{2},-\frac{1}{2}} = 6,\ {}^4N_{\frac{3}{2}\frac{3}{2}} = {}^4N_{\frac{3}{2},-\frac{3}{2}} = 4;\ {}^5N_{\frac{3}{2}\frac{1}{2}} = 16,\ {}^5N_{\frac{3}{2}\frac{3}{2}} = 20.$$

§ 14. Die Fundamentaldarstellungen

Der Beweis, daß es alle Darstellungen ${}^nD_{m_1\ldots m_p}$ wirklich gibt, und die Angabe eines Verfahrens zu ihrer Gewinnung steht noch aus. Durch

*) Für q aufeinanderfolgende gleiche Indizes m schreibt man m^q.

die Bildung von Kronecker-Produkten (I § 6; V § 1) kann die Aufgabe auf die Angabe von nur p „Fundamentaldarstellungen“ für jedes n zurückgeführt werden.

Das höchste Gewicht des Kronecker-Produkts $D(s)=D_1(s)\times\cdots\times D_k(s)$ von k irreduziblen Darstellungen ist nämlich die Summe der höchsten Gewichte der Faktoren und ist einfach. Denn die Eigenwerte von $D(s)$ sind sämtliche Produkte von je einem Eigenwert jedes $D_j(s)$, wie man am einfachsten durch Einführung von solchen Basen in den Darstellungsräumen der Faktoren erkennt, in denen alle $D_j(t)$ $(t\in\mathfrak{T}_p)$ diagonal sind; $D(t)$ ist dann auch diagonal, und in der Diagonale stehen die genannten Produkte. Die Gewichte von $D(s)$ sind also Summen von Gewichten der Faktoren, die höchste vorkommende Summe ist $\varphi(\tau)=\varphi_1(\tau)+\cdots$ $\cdots+\varphi_k(\tau)$, wo rechts die höchsten Gewichte der Faktoren stehen, und wird nur auf diese Art gewonnen.

Zerlegt man nun $D(s)$ in seine irreduziblen Bestandteile, so verteilen sich die Gewichte auf diese, und genau ein Bestandteil hat das höchste Gewicht $\varphi(\tau)=m_1\tau_1+\cdots+m_p\tau_p$ und ist nichts anderes als die Darstellung ${}^nD_{m_1\ldots m_p}$, deren Charakter und Dimensionszahl in §§ 10—11 berechnet wurde.

Der invariante Teilraum des Darstellungsraumes von $D(s)$, der zu diesem Bestandteil gehört, enthält den (bis auf einen Zahlenfaktor eindeutig bestimmten) Eigenvektor e zum Gewicht $\varphi(\tau)$. Mit e enthält er alle Vektoren $D(s)e$ und alle Linearkombinationen $x=\lambda_1 D(s_1)e+\lambda_2 D(s_2)e+\cdots$ von endlich vielen solchen. Diese bilden aber einen linearen Teilraum, der bei $D(s)$ invariant ist; denn offenbar ist $D(s)x$ wieder von dieser Form. Das ist also der Darstellungsraum von ${}^nD_{m_1\ldots m_p}$, und somit ist ein Verfahren zur Konstruktion dieses Darstellungsraumes und damit der Darstellung gewonnen, sobald man die Kronecker-Faktoren hat.

Es kommt also nur darauf an, einige irreduzible Darstellungen zu finden, aus deren höchsten Gewichten sich alle möglichen höchsten Gewichte (6.4) oder (6.5) mit ganzen nichtnegativen Koeffizienten zusammensetzen lassen.

Im Fall b) $n=2p+1$ leisten das die Gewichte

$$\mu_1=(1,0^{p-1}),\quad \mu_2=(1^2,0^{p-2}),\ldots,\mu_{p-1}=(1^{p-1},0),\quad \mu_p=\left(\left(\frac{1}{2}\right)^p\right) \tag{14.1}$$

oder als Linearformen geschrieben

$$\mu_j=\tau_1+\cdots+\tau_j \quad (j=1,\ldots,p-1),\quad \mu_p=\frac{1}{2}(\tau_1+\cdots+\tau_p)\,.$$

In der Tat sind die Vektoren (14.1) linear unabhängig, und für $\varphi(\tau)=m_1\tau_1+\cdots+m_p\tau_p$ findet man

$$\varphi(\tau)=q_1\mu_1+\cdots+q_p\mu_p \quad \text{mit} \begin{cases} q_j=m_j-m_{j+1} & (j=1,\ldots,p-1) \\ q_p=2m_p \end{cases}$$

und das sind nichtnegative ganze Zahlen, weil die (sämtlich ganzen oder sämtlich halbganzen) m_j die Eigenschaft (6.5) besitzen.

Im Fall a) $n=2p$ nimmt man

$$\begin{gathered} \mu_1=(1,0^{p-1}),\quad \mu_2=(1^2,0^{p-2}),\ldots,\mu_{p-2}=(1^{p-2},0^2) \\ \mu_{p-1}=\left(\left(\frac{1}{2}\right)^{p-1},-\frac{1}{2}\right),\quad \mu_p=\left(\left(\frac{1}{2}\right)^p\right) \end{gathered} \tag{14.2}$$

oder

$$\mu_j=\tau_1+\cdots+\tau_j \quad (j=1,\ldots,p-2),$$

$$\mu_{p-1}=\frac{1}{2}(\tau_1+\cdots+\tau_{p-1}-\tau_p),\quad \mu_p=\frac{1}{2}(\tau_1+\cdots+\tau_{p-1}+\tau_p)$$

und findet

$$\varphi(\tau)=q_1\mu_1+\cdots+q_p\mu_p \quad \text{mit} \begin{cases} q_j=m_j-m_{j+1} & (j=1,\ldots,p-1) \\ q_p=m_{p-1}+m_p \end{cases}.$$

Diesmal gilt (6.4), und man sieht, daß wiederum die q_j nichtnegative ganze Zahlen sind.

Also kommt es darauf an, irreduzible Darstellungen mit den höchsten Gewichten $\mu_1,\ldots,\mu_p$ in beiden Fällen wirklich anzugeben. Die Darstellungen mit den höchsten Gewichten μ_{p-1} und μ_p im Fall a), μ_p im Fall b) lassen wir vorläufig beiseite; das sind die — wegen der Halbzahligkeit der Komponenten zweideutigen — sogenannten Spin-Darstellungen, die uns im nächsten Kapitel beschäftigen werden. Die übrigen Darstellungen sollen jetzt aufgestellt werden. Wir geben sämtliche Darstellungen an, deren höchstes Gewicht lauter Komponenten 1 oder 0 hat, also im Fall a) auch noch $(1^{p-1},0)$ und in beiden Fällen (1^p).

Hierzu erinnere ich an die Begriffsbildungen von V § 3. Wir betrachten die ν-te Kronecker-Potenz $[A]^\nu$ einer Matrix A wieder als lineare Transformation im Tensorraum ν-ter Stufe

$$F'^{j_1\ldots j_\nu}=\alpha^{j_1}_{k_1}\ldots\alpha^{j_\nu}_{k_\nu}F^{k_1\ldots k_\nu}$$

(über doppelt auftretende Indizes von 1 bis n summieren). Damals hatten wir die hierdurch gegebene Darstellung der vollen linearen Gruppe ausreduziert. Man kann sich dieselbe Aufgabe für die orthogonale Gruppe stellen; wenn man die Matrizen A auf diese Gruppe beschränkt, zerfallen die bei der vollen linearen Gruppe irreduziblen

Bestandteile im allgemeinen noch weiter. Zum Beispiel hatten wir in V § 2 für den Fall der Tensorstufe 2 gesehen, daß von den beiden Teilräumen der symmetrischen und der schiefsymmetrischen Tensoren der erstere einen eindimensionalen Teilraum abspaltet. Wir werden jetzt sehen, daß damit für $\nu = 2$ die drei irreduziblen Bestandteile gewonnen sind und daß die Irreduzibilität des Raums der schiefsymmetrischen Tensoren auch noch für einige höhere Tensorstufen bestehen bleibt und uns gerade die gewünschten Darstellungen liefert. Ich beweise nämlich

Satz 14.1. *Die von der Gruppe* $\mathfrak{d}_n$ *im Raum der schiefsymmetrischen Tensoren* ν*-ter Stufe induzierte Darstellung* Γ_ν *ist für* $\nu < p$ ($n = 2p$ *oder* $2p+1$) *die irreduzible Darstellung* ${}^nD_{1^\nu 0^{p-\nu}}$. *Im Fall b)* $n = 2p+1$ *gilt dies auch noch für* $\nu = p$; *im Fall a)* $n = 2p$ *zerfällt die Tensordarstellung für* $\nu = p$ *in* ${}^nD_{1^p} + {}^nD_{1^{p-1}, -1}$.

Zum Beweis braucht nur zweierlei gezeigt zu werden: erstens, daß das höchste Gewicht der Tensordarstellung μ_ν ist, so daß die angegebene Darstellung jedenfalls in ihr enthalten ist; zweitens, daß die beiden Darstellungsgrade übereinstimmen.

Die Eigenwerte von A sind $e^{\pm 2\pi i \tau_j}$, dazu im Fall $n = 2p+1$ noch ein Eigenwert 1. Die Eigenwerte der ν-ten Kronecker-Potenz von A sind alle Produkte aus ν (gleichen oder verschiedenen) Eigenwerten von A, also

im Fall a) $n = 2p$ $\qquad e^{2\pi i(\pm\tau_{j_1} \pm \tau_{j_2} \pm \cdots \pm \tau_{j_\nu})}$,

im Fall b) $n = 2p+1$ $\qquad e^{2\pi i(\pm\tau_{j_1} \pm \tau_{j_2} \pm \cdots \pm \tau_{j_\mu})}$ $\qquad$ für alle $\mu \leqq \nu$,

wo die j_λ unabhängig voneinander alle Werte von 1 bis p annehmen und alle Vorzeichenkombinationen vorkommen. Die Beschränkung auf die schiefsymmetrischen Tensoren läßt den größten Teil dieser Eigenwerte wegfallen. Wir können uns auf den allgemeinen Fall beschränken, daß A lauter verschiedene Eigenwerte hat. In V § 2 sahen wir, daß z. B. der Tensorraum zweiter Stufe von den Produkten $\xi^j \eta^h$ aufgespannt wird. Sind x und y Eigenvektoren zu den Eigenwerten λ und μ, also $\alpha^j_k \xi^k = \lambda \xi^j$, $\alpha^h_l \eta^l = \mu \eta^h$, so ist $\alpha^j_k \alpha^h_l \xi^k \eta^l = \lambda\mu \xi^j \eta^h$, also das „Produkt" von x und y Eigenvektor von $[A]^2$ zum Eigenwert $\lambda\mu$. Schiefsymmetrische Tensoren entstehen aus beliebigen durch Bildung von $F^{jh} - F^{hj}$, daher wird der Raum der schiefsymmetrischen Tensoren von den „schiefen Produkten" $\xi^j \eta^h - \xi^h \eta^j$ aufgespannt. Für zwei Eigenvektoren ergibt sich $\sum\limits_{k,l} \alpha^j_k \alpha^h_l (\xi^k \eta^l - \xi^l \eta^k) = \lambda\mu(\xi^j \eta^h - \xi^h \eta^j)$, es treten also alle Produkte von verschiedenen Eigenwerten auf, während für $\lambda = \mu$ wegen der vorausgesetzten Einfachheit der Eigenwerte $\xi^j \eta^h - \xi^h \eta^j = 0$ ist. Für höhere Tensorstufen verläuft die Überlegung genau so.

Also treten im Fall a) $n=2p$ sämtliche $\binom{n}{\nu}$ Summen von ν verschiedenen Summanden aus der Reihe $\tau_1, -\tau_1, \ldots, \tau_p, -\tau_p$ auf. Die höchste davon ist offenbar $\tau_1+\cdots+\tau_\nu=\mu_\nu$, wie behauptet. Im Falle $\nu=p$ ist außer $\tau_1+\cdots+\tau_{p-1}+\tau_p$ auch $\tau_1+\cdots+\tau_{p-1}-\tau_p$ ein höchstes Gewicht.

Im Fall b) $n=2p+1$ kommen alle $\binom{n}{\nu}$ Summen von ν verschiedenen Summanden aus der Reihe $\tau_1, -\tau_1, \ldots, \tau_p, -\tau_p, 0$ vor. Das höchste vorkommende Gewicht ist wieder $\tau_1+\cdots+\tau_\nu=\mu_\nu$. Der Fall $\nu=p$ spielt keine Sonderrolle, denn $\tau_1+\cdots+\tau_{p-1}-\tau_p$ ist kein höchstes Gewicht.

Damit ist der erste Teil des Beweises erledigt. Es muß noch gezeigt werden, daß die Grade stimmen. Der Grad der Tensordarstellung Γ_ν ist $\binom{n}{\nu}$, also ist zu zeigen

$$^{2p}N_{1^\nu 0^{p-\nu}}=\binom{2p}{\nu} \qquad (\nu=1,\ldots,p-1)$$

$$^{2p}N_{1^p}={}^{2p}N_{1^{p-1},-1}=\frac{1}{2}\binom{2p}{p}$$

$$^{2p+1}N_{1^\nu 0^{p-\nu}}=\binom{2p+1}{\nu} \qquad (\nu=1,\ldots,p).$$

Das muß einfach ausgerechnet werden.

Fall a). Zur Berechnung der Formel (11.1) sind die

$$\begin{array}{llllll} m: & 1, & \ldots, & 1, & 0, & \ldots, 0 \\ r: & p-1, & \ldots, & p-\nu, & p-\nu-1, & \ldots, 0 \\ l: & p, & \ldots, & p-\nu+1, & p-\nu-1, & \ldots, 0 \end{array}$$

Für den Quotienten aus Differenzen- mal Summenprodukt erhält man, wenn man Faktoren, die in Zähler und Nenner gleich lauten, von vornherein wegläßt (Punkte bedeuten immer Faktoren, die je um 1 abnehmen),

$$\frac{p\ldots(\nu+1)}{(p-\nu)\ldots 1}\,\frac{(2p-1)\ldots(2p-\nu+1)(2p-\nu-1)\ldots p}{(2p-\nu-1)\ldots(2p-2\nu+1)(2p-2\nu-1)\ldots(p-\nu)}$$
$$=\frac{(2p-1)\ldots(2p-\nu+1)(2p-\nu-1)!\,p(2p-2\nu)}{\nu!\,(p-\nu)(2p-\nu-1)!}$$
$$=\frac{2p\ldots(2p-\nu+1)}{\nu!}=\binom{2p}{\nu}.$$

Diese Rechnung stimmt nur für $v < p$. Für $v = p$ sind die

$$\begin{aligned} m&: 1, \ldots, 1 \\ r&: p-1, \ldots, 0 \\ l&: p, \ldots, 1 \end{aligned}$$

und man erhält

$$\frac{(2p-1)\ldots(p+1)}{(p-1)\ldots 1} = \frac{1}{2}\,\frac{2p\ldots(p+1)}{p\ldots 1} = \frac{1}{2}\binom{2p}{p}.$$

Im Fall b) sind die

$$\begin{aligned} m&: 1, \ldots, 1, 0, \ldots, 0 \\ r&: \frac{2p-1}{2}, \ldots, \frac{2p-2v+1}{2}, \frac{2p-2v-1}{2}, \ldots, \frac{1}{2} \\ l&: \frac{2p+1}{2}, \ldots, \frac{2p-2v+3}{2}, \frac{2p-2v-1}{2}, \ldots, \frac{1}{2} \end{aligned}$$

und man erhält aus der anderen Formel (11.1)

$$\frac{p\ldots(v+1)}{(p-v)\ldots 1}\,\frac{2p\ldots(2p-v+2)(2p-v)\ldots(p+1)}{(2p-v)\ldots(2p-2v+2)(2p-2v)\ldots(p-v+1)}\,\frac{2p+1}{2p-2v+1}$$
$$= \frac{2p\ldots(2p-v+2)(2p-v)!\,(2p+1)}{v!\,(2p-v)!} = \binom{2p+1}{v}.$$

Für $v = p$ sind die

$$\begin{aligned} m&: 1, \ldots, 1 \\ r&: \frac{2p-1}{2}, \ldots, \frac{1}{2} \\ l&: \frac{2p+1}{2}, \ldots, \frac{3}{2} \end{aligned}$$

und man erhält diesmal

$$\frac{2p\ldots(p+2)}{p\ldots 2}(2p+1) = \binom{2p+1}{p}.$$

Damit ist Satz 14.1 vollständig bewiesen und insbesondere sind die eindeutigen unter den Fundamentaldarstellungen angegeben*).

*) Bei den symmetrischen Tensoren zweiter Stufe findet man in ähnlicher Weise, da die Produkte gleicher Eigenwerte nicht ausgeschlossen werden, $2\tau_1$ als höchstes Gewicht. Für den Grad der Darstellung ${}^nD_2$ rechnet man $\binom{n+1}{2} - 1$ aus, also um 1 weniger als die Dimension des Raumes aller symmetrischen Tensoren; also ist — wie in V § 2 behauptet — die Darstellung durch die symmetrischen Tensoren der Spur Null irreduzibel.

§ 15. Die volle orthogonale Gruppe

Die Gruppe $\mathfrak{D}_n$ entsteht aus der Gruppe $\mathfrak{d}_n$ durch Hinzunahme der uneigentlich orthogonalen Matrizen (Determinante -1). Wie die Überlagerungsgruppe $\ddot{\mathfrak{U}}_n$ ist sie „doppelt so groß" wie die Drehgruppe, aber sie hat mit $\ddot{\mathfrak{U}}_n$ wohlgemerkt nichts zu tun. Vom Standpunkt der Topologie, d. h. der Zusammenhangsverhältnisse betrachtet, zerfällt sie in zwei Stücke; denn längs eines „Weges" in $\mathfrak{D}_n$ ändert sich die Determinante stetig, also führt kein Weg aus $\mathfrak{d}_n$ in das Gebiet $\mathfrak{D}_n - \mathfrak{d}_n$ der uneigentlichen Elemente. $\mathfrak{d}_n$ ist Normalteiler vom Index 2, das andere Stück ist die Nebenklasse dazu. Für den Zusammenhang zwischen den Darstellungen von $\mathfrak{D}_n$ und $\mathfrak{d}_n$ gelten die Sätze von III § 13b. Da wir die Darstellungen von $\mathfrak{d}_n$ oder doch die möglichen Charaktere kennen, müssen wir zuerst unter ihnen die selbstkonjugierten und die Paare von konjugierten suchen. Für das uneigentliche Element a mit $a^2 = I$ wählen wir im Falle $n = 2p$ die Matrix $\begin{pmatrix} E_{n-1} & 0 \\ 0 & -1 \end{pmatrix}$. Transformation der Elemente (2.1) mit diesem a bewirkt Vorzeichenumkehr von τ_p. Ist also $D(s)$ eine Darstellung von $\mathfrak{d}_n$, so gehen die Gewichte von $\tilde{D}(s) = D(asa)$ aus denen von $D(s)$ hervor, indem man das Vorzeichen des Koeffizienten von τ_p umkehrt. Insbesondere gilt dies für das höchste Gewicht der irreduziblen Darstellungen, und folglich sind immer zwei Darstellungen ${}^nD_{m_1 \ldots m_p}$ und ${}^nD_{m_1 \ldots m_{p-1}, -m_p}$ mit $m_p \neq 0$ konjugiert, und die Darstellungen mit $m_p = 0$ sind selbstkonjugiert. Wenn diese Darstellungen alle hergestellt sind, so kann man nach der Methode von III § 13b auch die sämtlichen irreduziblen Darstellungen von $\mathfrak{D}_n$ herstellen. Sie sind den Zahlensystemen $m_1, \ldots, m_p$ mit $m_1 \geqq m_2 \geqq \cdots \geqq m_p \geqq 0$ (entweder alle m_j ganz oder alle halbganz) zugeordnet, und zwar sind sie für $m_p > 0$ selbstassoziiert und zerfallen, wenn man sich auf $\mathfrak{d}_n$ beschränkt, in die beiden Darstellungen ${}^nD_{m_1 \ldots m_p}$ und ${}^nD_{m_1 \ldots m_{p-1}, -m_p}$; für $m_p = 0$ sind es jeweils zwei, die sich nur im Vorzeichen der Matrizen unterscheiden, die zu den uneigentlichen Elementen gehören.

Für $n = 2p + 1$ nehmen wir für a die Matrix $-E_n$. Dann ist immer $\tilde{D}(s) = D(asa) = D(s)$, also sind alle Darstellungen selbstkonjugiert. Ist N der Darstellungsgrad, so kann man für die in III § 13b vorkommende Matrix A die Matrix E_N oder $-E_N$ wählen. Man erhält also die beiden assoziierten Darstellungen von $\mathfrak{D}_n$, von denen eine gegebene Darstellung $D(s)$ von $\mathfrak{d}_n$ Teil ist, auf die einfachste Art, indem man einmal $D(as) = D(s)$, das andere Mal $D(as) = -D(s)$ setzt.

Betrachten wir noch einmal die Tensordarstellungen Γ_ν von § 14 und nehmen wir auch die Γ_ν für $\nu > p$ hinzu. All diese Darstellungen kann man ohne weiteres als Darstellungen von $\mathfrak{D}_n$ ansehen. Für $\nu > n$ verschwinden alle schiefsymmetrischen Tensoren ν-ter Stufe identisch, weil es keine ν voneinander verschiedenen Nummern gibt. Wir haben also nur die Reihe $\Gamma_0, \Gamma_1, \ldots, \Gamma_n$ zu betrachten. Γ_n ist die Darstellung der Matrizen durch ihre Determinante, also im Fall der Drehgruppe $\mathfrak{d}_n$ die Einsdarstellung: $\Gamma_n \sim \Gamma_0$. Im Fall der vollen orthogonalen Gruppe werden bei Γ_n die uneigentlich orthogonalen Matrizen durch -1 dargestellt, also ist Γ_n die alternierende Darstellung und *zu Γ_0 assoziiert.*

Allgemeiner gilt

Satz 15.1. *Die Tensordarstellung Γ_ν ist als Darstellung der Drehgruppe $\mathfrak{d}_n$ zu $\Gamma_{n-\nu}$ äquivalent, als Darstellung der vollen orthogonalen Gruppe $\mathfrak{D}_n$ zu $\Gamma_{n-\nu}$ assoziiert. Als Darstellungen von $\mathfrak{D}_n$ sind alle Γ_ν irreduzibel. Beschränkt man sich auf $\mathfrak{d}_n$, so bleiben sie irreduzibel bis auf die selbstassoziierte Darstellung Γ_p bei $n=2p$, die wie in Satz* 14.1 *angegeben zerfällt.*

Der erste Teil von Satz 15.1 wird mit der gleichen Methode bewiesen wie Satz 14.1. Die Grade stimmen wegen $\binom{n}{\nu} = \binom{n}{n-\nu}$ überein. Die Gewichte sind wieder alle Summen aus ν verschiedenen Summanden aus der Reihe $\tau_1, -\tau_1, \ldots, -\tau_p$ bzw. $\tau_1, -\tau_1, \ldots, -\tau_p, 0$. Für $\nu > p$ kommen immer Glieder mit Minuszeichen oder eine 0 vor, und als höchstes Gewicht erhält man $\tau_1 + \cdots + \tau_{n-\nu}$. Die Aussage über die Irreduzibilität folgt aus Satz 14.1 und aus III § 13b.

Es muß noch bewiesen werden, daß als Darstellungen von $\mathfrak{D}_n$ Γ_ν und $\Gamma_{n-\nu}$ nicht äquivalent, sondern assoziiert sind. Die Matrixelemente der Darstellung $\Gamma_\nu(s)$, $s=(\sigma_{ik})$ im Raum der schiefsymmetrischen Tensoren $F^{i_1 \ldots i_\nu}$ sind die Unterdeterminanten

$$\sigma_{i_1 \ldots i_\nu, k_1 \ldots k_\nu} = \begin{vmatrix} \sigma_{i_1 k_1} & \cdots & \sigma_{i_1 k_\nu} \\ \cdot & \cdot\;\cdot\;\cdot & \cdot \\ \sigma_{i_\nu k_1} & \cdots & \sigma_{i_\nu k_\nu} \end{vmatrix} .$$

Bezeichnet man mit Σ_{ik} das algebraische Komplement von σ_{ik} in $\det s$, so gilt die Formel

$$\Sigma_{i_1 \ldots i_\nu, k_1 \ldots k_\nu} = (\det s)^{\nu-1}\, \sigma_{j_1 \ldots j_{n-\nu}, l_1 \ldots l_{n-\nu}},$$

wenn $i_1 \ldots i_\nu j_1 \ldots j_{n-\nu}$ und $k_1 \ldots k_\nu l_1 \ldots l_{n-\nu}$ gerade Permutationen von $1 \ldots n$ sind*).

Wegen $s^{-1} = \left(\frac{\Sigma_{ki}}{\det s}\right)$ ist für eine orthogonale Matrix ($s^* = s^{-1}$ und $\det s = \pm 1$) $\Sigma_{ik} = \pm \sigma_{ik}$, je nachdem s eigentlich oder uneigentlich, und man erkennt, daß $\sigma_{i_1 \ldots i_\nu k_1 \ldots k_\nu} = \pm \sigma_{j_1 \ldots j_{n-\nu}, l_1 \ldots l_{n-\nu}}$, je nachdem ob s

*) Siehe z. B. Kowalewski [1].

eigentlich oder uneigentlich. Hier stehen aber rechts die Matrixelemente von $\Gamma_{n-\nu}$.

Es sei zum Schluß bemerkt, daß die Γ_ν natürlich auch als Darstellungen der *komplexen* orthogonalen Gruppen — der vollen und der eigentlichen — angesehen werden können. Die Aussagen über Irreduzibilität oder Zerfall bleiben die gleichen. Daß eine Darstellung, die für eine Untergruppe irreduzibel ist, für die Gesamtgruppe irreduzibel bleibt, ist ja selbstverständlich. Wenn aber eine ganzrationale Darstellung etwa für alle reellen eigentlich orthogonalen Matrizen zerfällt (wie Γ_p für $n=2p$), so muß sie auch für alle komplexen eigentlich orthogonalen Matrizen zerfallen, wie man ähnlich wie in V § 7 beweist; vgl. IX § 2.

Achtes Kapitel

Spindarstellungen, Infinitesimalring, gewöhnliche Drehgruppe

Um zu den zweideutigen oder Spindarstellungen der Drehgruppe zu gelangen, wird der Infinitesimalring in § 1 eingeführt und in § 2 in Verbindung gebracht mit der sog. Cliffordschen Algebra, die auch an sich von Interesse ist und seit Dirac in der Physik immer größere Bedeutung erlangt hat. Ihre Darstellungen (§ 3) liefern zugleich die infinitesimalen Spindarstellungen der Drehgruppe (§ 4). In § 5 werden die Spindarstellungen noch einmal im Großen hergeleitet unabhängig von § 4, aber ebenfalls mit Benutzung der Cliffordschen Algebra. Die Anwendung auf die „gewöhnliche" Drehgruppe $\mathfrak{d}_3$ in § 6 zeigt, daß deren zweiblättrige Überlagerungsgruppe zur unimodularen unitären Gruppe $\mathfrak{u}_2$ isomorph ist, deren Darstellungen aus V § 10 bekannt sind; man kann aus § 6 die gesamte Darstellungstheorie der $\mathfrak{d}_3$ entnehmen, ohne Kapitel VII und Kapitel VIII §§ 1—5 studiert haben zu müssen. § 7 gibt ein Beispiel für die vollständige Reduktion des Kronecker-Produkts von zwei Darstellungen. In § 8 wird noch einmal der Infinitesimalring von $\mathfrak{d}_n$ betrachtet, seine Struktur genauer untersucht und daraus eine Reihe von Sätzen über die Gewichte — d. h. die Eigenwerte — der Darstellungen hergeleitet. Weitere Kronecker-Produkte und eine Anwendung auf gewisse mit der Cliffordschen zusammenhängende Algebren bringt § 9.

§ 1. Der Infinitesimalring der Drehgruppe

Der Infinitesimalring $\mathfrak{d}_n^\circ$ der Drehgruppe $\mathfrak{d}_n$ besteht nach II § 5 aus allen schiefsymmetrischen reellen n-reihigen Matrizen; er ist zugleich der Infinitesimalring der vollen orthogonalen Gruppe $\mathfrak{D}_n$. Wir setzen

$$s_{\mu\nu} = e_{\mu\nu} - e_{\nu\mu}, \tag{1.1}$$

wobei $e_{\mu\nu}$ wie schon in I § 3 eine Matrix aus lauter Nullen bis auf eine 1 an der Kreuzung der μ-ten Zeile und ν-ten Spalte bedeutet. Dann bilden die $s_{\mu\nu}$ mit $\mu > \nu$ eine Basis von $\mathfrak{d}_n^\circ$.

Für das Darstellungsproblem kommt es weniger auf die Natur der Elemente von $\mathfrak{d}_n^\circ$ als auf die Struktur ihrer Gesamtheit an, die durch das Multiplikationsgesetz gegeben ist. Es genügt, die schiefen Produkte der Basiselemente zu kennen. Sie lauten

$$[s_{\mu\nu}, s_{\varrho\sigma}] = \delta_{\nu\varrho} s_{\mu\sigma} + \delta_{\mu\sigma} s_{\nu\varrho} - \delta_{\nu\sigma} s_{\mu\varrho} - \delta_{\mu\varrho} s_{\nu\sigma}, \tag{1.2}$$

wie man mit Hilfe der Multiplikationsregeln I (3.2) der $e_{\mu\nu}$ ausrechnet.

Beispiele. Im Fall $n=3$ setzt man $s_{32} = J_x, s_{13} = J_y, s_{21} = J_z$; das sind die infinitesimalen Drehungen um die x-, y- und z-Achse. (J_z bekommt man, indem man $A(\tau) \dotplus E_1$ — vgl. VII (2.2) — nach τ differenziert und $\tau = 0$ setzt; analog die beiden anderen. Der gemeinsame Faktor 2π ist natürlich unwesentlich.) Aus (1.2) wird dann

$$[J_y, J_z] = J_x, \quad [J_z, J_x] = J_y, \quad [J_x, J_y] = J_z. \tag{1.3}$$

Genau dieselben Beziehungen bestehen zwischen drei cartesischen Koordinatenvektoren, wenn die eckigen Klammern das Vektorprodukt bedeuten. Der Infinitesimalring der $\mathfrak{d}_3$ ist also einfach der Vektorraum $\mathfrak{R}_3$ mit dem Vektorprodukt als schiefem Produkt.

Für $n=4$ führe man eine neue Basis ein durch

$$T_1 = \frac{1}{2}(s_{12} - s_{34}), \quad T_2 = \frac{1}{2}(s_{13} - s_{42}), \quad T_3 = \frac{1}{2}(s_{14} - s_{23}),$$

$$U_1 = -\frac{1}{2}(s_{12} + s_{34}), \quad U_2 = -\frac{1}{2}(s_{13} + s_{42}), \quad U_3 = -\frac{1}{2}(s_{14} + s_{23}).$$

Man berechnet sofort

$$[T_2, T_3] = T_1, \quad [T_3, T_1] = T_2, \quad [T_1, T_2] = T_3,$$
$$[U_2, U_3] = U_1, \quad [U_3, U_1] = U_2, \quad [U_1, U_2] = U_3.$$

Also: Der Infinitesimalring der $\mathfrak{d}_4$ ist direkte Summe von zwei Infinitesimalringen $\mathfrak{d}_3$. Für die Gruppen gilt das Analogon im Großen nicht, wir sahen aber in VII § 13, daß die adjungierte Darstellung der $\mathfrak{d}_4$ in zwei Darstellungen vom Grad 3 zerfällt. Die adjungierte Darstellung ist homomorph zur Gruppe $\mathfrak{d}_4$ und isomorph zur Faktorgruppe nach dem Normalteiler aus denjenigen Elementen, die den identischen inneren Automorphismus bewirken; das sind die Elemente des Zentrums von $\mathfrak{d}_4$, also E_4 und $-E_4$. Diese zu $\mathfrak{d}_4$ „im Kleinen" isomorphe Gruppe ist direktes Produkt zweier $\mathfrak{d}_3$.

Der Infinitesimalring $\mathfrak{T}_p^\circ$ des Toroids $\mathfrak{T}_p$ ist ein p-dimensionaler Teilraum von $\mathfrak{d}_n^\circ$ und wird, wie man an VII (2.1) bzw. VII (2.4) erkennt, von den Elementen $s_{12}, s_{34}, \ldots, s_{2p-1,2p}$ aufgespannt, die natürlich vertauschbar sind; in (1.2) kommt ja rechts 0, wenn alle 4 Indizes verschieden sind*). Man kann die τ_j als Koordinaten in $\mathfrak{T}_p^\circ$ verwenden und dessen allgemeines Element

$$h = \tau_1 s_{12} + \tau_2 s_{34} + \cdots + \tau_p s_{2p-1,2p} \tag{1.4}$$

schreiben.

Das Darstellungsproblem besteht nun einfach darin, irgendwelche Matrizen $S_{\mu\nu}$ anzugeben, die denselben Relationen wie die $s_{\mu\nu}$ genügen:

$$[S_{\mu\nu}, S_{\varrho\sigma}] = \delta_{\nu\varrho} S_{\mu\sigma} + \delta_{\mu\sigma} S_{\nu\varrho} - \delta_{\nu\sigma} S_{\mu\varrho} - \delta_{\mu\varrho} S_{\nu\sigma}\,. \tag{1.5}$$

Es wird nicht verlangt, daß die $S_{\mu\nu}(\mu > \nu)$ linear unabhängig sind.

$s_{\mu\nu}$ hat zwei von Null verschiedene Eigenwerte $\pm i$, (1.4) die Eigenwerte $\pm i\tau_j$. „$\varphi(\tau) = m_1\tau_1 + \cdots + m_p\tau_p$ ist ein Gewicht der Darstellung" bedeutet, daß die Matrizen $S_{12}, S_{34}, \ldots$, die ja alle vertauschbar sind, einen gemeinsamen Eigenvektor besitzen, zu dem bei $S_{2j-1,2j}$ der Eigenwert im_j, bei der Matrix

$$H = \tau_1 S_{12} + \tau_2 S_{34} + \cdots + \tau_p S_{2p-1,2p}\,, \tag{1.6}$$

die (1.4) darstellt, der Eigenwert $i(m_1\tau_1 + \cdots + m_p\tau_p)$ gehört. Wenn man der Darstellung durch die Abbildung $U \to e^U$ eine Darstellung der Gruppe zuordnet, so erscheint dort ein Eigenwert $e^{i(m_1\tau_1 + \cdots + m_p\tau_p)}$**).

§ 2. Cliffords Algebra und ihr Zusammenhang mit den infinitesimalen Drehungen

Die sogenannten „Cliffordschen Zahlen" wurden zuerst von W. K. Clifford 1878 betrachtet. Dirac ist wieder auf sie gestoßen, als er 1927 seine Theorie des "spinning electron" aufstellte. Diese Algebra, die mit dem Infinitesimalring der Drehgruppe in engem Zusammenhang steht,

---

*) Man normiert hier die Drehwinkel (anders als seit VII § 2) so, daß 2π der Vollwinkel ist. Dann treten keine Faktoren 2π auf.

**) Bei E. Cartan, der die Gewichte für diese infinitesimale Theorie eingeführt hat, treten die Gewichte selbst (ohne den Faktor i) als Eigenwerte auf. Diese Abweichung der Normierungen hängt damit zusammen, daß er Theorie des komplexen Infinitesimalrings treibt.

soll etwas näher betrachtet werden, weil sie für die Physik von großer Wichtigkeit ist. Mit ihrer Hilfe können auch die noch fehlenden zweideutigen Fundamentaldarstellungen von $\mathfrak{d}_n$, die „Spindarstellungen", aufgestellt werden.

Dirac hatte den Wunsch, die quadratische Form $x_1^2 + \cdots + x_n^2$ als Quadrat einer Linearform schreiben zu können. Wenn man

$$x_1^2 + \cdots + x_n^2 = (\alpha_1 x_1 + \cdots + \alpha_n x_n)^2$$

haben will, so darf man offenbar nicht auf der Kommutativität der Multiplikation der Koeffizienten α_j bestehen, sondern muß vielmehr die Relationen

$$\alpha_j^2 = 1, \quad \alpha_j \alpha_k = -\alpha_k \alpha_j \quad (j \neq k) \tag{2.1}$$

fordern, die man auch in der Form

$$\alpha_j \alpha_k + \alpha_k \alpha_j = 2\delta_{jk} \tag{2.2}$$

zusammenfassen kann. Das sind die definierenden Relationen der Cliffordschen Zahlen.

Wir wollen die von $\alpha_1, \ldots, \alpha_n$ erzeugte Algebra, die wir mit $\mathfrak{C}_n$ bezeichnen, näher ansehen. Wir setzen das assoziative Gesetz der Multiplikation voraus sowie das kommutative Gesetz bei der Multiplikation der α_j mit gewöhnlichen (komplexen) Zahlenfaktoren. In einem Produkt mehrerer α_j kann man nach (2.1_2) die Reihenfolge abändern, indem man bei jedem Tausch benachbarter verschiedener Faktoren das Vorzeichen umkehrt, und nach (2.1_1) jedes α_j^2 wegstreichen. Man kann so jedes Produkt bis auf das Vorzeichen auf eine der Formen

$$1,\ \alpha_1, \ldots, \alpha_n,\ \alpha_1\alpha_2,\ \alpha_1\alpha_3, \ldots, \alpha_{n-1}\alpha_n,\ \alpha_1\alpha_2\alpha_3, \ldots, \alpha_1\alpha_2 \ldots \alpha_n \tag{2.3}$$

bringen. Diese Größen sind aber alle verschieden und linear unabhängig, weil außer (2.2) keine Relationen vorausgesetzt sind. Man kann sie alle so schreiben: $\alpha_1^{\varrho_1}\alpha_2^{\varrho_2} \ldots \alpha_n^{\varrho_n}$ mit Exponenten 0 oder 1. Ihre Anzahl ist also 2^n und dies ist folglich die *Dimension* der Cliffordschen Algebra $\mathfrak{C}_n$. Es handelt sich in der Tat um eine Algebra, nämlich um den 2^n-dimensionalen Vektorraum mit den Basisvektoren (2.3), für die durch (2.2) eine Multiplikation erklärt ist.

Um den Zusammenhang dieser Algebra mit dem Infinitesimalring der Drehgruppe herzustellen, führen wir für ihre Elemente auch das schiefe Produkt ein: $[x, y] = xy - yx$. Erklärt man Größen mit zwei Indizes durch $[\alpha_j, \alpha_k] = \alpha_{jk}$ $(j, k = 1, \ldots, n; j \neq k)$ — wofür man wegen (2.1_2) auch $\alpha_{jk} = 2\alpha_j\alpha_k$ schreiben kann — und $\alpha_{0j} = -\alpha_{j0} = \alpha_j$, so gilt $\alpha_{jk} = -\alpha_{kj}$ $(j, k = 0, \ldots, n)$, und die $\frac{n(n+1)}{2}$ Größen α_{jk} $(j < k)$ sind linear unabhängig, sie stimmen ja bis auf Zahlenfaktoren mit einigen der Größen (2.3) überein. Wir beweisen, daß sie die Basis eines *Lieschen Ringes* (II § 5) bilden, indem wir zeigen, daß alle Produkte $[\alpha_{jk}, \alpha_{lm}]$ wieder Linearkombinationen der α_{jk} sind.

Per definitionem ist $[\alpha_{0k}, \alpha_{0m}] = [\alpha_k, \alpha_m] = \alpha_{km}$. Weiter ist z. B. für $k, l, m \neq 0$

$$[\alpha_{0k}, \alpha_{lm}] = 2(\alpha_k\alpha_l\alpha_m - \alpha_l\alpha_m\alpha_k) = \begin{Bmatrix} 4\alpha_m \text{ für } k = l \\ -4\alpha_l \text{ für } k = m \\ 0 \text{ sonst} \end{Bmatrix} = 4\delta_{kl}\alpha_{0m} - 4\delta_{km}\alpha_{0l}.$$

Und ähnlich findet man für $j, k, l, m \neq 0$

$$[\alpha_{jk}, \alpha_{lm}] = 4\,(\delta_{kl}\alpha_{jm} + \delta_{jm}\alpha_{kl} - \delta_{km}\alpha_{jl} - \delta_{jl}\alpha_{km}).$$

Das stimmt bis auf gewisse Zahlenfaktoren schon mit (1.2) überein. Man erhält ein Größensystem, das genau die Gleichungen (1.2) befriedigt, wenn man

$$S_{0k} = -\frac{i}{2}\alpha_{0k} = -\frac{i}{2}\alpha_k \text{ und } S_{jk} = \frac{1}{4}\alpha_{jk} = \frac{1}{4}[\alpha_j, \alpha_k] = \frac{1}{2}\alpha_j\alpha_k \tag{2.4}$$

setzt. Natürlich kann der Index 0 nach Bedarf ebensogut $n+1$ heißen. Wir haben also den

Satz 2.1. *Der durch* (2.4) *gegebene Teilraum von* $\frac{n(n+1)}{2}$ *Dimensionen der Cliffordschen Algebra* $\mathfrak{C}_n$ *ist, als Liescher Ring aufgefaßt, zum Infinitesimalring* $\mathfrak{d}_{n+1}^{\circ}$ *der* $(n+1)$*-dimensionalen Drehgruppe isomorph.*

§ 3. Darstellungstheorie der Cliffordschen Algebra

Die Cliffordsche Algebra $\mathfrak{C}_2$ läßt sich leicht durch zweireihige Matrizen realisieren. Wir setzen

$$\varrho = \begin{pmatrix} 0 & 1 \\ 1 & 0 \end{pmatrix}, \quad \sigma = \begin{pmatrix} 0 & i \\ -i & 0 \end{pmatrix}, \tag{3.1}$$

dann ist $\varrho^2 = \sigma^2 = E_2$ und $\varrho\sigma = -\sigma\varrho$. Die 4 Matrizen E_2, ϱ, σ und $\varrho\sigma = \begin{pmatrix} -i & 0 \\ 0 & i \end{pmatrix}$ sind linear unabhängig, und damit ist schon gezeigt, daß die Algebra $\mathfrak{C}_2$, der Dimension $2^2 = 4$, vermöge der Abbildung $\alpha_1 \to \varrho$, $\alpha_2 \to \sigma$ zum vollen Matrixring $\mathfrak{M}_2$ isomorph ist, d. h. durch ihn treu dargestellt wird. Die gewöhnlichen Basiselemente sind

$$\frac{1}{2}(E_2 + \tau) = e_{11}, \quad \frac{1}{2}(\varrho - i\sigma) = e_{12}, \quad \frac{1}{2}(\varrho + i\sigma) = e_{21}, \quad \frac{1}{2}(E_2 - \tau) = e_{22}; \tag{3.2}$$

hier ist

$$\tau = \begin{pmatrix} 1 & 0 \\ 0 & -1 \end{pmatrix} = i\varrho\sigma \tag{3.3}$$

gesetzt worden.

Für $n=3$ gibt es ebenfalls eine Darstellung vom zweiten Grad: Man braucht bloß zu ϱ und σ als Bild von α_3 die eben durch (3.3) eingeführte Matrix τ dazuzunehmen; ihr Quadrat ist E_2 und sie antikommutiert mit ϱ und σ. Diese Darstellung ist sehr bekannt; ϱ, σ und τ heißen die *Pauli-Matrizen*. Aber natürlich ist sie nicht treu: $\mathfrak{C}_3$ hat 8, $\mathfrak{M}_2$ 4 Dimensionen. Zum Beispiel ist $i\varrho\sigma\tau=E_2$, während doch $\alpha_1\alpha_2\alpha_3$ von den übrigen Basiselementen 1, α_μ und $\alpha_\mu\alpha_\nu$ linear unabhängig ist.

Man erhält eine zweite Darstellung vom zweiten Grad, wenn man $\alpha_1\to-\varrho$, $\alpha_2\to-\sigma$, $\alpha_3\to-\tau$ nimmt, und diese Darstellung ist zur ersten nicht äquivalent. Ein Element, das in einer Darstellung auf E abgebildet wird, wird nämlich offenbar in jeder dazu äquivalenten Darstellung ebenfalls auf E abgebildet. Hier wird aber $i\alpha_1\alpha_2\alpha_3$ das eine Mal auf E_2, das andere Mal auf $-E_2$ abgebildet.

$\mathfrak{C}_3$ ist in der Tat direkte Summe von zwei Matrixringen $\mathfrak{M}_2$. Ich schenke es mir, die 8 Basiselemente $e_{\mu\nu}\dot{+}0$, $0\dot{+}e_{\varrho\sigma}$ auszurechnen (wo 0 die zweireihige Nullmatrix); denn dies geschieht weiter unten allgemein für ungerades n.

Die Ausdehnung der soeben besprochenen Ergebnisse auf mehr Dimensionen erfolgt durch Bildung von Kronecker-Produkten. Dabei müssen die Fälle des geraden und ungeraden n getrennt behandelt werden.

Fall a) $n=2\nu$.

Für $j=1,2,\ldots,\nu$ wird

$$\begin{aligned}\varrho_j&=\tau\times\cdots\times\tau\times\varrho\times\varepsilon\times\cdots\times\varepsilon,\\ \sigma_j&=\tau\times\cdots\times\tau\times\sigma\times\varepsilon\times\cdots\times\varepsilon\end{aligned}\tag{3.4}$$

gesetzt, wo der Faktor ϱ bzw. σ an der j-ten Stelle steht und vorher $j-1$ Faktoren τ, danach $\nu-j$ Faktoren $\varepsilon=E_2$ kommen. Mit Hilfe der Regel I (6.8) verifiziert man leicht, daß die 2ν Größen (3.4) die Quadrate E_{2^ν} besitzen und sämtlich untereinander antikommutieren; gleichstehende Faktoren sind jeweils bis auf ein Paar vertauschbar, das antikommutiert.

$$\alpha_{2j-1}\to\varrho_j,\quad \alpha_{2j}\to\sigma_j\tag{3.5}$$

ist also eine Darstellung von $\mathfrak{C}_{2\nu}$ vom Grad 2^ν. Daß diese Darstellung treu ist, wird wieder bewiesen, indem man zeigt, daß die Matrizen (3.4) den vollen Matrixring $\mathfrak{M}_{2^\nu}$ erzeugen. Die üblichen Basiselemente von $\mathfrak{M}_{2^\nu}$ lauten als Kronecker-Produkte geschrieben

$$e_{\lambda_1\mu_1}\times e_{\lambda_2\mu_2}\times\cdots\times e_{\lambda_\nu\mu_\nu}\quad(\lambda_j,\mu_j=1,2),\tag{3.6}$$

ihre Anzahl ist $(2^\nu)^2 = 2^{2\nu}$. Um sie durch die ϱ_j und σ_j auszudrücken, setzen wir

$$\begin{aligned} \hat{\varrho}_j &= \varepsilon \times \cdots \times \varepsilon \times \varrho \times \varepsilon \times \cdots \times \varepsilon \\ \hat{\sigma}_j &= \varepsilon \times \cdots \times \varepsilon \times \sigma \times \varepsilon \times \cdots \times \varepsilon \\ \hat{\tau}_j &= \varepsilon \times \cdots \times \varepsilon \times \tau \times \varepsilon \times \cdots \times \varepsilon . \end{aligned} \quad \begin{array}{l} (\varrho, \sigma, \tau \text{ jeweils} \\ \text{an der Stelle } j) \end{array} \tag{3.7}$$

Diese Größen sind leicht durch ϱ_j und σ_j auszudrücken:

$$\hat{\tau}_j = i\varrho_j\sigma_j, \quad \hat{\varrho}_j = \hat{\tau}_1 \ldots \hat{\tau}_{j-1}\varrho_j, \quad \hat{\sigma}_j = \hat{\tau}_1 \ldots \hat{\tau}_{j-1}\sigma_j . \tag{3.8}$$

Aus (3.2) folgt nach der Regel I (6.7)

$$\frac{1}{2}(E_{2^\nu} + \hat{\tau}_j) = \varepsilon \times \cdots \times \varepsilon \times e_{11} \times \varepsilon \times \cdots \times \varepsilon$$

$$\frac{1}{2}(\hat{\varrho}_j - i\hat{\sigma}_j) = \varepsilon \times \cdots \times \varepsilon \times e_{12} \times \varepsilon \times \cdots \times \varepsilon$$

$$\frac{1}{2}(\hat{\varrho}_j + i\hat{\sigma}_j) = \varepsilon \times \cdots \times \varepsilon \times e_{21} \times \varepsilon \times \cdots \times \varepsilon$$

$$\frac{1}{2}(E_{2^\nu} - \hat{\tau}_j) = \varepsilon \times \cdots \times \varepsilon \times e_{22} \times \varepsilon \times \cdots \times \varepsilon ,$$

wo wiederum die Faktoren $\neq \varepsilon$ an der j-ten Stelle stehen. Endlich ist

$$e_{\lambda_1\mu_1} \times e_{\lambda_2\mu_2} \times \cdots = (e_{\lambda_1\mu_1} \times \varepsilon \times \cdots \times \varepsilon)(\varepsilon \times e_{\lambda_2\mu_2} \times \varepsilon \times \cdots \times \varepsilon) \ldots ,$$

und damit sind die Größen (3.6) durch ϱ_j, σ_j ausgedrückt und zwar, wie man sich mit Hilfe der Rechenregeln (2.1) überzeugt, linear durch die den Basiselementen (2.3) entsprechenden Produkte. Also gilt der behauptete

Satz 3.1. *Die Darstellung* (3.5) *der Cliffordschen Algebra* $\mathfrak{C}_{2\nu}$ *durch die Matrizen* (3.4) *ist treu, also* $\mathfrak{C}_{2\nu}$ *zum vollen Matrixring* $\mathfrak{M}_{2^\nu}$ *isomorph.*

Fall b) $n = 2\nu + 1$.

Die Matrix

$$\tau_0 = \tau \times \tau \times \cdots \times \tau \quad (\nu \text{ Faktoren})$$

hat das Quadrat E_{2^ν} und ist mit allen ϱ_j, σ_j antikommutativ, und daher ist

$$\alpha_{2j-1} \to \varrho_j, \alpha_{2j} \to \sigma_j \; (j = 1, \ldots, \nu), \quad \alpha_n \to \tau_0 \tag{3.9}$$

eine Darstellung von $\mathfrak{C}_{2\nu+1}$ wiederum durch den vollen Matrixring $\mathfrak{M}_{2^\nu}$. Sie ist natürlich nicht treu, denn τ_0 ist durch ϱ_j, σ_j ausdrückbar:

$$\tau_0 = \hat{\tau}_1 \hat{\tau}_2 \ldots \hat{\tau}_\nu = i^\nu \varrho_1 \sigma_1 \varrho_2 \sigma_2 \ldots \varrho_\nu \sigma_\nu . \tag{3.10}$$

Das Bild von $i^\nu \alpha_1 \alpha_2 \ldots \alpha_n$ ist also

$$i^\nu \varrho_1 \sigma_1 \ldots \varrho_\nu \sigma_\nu \tau_0 = \tau_0^2 = E_{2^\nu} . \tag{3.11}$$

Aber es gibt eine zweite Darstellung durch den vollen Matrixring $\mathfrak{M}_{2^\nu}$:

$$\alpha_{2j-1} \to -\varrho_j, \alpha_{2j} \to -\sigma_j, \alpha_n \to -\tau_0 ; \tag{3.12}$$

jetzt ist $-E_{2^\nu}$ das Bild von $i^\nu \alpha_1 \ldots \alpha_n$, und daher ist diese Darstellung zur vorigen inäquivalent.

Satz 3.2. *Die Cliffordsche Algebra $\mathfrak{C}_{2\nu+1}$ ist zur direkten Summe zweier Matrixringe $\mathfrak{M}_{2^\nu}$ isomorph.*

Zum Beweis reihen wir die beiden soeben besprochenen Darstellungen längs der Diagonale einer $2 \cdot 2^\nu$-reihigen Matrix aneinander und betrachten die so erhaltene Darstellung

$$\alpha_{2j-1} \to \varrho_j \dot{+} (-\varrho_j), \ \alpha_{2j} \to \sigma_j \dot{+} (-\sigma_j), \ \alpha_n \to \tau_0 \dot{+} (-\tau_0). \tag{3.13}$$

Es muß gezeigt werden, daß die Matrizen, die nur an einer Stelle von $\mathfrak{M}_{2^\nu} \dot{+} \mathfrak{M}_{2^\nu}$ eine 1 und sonst Nullen haben, durch die Matrizen (3.13) ausgedrückt werden können. Wegen (3.8_1) ist

$$i(\varrho_j \dot{+} (-\varrho_j))(\sigma_j \dot{+} (-\sigma_j)) = \hat{\tau}_j \dot{+} \hat{\tau}_j$$

und wegen (3.8_2)

$$(\hat{\tau}_1 \dot{+} \hat{\tau}_1) \ldots (\hat{\tau}_{j-1} \dot{+} \hat{\tau}_{j-1})(\varrho_j \dot{+} (-\varrho_j)) = \hat{\varrho}_j \dot{+} (-\hat{\varrho}_j),$$

und ebenso ist $\hat{\sigma}_j \dot{+} (-\hat{\sigma}_j)$ ausdrückbar. Wegen (3.10) und weil die $\hat{\tau}_j$ (3.7_3) untereinander vertauschbar sind und die Quadrate E_{2^ν} haben, ist $\hat{\tau}_j = \hat{\tau}_1 \ldots \hat{\tau}_{j-1} \hat{\tau}_{j+1} \ldots \hat{\tau}_\nu \tau_0$, und das gibt die Möglichkeit, auch $\hat{\tau}_j \dot{+} (-\hat{\tau}_j)$ auszudrücken. Aus $\varrho = i\sigma\tau$ folgt $\hat{\varrho}_j = i\hat{\sigma}_j \hat{\tau}_j$, und so ist auch $\hat{\varrho}_j \dot{+} \hat{\varrho}_j$ ausdrückbar und ebenso $\hat{\sigma}_j \dot{+} \hat{\sigma}_j$. Nunmehr können (jeweils als halbe Summe oder halbe Differenz) $\hat{\varrho}_j \dot{+} 0$, $0 \dot{+} \hat{\varrho}_j$, $\hat{\sigma}_j \dot{+} 0$, $0 \dot{+} \hat{\sigma}_j$, $\hat{\tau}_j \dot{+} 0$, $0 \dot{+} \hat{\tau}_j$ ausgedrückt werden. Diese Matrizen können wie beim vorigen Beweis die $\hat{\varrho}_j$, $\hat{\sigma}_j$ und $\hat{\tau}_j$ weiter behandelt werden, um die gewünschten Basiselemente zu erhalten.

Zusammen mit den allgemeinen Sätzen III Satz 5.1—3 über Algebren ergeben Satz 3.1 und 3.2 das folgende Resultat über die Darstellungen von $\mathfrak{C}_n$:

Satz 3.3. *Jede Darstellung der Cliffordschen Algebra $\mathfrak{C}_n$ ist vollständig reduzibel. Bei geradem $n = 2\nu$ besitzt $\mathfrak{C}_n$ die einzige irreduzible Darstellung* (3.5) *und ist zum vollen Matrixring $\mathfrak{M}_{2^\nu}$ isomorph. Jede Darstellung ist treu, ihr Grad Vielfaches von 2^ν. Bei ungeradem $n = 2\nu + 1$ gibt es die beiden irreduziblen Darstellungen* (3.9) *und* (3.12) *vom Grad 2^ν, und $\mathfrak{C}_n$ ist zur direkten Summe zweier Matrixringe $\mathfrak{M}_{2^\nu}$ isomorph. Eine beliebige Darstellung ist dann und nur dann treu, wenn* (3.9) *und* (3.12) *in ihr jede mindestens einmal enthalten sind. Jeder Darstellungsgrad ist Vielfaches von 2^ν.*

§ 4. Die Spindarstellungen des Infinitesimalrings der Drehgruppe

Jede Darstellung von $\mathfrak{C}_n$ liefert nach Satz 2.1 eine Darstellung von $\mathfrak{d}^\circ_{n+1}$, welche mit ihr zugleich zerfällt oder mit ihr zugleich irreduzibel ist. Denn in dem von den Elementen (2.4) aufgespannten Teilraum liegen die erzeugenden Elemente $\alpha_1, \ldots, \alpha_n$ von $\mathfrak{C}_n$; zerfällt also die Darstellung von $\mathfrak{d}^\circ_{n+1}$, so zerfallen die Matrizen, welche $\alpha_1, \ldots, \alpha_n$ darstellen, und damit die ganze Darstellung von $\mathfrak{C}_n$. Die im vorigen Abschnitt entwickelte Theorie der Darstellungen von $\mathfrak{C}_n$ liefert uns also bei ungerader Dimensionszahl $n+1$ der Drehgruppe eine, bei gerader Dimension zwei irreduzible Darstellungen von $\mathfrak{d}^\circ_{n+1}$. Wir wollen uns überzeugen, daß es gerade die „Spindarstellungen" sind, also die noch nicht erledigten Fundamentaldarstellungen, deren höchste Gewichte in VII § 14 — vgl. VII (14.1) und (14.2) — mit μ_p bzw. μ_{p-1} und μ_p bezeichnet worden sind. Dazu muß nur gezeigt werden, daß die höchsten Gewichte stimmen. Die Darstellungsgrade müssen dann von selbst in Ordnung sein, weil die Irreduzibilität bereits feststeht; sie können aber auch leicht mit VII (13.1) verglichen werden. Man muß beachten, daß die dort mit n bezeichnete Nummer der Drehgruppe jetzt $n+1$ heißt. Bei geradem n, also ungeradem $n+1$, hat man $p=\nu$ zu setzen, im umgekehrten Fall ist $n+1=2\nu+2=2p$, also $p=\nu+1$.

Die Bestimmung der höchsten Gewichte erfordert ein wenig mehr Überlegung.

Fall A) $n=2\nu$. Dimension des Toroids $p=\nu$, Dimension der Drehgruppe $n+1=2p+1$ ungerade.

Wir haben die Darstellung (3.5) auf $\mathfrak{d}^\circ_{n+1}$ zu betrachten, also in (2.4) α_{2j-1} durch ϱ_j, α_{2j} durch σ_j zu ersetzen. Die Gewichte sind bis auf den Faktor i die Eigenwerte der Matrizen (1.6) des Infinitesimalrings des Toroids*). Dabei ist

$$S_{2j-1,2j} = \frac{1}{2}\varrho_j\sigma_j = -\frac{i}{2}\hat{\tau}_j = -\frac{i}{2}\varepsilon\times\cdots\times\varepsilon\times\tau\times\varepsilon\times\cdots\times\varepsilon \tag{4.1}$$

(τ an der j-ten Stelle). Das sind Diagonalmatrizen, deren Diagonalelemente zur Hälfte die Werte $i/2$, zur Hälfte $-i/2$ haben, wobei die Vorzeichen verschieden verteilt sind, und zwar so, daß für die Gewichte, also die durch i dividierten Diagonalelemente von $\tau_1 S_{12}+\cdots+\tau_p S_{2p-1,2p}$, die Werte $\pm\tau_1/2\pm\tau_2/2\pm\cdots\pm\tau_p/2$ gerade mit sämtlichen möglichen Vorzeichenverteilungen herauskommen. Das sieht man leicht, wenn man die Zeilen (oder Spalten) der p-fachen Kronecker-Produkte in natür-

*) Hier sind $\tau_1, \ldots, \tau_p$ wie in § 1 die Drehwinkel. Verwechslung mit den in § 3 eingeführten Matrizen τ, τ_0, $\hat{\tau}_j$ ist wohl nicht zu befürchten.

licher Weise durch p Indizes numeriert, welche die Werte 1, 2 annehmen. Ein Indexsystem $\lambda_1, \ldots, \lambda_p$ ($\lambda_k = 1, 2$) bedeutet, daß vom k-ten Kronecker-Faktor die λ_k-te Zeile zu nehmen ist. In der Diagonalmatrix $\hat{\tau}_j$ haben die Elemente, bei deren Indexsystem $\lambda_j = 1$ (2) ist, den Wert 1 (-1), unabhängig von den anderen λ_k. Die Nummer eines Elements, das bei $\hat{\tau}_1, \hat{\tau}_2, \ldots$ vorgeschriebene Werte ± 1 hat, wird also erhalten, indem man $\lambda_j = 1$ (2) setzt, wenn bei $\hat{\tau}_j$ an dieser Stelle $+1$ (-1) stehen soll.

Das höchste Gewicht ist demnach in der Tat $(\frac{1}{2}, \frac{1}{2}, \ldots, \frac{1}{2}) = \mu_p$. Eigenvektor dazu ist — wegen des Minuszeichens in (4.1) — der „letzte" Koordinatenvektor: alle $\lambda_k = 2$.

Fall B) $n = 2\nu + 1$, Dimension der Drehgruppe $n + 1 = 2\nu + 2$, also Dimension des Toroids $p = \nu + 1$.

In diesem Fall haben wir in (2.4) die Darstellung (3.9) einzuführen. Wir ersetzen den Index 0 durch $n+1$ und haben $S_{0n} = -(i/2)\tau_0$ oder $S_{n,n+1} = (i/2)\tau_0$ zu setzen und diese Matrix zu den Matrizen (4.1) hinzuzufügen, um den Infinitesimalring des Toroids aufzuspannen. Das ist ebenfalls eine Diagonalmatrix mit Elementen $\pm i/2$, bei ihr kommt ein $+$ ($-$), wenn eine gerade (ungerade) Anzahl der λ_k den Wert 2 hat. Wegen der Minuszeichen in (4.1) erhält man wiederum das höchste Gewicht, wenn man in $\hat{\tau}_1, \ldots, \hat{\tau}_\nu$ für das Minuszeichen sorgt, also alle $\lambda_k = 2$ setzt. An dieser Stelle hat nun τ_0 ein $+1$ oder -1, je nachdem ob ν gerade oder ungerade ist. Also ist das höchste Gewicht $(\frac{1}{2}, \ldots, \frac{1}{2}, \pm\frac{1}{2})$, je nachdem ob ν gerade oder ungerade ist, und wir haben in jedem Fall eine der beiden in VII § 14 ausstehenden Darstellungen gefunden.

Die andere ergibt sich jedesmal, wenn man statt (3.9) die Darstellung (3.12) nimmt. Denn dann ändert sich an den Matrizen (4.1) nichts, aber es wird $S_{n,n+1} = -(i/2)\tau_0$, und das Vorzeichen der letzten Komponente kehrt sich um.

In allen Fällen haben wir also durch die irreduziblen Darstellungen der Cliffordschen Algebra gerade die in VII § 14 noch fehlenden Fundamentaldarstellungen der Drehgruppe oder vielmehr ihres Infinitesimalringes gefunden. Wie wir wissen, handelt es sich um die zweideutigen Darstellungen; aus Gründen ihrer Anwendung in der Physik heißen sie die *Spindarstellungen*.

§ 5. Die Spindarstellungen der Drehgruppe

a) Nach Brauer und Weyl

Zu den Spindarstellungen des Infinitesimalrings gehören nach III Satz 9.3 entsprechende Darstellungen der Gruppe. Man kann sie nach Brauer und Weyl [1] folgendermaßen direkt erhalten.

Wenn man n Variable $x_1, \ldots, x_n$ einer Transformation s aus $\mathfrak{d}_n$ mit den Elementen σ_{ik} unterwirft,

$$x_i' = \sum_k \sigma_{ik} x_k,$$

und das gleiche mit den Elementen $\alpha_1, \ldots, \alpha_n$ der Cliffordschen Algebra $\mathfrak{C}_n$ tut,

$$\alpha_i' = \sum_k \sigma_{ik} \alpha_k,$$

so ist, weil s orthogonal, die am Anfang von § 2 betrachtete Linearform invariant:

$$\sum_j \alpha_j' x_j' = \sum_j \alpha_j x_j. \tag{5.1}$$

Aus dem gleichen Grund ist

$$\sum_j x_j'^2 = \sum_j x_j^2. \tag{5.2}$$

Die rechte Seite von (5.2) ist das Quadrat der rechten Seite von (5.1); Entsprechendes gilt daher auch für die linken Seiten. Daraus folgt, daß für die α_j' dieselben Rechengesetze wie für die α_j gelten:

$$\alpha_j' \alpha_k' + \alpha_k' \alpha_j' = 2\delta_{jk}.$$

Wir betrachten zuerst den

Fall a) $n = 2\nu = 2p$

und ersetzen die α_j durch die Matrizen der Darstellung (3.5), die wir jetzt durchnumeriert mit $\varrho_1, \ldots, \varrho_n$ bezeichnen. Für sie gilt natürlich dasselbe wie für die α_j: wenn man

$$\varrho_i' = \sum_k \sigma_{ik} \varrho_k \tag{5.3}$$

setzt, so ist

$$\varrho_j' \varrho_k' + \varrho_k' \varrho_j' = 2\delta_{jk} E_{2^p}.$$

$\alpha_j \to \varrho_j'$ ist also auch eine Darstellung von $\mathfrak{C}_n$ vom Grad 2^p. Nach § 3 gibt es von diesem Grad nur die irreduzible Darstellung (3.5); also muß die neue Darstellung zu dieser äquivalent sein. Es gibt also eine (von der orthogonalen Transformation s abhängige) Matrix $\Delta(s)$ von 2^p Zeilen und Spalten, so daß

$$\varrho_j' = \Delta(s)\, \varrho_j \Delta^{-1}(s) \quad (j = 1, \ldots, n) \tag{5.4}$$

gilt. $\Delta(s)$ ist bis auf einen willkürlichen Zahlenfaktor bestimmt. $\Delta_1(s) = \lambda\Delta(s)$ leistet nämlich offenbar das gleiche, und wenn es umgekehrt eine Matrix $\Delta_1(s)$ gibt, so daß außer (5.4) auch $\varrho_j' = \Delta_1(s)\varrho_j \Delta_1^{-1}(s)$ gilt, so ist

$$\varrho_j = \Delta^{-1}\Delta_1\, \varrho_j (\Delta^{-1}\Delta_1)^{-1},$$

und aus dem Schurschen Lemma (I Satz 7.1 b) folgt $\Delta^{-1}\Delta_1 = \lambda E$.

Führt man nach s eine zweite Transformation s_1 aus, die ϱ'_j in ϱ''_j überführt, so gilt zugleich

$$\varrho''_j = \Delta(s_1)\,\Delta(s)\,\varrho_j(\Delta(s_1)\,\Delta(s))^{-1} \quad \text{und} \quad \varrho''_j = \Delta(s_1 s)\,\varrho_j \Delta^{-1}(s_1 s)\,,$$

und es folgt

$$\Delta(s_1 s) = \varkappa \Delta(s_1)\Delta(s)\,, \tag{5.5}$$

wo der Zahlenfaktor $\varkappa$ von der Wahl der drei Matrizen abhängt.

Man kann über den willkürlichen Zahlenfaktor in $\Delta(s)$ so verfügen, daß in (5.5) immer $\varkappa = \pm 1$ wird. Um das zu sehen, bemerke man, daß auch die transponierten Matrizen ϱ_j^* die Relationen $\varrho_j^* \varrho_k^* + \varrho_k^* \varrho_j^* = 2\delta_{jk} E_{2^p}$ erfüllen; daraus folgt wie vorhin die Existenz einer Matrix C mit

$$\varrho_j^* = C \varrho_j C^{-1}\,\text{*)}\,. \tag{5.6}$$

Aus $\sum\limits_k \sigma_{jk}\varrho_k = \Delta(s)\varrho_j\Delta^{-1}(s)$ ((5.3) und (5.4)) folgt durch Transponieren

$$\sum_k \sigma_{jk}\varrho_k^* = \tilde{\Delta}(s)\varrho_j^*\tilde{\Delta}^{-1}(s)\,,$$

wo $(\Delta^*)^{-1} = (\Delta^{-1})^* = \tilde{\Delta}$ gesetzt ist. Setzt man hier (5.6) ein und bringt die C auf die rechte Seite, so erhält man

$$\sum_k \sigma_{jk}\varrho_k = C^{-1}\tilde{\Delta}(s)C\varrho_j(C^{-1}\tilde{\Delta}(s)C)^{-1}\,.$$

Die Matrix, mit der hier transformiert wird, ist also wieder bis auf einen Zahlenfaktor $\Delta(s)$, also

$$\tilde{\Delta}(s) = \mu C\Delta(s)C^{-1} \quad (\mu \neq 0)\,. \tag{5.7}$$

An dieser Stelle nun kann der Zahlenfaktor μ leicht beseitigt werden. Ersetzt man $\Delta(s)$ durch $\lambda\Delta(s)$, so geht $\tilde{\Delta}(s)$ in $(1/\lambda)\,\tilde{\Delta}(s)$ über, und in (5.7) ist also μ durch $\lambda^2\mu$ zu ersetzen. Das wird 1, wenn man $\lambda = 1/\sqrt{\mu}$ nimmt. Man kann also $\Delta(s)$ so wählen, daß in (5.7) der Zahlenfaktor wegfällt, und dadurch ist $\Delta(s)$ bis auf das Vorzeichen bestimmt.

Denkt man sich $\Delta(s)$ so gewählt und kehrt man damit zu (5.5) zurück, so erkennt man: die Matrizen $\Delta(s)$, $\Delta(s_1)$, also auch $\Delta(s_1)\Delta(s)$, und $\Delta(s_1 s)$ genügen sämtlich der Gleichung $\tilde{X} = CXC^{-1}$; und hieraus folgt in der Tat $\varkappa = 1/\varkappa$, also $\varkappa = \pm 1$.

Die Zweideutigkeit des Vorzeichens von $\Delta(s)$ und auf der rechten Seite von (5.5) liegt im Wesen der Sache: Wir haben eine zweideutige Darstellung der Drehgruppe $\mathfrak{d}_n$ gefunden, wie sich alsbald durch die Bestimmung der Gewichte bestätigen wird.

Zuvor soll noch bewiesen werden, daß $\Delta(s)$ *unitär* ist. Aus (5.4) erhält man einerseits $\overline{\varrho'_j} = \overline{\Delta(s)\,\varrho_j\Delta^{-1}(s)}$, andererseits $\varrho'^*_j = \Delta^{*-1}(s)\,\varrho_j^*\,\Delta^*(s)$.

*) Dies leistet z. B., wie man leicht verifiziert, die Matrix $C = \varrho \times \sigma \times \varrho \times \sigma \times \cdots$.

Nun sind aber die ϱ_j hermitesch, weil ϱ, σ und τ es sind, und wegen (5.3) sind es, da σ_{ik} reell, auch die ϱ'_j: $\varrho_j^* = \overline{\varrho_j}$, $\varrho_j'^* = \overline{\varrho_j'}$. Also unterscheiden sich $\overline{\Delta(s)}$ und $\Delta^{*-1}(s) = \tilde{\Delta}(s)$ nur um einen Zahlenfaktor, d. h. es ist $\Delta^{\#}(s)\Delta(s) = \lambda E$. Dies besagt (I § 4), daß die hermitesche Einheitsform, wenn man mit $\Delta(s)$ transformiert, in ihr λ-faches übergeht. Also muß $\lambda > 0$ sein, weil der Wertevorrat der hermiteschen Einheitsform nur aus nichtnegativen reellen Zahlen besteht. Es folgt außerdem $\det\Delta \cdot \overline{\det\Delta} = \lambda^{2^\nu}$. Aus (5.7) (wo $\mu = 1$) folgt aber $(\det\Delta)^2 = 1$. Also ist $\lambda = 1$.

Zur Bestimmung der Gewichte haben wir die Eigenwerte der Matrizen $\Delta(t)$ zu bestimmen, wo t dem Toroid angehört. Das ist nicht schwer, denn wir können diese Matrizen leicht angeben. Statt $\varrho_1, \ldots, \varrho_n$, $n = 2p$, schreiben wir wieder wie in § 3 $\varrho_1, \sigma_1, \varrho_2, \sigma_2, \ldots, \varrho_p, \sigma_p$. Die Transformation (5.3) heißt dann, wenn man für σ_{ik} die Elemente einer Matrix VII (2.1) nimmt,

$$\begin{aligned} \varrho'_j &= \varrho_j \cos 2\pi\tau_j - \sigma_j \sin 2\pi\tau_j, \\ \sigma'_j &= \varrho_j \sin 2\pi\tau_j + \sigma_j \cos 2\pi\tau_j. \end{aligned}$$

Ich behaupte, daß

$$\Delta(t) = \omega_1 \times \omega_2 \times \cdots \times \omega_p \tag{5.8}$$

mit

$$\omega_j = \begin{pmatrix} e^{-\pi i \tau_j} & 0 \\ 0 & e^{\pi i \tau_j} \end{pmatrix}$$

zu setzen ist; die rechte Seite von (5.8) ist auf dem Toroid zweideutig: wenn man ein τ_j um 1 vermehrt, kehrt sich das Vorzeichen um. Daß (5.4) richtig ist, bestätigt man leicht: Von den in den Formeln (3.4) vorkommenden Matrizen sind τ und ε mit den ω_j vertauschbar, für ϱ und σ aber verifiziert man

$$\begin{aligned} \omega_j \varrho \omega_j^{-1} &= \varrho \cos 2\pi\tau_j - \sigma \sin 2\pi\tau_j \\ \omega_j \sigma \omega_j^{-1} &= \varrho \sin 2\pi\tau_j + \sigma \cos 2\pi\tau_j. \end{aligned}$$

Es muß nur noch $\tilde{\Delta}(t) = C\Delta(t)C^{-1}$ gezeigt werden. Dies folgt, weil $\Delta(t)$ diagonal und daher $\tilde{\Delta}(t) = \Delta^{-1}(t)$, aus $\varrho\omega_j\varrho = \sigma\omega_j\sigma = \omega_j^{-1}$.

(5.8) ist diagonal, die Eigenwerte also einfach die Diagonalelemente. Für sie findet man, ähnlich wie in § 4,

$$e^{2\pi i \left(\pm \frac{\tau_1}{2} \pm \frac{\tau_2}{2} \pm \cdots \pm \frac{\tau_p}{2}\right)}$$

mit allen möglichen Vorzeichenkombinationen. Die Gewichte sind also

$$\left(\pm \frac{1}{2}, \pm \frac{1}{2}, \ldots, \pm \frac{1}{2}\right) \tag{5.9}$$

mit allen Vorzeichenkombinationen. Da es sich um eine Darstellung der Drehgruppe $\mathfrak{d}_n$ mit geradem n handelt, folgt hieraus: Die gefundene Darstellung vom Grad 2^p ist reduzibel, sie setzt sich zusammen aus den beiden irreduziblen Darstellungen mit den höchsten Gewichten $(\frac{1}{2}, \dots, \frac{1}{2}, \frac{1}{2})$ und $(\frac{1}{2}, \dots, \frac{1}{2}, -\frac{1}{2})$, deren Grad, wie am Ende von VII § 13 angegeben, 2^{p-1} ist. In der Tat: Die erstere Darstellung muß vorkommen, weil $(\frac{1}{2}, \dots, \frac{1}{2})$ das höchste der Gewichte (5.9) ist. Weitere Gewichte dieser Darstellung erhält man, wenn man auf das höchste die Operationen VII (4.1) der Gruppe Ψ anwendet. Man erhält so alle Gewichte (5.9) mit einer geraden Anzahl von Minuszeichen, und weil deren Anzahl 2^{p-1} ist, sind es alle Gewichte der Darstellung. Genau so sieht man, daß die übriggebliebenen Gewichte (5.9) mit einer ungeraden Anzahl von Minuszeichen gerade die sämtlichen Gewichte der Darstellung ${}^nD_{\frac{1}{2}\cdots\frac{1}{2},-\frac{1}{2}}$ sind.

Man bezeichnet diese beiden Darstellungen, Bestandteile von $\Delta(s)$, auch mit $\Delta_+(s)$ und $\Delta_-(s)$:

$$\Delta(s) = \Delta_+(s) \dot{+} \Delta_-(s). \tag{5.10}$$

Es sind die *Spindarstellungen* von $\mathfrak{d}_n$, $n = 2p$.

Aus III § 13 folgt, wie bei der Darstellung Γ_p von VII § 15, daß $\Delta(s)$ irreduzibel — und selbstassoziiert — ist, wenn man die volle orthogonale Gruppe zugrunde legt, was ohne weiteres möglich ist, da wir $\det s = 1$ nicht benutzt haben. Die Zerlegung (5.10) kann leicht effektiv hergestellt werden. Wie am Schluß dieses Paragraphen bewiesen wird, folgt aus (5.3), wenn man die Rechenregeln der ϱ_j und die Orthogonalitätsrelationen der σ_{ik} benutzt,

$$\varrho_1' \varrho_2' \cdots \varrho_n' = \det s \cdot \varrho_1 \varrho_2 \cdots \varrho_n. \tag{5.11}$$

Hierbei ist $\det s = 1$ für die eigentlich, -1 für die uneigentlich orthogonalen Matrizen. Daher folgt aus (5.4)

$$\varrho_1 \varrho_2 \cdots \varrho_n = \det s \cdot \Delta(s)\, \varrho_1 \varrho_2 \cdots \varrho_n \Delta^{-1}(s).$$

$\varrho_1 \varrho_2 \cdots \varrho_n$ ist aber nach (3.10) bis auf einen Zahlenfaktor die Matrix τ_0, die ν-te Kronecker-Potenz von $\tau = \begin{pmatrix} 1 & 0 \\ 0 & -1 \end{pmatrix}$. (Die dortigen ϱ_j, σ_j sind ja jetzt als $\varrho_1, \dots, \varrho_n$ durchnumeriert.) Es ist also

$$\tau_0 \Delta(s) = \pm \Delta(s) \tau_0, \tag{5.12}$$

mit dem $+$ für die eigentlichen, dem $-$ für die uneigentlichen s. τ_0 ist eine Diagonalmatrix, deren Diagonalelemente zur Hälfte $+1$, zur Hälfte -1 sind. Man braucht nur die Variablen im Darstellungsraum so zu numerieren, daß bei τ_0 zuerst alle $+1$, dann alle -1 kommen:

$$\tau_0 = \begin{pmatrix} E_{2^{\nu-1}} & 0 \\ 0 & -E_{2^{\nu-1}} \end{pmatrix};$$

dann folgt aus (5.12) sofort, daß $\Delta(s)$ für eigentliche s die Form

$$\Delta(s) \sim \begin{pmatrix} \Delta_+(s) & 0 \\ 0 & \Delta_-(s) \end{pmatrix},$$

für uneigentliche s die Form

$$\Delta(s) \sim \begin{pmatrix} 0 & A(s) \\ B(s) & 0 \end{pmatrix}$$

erhält. Für die uneigentlichen s folgt hieraus auch $\operatorname{Sp}\Delta(s)=0$, wie es nach III § 13 sein muß.

Fall b) $n=2\nu+1=2p+1$.

In diesem Fall verfährt man zunächst wörtlich wie im anderen. Die Matrizen $\varrho_j, \sigma_j, \tau_0$ der Darstellung (3.9) werden mit $\varrho_1, \ldots, \varrho_n$ bezeichnet. Aber alsbald erhebt sich eine Schwierigkeit. (3.9) ist nicht treu und nicht die einzige Darstellung von $\mathfrak{C}_n$, und daher kann man nicht auf (5.4) schließen.

Man hilft sich folgendermaßen. Die Untreue der Darstellung kommt ja durch die Relation (3.11) zum Ausdruck: das Bild von $i^p\alpha_1\ldots\alpha_n$ ist die Einheitsmatrix. Man führt eine neue Algebra $\mathfrak{B}$ ein, indem man zu den definierenden Relationen von $\mathfrak{C}_n$ die Relation

$$i^p\alpha_1\alpha_2\ldots\alpha_n=1 \tag{5.13}$$

hinzunimmt. $\mathfrak{B}$ ist von der Dimension 2^p und zu $\mathfrak{C}_{n-1}$ isomorph, denn vermöge (5.13) kann man α_n durch $\alpha_1, \ldots, \alpha_{n-1}$ ausdrücken, diese aber genügen keinen anderen als den früheren Relationen. (Man verifiziert, daß in $\mathfrak{C}_{n-1}$, $n-1=2p$, das Element $i^p\alpha_1\ldots\alpha_{n-1}$ das Quadrat 1 besitzt und mit $\alpha_1, \ldots, \alpha_{n-1}$ antikommutiert; dieses Element ist in der neuen Algebra als α_n hinzugenommen worden.) Die Algebra $\mathfrak{B}$ wird durch (3.9) treu dargestellt (also durch den Matrixring $\mathfrak{M}_{2^p}$), und dies ist die einzige irreduzible Darstellung. Denn jede Darstellung von $\mathfrak{B}$ ist auch eine solche von $\mathfrak{C}_n$, eine Darstellung von $\mathfrak{C}_n$ ist aber nur dann Darstellung von $\mathfrak{B}$, wenn auch für die darstellenden Matrizen (5.13) gilt. Das ist bei (3.9) der Fall, bei (3.12) aber nicht.

Um alle Schlüsse von vorhin übertragen zu können, müssen wir noch zeigen, daß aus der Relation (3.11) oder $i^p\varrho_1\varrho_2\ldots\varrho_n=E$ auch für die durch (5.3) erklärten ϱ_j' die Relation $i^p\varrho_1'\varrho_2'\ldots\varrho_n'=E$ folgt; sonst würden sie ja keine Darstellung von $\mathfrak{B}$ bilden. Das folgt, wenn wir $\det s=1$

voraussetzen, uns also ausdrücklich auf die Drehgruppe $\mathfrak{d}_n$ beschränken, aus der unten zu beweisenden Relation (5.11).

Jetzt bilden die ϱ_j' wie die ϱ_j eine Darstellung der Algebra $\mathfrak{B}$, und wie früher folgt die Existenz von $\Delta(s)$, das (5.4) und (5.5) erfüllt und bis auf einen Zahlenfaktor bestimmt ist. Daß in (5.5) $\varkappa = \pm 1$ gemacht werden kann und dadurch $\Delta(s)$ bis auf das Vorzeichen bestimmt ist, zeigt man, falls p gerade, genau wie vorhin. Dann ist nämlich $i^p \varrho_1^* \dots \varrho_n^* = E$ *), die $\varrho_1^*, \dots, \varrho_n^*$ bilden eine Darstellung von $\mathfrak{B}$ und es folgt die Existenz der Matrix C, (5.6)**), und damit alles übrige. Ist p ungerade, so erfüllen nicht die Matrizen $\varrho_1^*, \dots, \varrho_n^*$, wohl aber $-\varrho_1^*, \dots, -\varrho_n^*$ alle Relationen der Algebra $\mathfrak{B}$, also gibt es eine Matrix C_1 mit $-\varrho_j^* = C_1 \varrho_j C_1^{-1}$ ***). Man überzeugt sich, daß auch dann die weiteren Schlüsse unverändert gelten.

$\Delta(s)$ ist also wieder eine (zweideutige) Darstellung von $\mathfrak{d}_n$, diesmal bei ungeradem $n = 2p+1$; wie im früheren Falle ist sie vom Grad 2^p. Die Matrizen t des Toroids sind jetzt durch VII (2.4) gegeben; für sie lautet (5.3), wenn man statt $\varrho_1, \dots, \varrho_n$ wieder $\varrho_1, \sigma_1, \varrho_2, \dots, \sigma_p, \tau_0$ schreibt,

$$\begin{aligned} \varrho_j' &= \varrho_j \cos 2\pi\tau_j - \sigma_j \sin 2\pi\tau_j\,, \\ \sigma_j' &= \varrho_j \sin 2\pi\tau_j + \sigma_j \cos 2\pi\tau_j\,, \\ \tau_0' &= \tau_0\,. \end{aligned}$$

Daher kann man auf dem Toroid wieder für $\Delta(t)$ den Ausdruck (5.8) nehmen; dies ist in der Tat mit τ_0 vertauschbar wegen $\omega_j \tau \omega_j^{-1} = \tau$, und auch $\tilde{\Delta}(t) = C\Delta(t)C^{-1}$ bzw. $C_1 \Delta(t) C_1^{-1}$ bestätigt man wie früher. Die Gewichte sind wie früher $(\pm\frac{1}{2}, \dots, \pm\frac{1}{2})$ mit sämtlichen Vorzeichenkombinationen, und das sind gerade die sämtlichen Gewichte von ${}^{2p+1}D_{\frac{1}{2}\dots\frac{1}{2}}$, die aus dem höchsten Gewicht $(\frac{1}{2}, \dots, \frac{1}{2})$ durch die Transformationen VII (4.2) entstehen. Also ist $\Delta(s) = {}^n D_{\frac{1}{2}\dots\frac{1}{2}}$, und wir haben die *Spindarstellung* für den Fall des ungeraden n aufgestellt⁺).

Auch hier kann man wie früher zeigen, daß $\Delta(s)$ unitär ist. Dagegen kann man $\Delta(s)$ nicht ganz unmittelbar als Darstellung der vollen orthogonalen Gruppe $\mathfrak{D}_n$ ansehen, da wir $\det s = 1$ benutzt haben. Am einfachsten erhält man nach III § 13b dic beiden assoziierten Darstellungen

*) In den alten Bezeichnungen handelt es sich um das Produkt $i^p \varrho_1^* \sigma_1^* \dots \varrho_p^* \sigma_p^* \tau_0^*$, und es ist $\varrho_j^* = \varrho_j$, $\sigma_j^* = -\sigma_j$, $\tau_0^* = \tau_0$.

**) Die in der Fußnote S. 271 genannte Matrix leistet es auch hier, denn bei geradem p ist $C\tau_0 C^{-1} = \tau_0 = \tau_0^*$.

***) Diesmal leistet es die Matrix $C_1 = \sigma \times \varrho \times \sigma \times \varrho \times \cdots$.

⁺) Natürlich ist $\Delta(s)$ (eindeutige) Darstellung der Überlagerungsgruppe $\mathfrak{U}_n$. Dem Einselement $\mathfrak{e}$ von $\mathfrak{U}_n$ ist die Einheitsmatrix E, dem Element $\tilde{\mathfrak{e}}$ (VII § 1 Ende) die Matrix $-E$ zugeordnet. Die Matrix zu einem beliebigen Element $\mathfrak{s} \in \mathfrak{U}_n$ findet man, indem man $\Delta(s)$ längs eines $\mathfrak{s}$ mit $\mathfrak{e}$ verbindenden Weges stetig fortsetzt.

von $\mathfrak{D}_n$, von denen die selbstkonjugierte Darstellung $\Delta(s)$ von $\mathfrak{d}_n$ ein Teil ist, indem man dem Element $-E_n$ (das wegen n ungerade uneigentlich ist) einmal die Matrix E_{2^p}, das andere Mal die Matrix $-E_{2^p}$ zuordnet. Endlich *kann man $\Delta(s)$ in beiden Fällen $n=2p$ und $n=2p+1$ auch als Darstellung der vollen komplexen orthogonalen Gruppe ansehen.* Nur der Beweis, daß $\Delta(s)$ unitär — die einzige Stelle, wo wir die Realität der σ_{ik} benutzt haben —, verliert seine Gültigkeit.

Zuguterletzt bleibt noch die Formel (5.11) zu beweisen. Ich beweise allgemeiner durch Induktion mit Hilfe der Relationen $\varrho_j\varrho_k+\varrho_k\varrho_j=2\delta_{jk}$ und der Orthogonalitätsrelationen für die σ_{jk} die Formel

$$\varrho_1'\cdots\varrho_\mu'=\sum_{j_1<\cdots<j_\mu}\begin{vmatrix}\sigma_{1j_1}\cdots\sigma_{1j_\mu}\\ \cdots\cdots\cdots\\ \sigma_{\mu j_1}\cdots\sigma_{\mu j_\mu}\end{vmatrix}\varrho_{j_1}\cdots\varrho_{j_\mu}, \tag{5.14}$$

von der (5.11) der Spezialfall $\mu=n$ ist. Sie besagt, daß man sich beim Ausmultiplizieren der linken Seite (in der man die ϱ_j' durch die ϱ_j ausgedrückt hat) auf die Glieder mit lauter verschiedenen ϱ_j beschränken kann. Die Formel ist für $\mu=1$ richtig; um sie durch Induktion zu beweisen, haben wir zu zeigen, daß bei der Multiplikation der rechten Seite von (5.14) mit $\varrho_{\mu+1}'=\sigma_{\mu+1,1}\varrho_1+\cdots+\sigma_{\mu+1,n}\varrho_n$ die Glieder, bei denen nicht alle Faktoren ϱ_j verschieden sind, die Summe Null haben. Diese Glieder sind, wenn wir für die Determinanten in (5.14) zur Abkürzung $(j_1\ldots j_\mu)$ schreiben,

$$\begin{aligned}&\sum_{j_1<\cdots<j_\mu}(j_1\ldots j_\mu)\varrho_{j_1}\cdots\varrho_{j_\mu}(\sigma_{\mu+1,j_1}\varrho_{j_1}+\cdots+\sigma_{\mu+1,j_\mu}\varrho_{j_\mu})\\ &=(-1)^{\mu-1}\sum_{j_1<\cdots<j_\mu}\{(j_1\ldots j_\mu)\sigma_{\mu+1,j_1}\varrho_{j_2}\cdots\varrho_{j_\mu}+\\ &+(j_2j_1j_3\ldots j_\mu)\sigma_{\mu+1,j_2}\varrho_{j_1}\varrho_{j_3}\cdots\varrho_{j_\mu}+\cdots+(j_\mu j_1\ldots j_{\mu-1})\sigma_{\mu+1,j_\mu}\varrho_{j_1}\cdots\varrho_{j_{\mu-1}}\}.\end{aligned}$$

Ordnet man das nach den ϱ-Produkten, so entsteht

$$(-1)^{\mu-1}\sum_{k_1<\cdots<k_{\mu-1}}\varrho_{k_1}\cdots\varrho_{k_{\mu-1}}\sum_{l\neq k_1,\ldots,k_{\mu-1}}(lk_1\ldots k_{\mu-1})\sigma_{\mu+1,l}\,.$$

Wenn man die Summe über alle l erstreckt, so hat man nur Glieder hinzugefügt, in deren Determinante zwei gleiche Spalten vorkommen. Für jedes Determinantenglied $\sigma_{i_1l}\sigma_{i_2k_1}\cdots\sigma_{i_\mu k_{\mu-1}}$ ($i_1,\ldots,i_\mu$ eine Permutation von $1,\ldots,\mu$) ist

$$\sum_{l=1}^{n}\sigma_{i_1l}\sigma_{i_2k_1}\cdots\sigma_{i_\mu k_{\mu-1}}\sigma_{\mu+1,l}=0$$

wegen der Orthogonalitätsrelationen. Und damit ist (5.14) bewiesen.

b) Nach FREUDENTHAL

Durch das Vorstehende ist wohl die Existenz der Spindarstellungen unabhängig von III Satz 9.3 erwiesen worden; doch haben diese Entwicklungen den Charakter eines Existenzbeweises und geben keine Möglichkeit an die Hand, die Darstellungen explizit hinzuschreiben. H. FREUDENTHAL [1] hat einen weiteren interessanten Zusammenhang zwischen Drehgruppe und Clifford-Algebra aufgedeckt, mit dessen Hilfe es ihm gelingt, die Spindarstellungen explizit anzugeben. Auch seine Theorie sei hier kurz dargestellt.

Wir bezeichnen mit kleinen lateinischen Buchstaben jetzt Elemente der Überlagerungsgruppe $\ddot{\mathfrak{U}}_n$ von $\mathfrak{d}_n$ (VII § 1), während das Element von $\mathfrak{d}_n$, über dem ein $s \in \ddot{\mathfrak{U}}_n$ liegt, mit $\vartheta(s)$ bezeichnet werde; dies ist eine Darstellung von $\ddot{\mathfrak{U}}_n$. Wenn 1 das Einselement von $\ddot{\mathfrak{U}}_n$ ist, so ist $\vartheta(1) = E_n$. Das andere zu E_n gehörige Element von $\ddot{\mathfrak{U}}_n$ kann mit -1 bezeichnet werden, allgemein das andere zu $\vartheta(s)$ gehörige Element mit $-s$: $\vartheta(s) = \vartheta(-s)$. $\Delta(s)$ sei wie vorhin die Spindarstellung; ihre Existenz (die durch § 5a oder durch § 4 zusammen mit III Satz 9.3 erwiesen ist) setzen wir voraus, im übrigen wird § 5a oder § 4 nicht benutzt. Es ist (Ende von VII § 1) $\Delta(-s) = -\Delta(s)$. Die beiden Fälle $n = 2p$ und $n = 2p+1$ können zusammen behandelt werden. $\Delta(s)$ zerfällt für $n = 2p$ in die irreduziblen Darstellungen $\Delta_+(s)$ und $\Delta_-(s)$, für $n = 2p+1$ ist es selbst irreduzibel.

Mit $\zeta(s)$ sei der Charakter von $\Delta(s)$ bezeichnet. Eine einfachere Formel für $\zeta(s)$ als aus VII § 10 gewinnt man so. Die Gewichte sind $\pm\tau_1 \pm \tau_2 \pm \cdots \pm \tau_p$ mit allen Vorzeichenkombinationen, also ist

$$\zeta(s) = \sum e^{\pi i(\pm\tau_1 \pm \cdots \pm \tau_p)} = \prod_{\nu=1}^{p} (e^{\pi i \tau_\nu} + e^{-\pi i \tau_\nu})$$
$$= e^{\pi i \Sigma \tau_\nu} \prod_{\nu=1}^{p} (1 + e^{-2\pi i \tau_\nu}) = e^{-\pi i \Sigma \tau_\nu} \prod_{\nu=1}^{p} (1 + e^{2\pi i \tau_\nu}).$$

Multiplikation der beiden letzten Ausdrücke ergibt

$$(\zeta(s))^2 = \prod_{\varphi} (1 + e^{2\pi i \varphi}),$$

wo φ die Werte $\pm\tau_\nu$, also die Gewichte $\neq 0$ von $\vartheta(s)$ durchläuft. Dies ist bei geradem n die Determinante von $E_n + \vartheta(s)$, bei ungeradem n die Hälfte davon, weil hier noch ein Gewicht 0 dazukommt. Setzt man $\delta = 0$ für gerades, $= 1$ für ungerades n, so kann man

$$\zeta(s) = \pm\sqrt{2^{-\delta} \det(E_n + \vartheta(s))} \tag{5.15}$$

schreiben. Das Vorzeichen ist positiv für $s = 1$ und im übrigen durch analytische Fortsetzung bestimmt; natürlich ist $\zeta(-s) = -\zeta(s)$.

Der Grundgedanke FREUDENTHALs ist folgender. Es genügt, $\Delta(s)$ für eine gewisse endliche Untergruppe von $\mathfrak{U}_n$ zu berechnen. Diese Untergruppe ist zu einer Untergruppe einer Clifford-Algebra isomorph, deren Darstellungen wir aus § 3 kennen.

$\mathfrak{n}$ bezeichne eine Teilmenge der Nummernmenge $1, \ldots, n$ mit einer geraden Anzahl von Elementen, $\mathfrak{N}$ die Gesamtheit dieser Teilmengen, deren Anzahl 2^{n-1} ist. Zu jedem $\mathfrak{n}$ wird $e_\mathfrak{n} \in \mathfrak{U}_n$ durch

$$\vartheta(e_\mathfrak{n}) = \vartheta(-e_\mathfrak{n}) = \begin{pmatrix} \lambda_1 & & 0 \\ & \ddots & \\ 0 & & \lambda_n \end{pmatrix}, \quad \lambda_\nu = \begin{cases} -1 & \text{für} \quad \nu \in \mathfrak{n} \\ +1 & \text{sonst} \end{cases}$$

bestimmt; $e_\mathfrak{n}$ ist bis auf das Vorzeichen festgelegt. Es ist

$$e_\mathfrak{m} e_\mathfrak{n} = \pm e_\mathfrak{r}, \tag{5.16}$$

wo $\mathfrak{r} \in \mathfrak{N}$ alle Nummern enthält, die zu genau einer der Mengen $\mathfrak{m}$, $\mathfrak{n}$ gehören. Die $\pm e_\mathfrak{n}$ bilden die Untergruppe $\mathfrak{E}_n \subset \mathfrak{U}_n$, die uns beschäftigen soll; ihre Ordnung ist 2^n.

Aus (5.15) folgt

$$\zeta(e_\mathfrak{n}) = \begin{cases} 0, & \text{falls } \mathfrak{n} \text{ nicht leer} \\ \pm 2^p, & \text{falls } \mathfrak{n} \text{ leer}. \end{cases} \tag{5.17}$$

Es ist $\Delta(sa) = \Delta(s)\,\Delta(a)$, in Matrixelementen: $\Delta_{ik}(sa) = \sum_j \Delta_{ij}(s)\,\Delta_{jk}(a)$, also

$$\zeta(sa) = \sum_i \Delta_{ii}(sa) = \sum_{i,j} \Delta_{ij}(s)\,\Delta_{ji}(a). \tag{5.18}$$

Für $n = 2p+1$ ist Δ irreduzibel und vom Grad 2^p, also gibt es $2^{2p} = 2^{n-1}$ Funktionen $\Delta_{ij}(s)$. Für $n = 2p$ zerfällt Δ in Δ_+ und Δ_- vom Grad 2^{p-1}, also gibt es $2 \cdot 2^{2(p-1)} = 2^{n-1}$ Funktionen $\Delta_{ij}(s)$. Im Raum der stetigen Funktionen $f(s)$ auf $\mathfrak{U}_n$ erzeugen also die Funktionen $\zeta(sa)$ einen linearen Teilraum $\mathfrak{L}$ von der Dimension höchstens 2^{n-1}. Da wegen (5.16) und (5.17)

$$\zeta(e_\mathfrak{m} e_\mathfrak{n}) = \begin{cases} \pm 2^p & (\mathfrak{m} = \mathfrak{n}) \\ 0 & (\mathfrak{m} \neq \mathfrak{n}) \end{cases}$$

ist, sind die Funktionen $\zeta(se_\mathfrak{n})$ linear unabhängig, die Dimension von $\mathfrak{L}$ ist genau 2^{n-1}, und die $\zeta(se_\mathfrak{n})$ bilden — ebenso wie die $\Delta_{ij}(s)$ — eine Basis von $\mathfrak{L}$, so daß

$$\Delta_{ij}(s) = \sum_{\mathfrak{m} \in \mathfrak{N}} \alpha_{ij}^\mathfrak{m} \zeta(se_\mathfrak{m})$$

mit eindeutig bestimmten $\alpha_{ij}^\mathfrak{m}$. Um sie zu berechnen, setze man $s = e_\mathfrak{n}$; man erhält $\alpha_{ij}^\mathfrak{n} = 2^{-p} \varepsilon_\mathfrak{n} \Delta_{ij}(e_\mathfrak{n})$, wo $\varepsilon_\mathfrak{n}$ das Vorzeichen von $\zeta(e_\mathfrak{n}^2)$ ist. Also ist

$$\Delta(s) = 2^{-p} \sum_{\mathfrak{n} \in \mathfrak{N}} \varepsilon_\mathfrak{n} \zeta(se_\mathfrak{n})\,\Delta(e_\mathfrak{n}). \tag{5.19}$$

Wir brauchen also bloß die Vorzeichen $\varepsilon_{\mathfrak{n}}$ und die Matrizen $\Delta(e_{\mathfrak{n}})$ zu berechnen; dann ist durch (5.19) und (5.15) die Berechnung von $\Delta(s)$ geleistet.

Es ist $\varepsilon_{\mathfrak{n}} = \pm 1$ je nachdem ob $e_{\mathfrak{n}}^2 = 1$ oder -1 ist (dies hängt wegen $(-e_{\mathfrak{n}})^2 = e_{\mathfrak{n}}^2$ nicht von der Willkür in der Wahl von $e_{\mathfrak{n}}$ ab). Um etwa $e_{(1,2)}^2$ zu bestimmen, betrachten wir die Kurve $a(\tau)$ in $\mathfrak{U}_n$, die durch

$$\vartheta(a(\tau)) = \begin{pmatrix} \cos\tau & \sin\tau \\ -\sin\tau & \cos\tau \end{pmatrix} \dot{+} E_{n-2}$$

und $a(0) = 1$ bestimmt ist. Aus (5.15) findet man $\zeta(a(\tau)) = 2^p \cos(\tau/2)$. Ferner ist $a(\pi) = \pm e_{(1,2)}$ und $a^2(\pi) = a(2\pi)$ — denn $\tau \to a(\tau)$ ist ein Homomorphismus —, aber $a(2\pi) = -1$ wegen $\zeta(a(2\pi)) = -2^p$. Also ist $e_{(1,2)}^2 = -1$. Es ist klar, wie man für beliebiges $\mathfrak{n}$ analog vorgeht; man findet $e_{\mathfrak{n}}^2 = (-1)^{[\mathfrak{n}]}$, wo $[\mathfrak{n}]$ die Hälfte der Elementezahl von $\mathfrak{n}$ bedeutet. Damit ist $\varepsilon_{\mathfrak{n}}$ bestimmt:

$$\varepsilon_{\mathfrak{n}} = (-1)^{[\mathfrak{n}]}.$$

Um die Darstellung $\pm\Delta(e_{\mathfrak{n}})$ der Gruppe $\mathfrak{E}_n$ der $\pm e_{\mathfrak{n}}$ zu finden, stellen wir zunächst fest, daß sie wegen (5.19) dieselben Irreduzibilitätseigenschaften haben muß wie $\Delta(s)$. Wir haben also für $n = 2p$ eine Darstellung zu suchen, die in zwei irreduzible vom halben Grad zerfällt, für $n = 2p + 1$ eine irreduzible; wenn es nur eine solche gibt, ist es die gesuchte.

Nun bilden in der Clifford-Algebra $\mathfrak{C}_n$ die Elemente $\pm\prod_{\nu\in\mathfrak{n}} \alpha_\nu$, $\mathfrak{n} \in \mathfrak{N}$, eine Untergruppe, von der man sofort erkennt, daß sie zu $\mathfrak{E}_n$ isomorph ist. Wir werden aber nicht diese Gruppe näher untersuchen, sondern die Gruppe $\mathfrak{F}_n$ aller $\pm\prod \alpha_\nu$, also die von -1 und den α_ν multiplikativ erzeugte Gruppe, von der Ordnung 2^{n+1}. Für diese Gruppe liefert uns § 3 für $n = 2p$ eine, für $n = 2p + 1$ zwei Darstellungen vom Grad 2^p, die irreduzibel sind, weil $\mathfrak{C}_n$ sich linear aus den Elementen von $\mathfrak{F}_n$ aufbaut. Es fragt sich, was es noch für Darstellungen von $\mathfrak{F}_n$ gibt. Was sind die Klassen konjugierter Elemente in $\mathfrak{F}_n$? Dem Zentrum gehören die Elemente ± 1, im Fall $n = 2p + 1$ außerdem die Elemente $\pm\alpha_1\alpha_2\ldots\alpha_n$ an. Sonst sind immer $\pm\alpha_{\nu_1}\alpha_{\nu_2}\ldots\alpha_{\nu_k}$ konjugiert. Die Anzahl der Klassen ist also $2^n + 1$ bzw. $2^n + 2$. Man erhält 2^n eindimensionale Darstellungen, indem man für irgendeine Teilmenge $\mathfrak{m}$ der Nummern $1, \ldots, n$

$$\pm\alpha_\nu \to \begin{cases} -1 & \text{für} \quad \nu \in \mathfrak{m} \\ +1 & \text{sonst} \end{cases}$$

zuordnet. Es bleiben eine bzw. zwei Darstellungen übrig, für deren Grad man, weil die Gruppenordnung die Quadratsumme der Darstellungsgrade sein muß, 2^p ausrechnet. Das sind also die uns aus § 3 bekannten Darstellungen (3.5) bzw. (3.9) und (3.12).

Um die gewünschten $\Delta(e_n)$ zu erhalten, haben wir uns auf die Gruppe $\mathfrak{E}_n$ zu beschränken, die in $\mathfrak{F}_n$ Normalteiler vom Index 2 ist. Indem man die Ergebnisse von III § 13b anwendet, erkennt man, daß im Fall $n=2p$ die gefundene Darstellung offenbar (als einzige ihres Grades) selbstassoziiert ist und daher bei der Beschränkung in zwei Darstellungen vom halben Grad zerfällt; während im anderen Fall (3.9) und (3.12) assoziiert sind und, wie man auch unmittelbar sieht, auf $\mathfrak{E}_n$ zusammenfallen. Die so gewonnenen $\Delta(e_n)$ — und damit das aus ihnen gemäß (5.19) aufzubauende $\Delta(s)$ — haben also genau die erwarteten Reduzibilitätseigenschaften*).

§ 6. Die gewöhnliche Drehgruppe $\mathfrak{d}_3$

Am Anfang von VII § 13 ist der Charakter der allgemeinen irreduziblen Darstellung ^3D_m von $\mathfrak{d}_3$ explizit angegeben worden und damit ihre sämtlichen Gewichte. Um auch über die Darstellungen selbst noch Näheres zu erfahren, gehen wir von der Spindarstellung aus. Die Matrizen $\varrho_1, \varrho_2, \varrho_3$, die wir einer Transformation aus $\mathfrak{d}_3$ zu unterwerfen haben, sind einfach die drei Paulischen Matrizen ϱ, σ, τ (3.1), (3.3). Ihre Linearkombinationen mit reellen Koeffizienten

$$x_1\varrho + x_2\sigma + x_3\tau = \begin{pmatrix} x_3 & x_1+ix_2 \\ x_1-ix_2 & -x_3 \end{pmatrix} = H \tag{6.1}$$

sind gerade die sämtlichen hermiteschen Matrizen (I § 4) der Spur Null.

Wir haben $\varrho_j' = \sum_k \sigma_{jk}\varrho_k$ zu setzen, wo σ_{jk} die Elemente von $s \in \mathfrak{d}_3$ sind, und wissen, daß dann $\varrho_j' = \Delta(s)\varrho_j\Delta^{-1}(s)$ ist, wo $\Delta(s)$ die Spindarstellung ist. Setzt man $H' = \sum_j x_j\varrho_j'$, so ist auch

$$H' = \Delta(s) H \Delta^{-1}(s)\,. \tag{6.2}$$

Wenn man die x_j reziprok zu den ϱ_j transformiert: $x_j = \sum_k \sigma_{jk}x_k'$, so ist $\sum_j x_j\varrho_j' = \sum_j x_j'\varrho_j$; also ist

$$H' = \begin{pmatrix} x_3' & x_1'+ix_2' \\ x_1'-ix_2' & -x_3' \end{pmatrix}, \tag{6.3}$$

d. h. wieder hermitesch mit der Spur 0. Aus der Tatsache, daß $\Delta(s)$ jede hermitesche Matrix mit der Spur 0 wieder in eine solche transformiert,

*) Ein anderer Weg, um dies einzusehen, ist die Feststellung, daß die Gruppenringe von $\mathfrak{F}_{n-1}$ und von $\mathfrak{E}_n$ isomorph sind, wie die Zuordnung $\alpha_\nu \to i\alpha_\nu\alpha_n$ $(\nu=1,\ldots,n-1)$ lehrt.

folgt nun nach I Satz 9.1, daß $\Delta(s)$ bis auf einen Zahlenfaktor unitär ist. Es gibt daher ein Vielfaches Δ_1 von Δ, das unitär und von der Determinante 1 ist, und dies Δ_1 ist bis auf das Vorzeichen eindeutig bestimmt. Nun war $\Delta(s)$ so normiert, daß in (5.5) $\varkappa = \pm 1$ ist. Natürlich ist aber auch $\Delta_1(s_1 s) = \lambda \Delta_1(s_1) \Delta_1(s)$, und hier ist $\lambda = \pm 1$, weil links und rechts eine unitäre Matrix der Determinante 1 steht. Daraus folgt $\Delta_1(s) = \pm \Delta(s)$: Die Matrizen der Spindarstellung sind unitär von der Determinante 1.

Es sei andererseits A eine beliebige zweireihige unitäre Matrix von der Determinante 1 und $H' = AHA^{-1}$. Dann ist H' mit H zugleich hermitesch von der Spur 0, also von der Form (6.3) mit reellen x'_j, die aus den x_j durch eine reelle lineare Transformation hervorgehen. Diese Transformation ist orthogonal, denn es ist

$$\sum_j x_j'^2 = -\det H' = -\det H = \sum_j x_j^2 .$$

Bezeichnen wir sie mit s, so ist $A = \pm \Delta(s)$.

Zusammengefaßt: Die Spindarstellung der gewöhnlichen Drehgruppe $\mathfrak{d}_3$ fällt mit der unimodularen unitären Gruppe $\mathfrak{u}_2$ zusammen, genauer: sie ordnet jeder Drehung zwei unitäre Matrizen der Determinante 1 zu, die sich um das Vorzeichen unterscheiden, und umgekehrt jeder solchen Matrix genau eine Drehung. Dies bedeutet, daß sie eine treue eindeutige Darstellung der Überlagerungsgruppe $\ddot{\mathfrak{u}}_3$ (VII § 1) ist*). Es gilt also

Satz 6.1. *Die Überlagerungsgruppe $\ddot{\mathfrak{u}}_3$ der gewöhnlichen Drehgruppe $\mathfrak{d}_3$ ist zur unimodularen unitären Gruppe $\mathfrak{u}_2$ isomorph.*

Die Theorie der ein- und zweideutigen Darstellungen von $\mathfrak{d}_3$ fällt danach mit der Darstellungstheorie von $\mathfrak{u}_2$ zusammen. Die Darstellungen dieser Gruppe sind in V Satz 10.3 vollständig angegeben worden. Die Vorschrift lautet: Man soll Tensoren der Stufe v über einem zweidimensionalen Vektorraum betrachten und sich bei der Anordnung der Indizes auf Rahmen von einer Zeile beschränken. Das bedeutet, daß es für jede Tensorstufe eine einzige irreduzible Darstellung gibt, die durch die symmetrischen Tensoren geliefert wird. Nach V Satz 3.2 genügt es, einen Vektor und Potenzprodukte vom Grad v seiner beiden Komponenten zu betrachten. Bezeichnen wir die Komponenten mit ξ, η, so erhält man also jede irreduzible Darstellung von $\mathfrak{d}_3$ nach folgender Vorschrift: Man unterwerfe die Variablen ξ, η einer unitären Transformation der Determinante 1 und schreibe auf, wie sich dann die $v+1$ Potenzprodukte

$$\xi^v, \xi^{v-1}\eta, \ldots, \xi\eta^{v-1}, \eta^v$$

*) Vgl. die vierte Fußnote S. 275.

transformieren. Man erhält so eine irreduzible Darstellung vom Grad $\nu+1$, und auf diese Weise erhält man sämtliche irreduziblen Darstellungen *).

Es macht keinerlei Schwierigkeiten, diese Darstellungen in unsere Systematik einzuordnen. Die Darstellung ${}^3D_m$ ($m=0, \frac{1}{2}, 1, \frac{3}{2}, \ldots$) ist nach VII § 13 vom Grad ${}^3N_m = 2m+1$. Es kommen also gerade alle natürlichen Zahlen als Darstellungsgrade vor, und wir haben oben $\nu = 2m$ zu setzen. ${}^3D_0$ ist die Einsdarstellung, ${}^3D_{\frac{1}{2}}$ die Darstellung durch die unimodularen unitären Matrizen, also die Spindarstellung, ${}^3D_1$ natürlich die Darstellung der Gruppe durch sich selbst.

§ 7. Die Formel von Clebsch-Gordan

Die Gewichte der irreduziblen Darstellung ${}^3D_m$ der gewöhnlichen Drehgruppe $\mathfrak{d}_3$ sind am Anfang von VII § 13 angegeben worden, sie sind $m, m-1, \ldots, -m+1, -m$. Ihre Kenntnis gestattet es, eine beliebig vorgegebene Darstellung auszureduzieren, indem man bloß deren Gewichte bestimmt (etwa durch Bestimmung der Eigenwerte der Matrizen der Untergruppe der Drehungen um eine feste Achse, z. B. die z-Achse: das ist das Toroid der Drehgruppe). m_1 sei das höchste Gewicht, dann kommt die Darstellung ${}^3D_{m_1}$ vor. Aus der Liste sämtlicher Gewichte streicht man die von ${}^3D_{m_1}$ einmal weg (also die Reihe $m_1, m_1-1, \ldots, -m_1$). Unter den übrigbleibenden sucht man wieder das höchste usw.

Wir wollen das Kronecker-Produkt ${}^3D_{m_1} \times {}^3D_{m_2}$ ausreduzieren. Der Charakter von ${}^3D_m$ ist ${}^3\chi_m = \sum_{\mu=-m}^{+m} e^{2\pi i\mu\tau}$; der Charakter von ${}^3D_{m_1} \times {}^3D_{m_2}$ ist ${}^3\chi_{m_1}\,{}^3\chi_{m_2} = \sum_{\mu_1=-m_1}^{+m_1} \sum_{\mu_2=-m_2}^{+m_2} e^{2\pi i(\mu_1+\mu_2)\tau}$. Die Klammern in den Exponenten der $(2m_1+1)(2m_2+1)$ Summanden sind die Gewichte des Kronecker-Produkts. Man kann sie — es sei etwa $m_1 \geqq m_2$ — in einem rechteckigen Schema anordnen; Zeileneingang ist μ_1, Spalteneingang μ_2:

$$\begin{array}{lllll}
m_1+m_2, & m_1+m_2-1, & \ldots, & m_1-m_2+1, & m_1-m_2, \\
m_1-1+m_2, & m_1-1+m_2-1, & \ldots, & m_1-1-m_2+1, & m_1-1-m_2, \\
\cdots & \cdots & \cdots & \cdots & \cdots \\
-m_1+1+m_2, & -m_1+1+m_2-1, & \ldots, & -m_1+1-m_2+1, & -m_1+1-m_2, \\
-m_1+m_2, & -m_1+m_2-1, & \ldots, & -m_1-m_2+1, & -m_1-m_2.
\end{array}$$

*) Wegen weiterer Einzelheiten vgl. man van der Waerden [3], S. 57ff.

In jeder Zeile nehmen die Gewichte von links nach rechts, in jeder Spalte von oben nach unten pro Stelle um 1 ab. Das höchste Gewicht ist m_1+m_2, also kommt ${}^3D_{m_1+m_2}$ vor. Deren Gewichte hat man gerade jedes einmal weggestrichen, wenn man die erste Spalte und die letzte Zeile des Schemas streicht. In dem, was übrigbleibt, ist m_1+m_2-1 das höchste Gewicht, und indem man wiederum die erste Spalte und letzte Zeile streicht, beseitigt man jedes Gewicht von ${}^3D_{m_1+m_2-1}$ einmal. So fährt man fort. Da nicht weniger Zeilen als Spalten da sind, bleibt zuletzt ein Stück der letzten Spalte übrig, enthaltend die Gewichte von ${}^3D_{m_1-m_2}$. Also ist

$$ {}^3D_{m_1}\times{}^3D_{m_2}={}^3D_{m_1+m_2}\dot{+}{}^3D_{m_1+m_2-1}\dot{+}\cdots\dot{+}{}^3D_{|m_1-m_2|}\,. \tag{7.1}$$

Durch die Absolutstriche ist die Formel auch für $m_1<m_2$ gültig geworden. Das Resultat ist ja von der Reihenfolge der Faktoren unabhängig, und daher muß im Falle $m_2>m_1$ das letzte Glied ${}^3D_{m_2-m_1}$ lauten. (7.1) ist die sogenannte *Formel von* CLEBSCH-GORDAN, die für die Quantentheorie von besonderer Wichtigkeit ist*).

§ 8. Struktur des Infinitesimalrings und Gewichte der Darstellungen

Im vorigen Abschnitt haben wir gesehen, wie nützlich die Kenntnis der Gewichte der Darstellungen ist. Im folgenden soll daher noch einiges über die Gewichte hergeleitet werden. Wir führen dazu im Infinitesimalring $\mathfrak{d}_n^\circ$ (§ 1) eine neue Basis ein, die aus lauter „Eigenvektoren" der (infinitesimalen) adjungierten Darstellung (VII § 7) besteht. Für die Elemente $s_{12}, s_{34}, \ldots, s_{2p-1,2p}$, die nach § 1 eine Basis des Infinitesimalrings $\mathfrak{T}_p^\circ$ von $\mathfrak{T}_p$ bilden, schreiben wir $s_{2\mu-1,2\mu}=h_\mu$. Das allgemeine Element von $\mathfrak{T}_p^\circ$ ist dann

$$h=\tau_1h_1+\cdots+\tau_ph_p=(\tau_1,\ldots,\tau_p)\,.$$

In der adjungierten Darstellung wird h durch die lineare Transformation $x\to[h,x]$ dargestellt. Sie hat den p-fachen Eigenwert 0 wegen $[h,h_\mu]=0$. Die weiteren Eigenwerte sind nach den Bemerkungen am Ende von § 1 und nach VII § 7 von der Form $i\vartheta$, wo ϑ eine Wurzel bedeutet. Die Wurzeln sind $\pm\tau_\mu\pm\tau_\nu$, dazu im Fall $n=2p+1$ noch $\pm\tau_\mu$. Ihre Anzahl, vermehrt um p, ergibt die Dimension von $\mathfrak{d}_n$ bzw. $\mathfrak{d}_n^\circ$. Wenn man zu jeder von ihnen einen Eigenvektor auswählt, also ein Element $e_\vartheta\in\mathfrak{d}_n^\circ$ mit

$$[h,e_\vartheta]=i\vartheta e_\vartheta\,, \tag{8.1}$$

*) Viele weitere Formeln dieser Art findet man z. B. im Buch von MURNAGHAN [5]; vgl. aber auch unten § 9.

so sind diese nach I Satz 5.1 linear unabhängig und bilden zusammen mit $h_1, \ldots, h_p$ eine Basis von $\mathfrak{d}_n^\circ$. Man verifiziert, daß die folgenden Vektoren e_ϑ dies leisten: für

$$\begin{aligned}
\vartheta &= \tau_1+\tau_2: & 2e_\vartheta &= -s_{13}+s_{24}-i(s_{14}+s_{23})\\
\vartheta &= -\tau_1-\tau_2: & 2e_\vartheta &= s_{13}-s_{24}-i(s_{14}+s_{23})\\
\vartheta &= \tau_1-\tau_2: & 2e_\vartheta &= s_{13}+s_{24}+i(-s_{14}+s_{23})\\
\vartheta &= -\tau_1+\tau_2: & 2e_\vartheta &= -s_{13}-s_{24}+i(-s_{14}+s_{23})\\
\vartheta &= \tau_1: & e_\vartheta &= s_{2n}-is_{1n}\\
\vartheta &= -\tau_1: & e_\vartheta &= -s_{2n}-is_{1n};
\end{aligned} \tag{8.2}$$

die beiden letzten kommen nur im Falle $n=2p+1$ vor. Für die übrigen Wurzeln $\pm\tau_\mu\pm\tau_\nu$ $(\mu<\nu)$ oder $\pm\tau_\mu$ hat man die Nummern 1, 2, 3, 4 durch $2\mu-1, 2\mu, 2\nu-1, 2\nu$ zu ersetzen.

Nun sei eine irreduzible Darstellung von $\mathfrak{d}_n^\circ$ gegeben. $h_1, \ldots, h_p$ werden durch gewisse Matrizen $H_1, \ldots, H_p$ dargestellt, die e_ϑ durch Matrizen E_ϑ. Die mit i multiplizierten Gewichte

$$\varphi = m_1\tau_1+\cdots+m_p\tau_p=(m_1, \ldots, m_p)$$

sind die Eigenwerte der Matrix $H=\tau_1 H_1+\cdots+\tau_p H_p$; ein Vektor $x \neq 0$ des Darstellungsraumes heißt „vom Gewicht φ", wenn

$$Hx = i\varphi x. \tag{8.3}$$

Wir erinnern uns, daß die m_j entweder alle ganz oder alle halbganz sind.

Satz 8.1. *Gehört x zum Gewicht φ, so gehört $E_\vartheta x$ (falls $\neq 0$) zum Gewicht $\varphi+\vartheta$.*

Beweis. Aus $[H, E_\vartheta]=i\vartheta E_\vartheta$ folgt

$$HE_\vartheta x=[H, E_\vartheta]x+E_\vartheta Hx=i\vartheta E_\vartheta x+E_\vartheta i\varphi x=i(\varphi+\vartheta)E_\vartheta x.$$

Wendet man Satz 8.1 auf die adjungierte Darstellung an, so folgt z. B., daß $[e_\vartheta, e_{-\vartheta}]$ das Gewicht 0 besitzt, also ein Element aus $\mathfrak{T}_p^\circ$ ist, das wir mit $-ih_\vartheta$ bezeichnen (der Faktor $-i$ erweist sich als bequem, wie sich gleich zeigen wird). Aus der Definition folgt $h_{-\vartheta}=-h_\vartheta$. Die h_ϑ lassen sich aus den in (8.2) angegebenen e_ϑ ohne weiteres ausrechnen, man findet für

$$\vartheta=\pm\tau_\mu\pm\tau_\nu:\ h_\vartheta=\pm h_\mu\pm h_\nu;\quad \vartheta=\pm\tau_\mu:\ h_\vartheta=\pm 2h_\mu. \tag{8.4}$$

Mit φ_ϑ bezeichnet man den Wert der Linearform φ, wenn man für die τ_j die Komponenten von h_ϑ einsetzt. Es ist also für

$$\vartheta = \pm\tau_\mu \pm \tau_\nu: \ \varphi_\vartheta = \pm m_\mu \pm m_\nu; \quad \vartheta = \pm\tau_\nu: \ \varphi_\vartheta = \pm 2m_\nu. \tag{8.5}$$

Ist φ die Wurzelform ϑ selber, so kommt in jedem Falle $\vartheta_\vartheta = 2$ heraus; so sind die e_ϑ normiert. Wieder ist $\varphi_{-\vartheta} = -\varphi_\vartheta$.

Man veranschaulicht sich den Inhalt von Satz 8.1 geometrisch, indem man die Gewichte als Punkte (mit den Koordinaten $m_1, \ldots, m_p$) im Raum des Stiefel-Diagramms einzeichnet (Abb. 14a und b für den Fall $p=2$) und die Wurzeln als Vektoren (mit den Komponenten $0, \ldots, 0, \pm 1, 0, \ldots, 0, \pm 1, 0, \ldots, 0$ bzw. $0, \ldots, 0, \pm 1, 0, \ldots, 0$) ansieht. Er besagt dann, daß auf der Geraden durch ein Gewicht φ in der Richtung $\pm\vartheta$ im allgemeinen noch weitere Gewichte liegen, die im Abstand $|\vartheta|$ *) aufeinander folgen. Ein solches weiteres Gewicht ist uns schon von früher bekannt: die Spiegelung an der Ebene $\vartheta = 0$ (auf der die Gerade senkrecht steht) ist eine Operation der Gruppe Ψ, durch sie entsteht aus φ ein Gewicht, das nach VII Satz 6.4 ebenfalls vorkommt (liegt φ zufällig auf der Ebene, dann fallen beide zusammen). Die Verhältnisse werden vollständig geklärt durch den nun zu beweisenden

Satz 8.2. *Im Raum des Stiefel-Diagramms bilden die Gewichte einer irreduziblen Darstellung, die auf einer gegebenen Geraden in einer Wurzelrichtung* $\pm\vartheta$, *auf der es ganz- oder halbzahlige Gitterpunkte gibt, liegen, eine lückenlose Folge mit Abständen* $|\vartheta|$ *), *die zur Ebene* $\vartheta = 0$ *symmetrisch liegt.*

Beweis. Da es im ganzen nur endlich viele Gewichte gibt, gibt es auf der Geraden ein „kleinstes", d. h. am weitesten in der Richtung $-\vartheta$ gelegenes Gewicht, es heiße ψ. y sei ein Vektor von diesem Gewicht; es ist also $Hy = i\psi y$ und, da $\psi - \vartheta$ kein Gewicht ist, $E_{-\vartheta} y = 0$. Wir bilden aus y die Vektoren

$$y_0 = y, \ y_1 = E_\vartheta y, \ y_2 = E_\vartheta y_1 = E_\vartheta^2 y, \ldots \tag{8.6}$$

mit den Gewichten ψ, $\psi + \vartheta$, $\psi + 2\vartheta, \ldots$. Man wird erwarten, diese Vektoren in umgekehrter Reihenfolge zu erhalten, wenn man immer $E_{-\vartheta}$ ausübt. Wir beweisen in der Tat eine Relation

$$E_{-\vartheta} y_k = \varrho_k y_{k-1} \tag{8.7}$$

durch Induktion, die uns auch die Koeffizienten ϱ_k liefern wird.

---

*) Mit $|\vartheta|$ ist die Länge des zugehörigen Vektors gemeint; sie ist $\sqrt{2}$ für $\pm\tau_\mu \pm \tau_\nu$, 1 für $\pm\tau_\mu$.

Wir setzen $\varrho_0 = 0$, dann ist (8.7) für $k=0$ und beliebiges y_{-1} richtig. Nehmen wir also (8.7) für ein k als richtig an, dann ist

$$E_{-\vartheta} y_{k+1} = E_{-\vartheta} E_\vartheta y_k = i H_\vartheta y_k + E_\vartheta E_{-\vartheta} y_k = -(\psi + k\vartheta)_\vartheta y_k + E_\vartheta \varrho_k y_{k-1}$$
$$= \{\varrho_k - (\psi + k\vartheta)_\vartheta\} y_k .$$

Dabei wurde die zu $[e_\vartheta, e_{-\vartheta}] = -i h_\vartheta$ gehörige Relation zwischen den darstellenden Matrizen benutzt; was der Index ϑ an der Linearform $\psi + k\vartheta$ bedeutet, wurde vorhin vor (8.5) erklärt.

Wir haben für die Zahlen ϱ_k die Rekursionsformel

$$\varrho_{k+1} = \varrho_k - \psi_\vartheta - k\vartheta_\vartheta$$

erhalten, die wegen $\varrho_0 = 0$ und $\vartheta_\vartheta = 2$ sofort

$$\varrho_k = -k(\psi_\vartheta + k - 1) \tag{8.8}$$

ergibt.

Sind nun die Vektoren der Folge (8.6) bis y_g ($g \geqq 0$) von Null verschieden, aber $y_{g+1} = 0$, so erhält man für $k = g+1$ aus (8.7) $0 = E_{-\vartheta} y_{g+1} = \varrho_{g+1} y_g$, also $\varrho_{g+1} = 0$ und daher aus (8.8)

$$g = -\psi_\vartheta . \tag{8.9}$$

Dies ist also eine nichtnegative ganze Zahl, und es sind die Vektoren $y_0, y_1, \ldots, y_g \neq 0$ und haben die Gewichte

$$\psi, \psi + \vartheta, \ldots, \psi + g\vartheta , \tag{8.10}$$

während $y_{g+1} = 0$ ist.

Wir müssen noch zeigen, daß die Folge (8.10) symmetrisch zur Ebene $\vartheta = 0$ liegt und daß dies die einzigen auf der fraglichen Geraden liegenden Gewichte sind. Das erstere ist leicht: anhand der Formel (8.5) für ψ_ϑ überzeugt man sich, daß $\psi - \psi_\vartheta \cdot \vartheta$ aus ψ durch Spiegelung an der Ebene $\vartheta = 0$ hervorgeht. Um das letztere zu beweisen, sei $\tilde{\psi}$ das auf der fraglichen Geraden am weitesten in der Richtung ϑ gelegene Gewicht. Es ist $\tilde{\psi} = \psi + g\vartheta + r\vartheta$, $r \geqq 0$; wir müssen $r = 0$ beweisen. Dazu wenden wir das obige Verfahren auf $\tilde{\psi}$ und $-\vartheta$ an. Dann ergibt sich, daß $\tilde{\psi} - \tilde{\psi}_{-\vartheta}(-\vartheta)$ ebenfalls ein Gewicht sein muß. Wegen $\varphi_{-\vartheta} = -\varphi_\vartheta$, (8.9) und $\vartheta_\vartheta = 2$ ist das

$$\tilde{\psi} - \tilde{\psi}_\vartheta \cdot \vartheta = \psi + g\vartheta + r\vartheta - (\psi + g\vartheta + r\vartheta)_\vartheta \cdot \vartheta = \psi - r\vartheta .$$

Da ψ das am weitesten in der Richtung $-\vartheta$ gelegene Gewicht ist, folgt in der Tat $r = 0$. Damit ist Satz 8.2 vollständig bewiesen.

Wenn man nun fragt, wie bei einer irreduziblen Darstellung die Gesamtheit der Gitterpunkte aussieht, die als Gewichte vorkommen, so sieht man zunächst, daß man sie alle vom höchsten Gewicht aus durch Schritte von der in Satz 8.1 eingeführten Art muß erreichen können (also: Änderung zweier Koordinaten um ± 1, im Fall n ungerade auch: Änderung einer Koordinate um ± 1). Betrachtet man nämlich die Gesamtheit aller Vektoren im Darstellungsraum, die man aus dem Vektor vom höchsten Gewicht (dieses ist nach VII Satz 10.3 einfach!) erhält, indem man endlich viele Operationen E_α, E_β, $E_\gamma, \ldots$ ausübt, wo $\alpha, \beta, \gamma, \ldots$ gleiche oder verschiedene Wurzeln sind, so spannen sie einen invarianten Teilraum auf. Denn offenbar führen weder Operationen H noch Operationen E_ϑ aus ihr heraus. Wegen der Irreduzibilität fällt dieser Teilraum mit dem gesamten Darstellungsraum zusammen. Hiernach ist klar, daß jedenfalls alle Punkte vorkommen, die durch die folgende Prozedur gewonnen werden: Man übe auf das höchste Gewicht alle Operationen der Gruppe Ψ (VII § 4) aus (man kann sie aus Spiegelungen an den Diagrammebenen durch den Nullpunkt zusammensetzen; die so gewonnenen Punkte kommen nach VII Satz 6.4 alle unter den Gewichten vor) und fülle sodann auf jeder zu einer Diagrammebene senkrechten Geraden, die schon mehr als einen markierten Punkt trägt, die Zwischenräume nach Satz 8.2 durch weitere Punkte aus und fahre mit diesem Prozeß fort, bis man eine Figur erhält, für die Satz 8.2 gilt; man kann sie die durch das höchste Gewicht bestimmte *konvexe Gitterpunktsfigur* nennen. Im Fall ungerader Dimension — Fall b) — sieht man sofort, daß man alle Gewichte erhalten hat. Denn die Figur enthält hier im Hauptfundamentalbereich schon alle ganzzahligen oder alle halbzahligen Gitterpunkte, die tiefer als das höchste Gewicht (m) stehen. Im Fall a) der geraden Dimension ist das nicht der Fall. Hier kommen nicht alle ganzzahligen oder alle halbzahligen Punkte aus einem gewissen Bereich vor, sondern nur etwa die Hälfte davon, nämlich nur Punkte, deren Unterschied von (m) gerade Koordinatensumme hat; aber von diesen keineswegs alle, die tiefer als (m) stehen. Für $n=4$, $p=2$ z. B. ist die konvexe Figur das Rechteck, dessen Seiten mit den Achsen Winkel von 45° bilden, das zum Nullpunkt symmetrisch liegt und dessen eine Ecke (m_1, m_2) ist. Ihm gehört z. B., falls $m_2 \neq 0$, der Punkt $(m_1, -m_2)$ nicht an, der im Fall $m_2 > 0$ tiefer steht als (m). Trotzdem gilt für $n=4$ ebenfalls der Satz, daß die konvexe Figur alle Gewichte liefert. Man erkennt es daraus, daß der Grad der Darstellung ${}^4D_{m_1 m_2}$, der nach VII (11.1) den Wert $(m_1+1+m_2)(m_1+1-m_2)$ hat, gerade gleich der Anzahl der so erhaltenen Gewichte ist; daraus folgt, daß diese Gewichte alle einfach und keine weiteren vorhanden sind. Ab $n=5$ sind nicht mehr alle Gewichte einfach. Auf den Fall gerader Dimension >4 kann ich nicht näher eingehen.

In den Fällen $n=4$ und $n=5$, wo die Diagramme ebene Figuren sind, ist die Verteilung der Gewichte für einige der niedersten Darstellungen in Abb. 13a und 13b veranschaulicht.

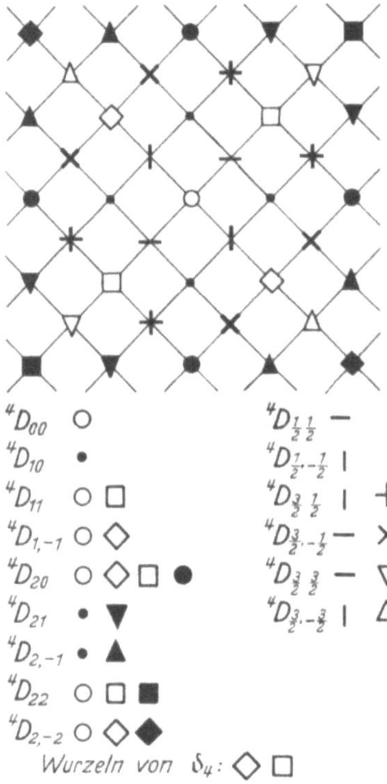

Abb. 13a

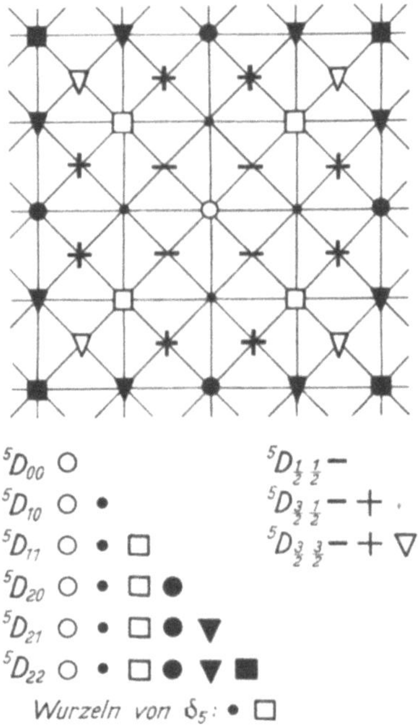

Abb. 13b

§ 9. Weitere Kronecker-Produkte. Algebra von Kemmer und de Broglie

Wir benutzen die gewonnene Kenntnis der Gewichte der Darstellungen der Drehgruppe $\mathfrak{d}_4$, um für diese Gruppe das zur Formel von § 7 analoge Ergebnis herzuleiten. Es lautet

Satz 9.1. *Es seien zwei irreduzible Darstellungen* $^4D_{m_1 m_2}$ *und* $^4D_{m_1' m_2'}$ *der vierdimensionalen Drehgruppe* $\mathfrak{d}_4$ *gegeben. Man bilde das Zahlenpaar* $(p)=(p_1, p_2)=(m_1+m_1', m_2+m_2')$ *und dasjenige Zahlenpaar* $(q)=(q_1, q_2)$, *das aus dem Paar* (m_1-m_1', m_2-m_2') *durch eine Operation der Gruppe* Ψ *(Identität oder Vertauschung der beiden Zahlen oder Zeichenwechsel beider Zahlen oder beides) hervorgeht und der Bedingung* $q_1 \geqq |q_2|$ *genügt. Ferner zeichne man das Rechteck* R^* *aus Gitterpunkten im Wurzelabstand, dessen Seiten gegen die Achsen um* 45° *geneigt sind und von dem* (p) *und* (q) *je eine Ecke bilden. Dann kommen im Kronecker-Produkt* $^4D_{m_1 m_2} \times {}^4D_{m_1' m_2'}$ *alle Darstellungen* $^4D_{r_1 r_2}$ *mit* $(r) \in R^*$ *vor, und zwar jede genau einmal, und keine anderen.*

Beweis. Man zeichne die durch (m) und (m') bestimmten konvexen Gitterpunktsfiguren R_m und $R_{m'}$ und ebenso R_p (in Abb. 14 ist $(m)=(4, 1)$, $(m')=(\frac{7}{2}, -\frac{3}{2})$; von R_p sind nur die Gitterpunkte gezeichnet, die auch zu R^* gehören) sowie das im Satz genannte Rechteck R^* durch (p) und (q) (seine Seiten sind jeweils so lang wie die kleinere der parallelen Seiten von R_m und $R_{m'}$). Die Gewichte des Kronecker-Produkts sind

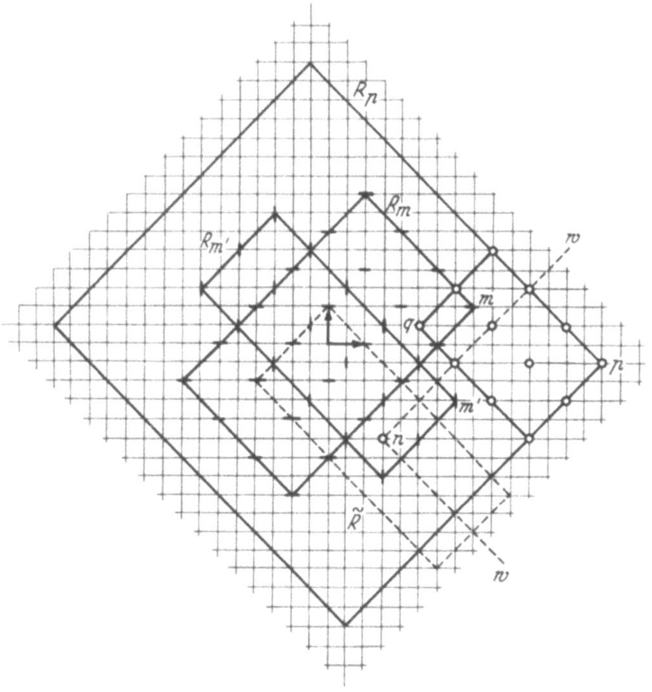

Abb. 14

alle möglichen Summen von je einem Gewicht der beiden Faktoren. Welche Punkte der Figur sind das? Offenbar gerade alle Gitterpunkte von R_p. Um den Satz zu beweisen, hat man nur nötig zu zeigen, daß für jeden dieser Punkte $(n)=(n_1, n_2)$ die folgenden beiden Anzahlen übereinstimmen. Erstens: Auf wieviele Arten kann man (n) als Summe eines Gewichts von $D_{(m)}$ und eines Gewichts von $D_{(m')}$ darstellen? Zweitens: In wievielen der Rechtecke R_r, $(r)\in R^*$ (Gitterpunktsfiguren von $D_{(r)}$) kommt (n) als Gitterpunkt vor? Um die erste Anzahl zu bestimmen, kann man etwa so vorgehen: Man zeichnet ein zu $R_{m'}$ paralleles Rechteck $\tilde{R}$ mit dem Mittelpunkt (n) und zählt ab, wieviel Gitterpunkte zugleich in R_m und $\tilde{R}$ liegen. Die zweite ist die Anzahl der Punkte $(r)\in R^*$, die in den von (n) aus gezeichneten Winkelraum ww fallen. Um zu sehen, daß beide Anzahlen immer übereinstimmen, überzeuge man sich, daß sie für $(n)=(p)$ beide den Wert 1 haben und daß sie, wenn man von (p) aus schrittweise nach links oben oder links unten wandert, sich immer beide in gleicher Weise ändern.

Wir geben noch zwei Beispiele für die Reduktion von Kronecker-Produkten mit $n>4$: Wir betrachten die zweite und die dritte Kronecker-Potenz der Darstellung ${}^5D_{\frac{1}{2}\frac{1}{2}}$. Diese Darstellung ist vom Grad 4, die Gewichte sind $(\pm\frac{1}{2}, \pm\frac{1}{2})$ mit den 4 möglichen Vorzeichenkombinationen. Die 16 Gewichte des Kronecker-Quadrats sind die 16 Summen von je zweien davon, das sind 1) je einmal die Gewichte $(\pm 1, \pm 1)$, 2) je zweimal die Gewichte $(\pm 1, 0)$ und $(0, \pm 1)$ und 3) viermal das Gewicht $(0,0)$. Dem höchsten Gewicht entsprechend kommt ${}^5D_{11}$, vom Grad 10, einmal vor. Die Vielfachheit der Gewichte dieser Darstellung können wir aus dem Verzweigungssatz (VII Satz 12.1b, S. 248) entnehmen, da die Gewichte von ${}^4D_{(m)}$ einfach sind; er liefert ${}^5D_{11} \sim {}^4D_{11} \dotplus {}^4D_{10} \dotplus {}^4D_{1,-1}$, und daher entnehmen wir aus Abb. 13a, daß ${}^5D_{11}$ die Gewichte der obigen ersten und zweiten Sorte je einfach und das Gewicht $(0,0)$ zweifach besitzt. Dem höchsten übrigbleibenden Gewicht entsprechend kommt ${}^5D_{10}$, vom Grad 5, einmal vor, das offenbar die Gewichte der zweiten und dritten Sorte je einfach besitzt. Einmal $(0,0)$ bleibt übrig. Also ist

$$
{}^5D_{\frac{1}{2}\frac{1}{2}} \times {}^5D_{\frac{1}{2}\frac{1}{2}} = {}^5D_{11} \dotplus {}^5D_{10} \dotplus {}^5D_{00}\,. \tag{9.1}
$$

Für die dritte Kronecker-Potenz haben wir die 4^3 möglichen Summen je dreier der Gewichte $(\pm\frac{1}{2}, \pm\frac{1}{2})$ zu bilden. Wir erhalten 1.) je einmal die Gewichte $(\pm\frac{3}{2}, \pm\frac{3}{2})$, 2.) je dreimal die Gewichte $(\pm\frac{3}{2}, \pm\frac{1}{2})$ und $(\pm\frac{1}{2}, \pm\frac{3}{2})$ und 3.) je neunmal die Gewichte $(\pm\frac{1}{2}, \pm\frac{1}{2})$. Zunächst kommt also ${}^5D_{\frac{3}{2}\frac{3}{2}}$, vom Grad 20, einmal vor; es enthält wegen

$$
{}^5D_{\frac{3}{2}\frac{3}{2}} \sim {}^4D_{\frac{3}{2}\frac{3}{2}} \dotplus {}^4D_{\frac{3}{2}\frac{1}{2}} \dotplus {}^4D_{\frac{3}{2},-\frac{1}{2}} \dotplus {}^4D_{\frac{1}{2},-\frac{1}{2}}
$$

die erste und zweite Sorte je einmal, die dritte zweimal. Also kommt weiter ${}^5D_{\frac{3}{2}\frac{1}{2}}$, vom Grad 16, zweimal vor, das wegen

$$
{}^5D_{\frac{3}{2}\frac{1}{2}} \sim {}^4D_{\frac{3}{2}\frac{1}{2}} \dotplus {}^4D_{\frac{3}{2},-\frac{1}{2}} \dotplus {}^4D_{\frac{1}{2}\frac{1}{2}} \dotplus {}^4D_{\frac{1}{2},-\frac{1}{2}}
$$

die zweite Sorte einmal, die dritte zweimal enthält. Es bleibt dreimal ${}^5D_{\frac{1}{2}\frac{1}{2}}$, das die dritte Sorte einmal enthält. Das Ergebnis ist

$$
{}^5D_{\frac{1}{2}\frac{1}{2}} \times {}^5D_{\frac{1}{2}\frac{1}{2}} \times {}^5D_{\frac{1}{2}\frac{1}{2}} = {}^5D_{\frac{3}{2}\frac{3}{2}} \dotplus 2\,{}^5D_{\frac{3}{2}\frac{1}{2}} \dotplus 3\,{}^5D_{\frac{1}{2}\frac{1}{2}}\,. \tag{9.2}
$$

Formeln wie (9.1) und (9.2) sind für die Theorie der Elementarteilchen, insbesondere der Mesonen, wichtig geworden. Man leitet aus ihnen die Reduktion gewisser Matrix-Algebren ab, die in dieser Theorie betrachtet werden. Irgendeine bestimmte irreduzible Darstellung der Clifford-Algebra $\mathfrak{C}_4$ (§ 2), erzeugt von den 4-reihigen Matrizen $\alpha_1, \ldots, \alpha_4$, werde jetzt mit $\mathfrak{C}_4$ bezeichnet und heiße die *Dirac-Algebra*; sie beherrscht die Diracsche Theorie des Elektrons. Ist U irgendeine 4-reihige Matrix, so sei mit $B(U)$ die 4^n-reihige Matrix

$$B(U) = U \times E_4 \times \cdots \times E_4 + E_4 \times U \times E_4 \times \cdots \times E_4 + \cdots + E_4 \times \cdots \times E_4 \times U$$

(in jedem Summanden n Kronecker-Faktoren) bezeichnet. DE BROGLIE [1] betrachtet bei seiner «méthode de fusion» (Verschmelzung von n Teilchen) die von den Matrizen $\gamma_\nu = B(\alpha_\nu)$ erzeugte Algebra. Für $n=2$ heißt sie *Kemmer-Algebra* und beherrscht die Kemmersche Mesonentheorie (KEMMER [1]). Der Fall $n=3$ wurde von HÖNL und BOERNER [1] näher untersucht. Bei beliebigem n heiße die Algebra, die auch abstrakt definiert werden kann, *de Broglie-Algebra.* Was hauptsächlich interessiert, ist die Zerlegung der Matrixalgebra in ihre irreduziblen Bestandteile, und das leisten für $n=2$ und $n=3$ gerade die Formeln (9.1) bzw. (9.2).

Um das einzusehen, erinnern wir uns, daß nach § 2 ein Teilraum von $\mathfrak{C}_4$ isomorph zum Infinitesimalring $\mathfrak{d}_5^\circ$ von $\mathfrak{d}_5$ ist; er sei einfach mit $\mathfrak{d}_5^\circ$ bezeichnet. Er enthält die Elemente $\alpha_1, \ldots, \alpha_4$. Diese Elemente erzeugen (vermöge der Vektoroperationen und der Matrixmultiplikation) die Algebra $\mathfrak{C}_4$; sie erzeugen aber auch (vermöge der Vektoroperationen und der „schiefen Multiplikation" $xy - yx$) den Teilraum $\mathfrak{d}_5^\circ$: die Basis (2.4) besteht ja gerade aus den α_ν und ihren schiefen Produkten. Der Infinitesimalring ${}^5D_{\frac{1}{2}\frac{1}{2}}^\circ$ der Darstellung ${}^5D_{\frac{1}{2}\frac{1}{2}}$ ist ebenfalls zu $\mathfrak{d}_5^\circ$ isomorph; denn die Spindarstellung ${}^5D_{\frac{1}{2}\frac{1}{2}}$ ist zur Überlagerungsgruppe $\mathfrak{U}_5$ isomorph, die zu $\mathfrak{d}_5$ im Kleinen isomorph ist. Dies wurde schon in § 5 festgestellt*); und wir können hinzufügen, daß bei geeigneter Basis für die Spindarstellung die beiden Gebilde identisch sind.

Bildet man nun zur n-ten Kronecker-Potenz von ${}^5D_{\frac{1}{2}\frac{1}{2}}$ nach der Vorschrift von II § 5 den Infinitesimalring, so erkennt man, daß er gerade aus den sämtlichen Matrizen $B(U)$, $U \in {}^5D_{\frac{1}{2}\frac{1}{2}}^\circ$, besteht. Er enthält also die erzeugenden Elemente γ_ν der de Broglieschen Algebra, und diese Elemente erzeugen auch ihn; denn es unterscheidet sich $B(U)\,B(V)$ von $B(UV)$ nur um Glieder, die in U und V symmetrisch sind, und daher ist $B(U)\,B(V) - B(V)\,B(U) = B(UV - VU)$. Nach III § 9 zerfällt der Infinitesimalring genau so in irreduzible Bestandteile wie die Darstellung selber. Aus dem eben Gesagten folgt, daß das auch für die γ_ν gilt und damit für die de Brogliesche Algebra, deren irreduzible Bestandteile also für $n=2$ und 3 aus (9.1) bzw. (9.2) gewonnen werden.

---

*) Vgl. die vierte Fußnote auf S. 275.

Neuntes Kapitel

Die Lorentz-Gruppe

Es wird vorzugsweise die „gewöhnliche" Lorentz-Gruppe behandelt, deren Darstellungstheorie sich auf Grund ihres Zusammenhangs mit der komplexen unimodularen Gruppe $\mathfrak{g}_2$ als bereits aus V § 10 bekannt erweist (§ 3). Immerhin wird auch für die allgemeine Lorentz-Gruppe — bei der sozusagen Raum und Zeit beliebige Dimension haben — in § 1 die Struktur untersucht und in § 2 auf dem Umweg über die komplexe Gruppe einiges von den Resultaten der Kapitel VII und VIII übertragen.*)

§ 1. Die vier Stücke der Lorentz-Gruppe

Als *Lorentz-Gruppe* $\mathfrak{L}_{n,t}$ im allgemeinen Sinne will ich die Gruppe aller linearen Abbildungen des reellen $\mathfrak{R}_n$ bezeichnen, welche die quadratische Form

$$F(\xi) = -\xi_1^2 - \cdots - \xi_t^2 + \xi_{t+1}^2 + \cdots + \xi_n^2 \tag{1.1}$$

ungeändert lassen; anders ausgedrückt: die Gesamtheit der reellen Matrizen A, für die $A^*FA = F$ gilt, wo F die Matrix der Form (1.1) bedeutet; sie heißen *Lorentz-Matrizen.* Für $t=0$ ist es die orthogonale Gruppe, und weil mit $F(\xi)$ auch $-F(\xi)$ invariant ist, kann man $0 < t \leqq \frac{n}{2}$ annehmen.

Die Theorie der komplexen Gruppen dieser Art ist von der der komplexen orthogonalen Gruppe nicht verschieden. Denn wenn F und G die Matrizen zweier quadratischen Formen vom Rang n sind, so gibt es nach I Satz 5.4a immer eine komplexe Matrix C, welche die eine Form in die andere transformiert: $C^*FC = G$. Bezeichnen wir für den Augenblick die zugehörigen komplexen Gruppen mit $\mathfrak{F}$ und $\mathfrak{G}$ und gehört A zu $\mathfrak{F}$, so gehört $C^{-1}AC$ zu $\mathfrak{G}$:

$$(C^{-1}AC)^* G (C^{-1}AC) = C^*A^*(C^{-1})^* G C^{-1}AC = C^*A^*FAC = C^*FC = G,$$

und so erhält man jedes $B \in \mathfrak{G}$, weil umgekehrt CBC^{-1} zu $\mathfrak{F}$ gehört. Die Transformation mit C stellt einen Isomorphismus zwischen $\mathfrak{F}$ und $\mathfrak{G}$ her, deren Darstellungstheorien daher übereinstimmen.

*) Bei der Lorentz-Gruppe sind mehr als bei den andern „klassischen Gruppen", von denen einige in Kap. V, VII und VIII behandelt worden sind, die Darstellungen in *Hilberträumen* von Wichtigkeit, die in diesem Buch nicht behandelt werden können. Man findet sie in den Büchern von GELFAND und NEUMARK [1] sowie NEUMARK [1].

Für die reellen Gruppen ist das anders. Wenn sich die Transformation von F in G nur mit komplexem C bewerkstelligen läßt, so ist bei reellem A im allgemeinen $C^{-1}AC$ nicht reell, gehört also nicht zu $\mathfrak{G}$. Nach I Satz 5.4a kann man jede reelle quadratische Form vom Rang n mit reellem C in die Form (1.1) mit einem ganz bestimmten t transformieren, eine Form (1.1) aber nicht in eine Form (1.1) mit einem anderen Wert von t. Also hat man mit den Lorentz-Gruppen (einschließlich der Drehgruppen) alle reellen Gruppen erfaßt, die reelle quadratische Formen invariant lassen*).

Unsere Betrachtungen sollen in der Hauptsache die „gewöhnliche Lorentz-Gruppe" $\mathfrak{L}_{4,1}$ betreffen, also die Gruppe der Lorentz-Transformationen der Raum-Zeit-Welt. Ich beginne aber mit dem einfachsten Fall: $\mathfrak{L}_{2,1}$. Eine Lorentz-Matrix $A=\begin{pmatrix}\alpha_{11} & \alpha_{12}\\ \alpha_{21} & \alpha_{22}\end{pmatrix}$ läßt in diesem Fall die quadratische Form mit der Matrix $F=\begin{pmatrix}-1 & 0\\ 0 & 1\end{pmatrix}$ invariant:

$$A^*FA=F. \tag{1.2}$$

Wegen $F^*=F$ und $F^2=E$ ist F selber Lorentz-Matrix: $F^*FF=F^*=F$. Aus (1.2) folgen die „modifizierten Orthogonalitätsrelationen"

$$-\alpha_{11}^2+\alpha_{21}^2=-1,\ -\alpha_{11}\alpha_{12}+\alpha_{21}\alpha_{22}=0,\ -\alpha_{12}^2+\alpha_{22}^2=1. \tag{1.3}$$

Die entsprechenden Relationen gelten für die Zeilen. Denn statt (1.2) kann man $FA^*FA=E$ schreiben: FA^* und FA sind zueinander invers, also ist auch $FAFA^*=E$, also $AFA^*=F$, und das gibt

$$-\alpha_{11}^2+\alpha_{12}^2=-1,\ -\alpha_{11}\alpha_{21}+\alpha_{12}\alpha_{22}=0,\ -\alpha_{21}^2+\alpha_{22}^2=1. \tag{1.4}$$

Die Determinante einer Lorentz-Matrix ist ± 1, wie aus (1.2) folgt. Die Lorentz-Gruppe besteht also wie die orthogonale Gruppe aus zwei getrennten Stücken. Jedes Stück zerfällt aber seinerseits noch einmal in zwei Stücke. Denn aus (1.3) folgt $\alpha_{11}^2\geqq 1$ und $\alpha_{22}^2\geqq 1$, man hat also 4 Möglichkeiten, zwischen denen es keinen stetigen Übergang gibt:

$$\begin{aligned} &\mathfrak{l}_{2,1}:\ \alpha_{11}\geqq 1,\alpha_{22}\geqq 1; && \mathfrak{a}_{2,1}:\ \alpha_{11}\leqq -1,\alpha_{22}\leqq -1;\\ &\mathfrak{b}_{2,1}:\ \alpha_{11}\geqq 1,\alpha_{22}\leqq -1; && \mathfrak{c}_{2,1}:\ \alpha_{11}\leqq -1,\alpha_{22}\geqq 1. \end{aligned} \tag{1.5}$$

Mit den vorgesetzten Zeichen oder auch einfach mit $\mathfrak{l},\mathfrak{a},\mathfrak{b},\mathfrak{c}$ sollen die vier Stücke fortan bezeichnet werden. $\mathfrak{l}$ und $\mathfrak{a}$ gehören zur Determinante $+1$, $\mathfrak{b}$ und $\mathfrak{c}$ zu -1. Denn aus (1.3) und (1.4) folgt, daß die

*) Es handelt sich, in der Sprache von E. CARTANs Theorie der Lie-Gruppen, um „reelle Formen" der komplexen orthogonalen Gruppe. Nach WEYL [2] gibt es unter den reellen Formen zu einer komplexen Gruppe immer genau eine kompakte; in diesem Fall ist es die reelle orthogonale.

Beträge von α_{12} und α_{21} kleiner sind als die von α_{11} und α_{22}; also hat die Determinante das Vorzeichen von $\alpha_{11}\alpha_{22}$.

Die Matrizen von $\mathfrak{l}_{2,1}$, also mit $\alpha_{11} \geqq 1$ und Determinante $+1$, sollen „eigentliche Lorentz-Transformationen" heißen. Sie bilden eine Gruppe, die „eigentliche Lorentz-Gruppe" $\mathfrak{l}_{2,1}$. Denn setzt man $C = AB$ mit eigentlichen Lorentz-Matrizen A und B, so ist $\gamma_{11} = \alpha_{11}\beta_{11} + \alpha_{12}\beta_{21} > 0$ (folglich $\geqq 1$) wegen der oben erwähnten Größenbeziehung der Beträge, und ebenso leicht beweist man $A^{-1} \in \mathfrak{l}_{2,1}$.

Die eigentliche Lorentz-Gruppe $\mathfrak{l}$ ist Normalteiler in der vollen, die Nebenklassen sind $(-E)\mathfrak{l} = \mathfrak{l}(-E) = \mathfrak{a}$, $(-F)\mathfrak{l} = \mathfrak{l}(-F) = \mathfrak{b}$, $F\mathfrak{l} = \mathfrak{l}F = \mathfrak{c}$. Faktorgruppe ist die Kleinsche Vierergruppe $\mathfrak{V}_4$, denn offensichtlich ist $\mathfrak{a}^2 = \mathfrak{b}^2 = \mathfrak{c}^2 = \mathfrak{l}$, $\mathfrak{a}\mathfrak{b} = \mathfrak{b}\mathfrak{a} = \mathfrak{c}$, $\mathfrak{b}\mathfrak{c} = \mathfrak{c}\mathfrak{b} = \mathfrak{a}$, $\mathfrak{c}\mathfrak{a} = \mathfrak{a}\mathfrak{c} = \mathfrak{b}$.

Am einfachsten lassen sich die zweireihigen eigentlichen Lorentz-Matrizen mit Hilfe der Hyperbelfunktionen $\mathfrak{Cof}\,\varphi = \frac{1}{2}(e^{\varphi} + e^{-\varphi})$ und $\mathfrak{Sin}\,\varphi = \frac{1}{2}(e^{\varphi} - e^{-\varphi})$ schreiben. Wegen $\alpha_{11} > 0$ und $\alpha_{11}^2 - \alpha_{12}^2 = 1$ gibt es eine reelle Zahl φ, so daß $\alpha_{11} = \mathfrak{Cof}\,\varphi$, $\alpha_{12} = \mathfrak{Sin}\,\varphi$. Wegen der weiteren Relationen muß dann auch $\alpha_{21} = \pm\,\mathfrak{Sin}\,\varphi$ und $\alpha_{22} = \pm\,\mathfrak{Cof}\,\varphi$ sein, und zwar gelten entweder beide obere oder beide untere Zeichen. Damit A zu $\mathfrak{l}$ gehört, müssen es die oberen sein, und man hat

$$A = A(\varphi) = \begin{pmatrix} \mathfrak{Cof}\,\varphi & \mathfrak{Sin}\,\varphi \\ \mathfrak{Sin}\,\varphi & \mathfrak{Cof}\,\varphi \end{pmatrix}. \tag{1.6}$$

Die Matrizen für die anderen Stücke erhält man hieraus durch Multiplikation mit $-E$, $-F$, F, also durch gewisse Vorzeichenänderungen. Die Gruppenmultiplikation in $\mathfrak{l}$ erfolgt durch Addition des Arguments φ:

$$A(\varphi_1)\,A(\varphi_2) = A(\varphi_1 + \varphi_2). \tag{1.7}$$

$\mathfrak{l}$ ist also isomorph zu (und eine Darstellung von) der additiven Gruppe der reellen Zahlen, die in V § 9 behandelt wurde. Sie ist nicht kompakt, und der Satz von der vollen Reduzibilität gilt nicht. Übrigens zerfällt die Darstellung (1.6), denn durch Transformation mit $\begin{pmatrix} 1 & 1 \\ -1 & 1 \end{pmatrix}$ geht sie in $\begin{pmatrix} e^{\varphi} & 0 \\ 0 & e^{-\varphi} \end{pmatrix}$ über.

Setzt man $\xi_1 = ct$ (c = Lichtgeschwindigkeit, t = Zeit), $\xi_2 = x$ und führt man als Parameter $\beta = \mathfrak{Tg}\,\varphi$ bzw. $v = c\beta$ ein, so wird $\mathfrak{Cof}\,\varphi = \frac{1}{\sqrt{1-\beta^2}}$ und $\mathfrak{Sin}\,\varphi = \frac{\beta}{\sqrt{1-\beta^2}}$, und aus der Abbildung

$$\xi_1' = \xi_1\,\mathfrak{Cof}\,\varphi + \xi_2\,\mathfrak{Sin}\,\varphi, \quad \xi_2' = \xi_1\,\mathfrak{Sin}\,\varphi + \xi_2\,\mathfrak{Cof}\,\varphi$$

wird

$$t' = \frac{t}{\sqrt{1-\beta^2}} + \frac{\frac{v}{c^2}x}{\sqrt{1-\beta^2}}, \quad x' = \frac{vt}{\sqrt{1-\beta^2}} + \frac{x}{\sqrt{1-\beta^2}},$$

also die bekannte Formel der Lorentz-Transformation für die Translation mit der festen Geschwindigkeit v längs einer Geraden. Die Beziehung (1.7) aber ist das Einsteinsche Additionstheorem der Geschwindigkeiten: sie sagt aus, daß die Translationen mit den Geschwindigkeiten $v_1 = c\,\mathfrak{Tg}\,\varphi_1$ und $v_2 = c\,\mathfrak{Tg}\,\varphi_2$ zusammengesetzt die Translation mit der Geschwindigkeit

$$v = c\,\mathfrak{Tg}(\varphi_1 + \varphi_2) = c\,\frac{\mathfrak{Tg}\,\varphi_1 + \mathfrak{Tg}\,\varphi_2}{1 + \mathfrak{Tg}\,\varphi_1\,\mathfrak{Tg}\,\varphi_2} = \frac{v_1 + v_2}{1 + \frac{v_1 v_2}{c^2}}$$

ergeben.

Aus (1.6) bzw. der Isomorphie zur additiven Gruppe der reellen Zahlen folgt, daß $\mathfrak{l}_{2,1}$ *zusammenhängend* ist, also nicht etwa nochmals aus getrennten Stücken besteht, und das gleiche gilt dann für $\mathfrak{a} = (-E)\,\mathfrak{l}$, $\mathfrak{b} = (-F)\,\mathfrak{l}$ und $\mathfrak{c} = F\,\mathfrak{l}$.

Die uneigentlichen Lorentz-Transformationen, d. h. die Elemente der anderen drei Stücke von $\mathfrak{L}_{2,1}$, haben die Eigenschaft, die Orientierung der Zeit oder der räumlichen Koordinate oder beider umzukehren. Deutet man die Transformation wie üblich als Einführung eines neuen Koordinatensystems in einer (x, t)-Ebene, so weisen die neuen Achsen bei der eigentlichen Lorentz-Transformation in den Winkelraum $t > \frac{|x|}{c}$ bzw. $x > c|t|$, bei den uneigentlichen die eine oder die andere oder beide statt dessen in den Winkelraum $t < -\frac{|x|}{c}$ bzw. $x < -c|t|$.

Bei der allgemeinen Lorentz-Gruppe $\mathfrak{L}_{n,t}$ (t ist jetzt wieder eine Nummer!), bei der die Form (1.1) invariant ist, nennt man aus naheliegenden Gründen die Koordinaten $\xi_1, \ldots, \xi_t$ „zeitartig", $\xi_{t+1}, \ldots, \xi_n$ „raumartig". Um die modifizierten Orthogonalitätsrelationen kurz schreiben zu können, bezeichne ich, wenn x der Vektor $(\xi_1, \ldots, \xi_n)$ ist, mit x^T den Vektor $(\xi_1, \ldots, \xi_t, 0, \ldots, 0)$ und mit x^R den Vektor $(0, \ldots, 0, \xi_{t+1}, \ldots, \xi_n)$. $a_1, \ldots, a_n$ seien die Zeilenvektoren der Matrix A, $F = -E_t \dotplus E_{n-t}$ die Matrix der quadratischen Form (1.1). Dann lauten die aus $AFA^* = F$ folgenden Relationen für die Zeilen, wenn xy das gewöhnliche skalare Produkt bedeutet,

$$\begin{aligned} a_j^T a_k^T = a_j^R a_k^R \quad (j \neq k); \quad (a_j^T)^2 - (a_j^R)^2 &= 1 \quad (j = 1, \ldots, t); \\ (a_j^R)^2 - (a_j^T)^2 &= 1 \quad (j = t+1, \ldots, n). \end{aligned} \tag{1.8}$$

Die Determinante von A ist ± 1. Die Rolle, die im Fall der $\mathfrak{L}_{2,1}$ die Elemente α_{11} und α_{22} spielten, wird jetzt von den zwei Hauptunterdeterminanten

$$\Omega_T = \begin{vmatrix} \alpha_{11} & \cdots & \alpha_{1t} \\ \cdot & \cdots & \cdot \\ \alpha_{t1} & \cdots & \alpha_{tt} \end{vmatrix} \quad \text{und} \quad \Omega_R = \begin{vmatrix} \alpha_{t+1,t+1} & \cdots & \alpha_{t+1,n} \\ \cdot & \cdots & \cdot \\ \alpha_{n,t+1} & \cdots & \alpha_{nn} \end{vmatrix} \tag{1.9}$$

übernommen. Es ist nicht schwer zu zeigen, daß ihre Beträge $\geqq 1$ sind, so daß die Gruppe $\mathfrak{L}_{n,t}$ wie $\mathfrak{L}_{2,1}$ in 4 Stücke zerfällt. Es besteht nämlich für die „Gramsche Determinante"

$$G_T = \begin{vmatrix} a_1^T a_1^T & a_1^T a_2^T \ldots a_1^T a_t^T \\ a_2^T a_1^T & a_2^T a_2^T \ldots a_2^T a_t^T \\ \cdots & \cdots \\ a_t^T a_1^T & a_t^T a_2^T \ldots a_t^T a_t^T \end{vmatrix}$$

die Relation $G_T = \Omega_T^2$, die unmittelbar aus dem Determinanten-Multiplikationssatz folgt. Wegen (1.8) ist

$$G_T = \begin{vmatrix} 1 + a_1^R a_1^R & a_1^R a_2^R & \ldots & a_1^R a_t^R \\ a_2^R a_1^R & 1 + a_2^R a_2^R & \ldots & a_2^R a_t^R \\ \cdots & \cdots & \cdots & \cdots \\ a_t^R a_1^R & a_t^R a_2^R & \ldots & 1 + a_t^R a_t^R \end{vmatrix},$$

und das ist

$$1 + \sum_j a_j^R a_j^R + \sum_{j<k} \begin{vmatrix} a_j^R a_j^R & a_j^R a_k^R \\ a_k^R a_j^R & a_k^R a_k^R \end{vmatrix} + \sum_{j<k<l} \begin{vmatrix} a_j^R a_j^R & a_j^R a_k^R & a_j^R a_l^R \\ a_k^R a_j^R & a_k^R a_k^R & a_k^R a_l^R \\ a_l^R a_j^R & a_l^R a_k^R & a_l^R a_l^R \end{vmatrix} + \cdots.$$

Alle hier vorkommenden Determinanten sind als Gramsche Determinanten Quadrate*), und deshalb ist $G_T \geqq 1$. Genau so beweist man $(\Omega_R)^2 \geqq 1$.

Wir bezeichnen die vier Stücke wieder mit

$$\begin{aligned} \mathfrak{l} = \mathfrak{l}_{n,t}&: \Omega_T \geqq 1,\ \Omega_R \geqq 1, & \mathfrak{a} = \mathfrak{a}_{n,t}&: \Omega_T \leqq -1,\ \Omega_R \leqq -1, \\ \mathfrak{b} = \mathfrak{b}_{n,t}&: \Omega_T \geqq 1,\ \Omega_R \leqq -1, & \mathfrak{c} = \mathfrak{c}_{n,t}&: \Omega_T \leqq -1,\ \Omega_R \geqq 1. \end{aligned} \tag{1.10}$$

Die Dinge liegen genau so wie im vorher behandelten Spezialfall:

*) Daß die aus μ Vektoren $x_1, \ldots, x_\mu$ im m-dimensionalen Raum gebildete Gramsche Determinante auch für $\mu < m$ ein Quadrat ist, folgt aus der Invarianz des skalaren Produkts gegen Drehungen: durch Drehung des Koordinatensystems führe man eine Basis ein, deren erste μ Vektoren denselben Teilraum aufspannen wie $x_1, \ldots, x_\mu$. Dann haben diese nur μ Komponenten, und man kann wieder den Determinanten-Multiplikationssatz anwenden.

Satz 1.1. *Die allgemeine Lorentz-Gruppe $\mathfrak{L}_{n,t}$ besteht aus 4 getrennten Stücken, die wie in* (1.10) *angegeben durch die Vorzeichen der durch* (1.9) *erklärten Größen Ω_T und Ω_R unterschieden werden. Die Elemente des ersten Stückes* $\mathfrak{l}$, *eigentliche Lorentz-Matrizen genannt, bilden eine Gruppe, die in der vollen Gruppe Normalteiler ist; Faktorgruppe ist die Kleinsche Vierergruppe $\mathfrak{V}_4$. Die Determinante ist* $+1$ *bei* $\mathfrak{l}$ *und* $\mathfrak{a}$, -1 *bei* $\mathfrak{b}$ *und* $\mathfrak{c}$.

Beweis. Wenn man schon weiß, daß $\mathfrak{l}_{n,t}$ eine zusammenhängende Mannigfaltigkeit ist, dann folgt alles Weitere sehr leicht. Man verbinde $A \in \mathfrak{l}$ mit E_n durch einen Weg $A(\varrho)$, $A(0) = E_n$, $A(1) = A$. Dann ist A^{-1} mit E_n durch den Weg $A^{-1}(\varrho)$ verbunden, gehört also auch zu $\mathfrak{l}$. Das gleiche gilt, wenn $B \in \mathfrak{l}$, für AB, das mit B durch den Weg $A(\varrho)B$ verbunden ist. Also hat $\mathfrak{l}$ die Gruppeneigenschaft. Ebenso folgt aus dem Zusammenhang, daß alle Matrizen von $\mathfrak{l}$ die Determinante $+1$ haben. Weiter bezeichnen wir mit G_r die r-reihige Diagonalmatrix $G_r = -E_1 \dotplus E_{r-1}$. Dann ist $E_n \in \mathfrak{l}$, $G_t \dotplus G_{n-t} \in \mathfrak{a}$, $E_t \dotplus G_{n-t} \in \mathfrak{b}$, $G_t \dotplus E_{n-t} \in \mathfrak{c}$, und man überzeugt sich mühelos, daß die durch diese 4 Matrizen bestimmten Rechts- wie Linksnebenklassen die Stücke $\mathfrak{l}, \mathfrak{a}, \mathfrak{b}, \mathfrak{c}$ sind. Also ist $\mathfrak{l}$ Normalteiler, und die Faktorgruppe ist $\mathfrak{V}_4$, weil die 4 angegebenen Repräsentanten selber zusammen eine $\mathfrak{V}_4$ bilden. Schließlich haben die Determinanten dieser Matrizen die angegebenen Werte, die daher für alle Elemente des betreffenden Stücks gelten.

Es bleibt zu zeigen, daß $\mathfrak{l}_{n,t}$ zusammenhängend ist. Ich will das nicht allgemein beweisen*), sondern nur einen einfachen Beweis für den wichtigsten Fall $n = 4$, $t = 1$ skizzieren (der sich leicht auf beliebiges n, aber nicht ohne weiteres auf beliebiges t ausdehnen läßt). In diesem Fall ist $\Omega_T = \alpha_{11}$. Mit $L_j(\varphi)$ bezeichnen wir für $j = 2, 3, 4$ die Matrizen der „Translationen"

$$\begin{aligned} \xi_1' &= \xi_1 \operatorname{Cof} \varphi + \xi_j \operatorname{Sin} \varphi, \\ \xi_j' &= \xi_1 \operatorname{Sin} \varphi + \xi_j \operatorname{Cof} \varphi, \\ \xi_k' &= \xi_k \; (k \neq 1, j), \end{aligned}$$

die natürlich eigentliche Lorentz-Matrizen sind. Wir zeigen, daß jede eigentliche Lorentz-Matrix A in der Form

$$A = D L_4(\varphi_4) \, L_3(\varphi_3) \, L_2(\varphi_2) \tag{1.11}$$

geschrieben werden kann, wo $D = E_1 \dotplus \hat{D}$ und $\hat{D}$ eigentlich orthogonal ist.

Es ist $\alpha_{11} \neq 0$, und aus (1.8) folgt $|\alpha_{12}| < |\alpha_{11}|$. Daher kann φ_2 so bestimmt werden, daß für die Matrix $B = A L_2(-\varphi_2)$ das Element $\beta_{12} = 0$ wird; von selbst wird dann $\beta_{11} > 0$ und $\det B = 1$, so daß B

*) Einen ausführlichen allgemeinen Beweis findet man bei E. CARTAN [4].

eigentliche Lorentz-Matrix ist (die Gruppeneigenschaft von $\mathfrak{l}_{n,t}$ dürfen wir nicht benutzen!). Sodann bestimmt man φ_3 so, daß für $C = BL_3(-\varphi_3)$ das Element $\gamma_{13} = 0$ ist; von selbst wird $\gamma_{11} > 0$ und $\gamma_{12} = 0$, $\det C = 1$. Schließlich wird φ_4 so gewählt, daß für $D = CL(-\varphi_4)$ das Element $\delta_{14} = 0$ und dann $\delta_{11} > 0$ und $\delta_{12} = \delta_{13} = 0$ ist. Aus (1.8) folgt dann $\delta_{11} = 1$ und $\delta_{21} = \delta_{31} = \delta_{41} = 0$. Also hat D die gewünschte Form, und wegen $(L_j(\varphi))^{-1} = L_j(-\varphi)$ gilt (1.11). Umgekehrt stellt jedes so gebaute Produkt eine eigentliche Lorentz-Matrix dar. Um A mit E_4 durch einen Weg zu verbinden, braucht man also nur $\hat{D}$ innerhalb der Drehgruppe $\mathfrak{d}_3$ mit E_3 zu verbinden und $\varphi_2, \varphi_3, \varphi_4$ stetig in 0 überzuführen.

§ 2. Die Fundamentaldarstellungen der Lorentz-Gruppe $\mathfrak{L}_{n,t}$

Es ist schon in § 1 darauf hingewiesen worden, daß die Darstellungstheorien komplexer Gruppen, die durch die Invarianz verschiedener quadratischer Formen definiert sind, übereinstimmen. Dies trifft also für die komplexe orthogonale Gruppe der Dimension n und jede komplexe Lorentz-Gruppe dieser Dimension zu. Die Einheitsform $\sum_j \xi_j^2$ wird in die Form (1.1) durch Transformation mit der Matrix $C = iE_t \dotplus E_{n-t}$ übergeführt: $C^*EC = C^*C = CC = F$. Ist A komplex und orthogonal, so ist $B = C^{-1}AC$ komplexe Lorentz-Matrix. B entsteht aus A, indem man die α_{jk} mit $j \leqq t$, $k > t$ (Kästchen rechts oben) mit $-i$, die mit $j > t$, $k \leqq t$ (Kästchen links unten) mit i multipliziert und alle anderen ungeändert läßt. In der Tat gehen hierbei die gewöhnlichen Orthogonalitätsrelationen in (1.8) über. Zu einer Darstellung $D(A)$ der orthogonalen Gruppe findet man die zugehörige $D_1(B)$ der Lorentz-Gruppe durch $D_1(B) = D(A)$, d. h. man hat $D(CBC^{-1}) = D_1(B)$ zu setzen. Hat man eine Darstellung $D(A)$, die für beliebige Matrizen (also auch für C, das weder orthogonal noch Lorentz-Matrix ist) erklärt ist — z. B. eine Tensordarstellung —, so ist $D_1(B) = D(C)\,D(B)\,D^{-1}(C)$ zu $D(B)$ äquivalent; man kann dann einfach B statt A in die Formeln einsetzen.

Auf diese Art können wir ohne weiteres die Darstellungen Γ_ν ($\nu = 0, \ldots, n$) im Raume der schiefsymmetrischen Tensoren ν-ter Stufe (VII § 14 und 15) und die Spindarstellung Δ (VIII § 5) von der komplexen orthogonalen Gruppe auf die komplexe Lorentz-Gruppe übernehmen. Wir können sogleich neben den vollen Gruppen die durch Determinante = 1 eingeschränkten in Betracht ziehen, denn bei $A \to C^{-1}AC$ bleibt ja die Determinante ungeändert. Dann wissen wir folgendes aus VII § 15 und VIII § 5, und das überträgt sich auf die komplexe Lorentz-Gruppe: Γ_ν und $\Gamma_{n-\nu}$ sind assoziiert und irreduzibel; bei geradem $n=2p$ ist Γ_p selbstassoziiert und zerfällt bei der Beschränkung auf Determinante $=1$ in zwei Darstellungen vom halben Grad. Δ ist bei der vollen Gruppe irreduzibel, bei Beschränkung auf Determinante $=1$ bleibt es bei ungeradem n irreduzibel und zerfällt bei geradem n in Δ_+ und Δ_- vom halben Grad.

Es fragt sich, inwieweit diese Dinge, wie bei den orthogonalen Gruppen, auch bei den Lorentz-Gruppen gültig bleiben, wenn man sich aufs Reelle beschränkt. Um das zu untersuchen, betrachten wir zuerst die Infinitesimalringe, wo das einfacher ist. Der Infinitesimalring der — komplexen oder reellen — orthogonalen Gruppe besteht (II § 5) aus den — komplexen oder reellen — schiefsymmetrischen Matrizen $U: u_{jk}+u_{kj}=0$. Um den der Lorentz-Gruppe zu bestimmen, differenziert man $B^*FB=F$ für $B=B(\vartheta)$ (mit $B(0)=E$) und setzt $\vartheta=0$. Mit $B'(0)=V$ findet man $V^*F+FV=0$ $(F=-E_t\dot{+}E_{n-t})$. Das bedeutet:

$$\begin{aligned} v_{jk}+v_{kj}&=0 \quad \text{für } j \text{ und } k\leqq t \text{ oder } j \text{ und } k>t\\ v_{jk}-v_{kj}&=0 \quad \text{für } j\leqq t \text{ und } k>t. \end{aligned} \tag{2.1}$$

V geht natürlich aus $U=A'(0)$ durch Transformation mit C (also wiederum Multiplikation rechts oben mit $-i$, links unten mit i) hervor, wobei aber reellem U nicht reelles V entspricht, wie „im Großen“ ja auch.

Die Matrixelemente einer Darstellung des Infinitesimalrings sind Linearformen $\Sigma\gamma_{jk}u_{jk}$ bzw. $\Sigma\delta_{jk}v_{jk}$. Bei zusammengehörigen Darstellungen haben beide Formen für zusammengehörige U und V den gleichen Wert. Das bedeutet, daß die δ_{jk} aus den γ_{jk} erhalten werden können, indem man die γ_{jk} zu den u_{jk} „kontragredient“ transformiert, d. h. die Elemente rechts oben mit i, links unten mit $-i$ multipliziert.

Der Satz, daß eine irreduzible Darstellung der komplexen Gruppe bei der Beschränkung auf die reelle irreduzibel bleibt, beruht dann bei der orthogonalen Gruppe auf dem Satz: Eine Linearform $\Sigma\gamma_{jk}u_{jk}$ (mit komplexen γ_{jk}), die für alle reellen u_{jk} mit $u_{jk}+u_{kj}=0$ verschwindet, verschwindet auch für alle komplexen u_{jk}, die dieser Bedingung genügen. Man überzeugt sich sehr leicht von der Richtigkeit, und ebenso gilt: Eine Linearform $\Sigma\gamma_{jk}v_{jk}$, die für alle reellen (2.1) erfüllenden v_{jk} verschwindet, verschwindet auch für alle komplexen v_{jk}, die (2.1) erfüllen. Die Schlußweise ist dann wie in V § 7: eine Darstellung der komplexen Gruppe, die bei der Beschränkung aufs Reelle reduzibel würde, zeigte bei geeigneter Basis ein Rechteck aus Elementen, die für alle reellen, aber nicht für alle komplexen u_{jk} bzw. v_{jk} Null wären — im Widerspruch zu den eben formulierten Sätzen.

Damit ist bewiesen:

Satz 2.1. *Als Darstellungen der reellen eigentlichen Lorentz-Gruppe* $\mathfrak{l}_{n,t}$ *sind die Darstellungen* Γ_ν *im Raum der schiefsymmetrischen Tensoren* ν*-ter Stufe (zu* $\Gamma_{n-\nu}$ *äquivalent und) irreduzibel, nur im Fall* $n=2p$ *zerfällt* Γ_p *wie bei der Drehgruppe. Die Spindarstellung* Δ *ist bei ungeradem n irreduzibel, bei geradem n zerfällt sie in* Δ_+ *und* Δ_-. *Das gleiche gilt für die Gruppe* $\mathfrak{l}_{n,t}+\mathfrak{a}_{n,t}$ *der sämtlichen reellen Lorentz-Matrizen der Determinante* 1.

Aus dem Infinitesimalring kann man bei einer Gruppe, die aus mehreren Stücken besteht, stets nur auf das Verhalten des die 1 enthaltenden Stückes schließen, hier also auf $\mathfrak{l}_{n,t}$. Da sich $\mathfrak{l}_{n,t}$ nun aber genau so verhält wie die komplexe Lorentz-Gruppe der Determinante 1, so gilt offenbar das gleiche für die dazwischenliegende Gruppe $\mathfrak{l}_{n,t}+\mathfrak{a}_{n,t}$.

Für die volle reelle Lorentz-Gruppe aber gilt wie für die volle reelle orthogonale Gruppe:

Satz 2.2. *Als Darstellungen der vollen reellen Lorentz-Gruppe* $\mathfrak{L}_{n,t}$ *sind alle Tensordarstellungen* Γ_ν *und die Spindarstellung* Δ *irreduzibel;* $\Gamma_{n-\nu}$ *ist zu* Γ_ν *assoziiert.*

Es muß nur die Irreduzibilität von Γ_p und Δ bei $n=2p$ nachgewiesen werden. Würde etwa Δ reduzibel sein, so würde die in einem invarianten Teilraum stattfindende Darstellung für die Elemente der Untergruppe $\mathfrak{l}_{n,t}+\mathfrak{a}_{n,t}$ mit Δ_+ oder Δ_- übereinstimmen müssen. Es würde also etwa die Darstellung Δ_+ von $\mathfrak{l}_{n,t}+\mathfrak{a}_{n,t}$ sich auf ganz $\mathfrak{L}_{n,t}$ ausdehnen lassen. Daraus würde wie in III § 13b folgen, daß die konjugierte Darstellung Δ_- zu ihr äquivalent ist, was nicht der Fall ist. Die Aussage „assoziiert" beweist man wie in VII § 15 für die orthogonale Gruppe, ebenso die Äquivalenzaussage in Satz 2.1.

Man kann sich noch fragen, was man erhält, wenn man entsprechend der Einteilung von $\mathfrak{L}_{n,t}$ in 4 Stücke systematisch die Darstellungstheorie der Faktorgruppe $\mathfrak{V}_4$ zugrunde legt. $\mathfrak{V}_4$ besitzt (außer der Einsdarstellung) 3 Darstellungen, bei denen jeweils zwei Elementen $+1$, zweien -1 zugeordnet ist. Sie können zugleich als Darstellungen von $\mathfrak{L}_{n,t}$ angesehen werden, wir bezeichnen sie mit $\varepsilon_D(A)$, $\varepsilon_T(A)$ und $\varepsilon_R(A)$. Dabei ist $\varepsilon_D(A) = \pm 1$ die Determinante von A; $\varepsilon_T(A)$ ist ± 1 je nach dem Vorzeichen von Ω_T (vgl. (1.10)), und $\varepsilon_R(A)$ ist ± 1 je nach dem Vorzeichen von Ω_R. Multipliziert man irgendeine Darstellung mit ε_D, so erhält man die assoziierte im bisherigen Sinn; multipliziert man sie mit ε_T oder ε_R, so erhält man die assoziierte bezüglich $\mathfrak{l}+\mathfrak{b}$ oder $\mathfrak{l}+\mathfrak{c}$.

Wie verhalten sich nun die Fundamentaldarstellungen als Darstellungen von $\mathfrak{l}+\mathfrak{b}$ oder $\mathfrak{l}+\mathfrak{c}$? *Sie bleiben irreduzibel* wie auf $\mathfrak{L}$. Würde nämlich z. B. für irgendein $B \in \mathfrak{b}$ der Zerfall (von Γ_p oder Δ) wie für $\mathfrak{l} + \mathfrak{a}$ eintreten, so erfolgte er für ganz $\mathfrak{L}$; denn wenn X die Untergruppe $\mathfrak{l} + \mathfrak{a}$ durchläuft, durchläuft XB ganz $\mathfrak{b} + \mathfrak{c}$.

Ich verfolge die Darstellungstheorie der allgemeinen Gruppe $\mathfrak{L}_{n,t}$ nicht weiter als bis hierher*). Aber für den wichtigen Fall $n=4$, $t=1$ wird uns § 3 in einfacher Weise die vollständige Übersicht über die Darstellungen liefern.

§ 3. Die gewöhnliche eigentliche Lorentz-Gruppe $\mathfrak{l}_{4,1}$ und ihr Zusammenhang mit der unimodularen Gruppe $\mathfrak{g}_2$

Wir schlagen einen ähnlichen Weg ein wie bei der gewöhnlichen Drehgruppe $\mathfrak{d}_3$ in VIII § 6, der die gesamte Darstellungstheorie dieser Gruppe liefern würde, auch wenn man die allgemeine Theorie gar nicht hätte.

Wenn man bei der Drehgruppe $\mathfrak{d}_4$ nach der Methode von VII § 14 alle irreduziblen Darstellungen aus den Fundamentaldarstellungen aufbauen will, so braucht man nur die beiden Spindarstellungen $D_{\frac{1}{2}\frac{1}{2}}$ und $D_{\frac{1}{2},-\frac{1}{2}}$ vom Grade 2; aus $(\frac{1}{2},\frac{1}{2})$ und $(\frac{1}{2},-\frac{1}{2})$ lassen sich ja alle höchsten Gewichte (m_1, m_2) mit nichtnegativen ganzen Koeffizienten zusammensetzen. Es handelt sich um die beiden Teile Δ_+ und Δ_- der Spindarstellung Δ; man kann sie für $\mathfrak{l}_{4,1}$ in der folgenden Weise direkt herstellen. Wir gehen wie in VIII § 6 vor. Zu den „Pauli-Matrizen" $\varrho = \begin{pmatrix} 0 & 1 \\ 1 & 0 \end{pmatrix}$, $\sigma = \begin{pmatrix} 0 & i \\ -i & 0 \end{pmatrix}$, $\tau = \begin{pmatrix} 1 & 0 \\ 0 & -1 \end{pmatrix}$ nehmen wir noch $\varepsilon = E_2$ hinzu.

Dann wird

$$\varepsilon x_0 + \varrho x_1 + \sigma x_2 + \tau x_3 = \begin{pmatrix} x_0 + x_3 & x_1 + i x_2 \\ x_1 - i x_2 & x_0 - x_3 \end{pmatrix} = H \tag{3.1}$$

mit reellen x_j eine hermitesche Matrix (I § 4), und so bekommt man sämtliche hermiteschen Matrizen. Ist nun A eine beliebige zweireihige komplexe Matrix, so ist AHA^* wieder hermitesch,

$$AHA^* = H' = \begin{pmatrix} x_0' + x_3' & x_1' + i x_2' \\ x_1' - i x_2' & x_0' - x_3' \end{pmatrix}. \tag{3.2}$$

*) In der Arbeit von G. Krafft [1] ist sie vollständig durchgeführt. Dort wird die volle Reduzibilität aller stetigen Darstellungen bewiesen und gezeigt, wie man alle irreduziblen sowohl von $\mathfrak{l}_{n,t}$ wie von $\mathfrak{l}_{n,t} + \mathfrak{a}_{n,t}$ und von $\mathfrak{L}_{n,t}$ mit Hilfe der analytischen Darstellungen der komplexen orthogonalen Gruppe gewinnen kann.

Wenn außerdem $\det A = 1$, so ist $\det H' = \det H$, d. h.

$$x_0^2 - x_1^2 - x_2^2 - x_3^2 = x_0'^2 - x_1'^2 - x_2'^2 - x_3'^2:$$

die reellen Veränderlichen x_j haben eine lineare Transformation (das folgt aus (3.2)), und zwar eine Lorentz-Transformation erlitten.

Jeder Matrix $A \in \mathfrak{g}_2$ ist so eine reelle Lorentz-Matrix $L \in \mathfrak{L}_{4,1}$ zugeordnet; dem Produkt $A_1 A_2$ das Produkt $L_1 L_2$; der inversen A^{-1} die inverse L^{-1}. A und $-A$ ergeben dasselbe L. A und B ergeben verschiedene L, wenn $B \neq \pm A$; denn man rechnet aus, daß zu $L = E_4$ nur E_2 und $-E_2$ gehören: eine Matrix A mit $AHA^* = H$ für alle H ist unitär (man setze $H = E$) und daher wegen $A^* = A^{-1}$ mit allen H vertauschbar; da die H ein irreduzibles System bilden (I § 9), folgt $A = \lambda E$, und wegen $\det A = 1$ muß $\lambda = \pm 1$ sein.

Es fragt sich, welche Lorentz-Matrizen L als Bilder von unimodularen Matrizen A vorkommen. Man sieht leicht, daß nur eigentliche Lorentz-Matrizen $L \in \mathfrak{l}$ vorkommen. Denn das Bild von E_2 ist die eigentliche Lorentz-Matrix $E_4 \in \mathfrak{l}$, und weil $\mathfrak{g}_2$ zusammenhängend ist, kann man jedes A mit E_2 durch einen Weg $A(\varrho)$ verbinden. Die zugehörigen $L(\varrho)$ machen einen L mit E_4 verbindenden Weg aus, daher gehört L zu dem Stück der Lorentz-Gruppe, das E_4 enthält. Es zeigt sich schließlich, daß alle eigentlichen reellen Lorentz-Matrizen vorkommen; um das zu zeigen, brauchen wir nur das zu den Matrizen der Faktorzerlegung (1.11) gehörige A anzugeben. (Statt $\xi_1, \ldots, \xi_4$ ist $x_0, \ldots, x_3$ zu schreiben.) Man rechnet aus, daß $A_j(\varphi)$ und $L_j(\varphi)$ zusammengehören, wenn man

$$A_2(\varphi) = \begin{pmatrix} \mathfrak{Cof}\frac{\varphi}{2} & \mathfrak{Sin}\frac{\varphi}{2} \\ \mathfrak{Sin}\frac{\varphi}{2} & \mathfrak{Cof}\frac{\varphi}{2} \end{pmatrix}, \quad A_3(\varphi) = \begin{pmatrix} \mathfrak{Cof}\frac{\varphi}{2} & i\,\mathfrak{Sin}\frac{\varphi}{2} \\ -i\,\mathfrak{Sin}\frac{\varphi}{2} & \mathfrak{Cof}\frac{\varphi}{2} \end{pmatrix},$$

$$A_4(\varphi) = \begin{pmatrix} e^{\frac{\varphi}{2}} & 0 \\ 0 & e^{-\frac{\varphi}{2}} \end{pmatrix}$$

einführt. Zu $D = E_1 \dotplus \hat{D}$, mit dreireihiger orthogonaler Matrix $\hat{D}$, gehört $\pm A$ mit unitärem A. Setzt man nämlich $H = x_0 E_2 + \hat{H}$, so ist $\hat{H}$ von der in VIII § 6 betrachteten Art. Dort wurde durch $A\hat{H}A^* = \hat{H}'$ der Zusammenhang zwischen den unitären A und den orthogonalen

Transformationen von x_1, x_2, x_3 gestiftet. Dann ist aber $AHA^* = x_0 E_2 + \hat{H}'$, also $x'_0 = x_0$, und man erhält zu den unitären A Lorentz-Matrizen der Gestalt D.

Man kann die Formel $H' = AHA^*$ oder $h'_{ik} = \sum_{j,l} \alpha_{ij} \bar{\alpha}_{kl} h_{jl}$ mit Hilfe des Kronecker-Produkts als Ausübung der Transformation $A \times \bar{A}$ auf den „Vektor" h mit den 4 Komponenten h_{ik} auffassen. Die Formel (3.1) oder

$$h_{11} = x_0 + x_3, \quad h_{12} = x_1 + i x_2, \quad h_{21} = x_1 - i x_2, \quad h_{22} = x_0 - x_3$$

zeigt, wie dieser Vektor wiederum durch lineare Transformation aus dem „Weltvektor" $(x_0, \ldots, x_3)$ hervorgeht. Ihre Matrix, wenn man die Komponenten h_{ik} in einer bestimmten — etwa der oben angegebenen — Reihenfolge anordnet, sei $C: h = Cx$. Dann ist

$$x' = C^{-1} h' = C^{-1}(A \times \bar{A})\, h = C^{-1}(A \times \bar{A})\, Cx\,,$$

also ist

$$L = C^{-1}(A \times \bar{A})\, C\,, \tag{3.3}$$

womit der Zusammenhang zwischen den Gruppen $\mathfrak{g}_2$ und $\mathfrak{l}_{4,1}$ in einfacher Weise durch eine Formel wiedergegeben ist, an der man übrigens unschwer $\det L = 1$ verifiziert; wegen $A \times \bar{A} = (A \times E_2)(E_2 \times \bar{A})$ ist $\det(A \times \bar{A}) = (\det A)^2 (\det \bar{A})^2$. Auch daß das (1, 1)-Element von L positiv ist, läßt sich direkt nachrechnen. Damit ist dann auch ohne Benutzung des Zusammenhangs von $\mathfrak{g}_2$ nachgewiesen, daß wir lauter eigentliche Lorentz-Matrizen erhalten haben.

Satz 3.1. *Durch* (3.1) *und* (3.2) *oder durch* (3.3) *ist jeder zweireihigen komplexen unimodularen Matrix A eine vierreihige reelle eigentliche Lorentz-Matrix L homomorph zugeordnet, umgekehrt jeder Matrix L zwei Matrizen A und $-A$. $\mathfrak{g}_2$ kann also als zweiblättrige Überlagerungsgruppe der Lorentz-Gruppe $\mathfrak{l}_{4,1}$ angesehen werden.*

Der Sachverhalt ist völlig analog wie bei der Drehgruppe $\mathfrak{d}_3$ und der unitären unimodularen Gruppe $\mathfrak{u}_2$ in VIII § 6. Jede Darstellung von $\mathfrak{l}_{4,1}$ ist zugleich Darstellung von $\mathfrak{g}_2$ (falls sie eindeutig ist, ordnet sie A und $-A$ immer dieselbe Matrix zu); jede Darstellung von $\mathfrak{g}_2$ kann als — evtl. zweideutige — Darstellung von $\mathfrak{l}_{4,1}$ angesehen werden. Da wir die Darstellungstheorie von $\mathfrak{g}_2$ beherrschen (V Satz 10.2), kennen wir damit auch die Darstellungen von $\mathfrak{l}_{4,1}$. *Insbesondere gilt für $\mathfrak{l}_{4,1}$ der Satz von der vollständigen Reduzibilität.*

Neben dieser Darstellung von $\mathfrak{l}_{4,1}$ durch $\mathfrak{g}_2$, die wir wegen ihres Grades mit einem der beiden Teile der Spindarstellung, etwa Δ_+, identifizieren, muß es noch eine zweite, Δ_-, vom Grad 2 geben. Sie ist leicht anzugeben: $L \to \bar{A}$ ist ebenfalls eine Darstellung und zur anderen nicht äquivalent, denn sonst müßte $\mathrm{Sp}\,\bar{A} = \mathrm{Sp}\,A$ sein, was nicht allgemein richtig ist.

Die Theorie der stetigen Darstellungen der eigentlichen Lorentz-Gruppe $\mathfrak{l}_{4,1}$ stellt sich damit als genaues Analogon der Theorie der Drehgruppe $\mathfrak{d}_4$ heraus. In der Tat: um irgendeine irreduzible Darstellung zu bekommen, hat man dort ein beliebiges Kronecker-Produkt aus Fundamentaldarstellungen, also einen Ausdruck $[\Delta_+]^j \times [\Delta_-]^k$ zu bilden ($j \geqq 0$ ganz, $k \geqq 0$ ganz) und daraus einen geeigneten irreduziblen Bestandteil herauszulösen. Hier bei der Lorentz-Gruppe nun haben wir irreduzible Darstellungen der Gruppe $\mathfrak{g}_2$ nach V Satz 10.2 zu bilden: Wir müssen ganzrationale Darstellungen $C(A)$ betrachten, die zu Rahmen aus höchstens $n-1$, d. h. aber aus einer Zeile gehören: das sind die Darstellungen durch symmetrische Tensoren; $C_j(A)$ sei die Darstellung durch die symmetrischen Tensoren j-ter Stufe, sie ist ein Teil der j-ten Kronecker-Potenz $[A]^j$. Aus diesen Darstellungen müssen wir Kronecker-Produkte $C_j(A) \times C_k(\bar{A})$ bilden. $C_j(A) \times C_k(\bar{A})$ ist ein Bestandteil von $[A]^j \times [\bar{A}]^k$. Es ist also in der Tat dasselbe; wir sehen zusätzlich, daß der herauszulösende irreduzible Bestandteil selbst als Kronecker-Produkt je eines irreduziblen Bestandteils von $[A]^j$ und $[\bar{A}]^k$ geschrieben werden kann.

§ 4. Die Darstellungen der vollen Lorentz-Gruppe $\mathfrak{L}_{4,1}$

Es erhebt sich die Frage, ob und wie sich die erhaltenen Darstellungen auf die drei übrigen Stücke der vollen Lorentz-Gruppe $\mathfrak{L}$ ausdehnen lassen. Beginnen wir mit dem Stück $\mathfrak{a}$: Orientierung in Zeit und Raum werden umgekehrt, die Determinante ist $+1$. Bei der $\mathfrak{L}_{4,1}$ gehört $-E_4$ zu diesem Stück, weil Zeit und Raum von ungerader Dimension sind. Durchläuft also L die eigentliche Gruppe $\mathfrak{l}$, so durchläuft $-L$ gerade das Stück $\mathfrak{a}$. Die allgemeine Theorie von § 2 läßt erwarten, daß die Darstellungen Δ_+ und Δ_- unmittelbar auf $\mathfrak{a}$ ausgedehnt werden können. Das leistet in der Tat die Abbildung $-L \to \pm iA$ (wenn $L \to \pm A$)*). Es ist $\det(iA) = -1$. Hatte sich $\mathfrak{l}_{4,1}$ durch die Formel (3.3) im wesentlichen als die Darstellung $A \times \bar{A}$ der komplexen unimodularen Gruppe $\mathfrak{g}_2$ herausgestellt, so erweist sich nun $\mathfrak{l}_{4,1} + \mathfrak{a}_{4,1}$ als die Erweiterung dieser Darstellung auf die erweiterte Gruppe $\mathfrak{g}_2^{\#}$ der komplexen Matrizen der Determinante ± 1. Oder umgekehrt: $\mathfrak{g}_2^{\#}$ ist zweiblättrige Überlagerungsgruppe von $\mathfrak{l}_{4,1} + \mathfrak{a}_{4,1}$. Die Darstellungstheorie von $\mathfrak{g}_2^{\#}$ ist in V Satz 10.8 enthalten. Er lehrt insbesondere, daß jede Darstellung von $\mathfrak{g}_2$ sich gerade

*) Die Erweiterung von Δ_- erfolgt dann durch $-L \to \pm i\bar{A}$; über eine andere Möglichkeit der Erweiterung vgl. G. KRAFFT [1].

auf zwei Arten auf $\mathfrak{g}_2^*$ ausdehnen läßt — man erhält so jedesmal ein Paar von assoziierten Darstellungen — und das gleiche gilt also für die Gruppen $\mathfrak{l}_{4,1}$ und $\mathfrak{l}_{4,1}+\mathfrak{a}_{4,1}$.

Wenn wir nun zu den Stücken $\mathfrak{b}$ und $\mathfrak{c}$ übergehen, so erwarten wir schon nach der allgemeinen Theorie, daß wir die gefundenen Darstellungen nicht auf sie erweitern können, sondern Δ_+ und Δ_- zur Darstellung Δ aneinanderreihen und diese erweitern müssen. Man sieht die Unmöglichkeit auch direkt: zu $\mathfrak{b}$ gehört die Matrix $G=E_1 \dot{+} (-E_3)$, die mit allen räumlichen Drehungen $D=E_1 \dot{+} \hat{D}$ $(\hat{D} \in \mathfrak{d}_3)$ vertauschbar ist. Will man G durch eine zweireihige Matrix B darstellen, so muß danach B mit allen unitären A vertauschbar sein. Daraus folgt schon $B=\lambda E_2$, das aber ist mit allen A vertauschbar, während doch G z. B. mit $L_2(\varphi)$ von § 1 nicht vertauschbar ist. Man findet nämlich $G L_2(\varphi) G^{-1} = L_2(-\varphi)$, was natürlich — und man kann es in § 3 nachsehen — durch eine andere Matrix dargestellt wird als $L_2(\varphi)$.

Es ist leicht zu sehen, daß die beiden Darstellungen $L \to A$ und $L \to \bar{A}$ der Gruppe $\mathfrak{l}+\mathfrak{a}$ im Sinne von III § 13b konjugiert sind. $\bar{A} \times A$ geht aus $A \times \bar{A}$ durch Umnumerieren der Zeilen und Spalten, hier im Falle der Dimension 2 durch Vertauschen der zweiten und dritten, hervor. Es ist also (§ 3) h_{12} und h_{21} zu vertauschen, was auf $x_2 \to -x_2$ hinausläuft, also in der Tat Transformation mit einem Element $B \in \mathfrak{b}$. Schreibt man $A=\Delta_+(L)$, so ist $\Delta_-(L)=\bar{A}=\Delta_+(B^{-1}LB)$. Um die gewünschte Erweiterung der Darstellung $\Delta(L)=\begin{pmatrix} A & 0 \\ 0 & \bar{A} \end{pmatrix}$ auf den Teil $\mathfrak{b}$ zu erhalten, ordnen wir dem Element, welches das „Konjugium" vermittelte, also der Matrix

$$B=\begin{pmatrix} 1 & & & 0 \\ & 1 & & \\ & & -1 & \\ 0 & & & 1 \end{pmatrix}$$

die Matrix $\Delta(B)=\begin{pmatrix} 0 & E_2 \\ E_2 & 0 \end{pmatrix}$ zu. Durchläuft L die Gruppe $\mathfrak{l}$ oder den Teil $\mathfrak{a}$, so durchläuft LB den Teil $\mathfrak{b}$ oder den Teil $\mathfrak{c}$. Wir erhalten $\Delta(LB)$ $=\begin{pmatrix} 0 & A \\ \bar{A} & 0 \end{pmatrix}$. Alle Produktrelationen können in der Weise wie in III § 13b verifiziert werden.

Damit ist die Spindarstellung der Gruppe $\mathfrak{L}_{4,1}$ und ihrer drei Untergruppen vom Index 2 vollständig aufgestellt. Wir haben damit freilich noch nicht, wie in den vorangehenden Fällen durch die Sätze von V § 10, den vollen Überblick über die Darstellungen von $\mathfrak{L}_{4,1}$. Es mag uns genügen, ihn für die Untergruppen $\mathfrak{l}_{4,1}$ und $\mathfrak{l}_{4,1}+\mathfrak{a}_{4,1}$ zu haben.

Lineare Gruppen aus n-reihigen Matrizen

Bezeichnung	Name	Art der Matrizen	Dimension (Zahl der reellen Parameter)	Art der Matrizen des Infinitesimalrings
$\mathfrak{G}_n$	volle lineare (allgemeine lineare)	nichtsingulär	$2n^2$	beliebig
$\mathfrak{G}'_n$	reelle lineare	nichtsingulär reell	n^2	reell
$\mathfrak{g}_n$	unimodulare (spezielle lineare)	Determinante $=1$	$2(n^2-1)$	Spur $=0$
$\mathfrak{g}'_n$	reelle unimodulare	reell, Determinante $=1$	n^2-1	reell, Spur $=0$
$\mathfrak{U}_n$	unitäre	unitär ($\xi_1\bar{\xi}_1+\cdots+\xi_n\bar{\xi}_n$ invariant)	n^2	schief-hermitesch ($\alpha_{ik}+\bar{\alpha}_{ki}=0$)
$\mathfrak{u}_n$	unimodulare unitäre	unitär, Determinante $=1$	n^2-1	schief-hermitesch, Spur $=0$
$\mathfrak{D}_n$	orthogonale	orthogonal, reell ($\xi_1^2+\cdots+\xi_n^2$ invariant)	$\frac{n(n-1)}{2}$	schiefsymmetrisch, reell ($\alpha_{ik}+\alpha_{ki}=0$)
$\mathfrak{d}_n$	Drehgruppe (eigentlich orthogonale)	orthogonal, reell, Determinante $=1$	$\frac{n(n-1)}{2}$	schiefsymmetrisch, reell

Literaturverzeichnis

Da dies Buch kein vollständiges Kompendium der Darstellungstheorie ist, kann es auch nicht Aufgabe des Literaturverzeichnisses sein, eine lückenlose Bibliographie dieser Theorie zu geben. Hierfür muß außer dem „Ergebnisse"-Bericht VAN DER WAERDEN [5] auf die Hefte MAAK [2] und BOERNER [2] der Enzyklopädie der mathematischen Wissenschaften verwiesen werden. Neben der Angabe des Nachschlagorts für einige im Buch benutzte, aber nicht bewiesene Sätze der Algebra ist vielmehr das Hauptziel, die Quellen und Ursprünge der im Buch vorgetragenen Methoden und Resultate aufzuzeigen und darüber hinaus einige Ausblicke zu geben. Natürlich wurden alle Bücher über Darstellungstheorie aufgenommen, von denen seit dem Erscheinen der ersten Auflage eine ganze Reihe erschienen ist, besonders auch über die Anwendungen der Theorie in der Physik.

Bücher sind durch * kenntlich gemacht.

BAUER, F. L.: [1] Gruppentheoretische Untersuchungen zur Theorie der Spinwellengleichungen. Sitzgsber. bayr. Akad. Wiss., Math.-naturwiss. Kl. **1952**, 111—179.

— [2] Zur Theorie der Spingruppen. Math. Ann. **128**, 228—256 (1954).

BOERNER, H.: [1] Über die rationalen Darstellungen der allgemeinen linearen Gruppe. Arch. d. Math. **1**, 52—55 (1948).

— [2] Darstellungstheorie der endlichen Gruppen. Stuttgart 1967 (Enzykl. math. Wiss. Band I, Heft 15.)

BRAUER, R.: [1] Über die Darstellung der Drehungsgruppe durch Gruppen linearer Substitutionen. Diss. Berlin 1925.

— [2] Die stetigen Darstellungen der komplexen orthogonalen Gruppe. Sitzgsber. preuß. Akad. Wiss. **1929**, 626—638.

— [3] Sur la multiplication des caractéristiques des groupes continus et semisimples. C. r. Acad. Sci. (Paris) **204**, 1784—1786 (1937).

— u. H. WEYL: [1] Spinors in n dimensions. Amer. J. Math. **57**, 425—449 (1935).

DE BROGLIE, L.: [1] Une nouvelle conception de la lumière. Paris 1934 (Act. Scient. et Ind. 181).

BURNSIDE, W.: [1] On group characteristics. Proc. Lond. Math. Soc. **33**, 46—62 (1901).

— [2] On the conditions of reducibility of any group of linear substitutions. Proc. Lond. Math. Soc. (2) **3**, 430—434 (1905).

— * [3] Theory of groups of finite order, 2nd ed. Cambridge 1911.

BURROW, M.: * [1] Representation theory of finite groups. New York/London 1962.

CARTAN, E.: [1] Sur la structure des groupes de transformations finis et continus. Thèse. Paris 1894.

— [2] Les groupes projectifs qui ne laissent invariante aucune multiplicité plane. Bull. Soc. math. France **41**, 53—96 (1913).

— [3] Les groupes réels projectifs qui ne laissent invariante aucune multiplicité plane. J. de Math. (6) **10**, 149—186 (1914).

— * [4] Leçons sur la théorie des spineurs. I. Les spineurs de l'espace à trois dimensions. Paris 1938 (Act. Scient. et Ind. 643). II. Les spineurs de l'espace à $n>3$ dimensions. Les spineurs en géométrie Riemannienne. Paris 1938 (Act. Scient. et Ind. 701).

CHEVALLEY, C.: * [1] Theory of Lie groups. Princeton 1946 (Princeton Math. Series 8).

— * [2] The algebraic theory of spinors. New York 1954.

CLIFFORD, A. H.: [1] Representations induced in an invariant subgroup. Ann. of. Math. **38**, 533—550 (1937).

CLIFFORD, W. K.: [1] Application of GRASSMANN's extensive algebra. Amer. J. Math. **1**, 350—358 (1878).

CURTIS, C. W., u. I. REINER: * [1] Representation theory of finite groups and associative algebras. New York/London 1962.

DIRAC, P. A. M.: [1] Quantum theory of the electron. Proc. Roy. Soc. Lond. (A) **117**, 610—624 (1928).

FRAME, J. S., G. DE B. ROBINSON u. R. M. THRALL: The hook graphs of $\mathfrak{S}_n$. Canad. J. Math. **6**, 316—324 (1954).

FREUDENTHAL, H.: [1] Explizite Spindarstellung der Drehgruppe. Nederl. Wet. Proc. Ser A **59** (= Indag. Math. **18**), 515—522 (1956).

FROBENIUS, G.: [1] Über Gruppencharaktere. Sitzgsber. preuß. Akad. Wiss. **1896**, 985—1021.

— [2] Über die Darstellung der endlichen Gruppen durch lineare Substitutionen. I. Sitzgsber. preuß. Akad. Wiss. **1897**, 994—1015; II. Sitzgsber. preuß. Akad. Wiss. **1899**, 482—500.

— [3] Über Relationen zwischen den Charakteren einer Gruppe und denen ihrer Untergruppen. Sitzgsber. preuß. Akad. Wiss. **1898**, 501—515.

— [4] Über die Composition der Charaktere einer Gruppe. Sitzgsber. preuß. Akad. Wiss. **1899**, 330—339.

— [5] Über die Charaktere der symmetrischen Gruppe. Sitzgsber. preuß. Akad. Wiss. **1900**, 516—534.

— [6] Über die Charaktere der alternierenden Gruppe. Sitzgsber. preuß. Akad. Wiss. **1901**, 303—315.

— [7] Über die charakteristischen Einheiten der symmetrischen Gruppe. Sitzgsber. preuß. Akad. Wiss. **1903**, 328—358.

— u. I. SCHUR: [1] Über die reellen Darstellungen der endlichen Gruppen. Sitzgsber. preuß. Akad. Wiss. **1906**, 186—208.

— — [2] Über die Äquivalenz der Gruppen linearer Substitutionen. Sitzgsber. preuß. Akad. Wiss. **1906**, 209—217.

GAMBA, A.: [1] Sui caratteri delle rappresentazioni del gruppo simmetrico. Atti Accad. naz. Lincei, Rend., Cl. Sci. fis. natur., VIII. Ser. **12**, 167—169 (1952).

GARNIR, H. G.: [1] Théorie de la représentation linéaire des groupes symétriques. Mém. Soc. roy. Sci. Liège, IV. Ser. **10**, Nr. 2, 5—100 (1950).

— [2] Théorie de la représentation linéaire des groupes alternés. Acad. roy. Belg., Cl. Sci., Mém., Coll. 8° **26**, Nr. 3 (1951).

GELFAND, I. M., u. M. A. NEUMARK: * [1] Unitäre Darstellungen der klassischen Gruppen. Berlin 1957. (Übersetzung aus dem Russischen: Moskau 1950.)

HAAR, A.: [1] Der Maßbegriff in der Theorie der kontinuierlichen Gruppen. Ann. of Math. **34**, 147—169 (1933).

HAMERMESH, M.: * [1] Group theory and its application to physical problems. Reading (Mass.)/London 1962.

HEINE, V.: * [1] Group theory and quantum mechanics (An introduction to its present usage). Oxford/London/New York/Paris 1960.

HIGMAN, B.: * [1] Applied group-theoretic and matrix methods. Oxford/London 1955.

HÖNL, H., u. H. BOERNER: [1] Zur de Broglieschen Theorie der Elementarteilchen. Z. Naturforsch. **5a**, 353—366 (1950).

HURWITZ, A.: [1] Über die Erzeugung der Invarianten durch Integration. Gött. Nachr. **1897**, 71—90.

JORDAN, P.: [1] Zur Begründung der Darstellungstheorie endlicher Gruppen. Z. Naturforsch. **3a**, 522—523 (1948).

KEMMER, N.: [1] The particle aspect of meson theory. Proc. Roy. Soc. London (A), **173**, 91—116 (1940).

KOCKEL, B.: * [1] Darstellungstheoretische Behandlung einfacher wellenmechanischer Probleme. Leipzig 1955.

KOWALEWSKI, G.: * [1] Einführung in die Determinantentheorie. Leipzig 1909 (2. Aufl. Leipzig 1925).

KRAFFT, G.: [1] Die stetigen Darstellungen der reellen Formen der komplexen unimodularen, orthogonalen und symplektischen Gruppen. Mitt. Math. Sem. Gießen **53** (1955).

LITTLEWOOD, D. E.: * [1] The theory of group characters and matrix representations of groups. 2nd ed. Oxford 1950.

— u. A. R. RICHARDSON: [1] Group characters and algebra. Phil. Trans. Roy. Soc. A, **233**, 99—141 (1934).

LJUBARSKI, G. J.: * [1] Anwendungen der Gruppentheorie in der Physik. Berlin 1962 (Übersetzung aus dem Russischen: Moskau 1958).

LOMONT, J. S.: * [1] Applications of finite groups. New York/London 1959.

MAAK, W.: * [1] Fastperiodische Funktionen. Berlin-Göttingen-Heidelberg 1950 (Die Grundlehren d. math. Wiss. Band LXI).

— [2] Darstellungstheorie unendlicher Gruppen und fastperiodische Funktionen. Leipzig 1953 (Enzykl. math. Wiss. Band I 1, Heft 7, Teil 1).

MACKEY, G. W.: * [1] The theory of group representations. Lecture notes (Summer 1955). University of Chicago.

— * [2] Mathematical foundations of quantum mechanics (A lecture note volume). New York/Amsterdam 1963.

MASCHKE, H.: [1] Beweis des Satzes, daß diejenigen endlichen linearen Substitutionsgruppen, in welchen einige durchgehends verschwindende Koeffizienten auftreten, intransitiv sind. Math. Ann. **52**, 363—368 (1899).

MEIJER, P. H. E., u. E. BAUER: * [1] Group theory. The application to quantum mechanics. Amsterdam 1962.

MURNAGHAN, F. D.: [1] On the representations of the symmetric group. Amer. J. Math. **59**, 437—488 (1937).

— [2] The characters of the symmetric group. Amer. J. Math. **59**, 739—753 (1937).

— [3] The analysis of the direct product of irreducible representations of the symmetric groups. Amer. J. Math. **60**, 44—65 (1938).

— [4] The analysis of the Kronecker product of irreducible representations of the symmetric group. Amer. J. Math. **60**, 761—784 (1938).

— * [5] The theory of group representations. Baltimore 1938. Neuabdruck New York 1963.

— [6] The analysis of representations of the linear group. An. Acad. Brasil. Ci. **23**, 1—19 (1951).

— [7] The characters of the symmetric group. An. Acad. Brasil. Ci. **23**, 141—154 (1951).

— [8] On the multiplication of representations of the linear group. Proc. Nat. Acad. Sci. **38**, 738—741 (1952).

NAKAYAMA, T.: [1] On some modular properties of irreducible representations of a symmetric group. I. Jap. J. Math. **17**, 165—184 (1940); II. Jap. J. Math. **17**, 411—423 (1940).

VON NEUMANN, J.: [1] Über die analytischen Eigenschaften von Gruppen linearer Transformationen und ihrer Darstellungen. Math. Z. **30**, 3—42 (1929).

VON NEUMANN, J.: [2] Die Einführung analytischer Parameter in topologischen Gruppen. Ann. of Math. **34**, 170—190 (1933).

— [3] Zum Haarschen Maß in topologischen Gruppen. Comp. Math. **1**, 106—114 (1934).

— [4] Almost periodic functions in a group I. Trans. Amer. Math. Soc. **36**, 445—492 (1934).

NEUMARK, M. A.: * [1] Lineare Darstellungen der Lorentzgruppe. Berlin 1963 (Übertragung aus dem Russischen: Moskau 1958).

NEWELL, M. J.: [1] On the multiplication of S-functions. Proc. Lond. Math. Soc. (2) **53**, 356—362 (1951).

NOETHER, E.: [1] Hyperkomplexe Größen und Darstellungstheorie. Math. Z. **30**, 641—692 (1929).

PERRON, O.: * [1] Algebra. I. Die Grundlagen. 2. Aufl. Berlin und Leipzig 1932. II. Theorie der algebraischen Gleichungen. 2. Aufl. Berlin und Leipzig 1933. (Göschens Lehrbücherei 1. Gruppe Band 8 und 9.)

— [2] Über eine für die Invariantentheorie wichtige Funktionalgleichung. Math. Z. **48**, 136—172 (1942).

PETER, F., u. H. WEYL: [1] Die Vollständigkeit der primitiven Darstellungen einer geschlossenen kontinuierlichen Gruppe. Math. Ann. **97**, 737—755 (1927).

PONTRJAGIN, L.: * [1] Topological Groups. Princeton 1946 (Princeton Math. Series Nr. 2).

PROKOP, W.: [1] Über eine Formel von FROBENIUS zur Berechnung der Charaktere endlicher Gruppen. Diss. Zürich 1948.

REISCH, P.: [1] Neue Lösungen der Funktionalgleichung für Matrizen $\Phi(X)\cdot\Phi(Y) = \Phi(XY)$. Math. Z. **49**, 411—426 (1944).

DE B. ROBINSON, G.: [1] On the representations of the symmetric group. I. Amer. J. Math. **60**, 745—759 (1938); II. Amer. J. Math. **69**, 286—298 (1947); III. Amer. J. Math. **70**, 277—294 (1948).

— * [2] Representation theory of the symmetric group. Toronto 1961.

RUTHERFORD, D. E.: * [1] Substitutional analysis. Edinburgh 1948.

SCHOUTEN, J. A.: * [1] Der Ricci-Kalkül. Berlin 1924 (Die Grundlehren d. math. Wiss. Band X).

SCHREIER, O.: [1] Abstrakte kontinuierliche Gruppen. Abh. math. Sem. Hamburg. Univ. **4**, 15—32 (1925).

— [2] Die Verwandtschaft stetiger Gruppen im Großen. Abh. math. Sem. Hamburg. Univ. **5**, 233—244 (1926).

SCHUR, I.: [1] Über eine Klasse von Matrizen, die sich einer gegebenen Matrix zuordnen lassen. Diss. Berlin 1901.

— [2] Über die Darstellung der endlichen Gruppen durch gebrochene lineare Substitutionen. J. reine angew. Math. **127**, 20—50 (1904).

— [3] Neue Begründung der Theorie der Gruppencharaktere. Sitzgsber. preuß. Akad. Wiss. **1905**, 406—432.

— [4] Untersuchung über die Darstellung der endlichen Gruppen durch gebrochene lineare Substitutionen. J. reine angew. Math. **132**, 85—137 (1907).

— [5] Über die Darstellung der symmetrischen Gruppe durch lineare homogene Substitutionen. Sitzgsber. preuß. Akad. Wiss. **1908**, 664—678.

— [6] Neue Anwendungen der Integralrechnung auf Probleme der Invariantentheorie. I. Sitzgsber. preuß. Akad. Wiss. **1924**, 189—208; II. Sitzgsber. preuß. Akad. Wiss. **1924**, 297—321; III. Sitzgsber. preuß. Akad. Wiss. **1924**, 346—355.

SCHUR, I.: [7] Über die rationalen Darstellungen der allgemeinen linearen Gruppe. Sitzgsber. preuß. Akad. Wiss. **1927**, 58—75.

— [8] Über die stetigen Darstellungen der allgemeinen linearen Gruppe. Sitzgsber. preuß. Akad. Wiss. **1928**, 100—124.

— * [9] Die algebraischen Grundlagen der Darstellungstheorie der Gruppen. Züricher Vorlesungen 1936.

SPECHT, W.: [1] Die irreduziblen Darstellungen der symmetrischen Gruppe. Math. Z. **39**, 696—711 (1935).

— [2] Zur Darstellungstheorie der symmetrischen Gruppe. Math. Z. **42**, 774—779 (1937).

— [3] Darstellungstheorie der alternierenden Gruppe. Math. Z. **43**, 553—572 (1938).

— [4] Beiträge zur Darstellungstheorie der allgemeinen linearen Gruppe. Math. Z. **51**, 377—403 (1948).

SPEISER, A.: * [1] Die Theorie der Gruppe von endlicher Ordnung. 3. Aufl. Berlin 1937 (Die Grundlehren d. math. Wiss. Band V).

SPERNER, E.: * [1] Einführung in die analytische Geometrie und Algebra. 2. Teil. Göttingen 1951.

STIEFEL, E.: [1] Über eine Beziehung zwischen geschlossenen Lieschen Gruppen und diskontinuierlichen Bewegungsgruppen euklidischer Räume und ihre Anwendung auf die Aufzählung der einfachen Lieschen Gruppen. Comm. Math. Helvet. **14**, 350—380 (1942).

— [2] Kristallographische Bestimmung der Charaktere der geschlossenen Lieschen Gruppen. Comm. Math. Helvet. **17**, 165—200 (1945).

THRALL, R. M.: [1] YOUNG's seminormal representation of the symmetric group. Duke Math. J. **8**, 611—624 (1941).

VAN DER WAERDEN, B. L.: * [1] Moderne Algebra. I. Teil Berlin 1930 (5. Aufl. 1960); II. Teil Berlin 1931 (5. Aufl. 1967). (Heidelberger Taschenbücher 12, 23).

— [2] Der Zusammenhang zwischen den Darstellungen der symmetrischen und der linearen Gruppen. Math. Ann. **104**, 92—95, 800 (1931).

— * [3] Die gruppentheoretische Methode in der Quantenmechanik. Berlin 1932 (Die Grundlehren d. math. Wiss. Band XXXVI).

— [4] Stetigkeitssätze für halbeinfache Liesche Gruppen. Math. Z. **36**, 780—786 (1933).

— [5] Gruppen von linearen Transformationen. Berlin 1935 (Ergebnisse der Math. und ihrer Grenzgeb. IV, 2).

WEDDERBURN, J. H. M.: [1] On hypercomplex numbers. Proc. Lond. Math. Soc. (2) **6**, 77—118 (1908).

WEIL, A.: * [1] L'integration dans les groupes topologiques et ses applications. Paris 1940 (Act. Scient. et Ind. 869).

WEYL, H.: [1] Über die Symmetrie der Tensoren und die Tragweite der symbolischen Methode in der Invariantentheorie. Rend. Circ. Mat. Palermo **48**, 29—36 (1924).

— [2] Theorie der Darstellung kontinuierlicher halbeinfacher Gruppen durch lineare Transformationen. I. Math. Z. **23**, 271—309 (1925); II. Math. Z. **24**, 328—376 (1926); III. Math. Z. **24**, 377—395 (1926).

— * [3] Gruppentheorie und Quantenmechanik. Leipzig 1928 (2. Aufl. 1931). Englische Neuausgabe: New York 1964.

— [4] Der Zusammenhang zwischen der symmetrischen und der linearen Gruppe. Ann. of Math. **30**, 499—516 (1929).

— [5] Commutator algebra of a finite group of collineations. Duke Math. J. **3**, 200—212 (1937).

WEYL, H.: * [6] The classical groups, their invariants and representations. Princeton 1939 (2 ed. 1946). (Princeton Math. Series Nr. 1.)

WIGNER, E. P.: * [1] Gruppentheorie und ihre Anwendung auf die Quantenmechanik der Atomspektren. Braunschweig 1931. (Neuausgabe: Group theory and its application to the quantum mechanics of atomic spectra. New York/London 1959.)

YOUNG, A.: [1] On quantitative substitutional analysis. I. Proc. Lond. Math. Soc. **33**, 97—146 (1901); II. Proc. Lond. Math. Soc. **34**, 361—397 (1902); III. Proc. Lond. Math. Soc. (2) **28**, 255—292 (1928); IV. Proc. Lond. Math. Soc. (2) **31**, 253—272 (1930); V. Proc. Lond. Math. Soc. (2) **31**, 273—288 (1930); VI. Proc. Lond. Math. Soc. (2) **34**, 196—230 (1932); VII. Proc. Lond. Math. Soc. (2) **36**, 304—368 (1933); VIII. Proc. Lond. Math. Soc. (2) **37**, 441—495 (1934).

ZIA-UD-DIN, M.: [1] The characters of the symmetric group of order 11!. Proc. Lond. Math. Soc. (2) **39**, 200—204 (1935).

— [2] The characters of the symmetric group of degrees 12 and 13. Proc. Lond. Math. Soc. (2) **42**, 340—355 (1937).

Namen- und Sachverzeichnis

Die Grundlehren der mathematischen Wissenschaften in Einzeldarstellungen mit besonderer Berücksichtigung der Anwendungsgebiete

---

Lieferbare Bände:

2. Knopp: Theorie und Anwendung der unendlichen Reihen. DM 48,—; US $ 12.00
3. Hurwitz: Vorlesungen über allgemeine Funktionentheorie und elliptische Funktionen. DM 49,—; US $ 12.25
4. Madelung: Die mathematischen Hilfsmittel des Physikers. DM 49,70; US $ 12.45
10. Schouten: Ricci-Calculus. DM 58,60; US $ 14.65
14. Klein: Elementarmathematik vom höheren Standpunkt aus. 1. Band: Arithmetik. Algebra. Analysis. DM 24,—; US $ 6.00
15. Klein: Elementarmathematik vom höheren Standpunkt aus. 2. Band: Geometrie. DM 24,—; US $ 6.00
16. Klein: Elementarmathematik vom höheren Standpunkt aus. 3. Band: Präzisions- und Approximationsmathematik. DM 19,80; US $ 4.95
19. Pólya/Szegö: Aufgaben und Lehrsätze aus der Analysis I: Reihen, Integralrechnung, Funktionentheorie. DM 34,—; US $ 8.50
20. Pólya/Szegö: Aufgaben und Lehrsätze aus der Analysis II: Funktionentheorie, Nullstellen, Polynome, Determinanten, Zahlentheorie. DM 38,—; US $ 9.50
22. Klein: Vorlesungen über höhere Geometrie. DM 28,—; US $ 7.00
26. Klein: Vorlesungen über nicht-euklidische Geometrie. DM 24,—; US $ 6.00
27. Hilbert/Ackermann: Grundzüge der theoretischen Logik. DM 38,—; US $ 9.50
31. Kellogg: Foundations of Potential Theory. DM 32,—; US $ 8.00
32. Reidemeister: Grundlagen der Geometrie. In Vorbereitung
38. Neumann: Mathematische Grundlagen der Quantenmechanik. In Vorbereitung
52. Magnus/Oberhettinger/Soni: Formulas and Theorems for the Special Functions of Mathematical Physics. DM 66,—; US $ 16.50
57. Hamel: Theoretische Mechanik. DM 84,—; US $ 21.00
58. Blaschke/Reichardt: Einführung in die Differentialgeometrie. DM 24,—; US $ 6.00
59. Hasse: Vorlesungen über Zahlentheorie. DM 69,—; US $ 17.25
60. Collatz: The Numerical Treatment of Differential Equations. DM 78,—; US $ 19.50
61. Maak: Fastperiodische Funktionen. DM 38,—; US $ 9.50
62. Sauer: Anfangswertprobleme bei partiellen Differentialgleichungen. DM 41,—; US $ 10.25
64. Nevanlinna: Uniformisierung. DM 49,50; US $ 12.40
65. Tóth: Lagerungen in der Ebene, auf der Kugel und im Raum. DM 27,—; US $ 6.75
66. Bieberbach: Theorie der gewöhnlichen Differentialgleichungen. DM 58,50; US $ 14.60
68. Aumann: Reelle Funktionen. DM 59,60; US $ 14.90
69. Schmidt: Mathematische Gesetze der Logik I. DM 79,—; US $ 19.75
71. Meixner/Schäfke: Mathieusche Funktionen und Sphäroidfunktionen mit Anwendungen auf physikalische und technische Probleme. DM 52,60; US $ 13.15
73. Hermes: Einführung in die Verbandstheorie. Etwa DM 39,—; etwa US $ 9.75

75. Rado/Reichelderfer: Continuous Transformations in Analysis, with an Introduction to Algebraic Topology. DM 59,60; US $ 14.90

76. Tricomi: Vorlesungen über Orthogonalreihen. DM 37,60; US $ 9.40

77. Behnke/Sommer: Theorie der analytischen Funktionen einer komplexen Veränderlichen. DM 79,—; US $ 19.75

79. Saxer: Versicherungsmathematik. 1. Teil. DM 39,60; US $ 9.90

80. Pickert: Projektive Ebenen. DM 48,60; US $ 12.15

81. Schneider: Einführung in die transzendenten Zahlen. DM 24,80; US $ 6.20

82. Specht: Gruppentheorie. DM 69,60; US $ 17.40

83. Bieberbach: Einführung in die Theorie der Differentialgleichungen im reellen Gebiet. DM 32,80; US $ 8.20

84. Conforto: Abelsche Funktionen und algebraische Geometrie. DM 41,80; US $ 10.45

85. Siegel: Vorlesungen über Himmelsmechanik. DM 33,—; US $ 8.25

86. Richter: Wahrscheinlichkeitstheorie. DM 68,—; US $ 17.00

87. van der Waerden: Mathematische Statistik. DM 49,60; US $ 12.40

88. Müller: Grundprobleme der mathematischen Theorie elektromagnetischer Schwingungen. DM 52,80; US $ 13.20

89. Pfluger: Theorie der Riemannschen Flächen. DM 39,20; US $ 9.80

90. Oberhettinger: Tabellen zur Fourier Transformation. DM 39,50; US $ 9.90

91. Prachar: Primzahlverteilung. DM 58,—; US $ 14.50

92. Rehbock: Darstellende Geometrie. DM 29,—; US $ 7.25

93. Hadwiger: Vorlesungen über Inhalt, Oberfläche und Isoperimetrie. DM 49,80; US $ 12.45

94. Funk: Variationsrechnung und ihre Anwendung in Physik und Technik. DM 98,—; US $ 24.50

95. Maeda: Kontinuierliche Geometrien. DM 39,—; US $ 9.75

97. Greub: Linear Algebra. DM 39,20; US $ 9.80

98. Saxer: Versicherungsmathematik. 2. Teil. DM 48,60; US $ 12.15

99. Cassels: An Introduction to the Geometry of Numbers. DM 69,—; US $ 17.25

100. Koppenfels/Stallmann: Praxis der konformen Abbildung. DM 69,—; US $ 17.25

101. Rund: The Differential Geometry of Finsler Spaces. DM 59,60; US $ 14.90

103. Schütte: Beweistheorie. DM 48,—; US $ 12.00

104. Chung: Markov Chains with Stationary Transition Probabilities. DM 56,—; US $ 14.00

105. Rinow: Die innere Geometrie der metrischen Räume. DM 83,—; US $ 20.75

106. Scholz/Hasenjaeger: Grundzüge der mathematischen Logik. DM 98,—; US $ 24.50

107. Köthe: Topologische Lineare Räume I. DM 78,—; US $ 19.50

108. Dynkin: Die Grundlagen der Theorie der Markoffschen Prozesse. DM 33,80; US $ 8.45

109. Hermes: Aufzählbarkeit, Entscheidbarkeit, Berechenbarkeit. DM 49,80; US $ 12.45

110. Dinghas: Vorlesungen über Funktionentheorie. DM 69,—; US $ 17.25

111. Lions: Equations différentielles opérationelles et problèmes aux limites. DM 64,—; US $ 16.00

112. Morgenstern/Szabó: Vorlesungen über theoretische Mechanik. DM 69,—; US $ 17.25

113. Meschkowski: Hilbertsche Räume mit Kernfunktion. DM 58,—; US $ 14.50

114. MacLane: Homology. DM 62,—; US $ 15.50

115. Hewitt/Ross: Abstract Harmonic Analysis. Vol. 1: Structure of Topological Groups. Integration Theory. Group Representations. DM 76,—; US $ 19.00

116. Hörmander: Linear Partial Differential Operators. DM 42,—; US $ 10.50
117. O'Meara: Introduction to Quadratic Forms. DM 48,—; US $ 12.00
118. Schäfke: Einführung in die Theorie der speziellen Funktionen der mathematischen Physik. DM 49,40; US $ 12.35
119. Harris: The Theory of Branching Processes. DM 36,—; US $ 9.00
120. Collatz: Funktionalanalysis und numerische Mathematik. DM 58,—; US $ 14.50
121.} 122.} Dynkin: Markov Processes. DM 96,—; US $ 24.00
123. Yosida: Functional Analysis. DM 66,—; US $ 16.50
124. Morgenstern: Einführung in die Wahrscheinlichkeitsrechnung und mathematische Statistik. DM 34,50; US $ 8.60
125. Itô/McKean: Diffusion Processes and Their Sample Paths. DM 58,—; US $ 14.50
126. Lehto/Virtanen: Quasikonforme Abbildungen. DM 38,—; US $ 9.50
127. Hermes: Enumerability, Decidability, Computability. DM 39,—; US $ 9.75
128. Braun/Koecher: Jordan-Algebren. DM 48,—; US $ 12.00
129. Nikodým: The Mathematical Apparatus for Quantum-Theories. DM 144,—; US $ 36.00
130. Morrey: Multiple Integrals in the Calculus of Variations. DM 78,—; US $ 19.50
131. Hirzebruch: Topological Methods in Algebraic Geometry. DM 38,—; US $ 9.50
132. Kato: Perturbation theory for linear operators. DM 79,20; US $ 19.80
133. Haupt/Künneth: Geometrische Ordnungen. DM 68,—; US $ 17.00
134. Huppert: Endliche Gruppen I. Etwa DM 154,—; US $ 38.50
135. Handbook for Automatic Computation. Vol. 1/Part a: Rutishauser: Description of ALGOL 60. DM 58,—; US $ 14.50
136. Greub: Multilinear Algebra. DM 32,—; US $ 8.00
137. Handbook for Automatic Computation. Vol. 1/Part b: Grau/Hill/Langmaack: Translation of ALGOL 60. DM 64,—; US $ 16.00
138. Hahn: Stability of Motion. DM 72,—; US $ 18.00
139. Mathematische Hilfsmittel des Ingenieurs. Herausgeber: Sauer/Szabó. 1. Teil. DM 88,—; US $ 22.00
143. Schur/Grunsky: Vorlesungen über Invariantentheorie. DM 28,—; US $ 7.00
144. Weil: Basic Number Theory. DM 48,—; US $ 12.00
146. Treves: Locally Covex Spaces and Linear Partial Differential Equations. Approx. DM 36,—; approx. US $ 9.00

MIX
Papier aus verantwortungsvollen Quellen
Paper from responsible sources
FSC® C105338

If you have any concerns about our products,
you can contact us on
ProductSafety@springernature.com

In case Publisher is established outside the EU,
the EU authorized representative is:
Springer Nature Customer Service Center GmbH
Europaplatz 3, 69115 Heidelberg, Germany

Printed by Libri Plureos GmbH
in Hamburg, Germany